SMT
核心工艺解析与案例分析

（第4版）

贾忠中 著

電子工業出版社
Publishing House of Electronics Industry
北京·BEIJING

内 容 简 介

本书是作者多年从事电子工艺工作的经验总结。全书分上、下两篇。上篇（第 1 ～ 6 章）汇集了表面组装技术的 54 项核心工艺，从工程应用角度，全面、系统地对其应用原理进行了解析和说明，对深刻理解 SMT 的工艺原理、指导实际生产、处理生产现场问题有很大的帮助；下篇（第 7 ～ 14 章）精选了 127 个典型的组装失效现象或案例，较全面地展示了实际生产中遇到的各种工艺问题，包括由工艺、设计、元器件、PCB、操作、环境等因素引起的工艺问题，对处理现场生产问题、提高组装的可靠性具有非常现实的指导作用。

本书编写形式新颖，直接切入主题，重点突出，是一本非常有价值的工具书，适合有一年以上实际工作经验的电子装联工程师使用，也可作为大学本科、高职院校电子装联专业师生的参考书。

图书在版编目（CIP）数据

SMT 核心工艺解析与案例分析 / 贾忠中著 . —4 版 . —北京：电子工业出版社，2020.9
ISBN 978-7-121-39559-8

Ⅰ . ① S… Ⅱ . ①贾… Ⅲ . ①印刷电路—组装 Ⅳ . ① TN410.5

中国版本图书馆 CIP 数据核字（2020）第 173305 号

责任编辑：李 洁
印 刷：北京七彩京通数码快印有限公司
装 订：北京七彩京通数码快印有限公司
出版发行：电子工业出版社
北京市海淀区万寿路 173 信箱 邮编：100036
开 本：787×1 092 1/16 印张：28.75 字数：736 千字
版 次：2010 年 11 月第 1 版
2020 年 9 月第 4 版
印 次：2024 年 8 月第 8 次印刷
定 价：168.00 元

凡所购买电子工业出版社图书有缺损问题，请向购买书店调换。若书店售缺，请与本社发行部联系，联系及邮购电话：（010）88254888，88258888。

质量投诉请发邮件至 zlts@phei.com.cn，盗版侵权举报请发邮件至 dbqq@phei.com.cn。

本书咨询联系方式：lijie@phei.com.cn。

前言 Preface

本书自2010年第1版出版以来不断受到读者好评，在京东网、当当网上一直名列同类书籍排行榜前列，多次重印。为了更好地服务读者，满足读者的工作需要，在第3版的基础上进行了修订。

本次修订聚焦内容的系统性和先进性，新增或新编包括助焊剂、现场工艺、可制造性设计、QFN组装工艺等章节内容以及部分案例，其中新编内容占第3版篇幅的1/3以上。同时，对全书案例进行了补充和完善。

表面组装技术（SMT）是一门不断发展的技术，从有铅工艺到无铅工艺，从大焊盘焊接到微焊盘焊接，挑战不断；但是，其基本的原理没有变，工艺工作的使命没有变（工艺实现方法和工艺稳定性）。重点掌握SMT的工艺要领、工程知识以及常见焊接不良现象的产生机理与处置对策，对建立有效的工艺控制体系，快速解决生产工艺问题，具有十分重要的现实意义。

工艺要领

顾名思义，工艺要领就是指工艺技术或工艺方法与要求的关键点。掌握了这些关键点，就等于抓住了工艺技术的“魂”，在遇到千变万化的不良现象时就可沿着正确的方向去分析和解决。举例来讲，如果不了解BGA焊接时本身要经历的“两次塌落”“自动对中”和“热变形”这三个微观的物理过程，就很难理解BGA焊接的峰值温度与焊接时间的意义。再比如，如果不了解有铅焊膏焊接无铅BGA时焊膏组分不断向BGA焊球扩散与迁移的特性，就很难理解混装工艺的复杂性，也很难理解混装焊点的可靠性。因此，在学习工艺知识时，掌握要领非常重要，它是分析、解决疑难工艺问题的基础。

工程知识

作为一名SMT的工程师，如果仅仅停留在了解书本的知识层次，就绝对称不上合格。生产现场需要的是掌握基本工程知识的人。对装联工艺而言，工程知识包括工艺窗口、基准工艺参数与基本工艺方法等。比如钢网开窗，对于某一特定的封装，采用多厚的钢网，开什么形状和多大尺寸的窗口，这些具体的、可用的应用知识，一般都是基于试验或经验获得的。

常见焊接不良现象的产生机理与处置对策

如果不了解每类元器件容易发生的焊接问题及其产生原因，就不能做到有效地预防。道理很简单，没有想到的绝对也做不到。掌握常见焊接不良现象的产生机理与处置对策，最根本的途径是在实践中运用所学的理论知识，分析问题、解决问题，把理论知识转化为处理问题的能力。工艺说到底是一门实践性很强的学问，多靠经验的积累，正如医生，看的病人多了，经验自然就丰富了。在生产实践中，我们经常会碰到这样的情况，如果问工程师什么是芯吸现象这样的理论知识，相信都能够回答出来，但在碰到由芯吸引起的问题时往往不会想到芯吸，这就是因为没有把理论知识转化为处理问题的能力造成的。日本的电子产品以质量著称于世，其重要的一条经验就是“学习故障，消除预期故障”。从实践中汲取经验，再将经验用于指导实践，这是非常重要的方法。

装联工艺是系统工程问题

装联工艺质量涉及“人、机、料、环、法”五大方面。如果这些“入口”质量波动很大，建立高质量、可重复的工艺就是一句空话。许多企业为了降低采购成本、规避风险，使用多品牌的物料，这对工艺而言却是一大隐患。不同品牌的物料，特别是标准化程度比较低的物料，常常质量不同、性能不够稳定，而这些往往是导致工艺不稳定的重要因素。因此，要打造一流的工艺，必须从物料选型、工艺设计、工艺试制、工艺优化、质量监控等方面进行系统考虑与控制。

鉴于以上的认知，著者从应用角度筛选了 54 个核心工艺议题，对其进行总结与解析，指出要领，作为本书的上篇；同时，精心选编了 127 个典型案例，采用图文并茂的方式系统地介绍缺陷的特征、常见原因以及改进措施（对策），作为本书的下篇。

对于案例的选编，主要以能够帮助读者深入理解工艺因素的影响为主要考量（限于篇幅，案例略去了问题的分析、解决过程，待以后有机会与读者再做深入交流）。对于案例提供的改进措施，限于“现象、现场、实物”的差异，仅供参考，不可盲目照搬。希望参考时注意：第一，这些案例中提供的改进措施不是关于某个问题的系统解决方案；第二，要认识到“一个工艺问题可能由多种原因产生，同样的原因也可能导致不同的缺陷”这一情况，在采取措施之前，必须对问题进行准确定位，对措施进行验证，不可盲目地照搬；第三，要认识到许多工艺措施具有“两面性”，比如，为减少密脚器件的桥连而使用薄的钢网，但又会加大引脚共面性差的元器件的开焊概率，因此在采取措施前必须进行权衡与评估。

需要说明的是，有个别案例重复出现在不同的章节，这不是简单的笔误，而是著者有意地重复使用。有些工艺问题产生的原因，有时很难界定是设计问题，还是物料问题或操作问题，它们之间有时会转换，往往从不同的处理角度都可以解决。对于某类问题的产生原因，可以说是 A 原因，也可以说是 B 原因。比如，BGA 周围装螺钉容易引起 BGA 焊点拉断的问题，可以说是设计问题，也可以说是操作问题。本书下篇之所以按问题产生原因进行分类，主要是希望强化读者对这些工艺影响因素的认识，即在分析问题时能及时地联想到它们。

为了不给读者增加阅读负担，本书采用了图表格式编排，凡是图能够说明的问题就没有再用文字加以说明，也就是说本书有价值的信息大多包含在图中。

本书插图以及文字中所用的数值单位，一般采用公制英文字符缩写。对于一些在行业内习惯使用英制单位的应用场合，如钢网厚度，本书在英制单位后也加注了公制单位，以方便使用。

本书适合有一定 SMT 经验的从业人士阅读，最好是掌握 SMT 基础知识并有一年以上实际经验的专业人士。

本书前后各章节内容独立成篇，可以根据需要有选择性地阅读或查阅。

本书内容多是著者本人的工作经验总结，由于接触的产品类别、案例有限，有些观点或讲法可能不完全正确，敬请读者批评指正。如有建议，请反馈到著者的电子邮箱：1079585920@qq.com.

本书能够以全彩再版，离不开国产 SMT 一线品牌企业的鼎力支持，它们是：东莞市凯格精密机械有限公司、深圳市唯特偶新材料股份有限公司、深圳市振华兴科技有限公司、东莞市神州视觉科技有限公司、东莞市安达自动化设备有限公司及深圳市卓茂科技有限公司（排名不分先后）。在此表示衷心的感谢！

最后要特别感谢中兴通讯工艺研究部王峰部长，工艺总工刘哲、工艺总工邱华盛、工艺专家王玉的支持与帮助。他们为本书的再版提供了很好的建议与素材，使本书更加系统与全面。

著　者

2020 年 2 月于深圳

目录 Contents

上　篇　表面组装核心工艺解析

第 1 章　表面组装技术基础 /3

1.1　电子封装工程 /3
1.2　表面组装技术 /4
1.3　表面组装基本工艺流程 /6
1.4　PCBA 组装方式 /7
1.5　表面组装元器件的封装形式 /10
1.6　印制电路板制造工艺 /16
1.7　表面组装工艺控制关键点 /24
1.8　表面润湿与可焊性 /25
1.9　焊点的形成过程与金相组织 /26
1.10　焊点质量判别 /37
1.11　贾凡尼效应、电化学迁移与爬行腐蚀的概念 /41
1.12　PCB 表面处理与工艺特性 /45

第 2 章　工艺辅料 /59

2.1　助焊剂 /59
2.2　焊膏 /65
2.3　无铅焊料 /70

第 3 章　核心工艺 /74

3.1　钢网设计 /74
3.2　焊膏印刷 /80
3.3　贴片 /90
3.4　再流焊接 /91
3.5　波峰焊接 /103
3.6　选择性波峰焊接 /120
3.7　通孔再流焊接 /126
3.8　柔性电路板组装工艺 /128
3.9　烙铁焊接 /130

第 4 章　特定封装组装工艺 /132

4.1　03015 组装工艺 /132
4.2　01005 组装工艺 /134

4.3 0201组装工艺 /139
4.4 0.4mm CSP组装工艺 /142
4.5 BGA组装工艺 /148
4.6 PoP组装工艺 /159
4.7 QFN组装工艺 /166
4.8 陶瓷柱状栅阵列元器件（CCGA）组装工艺要点 /173
4.9 晶振组装工艺要点 /174
4.10 片式电容组装工艺要点 /175
4.11 铝电解电容膨胀变形对性能影响的评估 /178

第5章 可制造性设计 /179
5.1 重要概念 /179
5.2 PCBA可制造性设计概述 /183
5.3 基本的PCBA可制造性设计 /188
5.4 PCBA自动化生产要求 /189
5.5 组装流程设计 /194
5.6 再流焊接面元器件的布局设计 /197
5.7 波峰焊接面元器件的布局设计 /202
5.8 表面组装元器件焊盘设计 /209
5.9 插装元器件孔盘设计 /215
5.10 导通孔盘设计 /216
5.11 焊盘与导线连接的设计 /217

第6章 现场工艺 /218
6.1 现场制造通用工艺 /218
6.2 潮敏元器件的应用指南 /219
6.3 焊膏的管理与应用指南 /232
6.4 焊膏印刷参数调试 /234
6.5 再流焊接温度曲线测试指南 /237
6.6 再流焊接温度曲线设置指南 /239
6.7 波峰焊接机器参数设置指南 /243
6.8 BGA底部加固指南 /244

下 篇 生产工艺问题与对策

第7章 由工艺因素引起的焊接问题 /251
7.1 密脚器件的桥连 /251
7.2 密脚器件虚焊 /253
7.3 空洞 /254
7.4 元器件的侧立、翻转 /267
7.5 BGA虚焊 /268
7.6 BGA球窝现象 /269

7.7 BGA 的缩锡断裂 /272
7.8 镜面对贴 BGA 缩锡断裂现象 /275
7.9 BGA 焊点机械应力断裂 /278
7.10 BGA 热重熔断裂 /288
7.11 BGA 结构型断裂 /290
7.12 BGA 焊盘不润湿 /291
7.13 BGA 焊盘不润湿（特定条件：焊盘无焊膏）/292
7.14 BGA 黑盘断裂 /293
7.15 BGA 返修工艺中出现的桥连 /294
7.16 BGA 焊点间桥连 /296
7.17 BGA 焊点与邻近导通孔锡环间桥连 /297
7.18 无铅焊点表面微裂纹现象 /298
7.19 ENIG 焊盘上的焊锡污染 /299
7.20 ENIG 焊盘上的焊剂污染 /300
7.21 锡球——特定条件：再流焊接工艺 /301
7.22 锡球——特定条件：波峰焊接工艺 /302
7.23 立碑 /303
7.24 锡珠 /305
7.25 0603 片式元件波峰焊接时两焊端桥连 /306
7.26 插件元器件桥连 /307
7.27 插件桥连——特定条件：安装形态（引线、焊盘、间距组成的环境）引起的 /308
7.28 插件桥连——特定条件：掩模板开窗引起的 /309
7.29 波峰焊接掉片 /310
7.30 波峰焊接掩模板设计不合理导致的冷焊问题 /311
7.31 PCB 变色但焊膏没有熔化 /312
7.32 元器件移位 /313
7.33 元器件移位——特定条件：设计 / 工艺不当 /314
7.34 元器件移位——特定条件：较大尺寸热沉焊盘上有盲孔 /315
7.35 元器件移位——特定条件：焊盘比引脚宽 /316
7.36 元器件移位——特定条件：元器件下导通孔塞孔不良 /317
7.37 元器件移位——特定条件：元器件焊端不对称 /318
7.38 通孔再流焊接插针太短导致气孔 /319
7.39 测试设计不当造成焊盘被烧焦并脱落 /320
7.40 热沉元器件焊剂残留物聚集现象 /321
7.41 热沉焊盘导热孔底面冒锡 /322
7.42 热沉焊盘虚焊 /324
7.43 片式电容因工艺引起的开裂失效 /325
7.44 铜柱连接块开焊 /326

第 8 章 由 PCB 引起的问题 /329

8.1 无铅 HDI 板分层 /329
8.2 再流焊接时导通孔“长”出黑色物质 /330
8.3 波峰焊接点吹孔 /331

8.4 BGA 拖尾孔 /332
8.5 ENIG 板波峰焊接后插件孔盘边缘不润湿现象 /333
8.6 ENIG 表面过炉后变色 /335
8.7 ENIG 面区域性麻点状腐蚀现象 /336
8.8 OSP 板波峰焊接时金属化孔透锡不良 /337
8.9 喷纯锡对焊接的影响 /338
8.10 阻焊剂起泡 /339
8.11 ENIG 镀孔压接问题 /340
8.12 PCB 光板过炉（无焊膏）焊盘变深黄色 /341
8.13 微盲孔内残留物引起 BGA 焊点空洞大尺寸化 /342
8.14 超储存期板焊接分层 /343
8.15 PCB 局部凹陷引起焊膏桥连 /344
8.16 BGA 下导通孔阻焊偏位 /345
8.17 喷锡板导通孔容易产生藏锡珠的现象 /346
8.18 喷锡板单面塞孔容易产生藏锡珠的现象 /347
8.19 CAF 引起的 PCBA 失效 /348
8.20 元器件下导通孔塞孔不良导致元器件移位 /350
8.21 PCB 基材波峰焊接后起白斑现象 /351
8.22 BGA 焊盘下 PCB 次表层树脂开裂 /354
8.23 导通孔孔壁与内层导线断裂 /356

第 9 章 由元器件电极结构、封装引起的问题 /359

9.1 银电极渗析 /359
9.2 单侧引脚连接器开焊 /360
9.3 宽引脚元器件焊点开焊 /361
9.4 片式排阻虚焊（开焊）/362
9.5 QFN 虚焊 /363
9.6 元器件热变形引起的开焊 /364
9.7 Slug-BGA 的虚焊 /365
9.8 陶瓷板塑封模块焊接时内焊点桥连 /366
9.9 全矩阵 BGA 的返修——角部焊点桥连或心部焊点桥连 /367
9.10 铜柱焊端的焊接——焊点断裂 /368
9.11 堆叠封装焊接造成的内部桥连 /369
9.12 手机 EMI 器件的虚焊 /370
9.13 F-BGA 翘曲 /371
9.14 复合器件内部开裂——晶振内部 /372
9.15 连接器压接后偏斜 /373
9.16 引脚伸出 PCB 太长，导致通孔再流焊接“球头现象”/374
9.17 钽电容旁元器件被吹走 /375
9.18 灌封器件吹气 /377
9.19 手机侧键内进松香 /378
9.20 MLP（Molded Laser PoP）的虚焊与桥连 /379
9.21 表贴连接器焊接动态变形 /382

第 10 章　由设备引起的问题 /384
10.1　再流焊接后 PCB 表面出现异物 /384
10.2　PCB 静电引起 Dek 印刷机频繁死机 /385
10.3　再流焊接炉链条颤动引起元器件移位 /386
10.4　再流焊接炉导轨故障使单板被烧焦 /387
10.5　贴片机 PCB 夹持工作台上下冲击引起重元器件移位 /388
10.6　钢网变形导致 BGA 桥连 /389
10.7　擦网纸与擦网工艺引起的问题 /390

第 11 章　由设计因素引起的工艺问题 /392
11.1　HDI 板焊盘上的微盲孔引起的少锡 / 开焊 /392
11.2　焊盘上开金属化孔引起的虚焊、冒锡球 /393
11.3　焊盘与元器件引脚尺寸不匹配引起开焊 /395
11.4　测试盘接通率低 /396
11.5　BGA 附近设计有紧固件，无工装装配时容易引起 BGA 焊点断裂 /397
11.6　散热器弹性螺钉布局不合理引起周边 BGA 的焊点拉断 /398
11.7　局部波峰焊接工艺下元器件布局不合理导致被撞掉 /399
11.8　模块黏合工艺引起片式电容开裂 /400
11.9　具有不同焊接温度需求的元器件被布局在同一面 /401
11.10　设计不当引起片式电容失效 /402
11.11　设计不当导致模块电源焊点断裂 /403
11.12　拼板 V 槽残留厚度小导致 PCB 严重变形 /405
11.13　0.4mm 间距 CSP 焊盘区域凹陷 /407
11.14　薄板拼板连接桥宽度不足引起变形 /408
11.15　灌封 PCBA 插件焊点断裂 /409
11.16　机械盲孔板的孔盘环宽小导致 PCB 制作良率低 /410
11.17　面板结构设计不合理导致装配时 LED 被撞 /412

第 12 章　由手工焊接、三防工艺引起的问题 /413
12.1　焊点表面残留焊剂白化 /413
12.2　焊点附近三防漆变白 /414
12.3　导通孔焊盘及元器件焊端发黑 /415

第 13 章　操作不当引起的焊点断裂与元器件损伤 /416
13.1　不当的拆连接器操作使得 SOP 引脚被拉断 /416
13.2　机械冲击引起的 BGA 断裂 /417
13.3　多次弯曲造成的 BGA 焊盘被拉断 /418
13.4　无工装安装螺钉导致 BGA 焊点被拉断 /419
13.5　散热器弹性螺钉引起周边 BGA 的焊点被拉断 /420
13.6　元器件被周转车导槽撞掉 /421

第 14 章　腐蚀失效 /422
14.1　常见的腐蚀现象 /422
14.2　厚膜电阻 / 排阻硫化失效 /424
14.3　电容硫化现象 /426
14.4　PCB 爬行腐蚀现象 /428
14.5　SOP 爬行腐蚀现象 /430
14.6　Ag 有关的典型失效 /435

附录 A　国产 SMT 设备与材料 /439
A.1　国产 SMT 设备的发展历程 /439
A.2　SMT 国产设备与材料 /441

附录 B　术语 · 缩写 · 简称 /444

参考文献 /446

上篇

表面组装核心工艺解析

第 1 章　表面组装技术基础

1.1　电子封装工程

电子封装工程概述

在电子制造工程领域，我们经常会提到或听到电子封装技术、电子组装技术和电子装联技术这三个概念。这三个概念都属于电子封装工程技术，由于涵盖的范围有所不同而有所区别。

什么是电子封装工程呢？它是指将电子电路转化为电子产品的技术。根据封装的产品特征和所用技术，一般将电子封装工程划分为 0 级封装、1 级封装、2 级封装和 3 级封装四个阶段，如图 1-1 所示。“封装”一词源于英文 Package，在这里我们可以把它理解为“互连层级”。

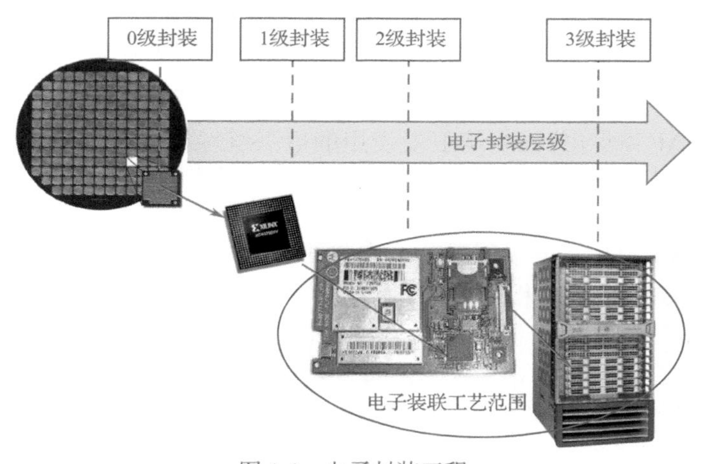

图 1-1　电子封装工程

0 级封装，即芯片级封装，输出物为裸芯片（Die），其制造技术为半导体技术。

1 级封装，即元器件级封装，输出物为半导体封装器件，DIP、PLCC、QFP、BGA、QFN 等都属于 1 级封装，其制造技术为半导体封装技术，如引线键合、倒装焊接等。

2 级封装，即印制电路板级封装，输出物为印制电路板组件（Printed-Circiut Board Assembly，PCBA），其制造技术为电子组装技术，如波峰焊接、再流焊接、铆接、压接等。

3 级封装，即系统级封装，输出物为电子产品，其制造技术为背板和线缆连接。

根据以上的划分，我们很容易定义电子装联技术和组装技术。

通常所讲的电子装联技术实际上包括 2 级封装和 3 级封装，所以，我们可以将其定义为将电子元器件通过基板、背板和线缆进行互连的技术。

电子组装技术通常指 2 级封装，因此，可以把它定义为将半导体芯片、电子元器件安装在基板上的技术，包括表面组装技术（SMT）和微组装技术。

需要指出的是，随着电子信息技术和半导体产业的飞速发展，各种新的应用如智能手机、物联网、自动驾驶汽车、5G 通信、AR/VR 和人工智能（AI）等不断涌现，促使半导体集成电路工艺尺寸变得更小，进入后摩尔时代。由于 IC 制造过程已经非常接近制程的物理极限，促使半导体集成电路技术和印制电路与装联技术的融合寻求新的解决途径，这将会改变互连层级的内容与范围。

1.2 表面组装技术（1）

表面组装技术（1）

1. 表面组装技术概述

表面组装技术（Surface Mount Technology，SMT），是一种将表面组装元器件（SMD）安装到印制电路板（Printed-Circuit Board，PCB）上的板级组装技术，它是现代电子组装技术的核心。

表面组装技术（SMT）也称为表面安装技术、表面贴装技术。

图 1-2 所示为一条标准配置的 SMT 生产线。

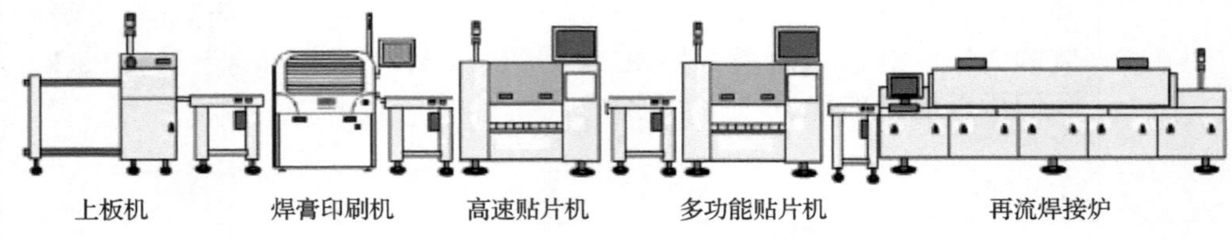

图 1-2　SMT 生产线

SMT 源自美国通信卫星使用的短引线扁平安装技术，但是其快速发展与成熟却是在彩色电视机调谐器大规模制造的需求驱动下实现的。表面组装生产线技术的成熟，反过来又带动了元器件封装技术的表面组装化发展；20 世纪 90 年代初，基本上可以采购到所需的各类表面组装封装形式的电子元器件。

2. 表面组装技术（SMT）的优势

相对于 THT（插装技术），SMT 带给电子产品四大优势：

（1）高密度。由于表面贴装元器件采用了无引线或短引线、I/O 端面阵布局等封装技术，元器件的尺寸大大减小，I/O 引出端大大增加，从而使 PCB 的组装密度得到大幅度的提高。

（2）高性能。表面贴装元器件的无引线或短引线特点，降低了引线的寄生电感和电容，提高了电路的高频高速性能以及器件的散热效率。

（3）低成本。表面贴装元器件封装的标准化和无孔安装特点，特别适合自动化组装，大幅度降低了制造成本。

（4）高可靠性。自动化的生产技术，保证了每个焊点的可靠连接，从而提高了电子产品的可靠性。

正是 SMT 的这四大优势，促进了其广泛应用，反过来又推动了 SMT 本身的不断发展。

SMT 已是一个成熟、标准化的工程技术，但是，组装的对象却不断向着“细间距、超薄超小或超薄超大”方向发展。正如半导体光刻技术一样，10nm 与 7nm 相比只是光刻尺度的变小，但技术的难度却是完全不同的。SMT 也一样，封装对象的“细间距、超薄超小或超薄超大”化，同样也带给我们更高的难度——“工艺个性化”。在很多的情况下，我们不能按照以往的标准做法来继续组装。从这个意义上讲，SMT 仍然是一门发展中的“新技术”。今后，SMT 将与元器件的封装技术进一步融合，迈向所谓的后 SMT 时代（Post-SMT）。

3. 表面组装技术（SMT）的组成

SMT 严格意义上讲，主要包括工艺技术、设备技术、工艺材料与检测技术，如图 1-3 所示。

1.2　表面组装技术（2）

表面组装技术（2）

有时也把表面组装元器件封装技术和表面组装印制电路板（PCB）技术作为SMT的一部分，这样有利于系统地考虑问题，优化工艺条件。事实上，元器件封装技术和表面组装印制电路板技术与SMT互为基础、互相促进、联动发展。

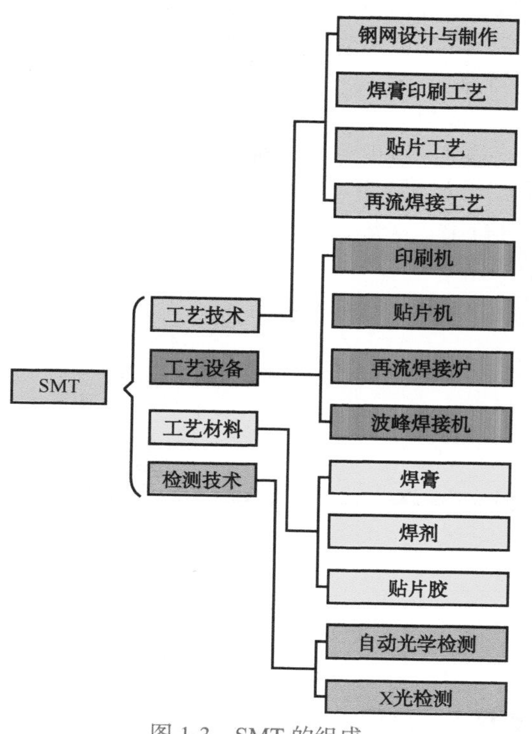

图1-3　SMT的组成

4. 表面组装技术（SMT）的核心

SMT技术有两大支柱——设备和工艺。工艺决定设备，工艺决定效率，工艺决定质量。从这个意义上讲，工艺是SMT的核心。

SMT工艺工作的目标是制造合格的焊点。良好焊点的获得有赖于合适的焊盘设计、合适的焊膏量、合适的再流焊接温度曲线，这些都是工艺条件。使用同样的设备，有些厂家焊接的直通率比较高，有些则比较低，差别在于工艺不同，它体现在“科学化、规范化、精细化”上。比如，在堆叠封装（PoP）生产工艺中对沾涂助焊剂的管控，大多数企业使用六边形梳规，通过对沾涂助焊剂膜厚的测量来控制堆叠BGA焊球上助焊剂的沾涂高度。这种方法忽略了助焊剂膜厚的测量操作与贴片机高速沾涂的差异，静态测量的结果不能反映动态的实际沾涂高度，流程上管控了，但实际上与不管控没有太多的差别，管控效果极其有限。工艺控制，如果目标错了、方法错了，就没有意义，这就是所谓的“科学性”。再举一个有关“精细化”的例子，对于焊膏添加前的搅拌操作，如果不给出搅拌合格的目标要求，只规定搅拌次数，每个人的搅拌效果是不一样的，这就是“精细化”的意义。

焊盘设计、钢网设计、印刷支撑与参数设置、再流焊接温度曲线设置、组装过程中工装的设计与配备等，这些工艺方法、技术文件、工装设计就是工艺，它们是企业长期经验的积累和工艺开发的结果，是企业的核心资产。

1.3 表面组装基本工艺流程

基本工艺流程类型

表面组装印制电路板组件（Printed-Circiut Board Assembly，PCBA）的焊接工艺，主要有再流焊接和波峰焊接两种，它们构成了 SMT 组装的基本工艺流程。

1. 再流焊接工艺流程

再流焊接，也称回流焊接，指通过熔化预先印刷在 PCB 焊盘上的焊膏，实现表面组装元器件焊端或引脚与 PCB 焊盘之间连接的一种软钎焊接工艺。

1）工艺特点

（1）焊料（以焊膏形式）的施加与加热分开进行，焊点大小可控。

（2）焊膏通过印刷的方式分配，每个焊接面一般只采用一张钢网进行焊膏印刷。

（3）再流焊接炉的主要功能就是对焊膏进行加热，即对置于炉内的 PCBA 整体加热，在进行第二次焊接时，第一次焊接好的焊点会重新熔化。

2）工艺流程

印刷焊膏→贴片→再流焊接，如图 1-4 所示。

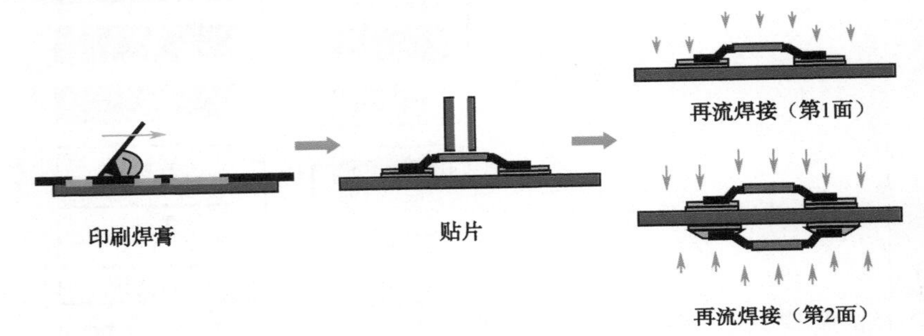

图 1-4　再流焊接工艺流程

2. 波峰焊接工艺流程

波峰焊接指将熔化的软钎焊料（含锡的焊料），经过机械泵或电磁泵喷流成焊料波峰，使预先装有元器件的 PCB 通过焊料波峰，实现元器件焊端或引脚与 PCB 插孔 / 焊盘之间连接的一种软钎焊接工艺。

1）工艺特点

（1）对 PCB 施加焊料与热量。

（2）热量的施加主要通过熔化的焊料传导，施加到 PCB 上的热量大小主要取决于熔融焊料的温度和熔融焊料与 PCB 的接触时间（焊接时间）。

（3）焊点的大小、填充性主要取决于焊盘的设计以及孔与引线的安装间隙。换句话来讲，就是波峰焊接焊点的大小主要取决于设计。

（4）焊接 SMD，存在“遮蔽效应”，容易发生漏焊现象。所谓“遮蔽效应”，是指片式 SMD 的封装体阻碍焊料波接触到焊盘 / 焊端的现象。

2）工艺流程

点胶→贴片→固化→波峰焊接，如图 1-5 所示。

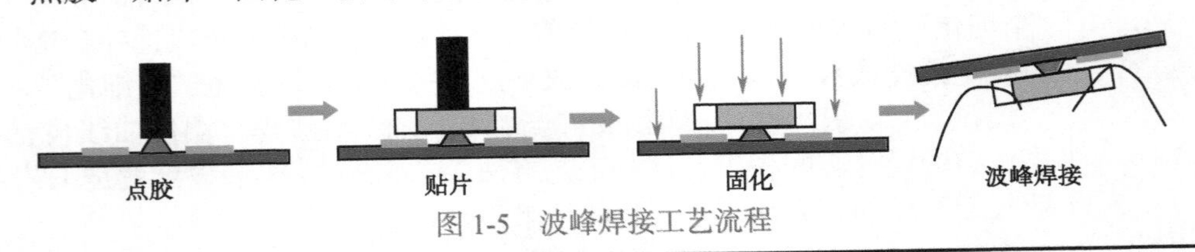

图 1-5　波峰焊接工艺流程

1.4　PCBA 组装方式（1）

PCBA组装方式（1）

PCBA 的组装方式指 PCBA 正反面元器件的布局结构，它取决于工艺路径的设计，主要的布局类型如图 1-6 ～图 1-10 所示。

1. 全 SMD 布局设计

随着元器件封装技术的发展，各类元器件基本上可以用表面组装封装；因此，尽可能采用全 SMD 设计，有利于简化工艺和提高组装密度。

根据元器件数量以及设计要求，可以设计为单面全 SMD 或双面全 SMD 布局（见图 1-6）。对于双面全 SMD 布局，布局在底面的元器件应该满足顶面焊接时不会掉下来的最基本要求。

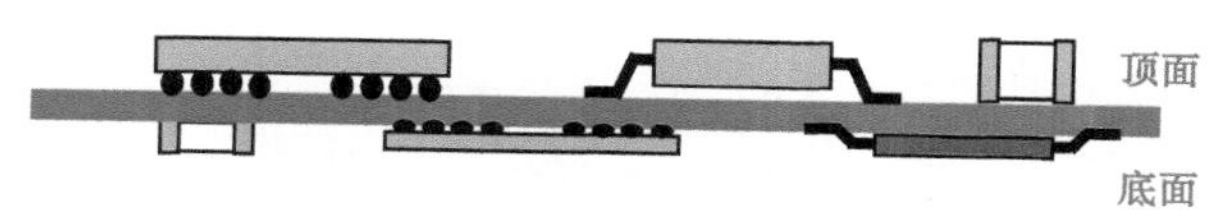

图 1-6　双面 SMD 布局设计

装配工艺流程如下：

（1）底面：印焊膏→贴片→再流焊接。

（2）顶面：印焊膏→贴片→再流焊接。

之所以先焊接底面，是因为一般底面上所布局的 SMD 考虑到了不能掉下来的焊接要求。

2. 顶面混装，底面 SMD 布局设计

这是目前常见的布局形式，根据插装元器件的焊接方法，可以细分为三类布局，即波峰焊接、掩模选择性波峰焊接和移动喷嘴选择性波峰焊接或手工焊接。由于焊接工艺不同，设计要求也有所不同。

1）底面采用波峰焊接的布局设计

底面采用波峰焊接的布局设计如图 1-7 所示，这类布局适合复杂表面组装元器件可以在顶面布局下的情况。

底面一般只布局适合波峰焊接的封装，如 0603 ～ 1206 范围内的片式元件、引线间距不小于 1mm 的 SOP 等。

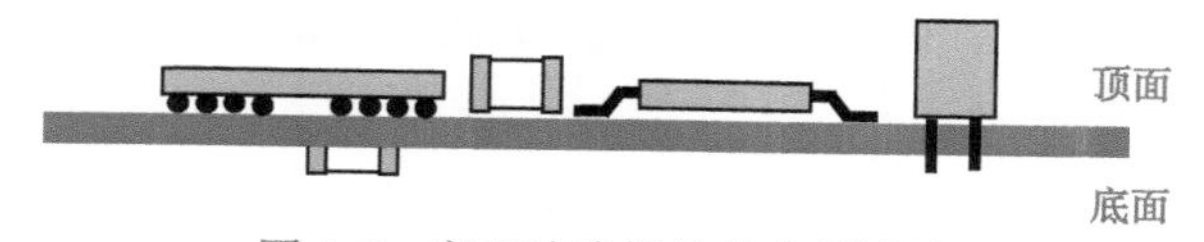

图 1-7　底面波峰焊接的布局设计

波峰焊接面上布局的 SMD 必须先用点胶固定。采用的装配工艺流程如下：

（1）顶面：印刷焊膏→贴片→再流焊接。

（2）底面：点胶→贴片→固化。

（3）顶面：插件。

（4）底面：波峰焊接。

之所以先焊接顶面，一方面是因为裸 PCB 在焊接前比较平整；另一方面是因为底面红胶的固化温度比较低（≤150℃），不会对顶面上已经焊接好的元器件构成不良影响。

贴片胶通常为红色，因此也称红胶。采用点胶的波峰焊接工艺也称红胶波峰焊接工艺。

1.4 PCBA 组装方式（2）

PCBA 组装方式（2）

2）底面采用掩模选择性波峰焊接的布局设计

掩模选择性波峰焊接，简称掩模选择焊，指使用掩模板将已经焊接好的表面组装元器件遮蔽起来，只露出需要波峰焊接区域的选择性波峰焊接工艺。所使用的掩模板也称托盘，因此掩模选择性波峰焊接也称托盘选择性波峰焊接、托盘选择焊。

底面采用掩模选择性波峰焊接的布局设计如图 1-8 所示，这类布局适合 SMD 数量多、顶面布局不下，又有不少插装元器件的情况。

底面元器件的布局要求比较多：一是 SMD 元器件不能太高；二是波峰焊接元器件与掩模板保护的 SMD 之间的间隔要满足掩模板制作及焊接传热的设计要求。

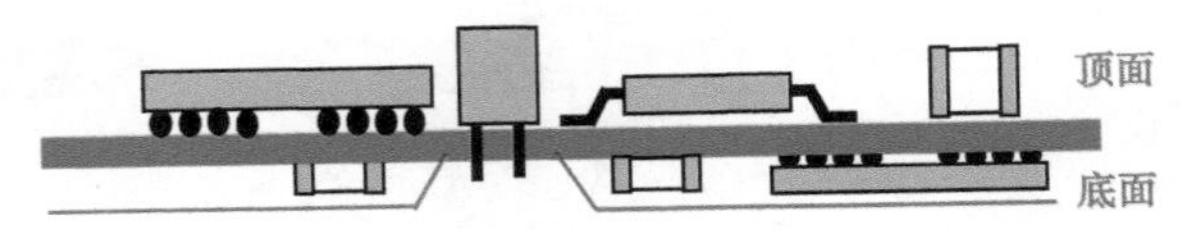

图 1-8　底面采用掩模选择性波峰焊接的布局设计

掩模选择性波峰焊接的布局设计，其装配工艺流程如下：

（1）底面：印刷焊膏→贴片→再流焊接。

（2）顶面：印刷焊膏→贴片→再流焊接。

（3）顶面：插件。

（4）底面：加掩模板，波峰焊接。掩模板如图 1-9 所示。

图 1-9　掩模板

3）底面采用移动喷嘴选择性波峰焊接的布局设计

移动喷嘴选择性波峰焊接，简称喷嘴选择焊，指使用 X、Y、Z 三方向可移动的波峰喷嘴逐点对插装元器件焊点进行焊接的选择性波峰焊接工艺。

底面采用移动喷嘴选择性波峰焊接的布局设计如图 1-10 所示，这类布局适合 SMD 数量多、顶面布局不下，只有少数插装元器件的情况。

底面元器件的布局与双面全 SMD 基本一样，只要插装引脚与周围元器件的间隔满足喷嘴焊接要求即可。

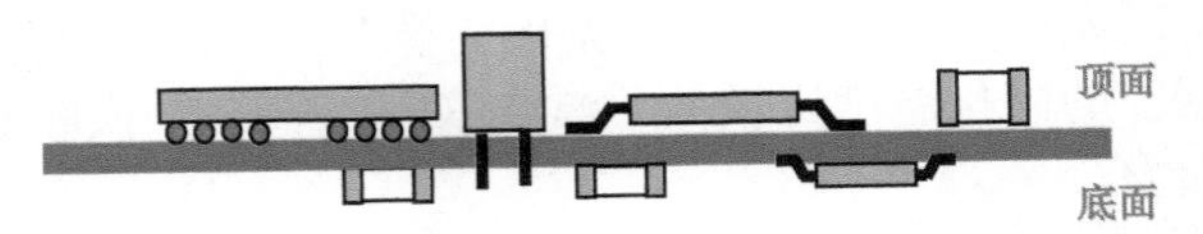

图 1-10　底面采用移动喷嘴选择性波峰焊接的布局设计

1.4　PCBA 组装方式（3）

PCBA 组装方式（3）

底面采用移动喷嘴选择性波峰焊接的布局设计，其装配工艺流程如下：

（1）顶面：印焊膏→贴片→再流焊接；

（2）顶面：印焊膏→贴片→再流焊接；

（3）顶面：移动喷嘴选择性波峰焊接。

3. 焊接良率与组装可靠性的考虑

PCBA 的组装方式设计，在一些工艺条件下会影响到焊接的良率与组装可靠性。比如：

（1）双面组装 PCBA，第二次焊接面的平整度不如第一次焊接面。

我们知道，PCB 属于不同材料的层压产品，存在内应力。在第一次焊接后 PCB 会发生变形。此变形会影响到第二次焊接面的焊膏印刷。因此，对于那些焊膏量比较敏感的元器件（如双排 QFN、0.4mm QFP 等），在布局时必须考虑变形对焊膏厚度或量的影响以及控制变形措施需要的空间要求（如工装的定位与安装位置）。

（2）在掩模选择焊接工艺条件下，PCB 表面容易残留未经高温分解的焊剂。

我们通常采用合成石掩模板实现选择焊接，由于掩模板与 PCB 之间没有密封圈，仅靠接触进行密封，实际上它们之间存在着一定的间隙，如图 1-11 所示。在喷涂助焊剂的时候，过厚的焊剂往往会在缝隙毛细作用力下吸附进缝隙或因传送系统的倾斜流进缝隙，而这些焊剂过波峰时又不能被熔融的焊锡高温分解掉或冲刷掉，具有一定的腐蚀性。如果焊接后不进行清洗，这些残留的助焊剂很容易吸潮而成为电解质溶液，降低表面绝缘电阻甚至对电路、元器件造成腐蚀，影响 PCBA 的长期可靠性。因此，元器件布局时一定要保证被保护元器件与选择焊接的元器件焊盘之间有足够的距离，不能无约束地追求小距离的设计。距离越小，掩模选择开窗密封尺寸就越小，对可靠性的影响也越大。

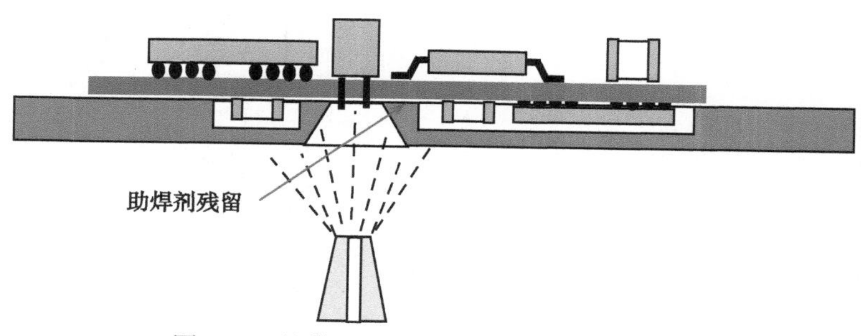

图 1-11　掩模选择焊接掩模板与 PCB 的密封

（3）红胶波峰焊接工艺，容易对顶面焊接完成的 BGA 器件焊点造成界面粗化现象。

在波峰焊接过程中，热量会通过 BGA 下的导通孔将 BGA 焊点加热，导致 BGA 焊点 PCB 侧晶粒粗大甚至重新熔化与结晶，从而导致 BGA 焊点可靠性劣化。我们应了解，红胶波峰焊接工艺起源于 SMT 发展之初，主要用于表面组装元器件以片式元件为主的时代。现在应避免采用这种设计，因为它不仅组装密度低、效率低，并且也会限制设计的布局。

1.5 表面组装元器件的封装形式（1）

SMD 的封装形式

表面组装元器件（SMD），也称表面贴装元器件，其封装是表面组装的对象，认识 SMD 的封装结构，对优化 SMT 工艺具有重要意义。

SMD 的封装结构是工艺设计的基础，因此，在这里我们不按封装的名称而按照引脚或焊端的结构形式来进行分类。按照这样的分法，SMD 的封装主要有片式元件类、J 形引脚类、L 形引脚类、BGA 类、BTC 类和城堡类，如图 1-12 所示。

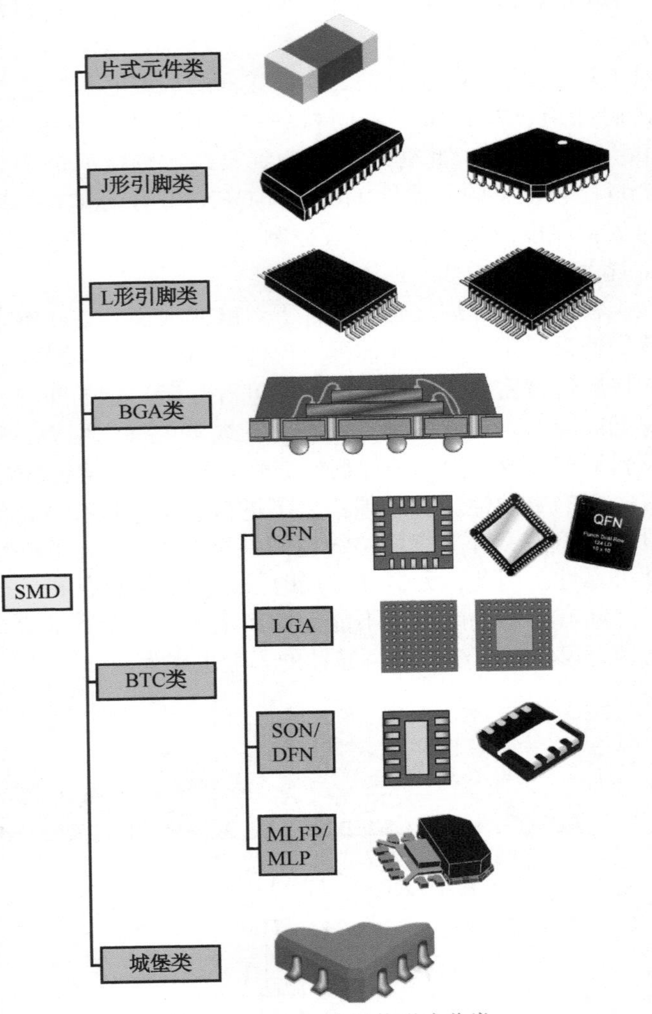

图 1-12　SMD 的封装形式分类

再流焊接会遇到各种各样的焊接不良现象，诸如不润湿、芯吸、渗析以及桥连、开焊、空洞等。需要指出，不是每类封装都会发生这些焊接不良。不同的封装有不同的工艺特性，所产生的焊接问题也不同。比如，片式元件最容易发生的焊接问题是偏移和立碑，BGA 封装最容易发生的焊接问题是球窝和空洞。球窝永远不会出现在片式元件上，立碑也不会出现在 BGA 上。掌握这些封装的工艺特点以及常见的焊接不良与形成原因，对优化焊盘与钢网的设计以及提升焊接的直通率具有重要意义。

1.5　表面组装元器件的封装形式（2）

片式元件（Chip）类封装

1. 范围

片式元件（Chip）类，一般指形状规则、2 ～ 4 个引出端的片式元件，主要有片式电阻、片式电容和片式电感，如图 1-13 所示。

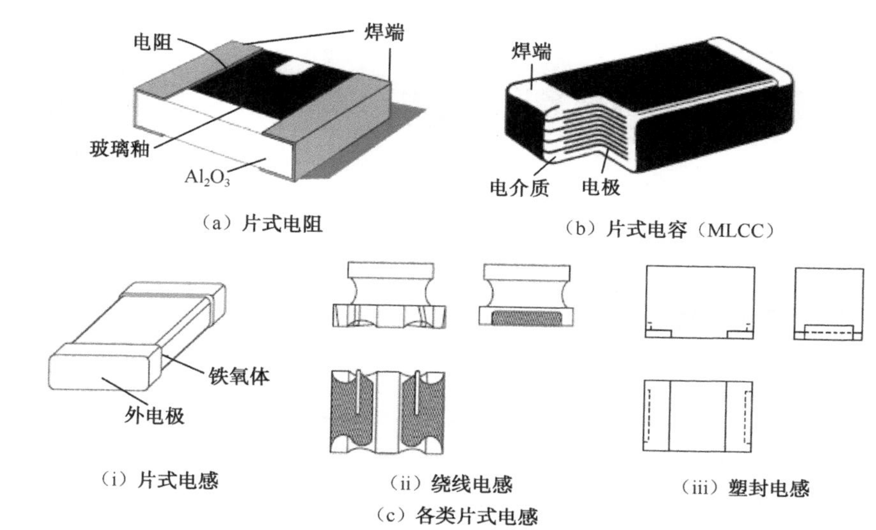

图 1-13　片式元件（Chip）类常见封装

2. 耐焊接性

根据 PCBA 组装可能的最大焊接次数以及 IPC/JEDEC J-STD-020 的有关要求，一般片式元件具备以下的耐焊接性：

1）有铅工艺

（1）能够承受 5 次标准有铅再流焊接，温度曲线参见 IPC/JEDEC J-STD-020D。

（2）能够承受在 260℃熔融焊锡中 10s 以上的一次浸焊过程。

2）无铅工艺

（1）能够承受 3 次标准无铅再流焊接，温度曲线参见 IPC/JEDEC J-STD-020D。

（2）能够承受在 260℃熔融焊锡中 10s 以上的一次浸焊过程。

3. 工艺特点

（1）封装尺寸。

片式电阻、片式电容的封装比较规范，有英制和公制两种表示方法。在业内多使用英制，这主要与行业习惯有关。

常用片式电阻 / 电容的封装代号与对应尺寸如表 1-1 所示。

表 1-1　常用片式电阻 / 电容的封装代号与对应尺寸

英制代号	1206	0805	0603	0402	0201	01005
公制代号	3216	2125	1608	1005	0603	0402
公制尺寸	3.2mm × 1.6mm	2.0mm × 1.25mm	1.6mm × 0.8mm	1.0mm × 0.5mm	0.6mm × 0.3mm	0.4mm × 0.2mm

（2）0603 及以上尺寸的封装工艺性良好，正常工艺条件下，很少有焊接问题；0402 及以下尺寸的封装，工艺性稍差，一般容易出现立碑、翻转等不良现象。

1.5 表面组装元器件的封装形式（3）

J 形引脚类封装

1. 范围

J 形引脚类封装（J-lead），是 SMT 早期出现的一类封装形式，常见的包括 SOJ、PLCCR、PLCC，如图 1-14 所示。

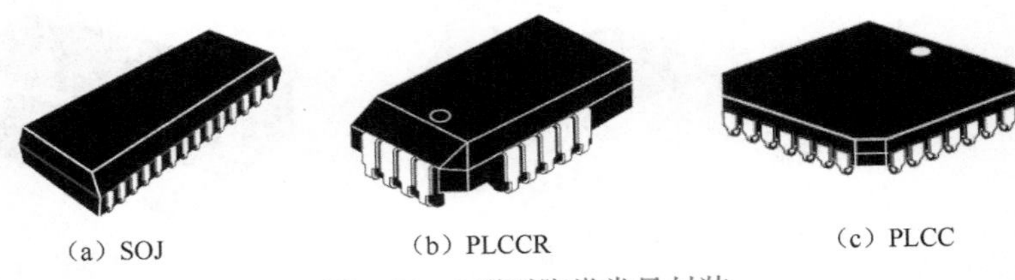

（a）SOJ （b）PLCCR （c）PLCC

图 1-14 J 形引脚类常见封装

2. 耐焊接性

J 形引脚类封装耐焊接性比较好，一般具备以下的耐焊接性：

1）有铅工艺

能够承受 5 次标准有铅再流焊接，温度曲线参见 IPC/JEDEC J-STD-020D。

2）无铅工艺

能够承受 3 次标准无铅再流焊接，温度曲线参见 IPC/JEDEC J-STD-020D。

3. 工艺特点

美国德州仪器公司（Texas Instruments，TI）首先在 64Kb DRAM 和 256Kb DRAM 中采用，现在已经广泛用于逻辑电路器件的封装。

（1）J 形引脚的封装，一方面引脚在芯片底部向内弯曲，不容易变形，共面性好；另一方面，引脚标准间距为 1.27mm，比较大。因此，焊接工艺性非常好，在一般工艺水准下，不容易出现焊接不良问题，唯一的不足就是拆卸比较困难。

（2）封装密度比较小，不仅尺寸大（如 PLCC-100，高达 5mm），而且 I/O 数有限（43mm × 43mm 的 PLCC，I/O 数只有 124 个），所以目前应用不是很多。

（3）由于其引脚与安装面垂直且刚性好的特点，可以通过转接插座进行安装，如图 1-15 所示。这种设计多用于内存、逻辑器件，方便更换。

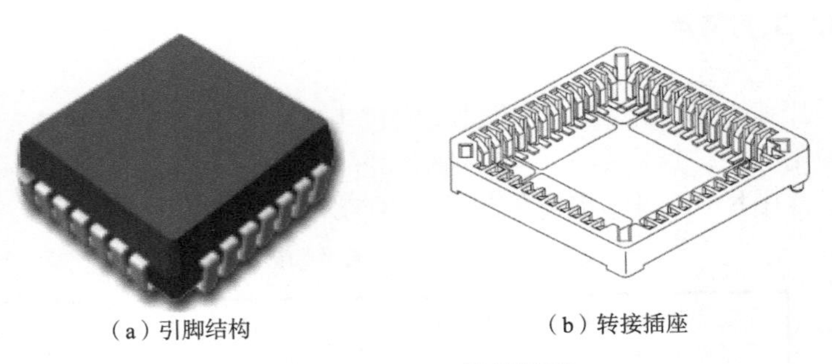

（a）引脚结构 （b）转接插座

图 1-15 PLCC 转接插座

（4）PLCC 封装是 IC 封装中厚度最大的一类，最小厚度也达到 3.75mm，这个厚度归为 IPC/JEDEC J-STD-002 中封装厚度分类的最高档（>2.5mm）。过厚的封装厚度，意味着吸潮后容易分层，这就要求再流焊接时必须关注再流焊接峰值温度是否超标的问题。

1.5　表面组装元器件的封装形式（4）

L形引脚类封装

1. 范围

L形引脚也称鸥翼形引脚（Gull-Wing Lead），此类封装有很多种，主要有SOIC、TSSOP、BQFP、SQFP、QFP和QFPR，如图1-16所示。之所以种类多，是因为它们源自不同的标准，如IPC、EIAJ、JEDEC。从工艺的角度，我们可以简单地把此类封装归为SOP、QFP两类。

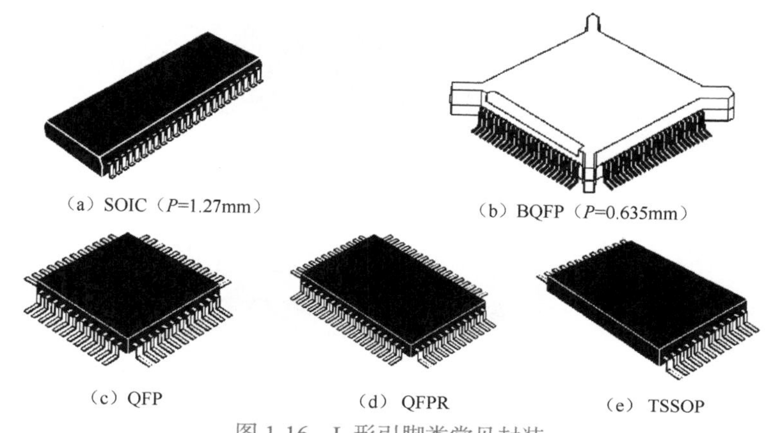

（a）SOIC（P=1.27mm）　（b）BQFP（P=0.635mm）

（c）QFP　（d）QFPR　（e）TSSOP

图1-16　L形引脚类常见封装

2. 耐焊接性

L形引脚类封装耐焊接性比较好，一般具备以下的耐焊接性：

（1）有铅工艺。能够承受5次标准有铅再流焊接，温度曲线参见IPC/JEDEC J-STD-020D。

（2）无铅工艺。能够承受3次标准无铅再流焊接，温度曲线参见IPC/JEDEC J-STD-020D。

3. 工艺特点

（1）引脚间距形成标准系列，如1.27mm、0.80mm、0.65mm、0.635mm、0.50mm、0.40mm、0.30mm。其中1.27mm只出现在SOIC封装上，0.635mm只出现在BQFP封装上。

（2）塑封的L形引脚类封装，属于潮湿敏感器件，容易吸潮，使用前需要确认吸潮是否超标。如果吸潮超标，应进行干燥处理。

（3）0.65mm及以下引脚间距的封装，其引脚比较细，容易变形。因此，在配送、写片等环节，应小心操作，以免引脚变形而导致焊接不良。如不小心掉到地上，捡起来后应进行引脚共面度和间距的检查与矫正。

（4）0.4mm及其以下引脚间距的封装，对焊膏量非常敏感。因此，在应用0.4mm及其以下引脚间距的封装时，设计方面应扩大工艺窗口，生产现场应确保稳定、合适的焊膏量。最常见的焊接问题是桥连与开焊。

（5）TSSOP封装，由于其厚度薄，标准高度尺寸为1.27mm，引脚应力释放能力比较弱，使该得封装与PCB的热膨胀系数（CTE）不匹配成为问题，一般温度循环试验寿命都比较小。

（6）L形引脚类封装器件，手工焊接有一定的难度，需要专门的培训。焊接的要领是必须选用合适的烙铁，沿引脚方向拖锡，一边拆桥连，一边对引脚进行矫正。

1.5 表面组装元器件的封装形式（5）

BGA 类封装	**1. 范围** BGA 类封装（Ball Grid Array），按其结构划分，主要有塑封 BGA（P-BGA）、倒装 BGA（F-BGA）、载带 BGA（T-BGA）和陶瓷 BGA（C-BGA）四大类，如图 1-17 所示。 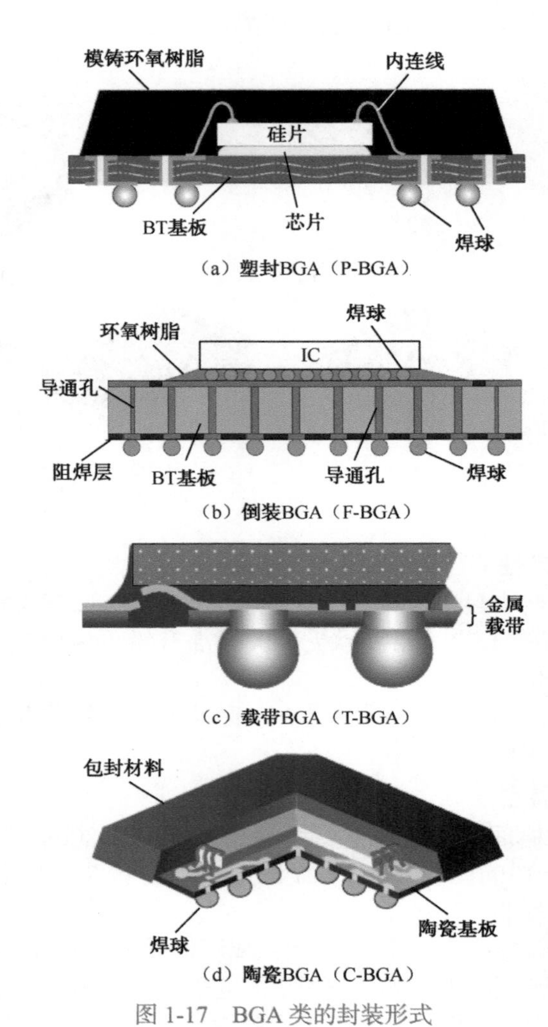 （a）塑封BGA（P-BGA） （b）倒装BGA（F-BGA） （c）载带BGA（T-BGA） （d）陶瓷BGA（C-BGA） 图 1-17　BGA 类的封装形式 **2. 工艺特点** （1）BGA 引脚（焊球）位于封装体下，无法目视检验，必须采用 X 光透射设备才能检查。 （2）BGA 属于湿敏器件，如果吸潮，容易发生“爆米花”、变形等焊接缺陷。因此，组装前必须确认是否符合工艺要求。 （3）BGA 也属于应力敏感器件，四角焊点容易成为应力集中点，在机械应力作用下很容易被拉断。因此，在 PCB 设计时应尽可能将其布放在远离组装应力源的地方，如拼板边和螺钉附近。 总体而言，焊接的工艺性比较好，但有许多独有的焊接问题，参见 IPC-7095。

1.5　表面组装元器件的封装形式（6）

BTC类封装

1. 范围

BTC是Bottom Termination Surface Mount Component的缩写，可翻译为“底部焊端器件”，它是比较新的一类封装，其特点是外面的连接端与封装体内的金属（也可以看作引线框架）是一体化的，如图1-18所示。其具体封装名称很多，但实际上就是两大类，即周边方形焊盘布局和面阵圆形焊盘布局。

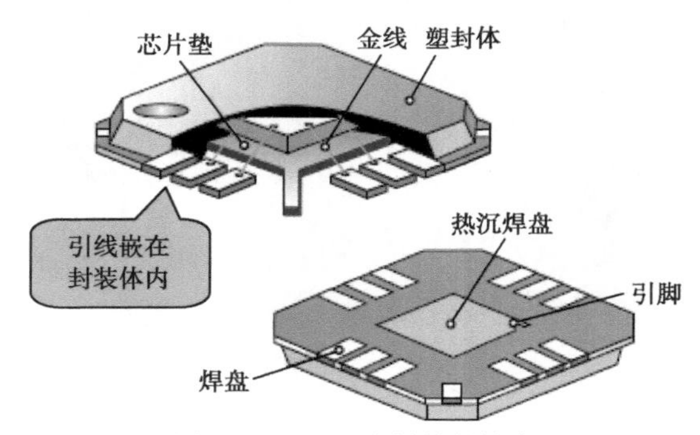

图1-18　BTC类封装的特点

在IPC-7093中列出的BTC类封装形式有QFN（Quad Flat No-lead package）、SON（Small Outline No-lead）、DFN（Dual Flat No-lead）、LGA（Land Grid Array）、MLFP（Micro Leadframe Package），如图1-19所示。

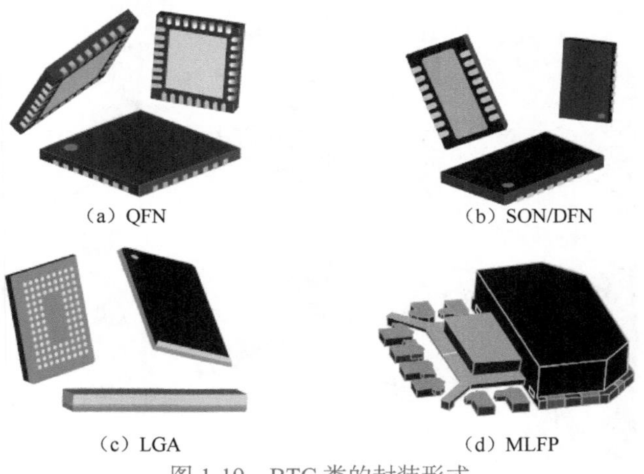

（a）QFN　（b）SON/DFN　（c）LGA　（d）MLFP

图1-19　BTC类的封装形式

2. 工艺特点

（1）BTC的焊端为面，与PCB焊盘形成的焊点为“面—面”连接。

（2）BTC类封装的工艺性比较差，换句话讲就是焊接难度比较大，经常发生的问题为焊缝中有空洞、周边焊点虚焊或桥连。

这些问题产生的原因主要有两个：一是封装体与PCB之间间隙过小，贴片时焊膏容易挤连，焊接时焊剂中的溶剂挥发通道不畅通；二是热沉焊盘与I/O焊盘面积相差悬殊，当I/O焊盘上焊膏沉积率低时，容易发生“元器件托举”现象而虚焊。因此，确保I/O焊盘上焊膏量合适要比减少热沉焊盘上的焊膏量更有效。

1.6 印制电路板制造工艺（1）

PCB概述

印刷电路板（PCB）包括刚性 PCB、挠性 PCB 及刚－挠结合的单面、双面和多层 PCB，如图 1-20 所示。

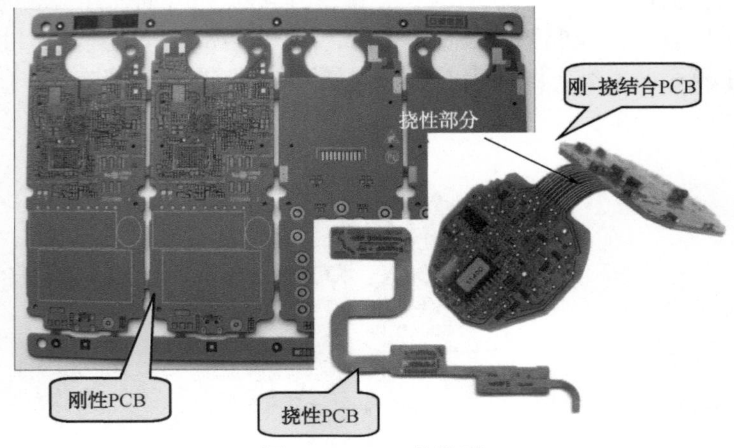

图 1-20　PCB 的类别

PCB 为电子产品最重要的基础部件，用作电子元器件互连与安装的基板，如图 1-21 所示。

图 1-21　PCB 的作用

不同类别的 PCB，其制造工艺不尽相同（如电镀、蚀刻、阻焊等工艺方法都要用到），但基本的原理与方法基本一样。在所有种类的 PCB 中，刚性多层 PCB 应用最广，其制造工艺方法与流程最具代表性，也是其他类别 PCB 制造工艺的基础。

了解 PCB 的制造工艺方法与流程，掌握基本的 PCB 制造工艺能力，是做好 PCB 可制造性设计的基础。

本节内容，我们将简单介绍传统刚性多层 PCB 和 HDI（高密度互连）PCB 的制造方法、流程和基本工艺能力。

1.6 印制电路板制造工艺（2）

刚性多层PCB（1）

刚性多层PCB是目前绝大部分电子产品使用的PCB，其制造工艺具有代表性，也是HDI板、挠性板、刚－挠结合板的工艺基础。

1. 工艺流程

刚性多层PCB制造流程框图如图1-22所示，可以简单分为内层板制造、叠层/层压、钻孔/电镀/外层线路制作、阻焊/表面处理四个阶段，详细如图1-23～图1-26所示。

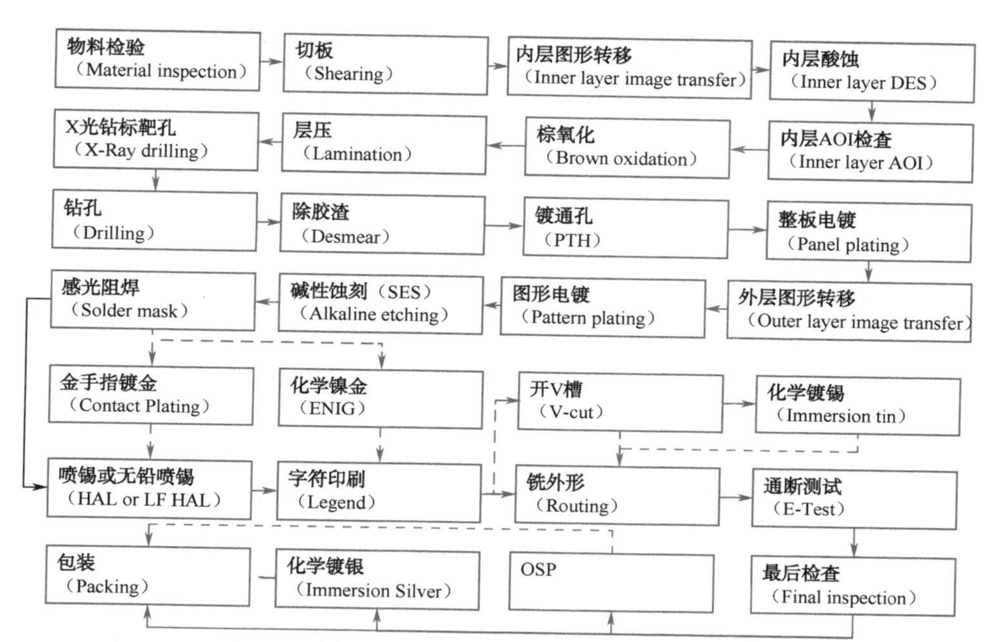

图1-22 刚性多层PCB流程框图

阶段一：内层板制作工艺方法与流程如图1-23所示。

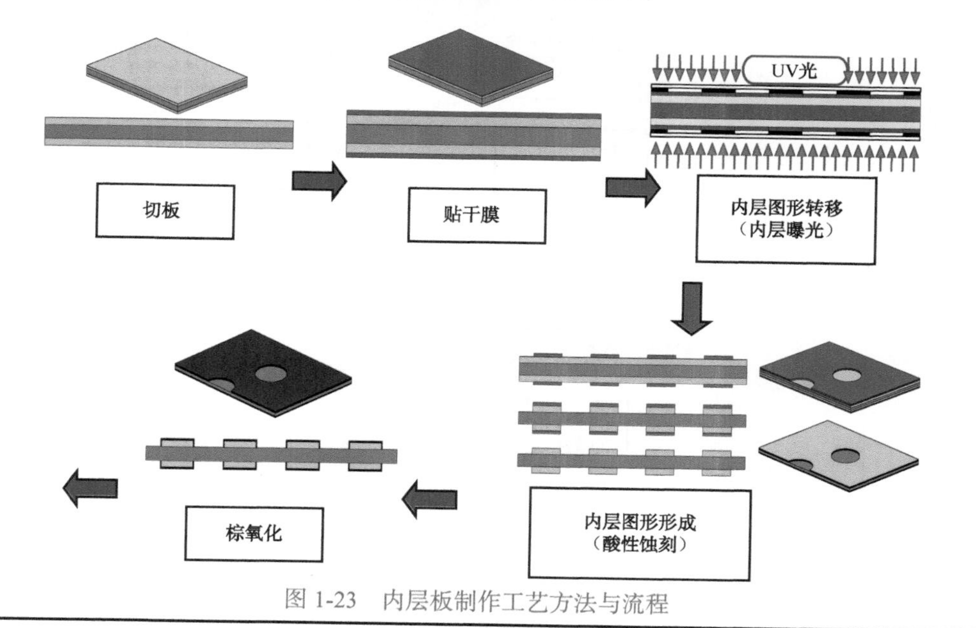

图1-23 内层板制作工艺方法与流程

1.6 印制电路板制造工艺（3）

<table>
<tr>
<td>刚性多层 PCB（2）</td>
<td>

内层板制作相对简单，就是通过减成法制作内层图形。由于线路图形是一次形成的，线宽 / 线距更容易控制，可以做到比外层线路更细的线宽与线距。

阶段二：叠层 / 层压工艺方法与流程如图 1-24 所示。

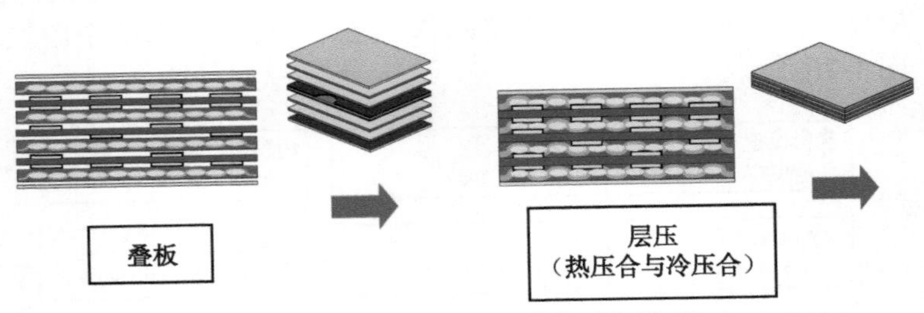

图 1-24 叠层 / 层压工艺方法与流程

叠层 / 层压工艺，流程看似简单，却是多层板制作的核心流程，它决定了多层板的层间图形对位精度，也决定了 PCB 设计的最小反焊盘环宽等尺寸。

阶段三：钻孔 / 电镀 / 外层线路制作工艺方法与流程如图 1-25 所示。

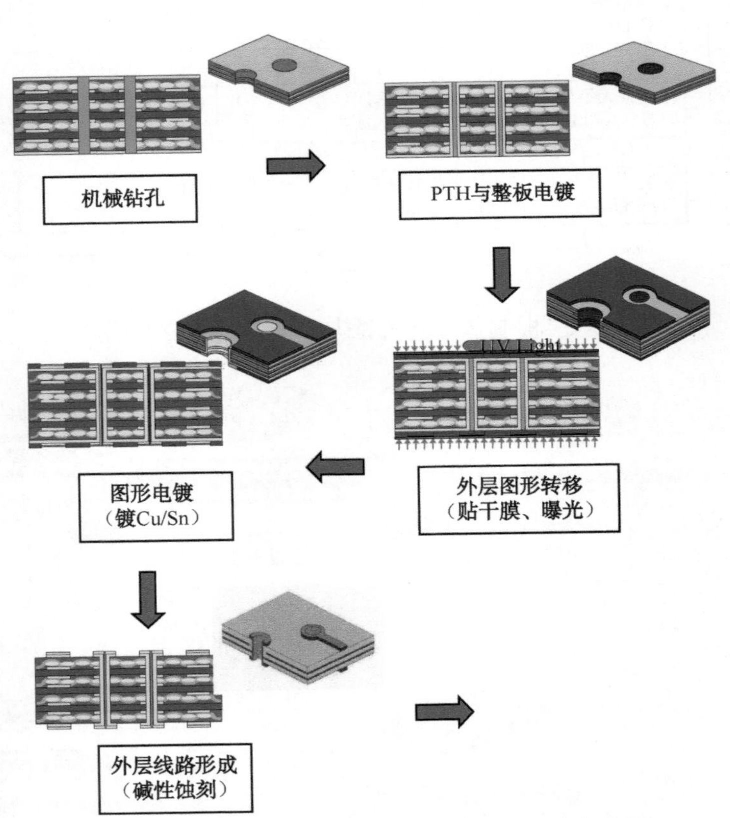

图 1-25 钻孔 / 电镀 / 外层线路制作工艺方法与流程

钻孔 / 电镀 / 外层线路制作工艺，是完成 PCB 内外层线路互连的工艺过程，对互连的可靠性有很大影响。

</td>
</tr>
</table>

1.6　印制电路板制造工艺（4）

刚性多层PCB（3）

阶段四：阻焊/表面处理工艺方法与流程如图1-26所示。

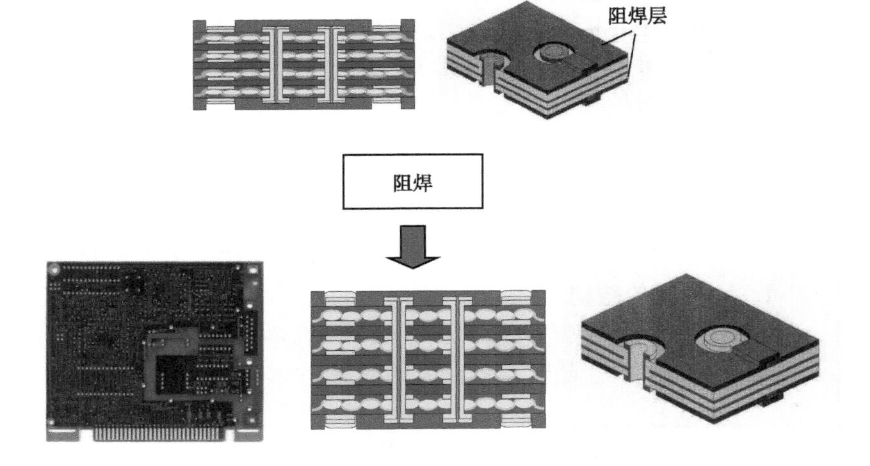

金手指镀金，喷锡或沉镍金等，字符印刷

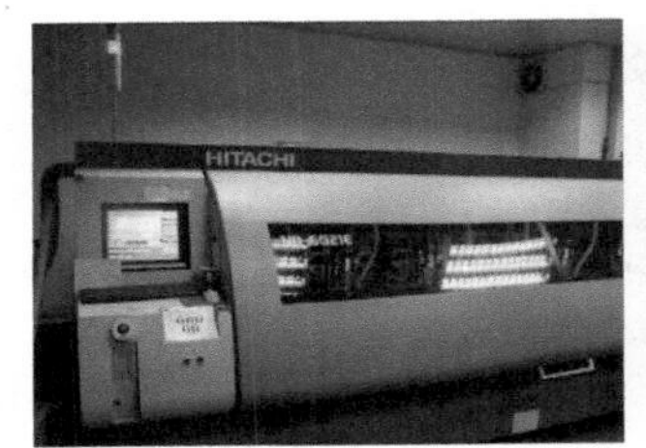

铣外形、测试、包装

图1-26　阻焊/表面处理工艺方法与流程

2. 工艺能力

刚性多层PCB的工艺能力主要源于厂家，包括一般指标、加工能力与加工精度。

（1）最大层数：40。

（2）PCB尺寸：584mm×1041mm。

（3）最大铜厚：外层4oz，内层4oz（1oz≈28.35g，1oz/ft^{2}的铜箔厚约为35μm）。

（4）最小铜厚：外层1/2oz，内层1/3oz。

（5）最小线宽/线距：0.10mm/0.10mm。

（6）最小钻孔孔径：0.25mm。

（7）最小金属化孔孔径：0.20mm。

（8）最小孔环宽度：0.125mm。

（9）最小阻焊间隙/宽度：0.75mm/0.75mm。

（10）最小字符线宽：0.15mm。

（11）外形公差：±0.10mm（与尺寸有关）。

1.6 印制电路板制造工艺（5）

高密度互连 PCB（HDI 板）（1）

随着 0.8mm 及其以下引线中心距 BGA、BTC 类电子器件的使用，传统的层压印制电路制造工艺已经不能适应微细间距元器件的应用需要，因此开发了高密度互连 PCB（HDI 板）电路板制造技术。

所谓 HDI 板，一般指线宽（线距）≤0.10mm、微导通孔径≤0.15mm 的 PCB。

在传统的多层板工艺中，所有层是一次性压合在一起的，采用贯通的导通孔进行层间连接；而在 HDI 板工艺中，导体层与绝缘层是逐层积层，导体间是通过微埋 / 盲孔进行连接的。因而，一般把 HDI 板工艺称为积层工艺（Build-up Process，BUP；Build-up Mutiplayer，BUM）。根据微埋 / 盲孔的导通的方法来分，还可以进一步细分为电镀孔积层工艺和应用导电胶积层工艺（如 ALIVH 和 B^{2}IT 工艺）。

1. HDI 板的结构

HDI 板的典型结构是“*N*+C+*N*”，其中“*N*”表示积层层数，“C”表示芯板，如图 1-27 所示。随着互连密度的提高，全积层结构（也称任意层互连）也开始使用。

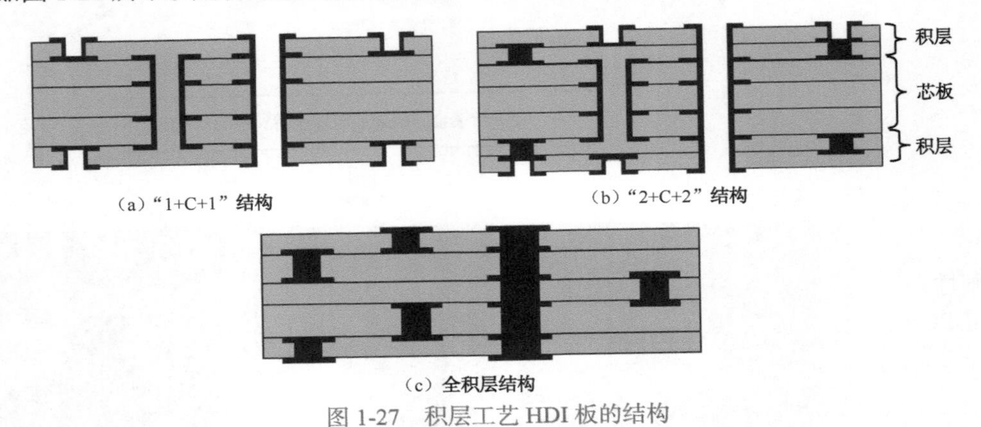

图 1-27　积层工艺 HDI 板的结构

2. 电镀孔工艺

在 HDI 板的工艺中，电镀孔工艺是主流的一种，几乎占 HDI 板市场的 95% 以上。它本身也在不断发展中，从早期的传统孔电镀到填孔电镀，HDI 板的设计自由度得到很大提高，如图 1-28 所示。

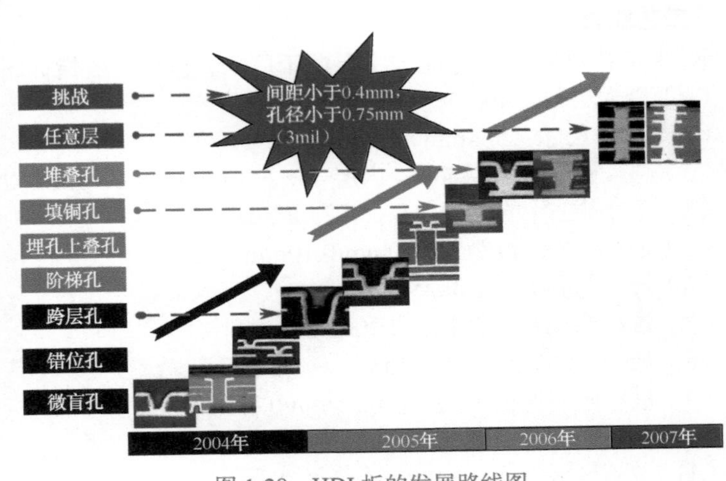

图 1-28　HDI 板的发展路线图

1.6　印制电路板制造工艺（6）

高密度互连PCB（HDI板）（2）

1）工艺流程

电镀孔积层工艺核心流程如图 1-29 所示。

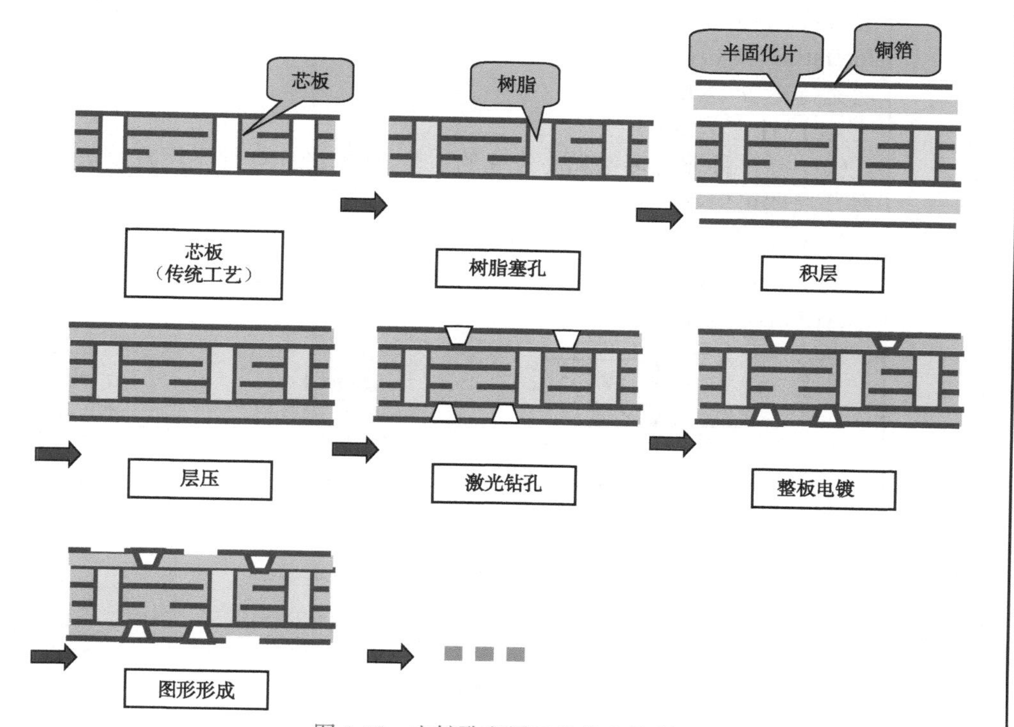

图 1-29　电镀孔积层工艺核心流程

2）工艺能力

电镀孔积层板的设计，主要考虑积层的层数及埋孔、微盲孔的结构和微盲孔的尺寸。设计要求比较多，在此仅举例说明。

（1）微盲孔的结构至少有 12 种，比如“二阶微孔 + 次外层机械埋孔”，设计者可参考有关标准，如 IPC-2226A（高密度互连（HDI）印制板设计规范）、IPC-2315（高密度互连（HDI）与微导通孔设计导则）等。

（2）积层介质厚度（h）：40 ~ 80μm（决定了微盲孔的直径）。

（3）微盲孔尺寸（见图 1-30）。

微盲孔孔径（B）：≥0.10mm，一般取 0.125mm；

微盲孔孔盘直径（A）：≥0.30mm；

微盲孔底盘直径（C）：≥0.30mm。

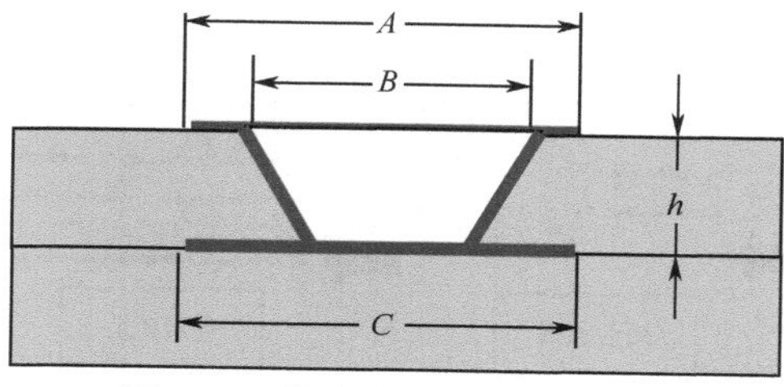

图 1-30　微盲孔结构与尺寸说明

1.6 印制电路板制造工艺（7）

高密度互连 PCB（HDI 板）（3）

3. ALIVH 工艺

ALIVH 工艺为松下公司（Matsushita）开发的全积层结构的多层 PCB 制造工艺，是一种应用导电胶的积层工艺，称为任意层填隙式导通互连技术（Any Layer Interstitial Via Hole，ALIVH），任意层间互连全由埋孔 / 盲孔来实现。该工艺的核心是导电胶填孔。

ALIVH 工艺特点：

（1）是一种非常环保和高效率的工艺，线路制作全部采用减成法，省去了电镀线；各层线路可以并行制作，一次压合，具有交期方面的优势。

（2）使用无纺芳酰胺纤维环氧树脂半固化片为基材；

（3）采用 CO_2 激光形成导通孔，并用导电胶填充导通孔。

ALIVH 工艺流程如图 1-31 所示。

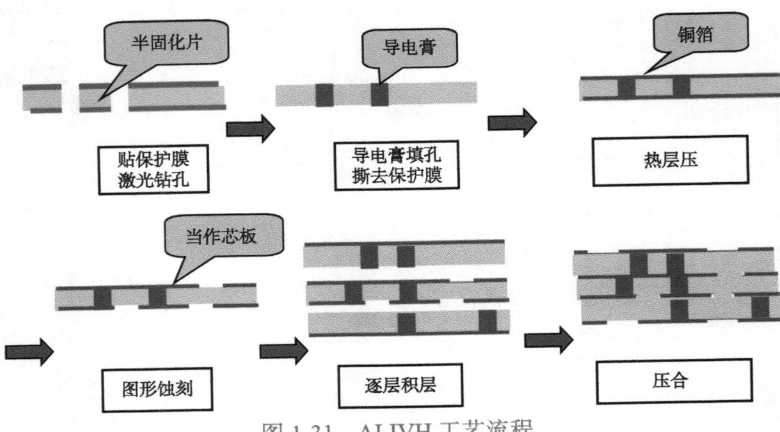

图 1-31 ALIVH 工艺流程

4. B^2IT 工艺

B^2IT 工艺为东芝公司（Toshiba）开发的积层多层板制造工艺，B^2IT 即埋入凸块互连技术（Buried Bump Interconnection Techonology）。该工艺的核心是应用导电胶制成的凸块。

B^2IT 工艺流程如图 1-32 所示，红色框为核心工艺。

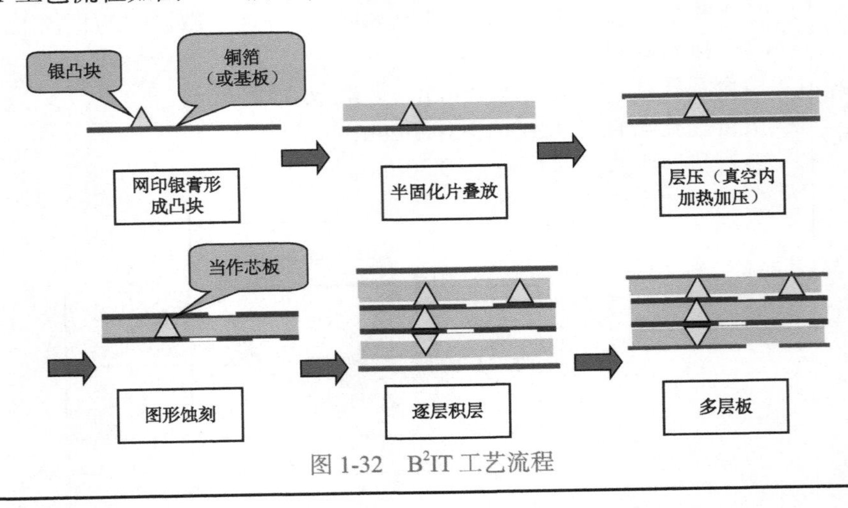

图 1-32 B^2IT 工艺流程

1.6　印制电路板制造工艺（8）	
高密度互连PCB（HDI板）（4）	**5. 说明** （1）对于任意层，目前已能做到16层；缺点是层多后增加了爆板的风险。 （2）任意层芯板上设置埋孔，其余层可设计为全电镀填孔叠加。 （3）激光直接钻孔（LDD），孔形好，工序少，但对铜（Cu）厚度有限制，一般应不大于8μm。LDD前，铜面需要棕化，以便激光能量吸收，LDD后再把棕化层去掉。 （4）对于非任意层板，比如2+C+2，内层芯板上的通孔（HDI板的埋孔）孔盘环宽应大些；因为芯板大多为多层板结构，多层板的压合要考虑层间对位的问题，而不像积层部分，是逐层对位的，如图1-33所示。  （a）逐层压合，环宽可以小些  （b）一次压合，环宽要考虑叠层公差 图1-33　层间对位 （5）电镀填空常见的不良情况为空洞，如图1-34所示。  图1-34　电镀填孔空洞现象 （6）传统的电镀填孔工艺比ALIVH工艺制作的积层结合力要好。因此，一般将ALIVH技术用于制作内层，而仍然采用传统工艺制作表层与次表层。 （7）HDI最小板厚取决于叠层厚度。 ① 最小芯板（Core）厚度：50μm，其中介质厚度为35μm； ② 最小半固化片（PP）厚度：33μm； ③ 最小铜（Cu）厚度：17μm。 这样，10层HDI板最小厚度大约为： 10（层）×17（Cu）+8（层）×33（PP）+1（层）×35（Core）+40（阻焊）=509μm。 需要说明的是，这个计算值是压合后的一个最大值，没有考虑线路蚀刻带来的半固化片流胶填充而减薄的影响。

1.7 表面组装工艺控制关键点

SMT 关键控制点	据统计，名列 PCBA 焊接不良前五位的是虚焊、桥连、少锡、移位和多余物，而这些不良焊接的产生在很大程度上与焊膏印刷、钢网设计、焊盘设计及温度曲线设置有关，也就是与工艺有关。如果说提升 SMT 的终极目标是获得优质焊点的话，那么就可以说工艺是 SMT 的核心。 按照业务划分，SMT 工艺一般可分为工艺设计、工艺试制和工艺控制，如图 1-35 所示，其核心目标是通过合适焊膏量的设计与一致的印刷沉积，减少开焊、桥连、少锡和移位，从而获得预期的焊点质量。 在每项业务中，有一组工艺控制点，其中焊盘设计、钢网设计、焊膏印刷与 PCB 的支撑是工艺控制的关键点。 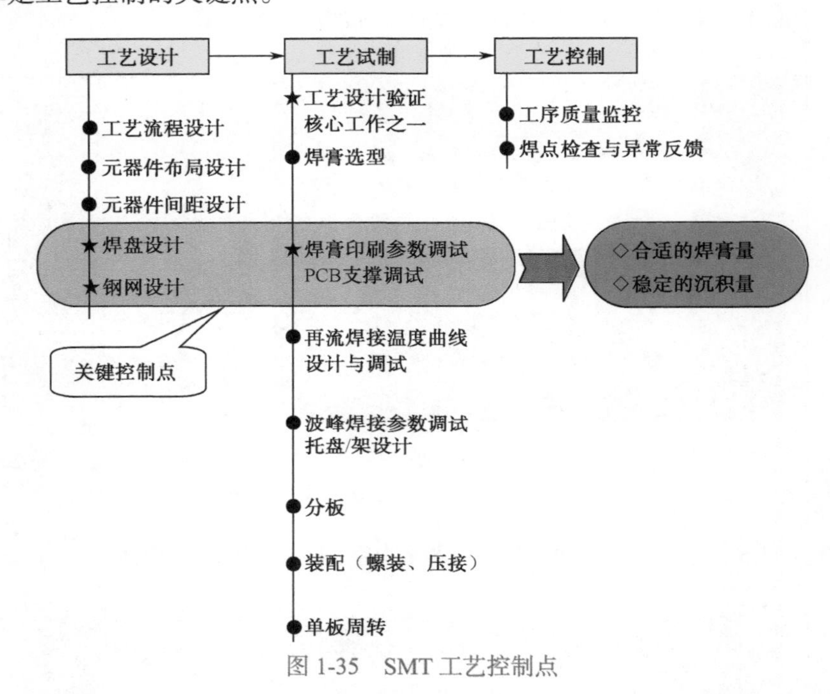 图 1-35 SMT 工艺控制点 随着元器件焊盘及间隔尺寸的不断缩小，钢网开窗的面积比及钢网与 PCB 印刷时的间隙越来越重要。前者关系到焊膏的转移率，而后者关系到焊膏印刷量的一致性及印刷的良率。 为了获得 75% 以上的焊膏转移率，根据经验，一般要求：钢网开窗与侧壁的面积比大于等于 0.66；焊膏中焊粉型号满足“5 球 /8 球 /4 球”原则；焊膏黏度合适；印刷时钢网与 PCB 焊盘无间隙。在这些条件中，前三项都是工艺设计项，很容易做到，但是最后一项比较难以实现。因此，要获得符合设计预期的、稳定的焊膏量，印刷时钢网与 PCB 的间隙就成为一个核心控制点。 消除钢网与 PCB 的间隙是一件非常难的工作，这是因为钢网与 PCB 的间隙与 PCB 的设计、PCB 的翘曲、印刷时 PCB 的支撑等很多因素有关，有时受限于产品设计和所使用的设备是不可控的，而恰恰这是精细间距元器件组装的关键！像 0.4mm 引脚间距的 CSP、多排引脚 QFN、LGA、SGA 的焊接不良几乎百分之百与此有关。因此，在先进的专业代工厂里，发明了很多非常有效的 PCB 支撑工装，用于矫正 PCB 的翘曲，保证零间隙印刷。

1.8　表面润湿与可焊性

表面润湿	表面润湿，是指焊接时熔融焊料铺展并覆盖在被焊金属表面上的现象。 润湿表示液态焊料与被焊接表面之间发生了溶解扩散作用，形成了金属间化合物（Intermetallic Compound，IMC），它是软钎焊接良好的标志。 当我们把一片固态金属片浸入液态焊料槽时，金属片和液态焊料间就会发生接触，但这并不意味着金属片已经被液态焊料所润湿，因为它们之间有可能存在着阻挡层，只有把小片金属从焊料槽中抽出才能看出是否润湿。 润湿只有在液态焊料和被焊金属表面紧密接触时才会发生，那时才能保证有足够的吸引力。如果被焊表面上有任何牢固附着的污染物，如氧化膜，都会成为金属的连接阻挡层，从而妨碍润湿。在被污染的表面上，一滴焊料和在平板上沾了油脂的一滴水滴的表现是一样的，如图 1-36 所示，不能铺展，接触角 $\theta>90°$ 。 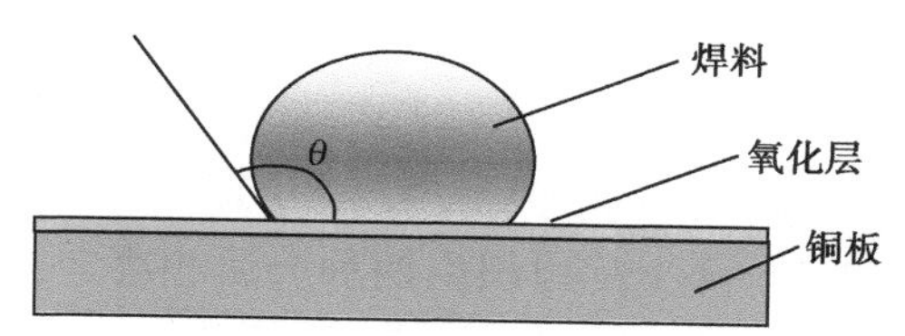 图 1-36　氧化了的平板上的焊料液滴无法润湿 如果被焊表面是清洁的，那么基体材料金属原子的位置紧靠着界面，于是发生润湿，焊料会铺展在接触的表面上，如图 1-37 所示。此时，焊料和基体原子非常接近，因而在彼此相吸的界面上形成合金，保证了良好的电接触与附着力。 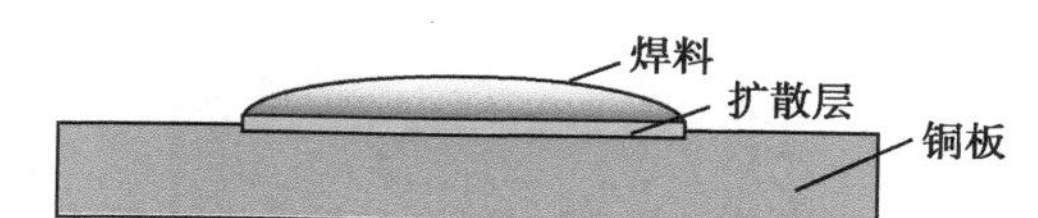 图 1-37　在清洁平板上的焊料液滴润湿并在界面生长出扩散层
可焊性	可焊性是指被焊接母材在规定的时间、温度下能被焊接的能力。它与被焊接母材（元器件或 PCB 焊盘）的热容量、加热温度及表面清洁度有关。 可焊性通常采用浸渍法或润湿平衡法评价，这两种方法本质上是一致的，主要看被焊接母材在规定的时间、温度下能否被润湿。 在浸渍法试验中，从熔融焊料槽中拿出的式样表面，可以观察到下列一个或几个现象： （1）不润湿：表面又变成了未覆盖的样子，没有任何可见的与焊料的相互作用，被焊接表面保持了它原来的颜色。如果被焊表面上的氧化膜过厚，在有效的焊接时间内焊剂无法将其除去，这时就出现不润湿现象。 （2）润湿：把熔融的焊料排除掉，被焊接表面仍然保留了一层较薄的焊料，证明发生过金属间相互作用。完全润湿是指在被焊接金属表面留下一层均匀、光滑、无裂纹、附着好的焊料。 （3）部分润湿：被焊接表面一些地方表现为润湿，一些地方表现为不润湿。 （4）弱润湿：表面起初被润湿，但过后焊料从部分表面会缩成液滴，而在弱润湿过的地方留下很薄的一层焊料。

1.9 焊点的形成过程与金相组织（1）

焊点的形成过程	焊点的形成包括两个过程：焊料的熔化与再结晶；界面反应。界面反应过程又可分为三个阶段：焊料润湿（铺展）、基底金属熔解／扩散和IMC的形成，如图1-38所示。通常所讲的软钎焊原理主要就是这个过程。 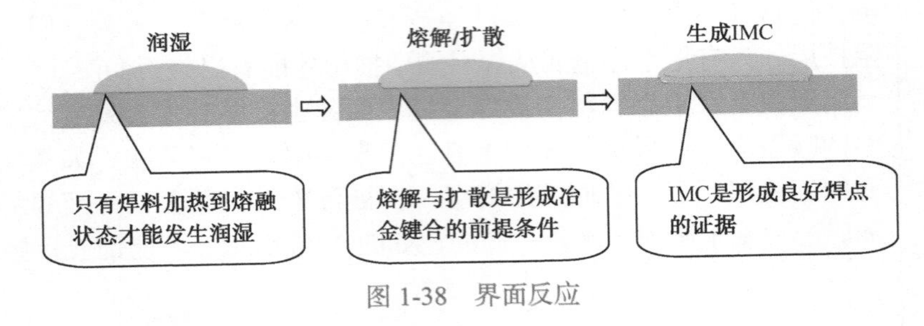 图1-38　界面反应
焊点的金相组织（1）	常用焊料合金的金相组织： （1）Sn-37Pb合金金相组织由两种金属相决定，即Sn固溶体和Pb固溶体。在共晶合金中，通常两种金属表现为交错叠层的均匀片状结构，如图1-39所示。  图1-39　Sn-37Pb焊点的金相组织 （2）Sn-3.5Ag合金金相组织为“Sn+Ag_3Sn”，通常Ag_3Sn能够均匀地分散在母体Sn相中并构成环状结构，如图1-40所示。白色微粒为Ag_3Sn，直径在1μm以下。 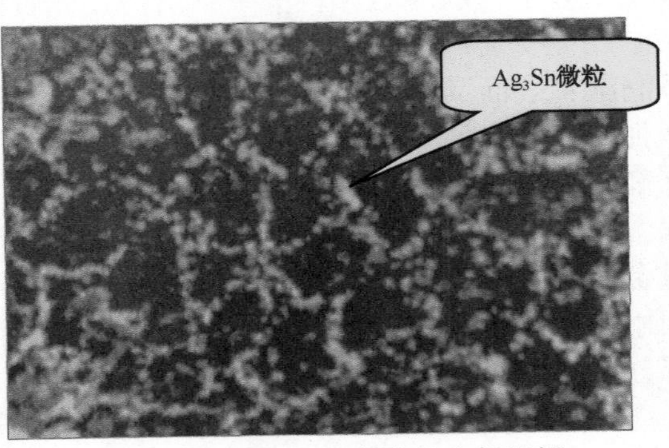 图1-40　Sn-3.5Ag焊点的金相组织

1.9　焊点的形成过程与金相组织（2）

焊点的金相组织（2）

（3）SAC 合金金相组织为纯 Sn 加 IMC（Cu_6Sn_5、Ag_3Sn），如图 1-41 所示。其中：A 为 Sn 相——树枝状结晶组织；B 为共晶相，包括二元共晶物（$Sn+Cu_6Sn_5$，$Sn+Ag_3Sn$）和三元共晶物（$Sn+Cu_6Sn_5+Ag_3Sn$）；C 为晶界处金属间化合物（$Cu_6Sn_5+Ag_3Sn$），Ag_3Sn 呈针状。

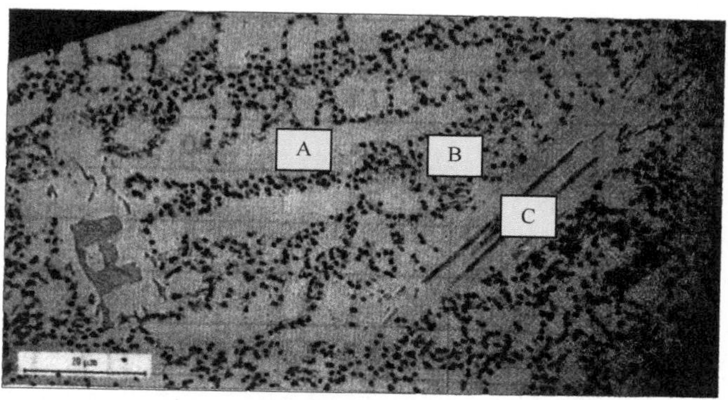

图 1-41　焊料中金属间化合物（切片图）

（4）用 Sn-37Pb 焊接 SAC305，形成的合金金相组织比 SAC 多一个富铅（Pb）相，如图 1-42 所示。

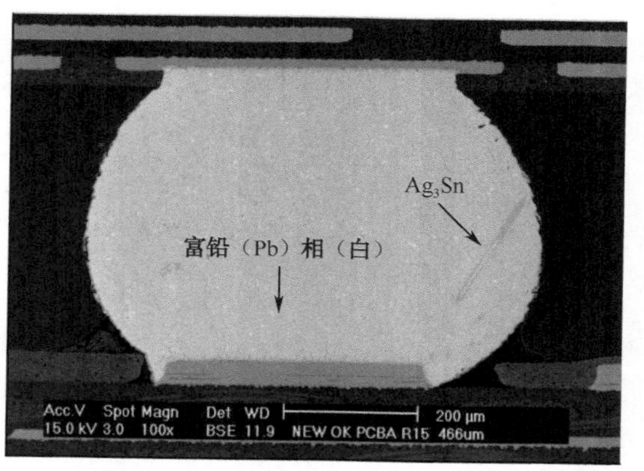

图 1-42　焊料中富 Pb 相（切片图）

金属间化合物（1）

IMC 是界面反应的产物，是形成良好焊点的一个标志。

在各种焊料合金中，大量的 Sn 是主角，它是参与 IMC 形成的主要元素。其余各元素仅起配角作用，主要是为了降低焊料的熔点以及压制 IMC 的生长，少量的 Cu 和 Ni 也会参与 IMC 的结构。

界面 IMC 的形貌与焊后老化时间有关。常见的界面反应与 IMC 形貌如下。

1）Sn 与 Cu 界面反应

Sn-Pb、SAC、Sn-Cu 焊料与 OSP、Im-Ag、Im-Sn 及 HASL 的界面反应一样，其本质都是 Sn 与 Cu 的界面反应。

1.9 焊点的形成过程与金相组织（3）

金属间化合物（2）

在 200 ～ 350℃范围内，Sn 与 Cu 界面反应总会形成 Cu_6Sn_5、Cu_3Sn 的双层结构，如图 1-43 所示。在 240 ～ 330℃范围内，Cu_6Sn_5 和 Cu_3Sn 同时生长，Cu_6Sn_5 主要在 Cu/Sn 边界形成，Cu_3Sn 一般在 Cu_6Sn_5 与金属 Cu 边界形成，且在富 Sn 相中 Cu_6Sn_5 要比 Cu_3Sn 生长快得多。另外，在再流焊接过程中，Cu_6Sn_5 以扇贝形态生长，晶粒粗化过程和扩散过程也发生在 Cu_6Sn_5 中。Cu_3Sn 一般非常薄，为 0.2 ～ 0.5μm，如果放大倍数小于 1000，一般看不到。一般认为 Cu_3Sn 属于不好的组织，它使焊缝变得十分脆。

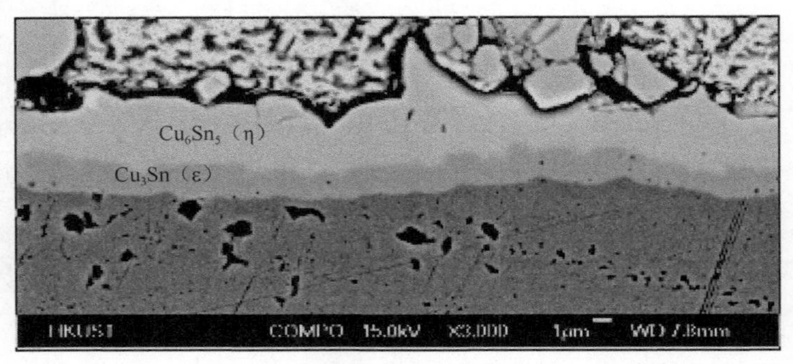

图 1-43 Sn-Pb 与 Cu 表面形成的典型 IMC 形貌

通常看到的 Sn-Pb 与 Cu 表面形成的 IMC 形貌如图 1-44 所示。

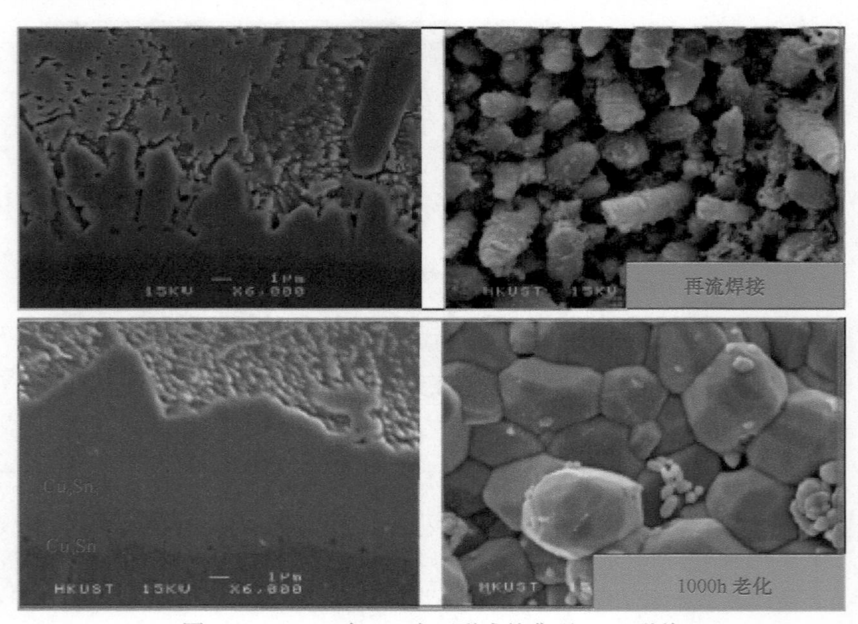

图 1-44 Sn-Pb 与 Cu 表面形成的典型 IMC 形貌

2）Sn 与 Ni 的界面反应

Sn-Pb 焊料与 ENIG 的界面反应属于 Sn 与 Ni 的界面反应。由于 Ni 比较稳定，界面反应层与 Cu 相比一般薄得多。根据相图推测的反应结构为 $Ni_3Sn/Ni_3Sn_2/Ni_3Sn_4$，然而在钎焊的界面上一般看不到 Ni_3Sn 和 Ni_3Sn_2，只能观察到 Ni_3Sn_4。

1.9　焊点的形成过程与金相组织（4）

金属间化合物（3）

Sn 与 Ni 形成的 IMC，即 Sn-Pb 与 ENIG 表面形成的 Ni_3Sn_4，其典型形貌如图 1-45 所示。

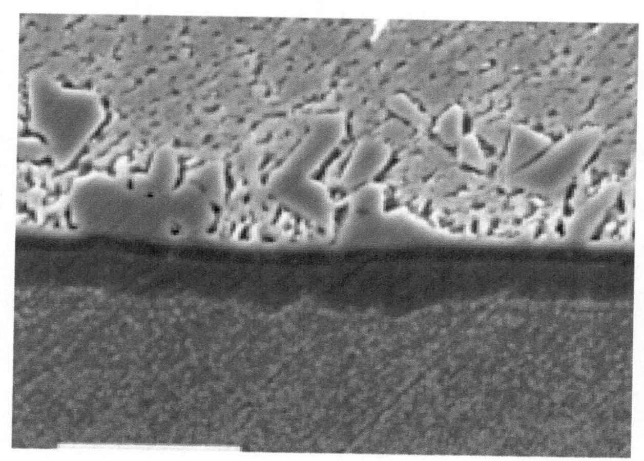

图 1-45　Sn-Pb 与 ENIG 表面形成的 Ni_3Sn_4

通常看到的 Sn-Pb 与 ENIG 表面形成的 IMC 形貌如图 1-46 所示。

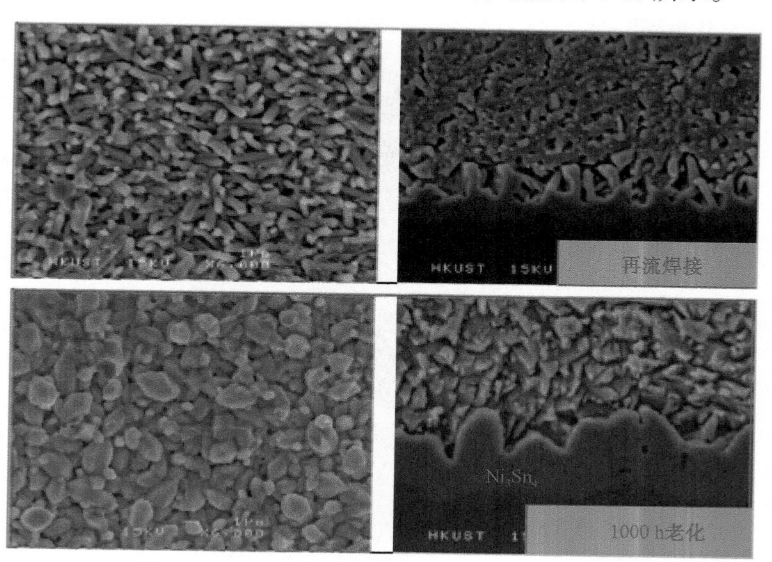

图 1-46　Sn-Pb 与 ENIG 形成的典型 IMC 形貌

3）Sn-Cu-Ni 的界面反应

SAC、Sn-Cu 焊料与 ENIG 的界面反应一样，本质一样，属于 Sn、Cu 与 Ni 的界面反应。

SAC、Sn-Cu 焊料与 ENIG 的界面反应，界面 IMC 的类型主要由钎料中 Cu 的含量决定。当钎料中 Cu 的含量很低时，界面处形成 $(Ni, Cu)_3Sn_4$，如图 1-47 所示。当钎料中 Cu 的含量很高时，界面处形成 $(Ni, Cu)_6Sn_5$，而不同的钎焊条件和方法使 $(Ni, Cu)_3Sn_4$ 向 $(Ni, Cu)_6Sn_5$ 转变时钎料中 Cu 的含量临界值不同，一般在 0.6 ~ 0.7wt%；如果含 Cu 量在 0.2 ~ 0.7wt% 之间，通常形成 $(Ni, Cu)_3Sn_4$ 和 $(Ni, Cu)_6Sn_5$ 双层 IMC 结构。

<table>
<tr><th colspan="2">1.9 焊点的形成过程与金相组织（5）</th></tr>
<tr><td>金属间化合物（4）</td><td>

形成过程为：Sn 与 Ni 形成 Ni_3Sn_4 →基材 Cu 通过 Ni 晶界扩散到 Ni_3Sn_4，形成 $(Ni, Cu)_3Sn_4$ →焊料中富集的 Cu 与 Ni_3Sn_4 反应形成 $(Cu, Ni)_6Sn_5$，随着再流焊接次数的增加而不断长大，同时 $(Ni, Cu)_3Sn_4$ 基本维持原有尺度。

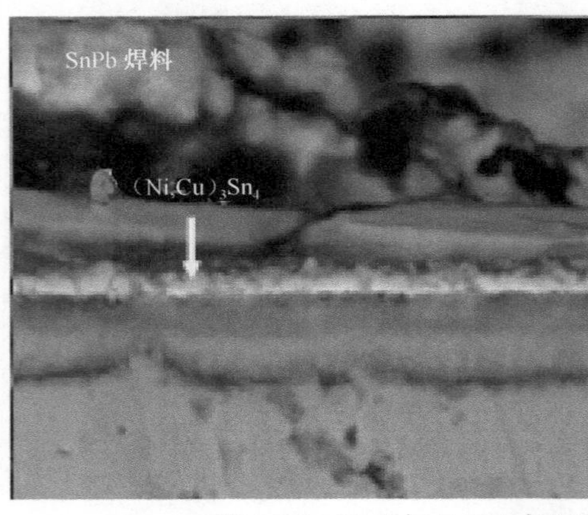

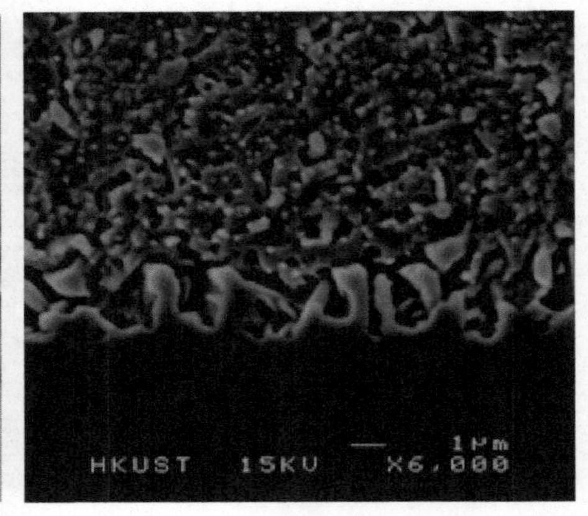

图 1-47 SAC 与 ENIG 表面形成的 $(Cu，Ni)_3Sn_4$ 典型形貌

在多次或长时间再流焊接条件下，SAC 与 ENIG 表面形成的双层 IMC 形貌如图 1-48 所示。

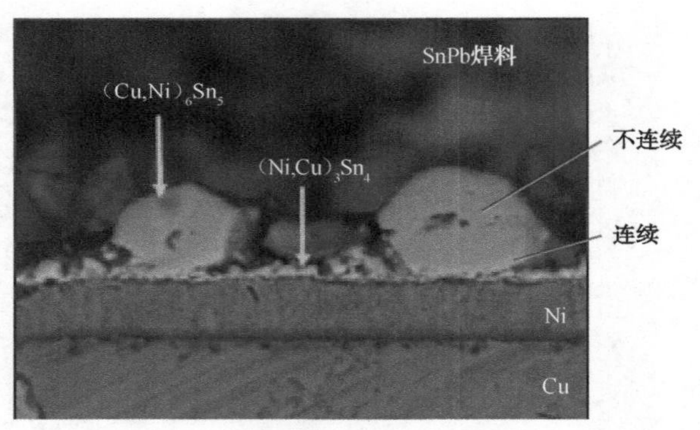

图 1-48 SAC 与 ENIG 表面形成的双层 IMC 形貌

4）不良界面 IMC 的切片图

（1）块状化 IMC。

块状化 IMC 并不是一个专业术语，笔者用它来描述一种超厚、超宽且有断续的 IMC 形态（切片图呈现的形貌）——扇贝形 IMC 组织粗大（W、$h \geqslant 5\mu m$）、连续层相对非常薄甚至个别地方断开（切片图，放大倍数≥1000），如图 1-49 所示。

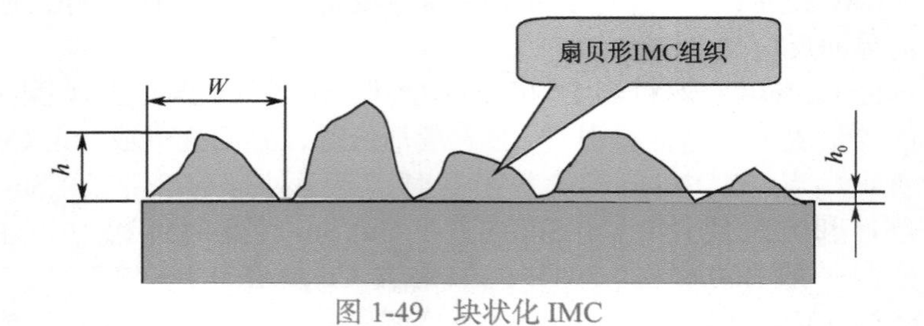

图 1-49 块状化 IMC

</td></tr>
</table>

1.9 焊点的形成过程与金相组织（6）

金属间化合物（5）

图 1-50 所示为高温长时间再流焊接形成的焊点切片图，呈典型的块状化 IMC 结构。其 BGA 为 SAC 焊球、OSP 焊盘处理工艺，焊接采用的是 SnPb 焊膏（混装工艺），焊接峰值温度为 235℃，217℃以上时间为 70s。测试表明，其剪切强度比正常焊点低 20% 以上。

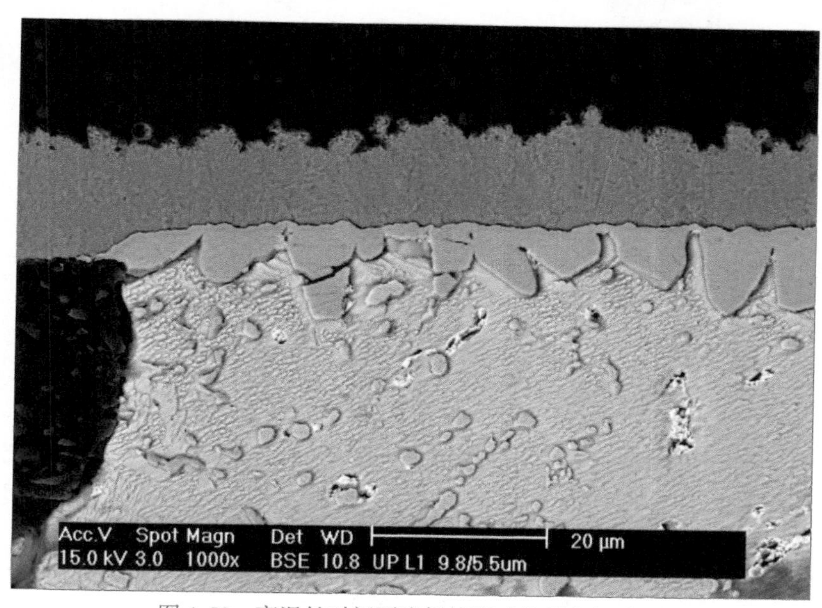

图 1-50 高温长时间再流焊接形成的焊点切片图

正常的 IMC 形貌应为比较厚的连续层，且扇贝形 IMC 是长在连续层以上的，是焊料（主要是 Sn）中 Cu 扩散的结果，如图 1-51 所示。

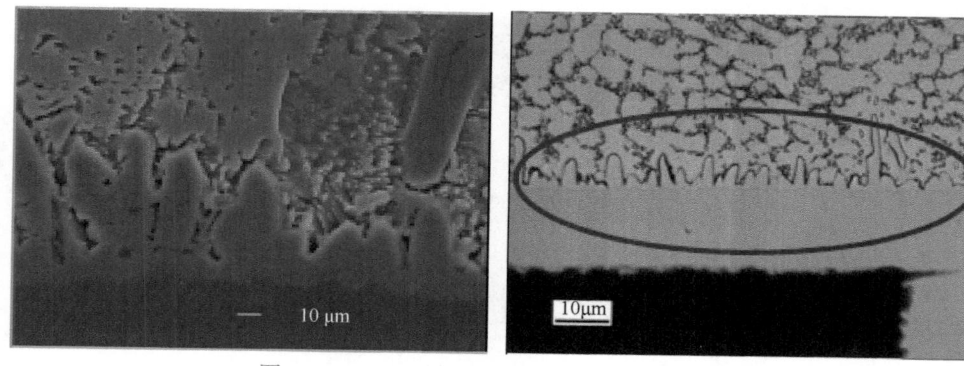

图 1-51 Cu/Sn 界面形成的 IMC 的典型形貌

在 Ni/SAC 界面，如果再流焊接时间比较长也会形成块状化 IMC。图 1-52 所示为电镀镍金工艺处理的 BGA 在焊接峰值温度 243℃、217℃以上焊接时间 95s 条件下形成的 $(Cu, Ni)_3Sn_4$ 块状化 IMC 形貌。此切片图来源于 BGA 掉落的样品，因此看不到 BGA 载板焊盘。

1.9 焊点的形成过程与金相组织（7）

金属间化合物（6）

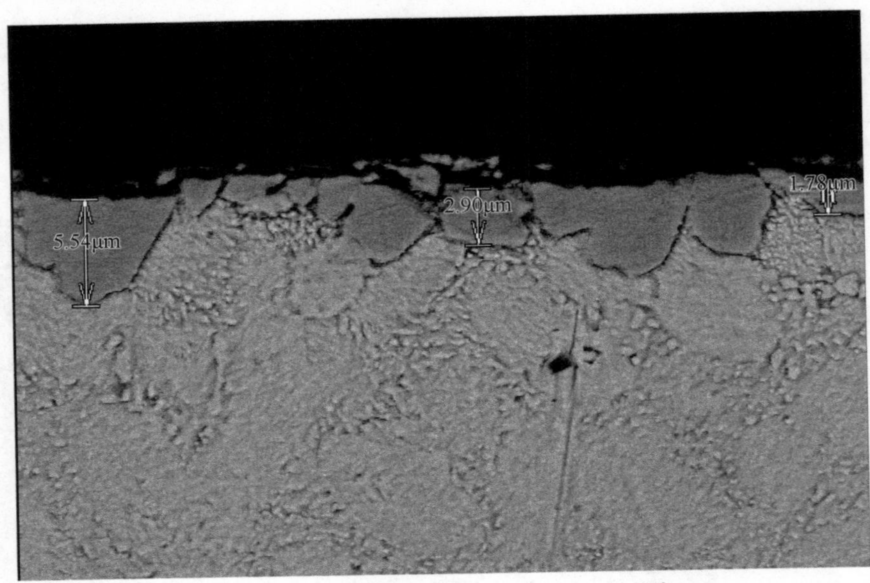

图 1-52　Ni/SAC 界面形成的块状 IMC 形貌

图 1-52 中的 IMC 组织并不粗大，但符合块状化的特征。此类形貌的 IMC 不耐机械应力作用，如果 PCBA 在生产周转、运输过程中不规范，很容易导致 BGA 类应力敏感元器件焊点的开裂。

块状化 IMC 的形成机理尚不清楚，可能是 IMC 高温溶解再结晶的结果，这可以用连续层比较薄、块状化的形貌来解释。

（2）含银镀层 QFN 形成的富铅焊缝，如图 1-53 所示。此图片来源于某早期失效单板上 QFN 切片的分析报告。由于焊缝中富铅组织的存在，降低了焊缝强度，导致早期失效。

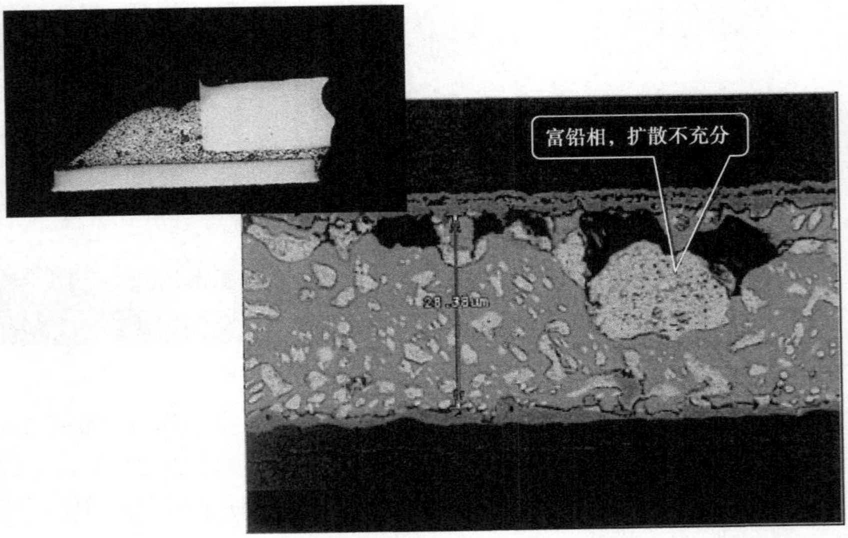

富铅相，扩散不充分

28.38μm

图 1-53　QFN 富铅焊缝

1.9 焊点的形成过程与金相组织（8）

金属间化合物（7）

（3）焊点中 Ag_3Sn 颗粒尺寸一般在 1μm 以下并均匀地分布于 Sn 母相中，若随着 Ag 含量的增加，达到 3.5% 以上，则 Ag_3Sn 晶粒会出现粗化，以致出现针状（切片图中的表现，焊点中实际为板状，如图 1-54 所示）。此时如果合金受到外力作用，则容易出现龟裂。

当 Ag 的含量低于 3.0% 时，在焊缝中几乎看不到 Ag_3Sn；只有当 Ag 的含量达到 3.5% 以上并在较长的焊接时间、缓慢冷却条件下，才能形成明显的 Ag_3Sn。

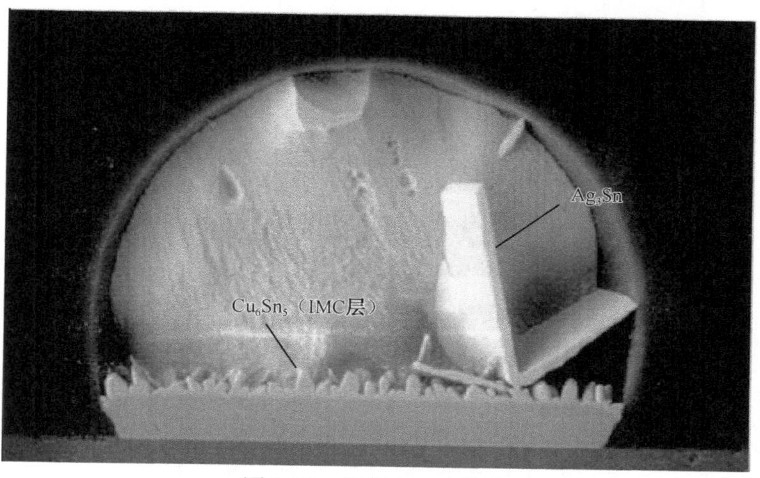

图 1-54　板状 Ag_3Sn 形貌

5）Cu 对 IMC 的影响

随着 Cu 含量的增加，界面 IMC 结构也会发生变化，如图 1-55 所示。

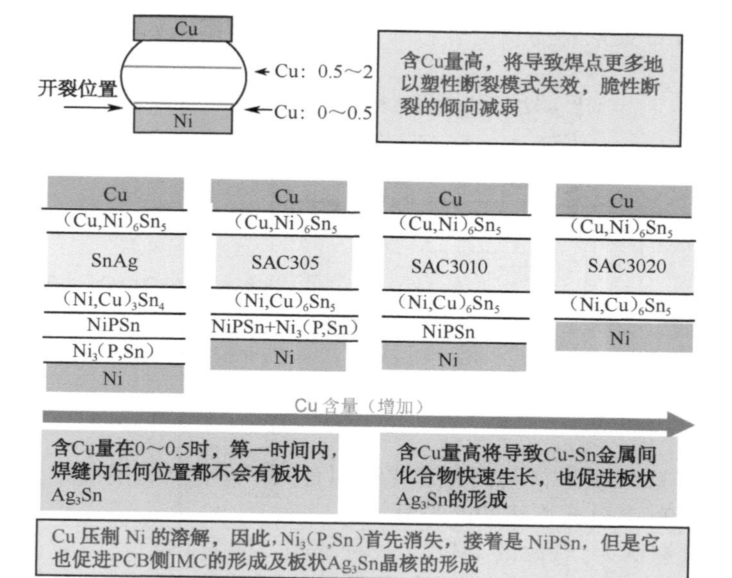

图 1-55　随 Cu 含量的增加界面 IMC 的演变

（图片来源：2013 年适普李宁成博士 SMT 技术研讨会讲义）

1.9 焊点的形成过程与金相组织（9）

与界面扩散有关的断裂失效

1. 金脆效应

如果金（Au）太厚（针对电镀Ni/Au而言，一般应小于0.08μm），则在使用过程中，弥散在焊料中的Au会扩散回迁到Ni/Sn界面附近，形成带状 $(Ni_{1-x}Au_x)Sn_4$ 金属间化合物，如图1-56（a）所示。该IMC在界面上的富集常常导致著名的金脆断裂失效。但一些研究表明，这种Au迁回迁移只发生在有铅钎料中，在无铅钎料中目前还没看到①。

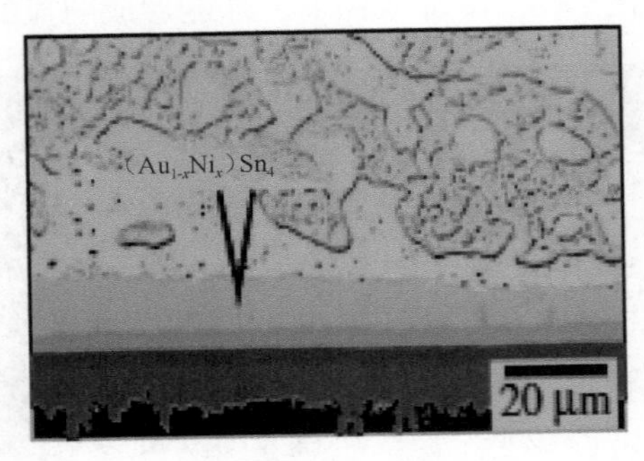

（a）IMC层覆盖的富金层

（b）富金层含金量对剪切强度的影响

图 1-56 金脆效应

2. 界面耦合现象

PCB焊盘界面上的反应不但与本界面有关，也与元器件引脚材料及涂层有关，这取决于两个相对界面间的距离。一般认为，小于0.2mm就会发生界面耦合现象。例如，在焊盘为Ni/Au，而元器件引线为铜合金时，铜常常会扩散到Ni/Sn界面，从而导致界面形成 $(Cu, Ni)_3Sn_4$ 和 $(Cu, Ni)_6Sn_5$ 双层结构。

3. Kirkendall 空洞

ENIG镀层容易发生著名的Kirkendall空洞，如图1-57所示。

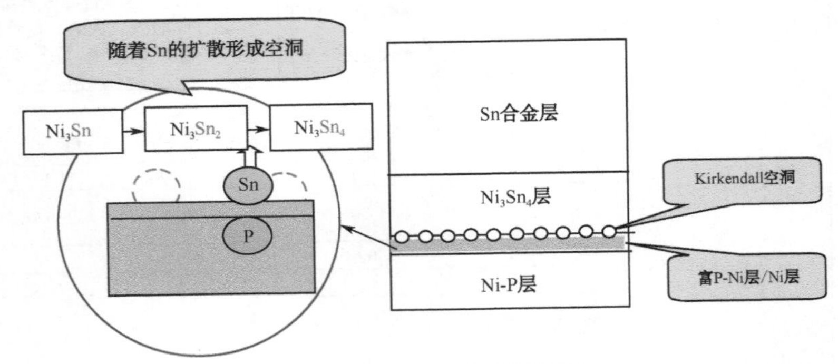

图 1-57 Kirkendall 空洞现象

Kirkendall空洞与高温老化时间有关，时间越长，空洞越多。如果在125℃条件下，40天就会形成连续的断裂缝。

IMC的发展（1）

普遍认为，很厚的IMC是一种缺陷。因为IMC比较脆，与基材（封装时的电极、零部件或基板）之间的热膨胀系数差别很大；如果IMC层很厚，就容易产生龟裂。因此，掌握界面反应层的形成和成长机理，对确保焊点的可靠性非常重要。

① 见闫焉服著《电子装联中的无铅焊料》P174。

1.9　焊点的形成过程与金相组织（10）

IMC 的发展（2）

IMC 的形成与发展，与焊料合金、基底金属类型、焊接的温度与时间和焊料的流动状态有关。一般而言，在焊料熔点以下温度，IMC 的形成以扩散方式进行，速度很慢，其厚度与时间的平方根成正比。在焊料熔点以上温度，IMC 的形成以反应方式进行。一般情况下（在焊接工艺条件范围内），温度越高、时间越长，其厚度越大，如图 1-58 所示。因此，过高的温度、过长的液态时间，将会导致过厚的 IMC。

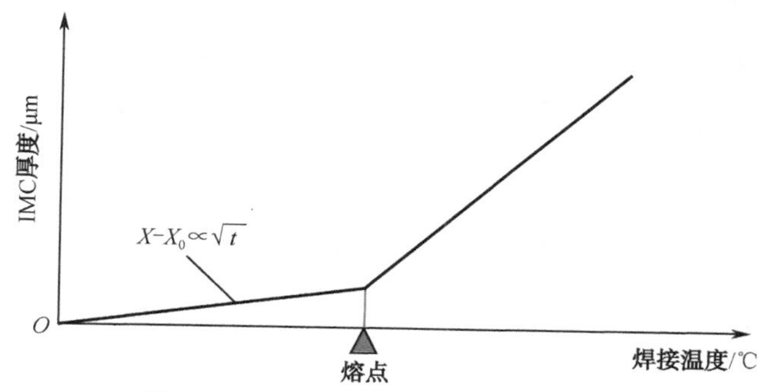

图 1-58　IMC 的生长厚度与温度的关系

在有铅工艺条件下，由于有铅的抑制作用，铜与 SnPb 焊料形成的 IMC 一般不超过 2.5μm。但在无铅工艺条件下，由于铜在熔融的 SAC305 中的溶解度比在 Sn63/Pb37 中的溶解度高 8.6 倍，因而在与 SAC 反应时会形成较厚的 IMC 层，这点对于无铅焊点的可靠性不利。

IMC 的生长是一个复杂的过程，如图 1-59、图 1-60 所示，随焊接时间的延长会出现厚度峰值，并非一直都呈线性的生长。好在焊接工艺条件下（再流焊接时间 3min 内），一般不会遇到此情况。因此，在有关书籍中也不会讨论此问题。

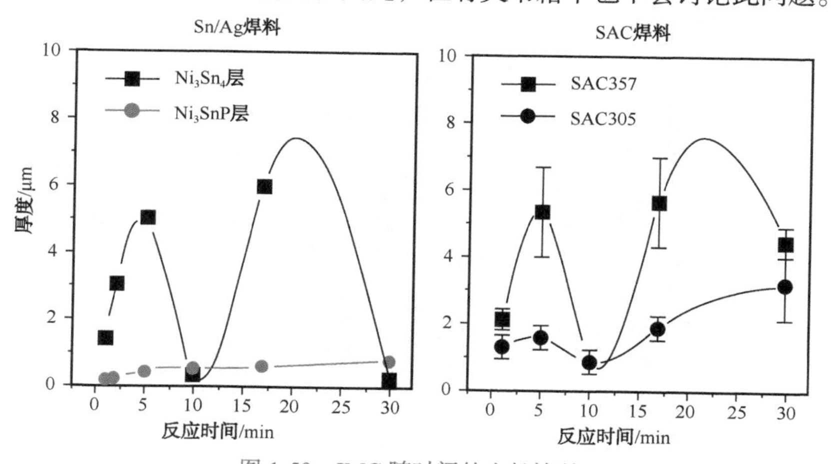

图 1-59　IMC 随时间的生长情况

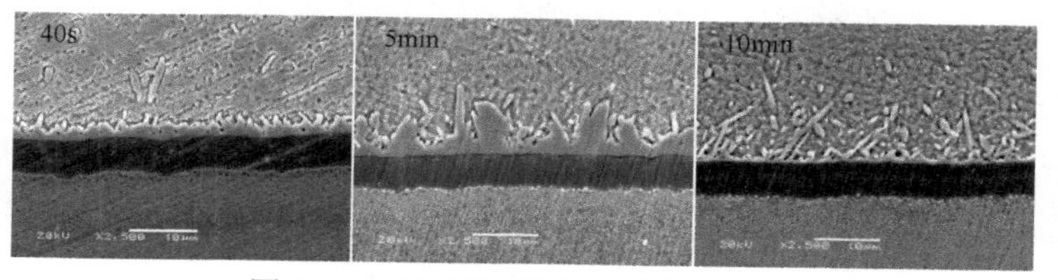

图 1-60　IMC 随时间生长情况切片图

1.9 焊点的形成过程与金相组织（11）

IMC 的发展（3）

随着再流焊接时间的延长，不仅厚度会增加，而且更重要的是形态也会发生变化。像 Cu 与 Sn 的界面反应，随着焊接时间的变化所形成的 Cu_6Sn_5 会变得“块状化”，如图 1-61 所示。

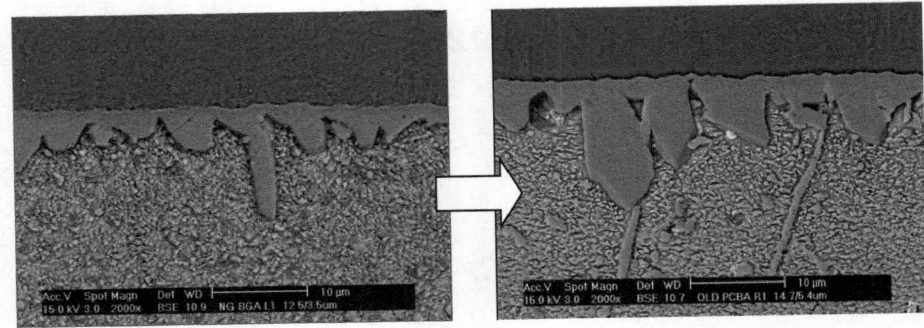

（a）再流焊接前　　（b）再流焊接后（235℃、70s）

图 1-61　Cu_6Sn_5 随时间生长情况切片图

> 说明：
> 图 1-61 为某型号 BGA 焊接前后的切片图，放大倍数一样，可以看到 IMC 的厚度不仅增加，宽度也增加。也可以看到 BGA 植球工艺存在问题，IMC 平均超过 5μm，这为后续再流焊接埋下隐患，这也是多个案例揭示出来的一个问题，植球工艺很重要！

焊接后高温老化也会使 IMC 形态发生变化，这个变化与再流焊接时间延长不同，呈现贝壳间被填充的特性，也就是表面峰谷更小、更齐平，如图 1-62 所示。这是固态条件下长时间扩散的结果。

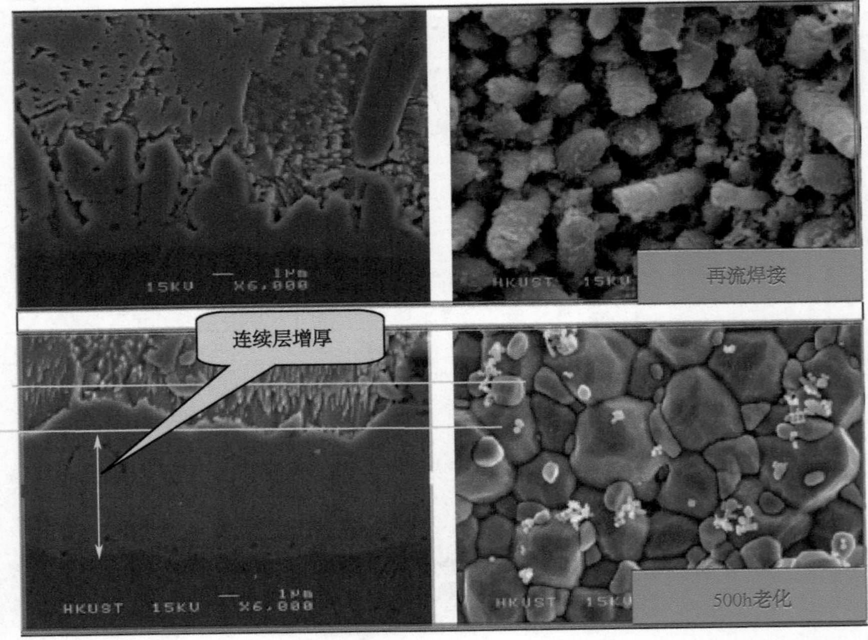

图 1-62　老化对 Cu_6Sn_5 形态的影响

1.10　焊点质量判别（1）

插装元器件焊点	焊点质量的判别，一般按照IPC-A-610的要求进行外观检查。由于焊点类别有多种，难以简单地描述，因此，IPC把焊点分解为多个维度用单一要求进行评价。这是处理复杂问题的一种方法，值得学习。 插装元器件焊点的合格要求如图1-63所示。 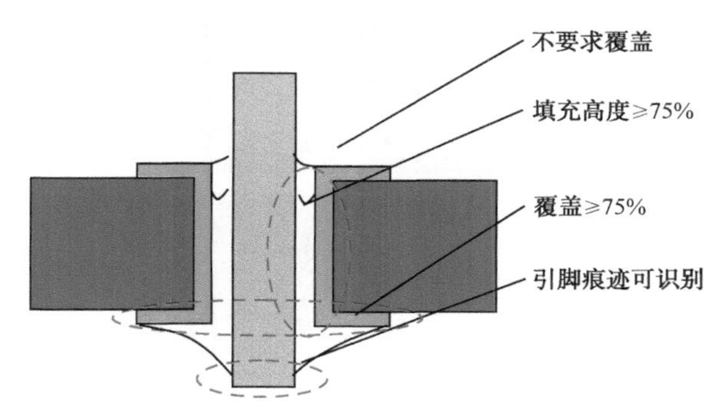 图1-63　插装元器件焊点的合格要求
底部焊端	底部焊端焊点的合格要求如图1-64所示。 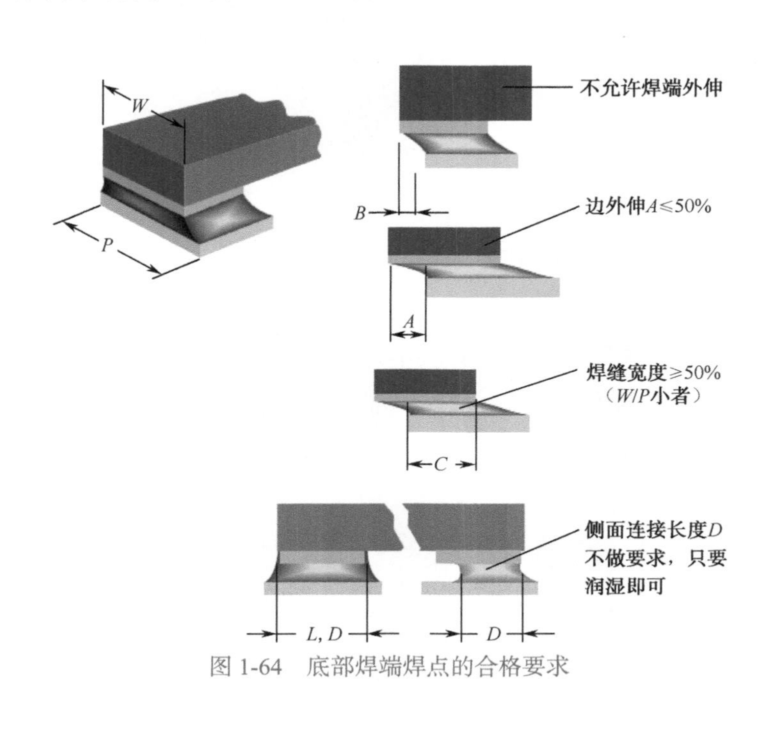 图1-64　底部焊端焊点的合格要求

1.10　焊点质量判别（2）

片式元件

帽形端电极焊点的合格要求如图 1-65 所示。

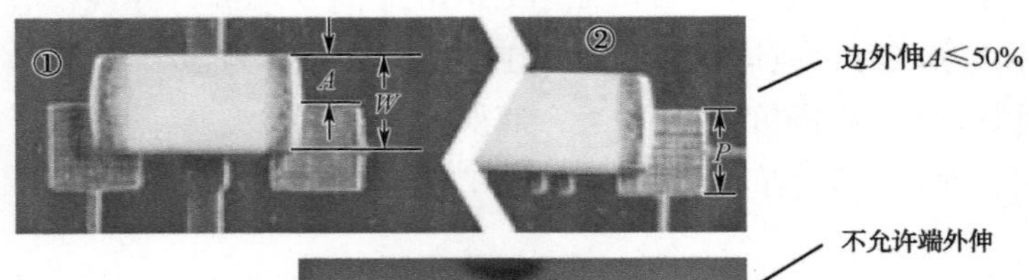

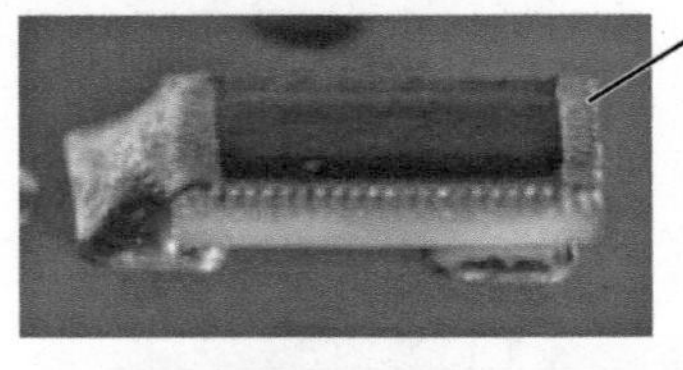

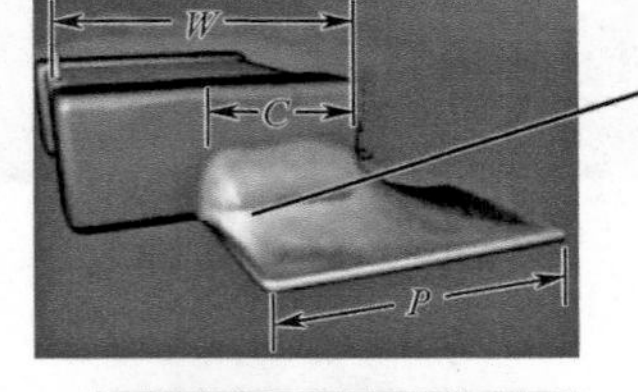

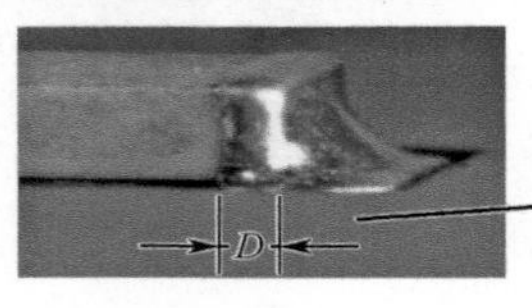

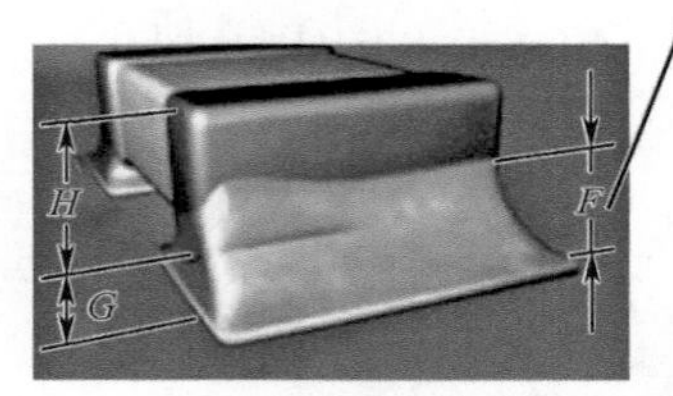

图 1-65　片式元件焊点的合格要求

L 形引脚（QFP、SOP）

L 形引脚焊点的合格要求如图 1-66 所示。

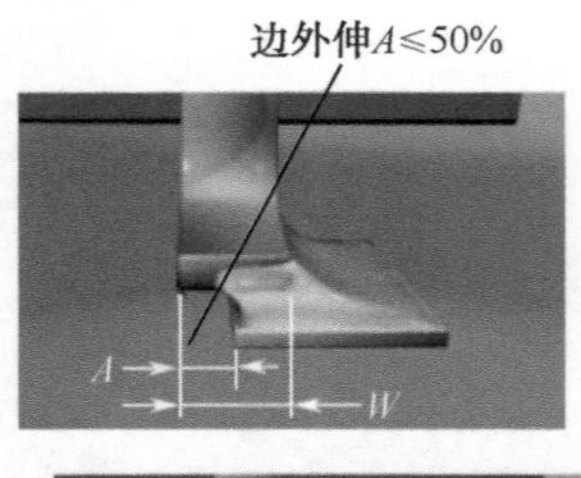

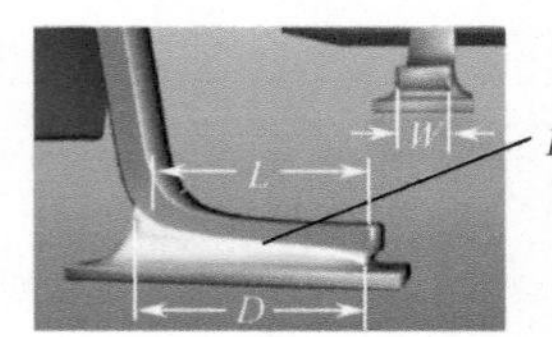

图 1-66　L 形引脚焊点的合格要求

1.10　焊点质量判别（3）	
J形 引脚 （PLCC）	J形引脚焊点的合格要求如图1-67所示。 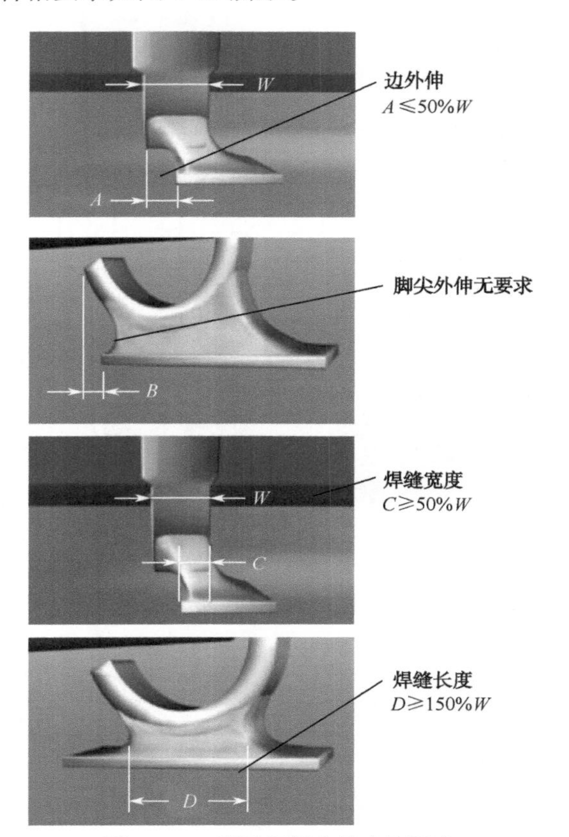 图1-67　J形引脚焊点的合格要求
球形 引脚 （BGA、 CSP）	球形引脚焊点的合格要求如下： （1）在X射线影像中，空洞直径不超过焊点直径的25%（面积约为6%）。 （2）焊点圆而均匀，边界清晰。 （3）塌落高度符合要求，以焊接球最小间隙为判别要素，如图1-68所示。 （4）焊点无桥接、球窝、冷焊、开焊。 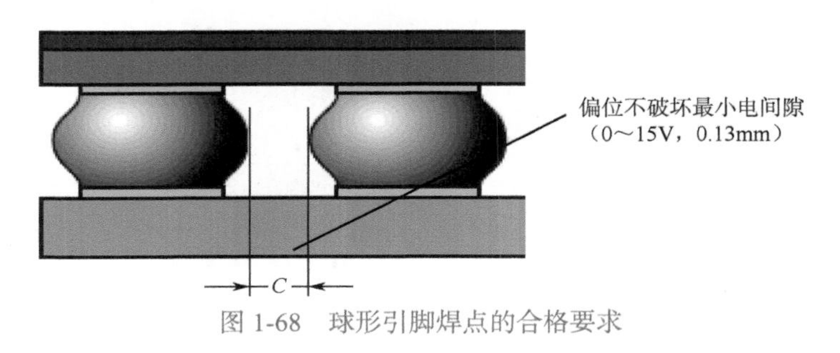 图1-68　球形引脚焊点的合格要求

1.10 焊点质量判别（4）

PQFN焊点	PQFN 焊点的合格要求如图 1-69 所示。 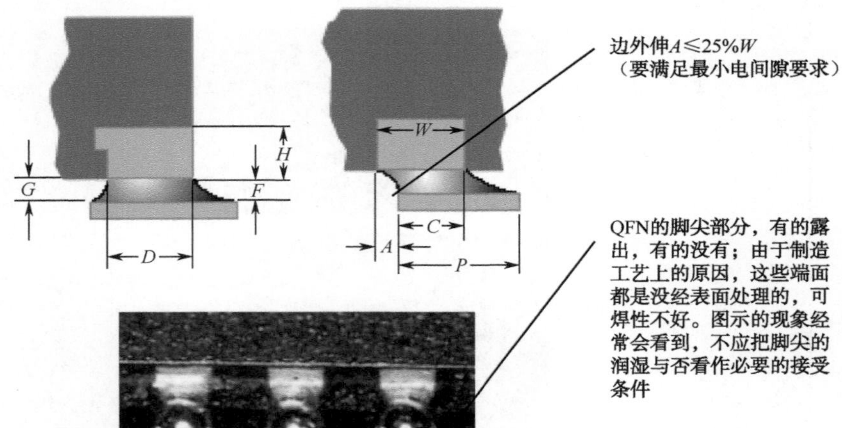 图 1-69 PQFN 焊点的合格要求
城堡形焊点（LCC）	城堡形焊点的合格要求如图 1-70 所示。 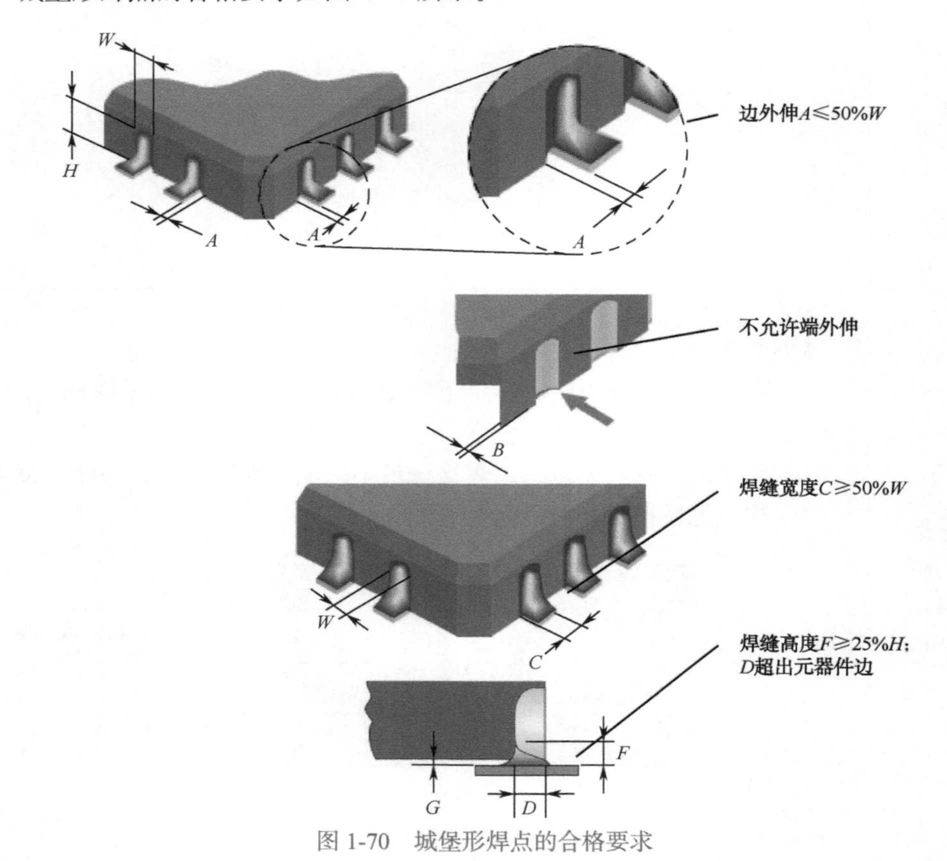 图 1-70 城堡形焊点的合格要求

1.11 贾凡尼效应、电化学迁移与爬行腐蚀的概念（1）

贾凡尼效应

在讨论工艺可靠性或进行失效分析的时候，我们经常提到贾凡尼效应、电化学迁移和爬行腐蚀等有关概念。了解这些概念，对于我们进行失效分析、可靠性设计非常重要。

1. 贾凡尼效应

贾凡尼效应又称原电池效应、电偶腐蚀，即相连的、活性不同的两种金属与电解质溶液接触发生原电池反应，比较活泼的金属原子失去电子而被氧化（腐蚀），其本质就是活泼的金属被氧化。

发生贾凡尼效应的条件：

- 两个活性不同的电极（两种活性不同的金属或者金属与惰性电极）；
- 电解质溶液（或潮湿的环境与腐蚀性气氛）；
- 形成闭合回路（或正负极在电解质溶液中接触）。

一般活性比较强的金属为负极，被溶解。金属的活性顺序如图 1-71 所示。

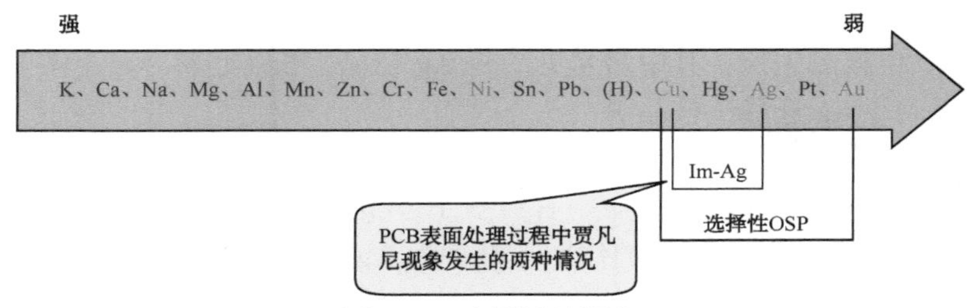

图 1-71　金属活性顺序

在 PCB 的表面处理中，常见的贾凡尼现象如下。

（1）在 Im-Ag 过程中，阻焊膜边缘下铜（Cu）的被腐蚀现象，如图 1-72 所示。在沉银过程中，因为阻焊膜与铜裂缝的缝隙非常小，限制了沉银液对此处的 Ag 离子供应；但是此处的 Cu 可以被腐蚀为 Cu 离子，然后在裂缝外的铜表面上发生沉银反应。因为离子转换是沉银反应的原动力，所以裂缝下铜表面受攻击程度与沉银厚度直接相关。

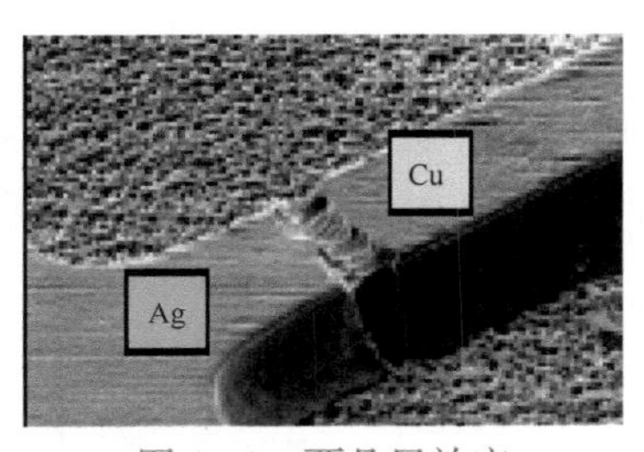

图 1-72　贾凡尼效应

（2）在选择性 OSP/ENIG 表面处理过程中 OSP 盘的被蚀现象。在做选择性 OSP/ENIG 表面处理时，首先进行 ENIG 处理再做 OSP。由于在进行 OSP 处理时也要进行微蚀，如果 ENIG 盘与铜盘（最终作为 OSP 盘）之间有连接，那么准备进行 OSP 处理的铜盘与 ENIG 盘形成了贾凡尼效应。如果铜盘面积远小于 ENIG 盘（铜盘面积小于 ENIG 盘面积的 1/100），则铜盘很可能被腐蚀掉。因此，在进行无铅背板表面处理设计时，应尽可能避免 ENIG 与 OSP 区域处于同一网络（即两者导通）。

1.11 贾凡尼效应、电化学迁移与爬行腐蚀的概念（2）

电化学迁移

2. 电化学迁移

电化学迁移（ECM），在 IPC J-STD-004B 中被定义为在直流偏压作用下导电枝晶的形成和生长现象。导电枝晶是通过含有从阳极溶解出来的金属离子溶液的电沉积，经电场转移后再沉积至阴极，但不包括由于电场感应所导致的金属在半导体内的移动和由于金属腐蚀所造成的生成物的扩散现象。

发生电化学迁移的条件如下：

（1）环境湿度大，一般相对湿度超过 80%，在绝缘介质表面会吸附几个分子厚度的水膜。玻璃、陶瓷最容易吸附水分子。

（2）导体间存在直流电压差。

（3）能够形成可逆反应。

ECM 根据其发生的形态和生长的状况，可以分为枝晶生长和导电阳极丝（Conductive Anodic Filament，CAF）两大类。PCBA 上的 Cu、Ag、Sn、Pb 等均可发生枝晶生长，其中最常见的是 Ag 枝晶生长（也称 Ag 迁移）。

1）Ag 迁移（枝晶）

厚膜电路最常见的失效模式是 Ag 迁移，其形成机理是：

$$H_2O \rightarrow H^+ + OH^-，形成 H^+ 和 OH^-$$

Ag 在电场及 OH^- 的作用下电解为 Ag^+，并产生下列可逆化学反应：

$$2Ag^+ + 2OH^- \rightleftarrows 2AgOH \rightleftarrows Ag_2O + H_2O$$

在电场作用下，Ag^+ 从阳极向阴极迁移并在阴极上形成黑色 Ag_2O，如图 1-73 所示。

2）CAF

CAF 是指 PCB 中沿玻璃纤维形成的金属丝现象，如图 1-74 所示。CAF 层导致导体间绝缘电阻值发生突然的、难以预料的下降。

CAF 的金属迁移是沿着 PCB 的玻璃纤维空心进行的，属于导引性的迁移。

CAF 形成机理：

（1）$Cu \rightarrow Cu^{2+} + 2e^-$（Cu 从阳极发生溶解）

$$H_2O \rightarrow H^+ + OH^-$$

（2）$Cu^{2+} + 2OH^- \rightarrow Cu(OH)_2$（Cu 从阳极向阴极方向迁移）

（3）$CuO + H_2O \rightarrow Cu(OH)_2 \rightarrow Cu^{2+} + 2OH^-$（Cu 在阴极沉积）

$$Cu^{2+} + 2e^- \rightarrow Cu$$

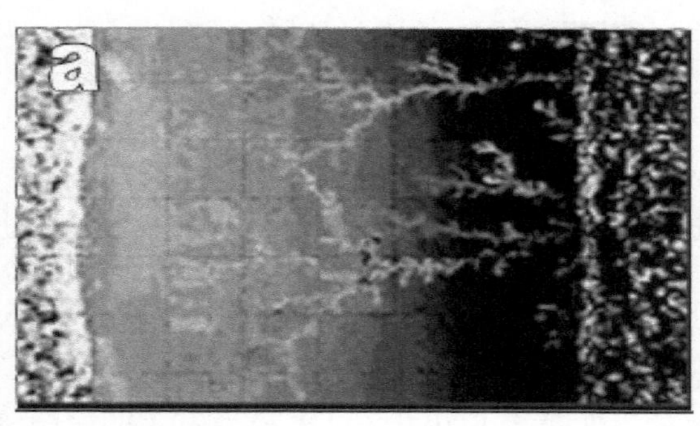

图 1-73　Ag 迁移

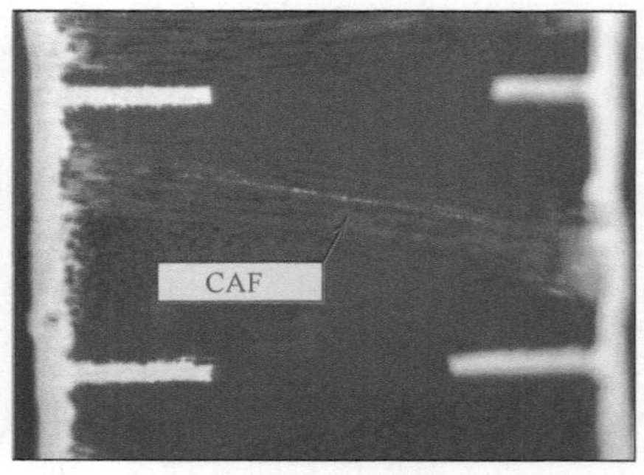

图 1-74　CAF

1.11　贾凡尼效应、电化学迁移与爬行腐蚀的概念（3）

爬行腐蚀（1）

3. 爬行腐蚀

爬行腐蚀是指腐蚀产物（主要为 Cu_2S，还有少量的 Ag_2S）在不需要电场的环境下，从电路板裸露的铜表面开始腐蚀并不断向四周扩展的腐蚀现象，如图 1-75 所示。它主要由日常生活环境中的硫化物等外来因素引起。

由于腐蚀产物会在阻焊层表面上爬行，导致相邻焊盘和线路间的短路；一旦发生爬行腐蚀现象，将导致电子产品提前失效，影响产品的寿命与可靠性。

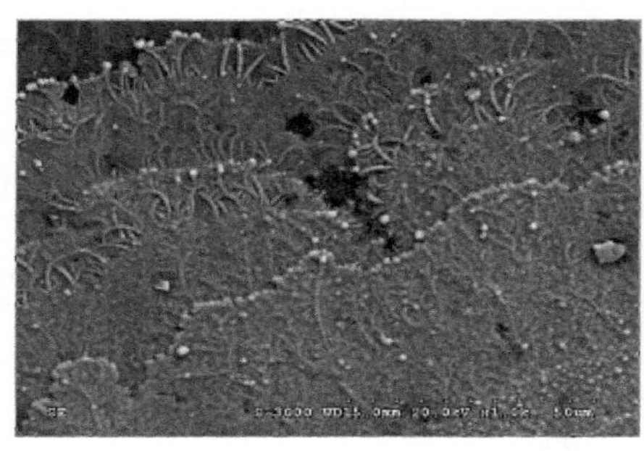

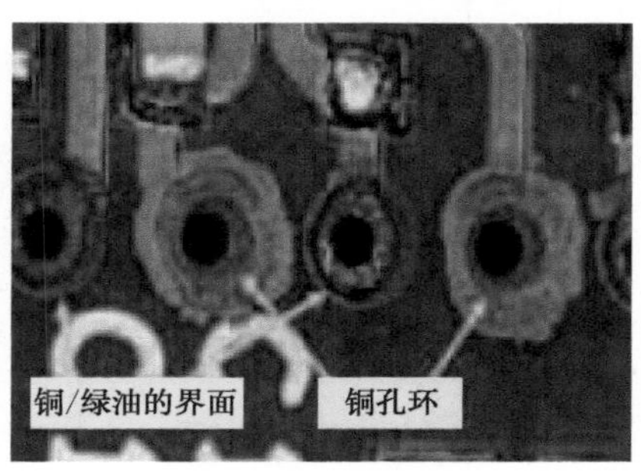

图 1-75　爬行腐蚀

1）发生场景

爬行腐蚀产生于 PCB 或元器件微孔、微隙内的裸铜面上，常常发生于 Im-Ag 阻焊下贾凡尼沟槽及塑封元器件的引脚根部，如图 1-76 所示。

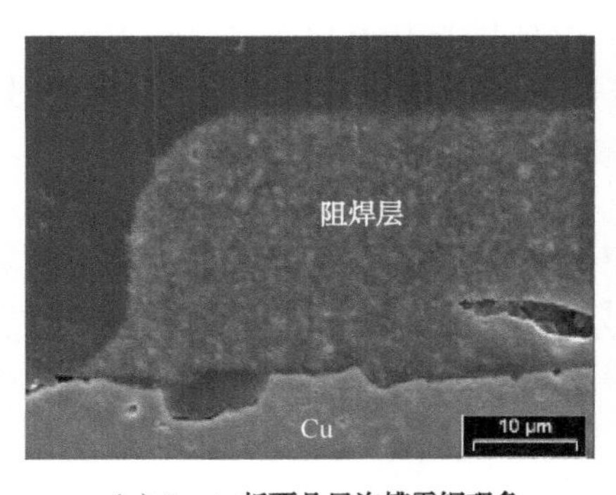

（a）Im-Ag板贾凡尼沟槽露铜现象

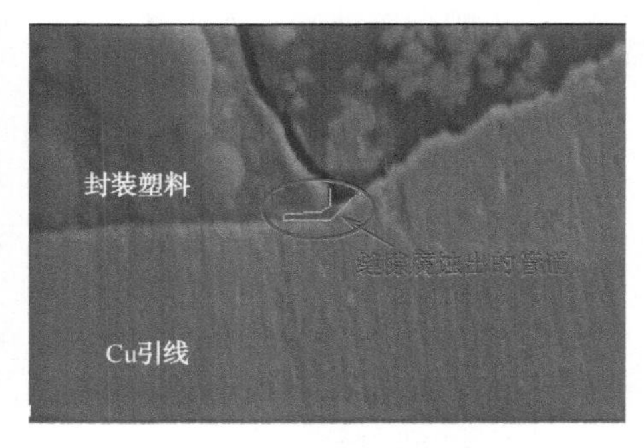

（b）QFP引线根部露铜现象

图 1-76　爬行腐蚀常见的发生地方

2）爬行机理

马里兰大学的 Ping Zhao 等学者认为，爬行腐蚀过程中首先发生的是电化学反应，同时伴随着体积膨胀以及腐蚀产物的溶解 / 扩散 / 沉淀。首先是铜基材被氧化而失去一个电子（可能伴有贵金属如 Au 等的电偶加速作用），生成一价 Cu 离子并溶解在水中。由于腐蚀点附近离子浓度高，在浓度梯度的驱动下，一价 Cu 离子会自发地向周围低浓度区域扩散。当环境中相对湿度降低、水膜变薄或消失时，部分一价 Cu 离子会与水溶液中的 S 离子等结合，生成相应的盐并沉积在材料表面。

爬行腐蚀的产物以 Cu_2S 为主，还有少量 Ag_2S，这是一种 P 型半导体，不会造成短路的立即发生；但随着其厚度的增加，其电阻减小。此外，该腐蚀产物的电阻值随湿度的变化急剧变化，可从 10MΩ 下降到 1Ω。

1.11 贾凡尼效应、电化学迁移与爬行腐蚀的概念（4）

爬行腐蚀（2）

3）爬行腐蚀与电化学迁移的对比

与电化学迁移（包括枝晶、CAF）类似，爬行腐蚀也是一个传质的过程，但发生的场景、生成的产物及导致的失效模式并不完全相同，具体对比见表1-2。

表1-2 爬行腐蚀与电化学迁移的对比

对比项	爬行腐蚀	电化学迁移	
		枝晶	CAF
基材种类	铜	铜、银、锡铅等	铜
腐蚀产物	硫化亚铜	金属单质	铜的氧化物或氢氧化物
迁移方向	无	阴极向阳极	阳极向阴极
造成的失效模式	多为短路，也有开路	短路	微短（一般短路电阻较大）
是否必须有一定湿度	是	是	是
是否必须电压驱动	否	是	是

爬行腐蚀属于硫化腐蚀的一种，之所以将其单独命名，是因为它具有显著的特性——腐蚀产物向四周扩散；它与电阻、排阻、电容的硫化现象和失效现象不一样，其中的硫化物为 Ag_2S，其腐蚀产物呈莲花状黑色结晶物，不溶于水，也不导电。

4）硫化物危害

硫化物具有半导体性质，一般不会造成短路的立即发生；但是随着硫化物浓度的增加，其电阻会逐渐减小并造成短路。

此外，该腐蚀产物的电阻值会随着温度的变化而急剧变化，可以从10MΩ下降到1MΩ。

5）防护措施

（1）采用三防涂敷无疑是防止PCBA腐蚀的最有效措施。

（2）设计和工艺上要减小PCB、元器件露铜的概率。

（3）组装过程要尽力减少热冲击及污染离子残留。

（4）整机设计要加强温度、湿度的控制。

（5）机房选址应避开明显的硫污染。

6）关于爬行腐蚀的研究

大气中的哪些硫化气氛（如二氧化硫、单质硫、有机硫化物等）会导致爬行腐蚀？腐蚀的发生是否存在湿度门槛值？腐蚀产物爬行的机理和驱动力是什么？物质表面特性（比如不同表面的处理，油、连接器塑封材料等）对爬行腐蚀有什么影响等，目前均未有公认的结论。

1.12 PCB 表面处理与工艺特性（1）

概 述

2006 年 7 月 1 日，RoHS（Restriction of Hazardous Substances）即关于限制在电子电气设备中使用某些有害物质的指令生效，凡是出口到欧盟的电子电气设备必须满足 RoHS 的要求，这促使电子制造业需要从有铅工艺向无铅工艺转变。

焊点的铅无非来源于元器件引脚镀层、PCB 焊盘镀层和焊料。要使焊点中的铅符合 RoHS 标准要求（铅含量 <0.1%），PCB 表面处理也必须无铅化。由于无铅焊料的高熔点特性，无铅喷锡工艺很少应用于层数超过 6 层的 PCB。业界提出了很多种无铅表面处理工艺，目前广泛使用的有 ENIG、Im-Ag、Im-Sn 和 OSP 等。之所以有这么多种，是因为每种表面处理都不是十全十美的，都有局限性。

常用表面处理及工艺特性见表 1-3。

表 1-3 表面处理及工艺特性

工艺特性	HASL 锡铅 / 锡铜	OSP	化学镀镍 / 浸金	电解镍 / 电镀金	浸银	浸锡
储存寿命	1 年	6 ~ 9 个月	1 年	1 年	6 ~ 9 个月	6 个月
操作方式	正常	避免物理接触	正常	正常	避免物理接触	避免物理接触
SMT 焊盘平整性	半球形 / 不平	平整	平整	平整	平整	平整
多次再流循环（2 次）后的可焊性	好	好	好	好	好	好
多次再流循环（2 次）后的孔填充	好	两次再流循环后可能有问题	好	好	好	两次再流循环后可能有问题
厚印制板上使用	孔涂覆困难	可用	提升孔的可靠性	提升孔的可靠性	可用	可用
薄印制板上使用	不用，易发生翘曲	可用	可用	可用	可用	可用
焊点可靠性	好	好	BGA“黑盘”问题	金脆问题	平面微空洞问题	好
			零星脆性断裂失效			
包边电镀	额外电镀作业	额外电镀作业	额外电镀作业	不需额外电镀作业	额外电镀作业	额外电镀作业
金属线键合	不适用	不适用	不适用	不适用	适用	不适用
测试点探测	好	不好，除非组装过程中上焊料	好	好	好	好
组装后露铜	不会	会，沿连接盘边缘	不会	不会	不会	不会
开关 / 触点	不适用	不适用	适用	适用	适用	不适用
PCB 制造时的废物处理和安全性	差 / 一般	好	一般	一般	好	好
工艺控制	厚度控制问题	好	磷含量问题	金厚度控制问题	好	厚度控制问题
电镀层厚度 /μm	0.38 ~ 0.8	0.2 ~ 0.5	0.05 ~ 0.10	0.8 ~ 2.5	0.07 ~ 0.10	1.0 ~ 1.3
总成本比较	1.0	0.4 ~ 0.6	2.0 ~ 3.0	2.0 ~ 3.0	1.1 ~ 1.6	1.0 ~ 1.5

在 IPC-2221 中，除了对 ENIG 镀层，其余表面处理镀层都没有给出厚度要求，仅给出可焊即可的要求。

在 IPC-70985C 中对 ENIG 镀层的厚度做了说明：若太厚，则镍层腐蚀，影响可焊性，有黑盘风险；若太薄，则镍层氧化，可焊性可能更差。因此，在 IPC-70985C 中规定 ENIG 镀层的厚度为 0.05 ~ 0.10μm，而村田等药水厂家推荐的厚度为 0.03 ~ 0.06μm。在 IPC-2221 中，只规定了 ENIG 镀层的最小厚度，要求不小于 0.05μm，没有规定最大厚度，可能基于厂家成本的考虑，认为不会出现超厚的问题。罗列这些标准的要求，主要想说明工艺的复杂性，而在采用标准时必须考虑标准制定的出发点是什么。比如，不同电镀药水厂家推荐的厚度不同，这是因为电镀药水配方的不同；因此，应根据所使用的药水要求进行管控。

1.12 PCB 表面处理与工艺特性（2）

ENIG（1）

ENIG（Electroless Nickel/Immersion Gold，化学镀镍 / 浸金）俗称化镍金。

ENIG 镀层结构如图 1-77 所示，由于化学镀的原因，镍（Ni）层不是纯镍层，而含有一定的 P。在浸金时，由于置换反应，在靠近金（Au）层的地方会形成富磷（P）的 Ni 层，富 P 层的厚度有时可作为镀层控制的参数之一。

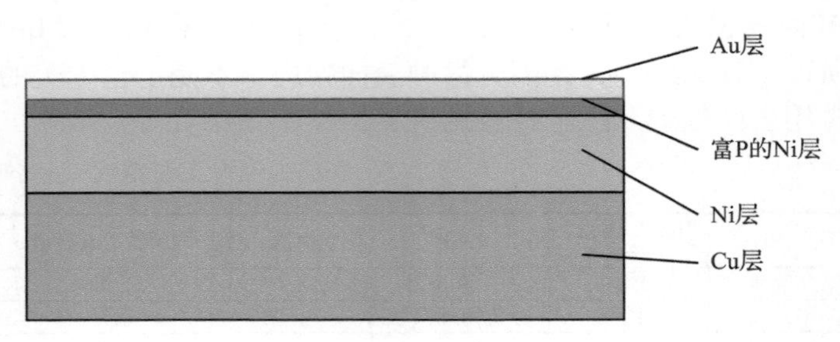

图 1-77　ENIG 镀层结构

ENIG 镀层，焊接时 Au 会迅速溶解到焊料中形成 Au-Sn 合金，焊料只与镍层形成 IMC。

1. 工艺特性

ENIG 镀层适用于安装有大量精细间距的元器件（<0.63mm）及共面度要求比较高的 PCBA，也可用作 OSP 表面的选择性镀层以及按键盘。

1）优势

（1）表面平整。

（2）与无铅的兼容性好。

（3）储存期长，可达 12 个月。

（4）可焊性（润湿性）好。

2）不足之处

（1）价格高。

（2）焊点 / 焊缝存在脆化的风险。

（3）存在“黑盘”失效风险。黑盘是一种发生概率比较低的缺陷，但没有办法检测，存在较大风险；因此，一般不建议用于高可靠性的产品，如军用航空器。

所谓“黑盘”，是 Puttlitz 在 1990 年时提出的一种 ENIG 焊点失效模式，指镍层受到深度腐蚀而引起 ENIG 处理焊点易断的失效模式。由于断裂的镍面呈灰色、黑色，因此被 Puttlitz 定义为黑盘现象。黑盘的最大问题就是难以消除和发现，从而给可靠性带来隐患。

黑盘的典型特征：

- 去 Au 层后,Ni 层表面上有晶界腐蚀现象（俗称泥浆裂纹）,如图 1-78（a）所示。
- Ni 表面有非正常的富 P 层，切片后可以看到腐蚀针刺（实际就是晶界腐蚀现象的截面图），如图 1-78（b）所示。

（4）浸金层很薄，不能用于连接器、金手指的镀层。

1.12 PCB表面处理与工艺特性（3）

ENIG（2）

（a）晶界腐蚀现象

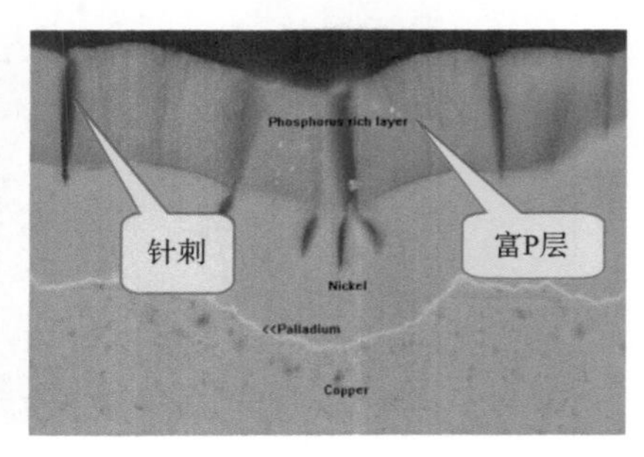

（b）富P层与针刺

图 1-78 黑盘的典型特征

2. 应用问题

（1）不润湿，多为“黑盘”现象所致，如图 1-79 所示。需要指出，不润湿往往出现在镍层腐蚀严重的情况下。在大多数情况下，有黑盘现象的 ENIG 镀层，焊点表现正常；但不耐应力作用，像高低温度循环试验、振动试验以及日常的插拔操作都可能导致焊点开裂，这是最大的风险。

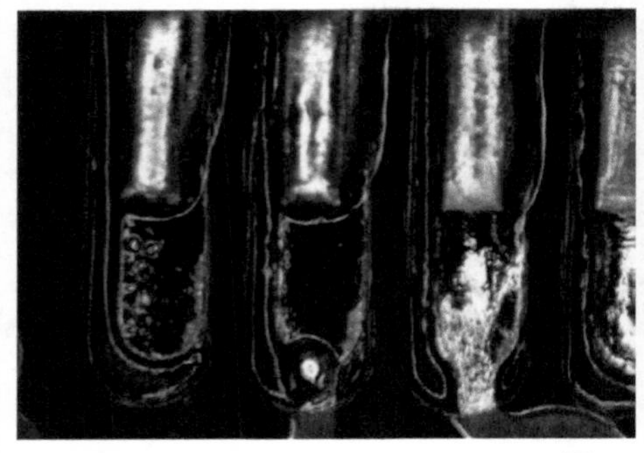

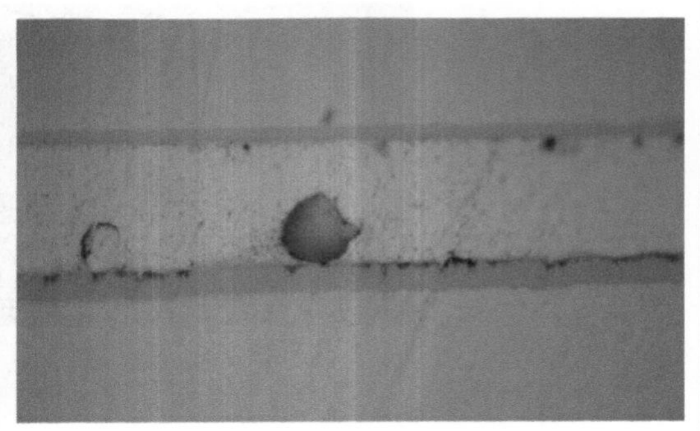

图 1-79 黑盘现象

（2）波峰焊接孔盘边缘部分不润湿（如图 1-80 所示），属于黑盘的典型表现之一。由于电镀时电流向导体尖部集中，在插装孔的孔盘边缘和拐角处，容易出现严重的腐蚀现象，即黑盘现象，如图 1-81 所示。这种不润湿，预示着整板存在黑盘风险，只是比较轻微，在 SMT 工艺条件下一般能够被润湿，焊接后从焊点外观上看不出来，但是其连接强度会有所下降。这在一般的应用条件下可以接受，不会降低可靠性，但对于高可靠性要求的军用、航空电子等产品就需要根据客户的要求进行评估。此现象类似反润湿，但镍层上没有任何锡，看上去呈黑灰色。

（3）镀层薄，底层镀层镍被氧化。最常见的表现就是焊接后锡与镍不能形成 IMC，焊点的强度几乎为零，可以归为虚焊一类缺陷；其次表现为潮湿环境下储存一段时间后出现腐蚀，从点状到局部面状，如图 1-82 所示。之所以要求 ENIG 镀层必须满足最小的厚度，就是为了避免底层镍被氧化；其氧化程度与金镀层厚度、温度、湿度、储存期等有关。

1.12 PCB 表面处理与工艺特性（4）

ENIG
（3）

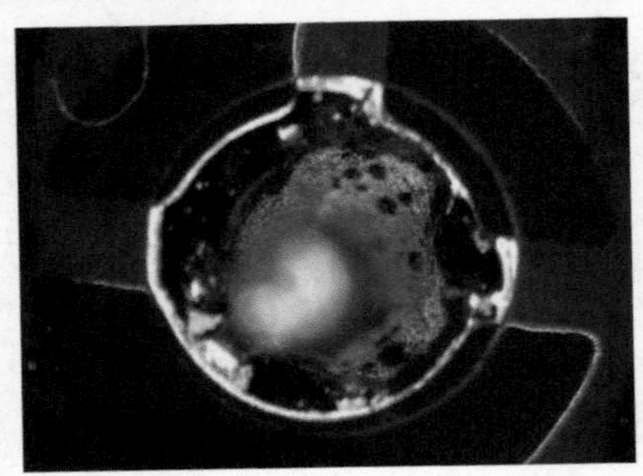
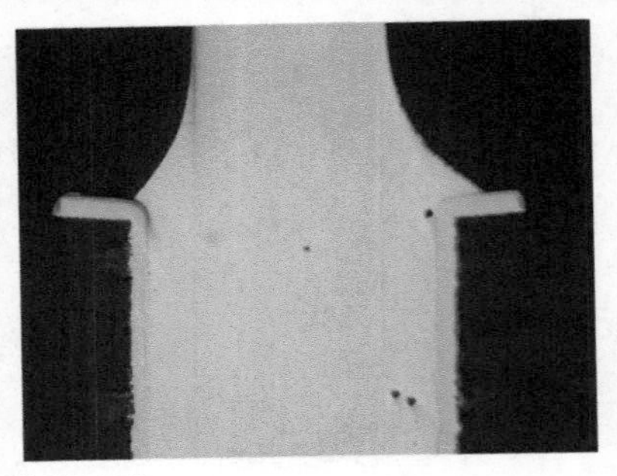

图 1-80 孔盘不润湿现象

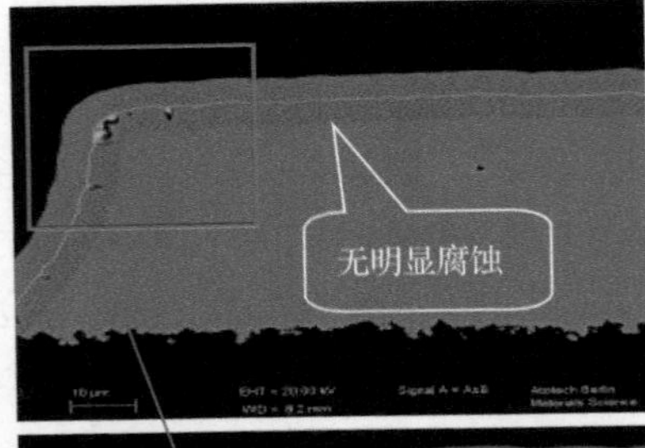

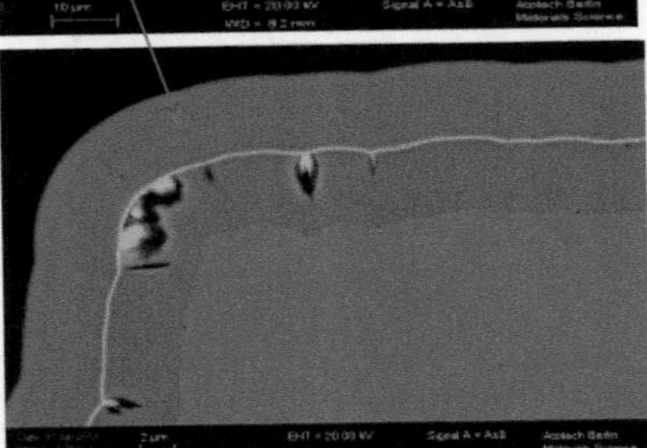

（a）孔盘边缘

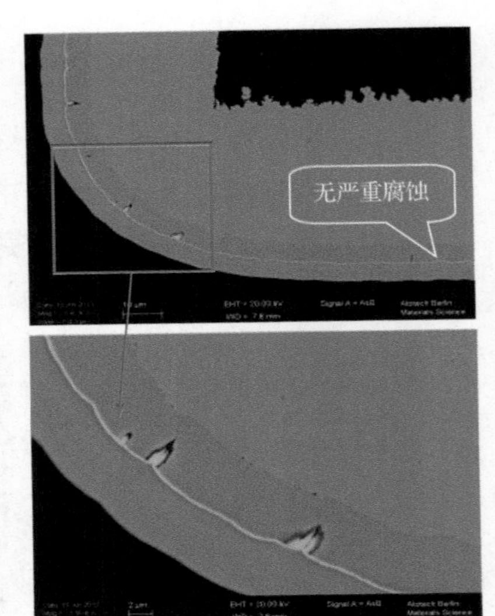

（b）孔盘拐角处

图 1-81 孔盘边缘及拐角处黑盘现象

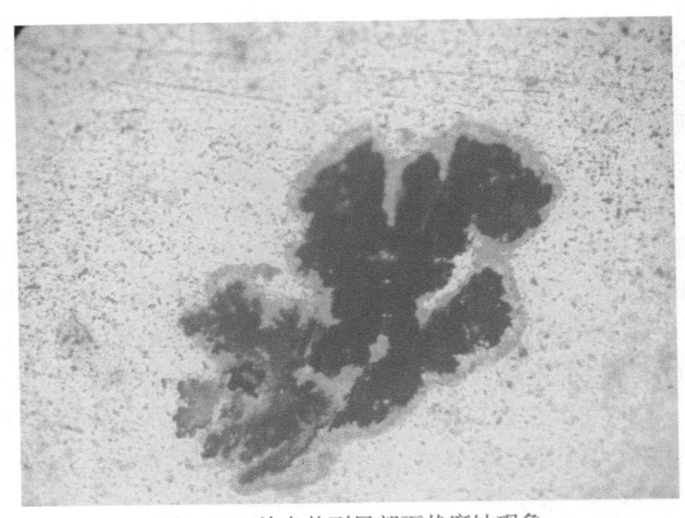

图 1-82 从点状到局部面状腐蚀现象

1.12　PCB表面处理与工艺特性（5）

Im-Sn（1）

Im-Sn（化锡）是Immersion Tin的简写，又称浸镀锡、浸锡。

Im-Sn镀层，是通过置换反应在铜的表面形成的纯锡层。置换反应的一个特点，就是随着镀层的增厚，反应速率逐渐下降直到停止，因此Im-Sn的镀层厚度是受限的，一般较难超过1.2μm。Im-Sn是直接在铜表面沉积的，其镀层结构如图1-83所示。

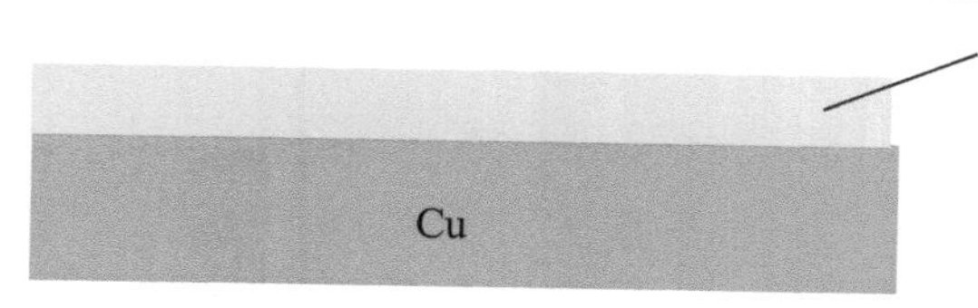

图1-83　Im-Sn镀层结构

1. 工艺特性

Im-Sn能够获得满意的压接孔径尺寸，即很容易做到±0.05mm（±0.002mil）。此外，Im-Sn还具有一定的润滑作用，特别适合压接工艺为主的PCBA，如通信背板（Backplane）。

1）优势

（1）成本低，比ENIG低20%。

（2）与无铅要求兼容。

（3）可焊性好。

（4）焊盘表面平整，适用于精细间距器件。

2）不足之处

（1）储存期比较短，通常为6个月。

（2）由于手印及返修次数限制，不推荐用于通信线卡（Line Card）。

（3）再流焊接后塞孔附近镀锡层易变色。这是因为阻焊剂（俗称绿油）塞孔容易藏药水，再流焊接时喷出来与附近锡层反应而变色。

（4）有产生锡须的风险。锡须风险取决于Im-Sn所使用的药水，有些药水制作的锡层容易发生锡须，有些则不太容易产生锡须。

（5）大多数Im-Sn配方药水与阻焊剂不兼容，对阻焊侵蚀比较严重，不适合精细阻焊桥的应用。

2. 应用问题

（1）不耐储存。这有两方面的原因：一方面，镀层厚度受限；另一方面，Sn在室温下的扩散速度很快，不断与基铜反应而生成IMC，消耗纯Sn镀层。Sn的扩散数据：

① 室温Sn的扩散速度：0.144 ~ 0.166nm/s；

② 室温储存1个月，Sn的厚度损失0.23μm（转成了IMC）；

③ 两次再流焊，Sn的厚度损失0.80μm；

④ 要实现第三次再流焊接，则在两次再流焊接后，Sn厚度需要0.10μm；

⑤ 如果要储存6个月，还必须经受三次焊接，Im-Sn层最小厚度必须超过1.28μm。这个要求一般做不到，一般只能达到1.15μm。

（2）Im-Sn镀层极怕被手接触，在装焊周转过程中，手接触到就会立即留下手印。

（3）Im-Sn表面过炉后会出现变色现象。研究发现，Im-Sn表面的变色与镀层厚度、有机物污染等因素没有关系，主要与锡面氧化层厚度有关，也就是与SnO_2的膜厚有关；膜越厚，颜色就越深。

1.12 PCB 表面处理与工艺特性（6）

Im-Sn（2）

（4）Im-Sn 药水在浸锡时浸泡时间长（>15min）、镀液酸性强（pH<1）及浸锡段操作温度比较高（>70℃）等原因，使阻焊膜会受到攻击，其与铜的结合力变弱，严重时造成阻焊膜剥离，如图 1-84 所示。由于此原因，一般阻焊桥宽不能太小，否则会掉。因此，Im-Sn 不太适用于有精细间距器件单板的应用。

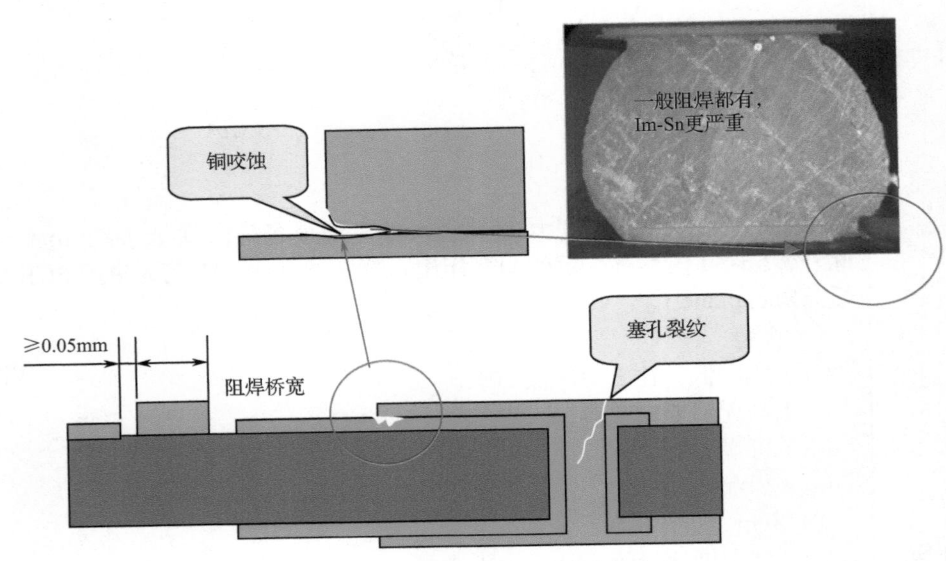

图 1-84　Im-Sn 药水对阻焊膜的攻击

（5）锡须是 Im-Sn 应用的主要问题。试验表明，锡须的发生概率很高，常达 10% 以上，但大部分生长长度小于 50μm，如图 1-85 所示。对于 PCBA 而言，焊接后的地方就不是纯锡，不存在锡须的问题。有锡须的地方是那些没有焊膏覆盖而只有纯锡的地方，如测试点、屏蔽条，必须确保这些地方与元器件引脚之间的距离大于 0.5mm。

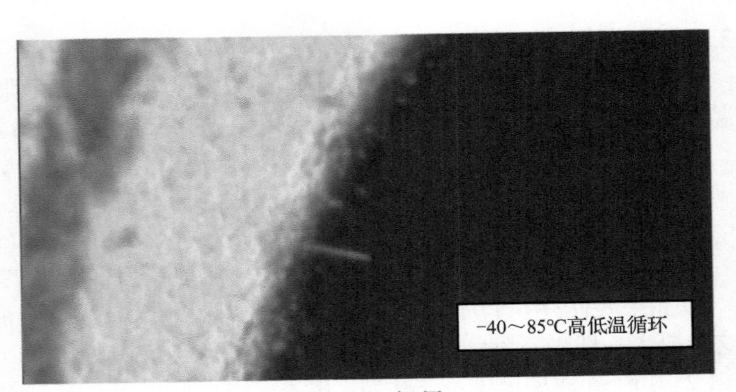

图 1-85　锡须

（6）由于药水的攻击性，塞孔油墨往往有裂纹。这些裂纹可能渗进电镀药水，再流焊接时受热会喷出来，与附近的焊盘发生反应，影响外观与可靠性。

1.12 PCB 表面处理与工艺特性（7）

Im-Ag（1）

Im-Ag，即 Immersion Silver，又称化银。镀层厚度根据工艺要求分为薄银（薄 Ag）和厚银（厚 Ag）。IPC-4557 推荐：薄 Ag 镀层厚度要求为 0.07 ~ 0.15μm，用于焊接；厚 Ag 镀层厚度要求为 0.2 ~ 0.3μm，用于引线键合。其镀层结构如图 1-86 所示。

图 1-86 Im-Ag 镀层结构

Im-Ag 镀层，一般是直接在铜基上形成镀 Ag 层，由于药水的特性，Im-Ag 镀层的 Ag 层并非纯的 Ag 层，而是含有 30% 左右的有机物质，如图 1-87 所示①，图中纵坐标为镀层组成元素的原子数百分比。由于镀层不同位置处成分组成不同，该组成比例是从镀层表层开始计算的。比如，1.2×10^{-6}in（1in=2.54cm）厚的镀层，越靠近表层，Ag 的含量越高。

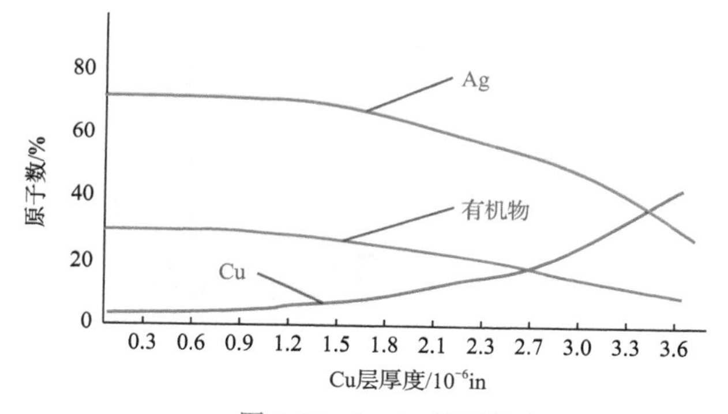

图 1-87 Im-Ag 镀层构成

1. 工艺特点

Im-Ag 适用于安装有大量精细间距器件（<0.63mm）以及共面度要求比较高的 PCBA。

1）优势

（1）成本相对比较低。

（2）与无铅的兼容性好。

（3）储存期比较长，通常为 6 ~ 9 个月；如果采用气密包装，则储存期可以达到 12 个月以上。

（4）可焊性好。

2）不足之处

（1）潜在的界面微空洞。

（2）与镀 Au 的压接连接器不兼容，因为两者间的摩擦力比较大。

（3）浸 Ag 层很薄，不能承受 10 次以上的机械插拔。

① 源自 2013 年适普 - 李宁成博士研讨会资料。

1.12 PCB 表面处理与工艺特性（8）

Im-Ag（2）

（4）非焊接区域容易高温变色。

（5）易于硫化（对硫敏感）。

（6）存在贾凡尼效应，一般沟槽深度会到达 10μm 左右。因贾凡尼沟槽露铜，在高硫环境下容易发生爬行腐蚀。

2. 应用问题

Im-Ag 表面处理，容易出现浸银表面微空洞现象及爬行腐蚀（Cu_2S 生长）、Ag 迁移（枝晶生长），这些都会严重破坏 PCBA 的可靠性。

（1）浸银表面处理，常常会导致焊点 Ag 镀层界面处出现微空洞现象，通常直径小于 0.05mm（约 2mil）。

浸银表面微空洞最终导致焊缝界面微空洞（也称为香槟空洞）现象，如图 1-88 所示，它会大大降低焊缝的强度，特别是当 PCB 受到板面冲击时会失效。

图 1-88　BGA 焊点拉开后观察到的界面微空洞现象

（2）Im-Ag 表面处理，会导致阻焊边缘下的咬蚀，这种现象被称为贾凡尼现象。由于阻焊边缘的小面积的露铜和大面积的银面，构成了电偶对，在潮湿的环境下 Cu 与空气中的 H_2S 发生电化学腐蚀，生成 Cu_2S，这种腐蚀也称爬行腐蚀，是 Im-Ag 板在腐蚀性环境中最主要的失效模式。

试验表明，贾凡尼发生概率平均为 2.5/1000，咬蚀深度为 12.66μm，如图 1-89 所示。

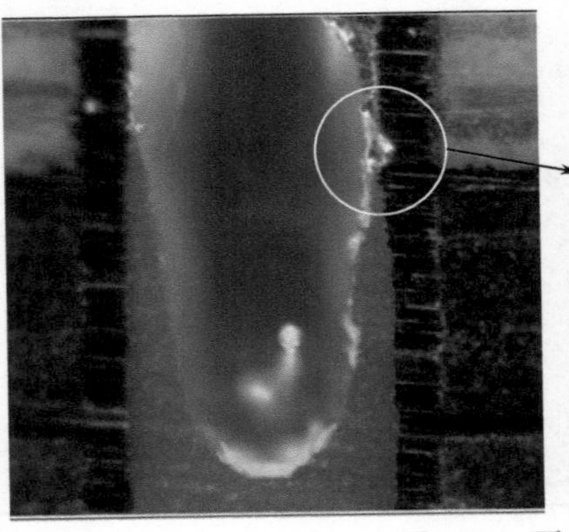

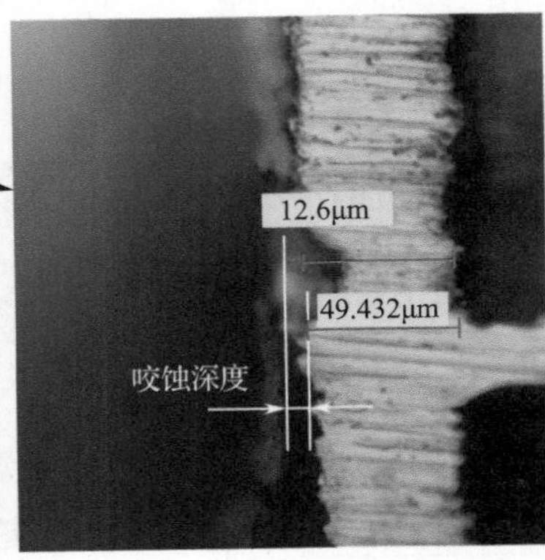

图 1-89　贾凡尼现象

1.12　PCB 表面处理与工艺特性（9）

Im-Ag（3）

（3）乐思化学（Enthone）公司的研究表明，大面积的 Im-Ag 不会发生 Ag 迁移，如图 1-90 所示。Ag 迁移主要发生于厚膜电路、IC 内部，具有特定的场景，即缝隙露铜的场合。

enthone

潜变腐蚀和电化学迁移的比较

- 化学沉银不易发生电化学迁移!
- Underwriters Laboratory改变最初想法，无须对沉银进行测试

图 1-90　Enthone 公司对 Im-Ag 电迁移的研究结论

（4）容易变色。

Im-Ag 的变色有两种情况：一是在空气中存放一段时间后会逐渐变黑；一是再流焊接后很短的时间内出现黄棕色或棕色的晕斑。

Im-Ag 表面在空气中变色，主要是因为银表面存在孔隙，与空气中的硫化物反应的结果，此变色情况业界有很多的研究，这里不再做重点说明。

Im-Ag 处理的单板，再流焊接后很短的时间内的变色是很多客户不能接受的，常常被视为一种不良现象。为什么 Im-Ag 处理的单板会很快变色呢？这是因为 Im-Ag 镀层是在铜面上通过置换反应直接沉积形成的。常温下，Cu 原子与 Ag 原子之间的扩散速度很慢，非常稳定，但是再流焊接时，由于高温的作用，Cu 与 Ag 原子之间的扩散速度非常快，随着焊接次数的增加，Cu 原子会不断往表面扩散。由于 Im-Ag 很薄，通常在经过两次再流焊接后，Cu 原子就会扩散到 Ag 镀层表面。一旦 Cu 扩散到表面裸露出来，在空气中就很容易被氧化，从而引起变色。图 1-91 所示为经过 Im-Ag 处理的微波组件，再流焊接后约 2 周的时间，Ag 面就出现棕斑。

对于 Im-Ag 单板过再流焊接后变色的问题，陈黎阳、乔书晓进行了试验研究，发现影响 Im-Ag 板焊接后变色的主要因素有两个——镀层厚度与空气中的暴露时间。这个研究证实了上述的说法。研究表明，提高镀层厚度和减少空气中的暴露时间，有助于减少 Im-Ag 板的变色。

图 1-91　经过 Im-Ag 处理的微波组件

1.12 PCB 表面处理与工艺特性（10）

OSP（1）

1. 关于 OSP 膜

OSP（Organic Solderability Preservative），在业界有护铜剂、抗氧化剂等称谓。它是一种低成本的表面处理工艺。由于OSP膜能够完全被助焊剂成分所溶解，因此，在日本 OSP 膜也被称为水溶性预涂助焊剂（Preflux）。

业界比较著名的 OSP 药水有日本的四国化成 F2、F3 和 Enthone（乐思化学）的 EMTEK PLUS 系列。随着无铅化的实施，对耐焊次数有着更高的要求，业界开发了第 4 代的产品，如四国化成的 F3。

OSP 膜，本质上是 Cu 与苯基咪唑的络合物。分析表明 Cu 与苯基咪唑的比例约为 1 ： 10。苯基咪唑与 Cu^{+}/Cu^{2+} 有亲和性，而不是 Cu 原子。把 Cu 浸入 OSP 槽，未溶解部分化学吸附苯基咪唑的分子，溶解的部分并入苯基咪唑中，形成网络结构，如图 1-92 所示。

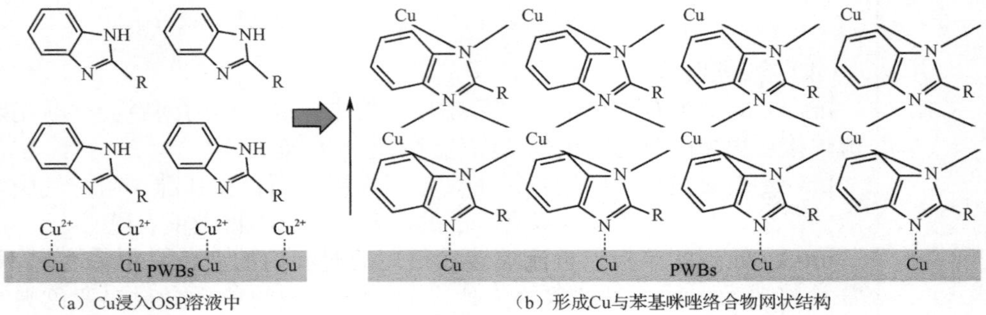

（a）Cu浸入OSP溶液中　（b）形成Cu与苯基咪唑络合物网状结构

图 1-92　OSP 膜的结构

Cu 离子的浓度从最深处（Cu-OSP 界面）向表面逐渐递减，如图 1-93 所示。这就意味着 Cu 的分布不均匀。值得注意的是在 Cu-OSP 界面存在富氧层。OSP 膜保护下铜面的氧化主要来自储存与过炉，氧化程度可以通过目视检查外观颜色变化、FIB/SEM 观察和 SERA 测量（Sequential Electrochemical Reduction Analysis）进行分析。四国化成的研究表明，再流焊接对氧化的影响是很大的，是放置时间的近 40 倍。抽真空的铝箔包装，储存一年基本上氧化可以忽略不计，真正有影响的是过炉和过炉后的时间。需要注意的是，市场上大部分品牌的 OSP 膜随着储存时间的增加可焊性会劣化。一般而言，对于 OSP 处理的板，真空储存一年后应作报废处理比较可靠。

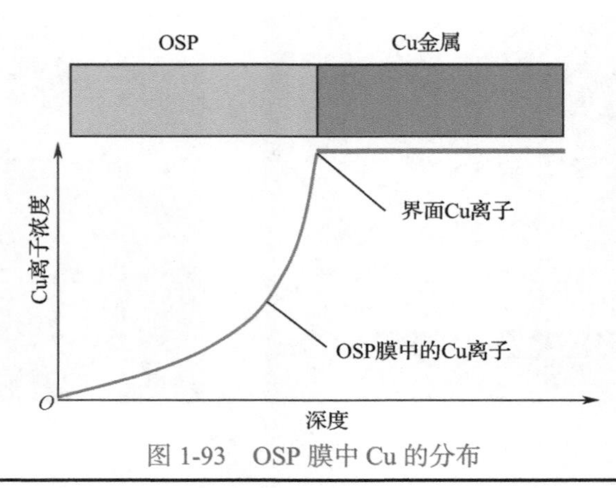

图 1-93　OSP 膜中 Cu 的分布

1.12　PCB 表面处理与工艺特性（11）

OSP（2）

2. OSP 膜质量的外观判断

1）高质量 OSP 膜的工艺特征

原始色有一种嫩的、瓷质光泽，如图 1-94 所示。

随着过炉次数增加，颜色逐渐变深，如图 1-95 所示。不同品牌颜色不完全一样，且随视角变小而变深（会变色），但好品质的 OSP 膜不管过炉还是存放，始终会有瓷质光泽（特别是斜视时）。

2）低质量 OSP 膜的工艺特征

基本无光泽，过炉后颜色变化也不十分明显，甚至变浅。大气环境中放置一段时间后表面会变得铁锈般暗淡。

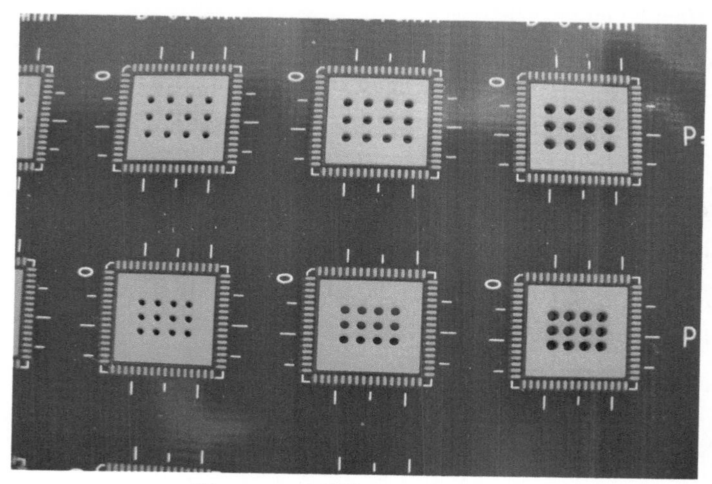

图 1-94　高质量 OSP 膜的颜色

原始颜色　　过一次炉后　　过两次炉后

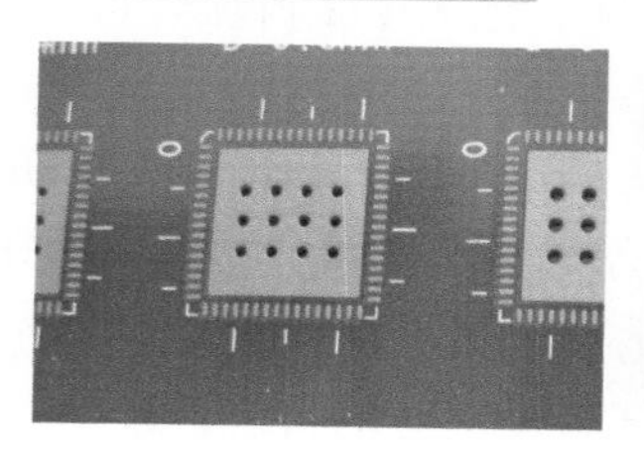
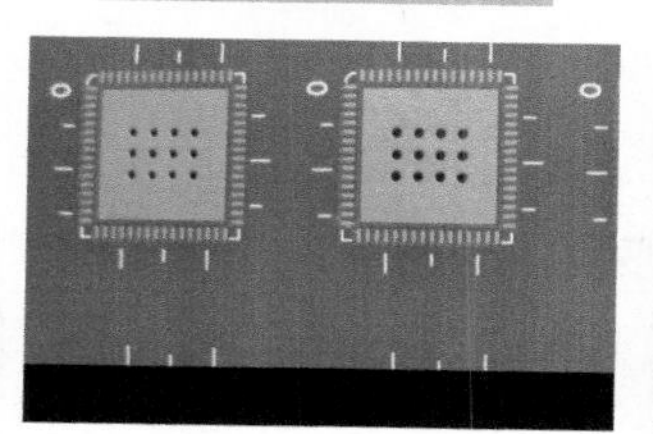
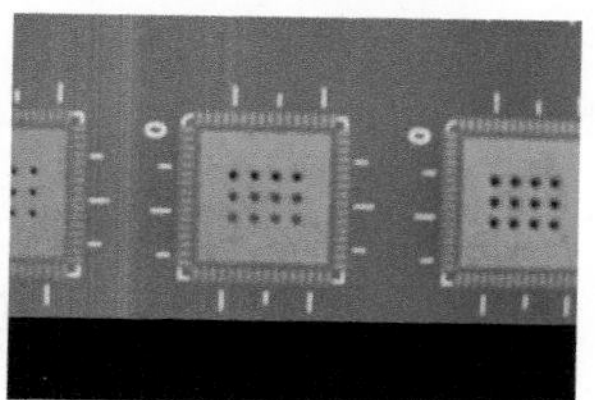

（a）高质量OSP膜1（在太阳光下直拍）

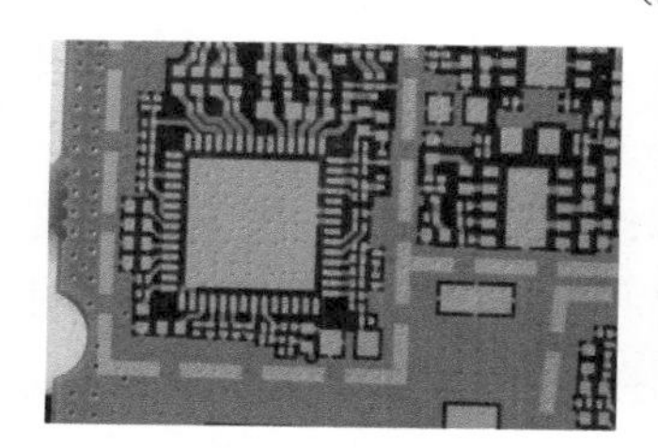
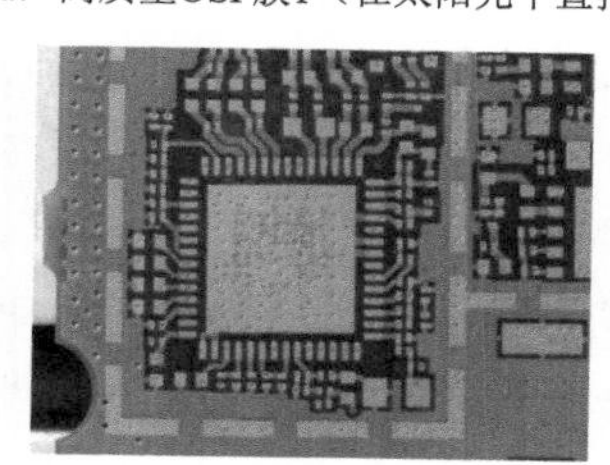
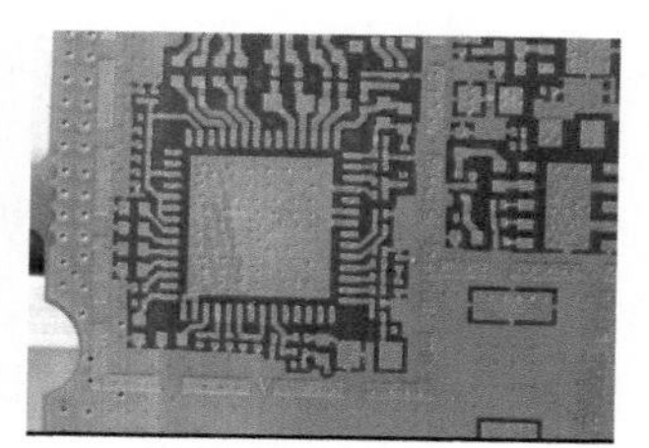

（b）高质量OSP膜2（在太阳光下直拍）

图 1-95　OSP 膜过炉后的颜色变化

1.12 PCB 表面处理与工艺特性（12）

OSP（3）	**3. OSP 膜工艺特性** OSP 膜是最广泛使用的表面处理。由于其表面平整、焊点强度高，被推荐用于精细间距器件（<0.63mm）及对焊盘共面度要求比较高的器件的表面处理。 1）优势 （1）成本相对最低。 （2）焊盘表面平整。 （3）与无铅兼容。 （4）供应商资源多。 2）不足之处 （1）存储期比较短，一般按 6 个月执行，超过 9 个月可焊性开始劣化，超过 1 年应作报废处理。 （2）热稳定性差。在首次再流焊接后，必须在 OSP 厂家规定的期限（一般为 48h）内完成其余的焊接操作。波峰焊接对这个时间更加敏感，主要是波峰焊焊接时间比较短所致。 （3）不太适用于有电磁干扰（EMI）接地区域、安装孔、测试焊盘的单板。对于有压接孔的单板也不太适合。 **4. 应用问题** 1）受热后可焊性劣化 （1）试验表明，OSP 在再流焊接温度条件下，不会发生挥发，质量的损失 <10%，这说明 OSP 应用时，可以采用最薄的厚度。但是，厚度较薄会影响抗氧化能力。 （2）OSP 在 260℃以下，不会发生分解。TG 曲线表明它由固态直接转为气态，没有发生散热。 （3）可焊性的劣化主要是铜面的氧化。这种氧化主要受再流焊接次数影响。 2）应用经验 （1）OSP 膜随着存储时间的增长变差，一般将 3 个月作为保质期。存储超过 1 年，可焊性就变得不可靠，润湿性变差，通常将超期板作报废或重工处理。 （2）OSP 板过一次高温，可焊性显著劣化，这就是为什么需要控制焊接次数的原因。因此，选择 OSP 药水，主要应评估其耐焊次数的特性。OSP 过炉可焊性降级，可以从 OSP 处理板上的焊点经常露铜这一点得到证明。焊盘上焊膏没有覆盖到的地方，再流焊接时焊锡就不会铺展到，这个现象说明 OSP 膜经过加热后变得不好焊接了。 （3）第一次过炉到最终完成焊接，应在 48 小时内完成。我们控制这个时间，主要基于控制吸潮量的考虑。经验表明，不管是过炉的还是没有过炉的，常温下可焊性的劣化速度比较慢，对可焊性的影响主要是过炉次数及峰值温度。 （4）应避免用 IPA 等清洗。焊膏印刷不良，如漏印，应采用重印的方法补救。 （5）对于吸湿超标的 OSP 板，可以采用短时烘干工艺（2h × 125℃），它可以把 80% 的湿气驱赶出去，一般不会影响可焊性。

1.12　PCB 表面处理与工艺特性（13）

无铅喷锡（1）

无铅喷锡，是无铅热风整平（Pb-Free HASL）表面处理的俗称，因国内使用的比较多，本书就以此称谓。

无铅工艺实施时，业界首先想到的表面处理就是无铅喷锡，原因很简单，就是焊接性能好。但是，由于无铅喷锡采用 Sn0.7Cu 合金，熔点很高，喷锡的锡槽温度达到 275℃以上，这样高的温度对 PCB 的损伤很大，因此，无铅喷锡工艺的应用仅限于层数不多、无间距≤ 0.4mm 的 QFP 的器件应用的场合。

1. 工艺特点

1）优点

（1）与无铅兼容。

（2）耐存储。如果涂层厚度超过 1.5μm，能够存储 1 年以上（有铅喷锡存储期可以长达 2 年）。

（3）可焊性好。在无铅喷锡时，金属间化合物 Cu_6Sn_5 立即形成，涂层与铜基底界面存在金属间化合物，相当于已经完成了一半的焊接。这个厚度与无铅喷锡层的厚度无关，只与喷锡的工艺温度和喷涂次数有关，如两次垂直（温度低，265℃），IMC 厚度≈ 0.23μm，两次水平（温度高，275℃），IMC 厚度≈ 0.31μm。

2）不足之处

（1）成本上并不具备太大的优势，只有在层数小于或等于 6 层的板上具有一定价格优势。

（2）小尺寸焊盘比大尺寸焊盘喷锡更厚，如图 1-96 所示，因而使得密脚间距元器件相对其他镀层更容易发生桥连。

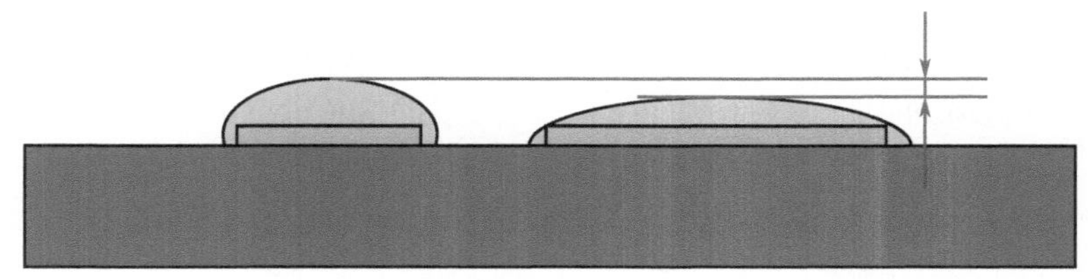

图 1-96　表面张力使得小焊盘上的涂层更厚一些

（3）镀层表面不平整，即共面性比较差，不太适合多引脚的 QFN、BGA 焊接。表 1-4 为 BGA 焊盘上 SnCuNiGe 涂层厚度①。

表 1-4　BGA 焊盘涂层厚度范围

焊盘尺寸 /mil	中心距 /mil	平均厚度 /μm	最大厚度 /μm	最小厚度 /μm	读数次数
18	40	9.07	16.85	4.32	60
20	50	8.72	15.34	6.16	87
20	50	4.8	9.83	2.53	104
25	50	7.45	10.51	5.49	75
25 × 20		4.95	6.57	3.12	40
30	50	5.39	6.91	2.61	76
30	50	5.04	10.16	3.71	140

① 来源：《环球 SMT 与封装》2009 年 7，8 期 P14——无铅时代的热风整平。

1.12 PCB 表面处理与工艺特性（15）

无铅喷锡（2）	但是，需要指出，无铅涂层与有铅涂层相比，还是更薄更均匀一些，这也许是因为无铅焊料具有较高表面张力的结果。 **2. 应用问题** （1）润湿不良。通常，无铅喷锡层具有良好的可焊性，如果焊剂或焊膏活性被排除，一般可能是涂层厚度问题，如图 1-97 所示。如果薄的地方没有自由的锡层，存储一段时间后，当 Cu_6Sn_5 长出涂层时，可焊性就会成为问题。 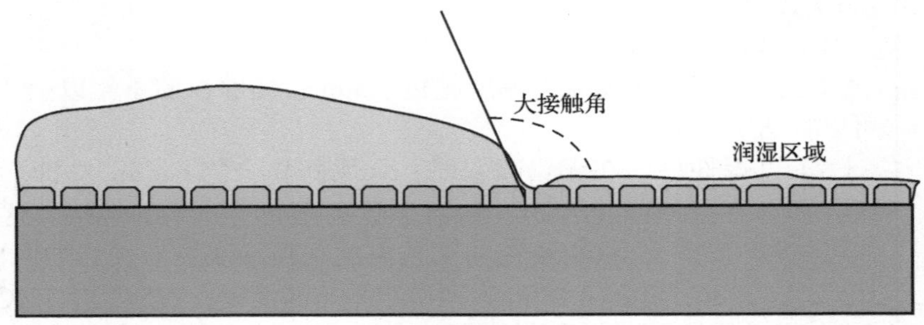 图 1-97　IMC 层上焊料厚度不足导致焊盘反润湿 （2）无铅涂层的成本只在层数低于 6 层时具有优势，一般可以降低 6% ～ 12%。 （3）由于涂层以熔融的形式涂覆，没有残余应力。众所周知，在电镀镀层中的压应力是锡须产生与生长的主要驱动力。根据 JESD22A121 技术规范“锡和锡合金表面上锡须增长测量方法”委托第三方测试，在铜上热浸无铅涂层上，仅在故意引入应力的地方和按照规范在最严格的条件下（60℃、87%RH）2000h 后，看到锡须的生长。值得注意的是，无银的 SnCuNiGe 合金，一旦诱导压力缓解，锡须即停止生长。但是，SAC305 涂覆层中锡须晶体仍继续增长，这可能是由湿热环境中持续腐蚀产生的应力所驱动，如图 1-98 所示。 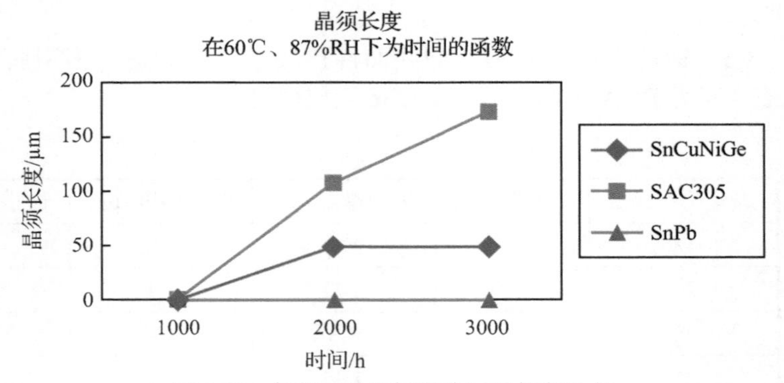 图 1-98　锡铅、无铅焊料涂层的锡须生长

第 2 章　工艺辅料

2.1　助焊剂（1）

发展历史

助焊剂，也称焊剂，按照形态可以分为固态、液态和膏状几种，比如，松香芯焊锡丝中的松香就是固态，波峰焊接的助焊剂为液态，焊膏中用的就是膏状的。所谓助焊剂，就是指在焊接过程中用于清洁被焊接表面并防止再次氧化的工艺材料。本章仅介绍液态助焊剂。

液态助焊剂的发展历史，主要是由清洗工艺驱动的。在早期的松香基助焊剂中，松香的质量百分比很高（达 20% ~ 40%），大量采用卤素盐的有机化合物作为活化剂。由于该助焊剂残留多且发黏再加上腐蚀问题，焊接后必须清洗。

早期使用的清洗剂为氯氟碳化合物，它们是一种臭氧耗损物质（ODS），最著名的就是氟利昂（CFC），严重破坏大气层的臭氧层，最终危害人类环境。因此，1987 年由 27 个国家发起并签署了《蒙特利尔公约》，要求成员国减少破坏臭氧层物质的排放，最终要求从 1996 年 1 月 1 日起发达国家全面禁止生产 CFC 类物质。

后来开发了替代清洗剂——氢氯氟碳化合物（HCFC）和氢氟碳化合物（HFC）。前者仍然含有氯，可能会破坏臭氧层，后者是一种温室气体。正是由于溶剂型清洗剂的若干环保问题，水溶性助焊剂应运而生。但又给废水处理带来问题，最终提出了免洗助焊剂的概念。目前免洗助焊剂已成为广泛使用的助焊剂。

液态助焊剂的发展历史可以用一个简图表示，如图 2-1 所示。

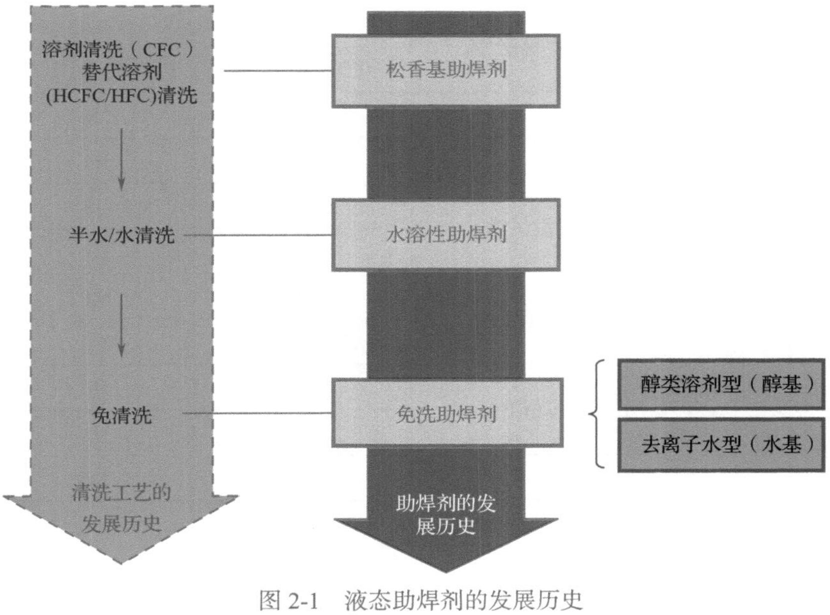

图 2-1　液态助焊剂的发展历史

免洗助焊剂，容易引起误解，本质上它是一种低固含量的助焊剂。不清洗，不是因为焊接后板面看上去干净，而是因为免洗助焊剂焊后残留物的电气安全性能能够满足要求，不用清洗也不会导致绝缘性能下降或引起腐蚀的问题。而这个相关的评价方法就是测试表面绝缘电阻（Surface Insulation Resistance，SIR）。按照 J-STD-004B 标准，在 IPC-TM-650 2.6.3.7 规定的试验条件下，只要助焊剂残留物的表面绝缘电阻满足 >100MΩ 即可。

2.1 助焊剂（2）

分类（1）

对助焊剂进行分类，主要目的是方便用户选用。

目前国际上通用的助焊剂分类标准为 J-STD-004。首先，按照助焊剂不挥发物（固体含量）的主要化学组成分为四大类：松香型（RO）、树脂型（RE）、有机型（OR）和无机型（IN）；其次，根据助焊剂或助焊剂残留物的腐蚀性或导电性的进一步细分为低活性（L）、中等活性（M）和强活性（H），见表 2-1。

表 2-1　J-STD-004B 助焊剂分类

助焊剂组成材料	助焊剂 / 助焊剂残留物活性程度	卤化物（质量百分比）	助焊剂类型	助焊剂标识符
松香（RO）	低活性	<0.05%	L0	ROL0
		<0.5%	L1	ROL1
	中等活性	<0.05%	M0	ROM0
		0.5% ~ 2.0%	M1	ROM1
	高活性	<0.05%	H0	ROH0
		>2.0%	H1	ROH1
树脂（RE）	低活性	<0.05%	L0	REL0
		<0.5%	L1	REL1
	中等活性	<0.05%	M0	REM0
		0.5% ~ 2.0%	M1	REM1
	高活性	<0.05%	H0	REH0
		>2.0%	H1	REH1
有机的（OR）	低活性	<0.05%	L0	ORL0
		<0.5%	L1	ORL1
	中等活性	<0.05%	M0	ORM0
		0.5% ~ 2.0%	M1	ORM1
	高活性	<0.05%	H0	ORH0
		>2.0%	H1	ORH1
无机的（IN）	低活性	<0.05%	L0	INL0
		<0.5%	L1	INL1
	中等活性	<0.05%	M0	INM0
		0.5% ~ 2.0%	M1	INM1
	高活性	<0.05%	H0	INH0
		>2.0%	H1	INH1

助焊剂类型名称中的 0、1 分别表示助焊剂中不含卤化物（<0.05% 作为不含卤化物看待）和含卤卤化物两种状态。L，M，H 和 0，1 都必须由表 2-2 中对应的测试方法确定，只有满足某类助焊剂的所有测试项要求才能归为某类助焊剂。

2.1　助焊剂（3）

分　类（2）

表 2-2　助焊剂分类测试要求

助焊剂类型	铜镜	腐蚀	卤化物定量①（Cl^-，Br^-，F^-，I^-）（质量百分比）	通过 100MΩ SIR 要求的条件②	通过 ECM 要求的条件
L0	没有铜镜穿透迹象	没有腐蚀迹象	<0.05%③	不清洗状态	不清洗状态
L1			≥0.05% 且 <0.5%		
M0	穿透小于测试面积的 50%	轻微腐蚀可接受	<0.05%③	清洗后或不清洗状态④	清洗后或不清洗状态④
M1			≥0.5% 且 <2.0%		
H0	穿透大于测试面积的 50%	严重腐蚀可接受	<0.05%③	清洗后	清洗后
H1			>2.0%		

注：① 该方法可确定离子卤化物的含量。

② 如采用免清洗助焊剂组装印制电路板，且组装后进行了清洗，清洗后，用户应该验证 SIR 和 ECM 值。J-STD-001 可用于工艺特性描述。

③ 测得的助焊剂固体含量中的卤化物质量百分比 <0.05% 时，则该助焊剂为无卤化物助焊剂。如清洗后，M0 或 M1 助焊剂通过了 SIR 测试，而不清洗则不能通过测试，那么这种助焊剂应当进行清洗。

④ 对于不需要去除的助焊剂，要求只在不清洗状态下进行测试。

分类测试（1）

助焊剂产品是一种典型的配方型产品，生产工艺并不复杂，产品的技术含量完全在于成分的选择与配比。因此，对于任何一家助焊剂生产商而言，产品配方绝对是公司的最高机密，不可能透露给客户。用户方面只能从若干技术指标来了解助焊剂的基本性能。

助焊剂的技术指标分为三类：第一类是与基本物理性质相关的，如外观颜色、密度、固体含量；第二类是与助焊性能有关的，如酸值、润湿能力等；第三类是与助焊剂的腐蚀性与电气安全性能相关的，如水萃取液电导率、卤化物含量、铜镜腐蚀、表面绝缘电阻等。这些技术指标的含义、检测方法及技术指标要求，详细参见 J-STD-004 标准。测试方法见表 2-3。

表 2-3　助焊剂测试指标与测试方法

测试方法		品质	品质一致性	使用性能
名称	IPC-TM-650			
物理性能				
外观颜色			×	
密度			×	
固体含量	2.3.34	×		
助焊性能				
酸值	2.3.13		×	
铺展测试	2.4.46			（○）
润湿平衡法测试	2.4.14.2			（○）
腐蚀与电气安全性				
铜镜腐蚀	2.3.32	×		
铬酸银	2.3.33	×		
圆点测试	2.3.35.1	×		
氯化物，溴化物	2.3.33 或 2.3.28	×		
铜板腐蚀试验	2.6.15	×		
表面绝缘电阻（SIR）	2.6.3.7	×		
电化学迁移（ECM）	2.6.14.1			
霉菌	2.6.1	（○）		

注：（○）代表测试可选项，× 代表测试必选项。

2.1 助焊剂（4）

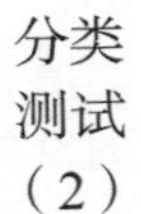

分类测试（2）

1. 铜镜测试

助焊剂的腐蚀性应当按照 IPC-TM-650 测试方法 2.3.32（用来确定助焊剂腐蚀性的两种方法中的其中一种）来确定。只有当助焊剂的铜膜没有任何部分被完全除去时，助焊剂才应当被归为 L 型。如果有任何铜膜被除去，并通过玻璃显示的背景来证明，此类助焊剂就不应当被归为 L 型。如果只有助焊剂周围的铜膜被完全除去（穿透 <50%），那么助焊剂就应当被归为 M 型。如果铜膜被完全除去（穿透 >50%），助焊剂就应当被归为 H 型。

2. 铜板腐蚀测试

助焊剂残留物的腐蚀性应当按照 IPC-TM-650 测试方法 2.6.15 确定。为了达到这个测试方法的目的，应当采用下列有关腐蚀的定义：焊接后并暴露在上述测试方法规定的环境条件下，铜、焊料和助焊剂残留物之间发生的化学反应，按下列要求对腐蚀进行定性评定。

1）无腐蚀

观察不到腐蚀的迹象。因焊接期间加热测试板时，将有可能使初步转变的颜色加深，如图 2-2（a）所示，这种状况可忽略。

2）轻微腐蚀

助焊剂残留物中离散的白色或有色斑点，或颜色变为蓝绿色但是没有铜凹陷的现象被看作是轻微的腐蚀，如图 2-2（b）所示。

3）严重腐蚀

随着蓝绿色污点/腐蚀的扩展，能够观察到铜面板凹陷，则视为严重腐蚀，如图 2-2（c）所示。

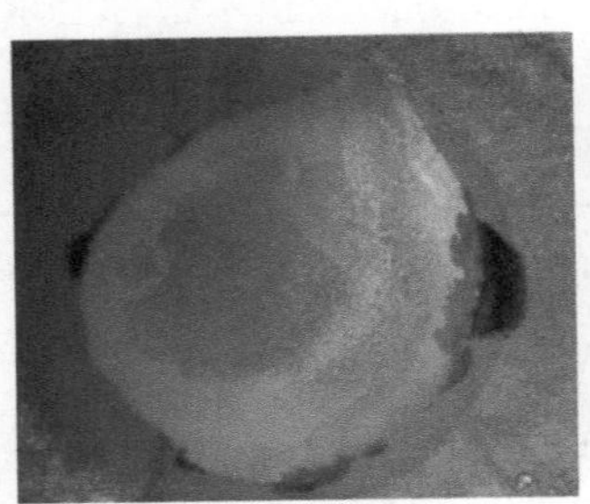

（a）无腐蚀

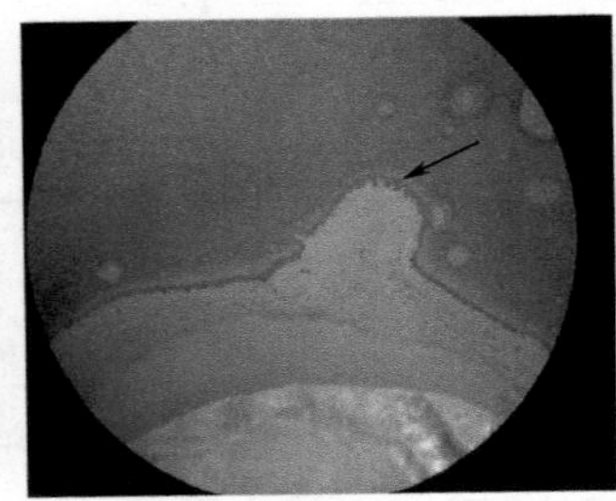

（b）轻微腐蚀

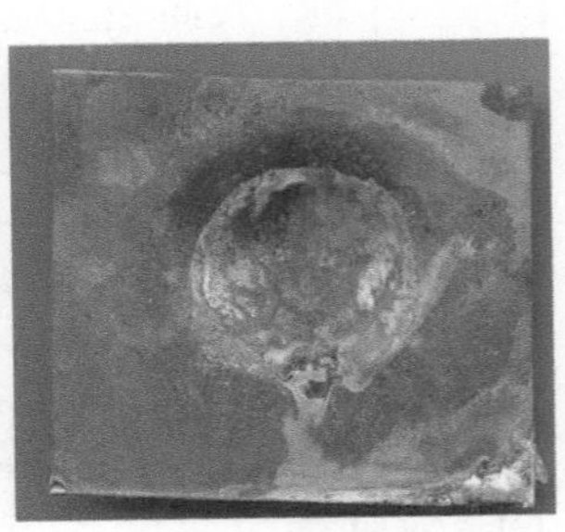

（c）严重腐蚀

图 2-2　铜板腐蚀评定样板

3. 卤化物含量定量测试

应当采用卤化物定量测试确定液态助焊剂或萃取的助焊剂溶液中氯化物（Cl^-）、溴化物（Br^-）、氟化物（F^-）和碘化物（I^-）的浓度。助焊剂中卤化物的总含量为 Cl^-、Br^-、F^- 和 I^- 测量值的总和。卤化物含量以卤化物在助焊剂固体（非挥发物）成分中的氯化物当量百分比来表示。应当按照 IPC-TM-650 测试方法 2.3.28.1 确定氯化物、溴化物、氟化物和碘化物的总含量。

助焊剂固体（非挥发物）含量的确定，应当依据 IPC-TM-650 测试方法 2.3.34 或供应商与用户的协议确定液态助焊剂残留固体量。对于固体含量 <10% 的助焊剂，固体含量与供应商标称值的误差不应当 >10%，所有其他助焊剂，助焊剂的固体含量与供应商标称值的误差不应 >5%。

2.1 助焊剂（5）	
分类测试（3）	**4. SIR 测试** 除测试时间应当为 7 天外，应当按照 IPC-TM-650 测试方法 2.6.3.7 来确定助焊剂的表面绝缘电阻（SIR）要求。应当按照 IPC-TM-650 测试方法 2.6.3.3，采用具体产品的再流焊接或者波峰焊接曲线制备 SIR 图形。 说明 SIR 测试结果时，供应商应当明确指明 SIR 测试前是否要求清洗及所采用的清洗工艺类型。 通过 SIR 测试的标准如下。 （1）测试图形上的所有 SIR 测量值都应当 >100MΩ。 （2）不应当有使导体间距减小超过 20% 的电化学迁移（枝晶生长现象）。 （3）应当有导体腐蚀（梳形电路导体一极有轻微的变色是可接受的）。 **5. 电化学迁移（ECM）测试** 应当按照 IPCTM-650 测试方法 2.6.14.1 评定助焊剂对电化学迁移的抵抗能力，测试温度为 65℃ ± 2℃，相对湿度为 88.5% ± 3.5%RH。应当按照 IPC-TM-650 测试方法 2.6.3.3，采用具体产品的再流焊接或者波峰焊接曲线制备 ECM 测试图形。 说明 ECM 测试结果时，供应商应当明确指明 ECM 测试前是否要求清洗及所采用的清洗工艺类型。 应当根据测试方法报告绝缘阻抗初始值（IR 初始，96h 稳定期后的测量值）和绝缘阻抗最终值。通过 ECM 测试的标准如下。 （1）绝缘电阻（IR）最终阻抗≥IR 初始阻抗 /10，即施加偏压后的平均绝缘阻抗不应当降低至小于绝缘阻抗初始值的十分之一。 （2）不应当有使导体间距减少超过 20% 的电化学迁移（枝晶生长现象）。 （3）不应当有导体腐蚀（梳形电路导体一极有轻微的变色是可接受的）。
助焊剂的选用（1）	助焊剂产品与钎料合金产品在应用上的最大不同在于适用性上的差别。就钎料合金而言，无论是什么样的电子产品，Sn63-Pb37 钎料合金或者无铅的 Sn-Ag-Cu 合金都是适用的。而助焊剂则不同，哪怕是同一种电子产品，不同的制造商都会对助焊剂有不同的要求。这也造就了助焊剂产品的多元化，一个成熟的助焊剂产品供应商一般都会有几十种甚至上百种的助焊剂产品供客户选择。 举例来说，一般的电子产品制造商都希望得到光亮的焊点，但是，在一些 PCB 板面积比较大、板上焊点比较多的情况下，制造商会要求采用消光型助焊剂。这主要是因为在后续焊点质量的目视检测过程中，如果焊点多且光亮，很容易造成工人的视觉疲劳。因此，消光型助焊剂作为一类特殊用途的助焊剂占据了一定的市场份额。 正因为助焊剂的多元化特点，在选择助焊剂的时候，必须弄清楚真正的需求。对用户而言，一定是要通过自己的实际使用来评价和选择。 在电气安全性能方面，生产商提供的 SIR 测试数据只是一种参考，用户方一定要根据自己公司的标准在焊接后对 PCB 进行老化试验，而后根据自己的产品特点进行相应的电气测试。在电气安全性能测试通过后，用户对助焊剂的选择更多的是依据焊点质量的评估。助焊剂的评估一般考虑以下几个方面： （1）助焊剂涂覆方式。 （2）免清洗、溶剂清洗还是水清洗。 （3）波峰焊接之前经过几次再流焊接。

2.1 助焊剂（6）

助焊剂的选用（2）

（4）有铅工艺还是无铅工艺。

（5）与 PCB 阻焊层及三防材料的兼容性。

（6）焊点质量与焊接良率。

（7）焊剂残留物表观质量。

除了考虑以上方面，对助焊剂本身的了解也很重要，它是选择助焊剂的基础。助焊剂有三个关键属性，即活性、固体含量和材料类型。这三个属性决定了助焊剂的基本类型及工艺特性。

1）低固含量的免洗助焊剂（固体含量为 2% ~ 8%）

（1）酒精基，含有或不含有松香或树脂。

（2）水基（无挥发性化学物质），无松香或树脂（很少例外），因为松香不溶解于水。

（3）活性为低到中等。

（4）“寿命短”（工艺期间活性作用的时间较短）。

（5）可能需要也可能不需要清洗。

2）松香助焊剂

（1）高含量松香（含 35% ~ 45% 的松香）/中含量的松香（含 15% ~ 20% 的松香）。

（2）溶剂基。

（3）可能是低活性，但一般都是中到高活性。

（4）“寿命短”（工艺期间活性作用的时间较短）。

（5）一般都需要清洗。

3）水溶性助焊剂

（1）通常都是高固体含量，含 11% ~ 13% 的松香。

（2）溶剂基（个别情况是水基的）。

（3）通常都是高活性。

（4）“寿命短”（工艺期间活性作用的时间短）。

（5）都必须清洗。

市场上常见的液态助焊剂分类如图 2-3 所示。

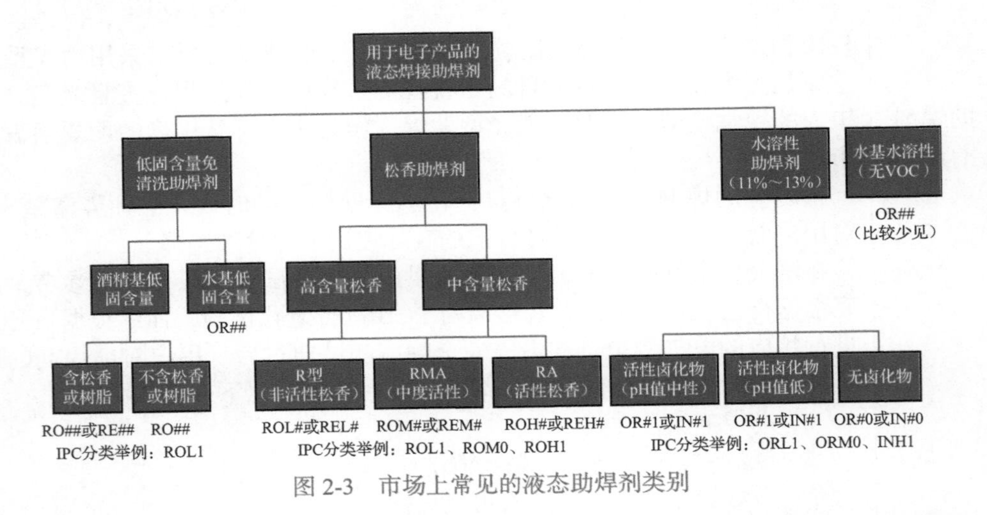

图 2-3　市场上常见的液态助焊剂类别

2.2 焊膏（1）

组 成

焊膏由焊料合金粉（以下简称焊粉）和焊剂组成，而焊剂又由溶剂、成膜物质、活化剂、稳定剂和触变剂等组成，如图 2-4 所示。

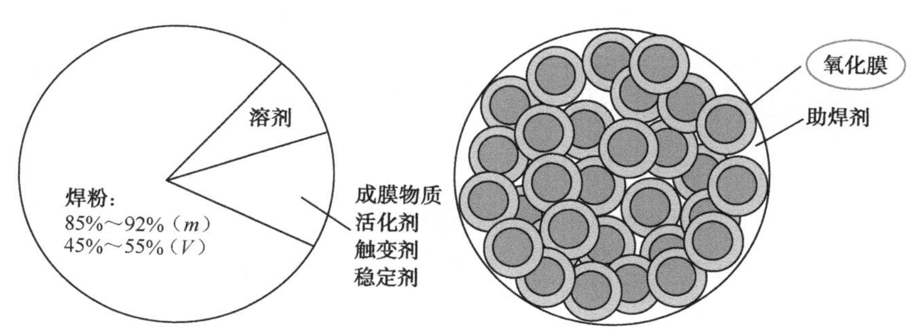

图 2-4 焊膏的组成

焊剂各组分所占焊膏质量百分比及成分如下。

（1）成膜物质：2% ~ 5%，主要为松香及其衍生物、合成材料，最常用的是水白松香，主要用于阻止再流焊接过程熔融焊料表面的再次氧化。松香分子为“大块”的分子，氧原子很难穿透过去，再流阶段覆盖在熔融后焊料表面，起到防止焊料氧化的作用。其他有机酸，比如，硅橡胶、丙烯酸等，属于长分子链，氧原子相对比较容易穿过去，不适合作保护膜使用。

松香本身也具有调节黏度的作用。

（2）活化剂：0.05% ~ 0.5%，最常用的活化剂包括二羧酸、特殊羧基酸和有机卤化盐。助焊剂的发展经历了有机盐酸盐、有机共价卤化物、有机酸三个阶段，有机铵盐酸盐（如 $(CH_3)NH\cdot HCl$）活性强，有机共价卤化物不能适应无卤要求，目前焊膏使用的活化剂主要为有机酸，它能够适应免洗、无卤的要求。这些有机酸均为固态，一般为两种以上有机酸的混合物，如“已二酸 + 丁二酸”“已二酸 + 柠檬酸”等。

（3）触变剂：0.2% ~ 2%，可增加黏度，起悬浮作用。这类物质很多，优选的有蓖麻油、氢化蓖麻油、乙二醇—丁基醚、羧甲基纤维素。

（4）溶剂：3% ~ 7%，多组分，有不同的沸点。松香、有机酸等都是固态的，不能适应焊膏印刷的工艺要求，也不能混溶，必须添加溶剂。焊膏中所用的溶剂主要为醇和醚。

（5）其他：表面活性剂，偶和剂。

焊膏的设计，一方面需要满足功能要求；另一方面需要满足工艺要求，如应用场景（敞开的环境还是封闭的环境、刮刀还是封闭印刷头）、印刷操作要求（印刷操作时间、性能的稳定性）等。

从助焊功能方面来讲，我们希望焊膏助焊剂系统，在焊料熔融之前，一直能够维持去氧化、防氧化的能力，并在焊料熔化之时能够将被焊接金属表面的氧化物彻底清除干净。同时，希望在焊接后，残存最小的活性组分以保证焊点的环境可靠性。但是，这种理想的要求，受制于被焊接表面的氧化程度以及焊接时间的变化，实际上很难做。为此，焊膏的配方设计，原理上采用了“多组分活化剂 + 多组分溶剂”的设计，以确保助焊剂系统活性持续作用及残留最少。

2.2 焊膏（2）

助焊剂配方设计

焊膏所用的活化剂多为有机酸、有机胺、有机卤化物。与无机系列焊剂相比，其活性比较弱，但具有加热迅速、分解留下的残留物基本呈惰性、吸湿性小、电绝缘性能好的特点。

助焊剂各组分的作用如图 2-5 所示。

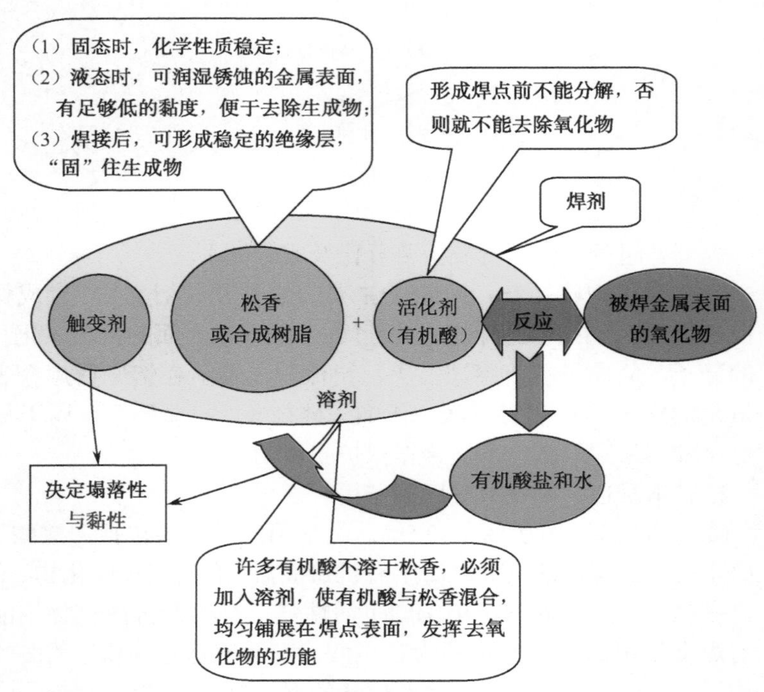

图 2-5　焊剂各组分的作用

助焊剂的三大功能：

（1）化学功能。去除被焊金属表面的氧化物并在焊接过程中防止焊料和焊接表面的再氧化。

（2）热学功能。焊剂能在焊接过程中迅速传递能量，使被焊金属表面热量传递加快并建立热平衡。

（3）物理功能。焊剂有降低焊料表面张力的功能，有助于焊料与被焊金属之间的相互润湿，起到助焊作用。焊接后可形成化学性质稳定的绝缘层，“固”住生成物。

活化剂去除氧化物的原理

反应一，生成可溶性盐类。

$$M_eO_n+2nRCOOH \rightarrow M_e(RCOO)_n+H_2O$$

$$M_eO_n+2nHX \rightarrow M_eX_n+nH_2O$$

反应二，氧化—还原反应。

$$M_eO+2HCOOH \rightarrow M_e(COOH)_2+H_2O$$

$$M_e(COOH)_2 \rightarrow M_e+CO_2+H_2$$

2.2 焊膏（3）

再流焊接过程中焊膏的物理化学变化

由于各种品牌焊膏配方的不同及焊接时温度曲线设置的差异，很难准确地描述再流焊接过程中焊膏在什么温度下发生了什么化学反应和物理变化，但并不妨碍我们对其进行大致的定性描述。

认识和了解再流焊接过程中焊膏的物理和化学变化，对正确地设置温度曲线、减少焊接不良十分重要。比如，ENIG焊盘上出现焊剂污点或焊锡点，如果我们清楚它发生的大致温度、了解其发生的原因，那么我们就可以优化温度曲线，减少此类焊接不良。

图2-6是笔者根据一些试验报告绘制的一个焊膏在再流焊接过程中的状态变化图，描述了焊剂在不同阶段的挥发情况、焊膏的物理变化、焊锡焊剂飞溅的发生阶段、去除金属氧化物的主要阶段。需要说明的是，图中一些数据不是一个准确的数值，仅说明一个大致情况，如溶剂的挥发量，它不仅取决于温度与时间，更取决于焊剂组成以及沸点，这点请读者注意。

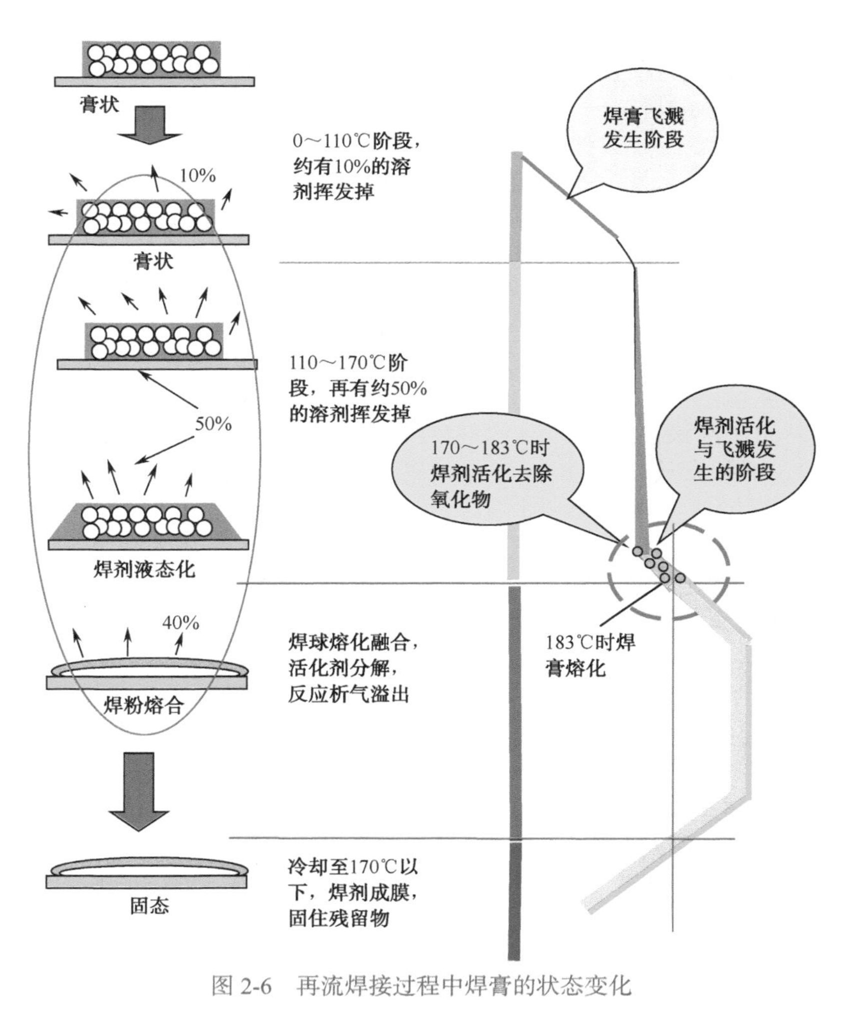

图2-6 再流焊接过程中焊膏的状态变化

2.2 焊膏（4）

焊膏的性能评价

对一款焊膏进行评价，一般应包括焊膏的使用性能、助焊剂性能、金属粉性能三大部分，详细评价指标如图 2-7 所示。

- 焊膏性能评价指标
  - 焊膏使用性能
    - 外观
    - 印刷性能
    - 黏度
    - 塌落度
    - 聚合性，用焊球试验评价
    - 热熔后残渣干燥度及清洗试验
    - 润湿性，用扩展率试验评价
  - 助焊剂
    - 焊剂酸值测定
    - 焊剂卤化物测定
    - 焊剂水溶物电导率测定
    - 焊剂绝缘电阻测定
  - 金属粉
    - 焊粉百分比测定
    - 焊粉成分测定
    - 焊粉粒度分布
    - 焊粉的形状

图 2-7　焊膏评价指标与方法

日常例行检查，主要检测影响工艺质量的五项指标。

（1）印刷性——实践中可以通过观察 0.4mm 间距的 CSP 或 QFP 焊膏印刷图形来评价。

（2）聚合性——用焊球试验评价（在规定的试验条件下，检验焊膏中的合金粉末在不润湿的基板上熔合为一个球的能力），目的是检验焊剂短时去氧化物能力以及焊粉的氧化程度。

（3）铺展性——用扩展率试验进行评价，用于确定焊剂的活性。

（4）塌落度——评价焊膏印刷后保持图形原状的能力。

（5）黏着力——评价焊膏的黏附强度。

焊膏使用

1）冷藏存储

必须存放在 5 ~ 12℃。如果温度过高，焊粉与焊剂反应，会使黏度增加而影响印刷性；如果温度过低（0℃下），焊剂中的松香成分会产生结晶现象，使焊膏性能恶化。

活性比较强的焊膏，如果常温存放（比如解冻）有可能发生焊粉与焊剂反应，使焊膏变黏、变稠、活性变低，这点可通过观察焊膏焊粉颗粒表面是否光滑予以确认。

2）回温后开封使用

必须在操作环境下放置 2h 以上解冻，以避免冷凝水出现。

3）印刷环境

（25 ± 3）℃，≤65%RH，以维持焊膏出厂性能。

4）温度对印刷时间的影响

（相对湿度在 60% 以下）温度在 20℃、25℃、30℃时，可印刷时间分别为 12h、7h、2h。

5）湿度对印刷时间的影响

25℃时，随湿度增加，印刷时间减少。

2.2　焊膏（5）

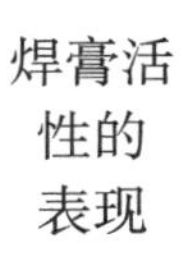

焊膏的活性，是一种通俗的说法，标准的表述应是焊膏的润湿性。

润湿性试验很简单，就是将规定量的焊膏（ϕ6.5mm × 2）印刷到按规定氧化处理的覆铜板上进行热熔，计算扩展率。铺展率越大（反映单位质量焊料的铺展面积），表示焊膏（助焊剂）的活性越强。标准的测试方法见 IPC-TM-650 测试方法手册 2.4.45 Solder Paste—Wetting Test。再简单的试验，也要准备试样，也要进行试验，终归还是有点麻烦。日常生产中，我们可以通过观察一些特殊元器件引脚的爬锡效果对焊膏的活性进行基本的判定：

（1）焊膏的活性越强，在 OSP 处理的焊盘上铺展面积越大，如图 2-8 所示。

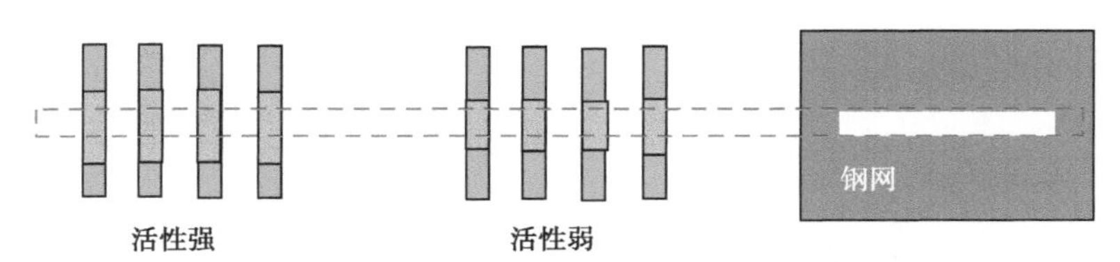

图 2-8　在 OSP 处理焊盘上的铺展

（2）焊膏的活性越强，引线爬锡越高，如图 2-9 所示。

（a）活性强

（b）活性弱

图 2-9　引线爬锡高度与活性

（3）焊膏的活性越强，焊锡对引脚的覆盖越好，如图 2-10 所示。

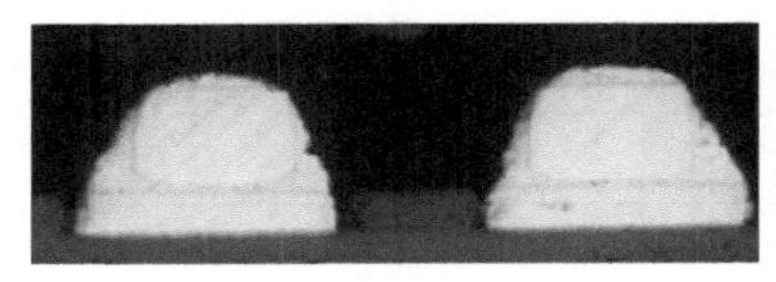

（a）活性强

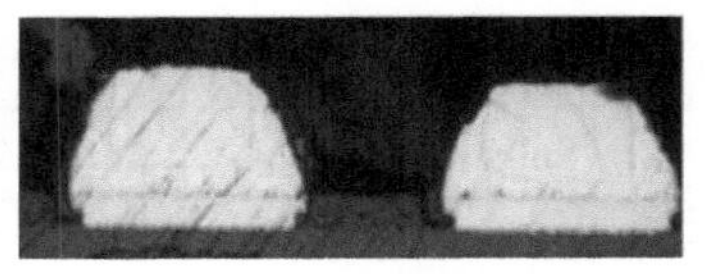

（b）活性弱

图 2-10　引脚的覆盖与活性

（4）采用 0.127mm 厚的钢网印刷焊膏，在 165 ~ 175℃下，烘烤 10min，然后再加热到 210℃（对于有铅焊膏），观察焊锡表面葡萄球现象的严重程度。葡萄球越少，表示去除氧化物能力越强。

这是判定焊剂活性比较简单和有效一些方法，通常不需要专门制作试验板就可进行。从中也可看出利用焊剂活性的强弱可以解决一些连接器的爬锡过高的问题，即可以利用低活性焊剂焊接引脚镀金的连接器，这是笔记本电脑制造中经常采用的手段。

2.3 无铅焊料（1）

概　述

在选择无铅焊料的时候，我们总是将锡铅共晶焊料作为基准，从影响焊接性能与可靠性的两方面进行对比评价。表征焊料性能的重要特性如图 2-11 所示。

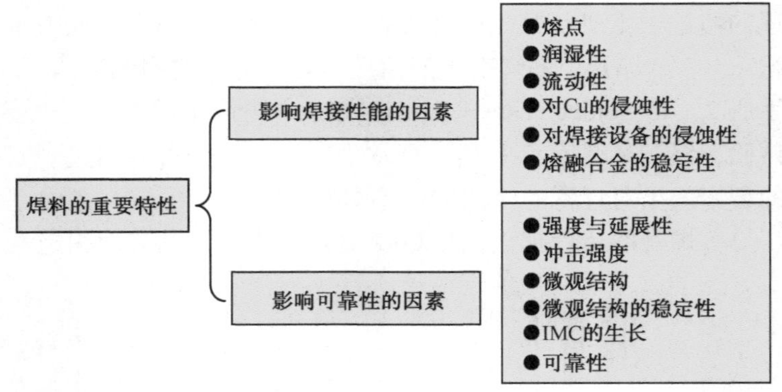

图 2-11　焊料的重要特性

无铅焊料仍然采用 Sn 基合金（Sn ≥ 60wt%），能够用于制造具有实际应用价值的合金元素非常少，主要限制在 Cu、Ag、Bi、In、Ge 等元素范围。尽管提出的无铅焊料合金很多，但真正得到广泛使用的并不多，常用几种无铅焊料合金见表 2-4。

表 2-4　常用无铅焊料合金

合　金	熔点 /℃	疲劳寿命 Nf①	流动性 / mm②	应　用
Sn37Pb	183	3650	700	有铅焊料，对比的基准
Sn3.5Ag	221	4186		共晶合金，应用不多
Sn3.8Ag0.7Cu	217 ~ 220			三元共晶合金
Sn3.0Ag0.5Cu	217 ~ 220		460	应用最广的无铅焊料
Sn4.0Ag0.5Cu	217 ~ 220		500	多用于 BGA 焊球
Sn0.7Cu	227（E）	1125	530	主要用于波峰焊接
Sn0.7Cu0.05Ni	227		690	最适合波峰焊接
Sn0.3Ag0.7Cu	217 ~ 227		490	适合便携电子产品制造，具有成本和抗跌落冲击性优势
Sn1.0Ag0.7Cu	217 ~ 227		470	
Sn0.1Ag0.7Cu0.03Cu	217 ~ 227			
Sn0.3Ag0.7Cu0.05Ni	227		550	

Sn-Ag-Cu 系无铅焊料合金已经成为无铅焊料合金的主流。在 Sn-Ag-Cu 系无铅焊料合金中 Sn 与 Ag、Cu 元素之间形成的 IMC 和中间相显著地影响着合金的强度与疲劳寿命。研究表明，无论 Cu 的含量变化（0.5% ~ 3.0%）还是 Ag 的含量变化（3.0% ~ 4.7%），对其合金的熔点温度影响并不明显，但 Ag 和 Cu 含量变化对其合金的机械性能有明显的影响。

① Jennie S.Hwang，焊料，SMT China，2003 年 May/June，P49。
② Keith 等，无铅焊料的重要特性，EM Asia，2008 年 5 ~ 6 期，P20。

2.3　无铅焊料（2）

常用焊料合金（1）

无铅焊料，已经商用的主要有四大系列，即高可靠性的 Sn-Ag 系列、低成本的 Sn-Cu 系列、高熔点的 Sn-Sb 系列和低熔点的 Sn-Bi 系列与 Sn-Zn 系列。其中 Sn-Cu 仅用于波峰焊接和手工焊接，Sn-Zn 仅用于再流焊接。

1. Sn-Ag 合金系

Sn-Ag 合金是无铅焊料的主要系列，包括 Sn-Ag、Sn-Ag-Cu、Sn-Ag-Bi、Sn-Ag-In。

1）Sn-Ag

Sn-Ag 属于共晶合金，熔点为 221℃。Ag_3Sn 是比较稳定的化合物，Ag 几乎不固溶于 Sn。因此，高温性能和抗电迁移性能都相当优秀。

Sn-Ag 二元合金相图如图 2-12 所示。与 Sn-Pb 系相图相比，Sn-Ag 系相图的左半部分与共晶相图形似，右半部比较复杂。Ag 含量约为 73% 附近的狭长区域被标为 Ag_3Sn，表明在此组分和温度范围下，Ag_3Sn 能够稳定地存在。在 Sn-Pb 系合金中，Sn 和 Pb 在一定范围内都能相互固溶，但 Ag 几乎不固溶在 Sn 中。也就是说，Sn-Ag 合金的共晶组织是由几乎不含 Ag 的纯 β-Sn 和析出的微细 Ag_3Sn 组成的。

添加 Ag 所形成的微细 Ag_3Sn 对机械性能的改善有很大的贡献，但是当 Ag 含量超过 3.5% 后拉伸强度相对降低，这是因为此时形成的 Ag_3Sn 呈数十微米的板状，属于粗大型的金属间化合物，这种形貌的化合物不仅强度低，而且对疲劳和冲击性能也有不良的影响。

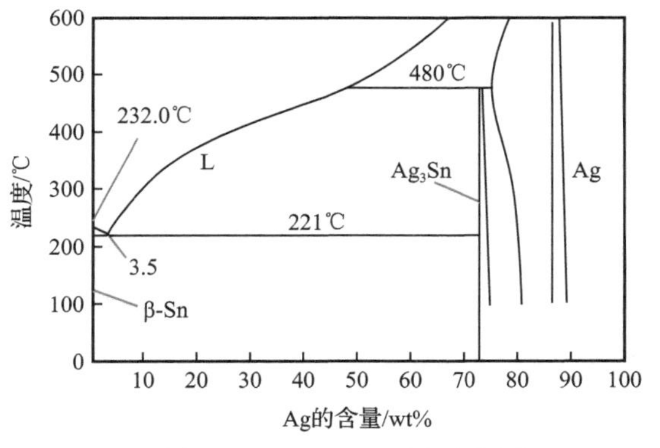

图 2-12　Sn-Ag 二元合金相图

2）Sn-Ag-Cu（一般缩写为 SAC）

在 Sn-Ag 中加入 Cu，能够在保持 Sn-Ag 合金优秀性能的同时，降低熔点，减少 Cu 的溶蚀。常用合金为 Sn-3Ag-0.5Cu（一般缩写为 SAC305），显微组织与 Sn-Ag 共晶合金几乎没有区别，Ag_3Sn 仍然呈纤维状，Cu 与 Ag 一样，几乎不固溶于 Sn，共晶部分含有 Cu_6Sn_5，但形态与 Ag_3Sn 相近，无法被区分。不适合用于波峰焊接，溶铜率太高。

Ag 含量超过 3.2% 就比较容易形成板状 Ag_3Sn 初晶。

2.3 无铅焊料（3）

常用焊料合金（2）

2. Sn-Cu 合金系

（1）Sn-Cu 合金因不含 Ag，价格低。其二元合金相图如图 2-13 所示。

（2）共晶点为 Sn-0.75Cu，共晶温度约为 227℃，此熔点在无铅焊料中偏高。

（3）Sn>60wt% 时的组织与共晶合金组织类似，可看作 Sn-Cu_6Sn_5 的二元共晶合金。

（4）Sn-Cu 共晶合金组织与 Sn-Ag 共晶合金类似，都是由 β-Sn 初生晶粒和包围着初晶的 Cn_6Sn_5/Sn 共晶组织组成的。虽然组织类似，但 Cu_6Sn_5 的稳定性不如 Ag_3Sn，其细微的共晶组织在 100℃下保存数小时就会消失，变成分散着 Cu_6Sn_5 的粗大组织，因此，Sn-Cu 系焊料的高温性能和疲劳性都劣于 Sn-Ag 合金。

Sn-Cu 合金中 Cu_6Sn_5 的分散量少，较 Sn-Ag-Cu 合金柔韧，为了使 Cu_6Sn_5 组织细小化，一般添加微量的 Ag、Ni、Au 等第三种元素。添加 0.1% 的 Ag 就可以将焊料的塑性提高 50%。Ni 的添加能减少锡渣。

（5）Sn-Cu-Ni 由于其良好的润湿性、抗溶 Cu 性，已经用于波峰焊接。由于其比较高的熔点以及低的温度循环可靠性，没有用于再流焊接。

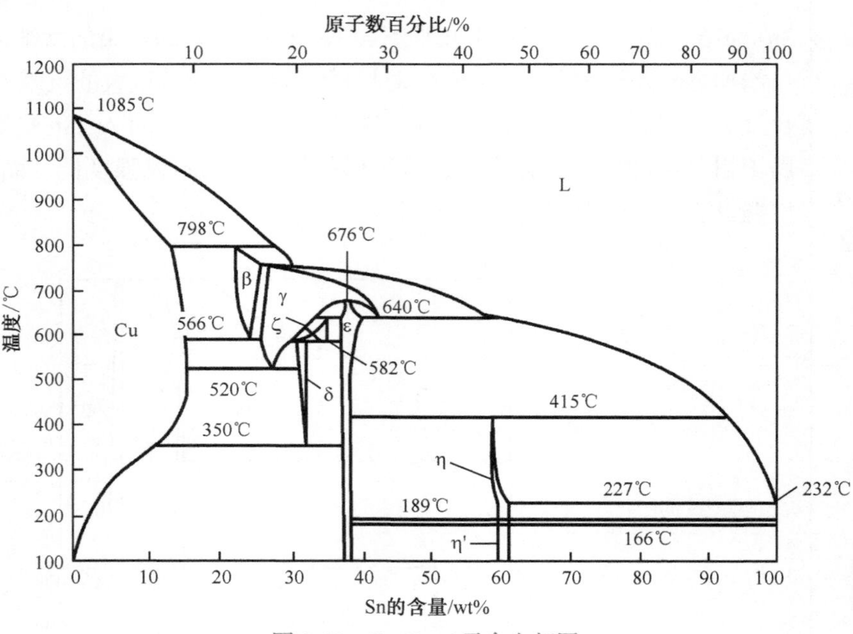

图 2-13　Sn-Cu 二元合金相图

3. Sn-Bi 合金系

（1）Sn-Bi 合金凝固时的一大特色是 Bi 原子可以固溶于 Sn 晶格中而不像其他 Sn 合金形成金属间化合物。Sn-Bi 二元合金相图如图 2-14 所示。

（2）通常用于焊料的合金成分位于共晶点附近左侧，可以根据需要在大范围内（139 ~ 232℃）调节熔点。Sn58Bi 共晶合金由于其熔点低常用作低温焊料，且焊接效果理想。

（3）亚共晶组织的 Sn-Bi 合金，凝固时 Bi 以 10μm 以上的粒径从金属中析出，同时由于 Bi 的固溶度降低，Sn 初晶中也有细小的板状 Bi 析出。Bi 合金的一大问题是 Bi 较脆，耐冲击性较差。

2.3　无铅焊料（4）

常用焊料合金（3）

（4）与 Pb 匹配性非常差，两者无法共存。

（5）如果 Bi 含量偏离共晶成分很多（如 9%）或有微量 Pb 存在，通孔插装波峰焊接焊点会发生焊点从焊盘剥离的现象。

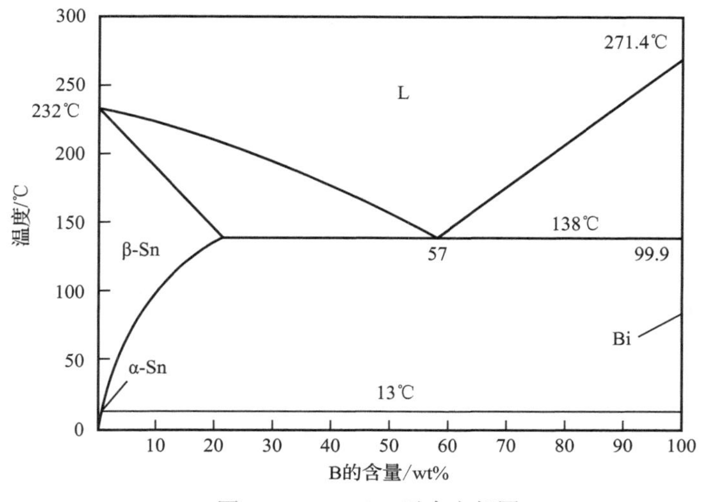

图 2-14　Sn-Bi 二元合金相图

4. Sn-Sb 合金系

（1）Sb 是少数能够固溶于 β-Sn 的合金元素（高温下），Sn-5Sb 合金在焊接的瞬间可使 Sb 固溶于 β-Sn，冷却时析出 β-SnSb。Sn-Sb 二元合金相图如图 2-15 所示。

（2）Sb 同 Pb、Bi 一样，可以降低 Sn 的表面张力从而增加其润湿性。

（3）Sn-Sb 合金拥有很好的抗热疲劳性能。此合金不是共晶合金，Sb 在 200℃下能够在 β-Sn 中固溶 10%，而在室温下几乎不固溶。

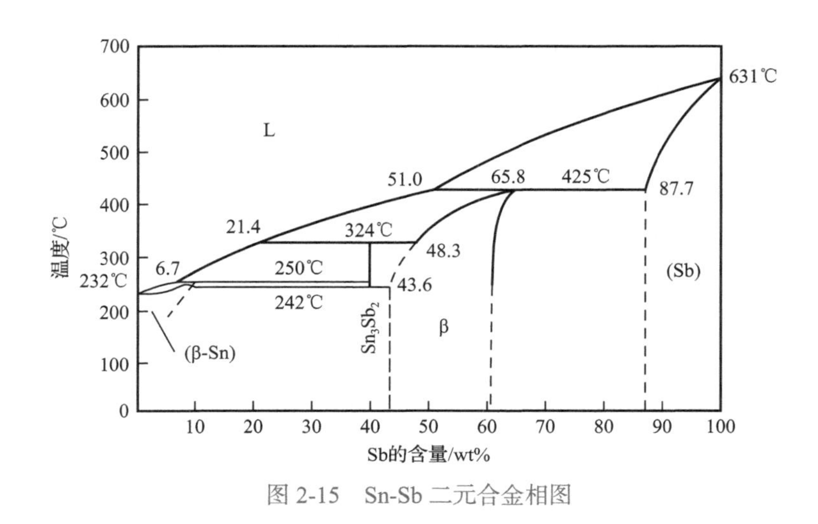

图 2-15　Sn-Sb 二元合金相图

第3章 核心工艺

3.1 钢网设计（1）

钢网制造方法与特点

目前，钢网的制造方法主要有激光切割、化学腐蚀和电铸。

1）激光切割

激光切割仍是目前主要的制造方法，其特点如下：

（1）孔壁表面较粗糙，焊膏的转移率在70% ~ 75%。

（2）适合焊膏转移的钢网开窗与侧壁的面积比≥0.66。

激光切割孔壁的质量情况如图3-1所示。

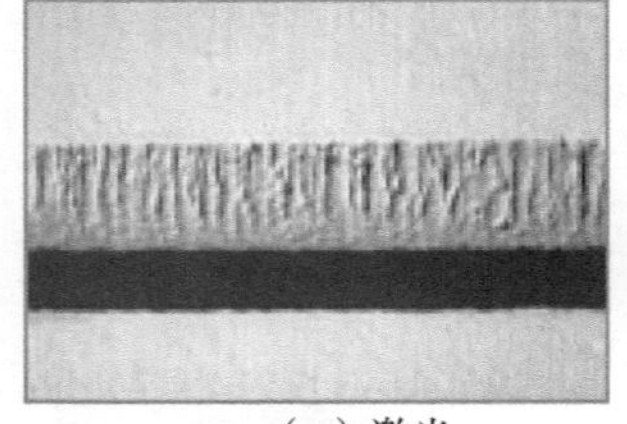

（a）激光

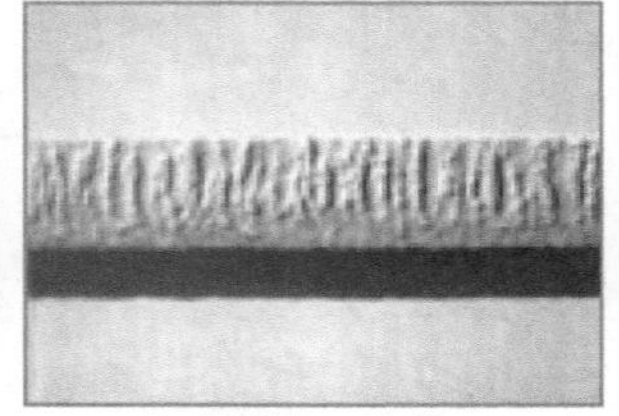

（b）激光＋电抛

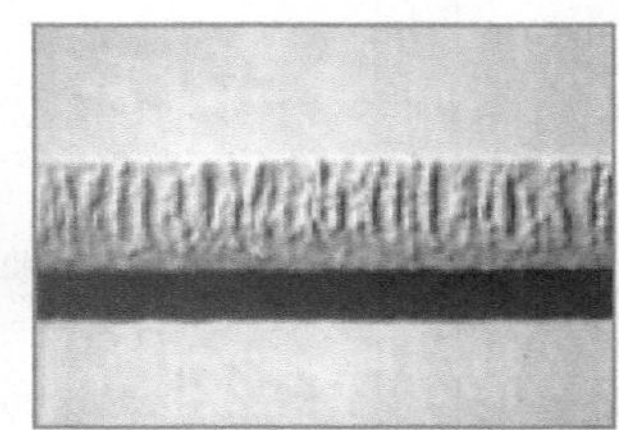

（c）激光＋电抛＋镀镍

图3-1 激光切割孔壁的质量情况

2）电铸

（1）孔壁表面平滑、呈梯形，焊膏的转移率高，达85%以上。

（2）可用于钢网开窗与侧壁的面积比小于0.66、大于0.5的场合。

激光切割孔壁的质量情况如图3-2所示。

图3-2 电铸孔壁的质量情况

钢网厚度的选择

为使焊膏达到最佳的释放效果，钢网的开窗面积与侧壁面积比应≥0.66，这是一个实现70%以上焊膏转移的经验数值，也是钢网厚度设计的依据。也可以简单地按图3-3以引线间距大小进行选取，它满足上述的0.66原则。

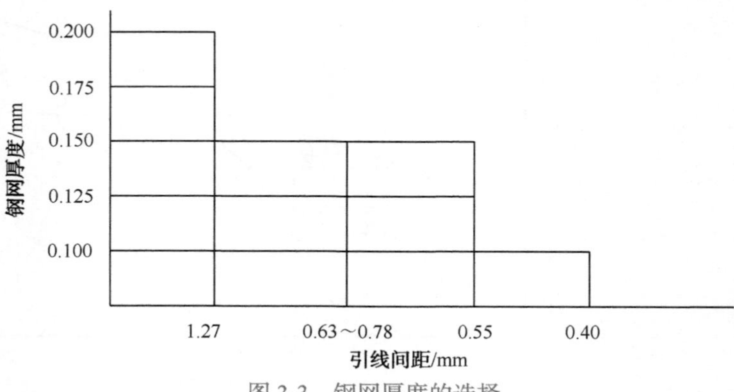

图3-3 钢网厚度的选择

3.1　钢网设计（2）

钢网开窗的设计原则

钢网设计是工艺设计的核心工作，也是工艺优化的主要手段。

钢网设计包括开窗图形、尺寸及厚度设计（如阶梯钢网阶梯深度）。

一般经验：

1）钢网厚度

0.4mm 间距的 QFP、0201 片式元件，合适的钢网厚度为 0.1mm；0.4mm 间距的 CSP 器件，合适的钢网厚度为 0.08mm，这是钢网设计的基准厚度。如果采用上阶梯钢网，合适的最大厚度为在基准厚度上增加 0.08mm。

2）开窗尺寸设计

除以下情况，可采用与焊盘 1 : 1 的原则来设计（前提是焊盘是按照引脚宽度设计的，如果不是，应根据引脚宽度开窗，这点务必了解）。

（1）无引线元器件底部焊接面（润湿面）部分，钢网开孔一定要内缩，用以消除桥连或锡珠现象，如 QFN 的热焊盘内缩 0.08mm，片式元件要削角，如图 3-4（a）所示。

（2）共面性差的元器件，钢网开窗一般要向非封装区外扩 0.5 ～ 1.5mm，以便弥补共面性差的不足。

（3）大面积焊盘，必须开栅格孔或线条孔，以避免焊膏印刷时被刮薄或焊接时把元器件托起，使其他引脚开焊，如图 3-4（b）所示。

（4）ENIG 键盘板尽量避免开口大于焊盘的设计。

（5）元器件底部间隙（Stand-off）为零的封装元器件体下非润湿面不能有焊膏，否则，一定会引发锡珠问题！

（6）有些元器件引脚不对称，如 SOT-152，必须按浮力大小平衡分配焊膏，如图 3-5 所示，以免因焊膏的托举效应而引起开焊。

（7）在采用钢网开窗扩大工艺时，必须注意扩大孔后是否对元器件移位产生影响。

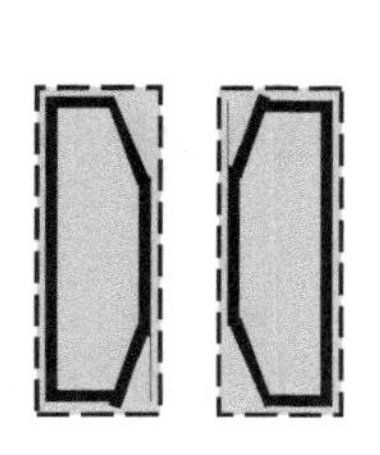

（a）片式元件类

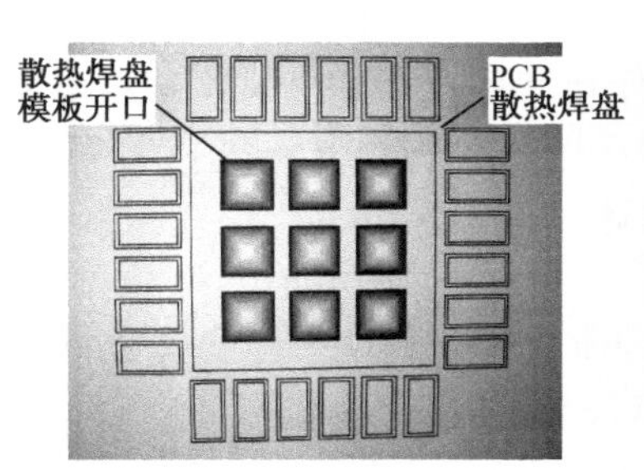

（b）QFN类

图 3-4　钢网开窗示意图

钢网开窗设计的难点在于需满足每个元器件对焊膏量的个性化需求，对于 PCB 同一面上元器件大小（实质指焊点大小）比较一致的板，一般不是问题，但对于同一面上元器件大小相差很大的板就是一个很大的问题。要满足每个元器件对焊膏量的个性化需求，不仅要从钢网设计方面考虑，更重要的是元器件的布局必须为钢网开窗或应用阶梯钢网提供前提条件。

3.1 钢网设计（3）

<table>
<tr><td>常见封装的开窗设计</td><td>常见元器件钢网的开窗图形与尺寸要求如图3-5所示。
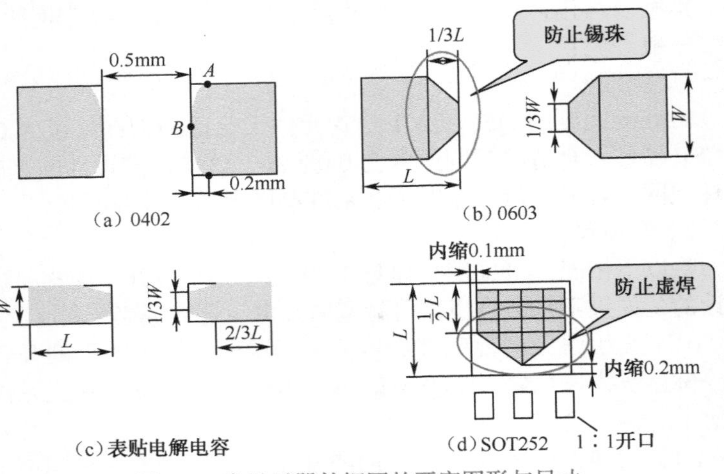

图3-5　常见元器件钢网的开窗图形与尺寸</td></tr>
<tr><td>阶梯钢网（1）</td><td>1. 应用
根据对PCBA焊接问题的统计分析，0.635mm及以下间距的QFP/SOP等密脚元器件的桥连和电源模块、变压器、共模电感（Common Mode Choke）、连接器等元器件的开焊名列前五大缺陷。
0.635mm及以下间距的QFP/SOP等密脚元器件的桥连，主要是因为印刷的焊膏过厚，而电源模块、变压器、共模电感、连接器等元器件的开焊，则是因为印刷的焊膏厚度不足。集中到一点就是焊膏印刷厚度或量不合适。在同一块PCBA上，能够兼顾各种封装对焊膏厚度不同需求的最简单的工艺方法就是采用阶梯钢网。
阶梯钢网虽然存在使用寿命短、损坏刮刀刀刃的不足，但在应对复杂的PCBA时，可以有效解决不同封装对焊膏量的个性化需求问题，降低虚焊、开焊的缺陷率。
2. 阶梯钢网的设计
1）阶梯方式
阶梯钢网有两种阶梯方式，即下阶梯（Step-down）和上阶梯（Step-up）。一般而言，下阶梯方式，随印刷次数的增加，蚀刻（下沉）部分的钢网会变得松弛，从而会引起精细间距元器件焊膏图形的移位，因此，一般多采用上阶梯方式。
2）蚀刻表面的处理
阶梯钢网的蚀刻表面宜做成光亮面。粗糙的表面，往往不利于刮净焊膏，如图3-6（a）所示；如果加大刮刀的压力，很容易引起钢网移位（因有台阶）、焊膏网状化，如图3-6（b）所示。
3）间距要求
（1）厚薄开窗元器件焊盘间隔需满足如图3-7所示的要求。
（2）钢网上阶梯边缘与孔边的间距应≥（1.0mm/1mil）h，如图3-8所示。</td></tr>
</table>

3.1　钢网设计（4）

阶梯钢网（2）

（a）残留焊膏　　（b）网状化焊膏图形

图 3-6　钢网表面粗糙带来的问题

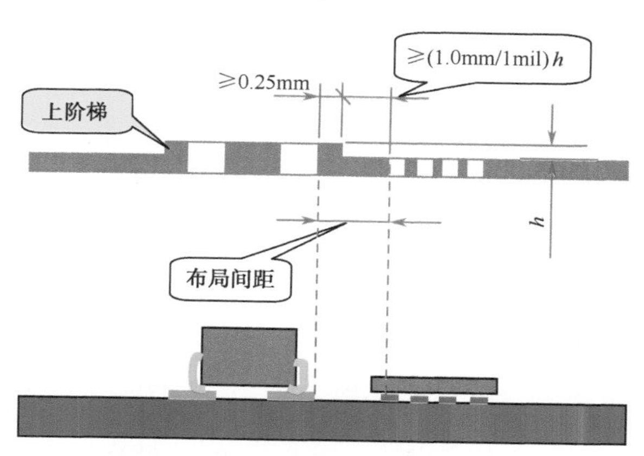

图 3-7　应用阶梯钢网的焊盘间隔要求

上阶梯钢网由于台阶的存在，表面容易残留焊膏，如图 3-8 所示，因此，清洗时应该多加注意。

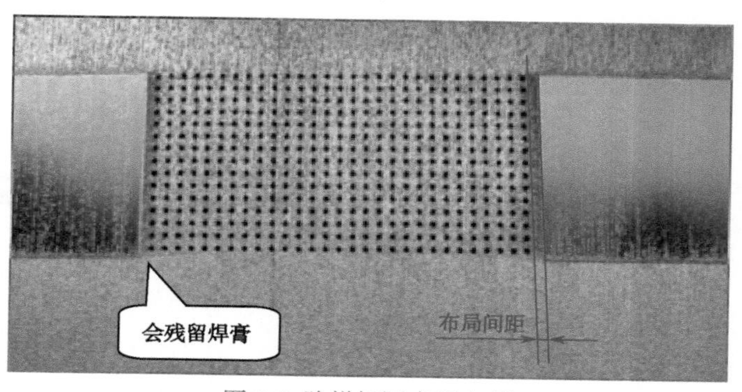

图 3-8 阶梯钢网应用实例

3.1 钢网设计（5）

阶梯钢网设计参数

1）钢网设计

为了了解上阶梯对周边焊膏印刷厚度的影响，设计了一种上阶梯厚度的钢网（见图 3-9）进行实验。

基 础 厚 度：0.12mm（原始厚度 0.2mm）。

上阶梯厚度：0.06mm、0.08mm。

孔直径：0.5mm。

孔距：1.0mm。

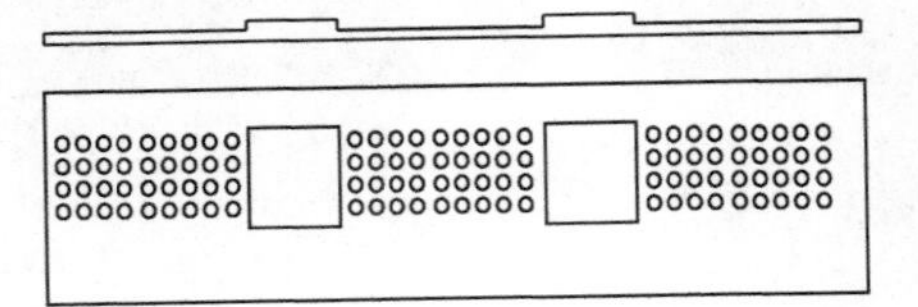

（a）示意图

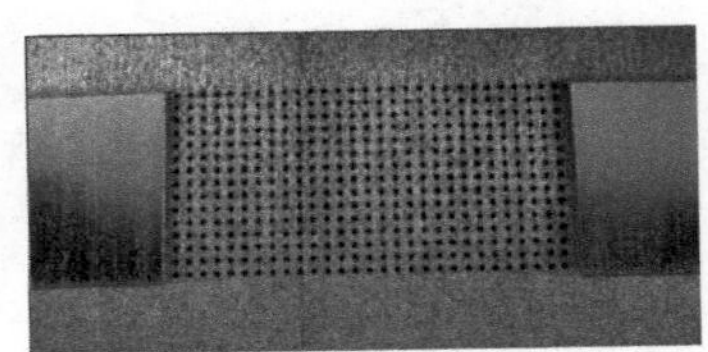

（b）实际钢网局部照片

图 3-9　实验用阶梯钢网

2）实验条件

印刷速度：20mm/s。

刮刀压力：8.4kgf。

脱模速度：1mm/s。

刮刀宽度：480mm。

3）实验数据，如图 3-10 所示。

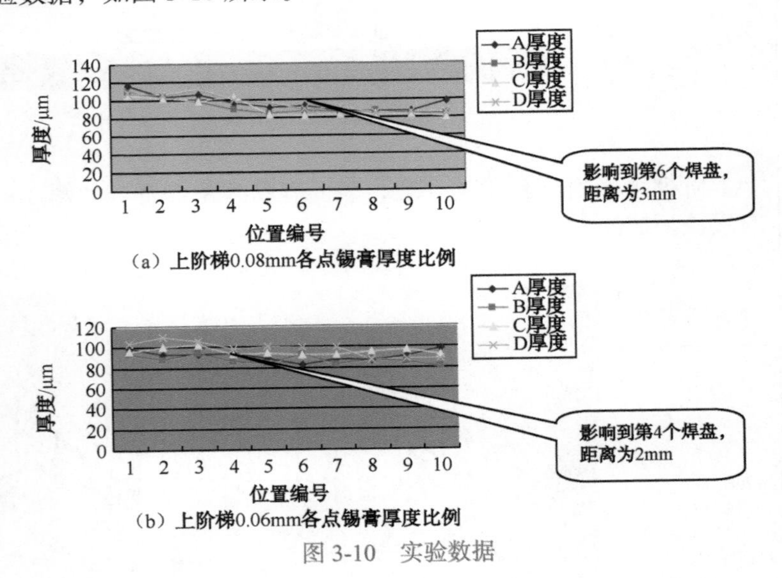

（a）上阶梯0.08mm各点锡膏厚度比例

（b）上阶梯0.06mm各点锡膏厚度比例

图 3-10　实验数据

4）结论

每 1mil 厚的上阶梯影响距离为 1mm。

3.1 钢网的设计（6）

焊膏印刷转移率	内容
焊膏印刷转移率	1）转移率 转移率是指钢网开窗内焊膏沉积到焊盘上的体积百分比，用 TE 表示。 TE=100×(沉积焊膏量 / 开窗体积) 2）面积比与转移率的关系 统计分析表明，在焊膏与印刷参数确定的情况下，转移率的 95% 是由面积比决定的。当面积比上升时，转移率的偏差就变小，得到的印刷体积重复性会更好，如图 3-11 所示。 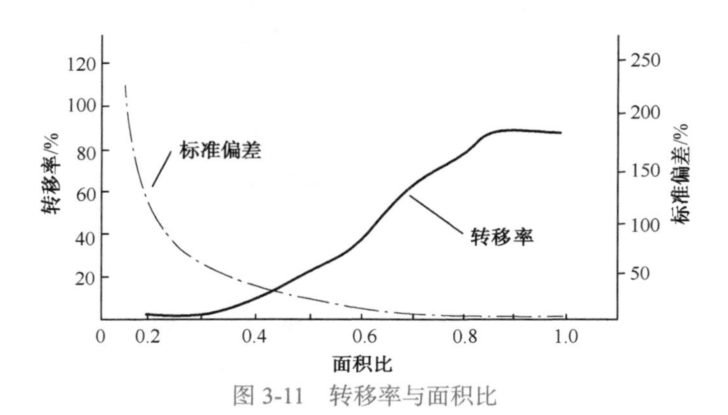 图 3-11　转移率与面积比 3）随着元器件间距的变小，钢网开孔也在变小，这样印刷的转移率会降低。为了获得较高的转移率，需要引进一些新的钢网设计模型——每个孔单独做成阶梯开孔，如图 3-12 所示。 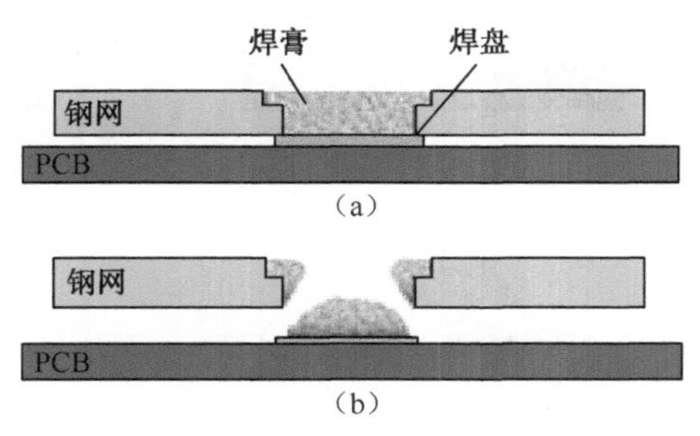 图 3-12　阶梯开孔设计 实验结果表明，在面积比非常低的情况下，采用单孔阶梯孔的钢网设计，可以提高焊膏的转移率，其主要优势体现在钢网厚度比较厚的情况下，如用 8mil/10mil 厚钢网印刷 0.5mm 间距的 QFP 时，优势非常明显。 这也是焊膏立体印刷的基础。

3.2 焊膏印刷（1）

概　述

焊膏印刷是焊膏分配的一种工艺方法。

焊膏印刷工艺主要解决的是焊膏印刷量一致性的问题（填充与转移），而不是每个焊点对焊膏量的需求问题。换句话说，焊膏印刷工艺解决的是一个焊接直通率波动的问题，而不是直通率高低的问题。要解决直通率高低的问题，关键在于焊膏的分配，即通过焊盘、阻焊与钢网开窗的优化与匹配设计，对每个焊点按需分配焊膏量。当然，焊膏量的一致性与设计也有关联，如图 3-13 所示，PCB 阻焊的不同设计提供的 C_{pk} 不同。

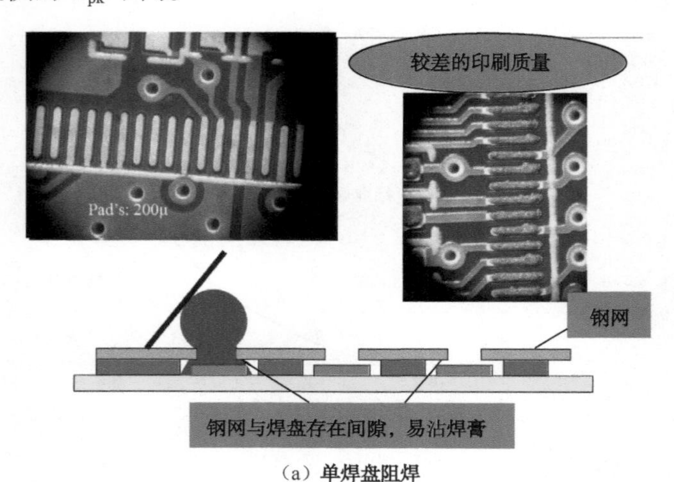

（a）单焊盘阻焊

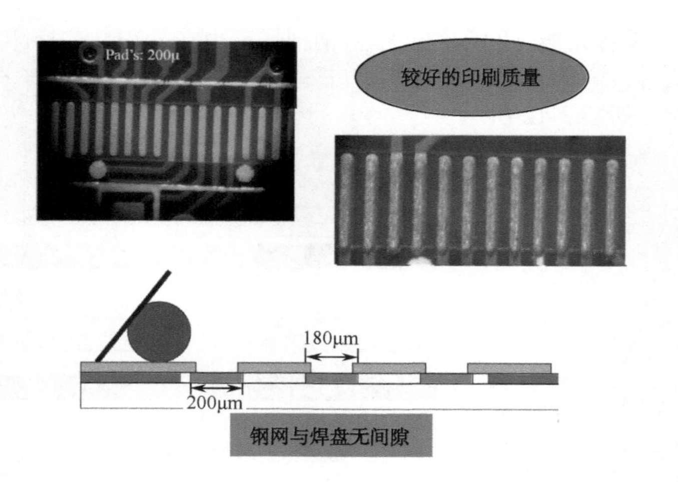

（b）群焊盘阻焊

图 3-13　0.4mm QFP 的焊盘、阻焊与钢网开窗设计对比

对比图 3-13（a）和（b），我们可以很容易地做出这样的结论：（b）图所示的设计，其焊膏量的一致性要好很多。举此例的目的是想说明，焊膏印刷质量不完全取决于对印刷参数的调试，与设计也有一定的关系。

3.2　焊膏印刷（2）

影响焊膏量一致性的因素

焊膏印刷理想的目标是焊膏图形完整、位置不偏、厚度一致，其核心就是“位置”和“量”符合要求并保持一致性。

焊膏图形位置的控制一般比较简单，只要钢网与焊盘对准即可。真正难做的是保持焊膏印刷量符合要求并保持一致性。

一般决定焊膏量的因素有：

（1）焊膏的填充率，取决于刮刀及其运动参数的设置。

（2）焊膏的转移率，取决于钢网开窗与侧壁的面积比。

（3）钢网与 PCB 的间隙，取决于 PCB 的焊盘、阻焊设计与印刷支撑。

上述的填充率是指印刷时钢网开窗内被焊膏填满的体积百分比，转移率是指钢网开窗内焊膏沉积到焊盘上的体积百分比，如图 3-14 所示。

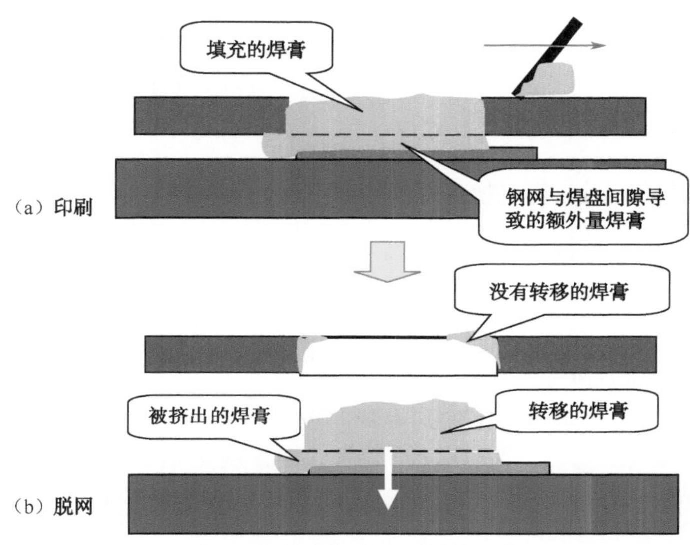

图 3-14　影响焊膏印刷量的因素

焊膏印刷的填充率、转移率、间隙是焊膏印刷基本的控制因素。另外，焊膏性能、PCB 的翘曲度、焊盘与阻焊的设计等也会影响到焊膏印刷的一致性，如图 3-15 所示的标签就影响到焊膏量的一致性。因此，必须认识到，虽然印刷工艺参数的调试与设置非常重要，但不是全部。

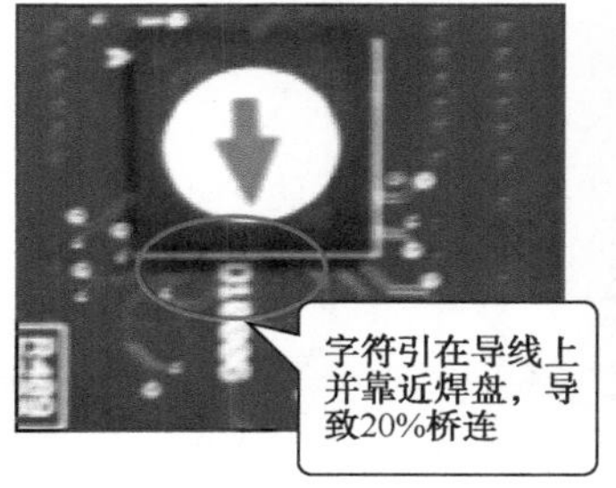

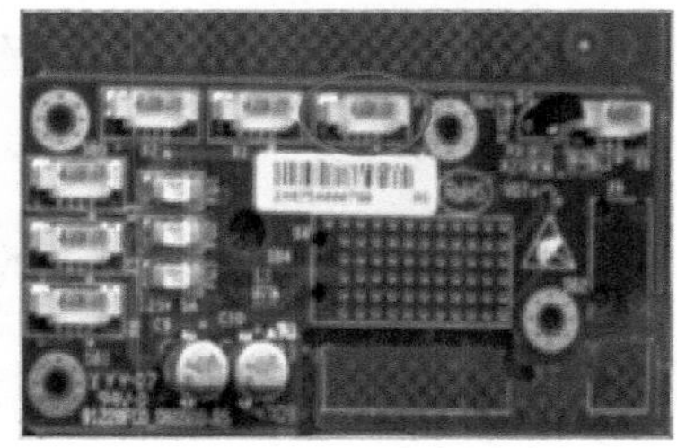

图 3-15　网被垫高案例

认识并理解以上知识点，是做好 SMT 工艺的关键。下面我们将分别就填充率、转移率、间隙的控制进行讨论。

3.2 焊膏印刷（3）

印刷原理	焊膏印刷工艺类似丝网印刷工艺，主要的不同点就是焊膏印刷采用的是钢制漏板而非丝网板。在 SMT 行业，称钢制漏板为钢网（Stencil），也称模板。 印刷原理与参数如图 3-16 所示。 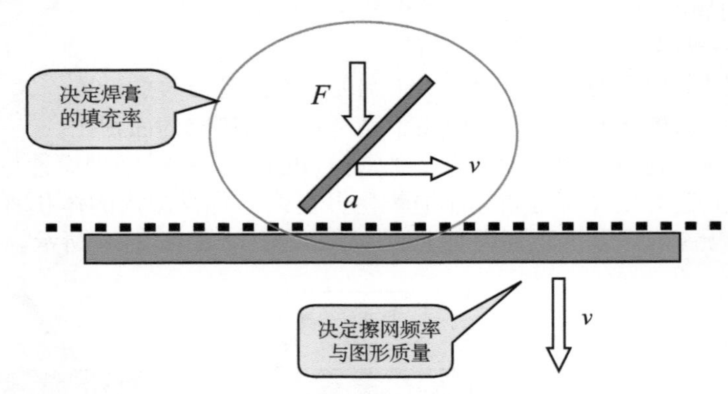 图 3-16　焊膏印刷原理 焊膏印刷工艺控制主要包括以下两方面： （1）刮刀的参数设置。 （2）PCB 的合适支撑。
印刷参数（1）	1）刮刀角度 刮刀角度越小，施加到焊膏向下的力也越大，但也越不容易刮净钢网表面的焊膏。角度太大，焊膏滚动不起来，焊膏填充效果同样比较差。 刮刀角度推荐 45° ～ 75° （一般全自动机都固定在 60° 左右）。 2）刮刀速度 刮刀速度对焊膏图形的影响是复杂的。一般而言，速度在 100mm/s 之前，填充时间起主导作用，在 100mm/s 之后，焊膏黏度起主导作用，但有一点是共同的，就是速度太快（高于 180mm/s）或太慢（低于 20mm/s），都不利于焊膏的填充。刮刀速度对填充率的影响如图 3-17 所示。 推荐的刮刀速度： （1）安装普通间距元器件的板：140 ～ 160mm/s。 （2）安装精细间距元器件的板：25 ～ 60mm/s。 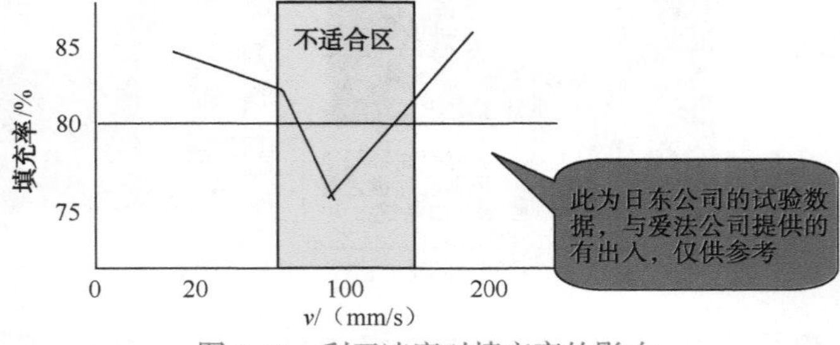 图 3-17　刮刀速度对填充率的影响

3.2　焊膏印刷（4）

印刷参数（2）

3）刮刀压力

刮刀压力，实际是控制刮刀向下的行程。印刷时，只要钢网底面与 PCB 无间隙接触、表面焊膏刮干净即可，在此状况下压力越小越好。如果过大，将导致大尺寸焊盘上焊膏图形中间被挖现象；过小，填充不充分或刮不干净，引起拉尖，如图 3-18 所示。

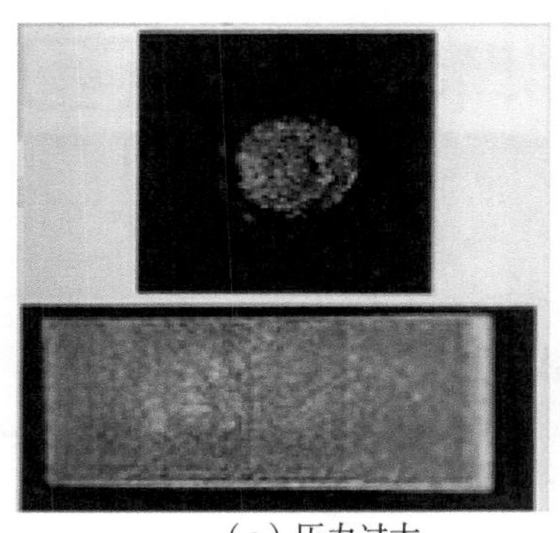

（a）压力过大　　（b）压力过小

图 3-18　焊膏图形被挖现象

刮刀压力设定，一般先按照 0.5kg/1″ 进行初始设定，然后再根据图形进行调整。

4）脱网速度（比较复杂）

一般而言，脱网速度快，会使孔壁处的焊膏被抽出，从而降低图形的分辨率，污染钢网的底部。当脱网速度过快，还可能引起钢网反弹，形成“狗耳朵”现象，如图 3-19 所示。具体多大合适，取决于焊膏本身的黏度。

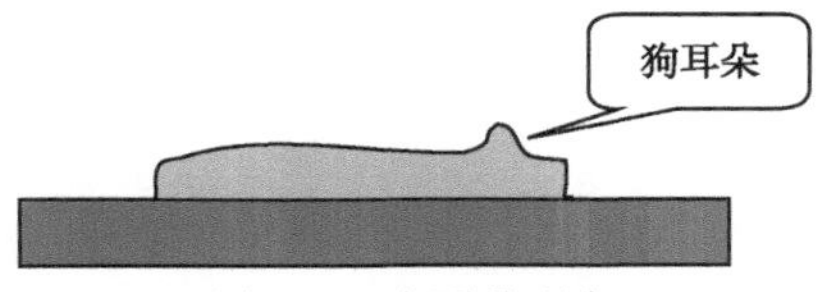

图 3-19 狗耳朵现象

脱网速度影响焊膏的转移及图形形态，但图形形态与焊膏的性能关系更大，特别是其所用溶剂与黏度，如图 3-26 所示。一般而言，焊膏黏度过高，容易出现塞孔、拉尖现象；使用低沸点溶剂时焊膏容易干，脱模性变差。

分离时，焊膏并不完全靠焊膏的黏性留在 PCB 焊盘上，事实上，主要是靠焊膏上表面空气的压力沉积到焊盘上的，如图 3-20 所示。

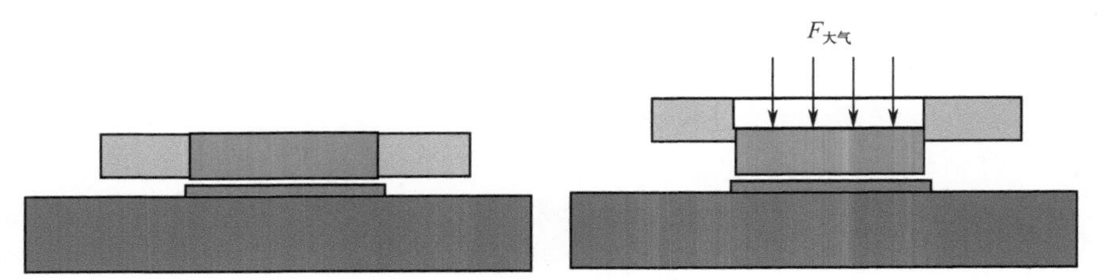

图 3-20　焊膏转移的原理

3.2 焊膏印刷（5）

印刷参数（3）

正是因为这样的原因，如果钢网开窗下有焊膏残留，则脱网时这些焊膏往往不是滞留在焊盘或阻焊膜上，而是在脱网时被拉起，形成超高的焊膏图形，即我们所说的“拉尖”现象，同时往往还伴有焊膏图形边缘被挤的现象，如图 3-21 所示。

这种现象在 0.4mm CSP 焊膏印刷时经常看到，为什么？这是因为在精细间距元器件印刷时我们更倾向于使用比较大的压力，以便更好地填充与刮净焊膏。但这往往会将焊膏挤到钢网下。

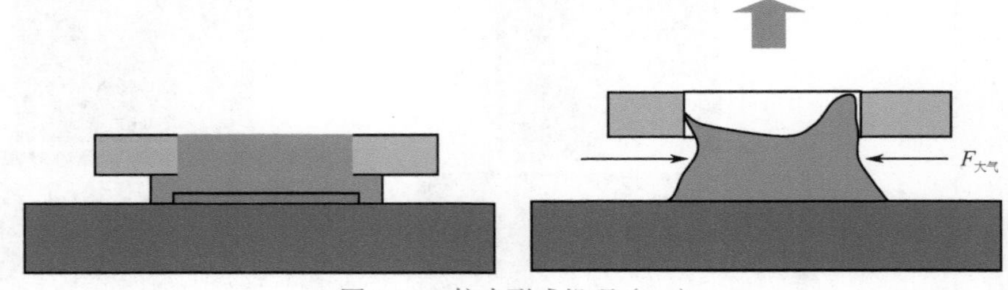

图 3-21　拉尖形成机理（一）

5）脱网距离

如果脱网距离比较短，容易发生拉尖抹偏的现象，如图 3-22 所示。

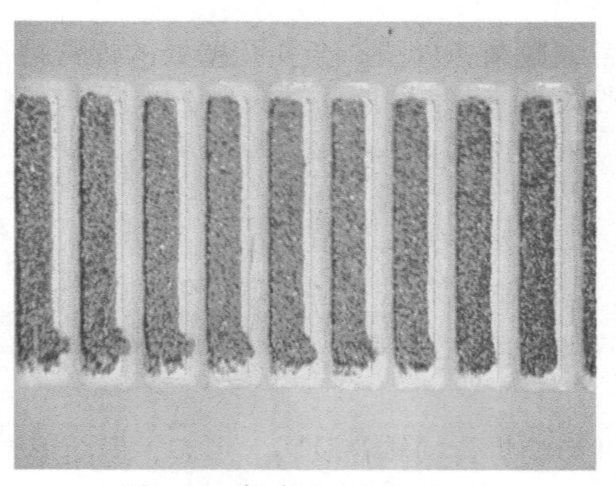

图 3-22　拉尖形成机理（二）

钢网开窗对印刷的影响（1）

刮刀移动相对于钢网开窗的方向也会影响焊膏的沉积率（有填充率和转移率共同作用的实际焊膏量）。一般而言，与刮刀移动方向平行的焊盘上的焊膏沉积量会比较多，且表面呈波浪式的不平形态（压力释放的结果）；而与刮刀移动方向垂直的焊盘上的焊膏沉积量比较少，且比较宽（这与印刷速度有关），如图 3-23 所示。

此现象说明，钢网开窗图形对填充率有影响，单个开窗内已经刮平的焊膏图形会受到后续继续填充的影响，不完全保持“刮平”状态，有可能被挤而鼓起，这点如同界面金属的耦合现象。

3.2　焊膏印刷（6）

钢网开窗对印刷的影响（2）	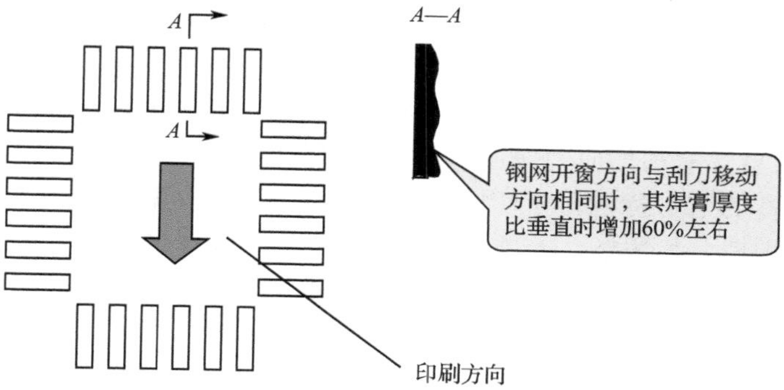 图 3-23　刮刀速度与方向对焊膏图形的影响
支撑对印刷的影响	PCB 的支撑，是焊膏印刷最重要的调试内容。 PCB 缺乏有效的支撑或支撑不合理，将导致焊膏增厚，这点对于精细间距元器件的焊接将是致命的。 PCB 支撑要达到的目标是钢网在刮刀压力作用下能够紧贴 PCB 表面。 一般经验是将 PCB 支撑为在宽度方向略微向上变形的状态，如图 3-24 所示，这样能够保证 PCB 与刮刀接触的地方平行。 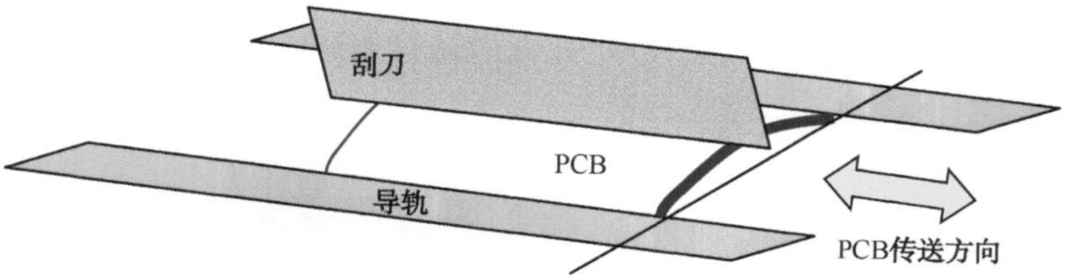 图 3-24　PCB 的支撑要求
擦网对印刷的影响	擦网的目的是保持印刷厚度的稳定和图形完整。一般图形完整性容易辨识，但厚度必须用专门的焊膏厚度测试仪来测量，目检无法辨识。因此，定期抽检焊膏厚度极其重要。 除了开启印刷机的自动擦洗功能，一般还需要定期手工擦洗。 印刷过程中，随着印刷次数的增加，钢网底部会污染，在孔口周围形成硬痂（相当于钢网变厚和开口面积变小），需要定期清除（用蘸有清洗剂的无纺布擦或铲刀铲除）。对于普通间距元器件的焊膏印刷，一般每印 30 ~ 50 块板需要人工擦洗一次；如果连续印刷时间超过 8h，应该用清洗机彻底清洗一次，使孔口周围干的焊膏硬痂清除掉。 需要提醒的是：应慎用湿擦功能。如果湿擦后不搁置几分钟立即印刷，会因清洗剂的挥发导致转移不良。因此，湿擦之后建议再干擦后或搁置几分钟再投入生产。

3.2 焊膏印刷（7）

焊膏对印刷图形的影响

印刷的对象是焊膏，了解其物理性能对正确地使用焊膏非常重要。

焊膏是一种具有触变性的假塑性流体（Pseudoplastic），当有恒定剪切应力或拉伸应力作用时，焊膏的黏度随时间的延长而减小，随应力的增加而降低。简单地讲，就是有剪切应力作用时（如刮刀刮动焊膏）焊膏变稀，没有应力作用时则变稠。焊膏的这一特性对于印刷是非常有意义的，印刷时，它的黏度降低，可以顺利地实现填充与转移，一旦印刷完成，焊膏又能保持需要的形状而不塌落。

焊膏黏度在印刷过程中的变化如图 3-25 所示。

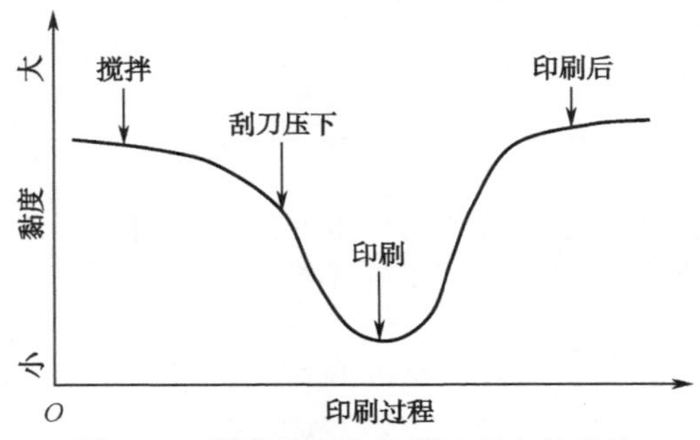

图 3-25　焊膏黏度在印刷过程中的变化

焊膏黏度与溶剂沸点，对焊膏的转移率影响很大，如图 3-26 所示。

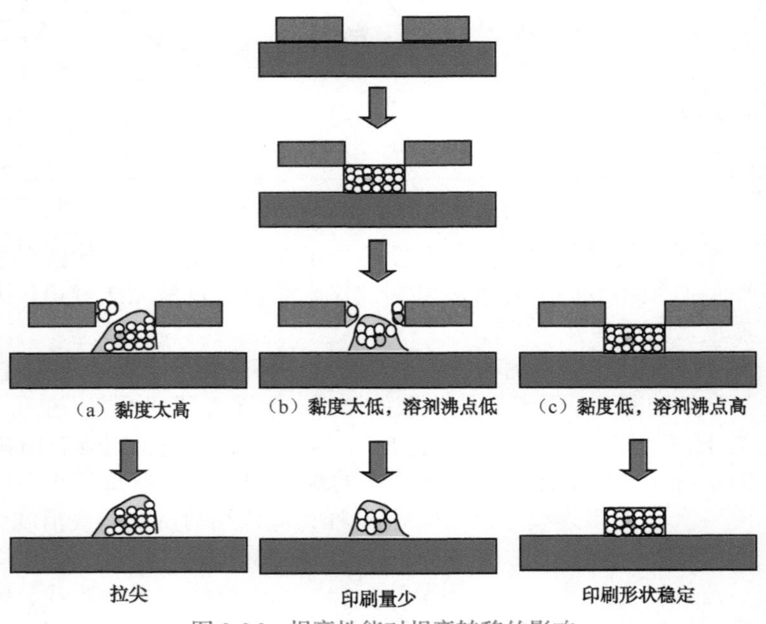

图 3-26　焊膏性能对焊膏转移的影响

3.2　焊膏印刷（8）

不良印刷图形及原因

常见焊膏印刷不良如图3-27所示。

（a）偏移

定位不准。

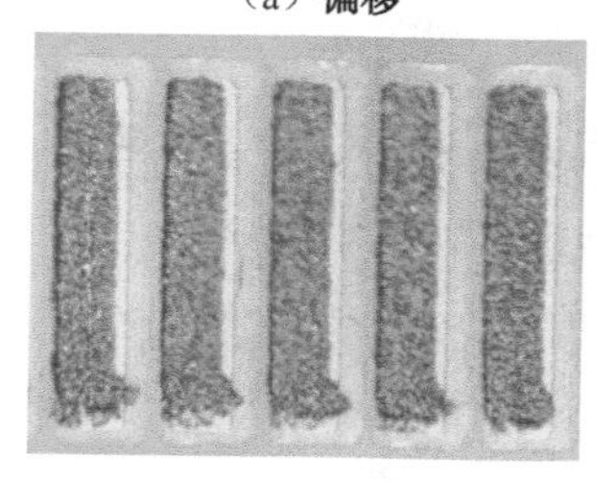

（b）焊膏模糊

脱网距离短，PCB脱网后端部高的焊膏被钢网抹平。

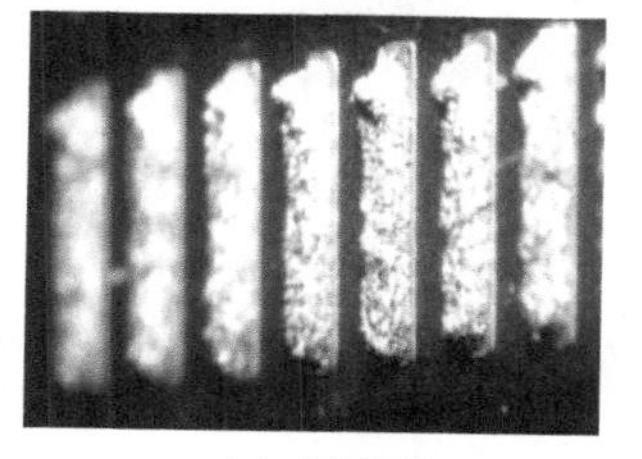

（c）焊膏耳

此现象有多种解释：

（1）脱网速度过快，钢网反弹所致，这也是单端发生的原因。

（2）端部转移不完全所致，它与钢网的厚度、脱网速度有关，多数情况是钢网过厚所致。

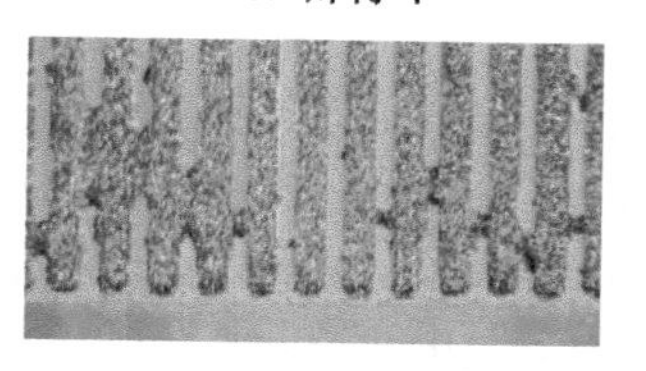

（d）焊膏桥连

印刷时，钢网没有接触到PCB焊盘表面所致。

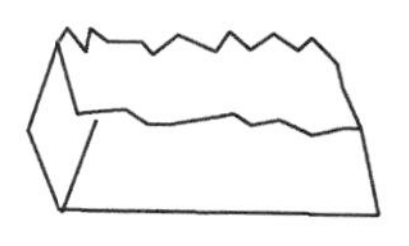

（e）毛刺

（1）钢网上表面焊膏没有刮净所致。

（2）焊膏黏度大或焊膏使用了低沸点溶剂。

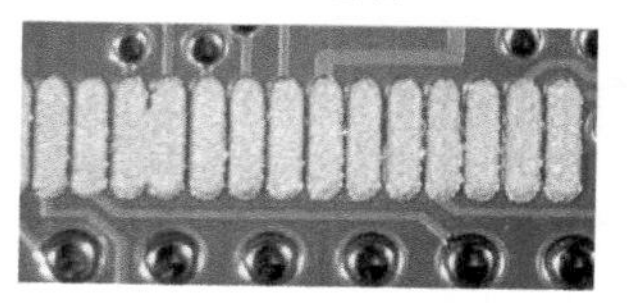

（f）塌落

脱网速度太快，会引起焊膏变“稀”而塌落，形成非垂直的侧面。

图3-27　常见不良焊膏图形

3.2 焊膏印刷（9）

工艺实践

前面详细介绍了印刷工艺的原理，这些知识非常重要，也是必须掌握的基本知识。但是，必须意识到，我们讨论这些因素的时候都是假定设备、钢网、刮刀、焊膏等都是正常的，是无问题的。事实上，这样的假设是不存在的，因此，必须认识到，实际生产中所出现的印刷问题成因是多方面的、复杂的。

图 3-28 为某一公司统计的影响焊膏桥连的主要原因及发生次数。从图 3-28 我们可以看到参数问题只是造成印刷桥连第 3 位的因素，有很多的原因属于设备、刮刀、钢网等异常所致。

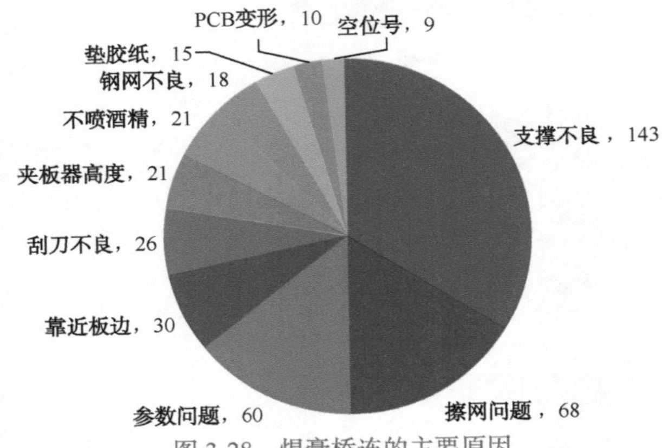

图 3-28　焊膏桥连的主要原因

1）印刷支撑

印刷支撑是印刷工艺控制最主要的因素之一。通常无支撑或支撑位置不起作用等都会使 PCB 与钢网之间存在间隙。这个间隙会导致焊膏过厚，直接的表现就是焊膏图形拉尖。这是精细间距元器件桥连的主要原因之一。

2）擦网

对于精细间距元器件，焊盘图形一般都比较小，开窗的面积比往往接近甚至小于 0.66，如果擦网不合适，往往会堵孔。擦网不干净常见的原因有：擦网装置高度设置不合适，没有接触到钢网；酒精喷涂太多或不喷酒精；机器故障，不执行擦网动作。这些看似不应该发生的问题往往发生的概率很高，从这点就可以看出，工艺是一个复杂的系统工程技术问题。

酒精喷涂太多，为什么会有问题？这是因为孔壁过多的酒精残留将带走填充焊膏中的溶剂，使焊膏变干，影响下锡。这也是为什么焊膏印刷前 5 块往往会少锡的原因，也是我们前面谈到的应该慎用湿锡功能的原因。

3）钢网变形

通信产品板属于“宽”的元器件应用组件，往往需要使用阶梯钢网，而阶梯钢网最容易出现的问题就是局部鼓起来或者说变形。这个变形也是引起焊膏厚度变化的重要因素。

4）其他

元器件布局等其他因素，也是影响焊膏印刷厚度的重要因素，在此不再一一介绍了。

3.2 焊膏印刷（10）

案 例

案例：PCB 加工质量对焊膏印刷的影响

2012 年 11 月，在生产同一产品时，发现来自两个不同板厂生产的 PCB 焊膏印刷效果不一样，A 厂的 PCB 焊膏印刷图形正常，而 B 厂的则出现印刷拉尖，如图 3-29 所示。

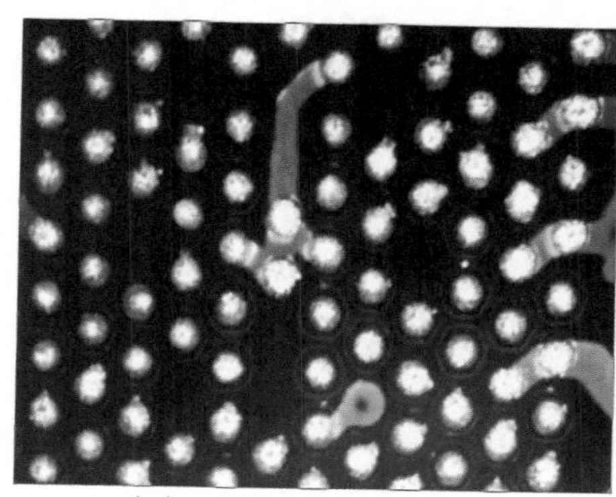

（a）A 厂制造的 PCB 印刷效果

（b）B 厂制造的 PCB 印刷效果

图 3-29 不同板厂制造的 PCB 焊膏印刷效果对比

分析：

用同一生产线、钢网及参数，分别对 A、B 厂的 PCB 分别进行印刷，然后分析印刷图形差异的原因。

0.4mm 间距的 CSP，一般焊盘直径设计为 0.25mm。采用 0.1mm 厚钢网印刷，则钢网开口面积比为 0.625，小于公认的最小面积比 0.66，容易引起堵孔现象。

对比两种 PCB 的加工质量，我们发现出现印刷拉尖的 PCB 往往阻焊开窗偏位，如图 3-30 所示。

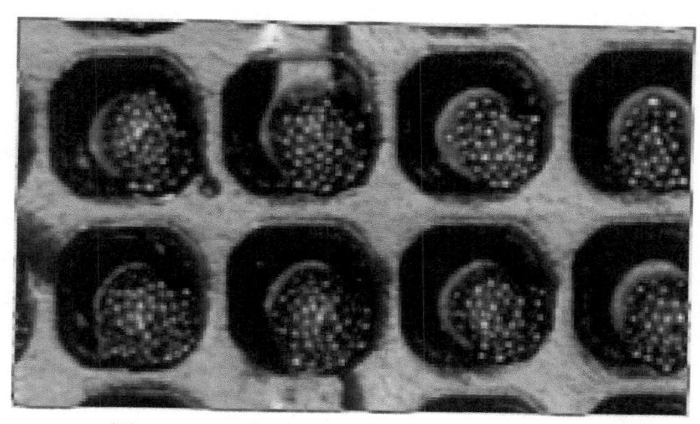

图 3-30 阻焊偏位与焊膏拉尖与挤出现象

之所以出现此情况，是因为阻焊开窗偏位间隙比较窄的地方抬高了钢网，使焊盘其他部分与钢网之间形成间隙的结果。

此案例说明，PCB 的制造质量会影响钢网的擦拭频率与焊膏印刷图形的质量。因此，对于精细间距元器件的 PCB，阻焊的制造偏位与厚度控制也许更重要。

3.3 贴片

贴片不良主要有偏斜、移位、翻转、立片、漏贴、损伤、抛料，这些往往与贴片机的调试、操作、维护有关。因此，贴片工艺的核心就是如何正确地使用贴片机。

如大型元器件的移位，通常与PCB工作台的下移速度有关，图3-31所示的案例就是因为其下降速度过快而造成的。

图3-31　大型元器件移位

贴片工艺控制

现代贴片机的设计已经非常完善，大部分的贴片不良主要与PCB的变形和贴片Z向行程控制有关。

现代贴片机对贴片Z向行程的控制，主要有两类：压力式和行程式。前者依靠压力进行行程控制，后者依靠弹簧缓冲。不管哪种类型，其调节的范围都有限。

如果PCB上弓，一般不会有问题，但如果下凹，将可能引起偏斜、移位、翻转等不良，如图3-32所示。此图是笔者专门就PCB变形对贴片质量的影响所做的试验记录图片，从中可以了解到，如果PCB下凹的绝对距离超过0.5mm将会引起贴片不良。这个数据与大多数贴片机对PCB的翘曲要求是一致的，如翘曲幅度应小于+1.5/−0.5mm。

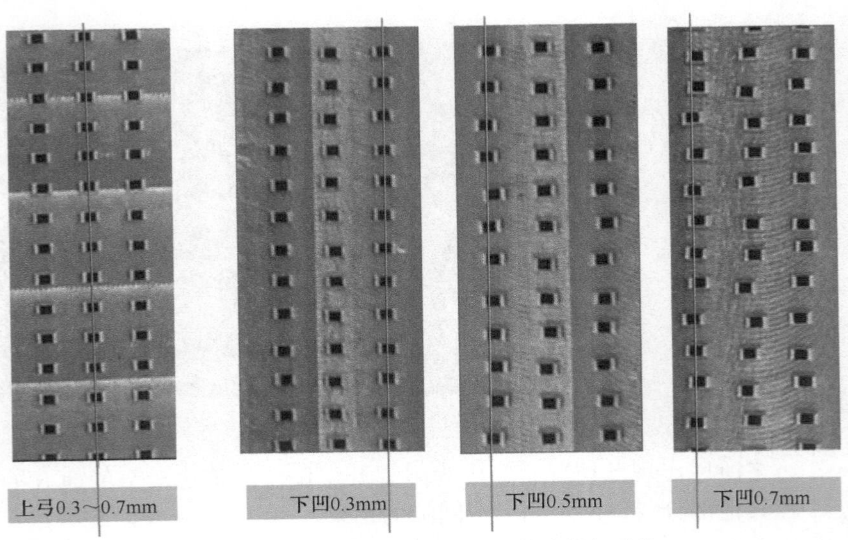

图3-32　PCB下凹引起的元器件偏斜与移位

因此，贴片工艺控制的重点就是做好PCB的支撑、设置好Z向行程。

3.4 再流焊接（1）

概 述

再流焊接的本质就是“加热”，其工艺的核心就是设计温度曲线与炉温设置。

温度曲线是指工艺人员根据所要焊接PCBA的代表性封装及焊膏制定的“温度－时间”曲线，如图3-33所示，也指PCBA上测试点的“温度－时间”曲线。前者是设计的温度曲线，后者是实测的温度曲线。

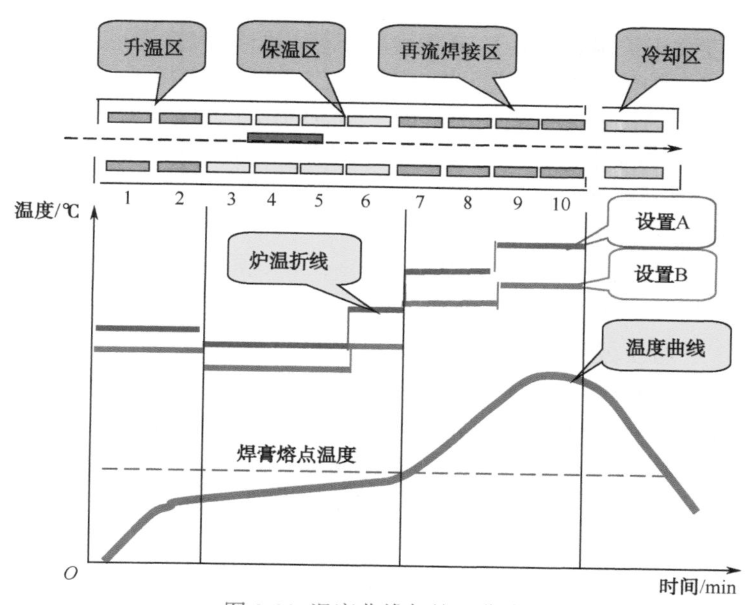

图3-33 温度曲线与炉温曲线

炉温设置是指根据设计的温度曲线工艺要求设定再流焊接炉各温区温度的活动。一般要经过“设置—测温—调整”几个循环，以使实测温度曲线与设计温度曲线的关键参数基本一致。设置好后输出炉温设置表，以便再生产时调出，见表3-1。有时人们也把再流焊接炉各温区的设置温度以图形的形式表现出来，如图3-33所示的“设置A”“设置B”折线，我们把它称为炉温折线。

表3-1 某产品有铅焊接炉温设置表

温　区	1	2	3	4	5	6	7	8	9	10
上温区设置温度/℃	100	120	150	150	150	170	180	210	240	230
下温区设置温度/℃	100	120	150	150	150	170	180	210	240	230
传送速度：80cm/min；冷却风扇转速：2500r/min										

对于多品种、小批量的生产模式，大多数企业为了简化温度曲线设置的工作量，使用了通用温度曲线。也就是一些热特性差不多的板，使用同一个温度曲线。这时，温度曲线的测试与设置必须确立测试用的“代表板”及“代表封装”，其关键是“代表板”的代表性。我们一般把这种代表板称为测试板。

对于非定线生产的企业，一个产品会在不同的生产线生产。由于不同品牌炉子的结构不同，需要进行单独的温度设置，如图3-33中的“设置A”“设置B”。即使相同的炉子，由于出厂调试存在的误差，也应该进行单独的设置。

3.4 再流焊接（2）

温度曲线的测量与设置（1）

1. 炉温设置的传热学原理

一般再流焊接炉操作界面上所显示的温度是炉中内置热电偶测头处的温度，它既不是 PCB 上的温度，也不是发热体表面或电阻丝的温度，实际上是热风的温度。为合理地设置炉温，必须了解以下两条基本的传热学定律：

（1）在炉内给定的一点，如果 PCB 温度低于炉温，那么 PCB 将升温；如果 PCB 温度高于炉温，那么 PCB 温度将下降；如果 PCB 温度与炉温相等，将无热量交换。

（2）炉温与 PCB 温度差越大，PCB 温度改变得越快。

炉温的设置，一般先确定炉子链条的传送速度，其后再开始进行温度的设定。链速慢、炉温可低点，因为较长的时间也可达到热平衡，反之，可提高炉温。如果 PCB 上元器件密、大元器件多，要达到热平衡，需要较多热量，这就要求提高炉温；相反，降低炉温。需要强调的是，一般情况下链速的调节幅度不是很大，因为焊接的工艺时间、再流焊接炉的温区总长度是确定的，除非再流焊接炉的温区比较多、比较长，生产能力比较足。

2. 炉温设置步骤

炉温的设置是一个设定、测温和调整的过程，其核心就是温度曲线的测试。目前，测温使用的是专用测温仪，尺寸很小，可随 PCB 一同进入炉内，测试后将其与计算机相连，就可显示测试的温度曲线。

设定一个新产品的炉温，一般需要进行 1 次以上的设定和调整。设置步骤如下：

（1）将热电偶测头焊接或胶粘到测试板或实际的板上，注意测点位置的选取。

（2）调整炉内温度和带速，做第一次调整。

（3）等候一定的时间，使炉内温度稳定。

（4）将测试板与测温仪放到传送带上，进行温度测试。

（5）分析获得的曲线。

（6）重复步骤（2）～（5），直到满意为止。

3. 测试点的选择

所选测试点应能够反映 PCBA 上最高温度、最低温度以及 BGA 的关键温度。对已定的 PCBA，建议选择以下的点为测试点：

（1）BGA 中心或靠中心的焊点（$T_{BGA\text{-}C}$）、BGA 封装体的上表面中心点（$T_{BGA\text{-}S}$）、BGA 角部的焊点（$T_{BGA\text{-}C}$）。

（2）最大热容量的焊点（T_{max}）。

（3）最小热容量的焊点，如 0402 焊点（T_{min}）。

（4）PCBA 光板区域、距边 25mm 以上距离的点（T_{PCB}）。

测试点位置如图 3-34 所示。

4. 热电偶探头的固定

热电偶探头的固定，是准确测量温度曲线的关键。

如果热电偶探头的固定在焊接过程中松动，离开了要测试的焊点，或用于固定热电偶探头的焊锡 / 胶的热容量超过了焊点热容量的大小，测试出来的温度曲线就没有意义。对于像 BGA 的焊接，甚至 7℃的误差就会严重影响到最终的焊接质量。因此，科学地建立测温板非常重要。

热电偶探头固定的一般原则：

3.4　再流焊接（3）

温度曲线的测量与设置（2）

（1）必须牢固，焊接时不可松动；

（2）不管用高温焊锡还是胶，不能影响焊点的热容量。

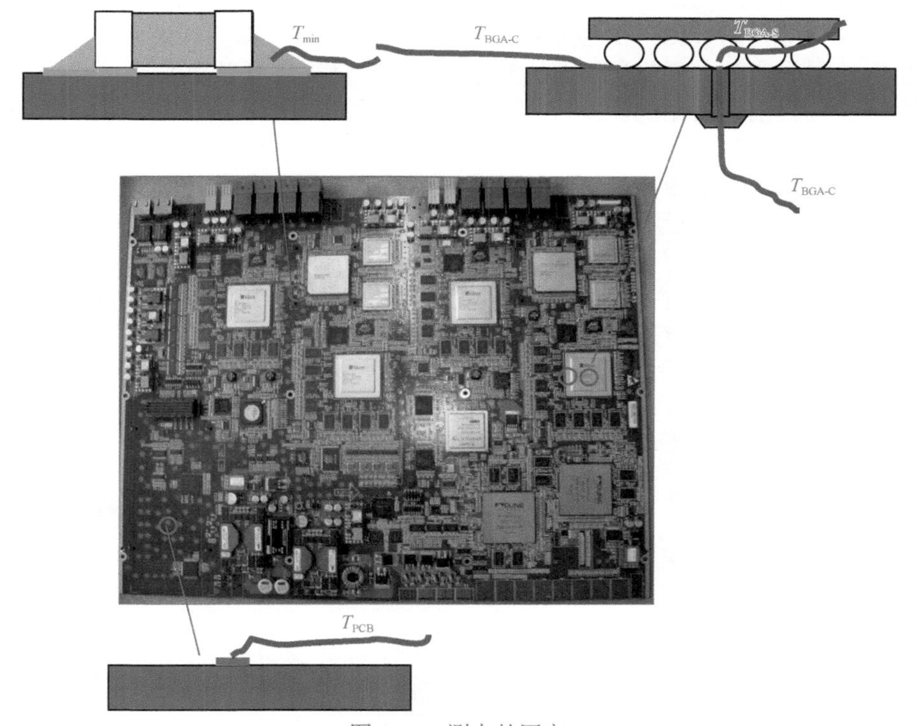

图 3-34　测点的固定

5. 温度曲线设计注意事项

在我们调试温度曲线时，有时调试不出来。这是因为对一个特定的封装而言，其热容量、受热面积以及导热系数已定，要加热到一定的温度必然需要一定的时间，如图 3-35 所示。同时，从工艺的角度，升温速率又不能超过 3℃/s，也就是热风的温度与设计达到的峰值温度差不能太大。这样，在一定时间条件下，能够达到的最高峰值温度是受限的。比如焊接时间 20s，对一个大尺寸的 BGA 而言，其焊接最高峰值温度不可能超过 230℃。

如果热容量很大，即使没有升温度速率的限制，要达到一定的峰值温度，也必须有足够的时间，最具有典型意义的例子就是铜基板的焊接。

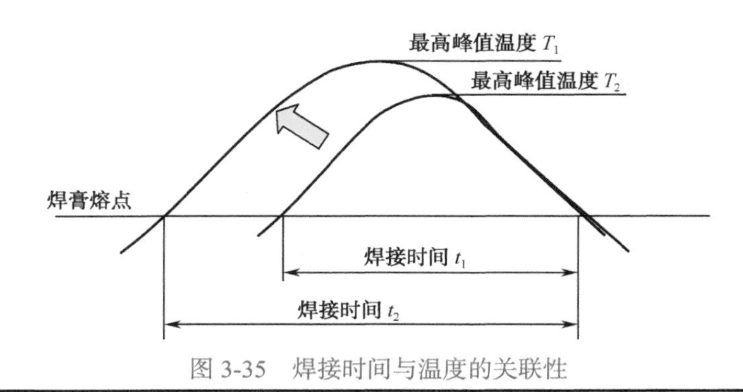

图 3-35　焊接时间与温度的关联性

3.4 再流焊接（4）	
温度曲线的测量与设置（3）	还有一点必须明白，升温速率反映的是测点的温度变化情况。如果炉温与 PCB 的目标峰值温度差比较大，即使测试曲线反映的升温速率符合要求，也不能保证元器件封装内外的温差符合要求。因此，提高温度加速升温是不可取的。但如果是做实验，希望获得大的温差，这样的做法是可以使用的。 目前，使用的测温仪都具备模拟测温的功能。由于软件设计时有一个模型，在我们测试一次后，它就可以根据测试板的温度曲线自动提取模型所需有关参数，进行虚拟的设定和调试，这样可大大提高设置的效率。如果我们设计的曲线与测试板的热容量不匹配，就设计不出预想的效果。 如用有铅焊膏焊接一个无铅 BGA，我们希望在 20s 内将焊接的峰值温度拉升到 220℃，但这在现有的再流焊接炉上一般很难实现。因为炉子在设计时已经确定了合适的温度范围和链速范围，不可任意地设置。
温度曲线关键参数	典型的再流焊接温度曲线如图 3-36 所示。 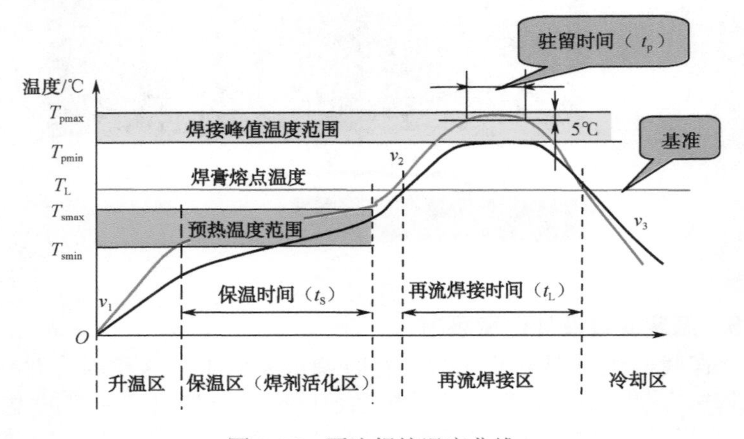 图 3-36　再流焊接温度曲线 温度曲线，根据功能一般可划分为四个区，即升温区、保温区（也称浸润区）、再流焊接区和冷却区，其中再流焊接区为核心区。 温度曲线，一般用预热温度、保温时间、焊接峰值温度、焊接时间来描述。关键参数如下： （1）预热开始温度，用 T_{smin} 表示。 （2）预热结束温度，用 T_{smax} 表示。 （3）焊接最低峰值温度，用 T_{pmin} 表示。 （4）焊接最高峰值温度，用 T_{pmax} 表示。 （5）保温时间，用 t_s 表示。 （6）焊接时间（焊膏熔点以上时间），用 t_L 表示。 （7）焊接驻留时间，用 t_p 表示。 （8）升温速率 v_1 与 v_2。其中 v_1 以熔点以下 20 ～ 30℃范围内的曲线为对象。 （9）冷却速率 v_3，它以熔点以下温度曲线为测量对象。

3.4 再流焊接（5）

关键参数的设置原则（1）

1. 预热

预热的作用主要有三个：使焊剂中的溶剂挥发；减少焊接时 PCBA 各部位的温度差；使焊剂活化。

（1）预热开始温度（T_{smin}），一般没有特别的要求，通常比预热结束温度（T_{smax}）低 50℃左右。

（2）预热结束温度（T_{smax}）为焊膏熔点以下 20 ~ 30℃左右。通常，有铅工艺设置在 150℃左右，无铅工艺设置在 200℃左右。

（3）保温时间（t_s），一般在 2 ~ 3min。只要 PCBA 在进入再流焊接阶段前达到基本的热平衡即可，在这样的前提下，越短越好。从经验看，保温时间只要不超过 5min，一般不会出现所谓的焊剂提前失效问题。

2. 焊接峰值温度与焊膏熔点以上的时间

1）焊接峰值温度

由于 PCB 上每种元器件封装的结构与大小不同，测试获得的温度曲线不是一根曲线，而是一组温度曲线，因此，焊接的峰值温度有一个最高峰值温度和最低峰值温度。

温度曲线的设计原则是所有元器件的焊接峰值温度，既不能高于元器件的最高的耐热温度也不能低于焊接的最低温度要求，即应该比焊膏熔点高 15℃并小于 260℃（无铅元器件），在此前提下我们希望焊接的温度越低越好。

还应清楚，较高的温度出现在热容量比较小的元器件上，较低的温度出现在热容量比较大的元器件上。

为什么焊接的最低温度应高于焊膏熔点 15℃？原因有两个：一是确保 BGA 类封装完成二次塌落，能够自校准位置，要实现这点，BGA 焊点的温度必须比焊膏熔点高 11 ~ 12℃；二是确保所有 BGA 满足此要求，公差在 ±4℃内。

峰值温度影响焊接的良率。一般峰值温度越高球窝现象会越少，如图 3-37 所示。

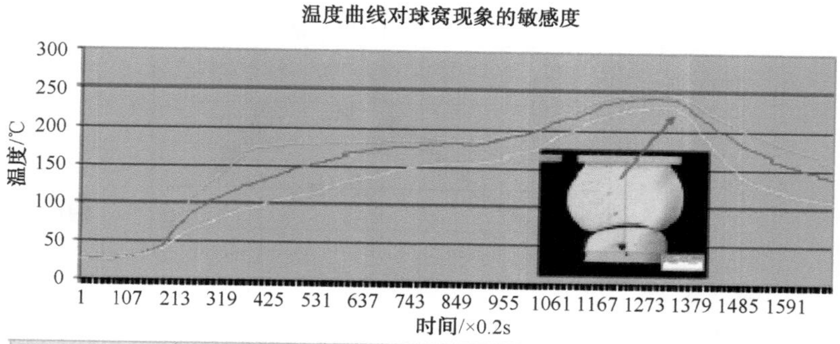

温度曲线对球窝现象的敏感度

参数范围	再流焊接工艺参数		HoP缺陷率	
	峰值温度/℃	TAL/s	空气气氛	氮气气氛（O_2<1500×10^{-6}）
低	226～234	29～56	90%	0%
中	233～241	53～75	25%	0%
推荐	236～243	73～93	10%	0%

图 3-37 焊接峰值温度对球窝不良率的影响

3.4 再流焊接（6）

关键参数的设置原则（2）

2）焊接时间

焊接时间主要取决于 PCB 的热特性和元器件的封装，只要能够使所有焊点达到焊接合适温度以及 BGA 焊锡球与熔融焊膏混合均匀并达到热平衡即可。

焊接的时间，对一个普通焊点而言 3 ~ 5s 足够，对一块 PCBA 而言，还必须考虑减少 PCBA 不同部位的温度差或者说减少 PCB 和元器件热变形问题。因此，PCBA 的焊接与单点的焊接有本质的差别，可以说它们不属于一个系统。一般焊接时间为 40 ~ 120s，40s 是一个保证塌落以及润湿的最小时间。

我们还应注意一点，应尽可能减少液态延迟时间（Liquidus Time Delay，LTD），LTD 决定了整个 BGA 的塌落时间（约 5s），如图 3-38 所示。

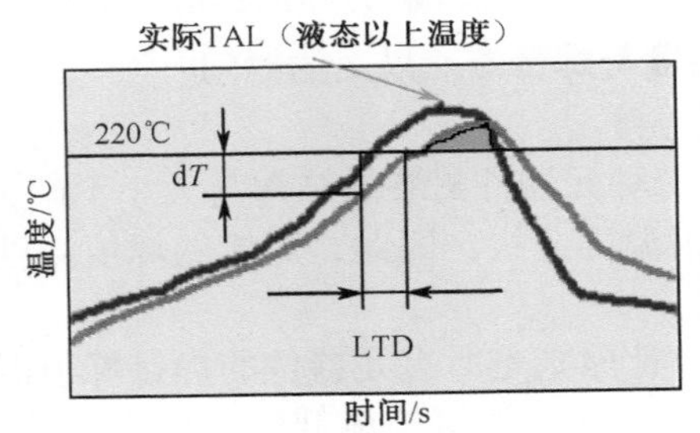

图 3-38 液态延迟时间概念

BGA 焊接时，其周边焊点先熔化，中心部位焊点后熔化。LTD 就是先后熔化的时间差。我们关心的是真正的液态时间以及在这个时间点 BGA 的变形状态，一般 LTD 应小于 1/3 实际 TAL。图 3-39 为 LTD 与实际 TAL 对焊接不良的影响。

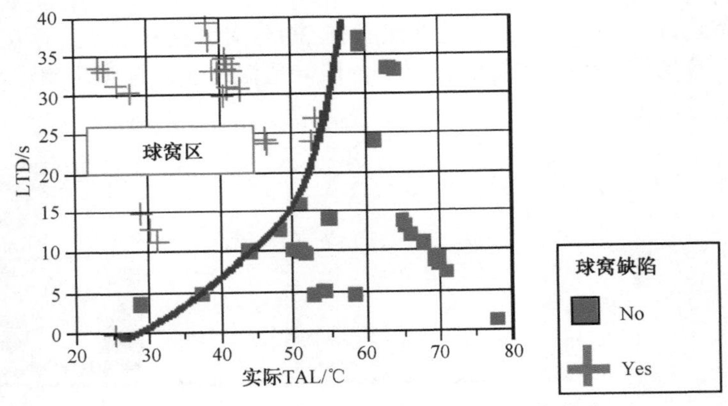

图 3-39 LTD 与实际 TAL 对焊接的不良影响

3）不同温度、时间下的 BGA 焊点的微观结构

图 3-40 是一个不同温度下形成的 BGA 焊点微观结构示意图，从中可以了解到，随着温度的升高，焊球中 Ag_3Sn、Cu_6Sn_5 相会变得细化，但金属间化合物（IMC）会变得更厚。

如果温度过高，也会使 BGA 焊球塌落过度，影响可靠性。特别是那些带有金属散热壳的 BGA。

3.4 再流焊接（7）

关键参数的设置原则（3）

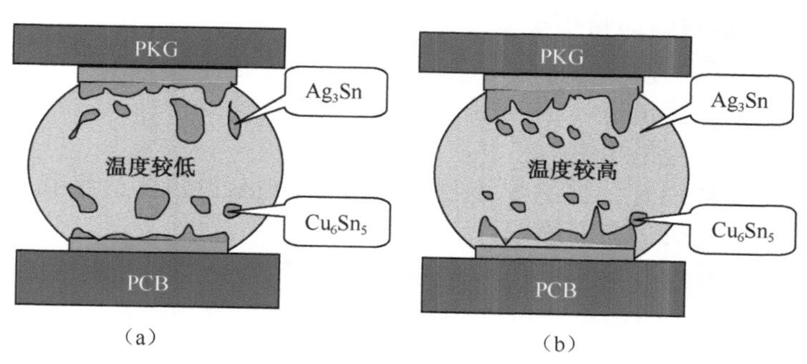

图 3-40 不同温度下 BGA 焊点的微观结构

图 3-41 是不同温度与时间下形成的 BGA 焊点的形态。它取决于焊料与焊球的混合程度以及混合合金的表面张力，如果混合不均、表面张力不够，就不会形成鼓形的焊点，甚至带有硬过渡的外形。

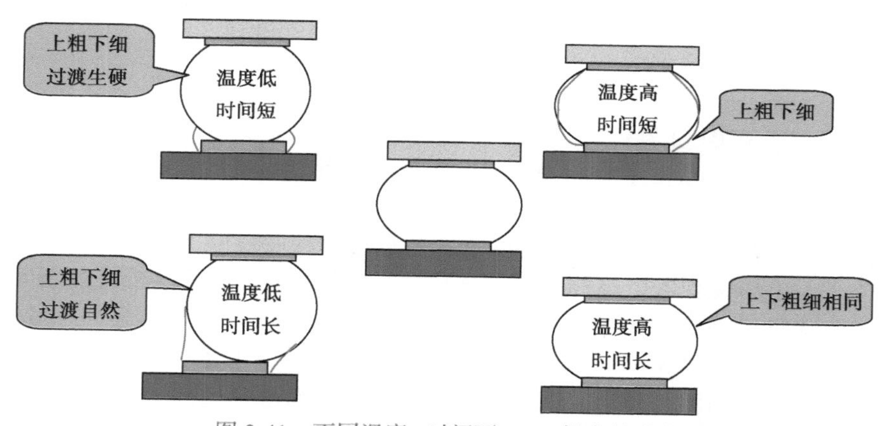

图 3-41 不同温度、时间下 BGA 焊点的形态

3. 升温速率

升温速率，主要影响焊膏焊剂的挥发速度。过高，容易引起焊锡（膏）飞溅，从而形成锡球。升温速率是一个关键参数，对一些特定焊接缺陷有直接的影响。一般要求尽可能的低，最好不要超过 2℃/s。

4. 冷却速率

IPC/JEDEC-020C 标准对业界能接受的冷却速率做了规定，该标准将 3 ～ 6℃/s 作为冷却速率的范围。但这样的规定实际上存在很大的风险，特别是焊接 BGA 器件时，如果冷却速率达到 4.5℃/s 以上时，很可能造成焊点断裂！事实上，依靠风冷的许多炉子也根本做不到，对焊点的影响也可以忽略。

一般而言，较厚的塑封 BGA 需要慢速冷却，甚至需要热风慢冷，因为它是一个典型的双层结构且容易吸潮。实际案例表明，如果冷却速率≤ 2℃/s，一般不会发生因 BGA 翘角而形成收缩断裂，但如果超过 2.4℃/s，就容易发生收缩断裂了。

3.4 再流焊接（8）

关键参数的设置原则（4）

5. 特定封装的特别要求

1）BGA 器件

（1）焊接最低峰值温度必须达到二次塌落所需要温度 [熔点 +（11 ～ 12℃）]，不管有铅还是无铅工艺。

（2）必须有足够的焊接时间，以便 BGA 封装体达到基本的热平衡，避免 BGA 在严重变形状态下焊接。

大部分情况下，较大尺寸 BGA 的焊接问题主要是温度不合适和时间不够，按照一般的升 / 降温度速度，用有铅焊膏焊接无铅 BGA 时，最短的焊接时间应 >60s，如图 3-42 所示。

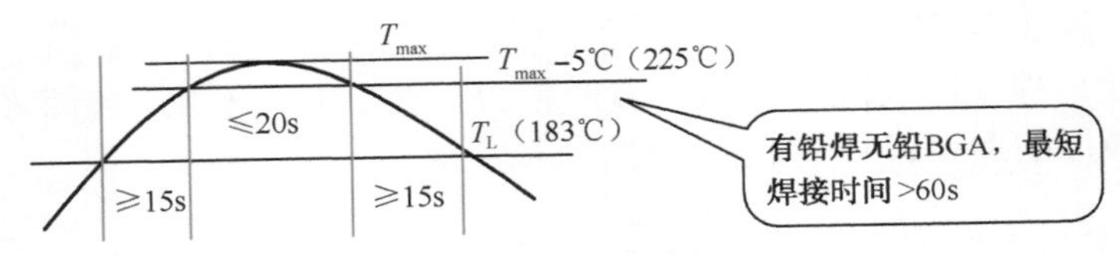

图 3-42　BGA 焊接温度曲线要求

2）0201 元器件

0201 元器件主要的焊接问题是立碑和葡萄球现象，如图 3-43 所示。

减少立碑现象的措施就是降低熔点以下 10℃到熔点之间的升温速率，如无铅焊接工艺条件下，需要适当降低再流焊接温度曲线上 200 ～ 220℃区间的升温速率。

不熔锡现象，也称葡萄球现象，是无铅、微焊盘焊接带来的新问题。一般而言，焊盘尺寸小，相应印刷的焊膏也少。焊膏少，其含有的焊剂总量也随之减少，由于去除氧化物的能力不足，很容易发生葡萄球现象，因此，在温度曲线设置时需要适当缩短预热的总时间，避免焊膏表面焊粉的过度氧化。另外，元器件焊端可焊性不好也会导致不熔锡现象。

图 3-43　不熔锡现象

3）密件器件，如 0.4mm QFP

0.4mm QFP 容易桥连，要尽量减少热塌落现象发生，这就需要缩短高温预热阶段的停留时间。

3.4　再流焊接（9）

推荐参数设置范围

表 3-2 为推荐的参数设置范围，来源于《SMT China》2012 年 4/5 月刊，仅供参考。

表 3-2　推荐的 BGA 焊接温度曲线主要参数设置范围

序号	工　艺	峰值温度 /℃（优选范围）	驻留时间 /s（优选范围）	焊接时间 /s（优选范围）
1	SAC305 焊锡球 +SnPb 焊膏（混装）	208 ～ 233（215 ～ 230）	10 ～ 30（15 ～ 25）	40 ～ 120（60 ～ 90）
2	SAC305 焊锡球 +SAC305 焊膏	239 ～ 259（245 ～ 255）	10 ～ 30（10 ～ 15）	40 ～ 120（60 ～ 90）
3	SnPb 焊锡球 +SAC305 焊膏	239 ～ 259（240 ～ 250）	10 ～ 30（5 ～ 10）	40 ～ 120（45 ～ 70）
4	SAC 低银焊锡球 + SAC305 焊膏	239 ～ 259（240 ～ 250）	10 ～ 30（15 ～ 20）	40 ～ 120（55 ～ 85）
5	SAC305 焊锡球 +SAC 低银焊膏	247 ～ 265（247 ～ 257）	10 ～ 30（8 ～ 12）	40 ～ 120（50 ～ 80）
6	SAC 低银焊锡球 + SAC 低银焊膏	247 ～ 265（247 ～ 257）	10 ～ 30（10 ～ 15）	40 ～ 120（60 ～ 90）

说明：

（1）要形成良好焊点，焊膏必须具备充分的润湿能力，一般要求其温度高于其熔点以上至少 11℃。

（2）太高的焊接温度将增加 BGA 载板与焊球界面断裂的风险，这主要是 IMC 增厚的结果。铜在无铅熔融焊锡中的溶解度为有铅的 8.6 倍，如果焊接温度高（≥245℃）、217℃以上时间长（≥120s），无镍阻挡层处理载板的 BGA 在封装侧界面很容易形成超厚 IMC 层（≥8μm），甚至块状 IMC 层，如图 3-44 所示，在机械应力作用下很容易发生脆性断裂。

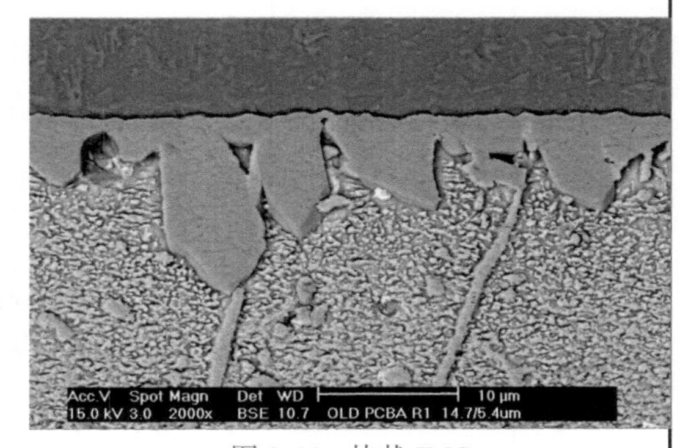

图 3-44　块状 IMC

（3）太快的冷却速率将导致厚塑封 BGA 四角上翘，这会引发先凝固 BGA 焊球的断裂。如果是混装工艺（表 3-2 中的工艺 1），将会增加收缩断裂的风险。

（4）虽然和锡铅共晶合金相比，无铅系合金的强度更高，但 SAC305 的表现并不尽如人意，在一定条件下，SAC305 是有害的，如不耐机械冲击。因此，对一些经常可能跌落到地面的便携电子产品，抗跌落性能比较高的低银焊膏开始受到重视。目前广泛应用的低银合金有 SAC105、SAC0807、SAC0307，其熔化温度范围约为 217 ～ 229℃，合适的焊接峰值温度为 239 ～ 259℃。

3.4 再流焊接（10）

J-STD-020C湿敏等级分类用再流焊接温度曲线	J-STD-020C给出的湿敏等级分类用再流焊接温度曲线如图3-45、图3-46所示。 1）有铅焊接温度曲线，采用的是Sn63Pb37共晶焊膏。 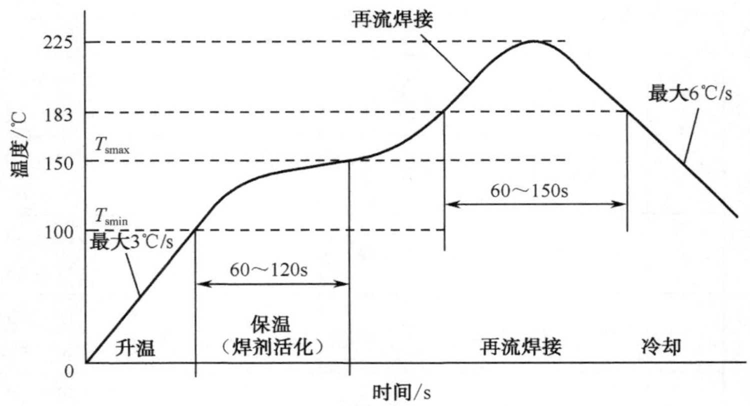 图3-45 有铅焊接温度曲线（Sn63Pb37焊膏） 2）无铅焊接温度曲线，采用的是SAC305焊膏。 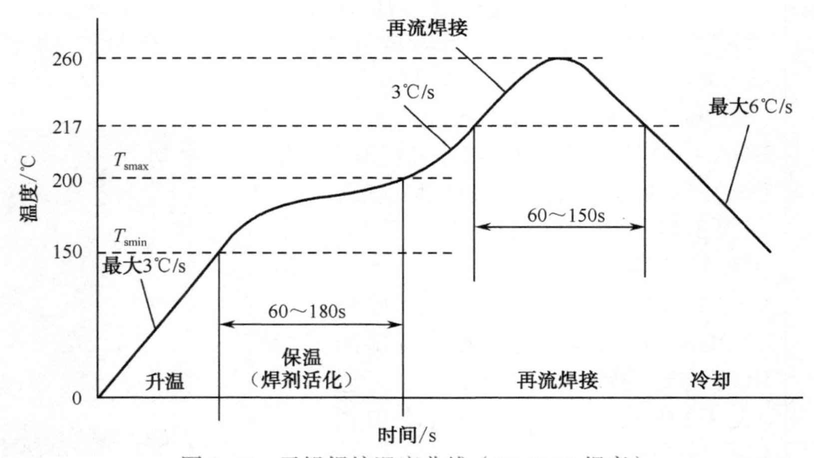 图3-46 无铅焊接温度曲线（SAC305焊膏） 这两条温度曲线，并不是批量生产用的再流焊接温度曲线，它是一个湿敏等级分类条件，准确地说就是封装吸潮后是否开裂的评估用温度曲线，可以作为再流焊接温度曲线设置时最严极限的参考。

3.4　再流焊接（11）

炉温设置实例分析

表 3-3 为某公司的四类产品的有铅工艺温度曲线参数。

表 3-3　某公司四类产品的温度曲线参数

分　　类	峰值温度 /℃	183℃以上时间 /s	20℃以上时间 /s	适 用 板 型
A	212 ~ 220	73 ~ 89	48 ~ 60	简单 SMD
B	221 ~ 224	81 ~ 85	45 ~ 57	小尺寸 BGA
C	230 ~ 232	99 ~ 104	47 ~ 53	防立碑（0201）
D	228 ~ 233	89 ~ 97	46 ~ 50	大尺寸 BGA

表 3-4 为对应的设置温度（以某品牌炉子为基准）。

表 3-4　设置温度　（单位：℃）

分类	温　区									
	Z1	Z2	Z3	Z4	Z5	Z6	Z7	Z8	Z9	Z10
A	100	120	150	150	150	170	180	205	240	230
B	100	120	150	150	150	170	180	210	250	230
C	110	150	150	150	170	185	190	225	263	240
D	110	150	150	150	170	190	190	230	260	240

温度设置一般经验

对于 10 温区炉子而言，如果是有铅焊接，一般传送速度设置在 80cm/min，选用 Z8、Z9、Z10 三个温区作再流焊接区足够了；如果是无铅焊接，建议选用 Z7、Z8、Z9、Z10 四个温区作再流焊接区。

有铅焊接工艺典型的温度设置见表 3-5。这仅仅作为一个示例，源自 BTU+ 温区炉子的有铅工艺经验。

表 3-5　温度设定　（单位：℃）

Z1	Z2	Z3	Z4	Z5	Z6	Z7	Z8	Z9	Z10
100	110	150	150	150	170	180	205	245	230

一般把 Z9 作为再流峰值温度区，设置温度比要求的峰值高 25 ~ 45℃（与板的热容量有关）；Z8 设置温度比 Z9 低 40℃（快速拉升），Z10 设置温度比 Z9 低 15 ~ 20℃（PCBA 热平衡）；Z7 设置温度比 Z8 低 20℃，应确保熔点前升温速率控制在 1.5℃/s 内。

速度从 80cm/min 降到 70cm/min，峰值温度会提高 3 ~ 4℃，焊接时间会延长 10s。

设置温度与板上的实际峰值温度差大于 30℃时，BGA 的焊接就容易出问题。

3.4 再流焊接（12）	
温度曲线评价	在评价温度曲线是否合适时，首先必须明确一个原则，绝不能孤立地根据曲线关键参数来评价，必须同时考虑曲线的形状、所焊接的元器件封装以及使用的工艺（有铅 / 无铅）。 （1）与炉子的设置温度联系起来进行评价。因为设置温度与焊接峰值温度的差决定了元器件和 PCB 的变形与焊接应力，这通常比升温速率或冷却速率更好判断。 （2）与元器件封装联系起来进行评价，特别是与 BGA 的封装结构联系起来评价。因为不同封装的 BGA，其热容量大小相差很大，热变形过程也不同。 （3）与工艺联系起来看，比如采用的是有铅还是无铅工艺，是 Im-Sn 还是 HASL，不同的工艺条件，对温度曲线的要求是不同的。 一般而言，一个比较好的温度曲线设置，应该具备： （1）PCBA 上最大热容量处与最小热容量处在预热结束时温度汇交，也就是整板温度达到热平衡。 （2）整板上最高峰值温度满足元器件耐热要求，最低峰值温度符合焊点形成要求。 （3）BGA 封装体上最高温度与最低温度差 <5℃，一般不允许超过 7℃。 理想的温度曲线特征如图 3-47 所示。 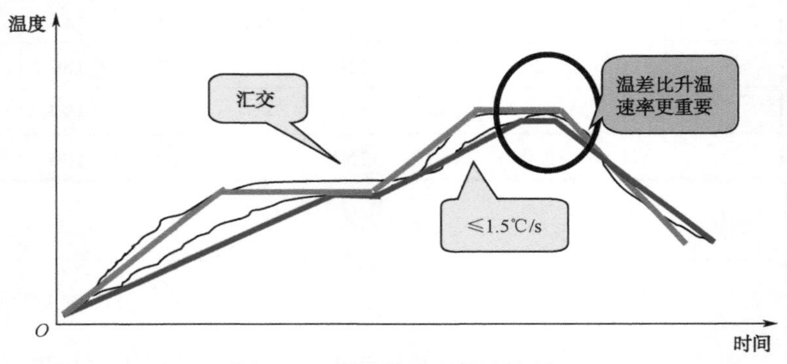 图 3-47 理想的温度曲线特征
通用温度曲线的建立	建立通用温度曲线，首先要按照 PCBA 的热特性对其进行工艺性分类，以便对每类产品确定合适的温度曲线。 基于我们关心的问题——焊点的形成温度、封装的最高温度及温度均匀性，应该选择有代表性的封装作为我们的分类条件，能够反映 PCBA 上最高温度、最低温度及 BGA 焊接质量的点作为测试点。 根据对"焊点的形成温度、封装的最高温度及温度均匀性"影响的大小，一般以 PCB 的尺寸和 BGA 的封装作为 PCBA 的工艺性分类条件。这里没有指出 PCB 的厚度因素，是因为一般尺寸和厚度有一定的比例关系，也就是尺寸大小已经反映了厚度因素。分类条件： 1）PCB 尺寸 最长尺寸小于 200mm、200 ~ 300mm，大于 300mm。 2）BGA 封装 尺寸大于 35mm×35mm BGA； 尺寸为 25mm×25mm ~ 35mm×35mm BGA； 尺寸小于 25mm×25mm BGA。 按照这样的分类，最多建立 9 种通用温度曲线即可。

3.5　波峰焊接（1）

发展过程

波峰焊接，指将熔化的软铅焊料，经过机械泵或电磁泵喷流成焊料波峰，使预先装有电子元器件的 PCB 通过焊料波峰，实现元器件焊端或引脚与 PCB 焊盘之间机械和电气连接的一种软钎焊工艺。虽然再流焊相对波峰焊有很多优点，但是，在可预见的未来，波峰焊接仍是一种主要的焊接技术。

波峰焊接工艺的使用已经有几十年的历史了，经历了插装元器件时代的单波峰焊接工艺和表面组装时代的双波峰焊接工艺两个发展阶段，如图 3-48 所示。目前使用的波峰焊接机主要都是双波峰焊接机。

波峰焊接机，称呼起来比较拗口，通常简称为波峰焊机。

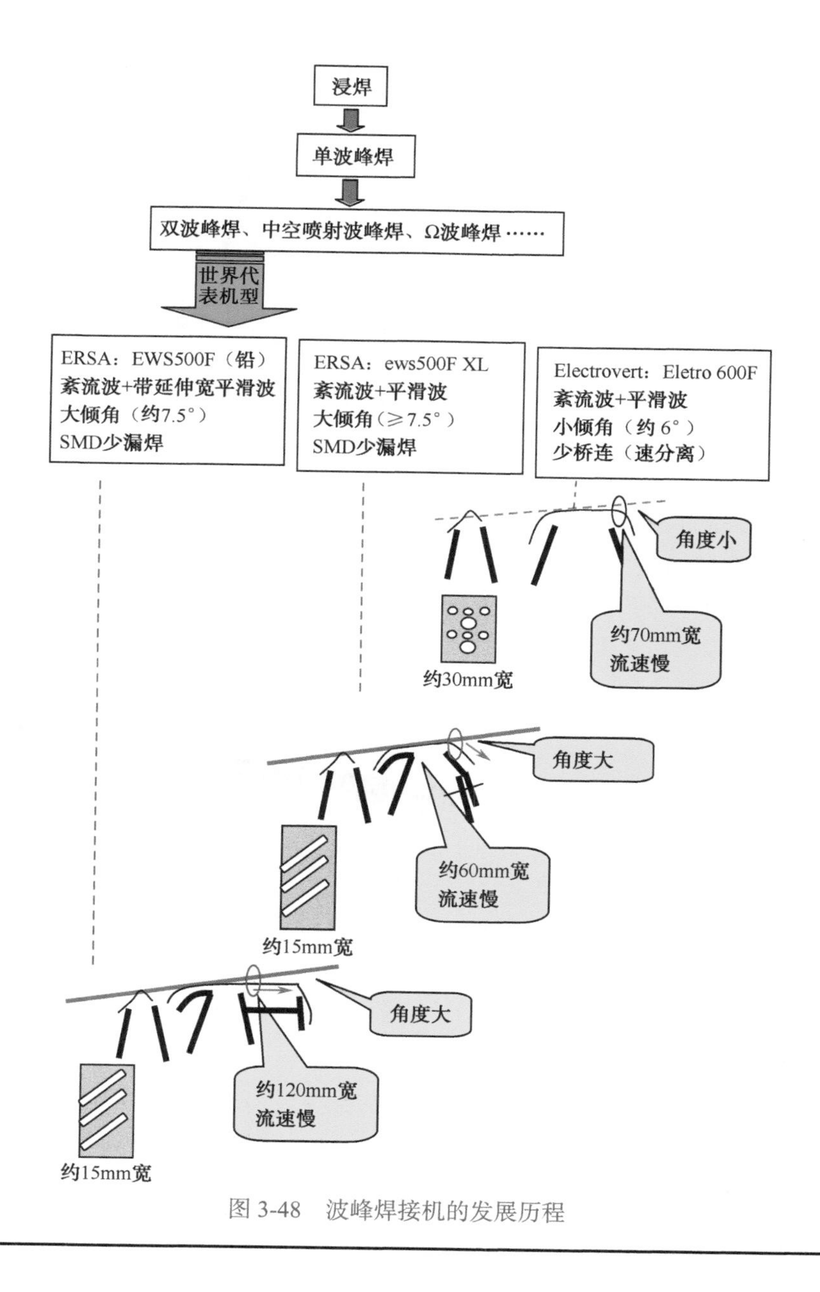

图 3-48　波峰焊接机的发展历程

3.5 波峰焊接（2）

双波峰焊接工作原理（1）

双波峰焊接机的功能系统主要包括三部分，即助焊剂喷涂系统、预热系统和双波峰焊接系统。助焊剂喷涂系统的功能是将助焊剂均匀地涂覆在 PCB 的焊接面。预热系统的功能有三个，即获得适当温度和黏度；促进助焊剂活化；减少热冲击与变形。双波峰焊接系统是双波峰焊接机最重要的功能部件，决定焊接的效果。

双波峰焊接系统，是为适应插装元件与表面贴装元器件混合安装特点而在单波峰焊接机的基础上发展起来的，自发明以来，其结构已基本固定为“紊流波＋平滑波”的结构形式，如图 3-49 所示。

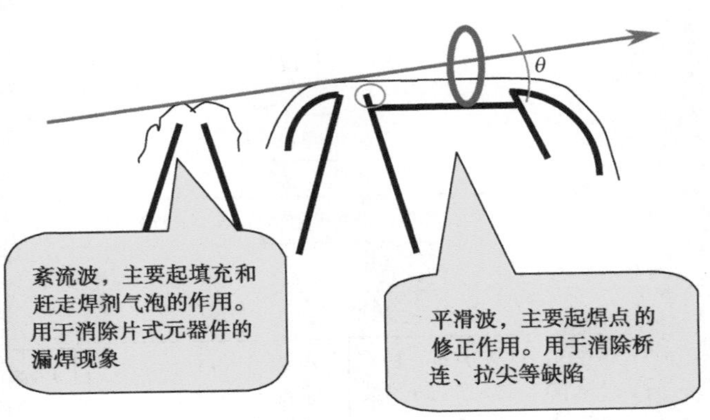

图 3-49　双波峰布局与特点

紊流波的主要功能是产生一个向上冲击的紊流波，将因“遮蔽效应”（见图 3-50）而形成的气泡赶走，使锡波能够紧密地与焊盘接触从而减少漏焊现象的发生。向上冲击的紊流波也有利于安装孔的良好填锡。

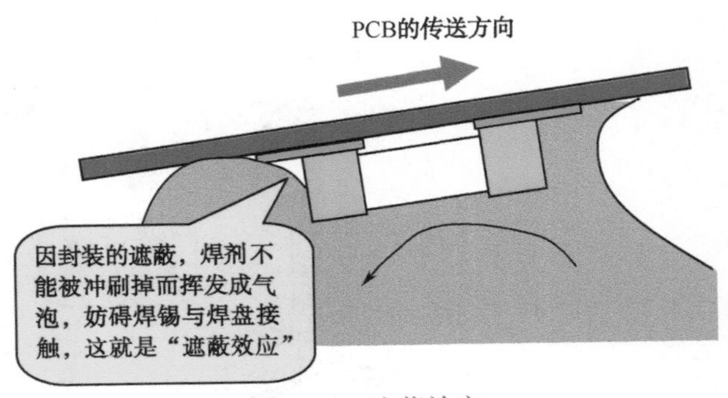

图 3-50　遮蔽效应

平滑波，正如其名，其主要功能是产生一个无波峰与波谷的平滑锡波，用于焊缝形态的修正。平滑波的结构与宽度对波峰焊接质量的影响很大，一定程度上决定了波峰焊接的直通率，也是不同品牌波峰焊接机的价值所在。

3.5　波峰焊接（3）

双波峰焊接工作原理（2）	1）平滑波工艺分析 平滑波可分为三个工艺区域：PCB 进入区（*A* 点前）、传热区（*A*、*B* 间的区域）和 PCB 离开区（*B* 点后），如图 3-51 所示。 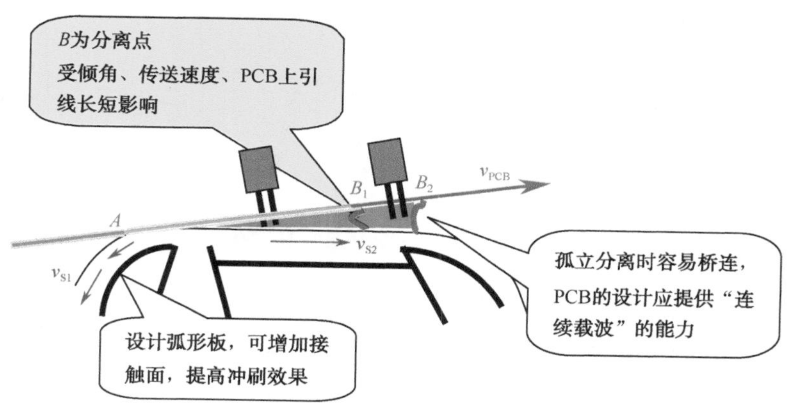 图 3-51　平滑波的三个区 （1）焊剂。PCB 进入 *A*、*B* 之间的区域时，PCB 完全被焊料桥连，可焊面上的焊剂被焊料排走，非可焊面（阻焊层具有吸附焊剂的能力）上焊剂仍然存在，如图 3-52 所示。 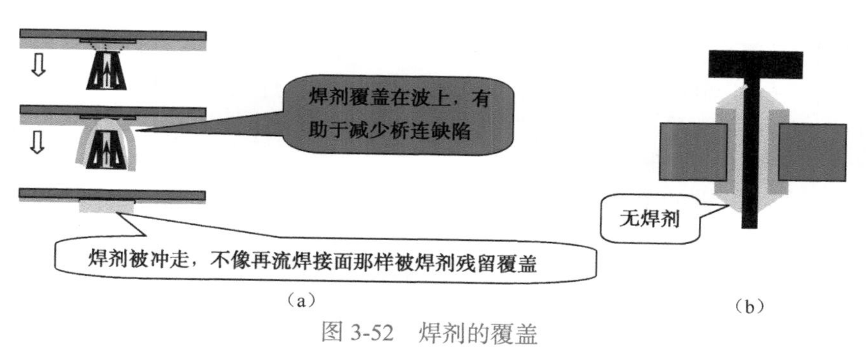 图 3-52　焊剂的覆盖 （2）分离点 *B*。*B* 点的位置是动态的，是由传送系统的倾角、传送速度及具体的 PCBA 确定的。如果是阻焊面，在 B_1 点与锡波断开；如果是引线或焊盘，要到 B_2 点的位置断开。如果引线比较长，B_1、B_2 之间距离就会比较长，如果长到引线锡料孤立垂直分离时，就可能形成桥连缺陷（传热中断的结果）。 因此，PCB 的设计，应尽可能提供“连续载波”的能力。 （3）平滑波延伸段，主要的功能是降低锡波的分离速度，合适的夹角为 7°～10°。分离速度影响焊点的形态，过快的分离对不同的焊点结构（由焊盘大小和引脚伸出长度构成的焊点）影响不同，具体来讲就是拽锡量的不同。一般而言，过快的分离速度会导致更多的干瘪焊点（不饱满焊点）和比较少的桥连现象；过慢的分离速度会获得更加饱满的焊点及更多的桥连。 （4）AB 长度与传送速度决定了 PCB 接触锡波的时间，它是波峰焊一个重要的工艺参数。接触时间决定焊点的受热量，从而影响到插孔内焊锡的垂直填充高度。

3.5 波峰焊接（4）

双波峰焊接工作原理（3）

2）平滑波的主要波形

平滑波的波形有几十种，流行的波形有单面波、双面波（或 T 形波）、λ 波（PCB 传送速度相对锡波流速为 0 的波）、带延伸板的 λ 波，图 3-53 是比较常见的波形。

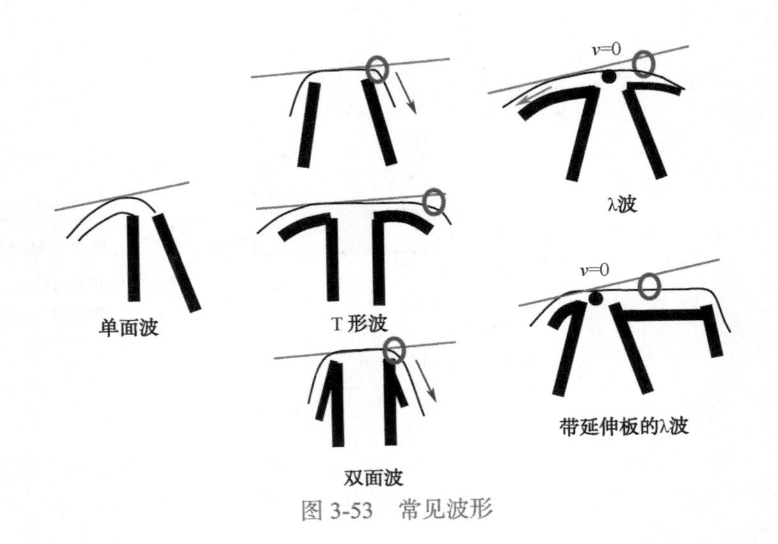

图 3-53 常见波形

不同的平滑波波形结构决定了波峰焊接机的性能，例如：

（1）窄的平滑波。利于消除大部分的桥连现象，但热容量大的焊点（粗引线）有可能因受热不足而增加桥连。如何满足不同粗细引线的焊接要求，就成为波峰焊接工艺控制的难点。

（2）宽的平滑波。适合大热容量板（或焊点）的焊接，焊点也比较饱满，但桥连会比较多。

（3）带延伸的平滑波，适合高效率的生产。由于焊点与波的分离属于慢速垂直分离，速度慢了往往会产生更多的桥连现象。

（4）锡波产生的方式主要有机械式（波轮）和电磁式（早期推出的电磁式波往往打不高，是一个不足）。

对于波峰焊接机来讲，一方面，不同品牌波峰焊接机的波峰系统设计不同，特别是平滑波的波形设计不同；另一方面，又没有一种平滑波的设计适用于所有种类的 PCBA。这就要求在选择波峰焊接机的时候，要全面考虑你的工艺需求、主要产品的工艺特性和名列前三（TOP3）的焊接问题。比如，焊接的是装有密脚连接器的 PCBA 还是装有大热容量的元器件的 PCBA，它们对波峰焊接机（具体而言就是波形）的要求是不一样的。前者更多地要考虑设备应对桥连的能力，后者更多地要考虑设备应对插装孔的焊锡垂直填充的能力。关注点不同，对设备的要求也不同。现实情况是，很多企业在选择波峰焊接机时根本没有考虑自己的工艺需求，往往是设备买回去使用以后，发现焊接问题比较多。这种情况反映了企业对波峰焊接工艺的不了解，也反映了波峰焊接工艺的复杂性。必须指出，波峰焊接的质量在一定程度上取决于设备的性能，这点与再流焊接有所不同！

3.5　波峰焊接（5）

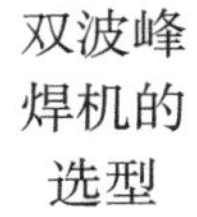

双波峰焊机的选型

波峰焊接机一般由焊剂喷涂系统、预热系统、波峰系统、传送系统和控制部分组成。选型时应了解各部分的工作原理和应用特点。

1）焊接喷涂系统

焊剂喷涂主要有两大类，即压缩空气雾化方式和焊剂直接雾化方式。

主要应用问题：焊剂喷嘴堵塞、焊剂覆盖不全、助焊剂排风管道细（≤6″）或抽风不足，焊剂散出比较多，气味大。

2）预热系统

应了解预热系统的加热元器件与特点。一般波峰焊接机所用的加热元器件有电热管、石英灯管、红外板和热风及其组合。

石英灯管热惯性小、能量密度大。

红外板容易裂，目前采用的不多。

热风多作辅助用，用于元器件面的加热。

3）传送系统

传送系统可分位两类三种：夹爪类，主要有三段式和一段式；框架类。

（1）夹爪类。适合多品种小批量产品的生产，但设备利用效率较低，小板，特别是质量分布不平衡小板（如一头有铜柱）容易卡。三段式或一段式取决于波形的设计（是否需要大倾角）。

三段式，主要用于高效率波峰焊接机。高效波峰焊接机需要长的预热系统和加长的宽平滑波，为了不把传送系统抬得太高，一般设计成三段式，如图 3-54 所示。

一段式，主要用于短预热系统，结构紧凑，传送可靠。

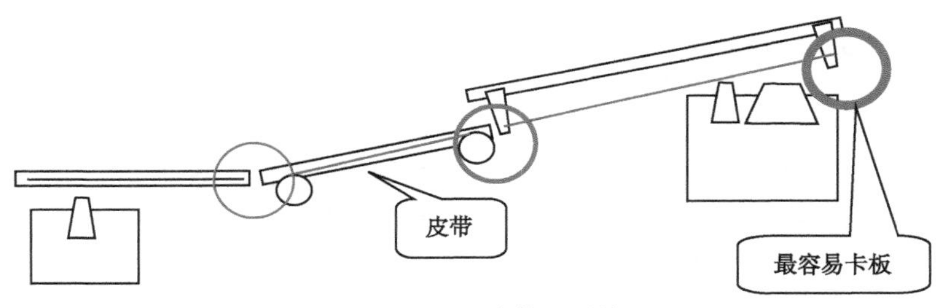

图 3-54　三段式传送系统

（2）框架类。可以减少板的变形，也可一次多板过炉。缺点就是现场操作比较麻烦。

主要应用问题：较重的板掉板、卡板。

4）波峰系统

它是波峰焊接机的关键功能部件，决定波峰焊接机的性能，选型时一定要根据要焊接的产品工艺特点进行选择。

5）氮气应用

相对有铅工艺而言，无铅工艺有三个明显的不同：焊料的润湿性比较差；焊料的熔点比较高，流动性比较差；无铅焊料比较贵。因此，很多的无铅波峰焊接机具有氮气气氛焊接功能。在选择具有可接氮气功能的波峰焊接机时，应当意识到，氮气保护隧道是否可以打开，关系到能否焊接温度敏感元件的问题。如果隧道上盖可以打开，它就能够焊接薄膜电容之类的温度敏感元件，否则就比较困难。

<table>
<tr><th colspan="2">3.5 波峰焊接（6）</th></tr>
<tr><td>工艺控制</td><td>
波峰焊接工艺，相对于再流焊接工艺而言是复杂的。根据安捷伦公司对全球有影响的 25 家大型 EMS 企业的焊点质量统计与分析，波峰焊接焊点的不良率平均高于 1500ppm，这远高于再流焊接工艺，像手机板的焊接，焊点的不良率一般小于 50ppm。之所以如此，主要是波峰焊的工艺调试非常复杂，不仅参数多，而且要根据解决的焊接问题进行个性化的参数设置。因此，要提升波峰焊的质量，需要根据单板工艺特点对工艺参数进行“调试”。
1）焊剂喷涂
用双面胶纸把一张白纸粘贴在 PCB 上，进行焊剂涂覆，检查焊剂喷涂是否均匀，是否漏喷，焊剂是否入孔，特别是 OSP 孔。
漏喷常常是引起桥连、空洞、透锡率不足和拉尖的常见原因。
2）预热
预热有如下几个目的：
（1）使大部分焊剂挥发，避免焊接时引起飞溅、造成锡波温度下降（因为焊剂挥发需要吸热）。
（2）获得适当的黏度。黏度太低，焊剂容易过早地被锡波带走，会使润湿变差。
（3）获得适当的温度。减少 PCBA 进入焊锡波时的热冲击和板变形。
（4）促进焊剂活化。
合适预热结果的评判：
（1）对有铅焊接而言，焊接面约为 110℃。对于给定的 PCBA，可以通过测量元器件表面温度判断；也可以用手摸，发黏即可，太干容易引起焊接问题。
（2）OSP 板，预热温度需要适当提高，如 130℃。
（3）ENIG 板，要视使用单波还是双波确定。双波需要较高的预热温度，单波则需要较低的预热温度，以避免焊盘边缘反润湿。
3）焊接
（1）紊流波向上应具有一定的冲击力，形成无规则的谷与峰。
（2）平滑波锡波面必须平整，波高用来实现无缺陷焊接的目标。
不同的波形要求不同，如某品牌波峰焊接机，波比较低时，桥连、拉尖就比较多（受热不足）；波比较高时，焊点的饱满性会变差（快速下拉）。这些都基于其窄的弧形波特性。
拉尖，通常是因为焊锡还没有拉下，其上部已经凝固所致。之所以凝固，是因为引线散热比较快或引线比较长，为了避免拉尖，有时需要将平滑波压得深些以提高引线的热容量，也可以通过降低传送速度来实现（高速传送前提下）。
波高的调节一定要配合传送速度进行调节，单纯的调节波高往往难以实现目标。
4）传送速度
影响焊点的受热和分离速度。一般不可单独调节，需要根据波形、所焊 PCBA 进行调节。
5）导轨宽度
以 PCB 可以自由拉动为宜，太紧会加剧 PCB 的变形甚至使 PCB 上弓（会出现规则的非焊区），也会加速夹爪的磨损（因为大多数波峰焊接机都依靠铝型材侧面支撑夹爪，少数焊接机在侧面镶嵌有铜条，抗磨性会好些）。
波峰焊接工艺之所以难，是因为每个参数有一个合适的点，参数的影响往往非线性，可参考以下内容加以理解。
</td></tr>
</table>

3.5　波峰焊接（7）

波峰焊接工艺的复杂性

波峰焊接，一般不良率比再流焊接高，除了本身可控性差外，一定程度上也是不被重视造成的。随着插装元器件的使用越来越少，在很多的工厂，波峰焊接工艺已经被边缘化，往往不愿意投入资源进行波峰焊接工艺的优化工作。

波峰焊接工艺参数对焊接质量的影响往往比较复杂，有些参数对焊接缺陷率的影响并非线性关系，而且与引线的热容量、波峰喷嘴的设计有关。

波峰焊接无铅化所遇到的挑战一点不比再流焊接少，由于无铅焊料的流动性差、表面张力大，无铅波峰焊接对应的缺陷比较高，尤其是孔的透锡性和桥连缺陷。有人应用 DOE 方法研究了焊料温度、焊接时间（接触时间）、PCB 顶面的预热温度和焊剂量对桥连和透锡的影响，表 3-6 为 DOE 采用的试验条件，试验结果如图 3-55 和图 3-56 所示。

表 3-6　波峰焊接工艺参数试验条件

代　　号	试验因素	1 级	2 级	3 级
A	焊料温度 /℃	250	260	275
B	焊接时间 /s	1.8	3.0	4.2
C	顶面的预热温度 /℃	90	110	130
D	焊剂量 /（mg/ 单位面积）	355	474	639

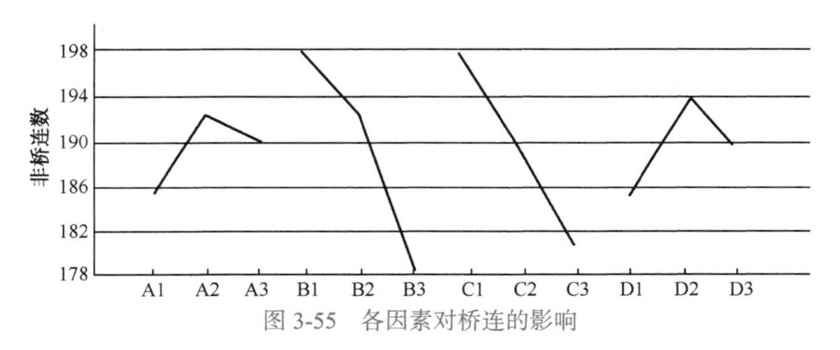

图 3-55　各因素对桥连的影响

（数值越高，代表桥连越少，200 代表完全无桥连）

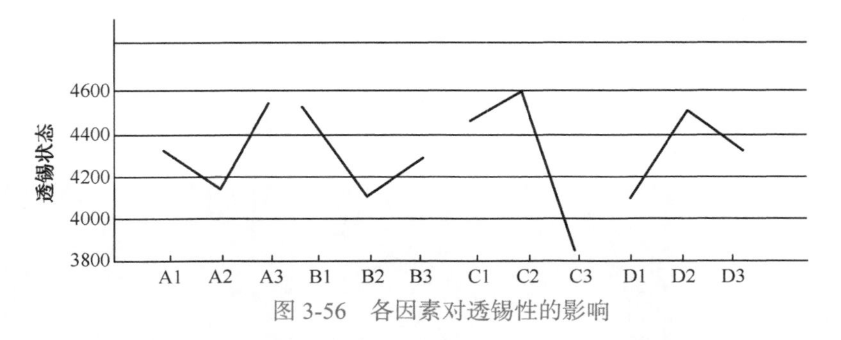

图 3-56　各因素对透锡性的影响

（数值越高，质量越好，4662 代表所有孔都百分百透锡）

从这两个表我们可以认识到波峰焊接的复杂性及难控制性。

3.5 波峰焊接（8）

常见问题及对策（1）

1. 桥连

影响桥连的因素很多，设计、焊剂活性、焊料成分、工艺等，需多方面持续改进。

根据所产生的原因，桥连可以大致分成两类：焊剂不足型和垂直布局型。

（1）焊剂不足型。特征是多引线连锡、焊盘、引线头（最容易氧化）无润湿或局部润湿，如图 3-57 所示。

图 3-57 焊剂不足型桥连特征

（2）垂直布局型。特征是焊点饱满、引线头包锡、连锡悬空，如图 3-58 所示。这是常见的桥连类型，正如其分类名称那样，它主要与 PCB 上元器件布局有关，其次与焊盘大小、引线间距、引线粗细、引线的伸出长度、焊剂的活性、锡波高度、预热温度和链速等有关，影响因素比较多、复杂，难以全部解决。一般多发生在引线间距比较小（≤2mm）、伸出比较长（≥1.5mm）、比较粗的连接器类元器件，如欧式插座。

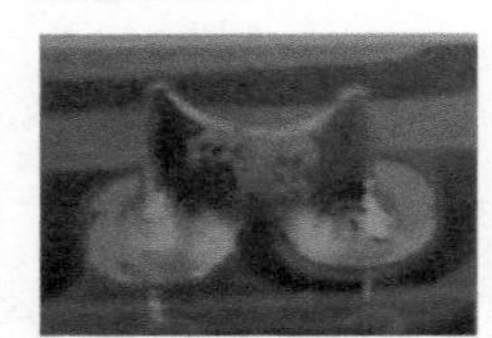
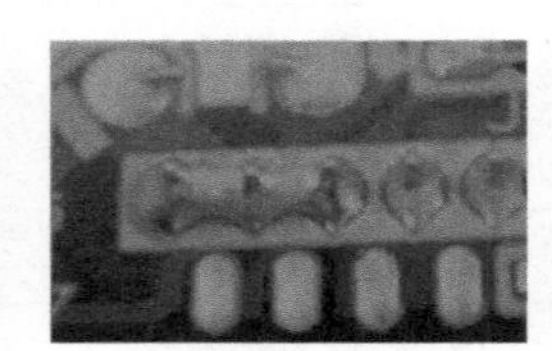

图 3-58 垂直布局型桥连特征

改进措施：

1）设计

（1）最有效的措施就是采用短引线设计。采用 2.5mm 间距的引线，长度控制在 1.2mm 以内；2mm 间距的引线，长度控制在 0.5mm 以内。最简单的经验就是“1/3 原则”，即引线伸出长度应取其间距的 1/3。只要做到这点，桥连现象基本可以消除。

（2）连接器等元器件，尽可能将元器件的长度方向平行于传送方向布局并设计盗锡工艺焊盘，以提供连续载波能力，如图 3-59（a）所示；如果已经设计为图 3-59（b）所示的布局，焊接时可以转 90° 方向，使之平行于传送方向焊接。

（3）使用小焊盘设计，因为金属化孔的 PCB 焊点的强度基本不靠焊盘的大小。对减少桥连缺陷，焊盘环宽越小越好，只要满足 PCB 制造需要的最小环宽即可。

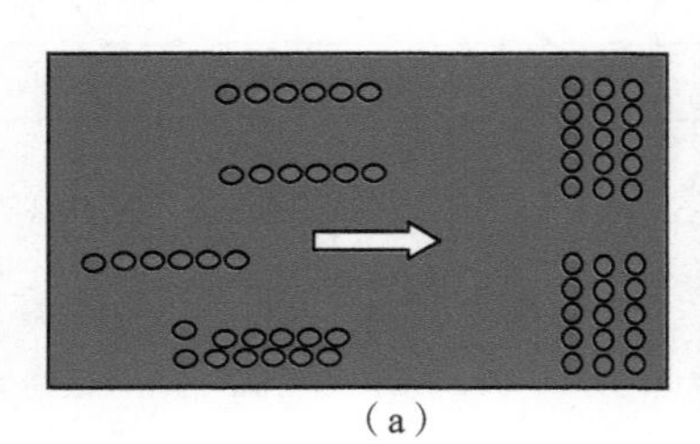

（a）

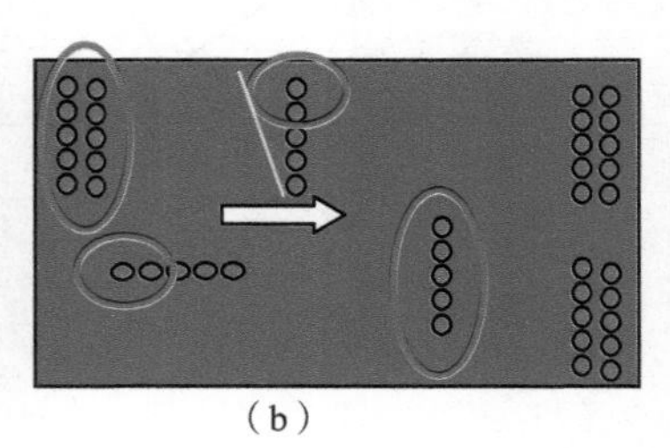

（b）

图 3-59 连接器布局位向

3.5　波峰焊接（9）

常见问题及对策（2）

2）工艺

（1）使用窄的平滑波波峰焊接机进行焊接。

（2）使用合适的传送速度（以引线能够连续脱离为宜）。链速快或慢，都不利于桥连现象的减少。传统的解释是因为链速快，打开桥连的时间不够或受热不足；链速慢，有可能导致引线靠近封装端温度下降。但实际情况远比这复杂，有时，热容量大、长的引线，宜快，反之，宜慢（大热容量与小热容量引线在传送速度方面的要求总是相反的）。因此，实践中要多试。

链速快慢判别标准视焊接对象、所用设备而定，是一个动态的概念。一般以 0.8 ～ 1.2m/min 为分界点。

（3）预热温度要合适，应使焊剂达到一定的黏度。黏度太低容易被焊锡波冲走，会使润湿变差。过度预热会使松香氧化并发生聚合反应，减缓润湿过程。这些都会增加桥连的概率。

（4）对非焊剂原因产生的桥连，可以通过降低波高的方法进行消除（以波刚接触最长引线尖端为目标，这是 TAMULA 的建议）。

（5）选用黏性小的无铅焊料合金，如 NIHON SUPERIOR 的 SN100C（Sn-Cu-Ni-Ge，其熔点为 227℃），声称是一种无桥连、无缩孔，业界最成功的无银无铅焊料，焊接质量如图 3-60 所示。

图 3-60　使用 SN100C 焊料焊接的结果

图 3-61 为连接器因传送方向改变而出现桥连的实际案例。以图 3-61 所示方向反方向过波峰，因 PCB 的变形使连接器实际接触时间增加，同时，由于变形使连接器脱锡时快速分离。这两点可能导致连接器桥连概率增加。

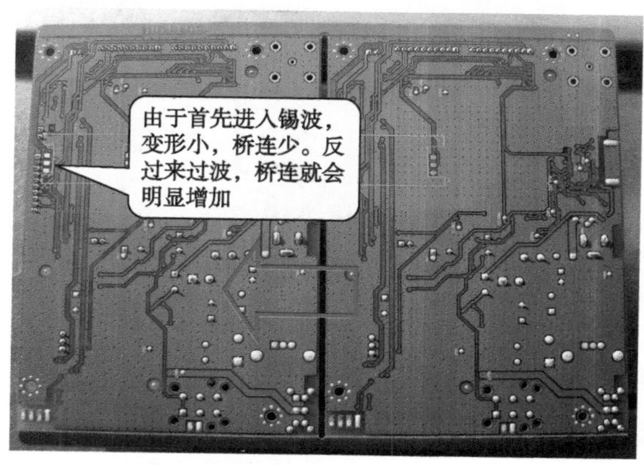

图 3-61　传送方向对桥连的影响

3.5 波峰焊接（10）

常见问题及对策（3）

有时也会因为波不平所致，因此，应定期检查波的平稳性。生产中有时发现喷嘴被锡渣堵塞、保护非焊接孔翻锡的胶纸剥离等会干扰波的平稳性，造成桥连。

2. 漏焊及虚焊

漏焊，主要涉及片式元件，与元器件高度和布局方向及元器件封装和焊盘外伸长度有关。原因是元器件的“遮蔽效应”和焊剂的“气囊隔绝”，有时也与焊剂涂覆、焊盘 / 引线氧化有关。

虚焊多与焊盘或焊端氧化、热量不足、引线长过波峰时扰动有关。

改进措施：

（1）优化元器件布局和焊盘设计，如图 3-62 所示。

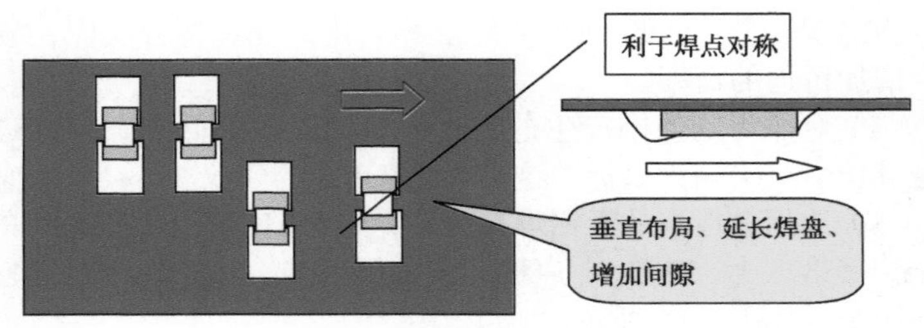

图 3-62　片式元件的布局

（2）对于元器件面插孔被盖的插装焊点，也称为人造盲孔式焊点，如图 3-63（d）所示，波峰焊接很容易形成填充不实、有针孔的焊点，如图 3-63（c）所示。波峰焊接焊接时一定要打开紊流波，原因是这种焊接不良是由于插孔内助焊剂挥发气体无法排出而形成的。打开紊流波，有利用其不规则的波将助焊剂挥发气体赶出，从而可以形成填充良好的焊点。

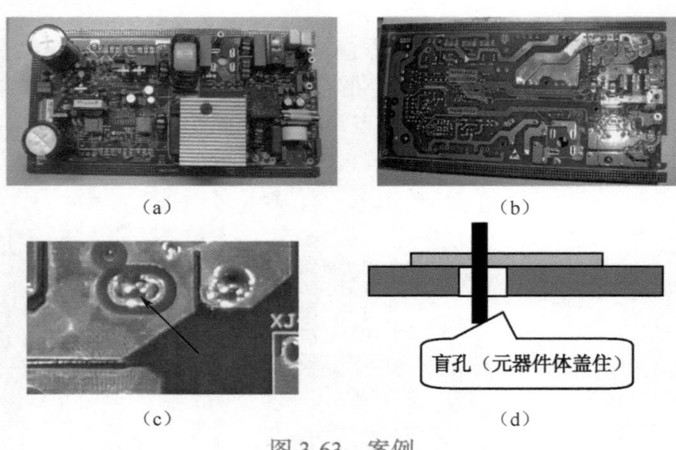

图 3-63　案例

（3）充分预热或减少焊剂量（前提是使用了高焊剂量），消除“气囊隔绝”效应的影响。

（4）还要注意挡条和托架的设计不要影响元器件的受热与受锡空间。

3.5　波峰焊接（11）

常见问题及对策（4）

3. 掉片

掉片一定是焊点受到机械外力的作用，不然不会无缘无故地掉落。对于红胶工艺的波峰焊接，多半与 PCB 的变形有关。PCB 变形缩小了 PCB 与波峰喷嘴间的距离，如果元器件高度大于此距离，就会被喷嘴刮掉，如图 3-64 所示。

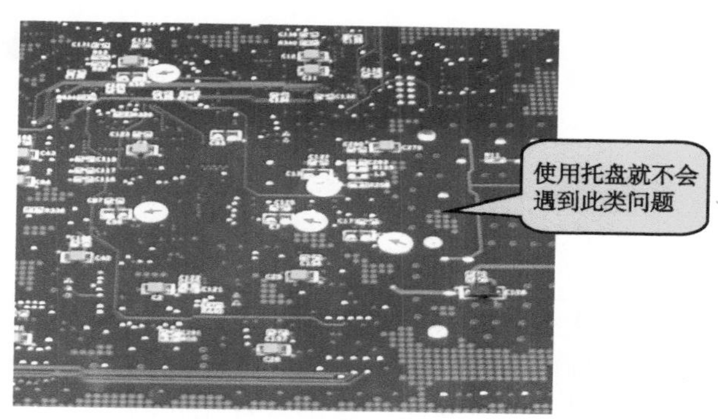

图 3-64　波峰焊接掉片

原因：板变形。

改进措施：使用托盘。

4. 锡珠

锡珠主要出现在插件焊点附近，为焊锡飞溅所为，如图 3-65 所示，主要与 PCB 使用的阻焊剂品牌有关，阻焊剂表面越光越容易黏附焊锡珠。

同时还与其他工艺因素，如 PCB 受潮、焊剂预热不充分及使用掩模板有关。如掩模板开口边缘会渗进焊剂，高温迅速挥发，引起焊锡飞溅并黏附在阻焊层表面。

图 3-65　锡珠现象

改进措施：烘板去潮。

注意再充分的预热也不能代替 PCB 的去潮工艺，潮气的排出需要较长的时间（25℃、≥4h）。

3.5 波峰焊接（12）

常见问题及对策（5）

5. 拉尖

拉尖现象如图3-66所示，此现象主要出现在单面板波峰焊接情况下，多与长引线、粗引线、易散热元器件有关。金属孔安装的双面板很少会出现拉尖现象。

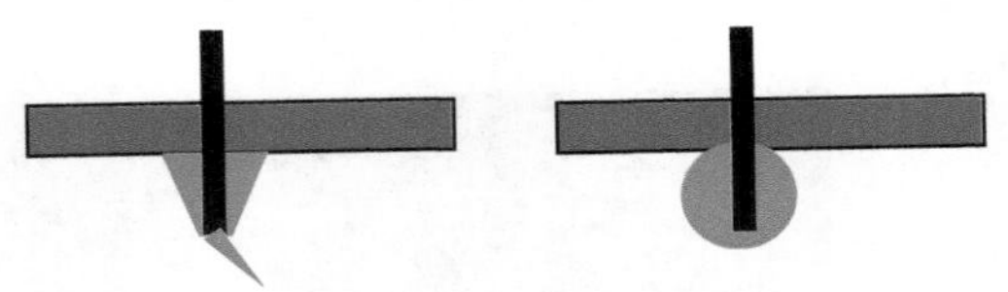

图3-66 拉尖现象

主要原因：

（1）焊剂活性不足或涂敷量少。

（2）引线剪脚端面可焊性不好或有毛刺。

（3）受热不足，这是拉尖产生的最常见原因。波峰焊从原理上讲，一个焊点的形成有两个先后接续的过程——焊料填充（包括孔内与焊缝）和多余焊料修整。拉尖的形成发生在焊料修整阶段，但受到填充时热量的供给以及元器件散热快慢的影响。如果元器件引脚或插孔孔壁冷得快，在锡波脱离焊点时引脚的温度可能已经下降到焊料的凝固温度以下，这时引脚端头上的多余焊料就没有办法被锡波拖走或回流到焊缝，就会形成拉尖。

（4）焊剂提前失效。传送速度太慢，会在焊点脱离PCB前挥发完，引起拉尖。

注意：

传送速度必须合适，太快或太慢，都会引起拉尖（尽管原因不同）。如某电源板传送速度为145cm/min时没有问题，但调到100cm/min就会出现问题。

因此，消除拉尖缺陷时，速度的调整应该先判断快还是慢，应小幅度改变，不可跨越式调整，否则会找不到合适的点。一般而言，速度快，形成的拉尖比较光亮，速度慢，形成的拉尖比较暗并伴有锡丝甚至锡网出现。

（5）与元器件的布局或过波峰的方向有关，如图3-67所示。

（a）元器件布局离边距离小时　（b）元器件布局离边距离大时

图3-67 布局对拉尖的影响

一般而言，最后脱离锡波的边，锡波不稳，锡波比较低，如果元器件离边很近，就很容易引起拉尖。因此，建议把元器件离边比较近的边作为波峰焊接的入边，这样影响会小些。

3.5　波峰焊接（13）

常见问题及对策（6）

6. 冷焊

掩模选择性波峰焊常见的焊接不良就是冷焊。掩模选择性波峰焊使用的掩模板通常采用合成石制作，合成石掩模板阻断了锡波与 PCB 的接触，相等于隔绝了锡波对 PCB 的加热，使被掩模板遮蔽的 PCB 部分成了冷源。如果选择焊接窗口开口比较小且周围均被掩模板遮盖，那么波峰焊焊点的温度往往很低，焊点的热量很快被周围冷的 PCB 吸收，最终形成冷焊点。

如果确认 PCBA 上的插件后续采用掩模选择性波峰焊接，那么插装元器件的布局应该遵从：

（1）尽可能集中布局。

（2）在插件周围 10mm 范围不要布贴片元器件。

这样的布局，一方面考虑了掩模板开窗的设计要求，另一方面也考虑了局部的受热需要。因为掩模板局部波峰焊接的受热条件不好，焊点仅从小的开窗受热，过小的孔也不利于锡波的流动。

插件的布局以及掩模板开窗的设计要求如图 3-68 所示，图 3-69 为一不良设计实例。

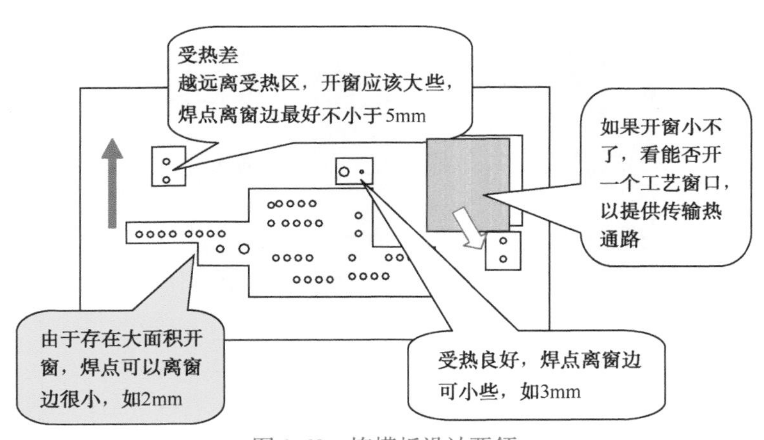

图 3-68　掩模板设计要领

图 3-69　掩模板开窗的不良设计

3.5 波峰焊接（14）

常见问题及对策（7）

7. ENIG 孔盘周边发黑（实际为无润湿部分）

图 3-70 是无铅焊接经常可遇到的一种焊接缺陷，ENIG 板插孔焊点的焊盘周边存在不规则反润湿孔状斑点（黑），但正面再流焊接焊点没有问题。

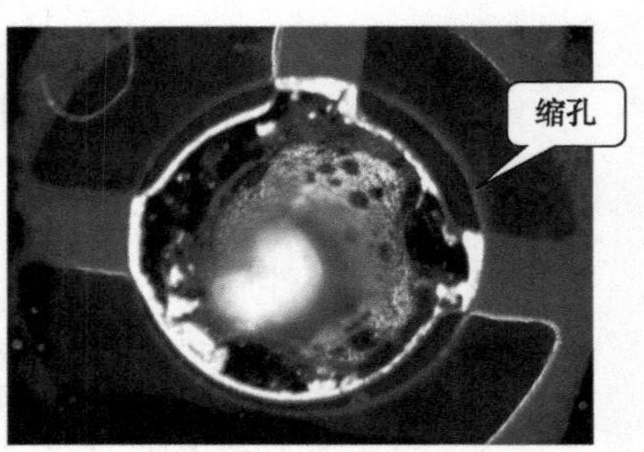

图 3-70 ENIG 孔盘周边发黑无润湿现象

原因分析：

切片观察，通孔内焊接良好，不润湿发生在孔盘边，如图 3-71 所示。

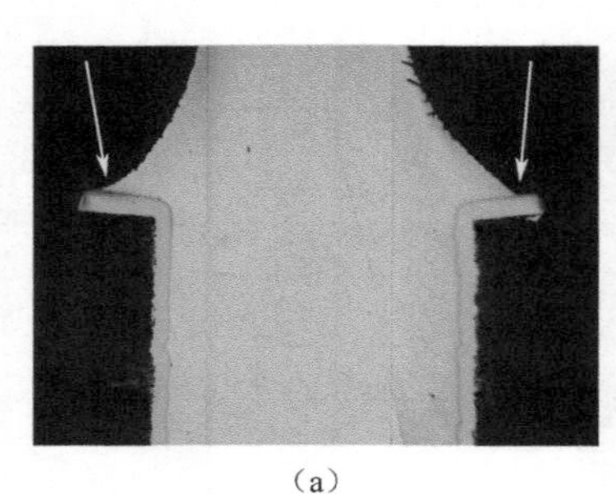

（a）

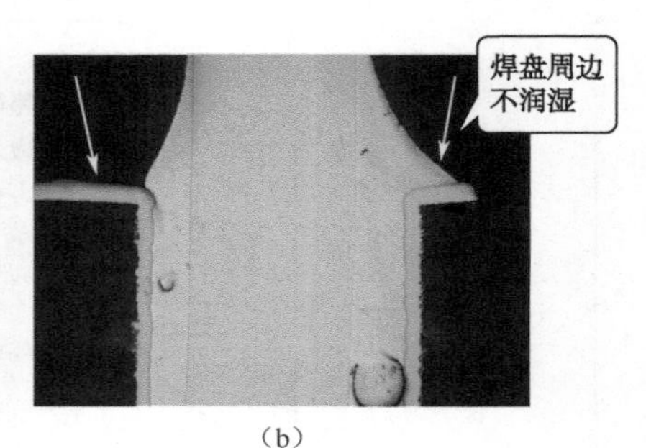

（b）

图 3-71 切片图

同时，发生 ENIG 盘边不润湿现象的焊点，常常伴有焊点表面缩孔现象，如图 3-72 所示。

图 3-72 焊点表面缩孔现象

此类不润湿多为 ENIG 表面处理存在轻微黑盘现象，孔盘边缘往往是黑盘严重的地方，再加上波峰焊接的冲刷作用及无铅合金的特性，容易发生此类现象。

3.5　波峰焊接（15）	
常见问题及对策（8）	**8. OSP 孔透锡不良** 无引线处金属化孔几乎不透锡，有引线处透锡也比较差，如图 3-73 所示。 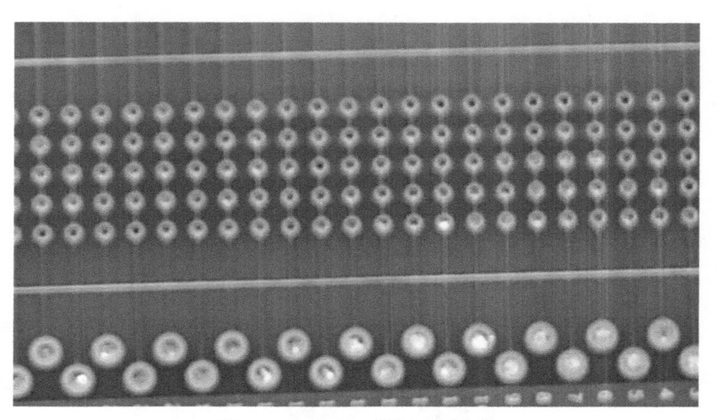 图 3-73　OSP 板孔透锡差 原因分析： OSP 膜是有机膜，本身不润湿，焊接面上的 OSP 膜必须分解后才能被润湿。因此，与膜厚、温度或焊剂有关。 一般要将 OSP 分解，有两种方法： （1）足够的焊剂。OSP 膜对焊剂量比较敏感，焊剂不足就分解不了，也就不能润湿。 （2）也可采用提高预热温度的办法，但也会带来负面影响，也可能使焊剂提前分解。 改进措施： （1）必须有足够的焊剂喷到孔内（如果移动速度太快就会漏喷），加大焊剂涂敷量是有效的方法之一，必须保证焊接前焊剂处于黏性状态。 （2）适当提高预热温度和焊接温度，此点作为参考。 （3）OSP 膜厚度必须控制，太厚，在短短的 2 ～ 3s 间不容易将其分解掉，就会产生此类问题；另外，也与 OSP 的质量有关，如 F2、106A 等型号的 OSP 膜，就不会有问题，而一些杂牌的 OSP 就容易发生此类问题。 **9. 孔填充不实（气孔）** 这是典型的、由设计引起的问题。波峰焊接孔内的填充与孔及引线的间隙（指孔径减引线直径）有关，此间隙不能大于 0.4mm。 经验数据： （1）单面板（非金属化）插孔与引线的合适间隙为 0.05 ～ 0.3mm（最优为 0.15mm），但超过 0.4mm，孔穴率明显增加，如图 3-74 所示。 （2）金属化孔与引线的合适间隙一般为 0.2 ～ 0.4mm（最优为 0.4mm），间隙过大也容易发生不完全填充。

常见问题及对策（9）

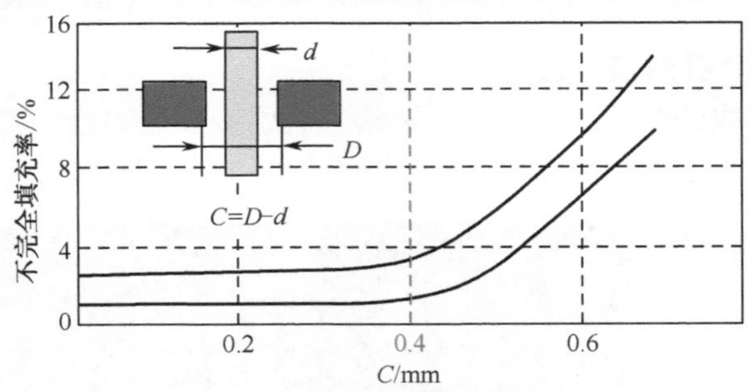

图 3-74 间隙与填充合格率的关系

宽的扁形引线配圆孔是非常糟糕的设计，焊接时很容易产生不完全填充，如图 3-75 所示！

图 3-75 不完全填充实例

（3）焊盘尺寸与连接强度，金属化孔主要靠孔连接，焊盘大小关系不大，但对单面板来说，焊点强度完全靠焊盘决定，一般取孔径的 1.5 倍。

10. 吹气孔

吹气孔多与 PCB 的钻孔工艺、电镀质量和吸潮有关。

许多 PCB 小厂，经常长时间不更换钻头，使用钝的钻头钻出的孔壁比较粗糙，电镀后孔壁容易存在纤维毛刺或孔，焊接时湿气喷出形成火山口型吹孔，如图 3-76 所示。

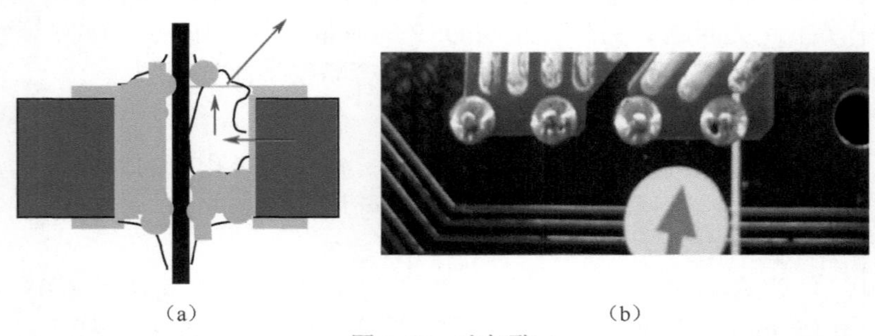

（a） （b）

图 3-76 吹气孔

一般情况下，如果使用钝的钻头钻孔且电镀通孔（指电镀铜层）孔壁比较薄就会发生此问题。孔是 PCB 排气的一个主要通道！

3.5　波峰焊接（17）

常见问题及对策（10）

原因分析：

（1）切片，测量孔壁厚度，应满足 20μm 的要求（IPC-2221A）。

（2）横截面做切片，逐层分析。

改进措施：烘板。

注意：再充分的波峰焊预热也不能代替 PCB 的烘干工艺，潮气的排出需要较长的时间。

11. 叠板

叠板的危害是引起进入边元器件漏焊。

如果插件传送带（进入波峰焊接机之前）的链速比波峰焊接机的链速快，后面的 PCB 就很容易叠在前面的 PCB 上，引起 PCB 叠板，如图 3-77 所示。

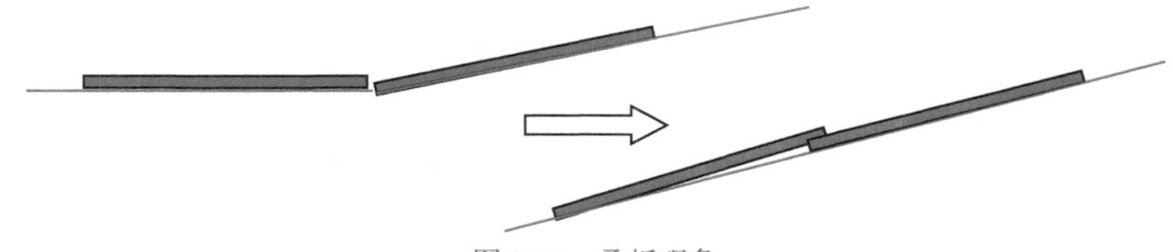

图 3-77　叠板现象

12. 板面脏

板面脏与所用焊剂、板面颜色、预热温度有关。板面颜色越深越明显；温度越高，板面越干净（一般免洗焊剂预热温度达到 120 ~ 130℃时，就会比较干净）。但温度过高，有可能会引起焊剂提前失效，增加焊接缺陷率。

13. 翻锡

板尺寸大受热变形或波压锡太多。

14. 元器件被浮起

某产品上的单排连接器，在速度 100cm/min 时焊接良好，提高速度后出现图 3-78 所示单侧插翘起 / 浮起现象。

速度快，插座受到的向上力比较大，再加上受热不足（温度不变前提下），很容易被浮起。

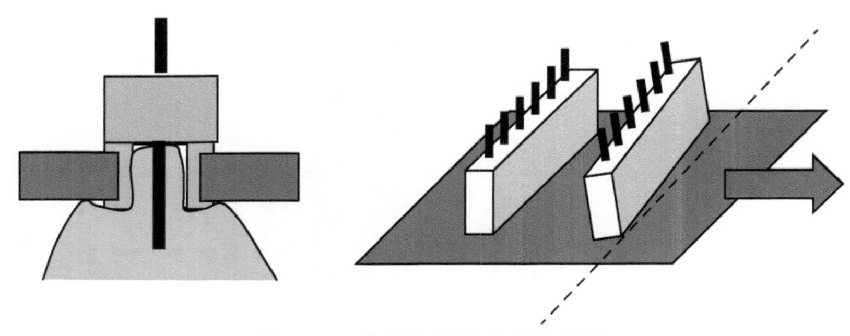

图 3-78　单排连接器单侧被浮起

设计上可减小插孔孔径，利于减少被浮起的风险。

也可采用工装压住（有弹性顶针的镂空压板）。

3.6 选择性波峰焊接（1）

选择性波峰焊接

选择性波峰焊接工艺有多种，如掩模选择性波峰焊接、移动喷嘴选择性波峰焊接和固定喷嘴选择性波峰焊接，各有优势和不足。

掩模选择性波峰焊接，是一种用掩模板把需要焊接的地方露出来，不需要焊接的地方掩蔽起来的选择焊工艺，如图 3-79 所示，它是应用比较广的一种，适合中小批量 PCBA 的生产。

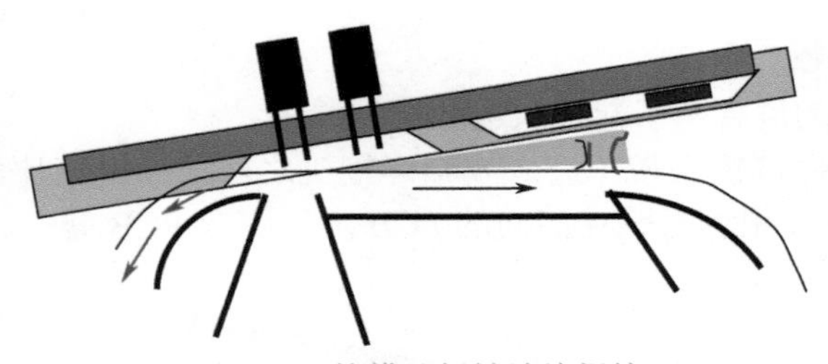

图 3-79　掩模选择性波峰焊接

移动喷嘴选择性波峰焊接是一种单点波峰焊接技术，利用可编程的焊料喷嘴选择性地焊接插装元器件，工作原理如图 3-80 所示。适合焊点少（≤30 点）、选择焊面布有非常多复杂 SMD 的板。由于其焊接的效率极低（平均 2s/ 点），目前在业界仅应用于引线热容量比较大、总焊点比较少的板面焊接。

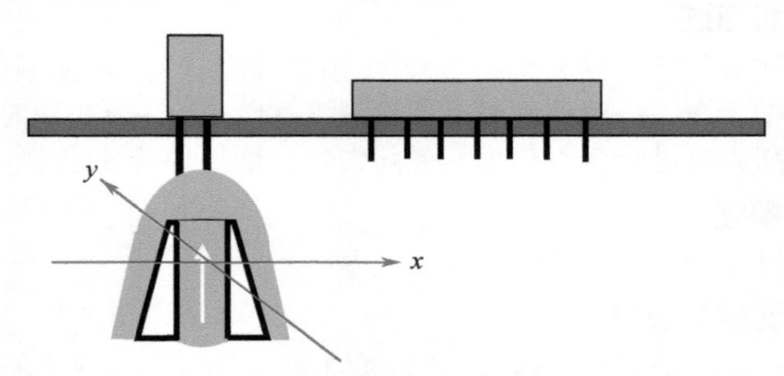

图 3-80　移动喷嘴选择性波峰焊接

固定喷嘴选择性波峰焊接（见图 3-81）是一种多个固定喷嘴的波峰焊接技术，由于喷嘴的加工成本比较高，适合大批量产品的生产。

图 3-81　固定喷嘴选择性波峰焊接

固定喷嘴选择性波峰焊接一般应用不多，掩模选择性波峰焊接比较简单，对于这两种工艺，本书将不做展开讨论，重点讲述移动喷嘴选择性波峰焊接工艺。

3.6　选择性波峰焊接（2）

某选择焊设备的结构	图 3-82 为某品牌选择焊设备的功能单元布局示意图。 图 3-82　某选择焊设备的功能单元布局
参数界面	图 3-83 某品牌选择焊设备的设置界面。 图 3-83　某选择焊设备的设置界面
应用特点	（1）可双面局部焊接。 （2）可对有高尺寸元器件的面进行局部焊（无法使用掩模板）。 （3）孔的透锡性比手工焊接有保证，透锡性好，如图 3-84 所示。 （a）　（b） 图 3-84　孔的透锡性比较

3.6 选择性波峰焊接（3）

应用类型

移动喷嘴选择焊接工艺，能够焊接各种类型的插装焊点，从密集引脚的连接器到大热容量的焊点，如图 3-85 所示。

（a）密集引脚连接器

（b）大热容量焊点

图 3-85 插装焊点

动作流程

移动喷嘴选择焊接的动作流程如图 3-86 所示。

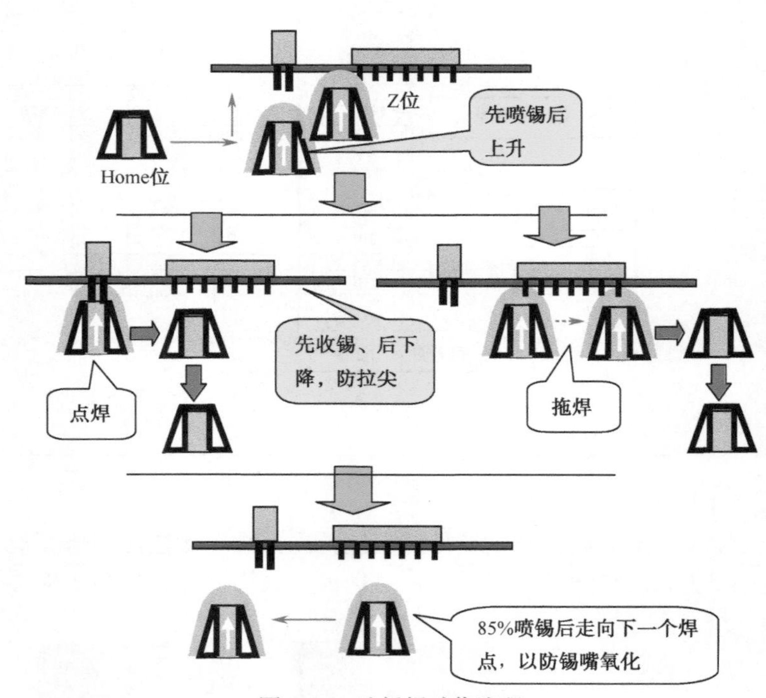

图 3-86 选择焊动作流程

工艺要点：锡嘴移动到位后，打开锡嘴再上升；离开时先收锡，再下移。

3.6　选择性波峰焊接（4）

编程参数

包括焊剂与焊接两部分：

（1）焊剂：焊点的坐标参数 + 焊剂喷嘴的移动参数（*x*/*y*）+ 喷涂量 / 喷涂时间参数。

（2）焊接：焊点的坐标参数 + 焊锡喷嘴的移动参数（*x*/*y*/*z*）+ 焊接 / 出锡 / 收锡参数。

与波峰焊接的最大不同是喷嘴的锡流不是恒定的流动状态，对每个焊接点 / 线有一个出锡 / 收锡的过程。如 ERSA 机的编程界面如图 3-87 所示。

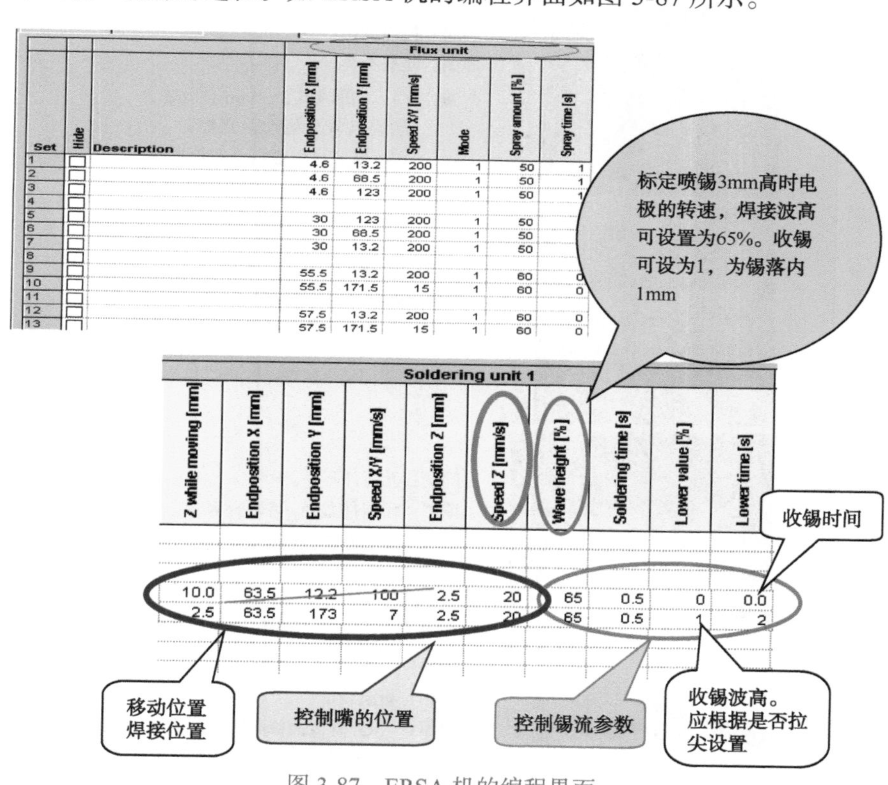

图 3-87　ERSA 机的编程界面

工艺参数

包括编程参数（焊锡控制参数、焊剂喷涂参数）和固定参数（预热 / 焊接温度）。

1）编程参数

（1）焊剂。

密集焊点，拖喷，参数：移动速度、喷量。

分散焊点，点喷，参数：点喷时间、喷量。

（2）焊接。

密集点拖焊，参数：喷嘴、*x*/*y* 移动速度、收锡时间。

单点焊接，参数：喷嘴、焊接时间、收锡时间。

2）固定参数

预热温度、焊接温度、链速等可以固定。

3.6 选择性波峰焊接（5）

常见问题

移动喷嘴选择焊接的常见不良与对应改进对策如图 3-88 所示。

问题：透锡不良。
原因：引线热容量大。
对策：增加焊接时间。

问题：拖焊桥连。
原因：收锡不良。
对策：（1）向前多走3～5mm再收锡。
（2）拖焊改为拖焊+点焊。
（3）从方形焊盘端开始焊接。

问题：点焊桥连。
原因：收锡高度太高。
对策：降低收锡高度或提高收锡速度。

问题：元器件不平。
原因：元器件太轻，单板运动颠簸，坐标不准被锡嘴顶起。
对策：降低链速，矫正坐标。

问题：焊点多锡（球头焊点）。
原因：板温较低。
对策：（1）降低波峰高度（波峰越高温度越低）。
（2）提高单板预热温度与时间。

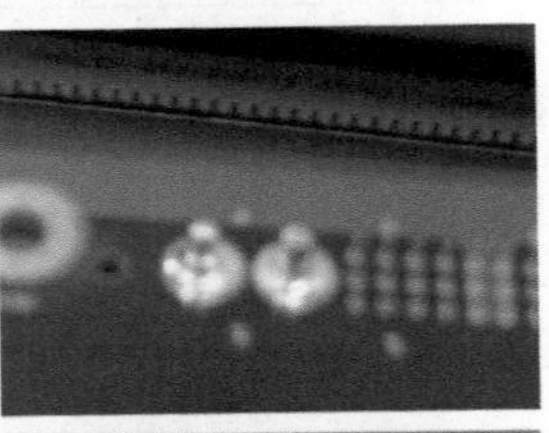

问题：焊点少锡（内凹而非月牙弯面）。
原因：引线长、粗，锡嘴下降速度快，共同形成活塞抽吸效应。
对策：降低锡嘴下降速度。

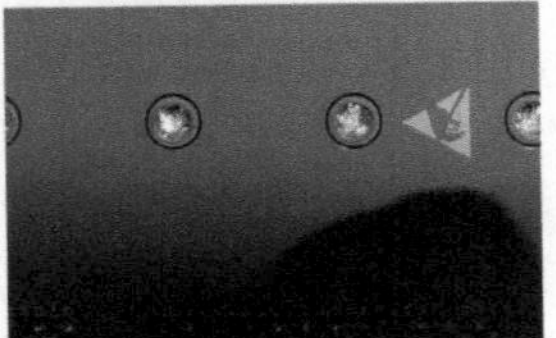

问题：OSP孔透锡差。
原因：焊剂没有入孔；焊接时间不够。
对策：焊剂采用点喷方式，增加焊接时间。

图 3-88　常见问题与对策

3.6 选择性波峰焊接（6）

案 例

焊点内凹且形态不对称。

本案例比较特殊，引线非传统的圆柱形，而是一个少见的带法兰的引线，如图3-89所示。在焊接时，出现了焊点内凹和不对称现象。之所以选择这个案例，是因为它很好地说明了喷嘴选择焊具有两个特点,即“抽吸效应”与“活塞效应”。我们可以利用它，改善焊点的形态，消除桥链等不良现象。

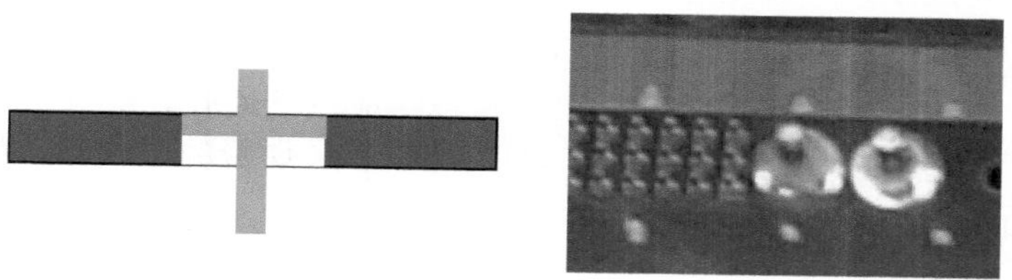

图3-89 内凹焊点现象

主要问题：

（1）焊点内凹。如果按照一般的喷嘴下降速度，焊点呈内凹形，如图3-90所示，不符合焊点质量要求。

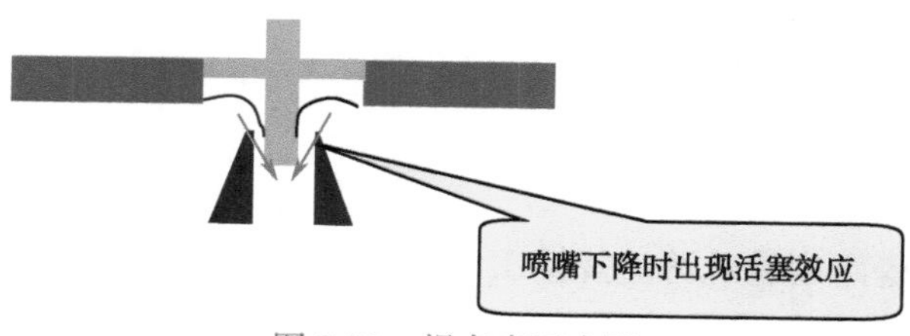

图3-90 焊点表面内凹

原因分析：由于引线长（5mm）被插入焊锡喷嘴内,锡嘴下降时会形成活塞效应,焊点上的锡被吸走。

改进措施：降低喷嘴的下降速度。

（2）焊点形态不对称，一边高一边低，如图3-91所示。

图3-91 不对称焊点

原因分析：使用的喷嘴太粗，把临近焊点的焊锡抽走，说明喷嘴尺寸要与引线尺寸匹配。

改进措施：换小直径喷嘴。

3.7 通孔再流焊接（1）

通孔再流焊接工艺

通孔再流焊接是一种插装元器件的再流焊接工艺方法，主要用于含有少数插件的表面贴装板的制造，技术的核心是焊膏的施加方法。

根据焊膏的施加方法，通孔再流焊接可以分为以下三种。

- 管状印刷通孔再流焊接工艺。
- 焊膏印刷通孔再流焊接工艺。
- 成型锡片通孔再流焊接工艺。

1. 管状印刷通孔再流焊接工艺

管状印刷通孔再流焊接工艺是最早应用的通孔元器件再流焊接工艺，主要应用于彩色电视调谐器的制造。工艺的核心是焊膏的管状印刷机，工艺过程如图 3-92 所示。

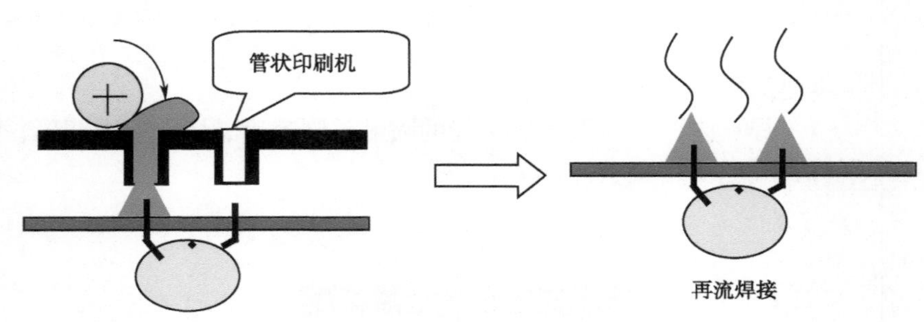

图 3-92　管状印刷通孔再流焊接工艺

2. 焊膏印刷通孔再流焊接工艺

焊膏印刷通孔再流焊接工艺是目前应用最多的通孔再流焊接工艺，主要用于含有少量插件的混装 PCBA，工艺与常规再流焊接工艺完全兼容，不需要特殊工艺设备，唯一的要求就是被焊接的插装元器件必须适合通孔再流焊接，工艺过程如图 3-93 所示。

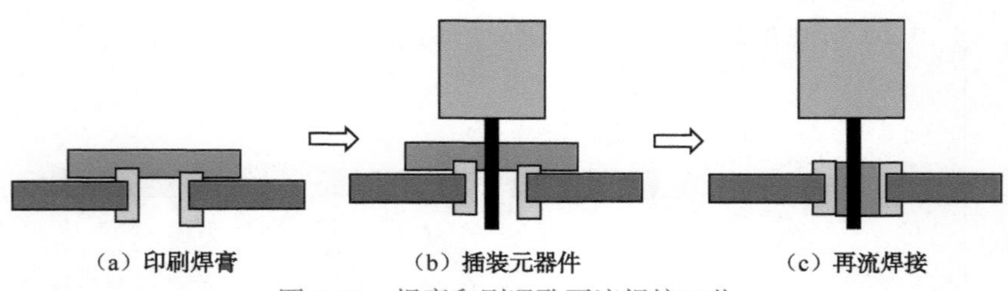

图 3-93　焊膏印刷通孔再流焊接工艺

3. 成型锡片通孔再流焊接工艺

成型锡片通孔再流焊接工艺主要用于多脚的连接器，焊料不是焊膏而是成形锡片，一般由连接器厂家直接加好，组装时仅加热即可。

3.7　通孔再流焊接（2）

设计要求

1. 元器件封装要求

通孔再流焊接对元器件封装的耐热性及结构有要求，不是任何插件都可以采用通孔再流焊接工艺。适合采用再流焊接的插装元件，首先必须耐热，能够承受再流焊接的温度；其次应具有支撑结构，允许熔融焊膏回流到插孔内。

2. 设计要求

（1）适合 PCB 厚度≤1.6mm 的板。

（2）焊盘最小环宽 0.25mm，以便“拉”住熔融焊膏，不形成锡珠。

（3）元器件离板间隙（Stand-off）应≥0.3mm，如图 3-94 所示。

（4）引线伸出焊盘合适的长度为 0.10 ～ 0.75mm。

（5）0603 等精细间距元器件离焊盘最小距离为 2mm。

（6）钢网开孔最大可外扩 1.5mm。

（7）孔径为引线直径加 0.1 ～ 0.2mm。

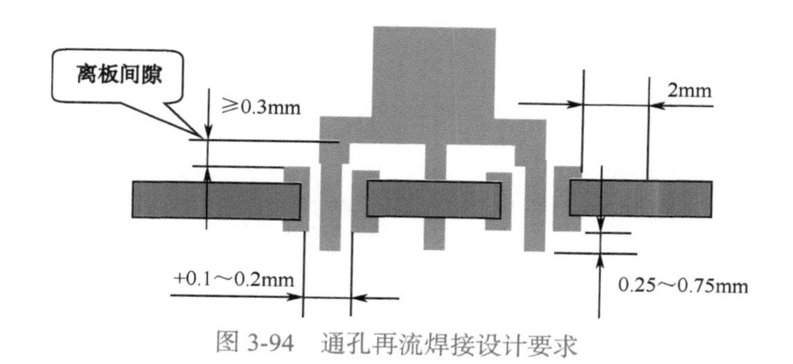

图 3-94　通孔再流焊接设计要求

3. 钢网开窗要求

一般而言，为了达到 50% 的孔填充，钢网开窗必须外扩，具体外扩多少，应根据 PCB 厚度、钢网的厚度、孔与引线的间隙等因素决定。

一般来说，外扩只要不超过 2mm，一般焊膏都会拉回来，填充到孔中。要注意的是外扩的地方不能被元器件封装压住，或者说必须避开元器件的封装体，以免形成锡珠，如图 3-95 所示。

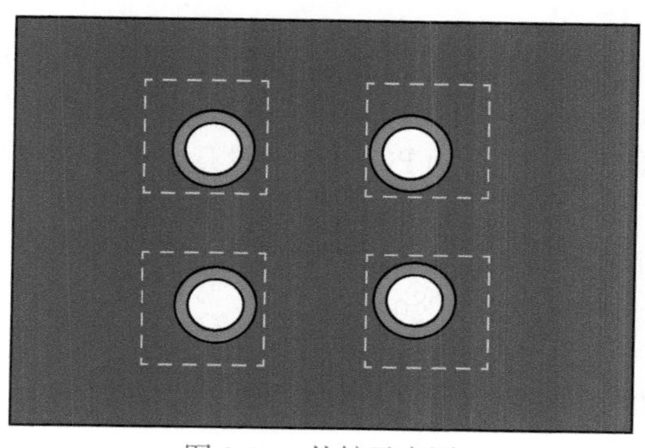

图 3-95　外扩示意图

3.8 柔性电路板组装工艺（1）

FPC 工艺（1）

柔性电路板（FPC，简称柔性板）与刚性板的最大不同就是“柔”，生产的核心工艺是将柔性板“变”为刚性板，常用方法就是使用工装夹具（托盘）进行生产。

一般的工艺流程如图 3-96 所示。

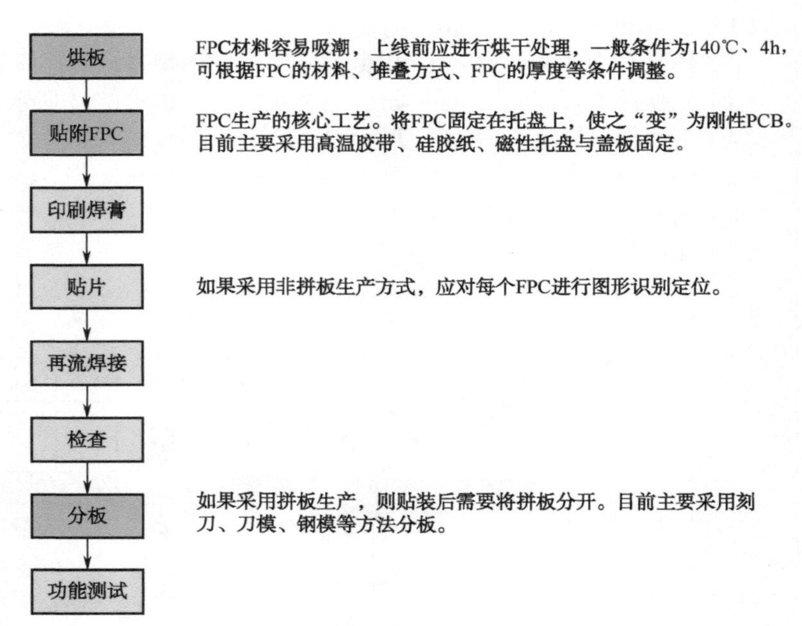

图 3-96　FPC 生产工艺流程

托盘的设计与制作直接决定 FPC 的生产良率。关键的要求就是确保 FPC 贴装面的平整。

影响 FPC 贴装面平整的因素有：

（1）FPC 的变形。

（2）贴附材料的厚度、位置。

（3）FPC 的补强板的厚度或背胶的厚度。

为了消除 FPC 的不平整，可以采取以下措施：

（1）高温胶纸是影响 FPC 表面平整的主要因素。为了消除对焊膏印刷的影响，一般要求高温胶纸距离焊盘 8mm 以上（取决于焊盘尺寸与胶纸厚度）。

（2）FPC 补强板和背胶是影响 FPC 表面平整的另一主要因素。一般通过在托盘上挖槽的方法解决。FPC 设计时就应考虑到补强板和背胶到焊盘的距离，比如 8mm。

（3）磁性夹具压片的厚度与开口尺寸。一般选用 0.06mm 厚的不锈钢。开口尺寸应比印刷焊盘大 6 ~ 8mm 以上。

有关 FPC 的生产可参考《现代表面贴装咨讯》2011 年 7/8 月刊车固勇撰写的《浅谈 FPC 的 SMT 制造工艺》一文，介绍得非常详细。

3.8　柔性板电路组装工艺（2）

FPC
工艺
（2）

柔性板的生产，核心是将柔性板“变”为刚性板，一个常用的方法就是使用载板（托盘）。

将柔性板固定在载板上，需要解决两个问题：

（1）定位问题。

（2）固定问题。

目前，将柔性板准确地贴放到载板上，采用的是带定位针的定位工装。它类似托盘，上面有两个定位柱，在贴放柔性板前，先将载板套在定位工装上（实际有用的就是两个定位柱），贴好后，再把定位托盘拿走（起临时定位作用），如图 3-97 所示。

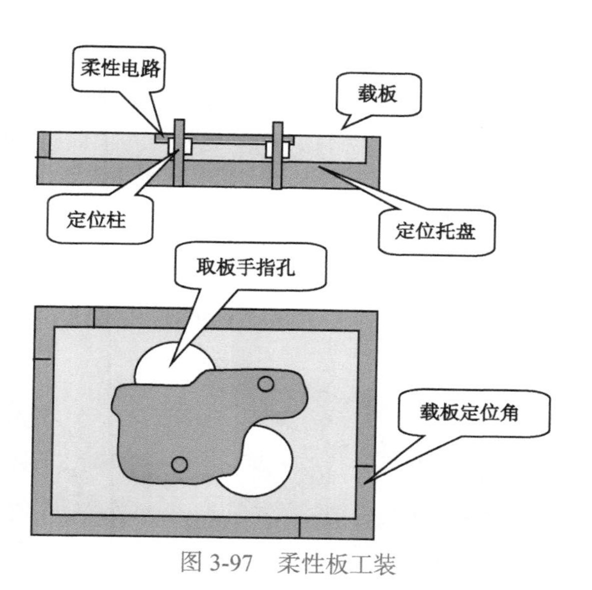

图 3-97　柔性板工装

柔性板的固定，目前主要有三种方法：

（1）磁性托盘与盖板（0.05mm 厚不锈钢片）。一般用于贴片元器件比较大、对焊膏量不敏感的情况下，具有成本低的特点。

（2）硅胶纸（多次重用，一般可以使用 24h）。这是一种比较先进的工艺方法，贴片表面平整，但目前能够提供货源的厂商不多，只有韩国和日本有两家。一般在载板上粘贴硅胶的地方下挖一个胶纸厚度，以保证柔性电路贴片面平整。

（3）高温胶带（耐高温、不留残胶）。比较麻烦，费工费时。

还有一个原则性问题，就是柔性电路的贴片放在板厂好还是自己贴好呢？从生产效率、质量方面考虑，放在板厂要好。因为：

（1）可省去中间的包装。

（2）以拼板的方式生产，效率高。

自己生产，一般接受的为单个电路板，生产时需要一个一个地贴放和取下，非常麻烦。如果采用拼板方式生产，需要购置冲床，设计制作专用模具。

3.9 烙铁焊接（1）

烙铁的选用	烙铁焊接，也称手工焊接。在一些小批量产品生产中，在维修、返修工艺中，仍然有广泛的应用。烙铁焊接工艺的核心有两点： （1）操作者的技能。操作者应熟练地掌握烙铁的使用、温度的设置、加锡的方式以及每类焊点的焊接要领。 （2）选用合适的烙铁。 手工焊接操作中最常见的两种不良状况是： （1）引线不吃锡、焊盘无润湿。 （2）烙铁拿开后拉尖，如图3-98的（a）、（b）所示。 这两种情况基本都与使用的烙铁有关，也就是所用烙铁功率不够或功率补偿不足。 烙铁合适与否，我们可以根据3 ~ 5s润湿要求进行实验。如果烙铁3s内都没有办法将焊接件加热到足以“吃锡”的程度，就应该更换功率大的烙铁。一味延长焊接时间或提高烙铁的温度，都不是好的选择。长时间加热很容易损坏元器件，特别是那些含有塑料的元器件，如继电器、同轴插座、接插件，也会损坏PCB。提高烙铁的温度，会减少其寿命，同时也容易使焊剂碳化。一般烙铁头的设置温度为350 ~ 380℃，最高不要超过450℃。 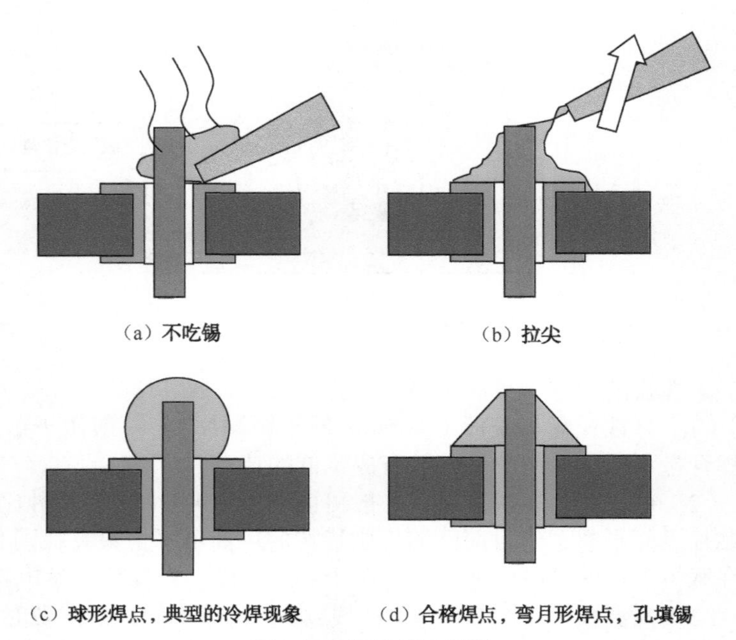 图3-98　烙铁焊接情况 一般车间应该配备三种功率的烙铁，即： （1）25 ~ 45W，用于焊接片式元件、QFP。 （2）60 ~ 100W，用于焊接热容量比较大的元器件。 （3）120 ~ 150W，用于焊接热容量大的元器件，如铜柱、同轴连接器。

3.9　烙铁焊接（2）

<table>
<tr><td>操　作</td><td>
正确的操作方法，有人总结为“五步法”，如图 3-99 所示。其要领是先用烙铁加热被焊接的引线 / 焊盘，后送焊锡丝。
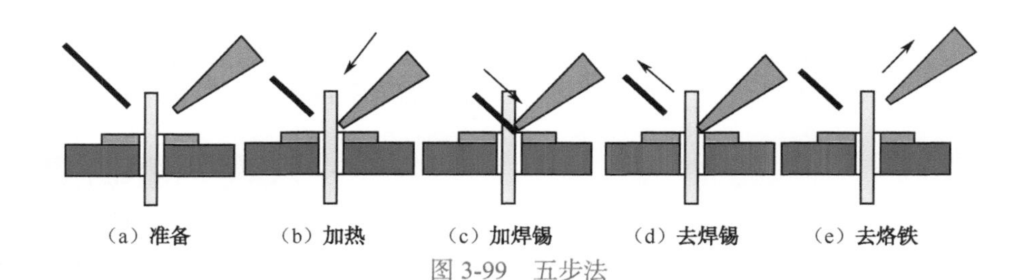

图 3-99　五步法
实际焊接中，绝大部分操作者是同时把烙铁头与焊锡丝一起置于焊盘进行焊接的，这就是所谓的“三步法”。不管“五步法”还是“三步法”，关键一点就是不应在悬空的烙铁头上加锡或加锡后应严格控制待焊的时间，因为悬空的烙铁头温度很高，容易使焊剂碳化。
操作时，必须保持烙铁头清洁、吃锡。如果烙铁头有焊锡氧化皮，既不利于加热也不利于焊接。
</td></tr>
<tr><td>QFP 的焊接</td><td>
QFP 封装的手工焊接，具有代表性，在此作一简要介绍。
工艺要领：提高润湿能力。
一般的工艺过程：
（1）在 PCB 焊盘上预涂焊剂，如图 3-100（a）所示。
（2）用直径 0.5mm 的焊锡丝对焊盘进行表面涂锡，提高润湿能力，如图 3-100（b）所示。
（3）手工贴片并焊接固定（对称两处），如图 3-100（c）所示。
（4）引脚涂锡并刷焊剂，这是保证不产生锡渣和桥连的关键一步，如图 3-100（d）所示。
（5）拉焊，用烙铁从一边的一角开始拉焊，如图 3-100（e）所示。
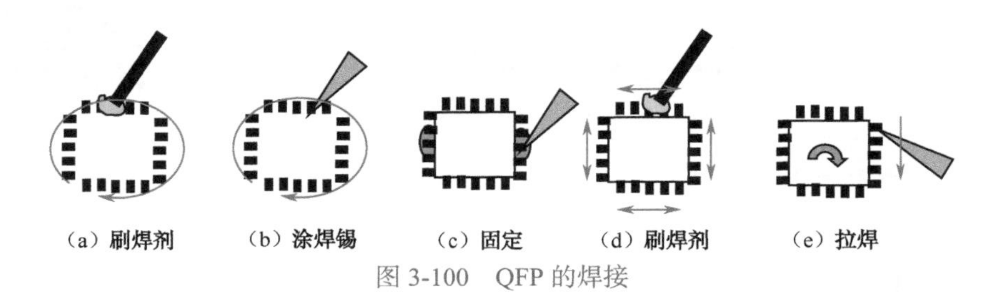

图 3-100　QFP 的焊接
如果焊盘比较平整，可以去掉（1）、（2）的焊盘修整步骤。
</td></tr>
</table>

第 4 章　特定封装组装工艺

4.1　03015 组装工艺（1）

背　景

公制尺寸 03015 电容器和电阻器，是 2012 年由日本村田（Murata）和罗姆（Rohm）两家公司首先开发并推向市场的。

村田公司的电容器尺寸为 0.25mm×0.125mm，高度为 0.11mm，有五个焊接端面；罗姆公司的电阻器尺寸为 0.30mm×0.15mm，高度为 0.11mm，只有一个焊接端面，宽度为 0.08mm，如图 4-1 所示。松下的电阻器为三个焊接端面，如图 4-2 所示。

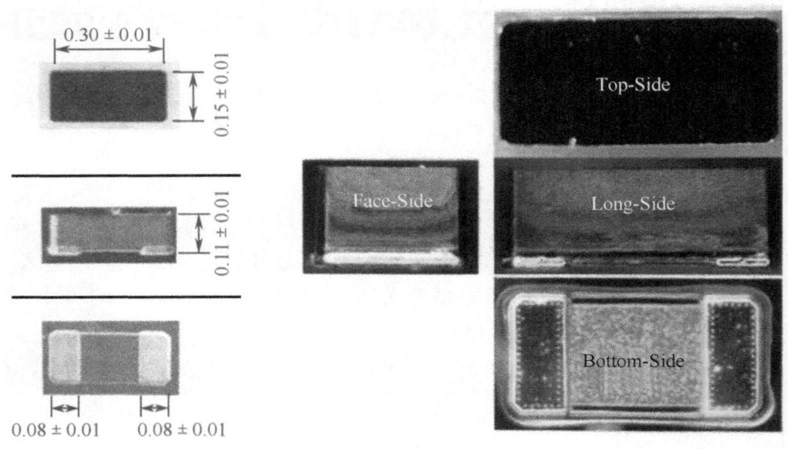

图 4-1　罗姆公司开发的 03015 电阻器

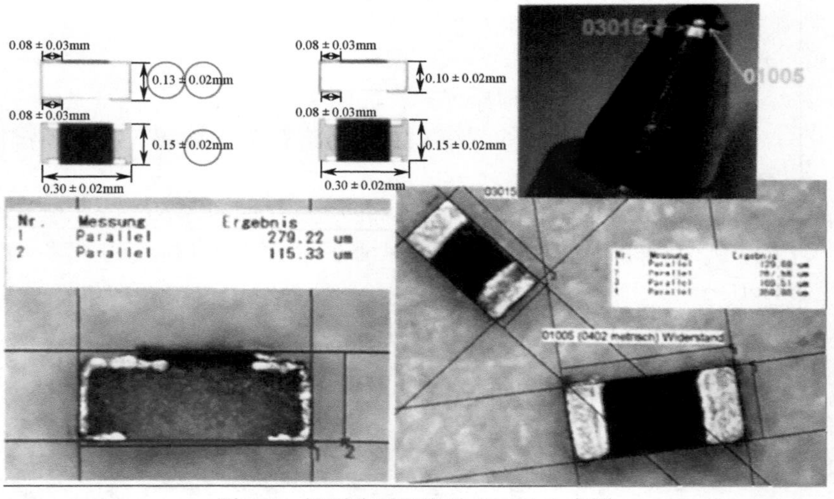

图 4-2　松下公司开发的 03015 电容器

组装工艺

03015 组装工艺最大的挑战不是贴片，而是焊膏印刷。

1. 钢网

由于 03015 封装的焊接端面并不统一，有 1 面、3 面和 5 面之分，如图 4-3 所示，它们对焊膏量的需求不一样，钢网开窗必须适应不同焊接端面对吃锡量的要求。

4.1　03015 组装工艺（2）

组装工艺

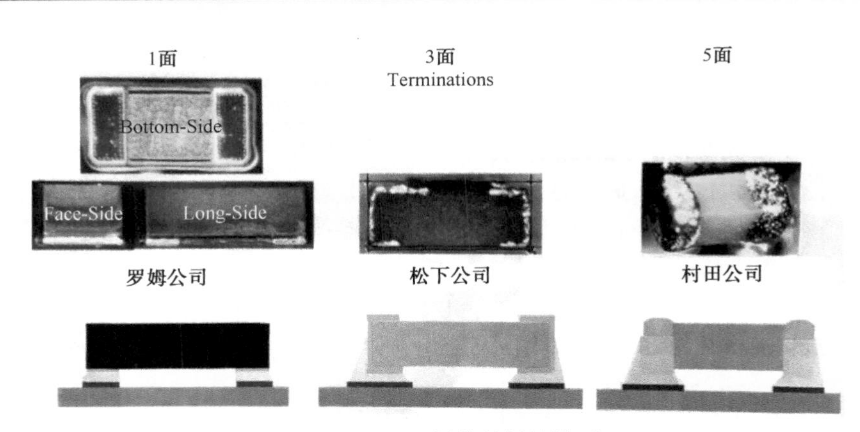

图 4-3　03015 封装的焊接端面

2. 焊膏

焊膏合金粉颗粒尺寸对于小尺寸钢网开窗的转移非常重要，根据 5 球原则，03015 需要采用 5 号粉焊膏。图 4-4 所示为 4、5 号粉焊膏的印刷效果对比。

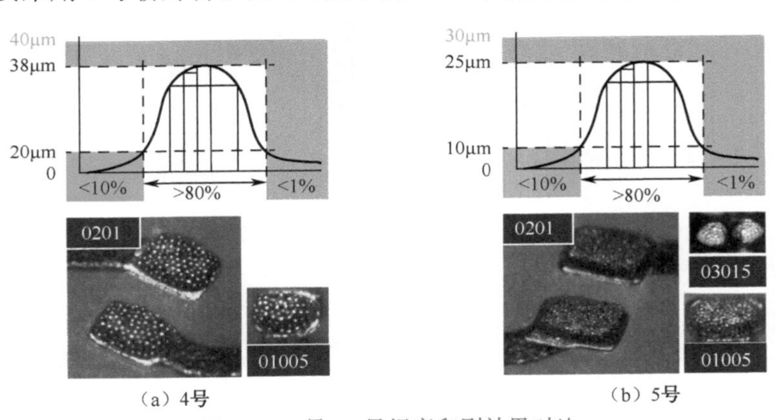

图 4-4　4 号、5 号焊膏印刷效果对比

3. 贴片

高速、稳定、高质量地完成公制 03015 元器件的贴装，贴片机必须符合以下几点：

（1）贴片机在拾取元器件前后，需要检查元器件的存在性，以确保拾取的成功率。

（2）进行取件的学习和自我调整，提高取件率。

（3）通过独立的影像系统和多角度可调光源，对每一个元器件进行质量检查并保存图片。

（4）由于 PCB 有翘曲，元器件也有厚度误差，如果行程不够，会导致贴片不精确。如果行程过大，焊膏会被压塌，导致短路，元器件可能被压碎。

（5）供料器的精确度和供料速度。全闭环控制，确保送料的精确、稳定、可靠，最好能自动校准。

4.2 01005 组装工艺（1）

背　景

01005 元器件在装配过程中对所有的成熟工艺提出了挑战，因为其尺寸只有 0.2mm×0.4mm，目检几乎不可能、且质量极轻（0.04mg）。只有了解这些特点，才能更容易地理解相关的组装工艺。更重要的是，为了使用这种元器件，材料与 PCB 的布局必须重新设计。

一旦 PCB 布局设计完成，焊膏的印刷就成为下一个重要工艺。因为它直接影响到再焊接后成品的质量。像“尘埃”一样轻和小的元器件，正确和稳定地拾取是整个平稳贴装的关键工艺。

01005 与 0201 并不是同一个工艺级别，如图 4-5 所示，它们使用的钢网厚度相差一个级别。

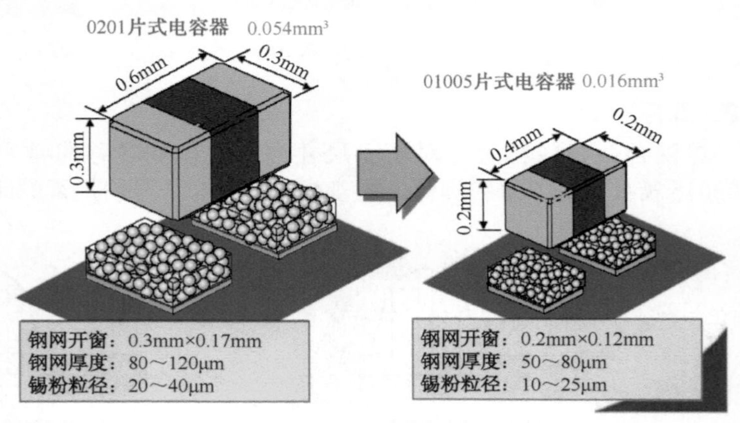

图 4-5　01005 与 0201 对比

组装问题

01005 的组装常见的不良主要有移位、立碑、侧立和翻转，如图 4-6 所示。

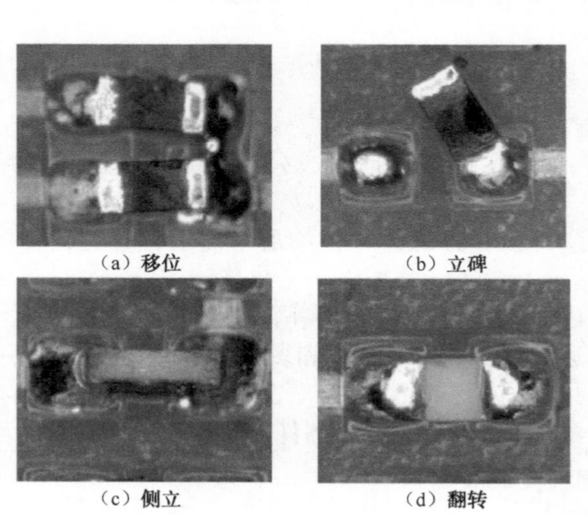

（a）移位　（b）立碑　（c）侧立　（d）翻转

图 4-6　01005 常见的组装不良

4.2　01005组装工艺（2）

<table>
<tr>
<td>原　因</td>
<td>
01005的组装问题与其尺寸小、质量轻直接相关。
由于元器件尺寸极小，当焊膏熔化后产生的流动与表面张力很容易将元器件移位。而且元器件焊端往往被拉到与焊盘连线的方向，如图4-7所示，图4-7（a）中的绿线为偏移的方向。
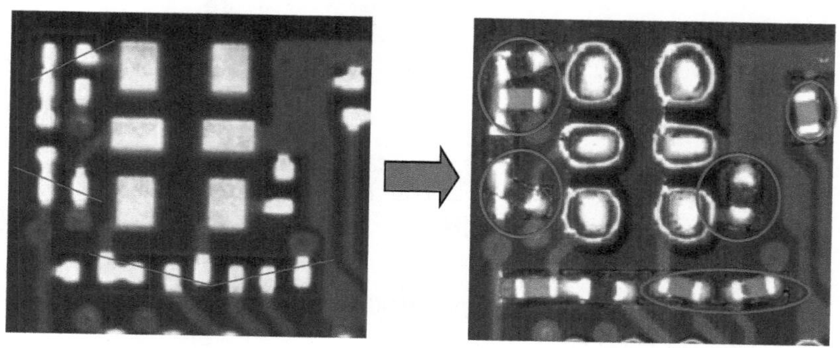
（a）PCB焊盘布局　　（b）组装后
图4-7　01005焊接时偏移的方向
</td>
</tr>
<tr>
<td>焊盘与阻焊设计（1）</td>
<td>
焊盘与阻焊的设计，核心是确保元器件“自对准”。因此，必须从设计上阻断熔融焊锡在焊盘表面上的自由流动与铺展。
因此，对于小型的片式元件，焊盘更倾向于使用阻焊定义焊盘设计方案，如图4-8（b）、（c）所示，其中图4-8（c）的设计被称为半阻焊定义焊盘，它结合了非阻焊定义与阻焊定义两者的优点。
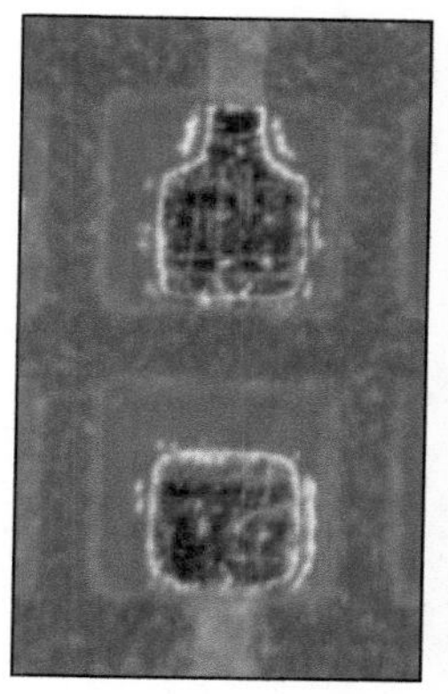
（a）非阻焊定义（NSMD）
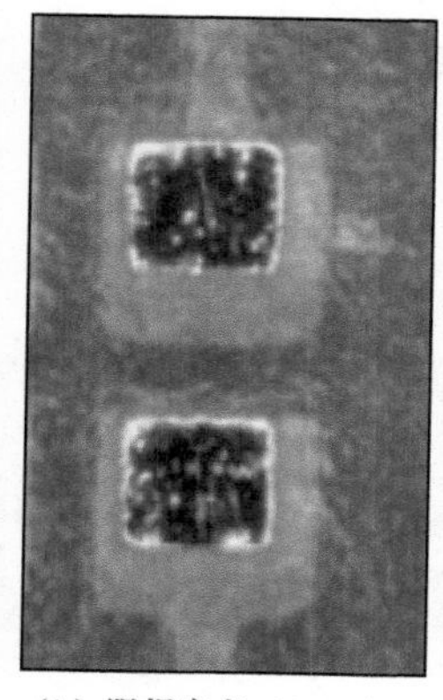
（b）阻焊定义（SMD）

（c）半阻焊定义
图4-8　焊盘定义方式
1）焊盘尺寸设计
不同品牌的01005封装尺寸相差较大（0.2～0.4mm×0.1～0.3mm），设计时尽可能根据具体封装尺寸进行设计。一般情况下，以01005封装的名义尺寸0.4mm×0.2mm为基础，推荐的焊盘尺寸为：L=0.15mm（6mil），S=0.15mm（10mil），W=0.18mm（7mil），如图4-9所示。
</td>
</tr>
</table>

4.2 01005 组装工艺（3）

焊盘与阻焊设计（2）

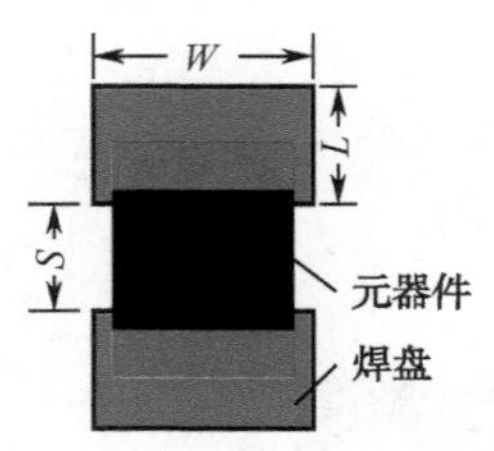

图 4-9 01005 焊盘尺寸

推荐采用阻焊定义焊盘设计，阻焊膜厚度不应大于 25μm，制造尺寸控制在 4 ~ 25μm 范围内。如果采用非阻焊定义焊盘设计，与焊盘的连线宽度应小于连接边尺寸的 1/2。

表 4-1 为业界有代表性企业 01005 的焊盘设计尺寸。

表 4-1 三家企业 01005 的焊盘尺寸 （单位：μm）

尺寸代号	A 公司	B 公司	C 公司
W	180	150	150
L	150	120	150
S	150	150	150
说明：*W*、*L*、*S* 代表的尺寸如图 4-9 所示。			

2）某品牌手机的焊盘设计

某品牌手机的 01005 的焊盘设计采用了阻焊定义焊盘，尺寸如图 4-10 所示，可参考。

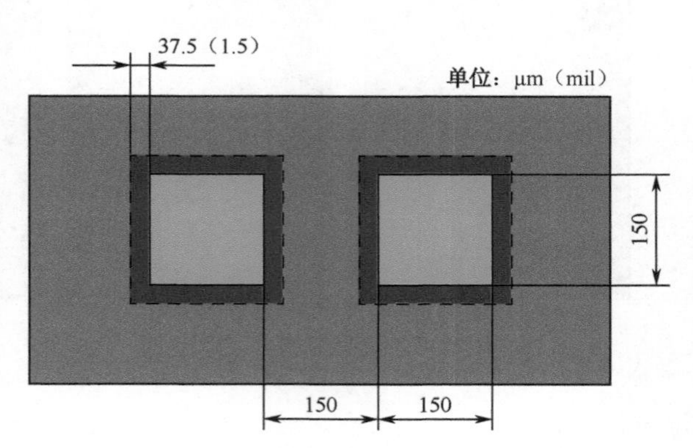

图 4-10 某品牌手机的 01005 的焊盘设计

3）表面处理

推荐 ENIG 或 OSP。

4.2　01005 组装工艺（4）

组装工艺（1）

1. 焊膏应用

由于钢网开窗非常小，最好使用纳米涂覆或细晶粒镍钢网（FG 钢网），厚度为 0.05 ~ 0.08mm。为与其他元器件兼容推荐采用 0.08mm 厚钢网。

根据“至少 5 个球大小的焊粉颗粒能够同时很好地通过钢网开窗”的经验，至少选择 4 号粉焊膏或更好的 5 号粉焊膏。

如果 PCB 非常薄，厚度为 0.5 ~ 0.65mm，焊膏印刷时必须采用真空工装支撑 PCB，同时必须确保钢网底部干净。

2. 贴片

下列因素是确保良好贴装的前提。

（1）好的元器件质量（所有尺寸必须满足文件定义的公差）。

（2）好的编带质量（所有尺寸必须满足文件定义的公差）。

（3）具有良好精度和重复性的喂料器单元。

（4）具有识别位置基准点的喂料器单元。

一旦元器件被拾起，图形识别系统必须具有较高的分辨率和精度，以便精确计算和校准它的位置。这对识别和纠正最终导致立碑、侧立、翻转等不良非常重要。

贴片系统必须能够检测元器件是否在喂料器位置和贴装移动器件丢失（发生抛料）。因为极小的 01005 吸嘴真空感应是非常不可靠的，可使用激光感应传感器来检测 01005 是否丢失，如图 4-11 所示。

图 4-11　元器件感应器在工作

元器件贴装的 Z 轴压力和速度必须控制，太快将引起焊膏飞溅，压力太大，将引起“焊膏”压碎及元器件损坏。

贴装期间，PCB 必须保持良好的支撑且没有振动，因为振动将导致元器件偏移。

3. 再流焊接

优选氮气气氛，残氧含量为 4.5×10^{-5} 左右。因为焊料焊粉非常细，很容易氧化。在氮气气氛下，润湿性的改善，能够有效提高“自对准”效果。

缓慢的预热速率能够防止立碑，并能够有效减少 PCBA 各焊点的温度差。

4.2 01005 组装工艺（5）

组装工艺（2）	01005 元器件的自对准效应非常好，即使在无铅工艺条件下。因为 01005 只有 0.04mg，无铅工艺的表面张力足以拉动它，图 4-12 为一试验板在再流焊接前后的例子。元器件移动距离大于 0.100mm，再流焊接后具有完美的准确性。但是这个自对准效应具有局限性，焊盘的可焊性、焊盘与焊膏准确沉积、元器件与焊膏的重叠，对于防止移位甚至立碑非常重要。 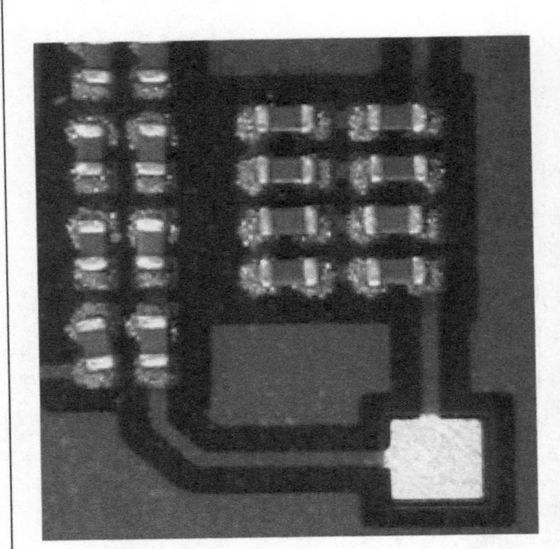 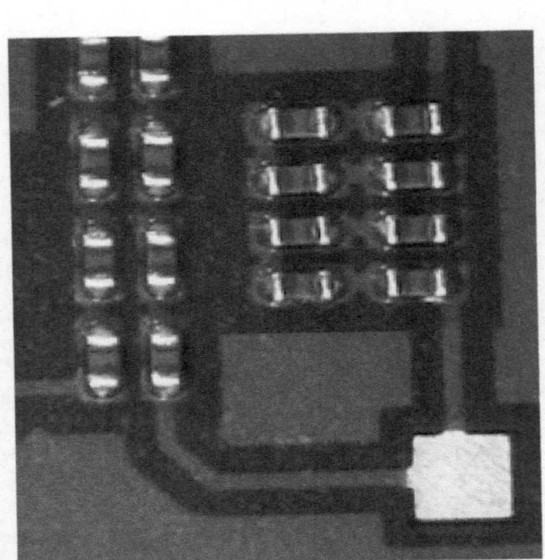 图 4-12 再流焊接前后的位置
说 明	通常，01005 主要用于昂贵产品的设计上，因为使用 01005 的成本较高，不仅元器件、PCB、焊膏、钢网、氮气会增加成本，而且，还必须使用更精密的组装设备。 PCB 的设计必须考虑制造过程中每个步骤是否可以实现“可制造”和满足质量要求，因为工艺窗口很窄，稳定性差，这也限制了 01005 元器件更广泛的应用。 01005 不能完全代替部分无源元器件，如 0603、0402、0201，它将不断地用于小型化的、更高价值的产品中，如传感器、助听器。 到目前为止，在发展和建立 01005 产品工艺中最重要的是焊膏的应用，因为这个工艺步骤直接和间接地影响了大多数在再流焊接后发现的组装缺陷。 在设定 01005 工艺参数时，必须采用 SPI、AOI 设备来发现和优化工艺参数。

4.3　0201 组装工艺（1）

背　景	0201 封装，如图 4-13 所示，由于它在工艺性、经济性方面比 01005 要好，因此，在手机、平板电脑等便携产品上得到广泛应用。 0201 标称封装尺寸为 0.6mm×0.3mm，质量约为 0.16mg。  图 4-13　0201 封装及其焊接效果
组装问题	0201 封装，工艺性远比 01005 好，焊盘尺寸一般大于 0.25mm×0.30mm，如果采用 0.1mm 厚的钢网，其面积比为 0.68，能够较好地满足焊膏沉积 75% 以上的要求。由于尺寸小、质量轻，移位与立碑是组装最常见的不良，如图 4-14 所示。 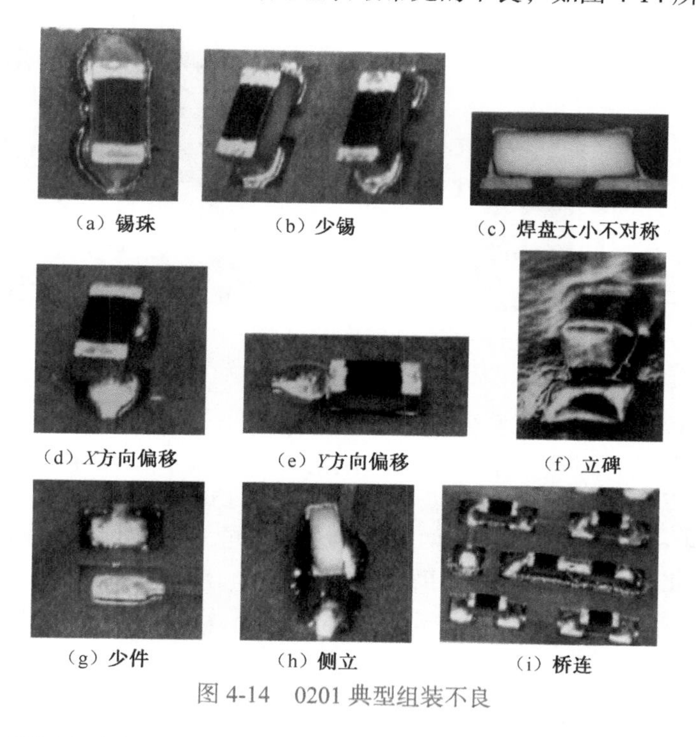 （a）锡珠　（b）少锡　（c）焊盘大小不对称 （d）*X*方向偏移　（e）*Y*方向偏移　（f）立碑 （g）少件　（h）侧立　（i）桥连 图 4-14　0201 典型组装不良
原　因	移位与立碑，原因基本一样，主要是钢网开窗比较小，焊膏量变化比较大，容易导致元器件两焊端的润湿不同步。因此，工艺的核心仍然是焊盘设计与焊膏印刷。

4.3 0201 组装工艺（2）

焊盘与阻焊设计（1）

1. 焊盘设计

1）焊盘尺寸

0201 焊盘的设计，应根据 PCBA 使用的钢网厚度决定，推荐两种尺寸，见表 4-2，图中尺寸代号如图 4-15 所示。

表 4-2 推荐的 0201 焊盘尺寸 ［单位：mm（mil）］

钢网厚度	*L*	*W*	*S*
0.08 ~ 0.10	0.25（10）	0.31（12）	0.23（9）
0.10 ~ 0.13	0.31（12）	0.40（16）	0.23（9）
W：0.30 ~ 0.45mm，有助于降低贴装精度的要求。 *L*：0.25 ~ 0.30mm，对立碑影响比较大。 *S*：0.23 ~ 0.25mm，较大的尺寸，有助于减少锡珠不良，但会增加立碑的概率			

2）阻焊

0201 采用非阻焊定义阻焊设计，为了减少立碑的风险，阻焊开窗应避免改变焊盘尺寸；为了减少锡珠现象，也可以去掉焊盘间的阻焊，如图 4-16 所示。

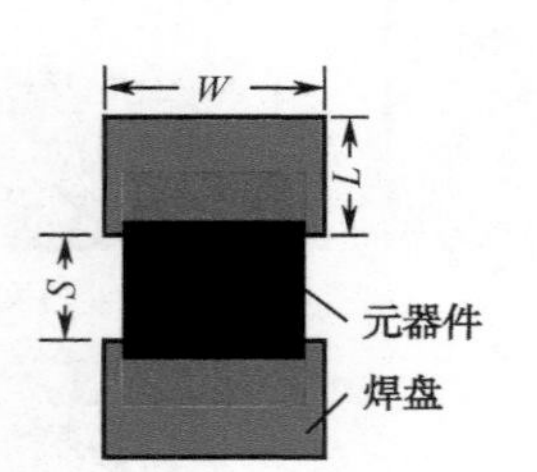

图 4-15 0201 焊盘尺寸

图 4-16 0201 焊盘尺寸

3）大铜皮上焊盘的设计

实验表明热容量对焊接缺陷的影响不显著（设计了三组不同热容量的焊盘，大铜皮面积是另一焊盘的 500、1000、1500 倍，试验表明两焊盘峰值温度差在 0.4 ~ 1.6℃），但如果两个焊盘大小不同，如图 4-17 所示的那样影响就比较大了，因此，阻焊定义焊盘不能改变焊盘尺寸，两端必须一致。

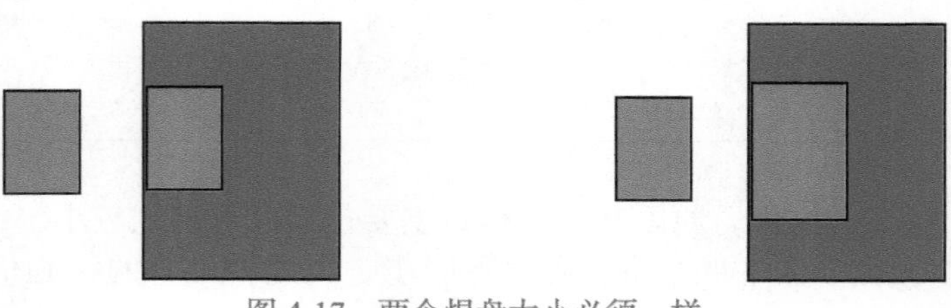
图 4-17 两个焊盘大小必须一样

4.2　0201 组装工艺（3）

焊盘与阻焊设计（2）

2. 相邻元器件间距设计

元器件焊盘之间的间隔，受贴装精度、吸嘴尺寸、桥连最小间隙等限制，如图 4-18 所示。为了稳定地进行焊接，0201 与相邻元器件焊盘之间的间隔应 >0.3mm。

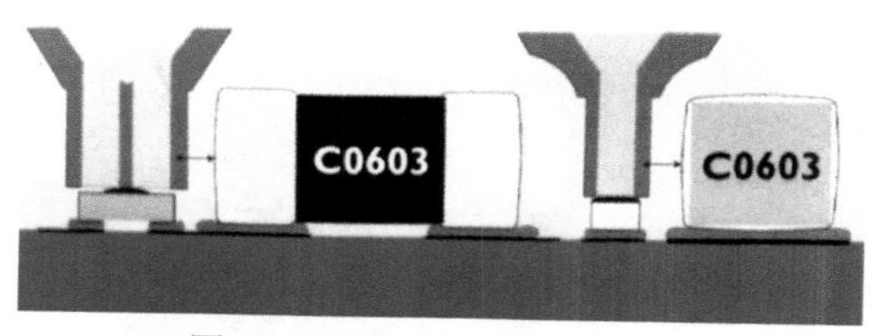

图 4-18　相邻元器件最小间距

组装工艺

1. 焊膏应用

1）钢网设计

较厚的钢网，如 0.12mm、0.15mm，都可以满足印刷的要求，试验没有出现印刷不良的问题，但 0.15mm 厚钢网，会引发比较多的组装缺陷。这是因为较厚的焊膏，熔化后会使元器件浮起，容易引起移位与立碑。

钢网的开口方式有内削或外移，对组装缺陷影响不显著。

2）焊膏组分

焊膏的熔化温度范围，对立碑形成有重要影响。一般而言，非共晶的焊膏比共晶焊膏利于减少立碑缺陷。工程上可以临时采用混合焊膏的方式进行紧急救火，比如把 Sn62/Pb36/Ag2 与 Sn63/Pb37 混合。

2. 贴装

由于 0201 非常小和轻，在元器件拾取过程中很容易吸偏，应采用双通道的吸嘴阻止元器件倾斜，如图 4-19 所示。

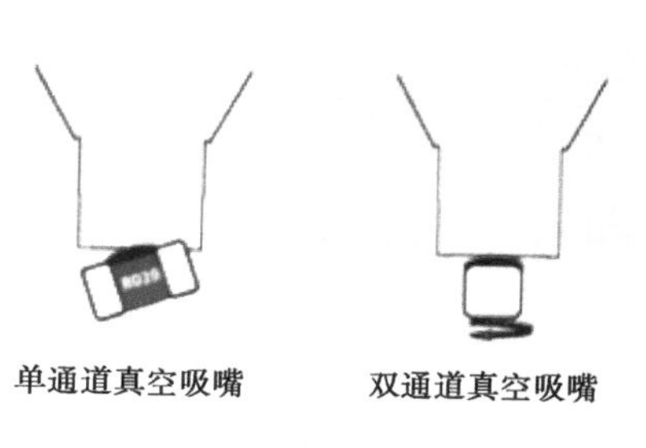

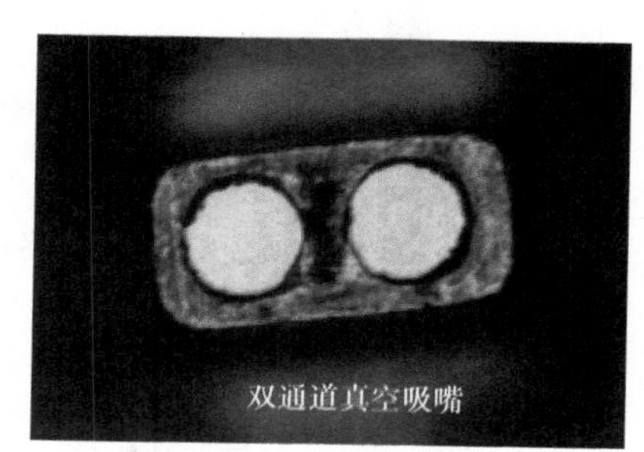

图 4-19　双通道真空吸嘴

应采用塑料编带的专用包装，因为纸带元器件腔尺寸精度相对比较低，容易引起元器件吸附偏斜问题。

3. 再流焊接

0201 立碑的一个重要原因是其两个焊端的初始润湿不一致。这是由于两焊端的温度和润湿性不同所引起的。

仅再流焊接而言，采用氮气气氛焊接，有助于减少 0201 两端的润湿不一致。

4.4 0.4mm CSP 组装工艺（1）

背 景

0.4mm 间距的 CSP（以下简称为 CSP），如图 4-20 所示，是终端类产品常用的封装之一。由于间距小，在工艺上具有一定的挑战性，主要表现在焊膏的印刷方面。在大多数情况下，表现为焊膏印刷转移不全（俗称少锡）甚至漏印；有时因阻焊设计或 PCB 支撑不到位也表现为焊膏偏多，即所谓的焊膏拉尖现象。

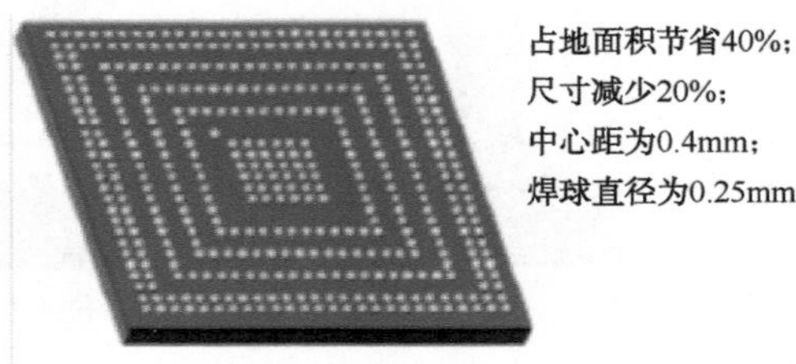

图 4-20 0.4mm CSP

同时，CSP 封装及安装结构对焊膏量非常敏感。一方面，焊膏量过少，会直接导致焊剂去除 CSP 焊球表面氧化物的能力降低；另一方面，焊膏量过多又会导致桥连的发生。因此，CSP 需要足够并稳定的焊膏量，对焊膏印刷要求比较高。

组装问题

CSP 常见的组装不良，大多与焊膏印刷质量有关，常见的组装不良主要有以下两类。

（1）焊膏转移不全导致的虚焊现象——球窝（HoP）与开焊（Open），如图 4-21 所示。

（2）焊膏印刷偏厚或设计不当引起的桥连，如图 4-22 所示。

（a）球窝现象

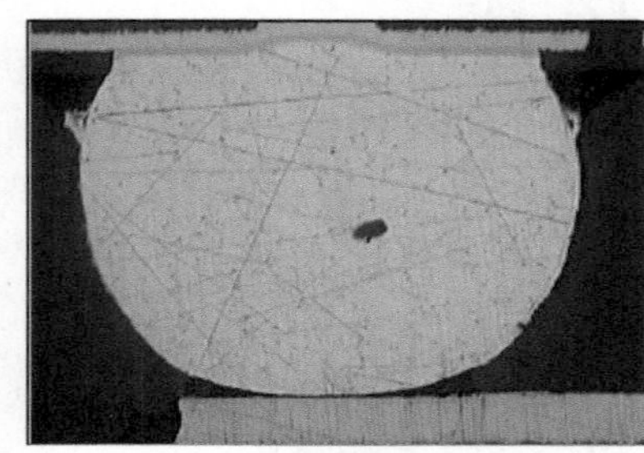

（b）开焊现象

图 4-21 CSP 虚焊现象

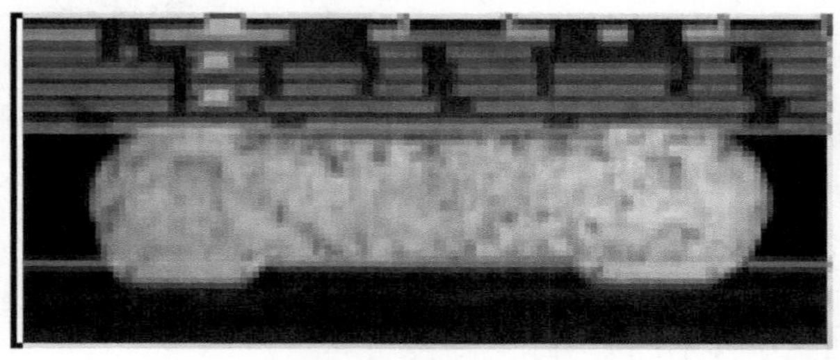

图 4-22 CSP 桥连现象

4.4　0.4mm CSP 组装工艺（2）

分　析（1）

1. 虚焊缺陷形成机理

虚焊主要包括球窝与开焊。

球窝是 CSP 最常见的焊接不良，其形成机理如图 4-23 所示，主要原因是 CSP 的热变形与焊膏量不足所致。通常通过优化焊膏印刷，或换用活性比较高的焊膏，或采用惰性气氛焊接都可以得以解决。

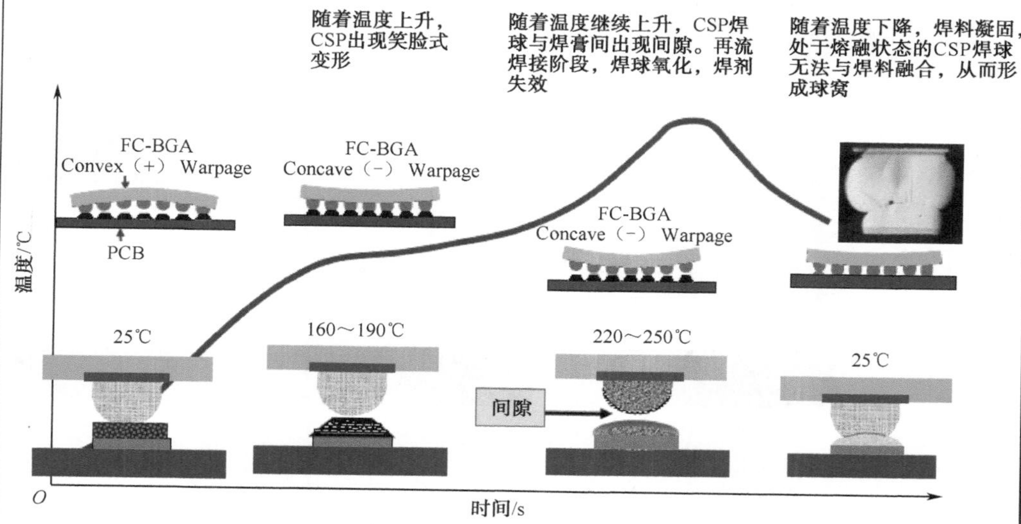

图 4-23　CSP 球窝形成机理

开焊，在多数情况下为焊膏漏印所致。还有一种特例，即焊盘可焊性不良也会导致开焊，这种开焊有一个专有名字——无润湿开焊（Non Wet Open，NWO），其形成机理如图 4-24 所示。

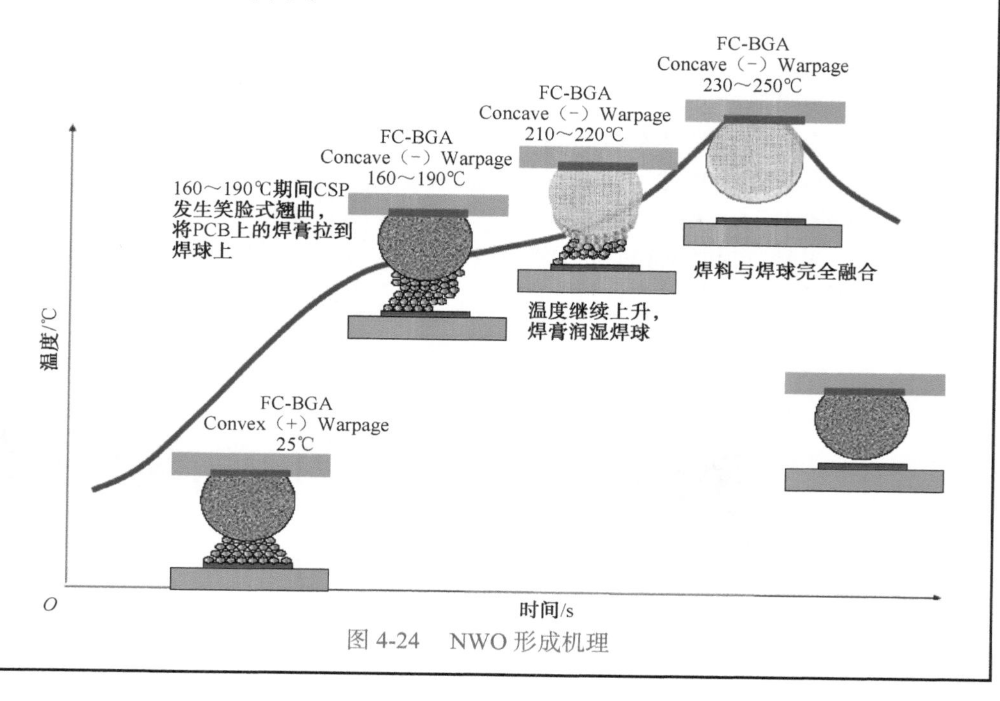

图 4-24　NWO 形成机理

4.4 0.4mm CSP 组装工艺（3）

分 析（2）

2. 桥连缺陷形成机理

我们人为制造焊膏桥连，用再流焊观察仪进行观察，发现相邻焊球间桥连的焊膏不多时，都会自动分开；但焊膏量过多时，焊膏熔化时就很难分开，从而发生桥连。

其形成过程为：焊接时，首先焊膏熔化，接着桥连的熔融焊锡分开，之后发生塌落，如图 4-25 所示。

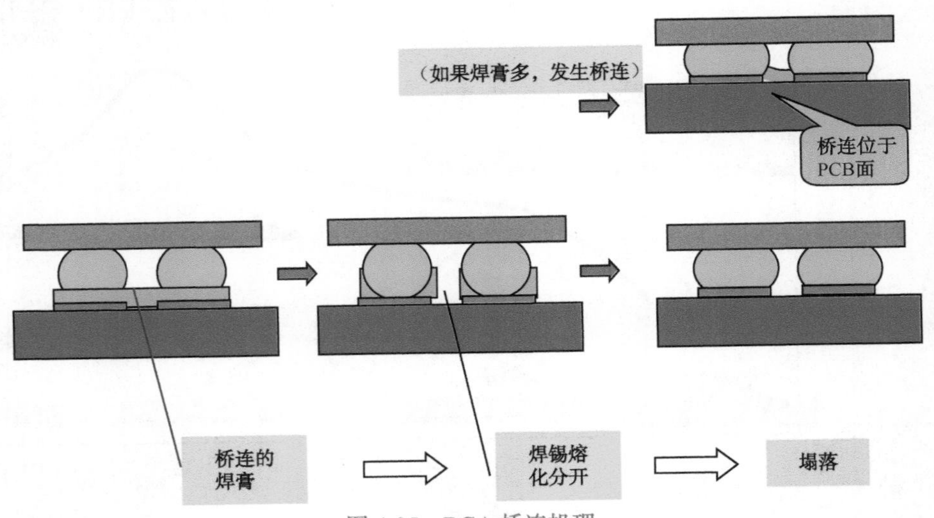

图 4-25 BGA 桥连机理

所有球阵列封装，其焊接过程一样。桥连与否取决于焊球的有效间隔及焊膏量的多少。正常焊接条件下（BGA 没有受潮），如果有效间隔≥0.18mm，不管焊膏量多少，一般不会桥连；如果有效间隔 <0.15mm，则对焊膏量敏感，如果焊膏过多就可能发生桥连。因此，CSP 的桥连主要由于间距比较小，难以“吸附”过多的焊料所致。

上述提到的“有效间隔”是指贴装后焊盘 / 焊球间的最小间隔，这个间隔与焊盘设计间距和贴装偏差有关。如果贴偏，实际上的间隔就会缩减。因此，对于小间隔 BGA，贴装精度很重要。

另外，设计对桥连的影响也比较大，特别是局部阻焊定义焊盘设计，往往因为焊膏量多而又无“容纳”的地方而发生桥连，如图 4-26 所示。

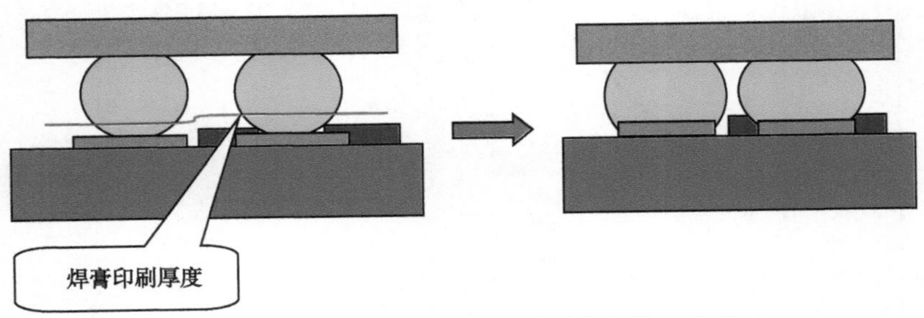

图 4-26 个别焊盘阻焊定义所引发的桥连机理

4.4　0.4mm CSP 组装工艺（4）

设计影响（1）

0.4mm CSP 的设计集中到一点，就是阻焊厚度、开窗尺寸与位置等对焊膏印刷的影响显著。

1. 焊盘设计（阻焊定义焊盘的影响）

0.4mm CSP，由于焊盘尺寸小，焊膏印刷经常因“少锡”而虚焊（如球窝、开焊）。桥连现象并不多见，若出现也往往位置固定，与特定的设计有关。

对于 0.4mm CSP 的焊盘设计，一般均采用铜箔定义（NSMD），但有时个别焊盘因接地等情况采用了阻焊定义设计。这样的设计，一方面减少了熔融焊锡的“容纳”空间以及增加了焊膏量，另一方面，个别焊盘又不能改变 CSP 的塌落高度。这两方面的因素，最终导致特定位置发生桥连。图 4-27 所示的设计就有可能导致桥连现象发生。

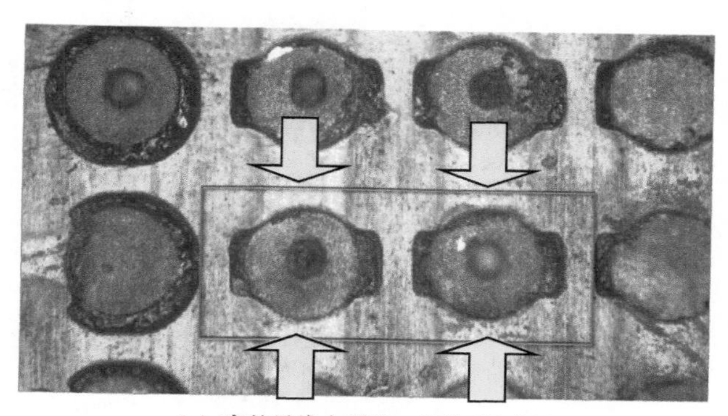

（a）宽的导线全覆盖，容易引起桥连

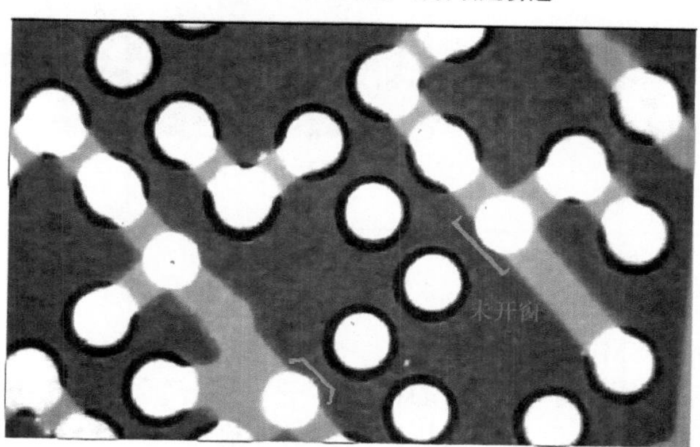

（b）个别焊盘阻焊定义设计，导致其与相邻焊球桥连

图 4-27　不良设计案例

2. 阻焊厚度设计

阻焊厚度主要影响焊膏的印刷图形，简单来说，就是阻焊厚度影响钢网与焊盘的密封状态。

如果阻焊厚度超过焊粉颗粒的直径，焊膏印刷时将被挤到焊盘外，形成鼓状的外溢，如图 4-28 所示。脱网后表现为“拉尖”。

4.4 0.4mm CSP 组装工艺（5）

设计影响（2）

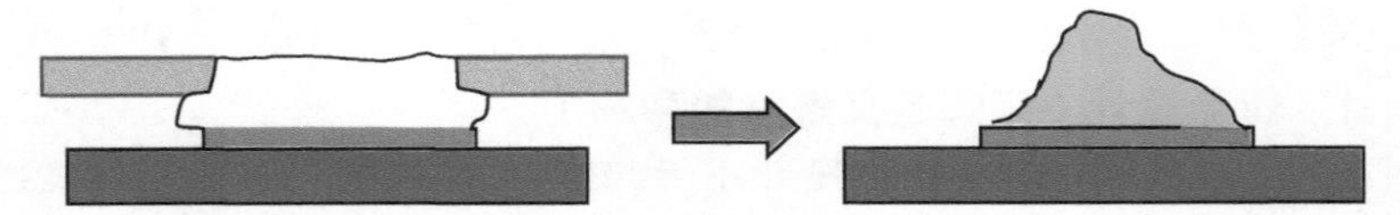

图 4-28 阻焊厚度 >25μm 时，可能导致焊膏图形“拉尖”

3. 阻焊窗偏位

如果阻焊偏位，将引发焊膏被挤现象，如图 4-29 所示。

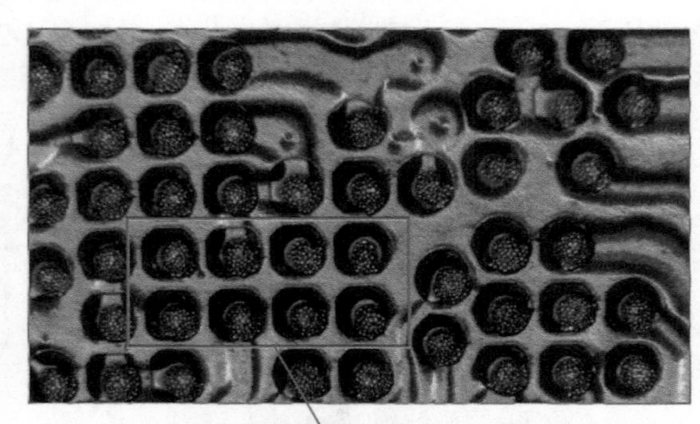

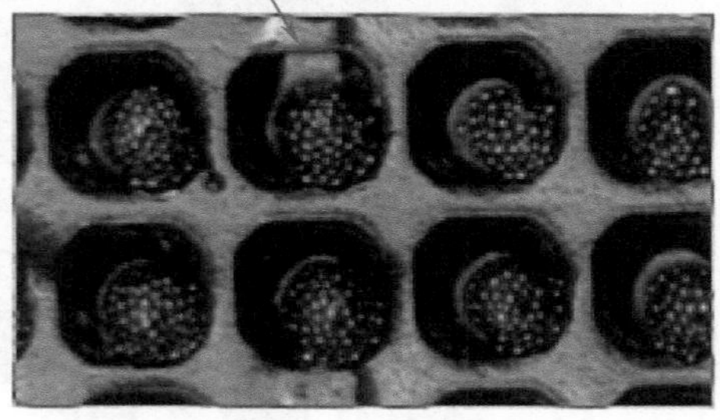

图 4-29 阻焊偏位，可能导致焊膏局部被挤现象

组装工艺（1）

1）PCB 的设计

采用 NSMD 设计焊盘，圆形，直径为 ϕ0.25mm，图 4-30 所示为厂家推荐的设计。

对于应用于小板拼板的情况，一定要仔细考虑 PCB 的翘曲问题，因为钢网与 PCB 的 0.1mm 间隙都会影响焊膏的印刷。

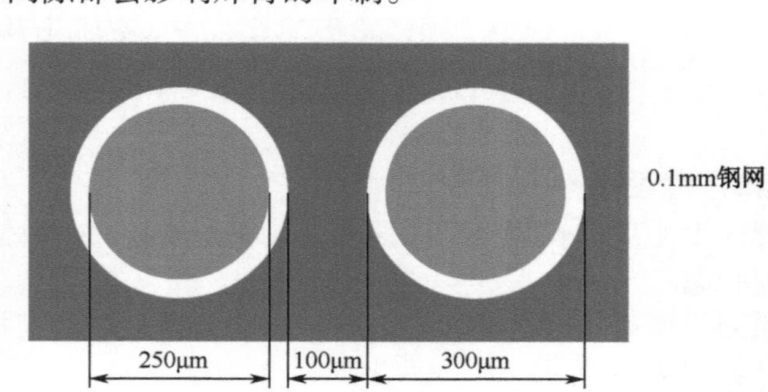

图 4-30 元器件厂家推荐焊盘设计

4.4　0.4mm CSP 组装工艺（6）

组装工艺（2）

2）钢网

厚度为 0.100 ～ 0.125mm，为消除连锡现象，首推厚度为 0.08mm 的钢网。

开孔尺寸为 0.25mm×0.25mm，方形（比圆形要好）或 ϕ0.28mm 的圆形。

3）焊膏

采用 4 号粉，含量为 90%。

4）印刷

印刷工序的关键是做好对 PCB 的支撑，很多厂家采用了真空夹具，如图 4-31、图 4-32 所示。

刮刀速度为 20 ～ 25mm/s，分离速度为 1mm/s。

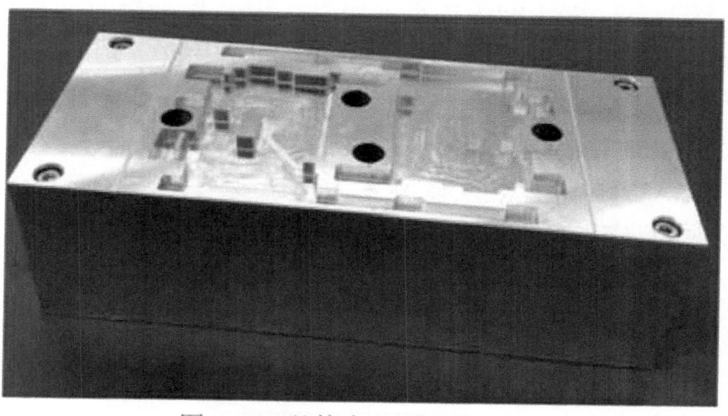

图 4-31　整体真空夹具（示例）

图 4-32　顶针与吸盘组合夹具（示例）

5）贴片

由于具有很好的自校准功能，偏移 25% 焊盘准则可以接受。考虑到焊盘位置和宽度及印刷的公差影响，贴片误差≤ ± 0.075mm。

4.5 BGA组装工艺（1）

背景

BGA（即Ball Grid Array）有多种结构，如塑封BGA（P-BGA）、倒装BGA（F-BGA）、载带BGA（T-BGA）和陶瓷BGA（C-BGA），详细见本书1.5节有关内容。其工艺特点如下：

（1）BGA引脚（焊球）位于封装体下，人工无法直接观察到焊接情况，必须采用X光设备才能检查。

（2）BGA属于湿敏器件，如果吸潮，容易发生变形加重、“爆米花”等不良，因此，贴装前必须确认是否符合工艺要求。

（3）BGA也属于应力敏感器件，四角焊点应力集中，在机械应力作用下很容易被拉断，因此，在PCB设计时应尽可能将其布放在远离拼板边和安装螺钉的地方。

总体而言，焊接的工艺性非常好，但有许多特有的焊接问题，而这些问题主要与BGA的封装结构有关，特别是薄的F-BGA与P-BGA，由于封装的层状结构，焊接过程中会发生变形，我们一般把这种发生在焊接过程中的变形称为动态变形，它是引起BGA组装众多不良的主要原因。

P-BGA加热过程之所以会发生动态变形，是因为P-BGA为层状结构且各层材料的热膨胀系数（CTE）相差比较大，如图4-33所示。

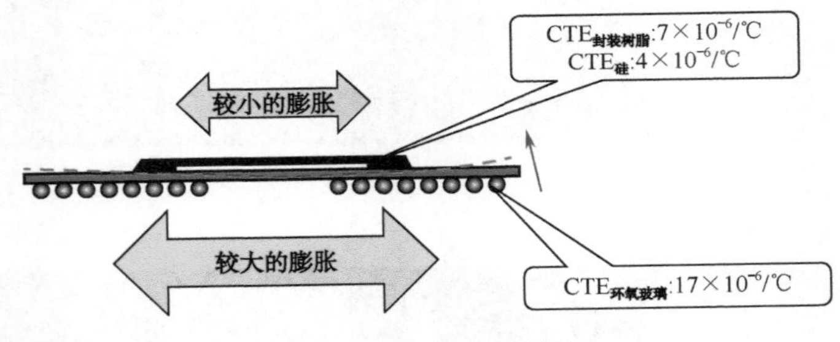

图4-33　P-BGA封装材料的CTE

工艺问题

BGA的焊接，在再流焊接温度曲线设置方面具有指标意义。因BGA尺寸大、热容量大，一般将其作为再流焊接温度曲线设置重点监控对象。

BGA的焊接缺陷谱与封装结构、尺寸有很大的关系，根据常见不良大致可以总结为：

（1）焊球间距≤1.0mm的BGA（或称为CSP），主要的焊接不良为球窝、不润湿开焊与桥连，这在4.3节内容中已有介绍。

（2）焊球间距≥1.0mm，P-BGA、F-BGA等因其动态变形特性，容易发生不润湿开焊、不润湿开裂、缩锡断裂等特有小概率焊接不良，这些焊接不良一般不容易通过常规检测发现，容易流向市场，具有很大的可靠性风险。

（3）尺寸大于25mm×25mm的BGA，由于尺寸比较大，容易引起焊点应力断裂、坑裂等失效。

4.5　BGA 组装工艺（2）

动态变形（1）

前面提到，BGA 的众多焊接不良与其动态变形有关，像球窝、不润湿开焊、不润湿开裂、缩锡断裂、坑裂等，都源于 BGA 的动态变形。

1. 动态变形引发焊接不良的机理

动态变形引发不良的本质就是 BGA 在再流焊接过程中会发生笑脸式变形，即四角上翘，如图 4-34 所示。

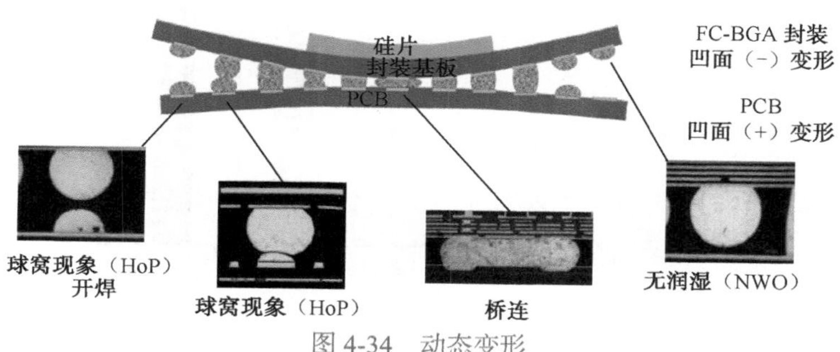

图 4-34　动态变形

2. 减轻动态变形影响的措施

BGA 的动态变形是一个物理现象，一定会发生，我们能够做到的是防止变形加重，或消除变形带来的不良影响。

Intel 公司在这方面做过专门研究，主要有以下三条建议。

1）增加 BGA 四角的焊膏量

它有多方面的作用，如增加四角焊点的热容量，延缓凝固，减少缩锡断裂；再如，增加焊剂总量，提高消除 BGA 焊球氧化物的能力，减少球窝、不润湿开焊等不良。

Intel 公司的研究表明，增加 1.6 倍的焊膏量，具有最佳的效果，试验数据如图 4-35 所示。

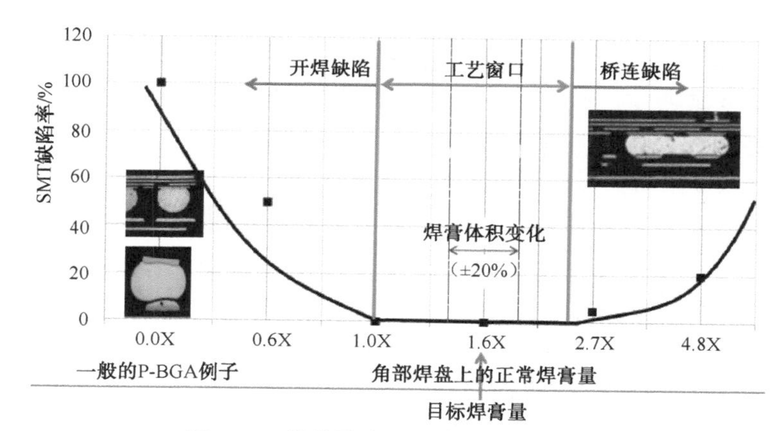

图 4-35　焊膏量对 BGA 焊接不良的影响

4.5 BGA 组装工艺（3）

动态变形（2）

2）对 BGA 进行干燥

BGA，特别是塑封 BGA，吸潮会加重 BGA 的动态变形，如图 4-36、图 4-37 所示。我们必须清楚一点，元器件包装袋内的湿度敏感标签所指的吸潮超标，是指引起湿度敏感元器件内部分层的吸潮量，而事实上一些塑封 BGA 在没有达到这个指标之前已经对焊接造成影响——加重动态变形。

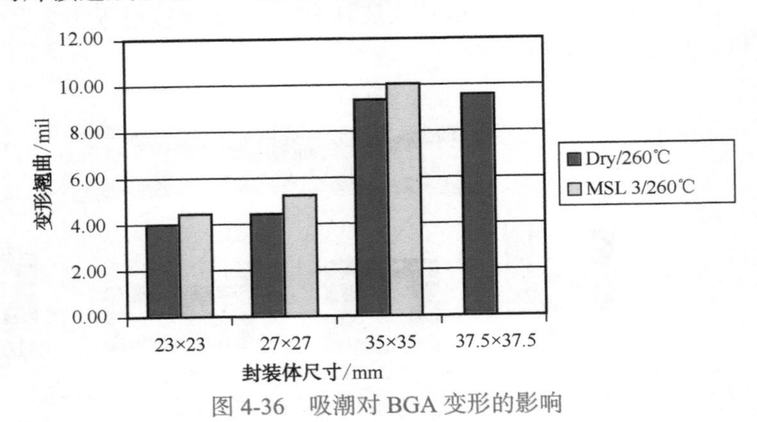

图 4-36　吸潮对 BGA 变形的影响

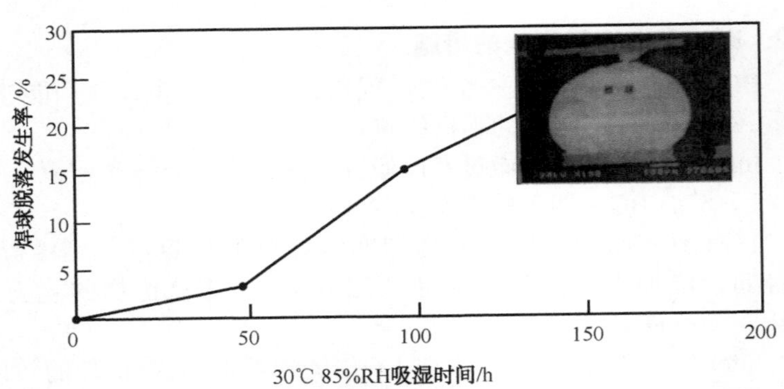

图 4-37　BGA 吸潮与二次再流焊接脱落（不润湿开裂）的关系

3）优化再流焊接温度曲线参数

减少 BGA 本身的温差，对减少 BGA 的变形至关重要。一般而言，温差越大，变形越严重，越容易产生球窝、缩锡断裂等焊接不良。一般要求 BGA 本身温差≤7℃。

很多案例表明，升温速率过快容易引起二次过炉 BGA 的不润湿开裂，冷却速率过快容易导致混装工艺条件下 BGA 的缩锡断裂，一般超过 2℃/s 就可能发生。

常　识

（1）BGA 的塌落高度，只与 BGA 的焊球尺寸、焊盘尺寸、BGA 的质量有关，与焊接温度、时间没有关系。

（2）BGA 的空洞，主要与焊剂的在焊接温度条件下的黏度和厚度有关，与温度曲线的关系不是很大。

（3）BGA 的变形方向与封装结构有关，有时四角上翘，有时下翘。

（4）带散热金属壳的 BGA 变形最小，但焊接的时间必须多于 40s，否则金属壳与焊点的温差会很大，甚至达到 40℃，但超过 40s 就会降到 2 ~ 4℃内。

4.5 BGA 组装工艺（4）

BGA 的组装失效模式（1）

1. BGA 的组装失效模式故障树

BGA 的组装失效模式故障树如图 4-38 所示。

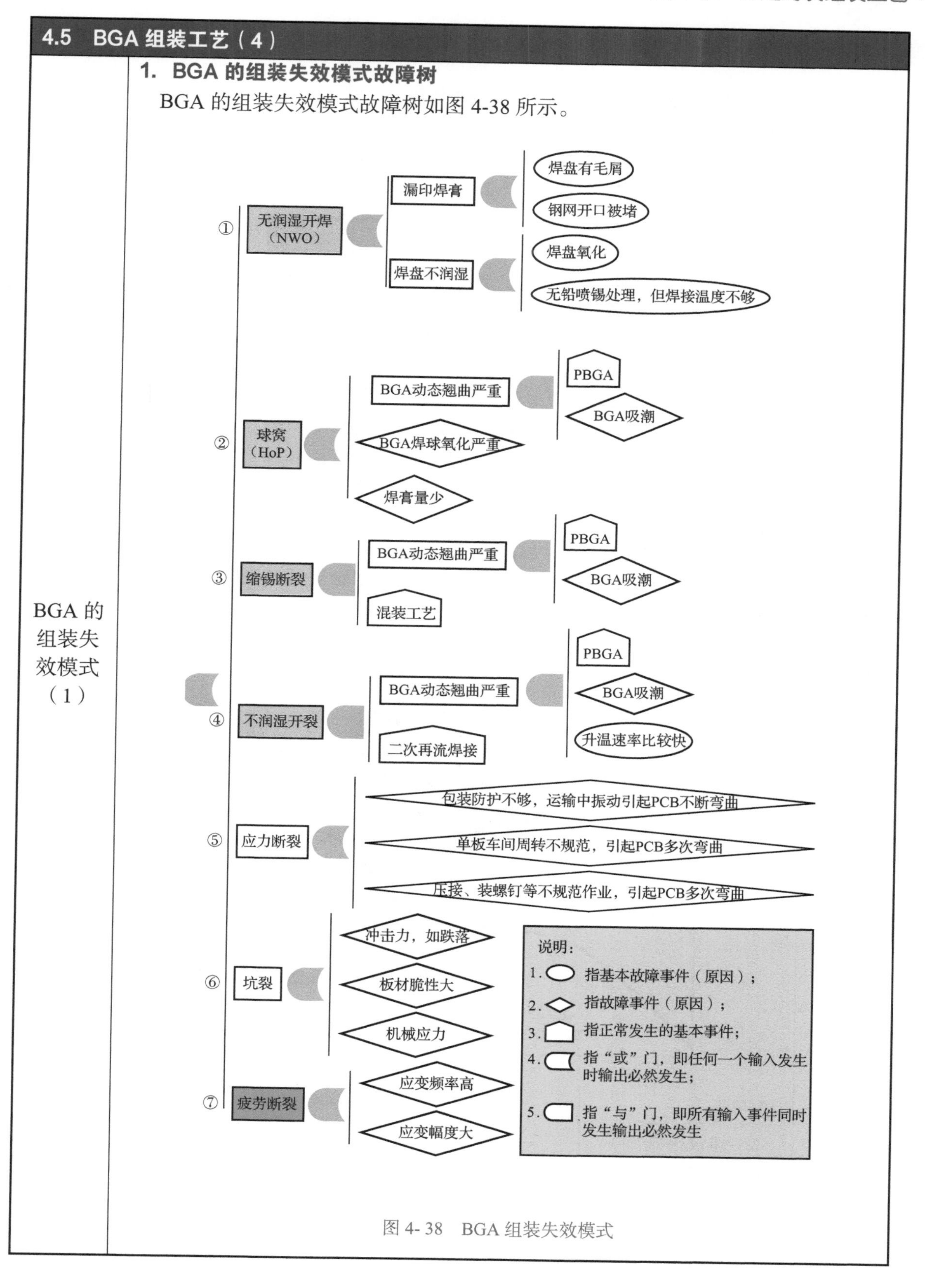

图 4-38　BGA 组装失效模式

4.5 BGA 组装工艺（5）

BGA 的组装失效模式（2）

2. 无润湿开焊焊点特征、形成机理与措施

1）无润湿开焊焊点切片图特征

无润湿开焊（Non Wet Open）是指 PCB 上 BGA 焊盘无润湿的开焊焊点，切片图典型特征为焊盘上无焊锡润湿过，如图 4-39 所示。

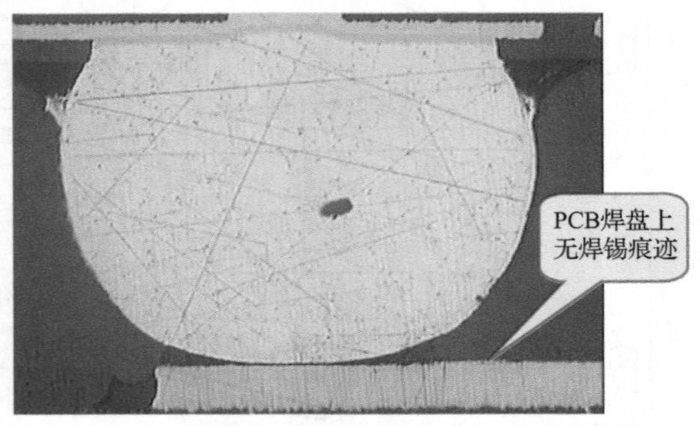

图 4-39　无润湿的开焊焊点切片特征

2）形成机理推测

无润湿开焊绝大部分因为焊膏漏印产生，也有部分是因为 BGA 焊盘润湿性不好所致。再流焊接时随着加热温度的升高，熔融焊膏被吸附（润湿）到 BGA 焊球上，最终形成焊盘上无润湿的开焊焊点，这个概率有人研究过，发生概率约在 0% ~ 7.6% 内，这种情况开始形成于再流焊接升温阶段（160 ~ 190℃），如图 4-40 所示。

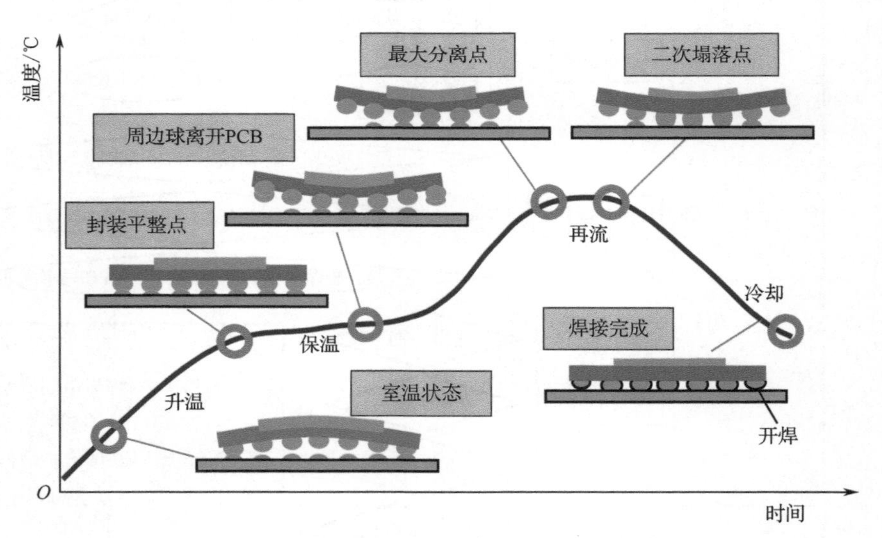

图 4-40　无润湿开焊形成机理

3）建议措施

（1）监控焊膏印刷状态，严防漏焊发生。

（2）采用活性比较强的焊膏，避免焊盘不润湿情况发生。

（3）采用惰性气氛进行焊接。

4.5　BGA 组装工艺（6）

BGA 的组装失效模式（3）

3. 球窝焊点特征、形成机理与措施

1）球窝焊点切片图特征

球窝（Head in Pillow 或 Head on Pillow）是指 BGA 焊球与焊盘上熔融焊膏没有形成良好连接的焊点。切片图典型特征为焊盘焊球与熔融焊膏间完全没有熔合，存在明显的氧化层界面，如图 4-41 所示。

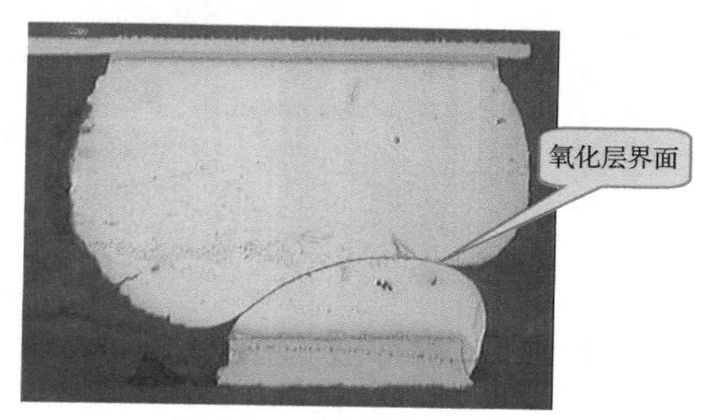

图 4-41　球窝焊点切片特征

2）形成机理推测

球窝的形成原因比较多，但本质上一样，就是熔融焊料与焊球没有融合在一起。焊膏活性比较弱，或焊膏量不足，或 BGA 热变形比较大等，都可能形成球窝。对于小间距的 BGA，就是焊膏量比较少。对于大间距的 BGA，球窝的产生主要由热变形所致。再流焊接时，随着加热温度的升高，BGA 出现笑脸式翘曲，焊球与熔融焊料分离，出现间隙，冷却后形成无良好连接的焊点，如图 4-42 所示。

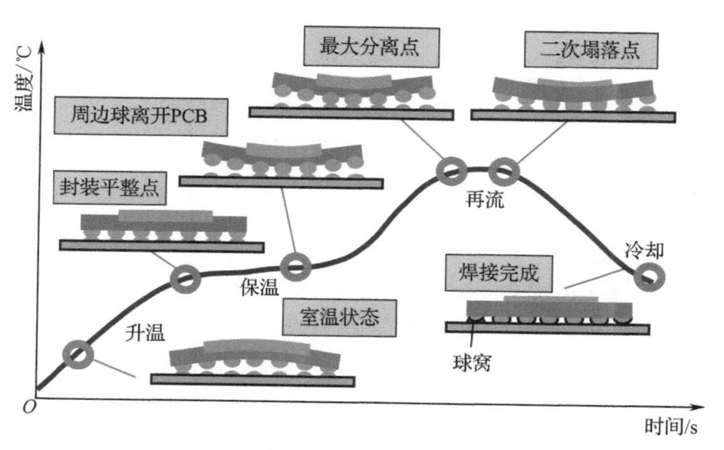

图 4-42　球窝形成机理

3）建议措施

（1）对于小间距的 BGA，建议采用活性比较强的焊膏，或增加焊膏量，或采用惰性气氛进行焊接。

（2）对于大间距的 BGA 或 2.5D 的 BGA，建议根据具体情况，对容易产生球窝的区域焊点采取增加焊膏量的措施——钢网开窗扩大。

BGA 的组装失效模式（4）

4. 缩锡断裂焊点特征、形成机理与措施

1）缩锡断裂焊点切片图特征

缩锡断裂是笔者自行定义的一种工艺缺陷，是指 BGA 焊点在未完全凝固时因 BGA 四角上翘而形成的断裂焊点，切片图典型特征为裂纹发生在 BGA 侧 IMC 与焊球界面，裂纹焊球侧有明显的自然凝固表面形貌，如图 4-43 所示。

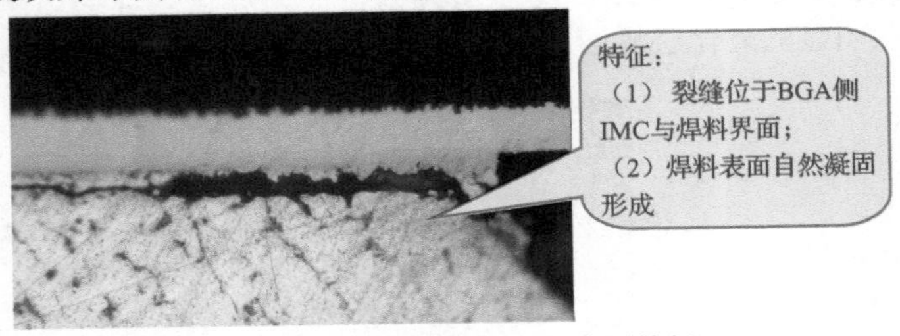

图 4-43 缩锡断裂焊点切片图特征

2）形成机理推测

缩锡断裂形成于焊点开始凝固阶段（217 ~ 183℃）。当焊点储处于半凝固状态时，随着 BGA 的进一步翘曲，焊点被拉断，如图 4-44 所示。众多案例表明，BGA 缩锡断裂主要发生在板厚 1.6mm、塑封 BGA 条件下，且不少案例表明缩锡焊点往往固定，并与焊盘的连线状态有一定关系。根据焊点的断裂特征，我们可以推断发生缩锡断裂的焊点就是开始凝固的那些焊点。

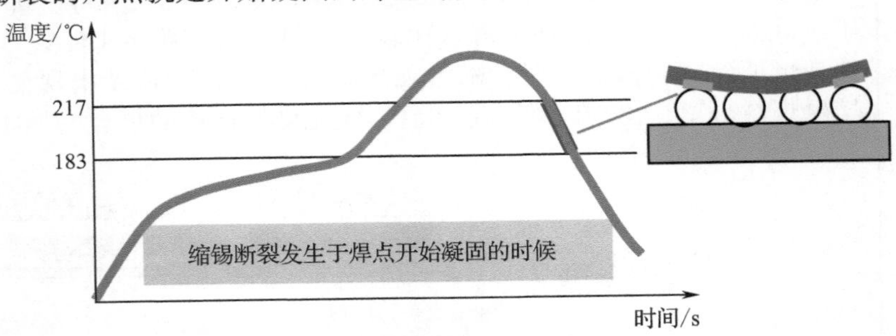

图 4-44 缩锡断裂形成机理

3）建议措施

对于板厚 1.6 ~ 2.0mm 板上安装 PBGA，并进一步做如下处理：

（1）上线前做“125℃，4h”的干燥处理。

（2）优化钢网开窗设计，使 BGA 角部 5×5 焊盘焊膏量渐进增加，开窗面积扩展率如图 4-45 所示。注意，这里钢网开窗扩大的目的不是为了增加焊剂总量，而是为了增加焊点的热容量，避免单行凝固情况的发生。

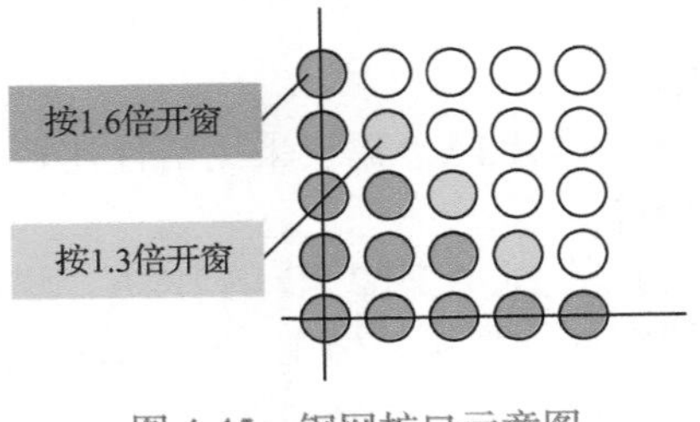

图 4-45 钢网扩口示意图

4.5　BGA 组装工艺（8）

BGA 的组装失效模式（5）

5. 二次焊开裂焊点特征、形成机理与措施

1）二次焊开裂焊点切片图特征

二次焊开裂焊点是指 BGA 侧表现为焊盘不完全润湿的开裂焊点。切片图典型特征为裂缝位于 BGA 侧载板焊盘与 IMC 界面，焊球表面呈圆形（实为球面），如图 4-46 所示。

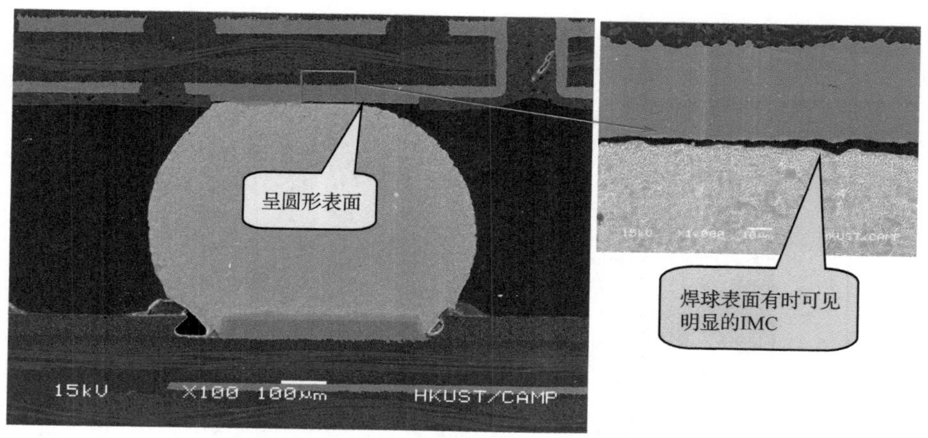

图 4-46　二次焊开裂焊点典型特征

2）形成机理推测

二次焊开裂焊点主要发生在两次过炉的 BGA 上，根据失效焊点的切片形态推测，应发生在第二次焊接的升温阶段。

已经焊接好的 BGA，在第二次过炉时，由于升温速率比较快或 PCB 弯曲等原因发生脆性开裂或断裂，在继续升温时裂缝表面被氧化，致使最终不能形成良好的连接，表现为 BGA 载板焊盘不润湿的假象，如图 4-47 所示。

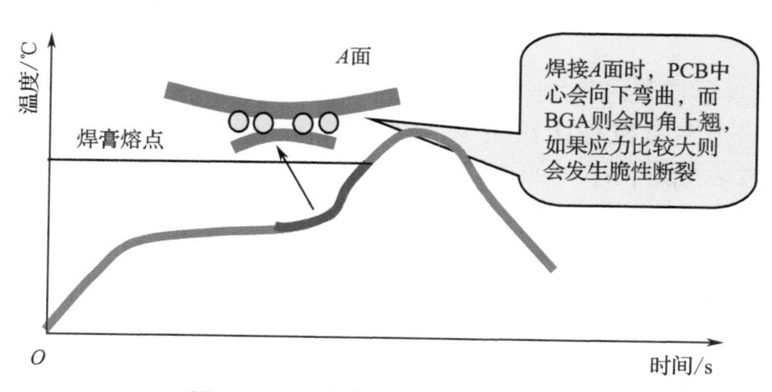

图 4-47　二次焊开裂焊点形成机理

3）建议措施

控制一切可能导致 BGA 焊点开裂的因素，如不可支撑、PCB 的变形、升温速率等。

4.5 BGA 组装工艺（9）

BGA 的组装失效模式（6）

6. 应力断裂焊点特征、形成机理与措施

1）应力断裂焊点切片图特征

应力断裂焊点不像其他 BGA 不良焊点那样具有典型特征，裂纹位置可以出现在 IMC 根部、焊料中间、PCB 次表层基材（坑裂）、IMC 与焊料界面（随机振动裂纹特征），分布也不规律，可以出现在 BGA 角部、边、中心，往往不对称。唯一共同的特征就是焊缝可以完全啮合，这点可以作为判断应力断裂的标志，如图 4-48 所示。

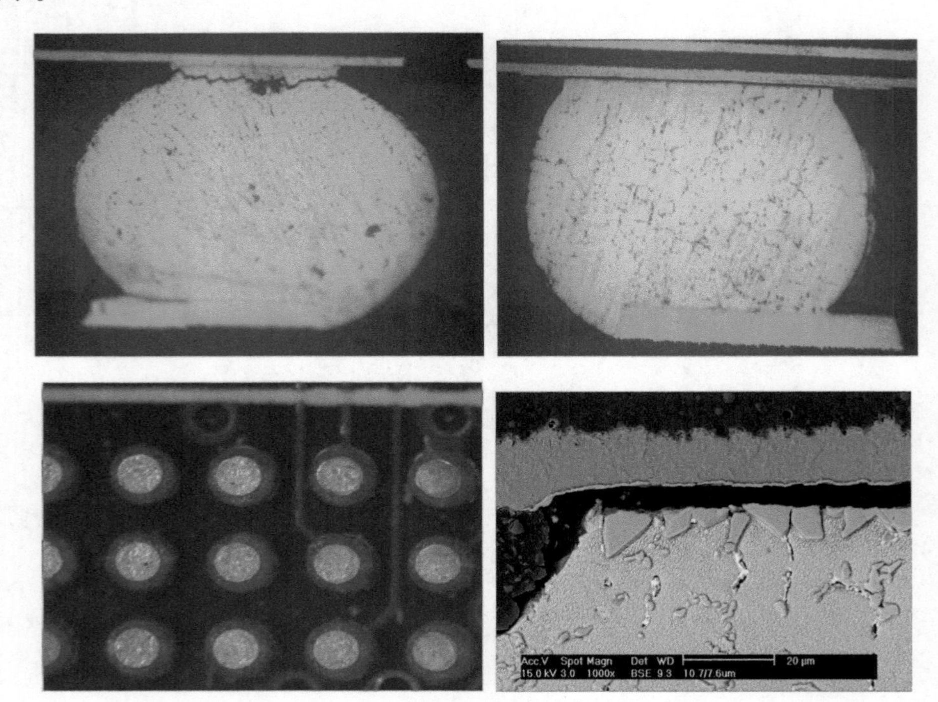

图 4-48　BGA 应力断裂焊点切片图典型特征

2）形成机理推测

应力断裂机理比较简单，就是焊点承受的应力超过了本身的能力而发生断裂。单板装配过程中，如车间内的周转、打螺钉、压接连接器等，如果操作不规范都可能导致 PCB 的过大或多次弯曲，使 BGA 焊点断裂。单板的长途运输也会造成应力断裂。产品的结构设计不合理也可能导致焊点的应力断裂。

坑裂、块状 IMC 断裂，都属于应力断裂，因其形成原因特殊将单独介绍。

3）建议措施

对于安装了大尺寸 BGA 的单板，宜采用措施如下：

（1）规范车间作业，严禁单手拿板，严禁无支撑（工装）装配螺钉作业，严禁无支撑压接连接器。

（2）对大尺寸 BGA 进行四角加固。

（3）控制 IMC 的生长，特别是铜盘上直接植球的 BGA，应控制再流焊接液态以上的时间（183℃以上时间≤ 120s）。

4.5　BGA 组装工艺（10）

BGA 的组装失效模式（7）

7. 坑裂焊点特征、形成机理与措施

1）坑裂焊点切片图特征

坑裂属于应力断裂的一种，之所以单独列出，因为其具有典型的特征，裂纹发生在 PCB 焊盘次表层，如图 4-49 所示。

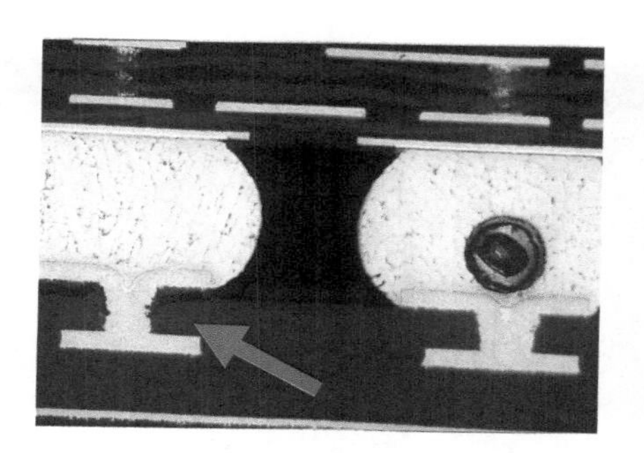
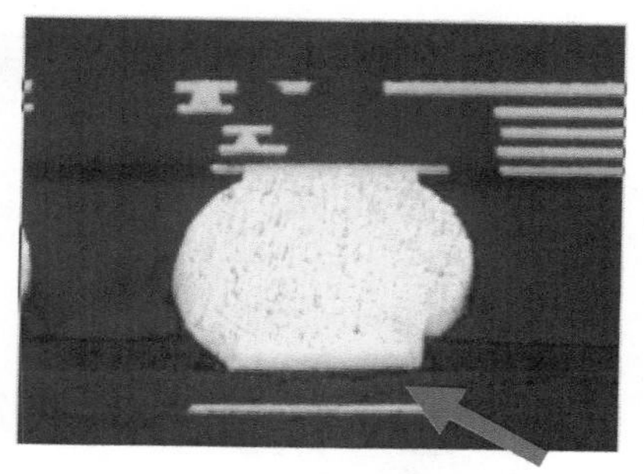

图 4-49　坑裂典型特征

2）形成机理推测

坑裂多见于跌落或冲击条件下，也见于应力过大的不规范作业情况下。

产品切换到无铅后，由于无铅焊点本身“更刚性”及组装温度更高的原因，使得 BGA 焊点机械冲击测试主要的失效模式由有铅焊点的焊料开裂变为无铅焊点的 BGA 焊盘下 PCB 次表层树脂的开裂，有铅焊点与无铅焊点的耐应变情况如图 4-50 所示。详细见 8.22 节 BGA 焊盘下 PCB 次表层树脂开裂。

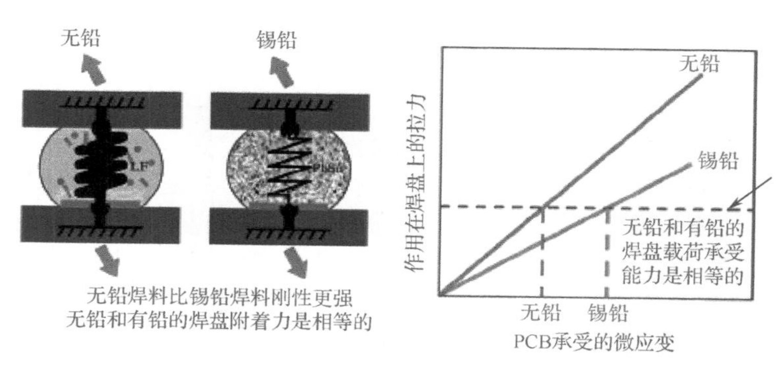

图 4-50　无铅焊点特点

3）建议措施

（1）适度加大大尺寸 BGA 四角的焊盘设计，减少焊盘下基材的单位面积强度的要求。

（2）严格车间人工作业的规范性，避免过应力产生。

4.5 BGA组装工艺（11）

BGA的组装失效模式（8）

8. 疲劳断裂焊点特征、形成机理与措施

1）疲劳断裂焊点切片图特征

疲劳断裂是一种与时间有关的黏滞性塑性变形失效，它是焊点最主要的失效形式，其裂纹发生在焊点最薄弱的地方，裂纹总是从焊点的一侧表面开始逐步向内扩展直至断裂，如图4-51所示。裂纹形貌与温度循环条件有关，应变越大越不能啮合，如图4-52所示。

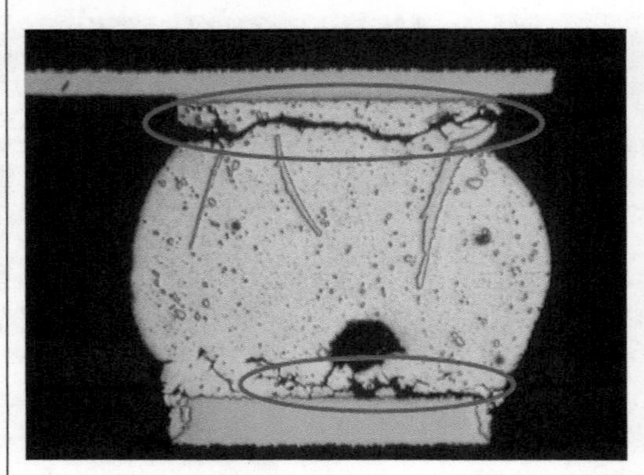

图4-51　裂纹的扩展特性

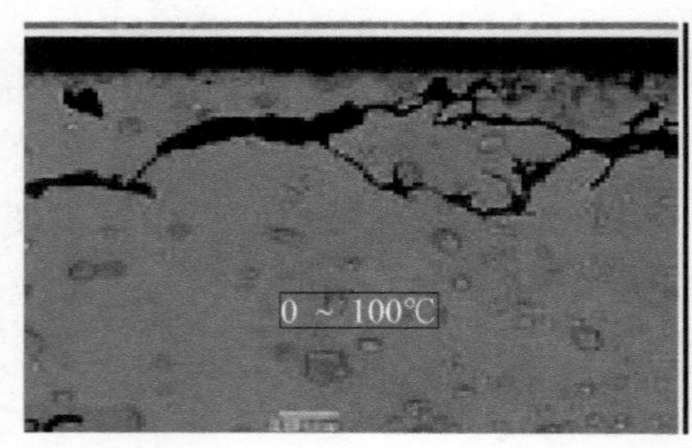

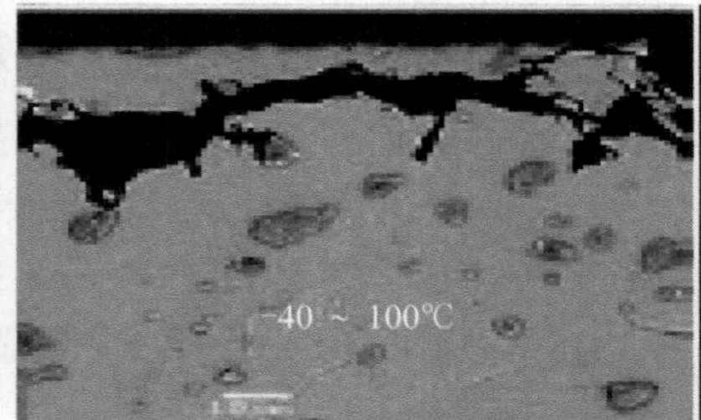

图4-52　裂纹的非啮合特性

2）形成机理推测

黏塑性应变能引起疲劳损伤，这是由一个一个周期积累而来的。当从零应力、零应变状态下加载，焊点首先会经历弹性应变，随后如果继续加载，超出了焊料的屈服强度，则会产生弹性屈服。必须指出的是，对焊料来说，既没有真正的弹性应变也没有真正意义上的屈服强度。弹性应变－屈服线被简化为线性化－非线性应力应变反应，这些高度依赖于温度、加载率、焊料组成及晶粒结构。

3）建议措施

疲劳失效是一个物理现象，任何一个焊点，只要循环次数足够，最终都会发生疲劳失效，我们能够做的事情就是减少焊点的应变幅度，确保寿命周期内焊点满足要求。

（1）增加焊缝的厚度。

（2）增加焊缝的强度。

（3）产品设计上减少功率循环频次，如频繁地加载功率。

（4）降低焊点的工作温度。

4.6 PoP 组装工艺（1）

背　景	PoP，即 Package-on-Package 的缩写，译为“堆叠封装”或“封装堆叠”，主要特征是在芯片上安装芯片。目前见到的安装结构主要为两类，即“球—焊盘”和“球—球”结构，如图 4-53 所示。 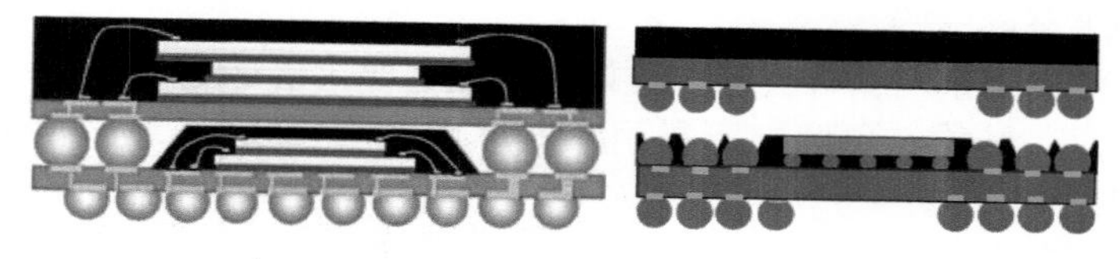 （a）“球—焊盘”结构　（b）“球—球”结构 图 4-53　POP 的结构实例 一般 PoP 为两层，通常顶层封装是小中心距的球栅阵列（F-BGA）存储器，而底层封装是包含某种类型的逻辑器件或 ASIC 处理器。
特　点	（1）节约板面面积，有效改善了电性能。 （2）相对于裸芯片安装，省去了昂贵芯片测试问题并为手持设备制造商提供了更好的设计选择，可以把存储器和逻辑芯片相互匹配地安装起来，即使是来自不同制造商的产品。 （3）顶层封装的安装工艺控制要求比较高，特别是“球—球”结构的 PoP，同时，维修也比较困难，大多数情况下拆卸下来的芯片基本不能再次利用。
组装工艺	PoP 的安装工艺流程如图 4-54 所示。 底层封装　顶层封装 ←测试 ←印焊膏 ←贴片/沾焊剂或焊膏 ←贴片 图 4-54　PoP 的组装工艺 工艺的核心是顶层封装的沾焊剂或焊膏工艺及再流焊接时的封装变形控制问题。

4.6 PoP 组装工艺（2）

工艺难点

1）沾焊剂或焊膏

顶层封装的安装，通常采用焊球沾助焊剂或焊膏的工艺，焊剂工艺相对而言应用更普遍一些。

沾助焊剂与沾焊膏哪种更好？这主要取决于 PoP 的安装结构。一般而言，“球—焊盘”结构，更倾向于采用沾助焊剂工艺；“球—球”结构，则更倾向于采用沾焊膏工艺。

工艺上主要是控制沾涂的深度及一致性，一般要求沾涂的深度（h）为焊球直径的 50% ~ 70%，如图 4-55 所示。

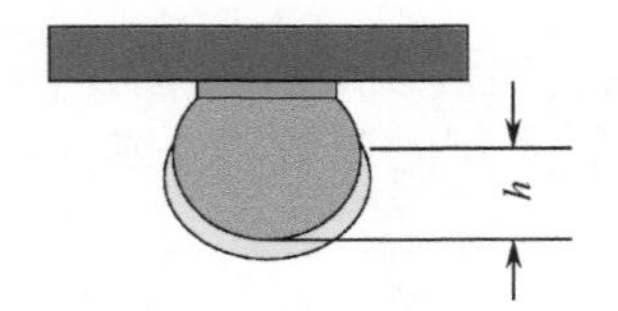

图 4-55 助焊剂或焊膏的沾涂高度

2）变形控制

由于上下芯片的受热状态不同，导致再流焊接过程中上下封装的翘曲方向不同，而且翘曲的大小与芯片的尺寸有关，如图 4-56 所示。

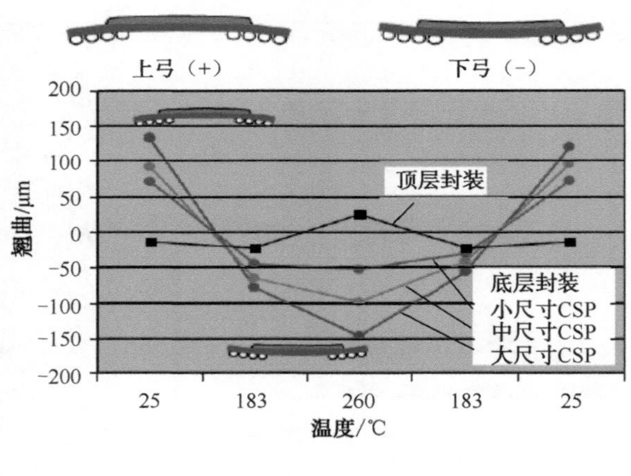

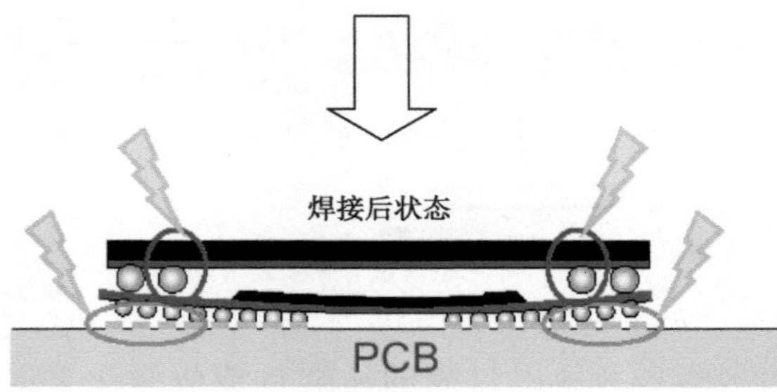

图 4-56 PoP 的变形示意图

4.6　PoP 组装工艺（3）

案　例（1）

PoP 属于要求非常高的工艺，特别是“球—球”结构的 PoP 要求更高一些，本节以此类结构的 PoP 为对象，对 PoP 的工艺做一较全面的介绍。

1. “球—球”结构 PoP 的结构

图 4-57 为某公司设计的一种名为 ML-PoP 的“球—球”结构的 PoP 底层封装。

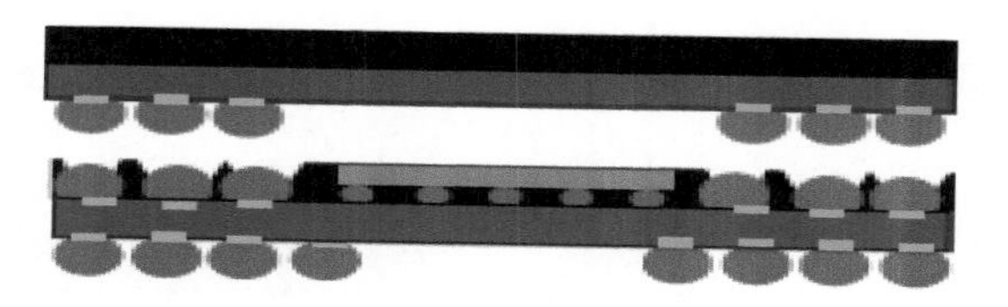

图 4-57 “球—球”结构的 PoP 底层封装

2. 工艺流程

沾助焊剂组装工艺流程如图 4-58 所示。

图 4-58　沾助焊剂组装工艺流程

沾助焊剂是在贴片机上完成的。工艺过程是先将芯片吸起，再移动到助焊剂托盘沾涂位置进行沾涂，然后提起进行贴装。图 4-59 为一助焊剂沾涂专用装置。

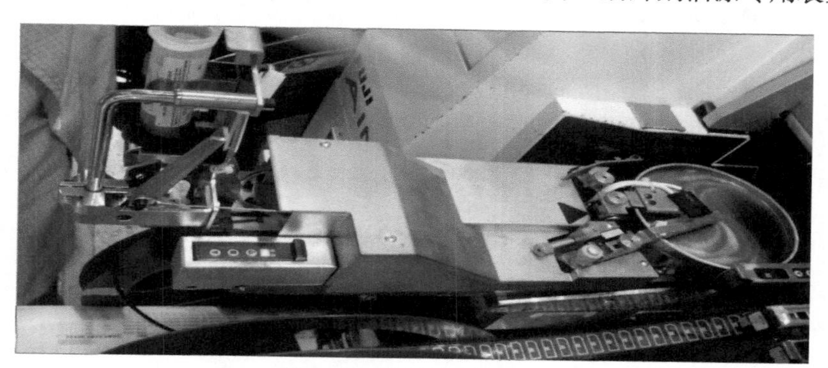

图 4-59　助焊剂沾涂装置

3. 工艺关键

（1）控制焊剂量。总的原则是宜多不宜少。一般控制在 BGA 球径的 50% ~ 70%。太多，可能沾到 BGA 塑封体底面，影响沾涂作业（吸不起）或贴片时图形识别；也会引起 PoP 之上所贴 BGA 的上下振动。太少，上下焊球接触不到，会导致球窝现象。

（2）控制贴片压力。一般用于 PoP 的助焊剂比较黏，如果贴片时压力小，很容易导致焊接时移位和“球—球”间球窝现象。

（3）焊接温度曲线。焊接温度和焊接时间对良好焊接非常重要，温度必须足够高（≥235℃）、时间足够长（≥70s），以便中间焊球达到熔化温度。

（4）封装质量。激光烧蚀深度不能大于埋置焊球球径的 1/2。

4.6 PoP 组装工艺（4）

案例（2）

激光窝深度是引起桥连的重要因素，理想的深度如图 4-60 所示。如果深度超过 h 将导致桥连。

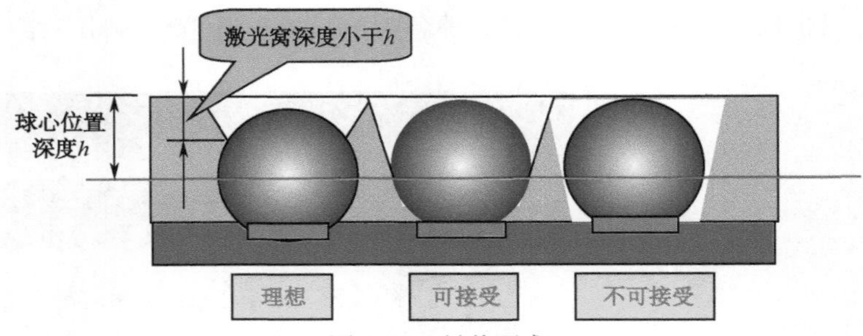

图 4-60　封装要求

4. 主要焊接问题

ML-PoP 焊接主要问题为球窝与桥连。

1）球窝

由于助焊剂少或元器件球没有接触，经常会发生球顶球或球窝虚焊现象。

（1）球顶球现象。

球顶球现象如图 4-61 所示，此情况形成的原因较多，例如：

- 顶层 BGA 焊球没有焊剂，这种情况多为元器件掉在焊剂盘中导致 BGA 沾不到焊剂所致。
- 顶层 BGA 所沾焊剂太多，导致顶层 BGA 托起。这种情况只发生在上下 BGA 中间存在大面积平面并间隙不大的情况下（≤0.25mm），如图 4-62 所示。

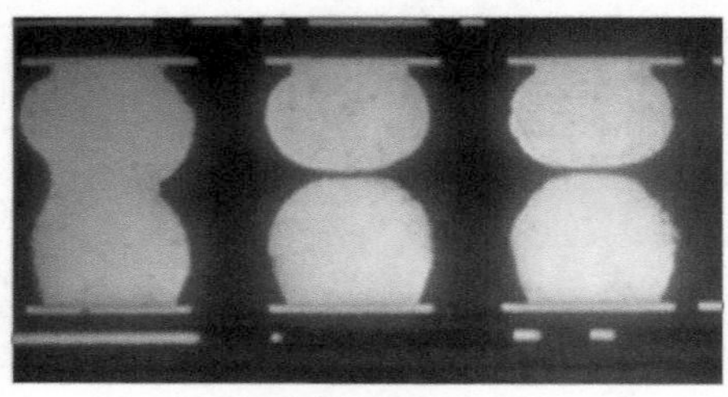

图 4-61　“球顶球”现象

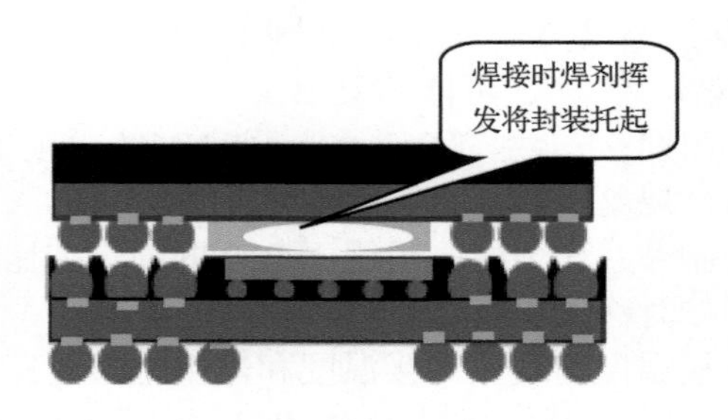

图 4-62　元器件托起现象

4.6　PoP 组装工艺（5）

案　例（3）

（2）“倒球窝”现象。

“倒球窝”现象，即上球熔化形成球窝，半抱下球。此现象主要是上球所沾的焊剂比较少或两焊球间没有接触形成的。如果两球没有接触，下球受热困难，从而不能熔化并融合，最后就形成“倒球窝”现象，如图 4-63 所示。

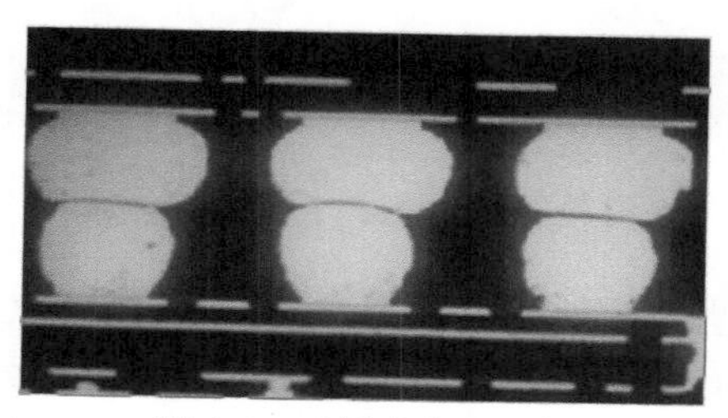

图 4-63　“倒球窝”现象

加焊剂变好或测试通过，都是这类缺陷的典型特征。

2）桥连

桥连现象如图 4-64 所示。产生桥连的主要原因是封装本身的原因。如果激光窝比较深，过多的焊剂将会把窝口封死，形成封闭的空气空间，高温时气体膨胀将熔融焊锡排挤出去从而形成桥连，形成机理如图 4-65 所示。

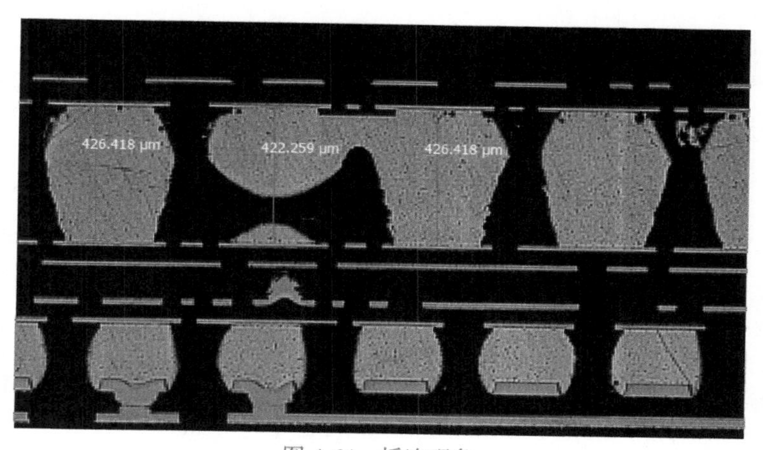

图 4-64　桥连现象

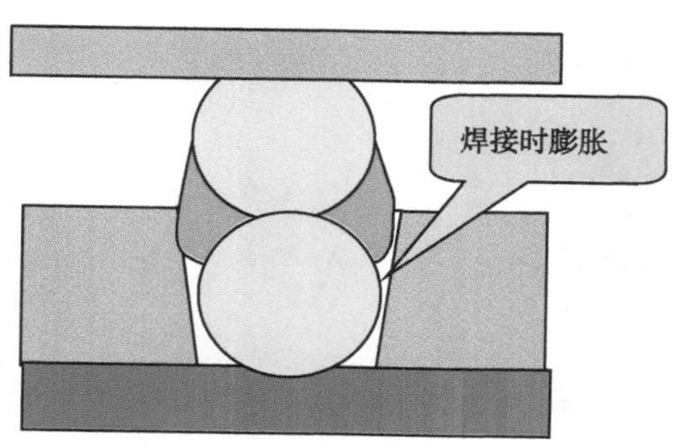

图 4-65　桥连形成机理

4.6 PoP组装工艺（6）

案例（4）

某芯片公司根据桥连等不良，改进了球窝形状与尺寸，目前采用的是浅窝，如图4-66所示。

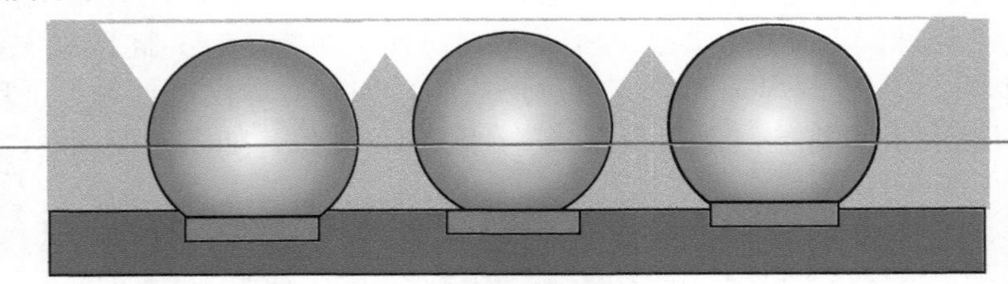

图4-66 封装改进

5. 经验

（1）采用助焊剂牌号：KESTER RF-741，爱法LR721H2。焊剂黏度很重要，太高，影响沾涂与转移；太低，影响挂涂量。一般应选择黏度在(25000 ± 5000)cp范围。

（2）助焊剂厚度为焊球的60%。过厚，容易沾涂到封装体，引起焊接时振动，甚至影响到光学定位识别。不同厚度焊剂试验观察到的现象见表4-3。

表4-3 不同厚度焊剂试验观察到的现象

助焊剂厚度	0.23mm	0.15mm	0.09mm
焊接过程	① 74℃左右，看到焊剂开始“冒烟” ② 194 ℃开始塌落，200℃结束 ③ 塌落后上芯片一直上下振动，周边松香吹泡 ④ 能够观察到位置校准动作	① 74℃左右，看到焊剂开始“冒烟” ② 194 ℃开始塌落，200℃结束 ③ 塌落后上芯片基本不动 ④ 没有观察到位置校准动作	① 74℃左右，看到焊剂开始“冒烟” ② 194 ℃开始塌落，200℃结束 ③ 塌落后上芯片不动 ④ 没有观察到位置校准动作

（3）检测方法：一般可以用梳规检测，但梳规因取样位置、操作方法（浸入速度、时间）、锯齿尺寸，与实际BGA芯片焊球有高度差异。应采用玻璃贴放观察，好的焊剂高度，应获得玻璃板下均匀的焊剂图形，尺寸应至少比焊球大。旋转刮平焊剂的装置，往往获得的焊剂量因黏度的差异而不同，如图4-67所示。采用X射线对焊点尺寸进行观察，发现焊剂越厚，焊点直径也越大，表明焊剂量会影响焊点的塌落程度。

试验表明，沾涂厚度应达到焊球直径的60%以上。

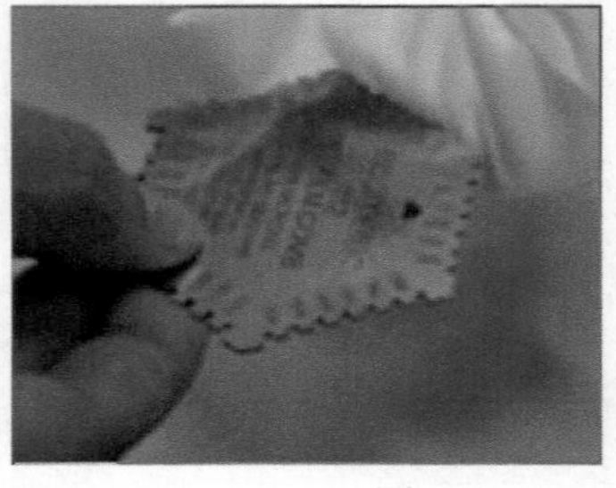

图4-67 PoP焊剂沾涂结果

（4）PoP封装应选用大尺寸球窝，以便消除焊剂过多后密封效应而桥连。

4.6　PoP 组装工艺（7）

案　例（5）

（5）PoP 焊点的形成过程如图 4-68 所示，来源于再流焊接过程录像。

当 ML-PoP 加热到焊点熔点以上温度时，BGA 焊球与 PoP 焊球将先后相互熔化、融合。先期融合者将被拉成柱状或细腰形，接下来随着绝大多数焊点的融合，BGA 将发生塌落。

从这个过程看，BGA 焊球与 PoP 焊球的熔化、融合过程是逐步完成的，只要 BGA 焊球上沾有助焊剂，BGA 焊球与 PoP 焊球就会融合，不会形成球窝。如果 BGA 焊球上没有沾有助焊剂，就会形成球窝。

如果 BGA 底面上也沾有助焊剂，则会引发 BGA 在 PoP 上的上下振动。此振动有利于消除熔合焊点内外气体的排除及桥连焊点的断开，具有消除桥连的作用。PoP 从来不会因为助焊剂多而发生桥连，但助焊剂多会影响贴装，即 BGA 沾助焊剂时贴片机吸嘴吸不起元器件，同时也影响图形识别。

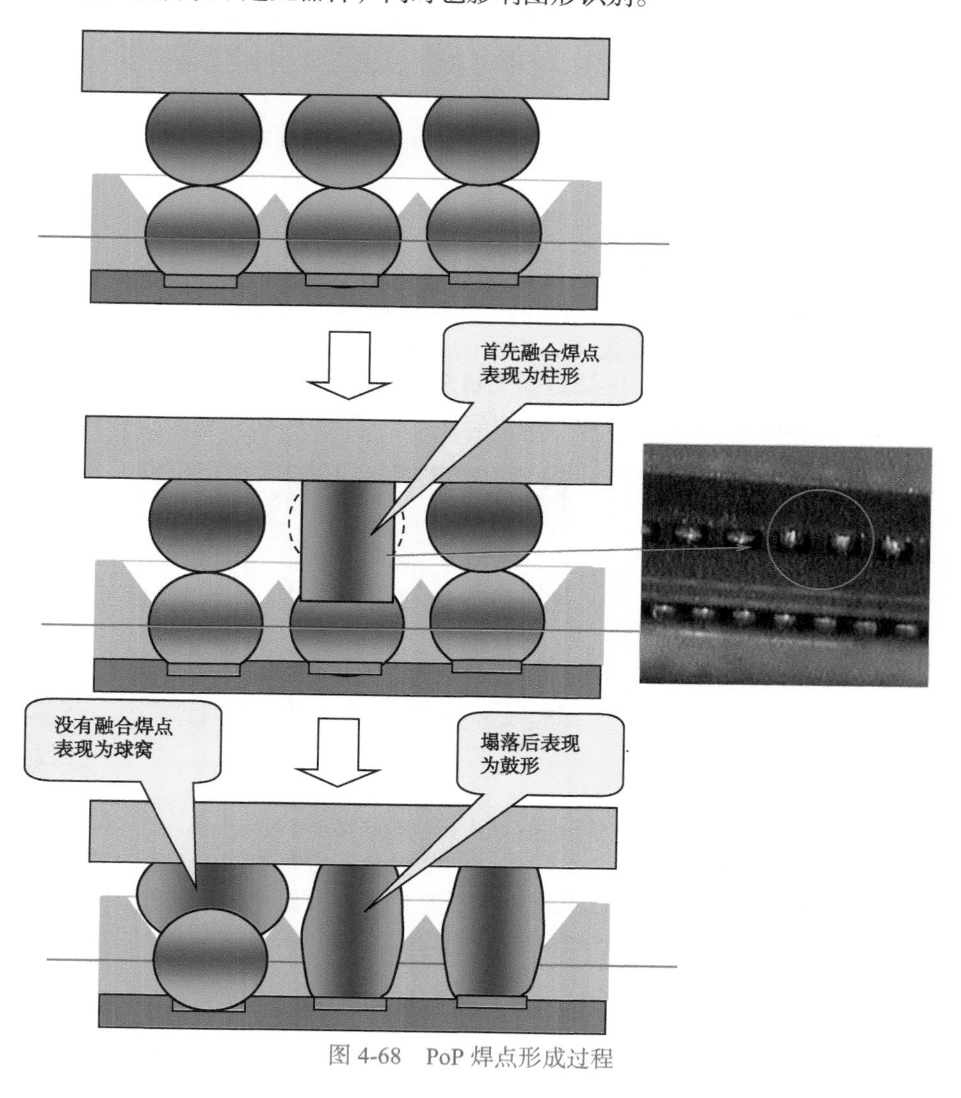

图 4-68　PoP 焊点形成过程

4.7 QFN 组装工艺（1）

QFN 及工艺特点（1）

1. QFN

QFN，即 Quad Flat No-Lead package，可译为方形扁平无引线封装。

QFN 属于 BTC 封装类别中最早出现的，也是应用最广泛的一类底部焊端封装，其特点是焊端除焊接面外嵌在封装体内，如图 4-69 所示。

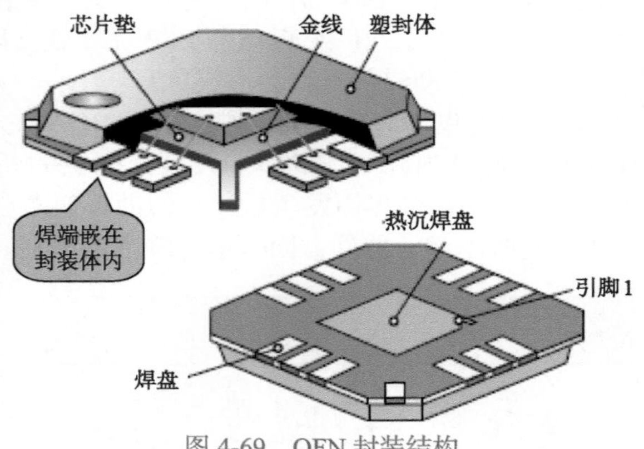

图 4-69　QFN 封装结构

2. 工艺特点

1）“面—面”焊缝，容易桥连

QFN 的焊端为一个平面，基本与 QFN 封装底面齐平（0 ~ 0.05mm），它与 PCB 上对应的焊盘构成了“面—面”连接。这一特点决定了“焊膏量与焊缝面积呈正比的关系”，也就是焊高量越多，焊缝扩展面积（X 射线检测图片上显示的焊缝面积）越大，也越容易发生桥连。图 4-70 为一焊缝扩展现象 X 射线图。

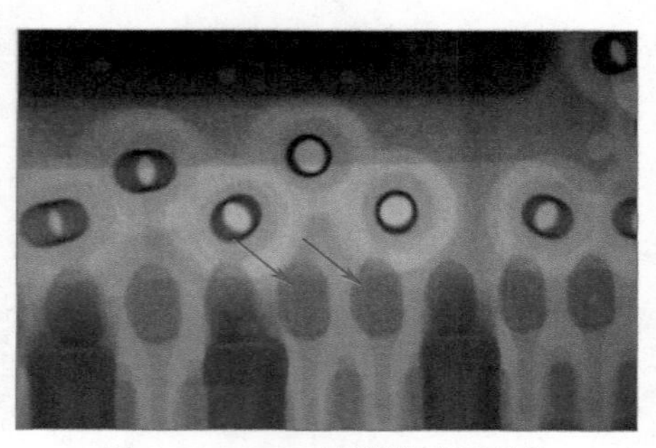

图 4-70　QFN 的焊缝扩展现象

2）热沉焊盘上的焊膏量决定了焊缝高度

QFN 的结构有一个共同点，就是封装底部都有一个比较大的热沉焊盘，其面积比所有信号焊端的面积总和还要大。由于表面张力的作用，热沉焊盘焊缝的高度决定了 QFN 焊端的焊缝高度，而热沉焊缝的高度可以通过调整热沉焊盘上印刷的焊膏覆盖率来控制。

这点非常重要，我们必须确保热沉焊盘焊缝高度足够，避免因热沉焊盘焊膏量过少引起塌落，造成 QFN 周边信号焊缝的过度扩展而桥连。

4.7　QFN 组装工艺（2）

QFN 及工艺特点（2）

3）热沉焊盘容易出现大的空洞

热沉焊盘尺寸比较大，再加上 QFN 焊缝的“面—面”结构，焊接时焊膏中大量的溶剂难以挥发出去，很容易包裹在熔融的焊料中，从而形成空洞，如图 4-71 所示。

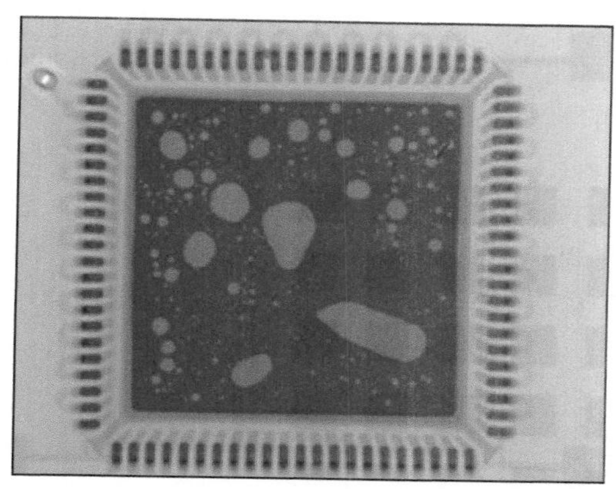

图 4-71　热沉焊盘空洞现象

3. 常见焊接问题

QFN 焊接不良与其封装有关，主要的焊接不良为桥连、虚焊及空洞，如图 4-72、图 4-73 所示。

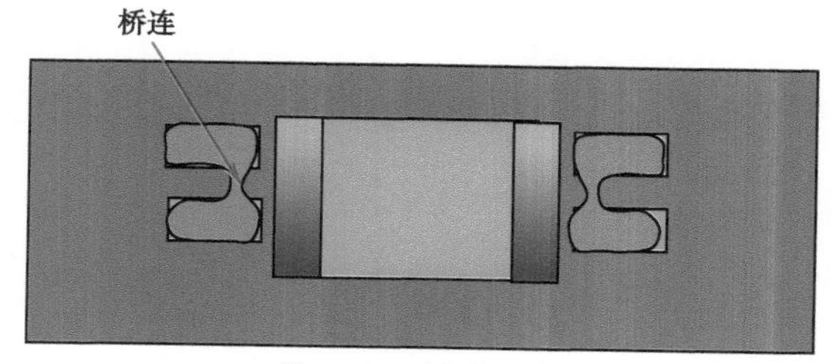

图 4-72　桥连现象

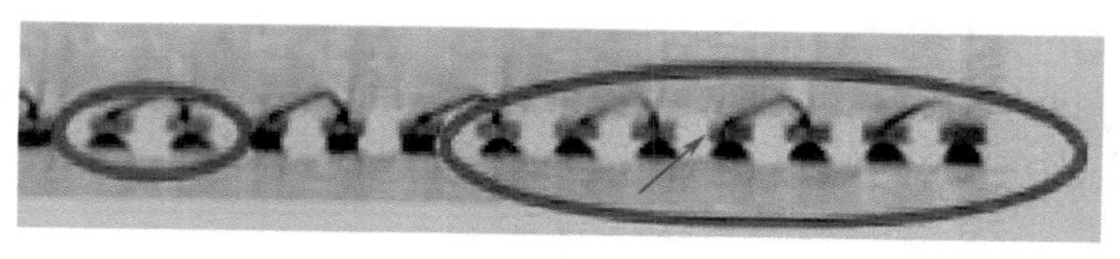

（a）QFN没有润湿

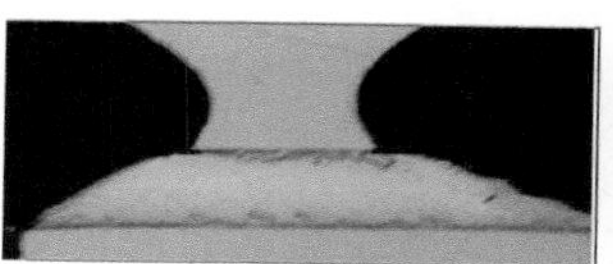

（b）QFN不润湿

（c）PCB焊盘不润湿

图 4-73　虚焊现象

4.7 QFN 组装工艺（3）

组装工艺（1）

1. QFN 焊点形成过程

QFN 属于目前工艺最具挑战性的封装了。组装问题比较多，这是普遍的情况，但是，导致这些焊接不良的原因，在很大程度上可归结为不清楚 QFN 焊点的形成微观过程。由于不清楚焊点的微观形成过程，也就不清楚焊接不良产生的原因，因而也不知道如何优化工艺。

由于 QFN 焊点在底部，焊点的形成过程很难通过有效手段观察到，主要是基于案例的分析研究。再流焊接时，一般是 QFN 周边焊点先于热沉焊盘熔化，聚集并将 QFN 暂时性地浮起。随着热沉焊盘上焊膏的熔化并润湿 QFN 热沉焊盘表面，QFN 又被拉下，我们可以把它称为塌落，如图 4-74 所示。QFN 尺寸越大，这个过程越加分明。既然是一个过程，完成就需要一定的时间，所以，再流焊接时间的长短，对焊接良率影响很大。当然这只是一个方面的原因，此外，它还与热沉焊盘上的焊膏覆盖率、QFN 的焊端表面处理、PCB 的厚度等有关。

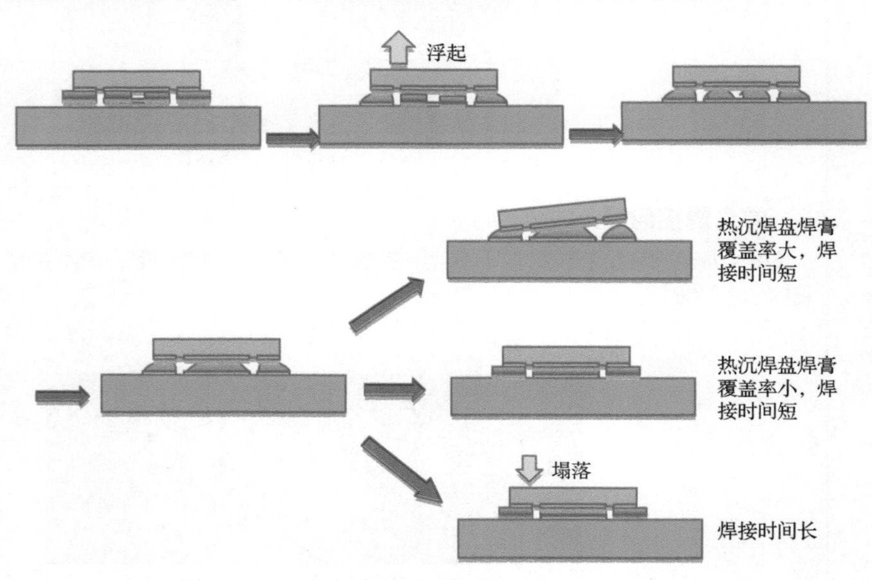

图 4-74　QFN 焊点的形成过程推测（仅个人观点）

2. QFN 组装常见不良

QFN 属于组装工艺难度比较大的封装，不仅体现在直通率方面，也体现在可靠性与返修方面。主要焊接不良包括：

（1）引脚虚焊。

（2）引脚桥连。

（3）焊点空洞多，特别是封装底面中心的热沉焊盘最容易产生空洞。

（4）封装内部分层。

（5）焊点温循寿命比较短。

（6）焊剂残留物挥发不完全，湿的状态容易导致漏电甚至短路击穿。

（7）PCB 底面布局时，二次过炉掉件。

限于篇幅仅介绍虚焊与桥连，这些都是工程实践经验，仅供参考。

4.7　QFN 组装工艺（4）

3. 引脚虚焊

QFN 虚焊现象如图 4-75 所示，主要发生在：

（1）双排 QFN 的内圈。

（2）与大铜皮连接的焊盘（包括单、双排）。

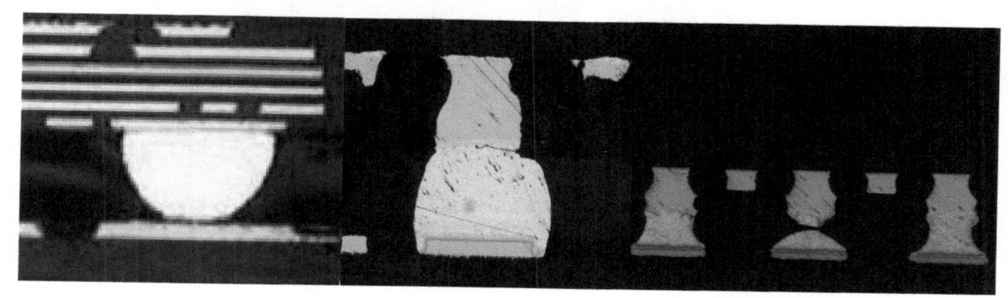

图 4-75　QFN 虚焊现象

虚焊原本就是一种电接触不良，显然，电测是最有效的方法，事实上在生产厂也是通过测试发现的，但大多数测试还定位不到焊点上，仅到器件级别。

除此而外，对于单排 QFN，可以用光学的方法检测，通过焊点的润湿状态、有无裂纹等综合情况进行判定。对于双排的 QFN，光学检测就无能为力了，只能采用 X 射线系统，通过检测少锡来推断是否虚焊，仅是一种方向性判定，还必须结合切片、染色等才能准确定位。图 4-76 为 X 射线检测图。

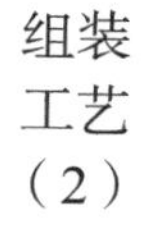

组装工艺（2）

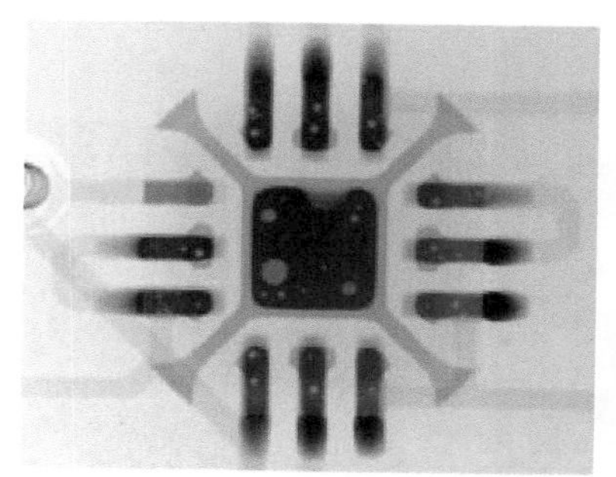

（a）单排单圈 QFN

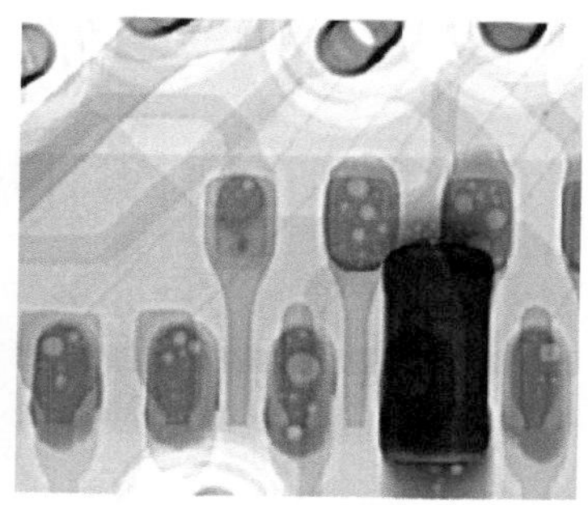

（b）双排 / 双圈 QFN

图 4-76　X 射线检测图

1）QFN 的虚焊原因

QFN 虚焊原因很多，仅举例说明。

（1）少锡导致的虚焊。

少锡不等于虚焊，但少锡有可能导致虚焊。对于双排 QFN，内排焊盘钢网开窗相对比较小，更容易发生少锡或漏印，因而也更容易虚焊。

（2）芯吸导致的虚焊。

如果焊盘与大铜皮连接，如图 4-77 所示，其上焊膏先被熔化并被挤出（因 QFN 焊端温度与熔融焊膏存在时间差，类似锡珠形成那样，被内聚力挤出），从而使 QFN 焊端与焊料间形成间隙并氧化，从而导致虚焊，如图 4-78、图 4-79 所示。

4.7 QFN 组装工艺（5）

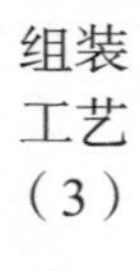

图 4-77　QFN 大引脚焊盘与大铜皮（宽导线）连接的设计

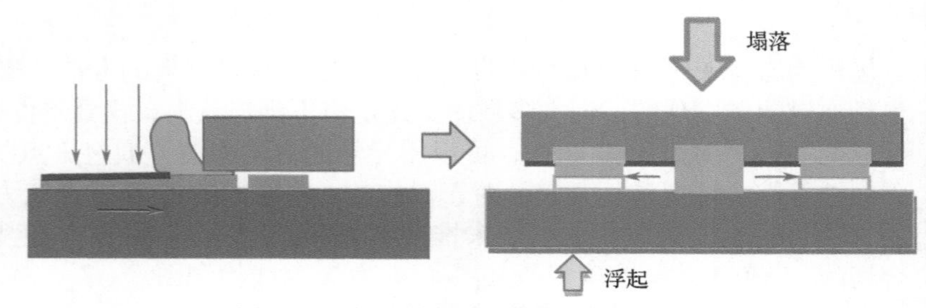

图 4-78　虚焊形成机理推测（仅供参考）

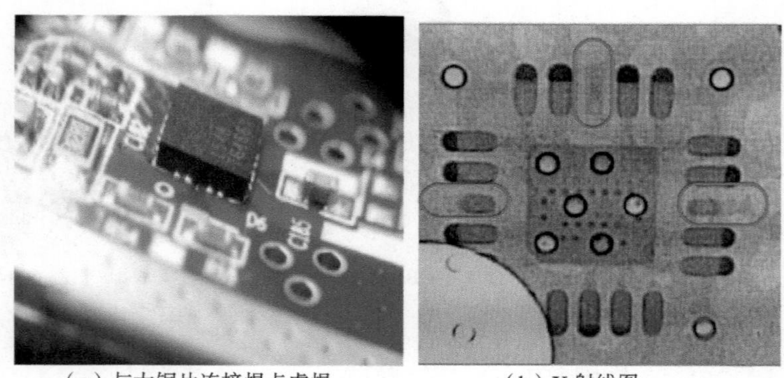

（a）与大铜片连接焊点虚焊　　（b）X 射线图

图 4-79　与大铜片连接焊点虚焊现象

（3）类球窝机理导致的虚焊。

有些热沉焊盘尺寸大，上面有密集的空洞而且塞孔。这种设计很容易导致热沉焊盘出现超大型空洞（局域性、超过 30% 的面积），如图 4-80 所示，同时伴随着球窝型虚焊，如图 4-81 所示。

此类虚焊是因热沉焊盘存在空洞而被浮高所致，产生的机理同球窝机理，一般用 X 射线难以甄别，因为透视图显示与正常焊点没有差别。

4.7 QFN 组装工艺（6）

组装工艺（4）

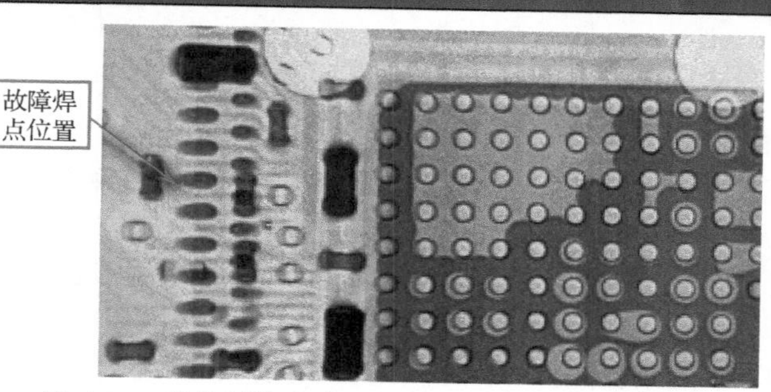

图 4-80　密集树脂塞孔的热沉焊盘出现超大的空洞

图 4-81　球窝机理导致的虚焊焊点切片图

（4）引脚焊点内大空洞导致的虚焊。

如果信号焊盘焊膏量比较大，再流焊接时焊剂残留物桥接在一起，完全将排气通道堵死，将在信号焊盘中形成大的空洞，如图 4-82 所示，它也有可能导致焊点虚焊，至少影响阻抗。

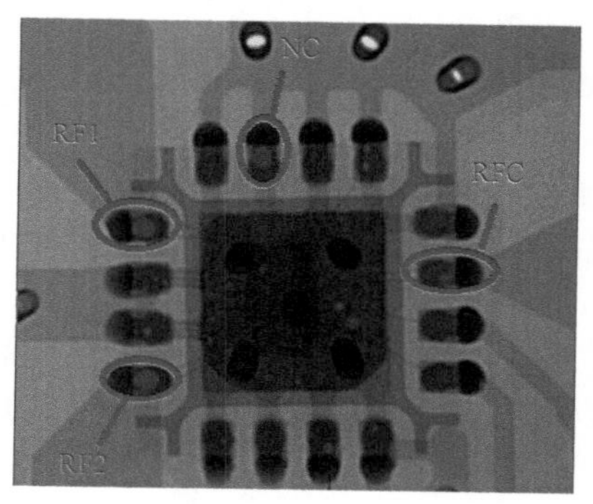

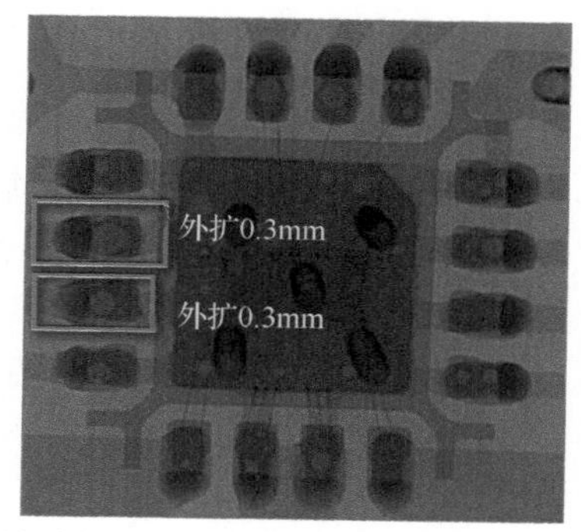

图 4-82　焊点内大空洞导致的虚焊现象

（5）QFN 单边翘导致虚焊。

QFN 热沉焊盘焊膏覆盖率高、焊剂时间短、受热不均（如上面有屏蔽架）、元器件布局等因素，都可能引起 QFN 焊接时单边翘（也就是不平整）。起翘的边因离地距离增大，也会导致 QFN 焊点虚焊。

2）工艺措施

（1）钢网开窗面积比应符合要求。

（2）外圈钢网开窗长度方向外封装外扩，对于与大铜皮连接的焊盘外扩至少为 0.5mm 以上。

4.7 QFN 组装工艺（7）

组装工艺（5）

（3）勤擦网，防止焊膏少锡，重点检测双排 QFN 内圈焊膏的印刷情况。

（4）设计上，凡直接与大铜皮连接的焊盘，应有 0.3mm 以上长度细径过渡。

4. 桥连

QFN 桥连，多见于双排 QFN 的内排焊点间，单排 QFN 的桥连不是很常见。

1）桥连产生原因

通过 X 射线图，我们很容易观察到，内排焊点饱满的现象如图 4-83（a）所示。显然，桥连就是因为焊料被挤到非润湿面而形成的。

QFN 封装底部有一个面积比较大的热沉焊盘，它决定了焊缝的高度。多数情况下，热沉焊盘上的焊膏都不印刷成一个整体图形，多为窗格式或条纹式，主要就是为了排气，控制焊缝中的空洞。但是它减少了焊膏覆盖的面积，也就是减少了焊膏的总量，QFN 再流塌落时必然导致引脚焊料向外挤压，这种情况下，就可能引发桥连。

另外，QFN 变形严重，也是原因之一（内外排有时差到十多微米）。

通常桥连与信号焊盘的空洞率会有些对应关系，桥连率高的往往空洞也会多些。

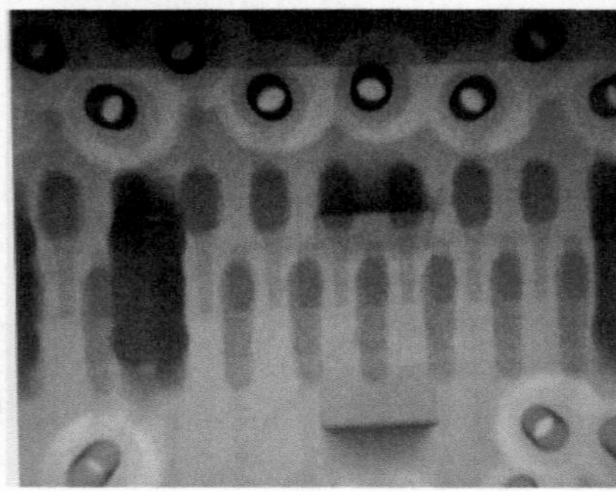

（a）贴片后的 X 射线图　　（b）再流焊接后的 X 射线图

图 4-83　QFN 桥连原因

2）工艺措施

减少内圈焊膏印刷量。理论上应根据热沉焊盘的焊盘覆盖率设计同等量的漏印面积。考虑到 QFN 本身焊盘比较小、印刷难度大的因素，通常主要采用缩短内圈焊盘开窗的长度来减少焊膏量，如图 4-84 所示。

提供容锡空间也是一种方法，比如，焊盘间去阻焊设计、宽焊盘窄开窗工艺设计、热沉焊盘阻焊定义（大焊盘可以运用，小焊盘存在应力集中问题）。

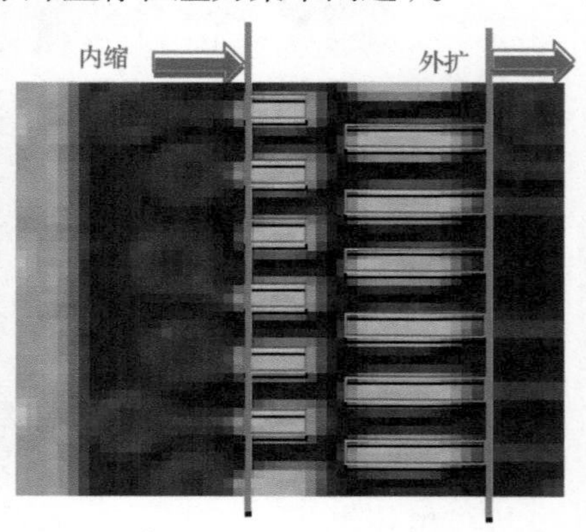

图 4-84　减少桥连的建议

4.8　陶瓷柱状栅阵列元器件（CCGA）组装工艺要点

CCGA

CCGA 是陶瓷封装 BGA（CBGA）在陶瓷尺寸大于 32mm×32mm 时的另一种形式，如图 4-85 所示，和 CBGA 不同的是在陶瓷载体下面连接的不是焊球，而是 90Pb/10Sn 的焊料柱（熔点约为 300℃），焊料柱阵列可以是完全分布或部分分布。常见的焊料柱直径约为 0.5mm，高度约为 2.21mm，阵列典型间距为 1.27mm。由于其较大的热容量，再流焊接时在工艺上具有很大的挑战性。

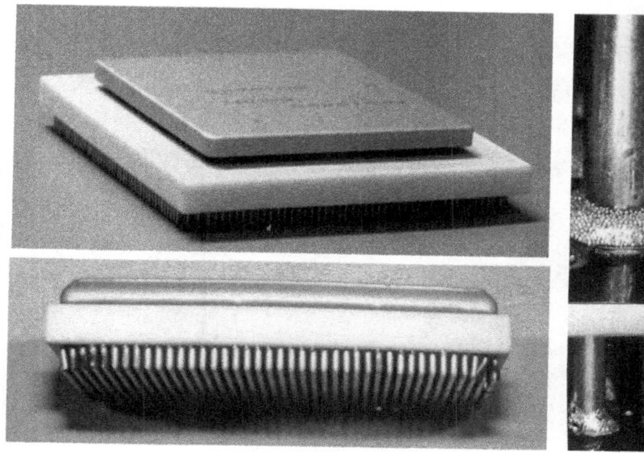

图 4-85　CCGA 封装及焊点形貌

工艺要领

CCGA 的混装工艺要点（无铅焊膏焊接有铅 CCGA）：

1）焊膏印刷

由于锡柱焊接时并不熔化，因此，必须提供足够的焊锡量。一般应选用 0.15mm 以上厚的钢网，0.18mm 是常用的厚度。

2）贴片

其自对位能力比 BGA 差很多。一般 BGA 即使偏位 75%，也可以自动校准位置，但 CCGA 贴片最多允许偏位 25%，超过将可能造成焊锡柱与相邻焊盘焊膏桥连。

3）再流焊接温度曲线

研究表明，可以采用无铅焊膏焊接有铅 CCGA，最低焊接峰值温度应该达到 235℃ ± 5℃。

测温热电偶的固定位置如图 4-86 所示。

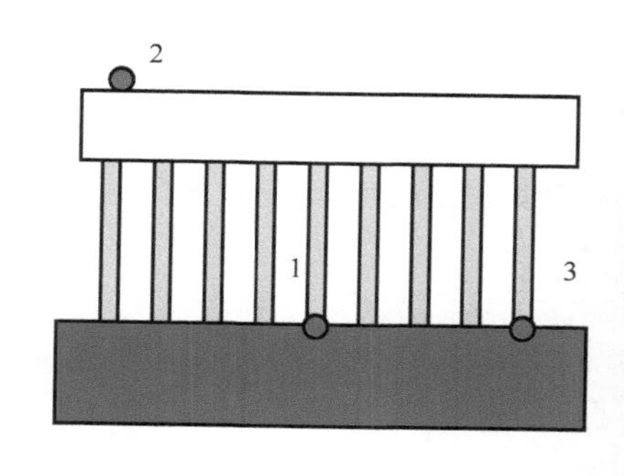

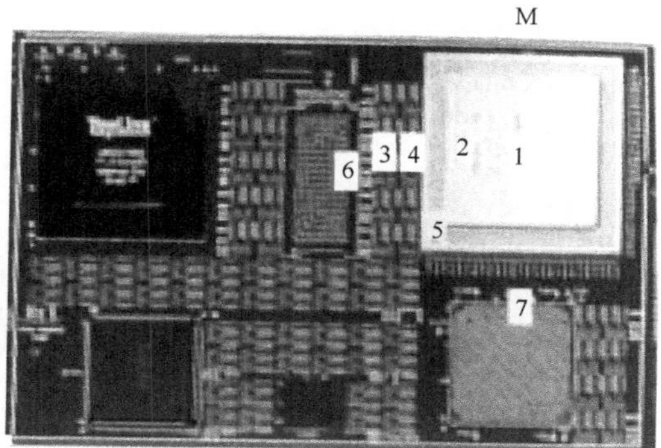

图 4-86　测温热电偶的固定位置

<table>
<tr><th colspan="2">4.9　晶振组装工艺要点</th></tr>
<tr><td>晶振组装要点</td><td>晶振怕振动、应力。
振动与应力容易引起频偏和输出电压波动。因此，在引线成形、装焊等工序，一定要避免出现有任何应力的操作。
（1）引线成形，应避免引线受到过大的应力影响，特别是对那些高端晶振。
（2）布局时，不要靠近拼板的边处，也不要采用手工分板。</td></tr>
<tr><td>案　例</td><td>案例 1：引线成形造成频偏
失效晶振如图 4-87 所示，晶振引线成形采用的是模板固定剪切的方法。由于采用的成形模板孔径偏大，剪脚时因引脚晃动而产生比较大的应力并传递到晶振内部，从而导致晶振频偏。
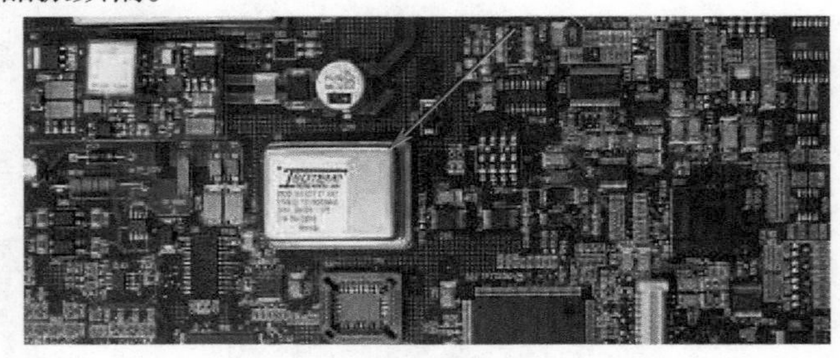
图 4-87　失效晶振（案例 1）
案例 2：分板导致晶振功能失效
失效晶振如图 4-88 所示，主要表现为晶振输出电压不正常，有的过高有的过低。正常电压 1.5 ~ 1.6V，不良单板的输出电压最高为 3.3V，最低为 0.5V，没有规律。

图 4-88　失效晶振（案例 2）
此单板上拼板分离边位置使用了两个一样的晶振，一个距离板边 3.2mm 左右，失效率为 2% 左右；一个距离边缘 5.2mm 左右，没有发现问题。经分析，发现失效品底部开裂，破坏了气密性。
案例 3：分板导致晶振功能失效
失效晶振如图 4-89 所示，晶振距离板边距离为 1mm 左右，失效原因为分板不当。

图 4-89　失效晶振（案例 3）</td></tr>
</table>

<table>
<tr><th colspan="2">4.10　片式电容组装工艺要点（1）</th></tr>
<tr><td>装焊要点</td><td>陶瓷片式电容，由于其片层结构特性而非常脆，很容易受应力损伤（出现裂纹），组装要点如下：
（1）布局时，尽可能远离拼板分离边（1206 封装以上应大于或等于 10mm）、螺钉、局部焊接元器件、返修元器件、经常插拔的插座等容易有应力的地方。
（2）对于 1206 封装以上片式电容，严禁采用局部焊接工艺（喷嘴选择焊接、手工焊接、返修工作台焊接）。
（3）如果拼板分离边附近（5mm 内）有尺寸大于 0603 封装的片式电容，严禁采用手工分板。
（4）如果螺钉附近有尺寸大于 0603 封装的片式电容，严禁无支撑安装螺钉操作。
（5）对于 PCB 上有 0603 封装以上片式电容，尺寸大、上面元器件比较重的板，严禁单手拿。
（6）如果 PCB 上装有 1206 封装以上片式电容，严禁高低温循环筛选。
（7）贴放时的冲击力不要过大。</td></tr>
<tr><td>典型失效特征</td><td>1）机械应力作用下的裂纹特征
机械应力造成的开裂，特征非常典型，一般位于焊点下、图 4-90 所示的 45° 角度开裂。这种开裂，一般外观看不出来，难以检查。
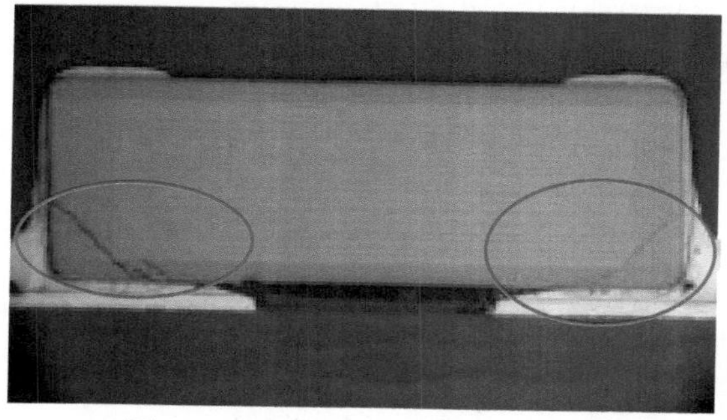
图 4-90　机械应力裂纹的典型特征
2）热应力作用下的裂纹特征
陶瓷片式电容，如果内部有空洞，很容易出现漏电。漏电会引起温升，而温升又会加剧漏电。在反复循环过程作用下，会引发热爆炸，形成树枝状开裂，如图 4-91 所示。这种开裂，是由热应力导致的，所以我们把它归为热应力开裂。
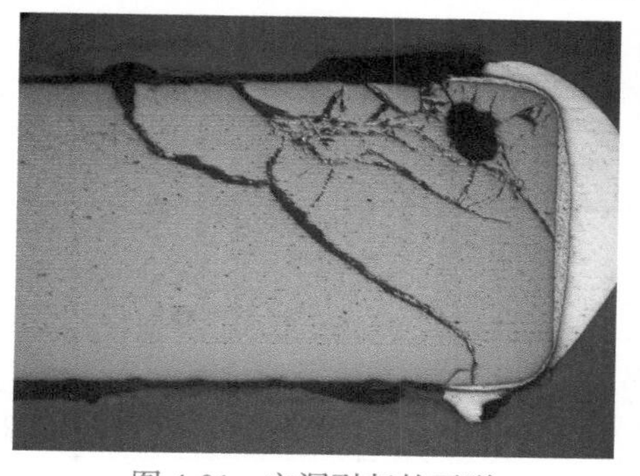
图 4-91　空洞引起的开裂</td></tr>
</table>

4.10 片式电容组装工艺要点（2）

案　例

案例 1：局部热应力造成片式电容开裂

某产品上有四排同品牌、同规格的片式电容，其中靠近掩模选择焊元器件的一排电容的开裂比其他三排高很多，占到总开裂元器件的 60% 以上，总的失效概率为 1/1000，如图 4-92 所示。

（a）

（b）

图 4-92　热应力导致片式电容开裂的案例

案例 2：机械热应力造成片式电容开裂

某产品上位于拼板分离边上的片式电容，出现比较多的烧坏现象，经过确认为拼板分板导致片式电容出现裂纹，加电后因温度导致断裂处错位，从而引起片式电容起火烧坏，如图 4-93 所示。

图 4-93　分板导致片式电容开裂

三点弯曲试验数据

1206 电容三点弯曲测试结果见表 4-4。

测试跨度为 90mm，测试板厚为 1.6mm。

表 4-4　电容三点弯曲测试结果　（单位：mm）

失效率	100×10^{-4}	0.1%	1%	10%	50%
弯曲度	1.84	2.02	2.25	2.56	2.95
弯曲半径	367	364	300	264	229
PCB 的应变水平	2.18E-03	2.39E-03	2.27E-03	3.03E-03	3.50E-03

4.10　片式电容组装工艺要点（3）

分板应力对片式电容的损伤

片式电容应力损伤，已经成为组装过程中最常见的可靠性问题。这有两方面的原因：一方面，多层陶瓷电容特别脆，怕应力；另一方面，在 PCBA 的装焊过程中，有很多容易引发应力的工序，比如手工插件、ICT 测试、分板、打螺钉、装面板等。在这些操作中，分板是导致片容最常见的原因。

为了了解不同分板方法对对片式电容失效的影响我们进行了试验。

1）试验板

试验板采用长条形板设计，片式电容距板边分别为 3mm、5mm 和 10mm，采用 0805 ~ 2220 封装，如图 4-94 所示。

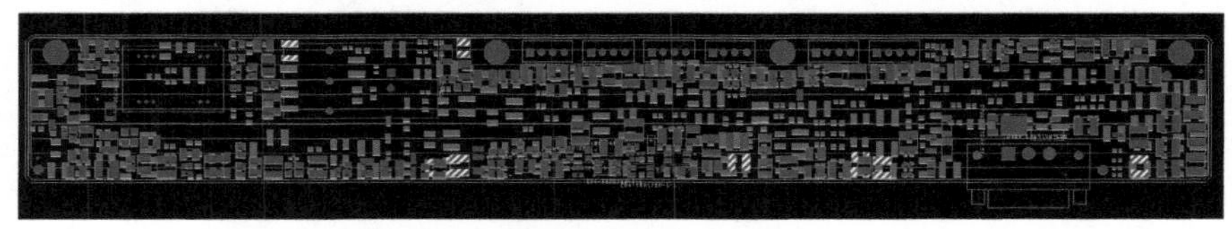

图 4-94　试验样板

2）试验数据

目前的分板有多种方法，如手扳、铣切和机切（采用上下双圆刀机切）。根据研究，手工分板基本与距离关系不大，铣切分板几乎无损伤，但机切与片容距板边的距离有一定对应关系，如图 4-95 所示。

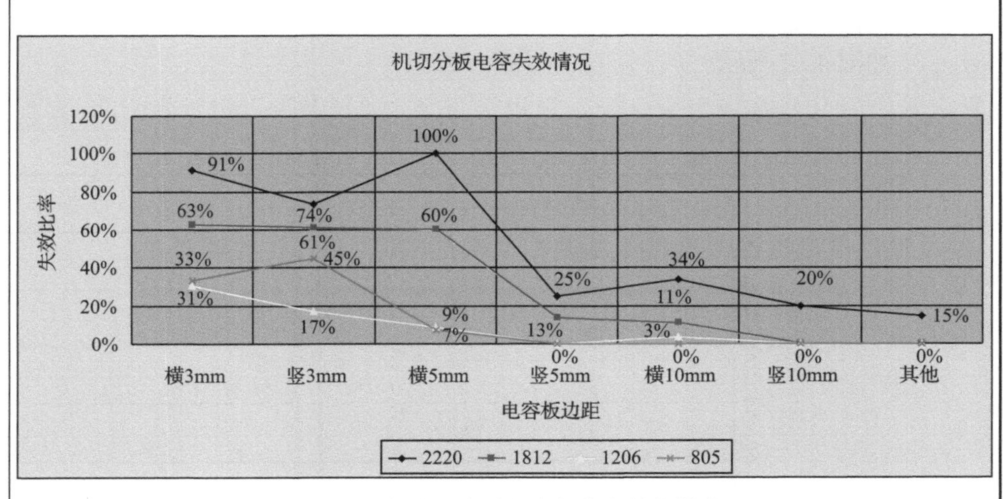

图 4-95　板边距离对电容概率失效的影响

3）试验结论

机切分板试验结论：

（1）片式电容尺寸越大越容易失效。

（2）离分板边越近越容易失效。

（3）机切分板，元器件平行于 V 槽比垂直更容易失效。

（4）0805 ~ 1206 封装尺寸的片式电容的安全距离为 5mm，大于 1206 封装尺寸的安全距离 10mm。

4.11 铝电解电容膨胀变形对性能影响的评估

变形对可靠性的影响

铝电解电容器，已经成为再流焊接峰值温度的主要限制因素。铝电解电容器由阳极化成铝箔（利用电解液在直流电作用下在纯 Al 表面生成一层致密的 Al_2O_3 皮膜）、阴极腐蚀箔、导针、电解纸及电解液结合而成，属于对焊接热敏感的一类器件。

铝电解电容器，其电解液的沸点一般在 180 ~ 200℃，在无铅焊接条件下，电解液会变成蒸汽。如果高温时间比较长，很容易发生可见膨胀变形，如图 4-96 所示。

图 4-96　铝电解电容的变形

为了评估这种变形，有人进行了专门研究。研究表明，在再流焊接条件下，铝电解电容器出现变形的时间与电容器的体积有关，最小和最大体积的铝电解电容器似乎最容易发生变形，体积中等的不容易发生变形，它们出现变形的时间比较长，如图 4-97 所示。

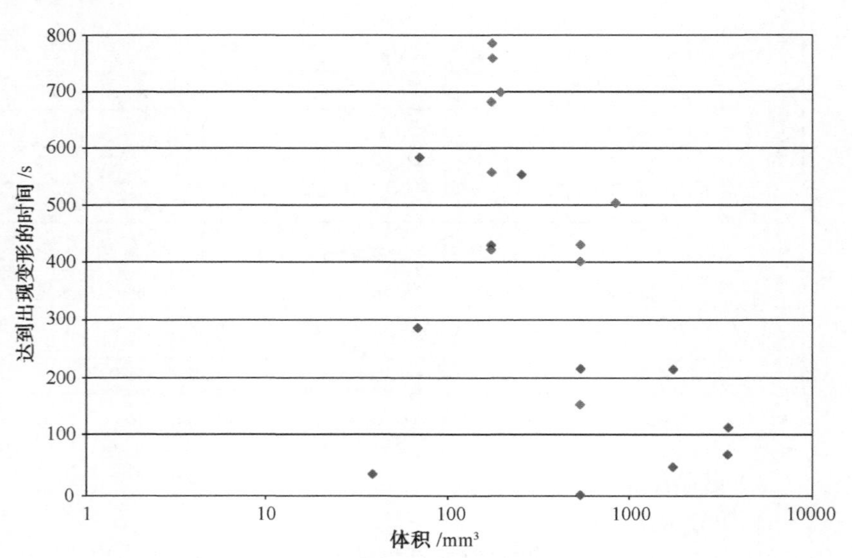

图 4-97　变形时间与电容器的体积关系

进一步研究表明，在正常再流焊接条件下，铝电解电容器的变形不会对其可靠性造成影响。详细内容请参考《新电子工艺》2008 年第 4 期《无铅再流焊接对电解电容的影响》一文。

第 5 章　可制造性设计

5.1　重要概念（1）

PCBA

1. 印制电路板组件

印制电路板组件（PCBA）是指安装有电子元器件、具有一定电路功能的印制电路装配件，如图 5-1 所示，在电子制造工厂也称为单板。

图 5-1　印制电路板组件

2. PCBA 的结构

PCBA 的结构有一个显著特点，就是元器件安装在 PCB 的一面或两面。为了交流的方便，在 IPC-SM-782 中对 PCBA 的两个面进行了定义。通常，我们把安装元器件、封装类别比较多的面，称为主装配面（Primary Side）；相反，把安装元器件、封装类别比较少的面，称为辅装配面（Secondary Side），如图 5-2 所示。它们分别对应 EDA 叠板顺序所定义的顶面（Top）和底面（Bottom）。

由于通常先焊接辅装配面，再焊接主装配面，因此，有时我们也将辅装配面称为一次焊接面，主装配面称为二次焊接面。

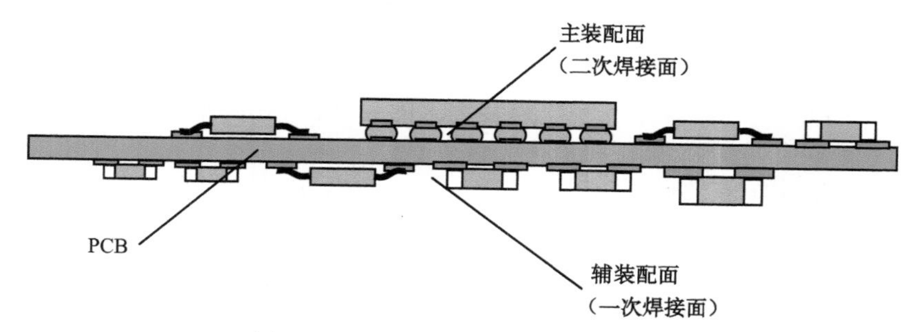

图 5-2　PCBA 双面全 SMT 组装结构

3. PCBA 可制造设计

PCBA 的可制造性设计，主要解决可组装性的问题，目的是实现最短的工艺路径、最高的焊接直通率、最低的生产成本。

设计内容主要有：工艺路径设计、装配面元器件布局设计、焊盘及阻焊设计（与直通率相关）、组装热设计、组装可靠性设计等。工艺路径主要根据所用元器件的总数量与封装类别来确定，它决定了 PCBA 装配面上元器件的布局。

5.1 重要概念（2）

PCBA混装度（1）

1. 背景

在IPC-SM-782中有两个重要概念“Producibility Levels”（可生产性水平）和“Component Mounting Complexity Levels”（元器件安装复杂性水平），它们有所区别但又分为对应的三级。这两个概念都是用来描述PCBA组装的复杂性的，三级的划分依据为组装所采用的技术，即通孔插装技术、表面组装技术和混合安装技术。

这两个概念与现实不完全相符，这是因为一方面，插装元器件的使用越来越少，另一方面，普通间距与精细间距封装同面组装所带来的难度与复杂性，已经远远超过插装技术与表面组装技术混合应用所带来的难度与复杂性。也就是说，今天电子制造的复杂性主要来自两方面的挑战：一是元器件封装尺寸越来越小；二是普通间距与精细间距封装在PCB同一安装面上的混合使用。这也是今天PCBA可制造性设计面临的最大挑战，PCBA的可制造性设计的核心任务就是通过封装选型与元器件布局等设计手段解决普通间距与精细间距封装同一安装面上的混用难题。

2. 混装度

混装度，这是本书提出的一个重要概念，是指PCBA安装面上各类封装组装工艺的差异程度，具体讲就是各类封装组装时所用工艺方法与钢网厚度的差异程度，如图5-3所示。组装工艺要求的差异程度越大，也就是混装度越大，反之，亦然。

混装度越大，工艺越复杂，成本越高。

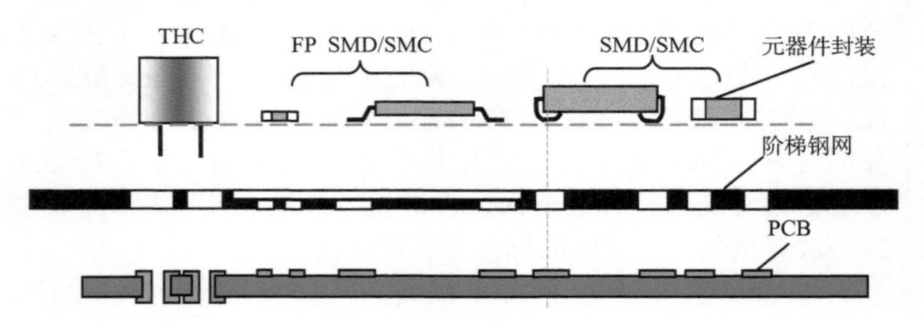

图5-3 混装度概念

PCBA的混装度反映了组装工艺的复杂性。我们平常讲到的PCBA“好不好焊接”，实际上包含两层意思，一层意思是说PCBA上有没有工艺窗口很窄的元器件，如精细间距元器件；另一层意思是说PCBA安装面上各类封装组装工艺的差异程度。

PCBA的混装度越高，对每类封装的组装工艺优化就越难，工艺性就越差。举个例子，如手机PCB，如图5-4所示，尽管手机板上所用的元器件都是精细间距或小尺寸元器件，如01005、0201、0.4mm CSP、PoP，每个封装的组装难度都很大，但是，它们的工艺要求属于同一个复杂级别，工艺的混装度并不高，每个封装的工艺都可以得到最优化的设计，最终的组装良率会非常高。而通信PCB，如图5-5所示，尽管所用元器件尺寸都比较大，但工艺的混装度比较高，组装时需要使用阶梯钢网。受限于元器件布局间隙与钢网制作难度，很难满足每个封装的个性需求，最终的工艺方案往往是一个顾及各类封装工艺要求的折中方案，而不是最优的方案，组装的良率不会很高。这也是提出混装度这个概念的意义所在。

5.1　重要概念（3）

PCBA
混装度
（2）

图 5-4　手机 PCB

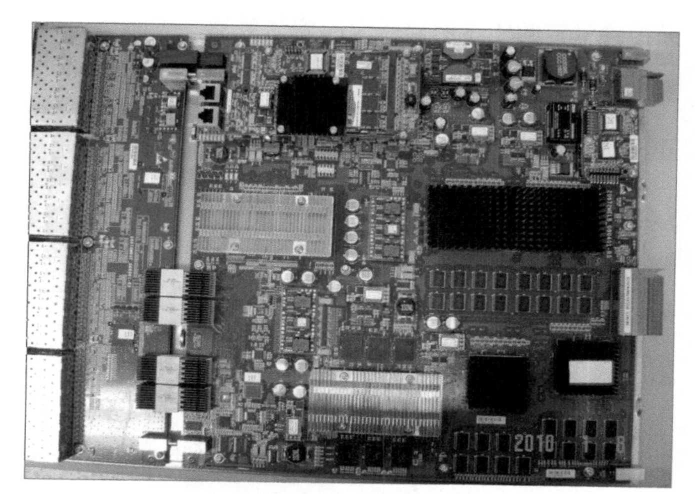

图 5-5　通信 PCB

同一装配面上安装工艺要求相近的封装，是封装选型的基本要求。在硬件设计阶段，确立合适的封装，是可制造设计的第一步。

3. 混装度的度量与分类

PCBA 的混装度，可用 PCB 同一装配面上所用元器件理想钢网厚度的最大差值来表示，如图 5-6 所示，差值越大，表示混装度越大，工艺性越差。

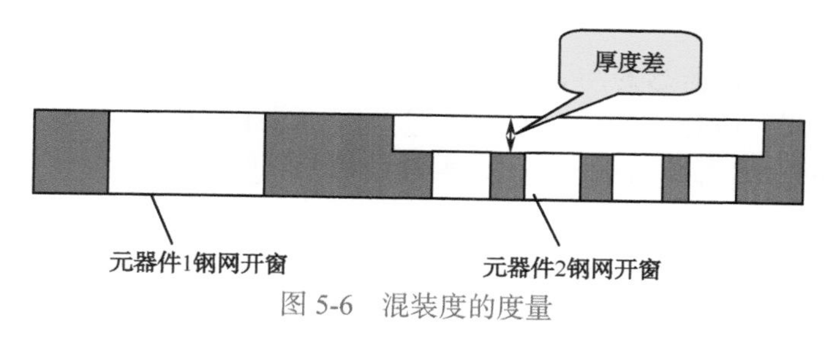

图 5-6　混装度的度量

5.1 重要概念（4）

PCBA混装度（3）

根据生产经验，我们可以把 PCBA 的混装度分为四级，见表 5-1。

表 5-1 PCBA 混装度的分级

混合度等级	理想钢网厚度差值（mil）	焊膏分配方法 / 工艺
0 级	0	钢网印刷
一级	≤2	阶梯钢网印刷
二级	≤4	阶梯钢网印刷，或二次钢网印刷
三级	≤6	二次钢网印刷，或喷涂，或加锡片

钢网厚度差值越大，工艺的优化难度越大。工艺难度大，并不是说阶梯钢网制作难度大，而是阶梯钢网厚度越大，焊膏的印刷质量就越难保证。理想情况下，阶梯钢网的阶梯厚度不宜超过 0.05mm（2mil）。

4. 元器件引脚间距与钢网最大厚度的关系

钢网厚度的设计主要从两方面考虑，即元器件引脚间距与封装的共面性。元器件引脚间距与钢网开窗的面积有一定的对应关系，基本上决定了钢网可使用的最大厚度，封装的共面性决定了钢网可使用的最小厚度。由于钢网厚度不是根据单一的元器件引脚间距设计的，因此，不能简单地按间距大小判定混装度，但可以作为一个基本参考来进行元器件的封装选型。

图 5-7 为引脚间距对应的钢网厚度值。

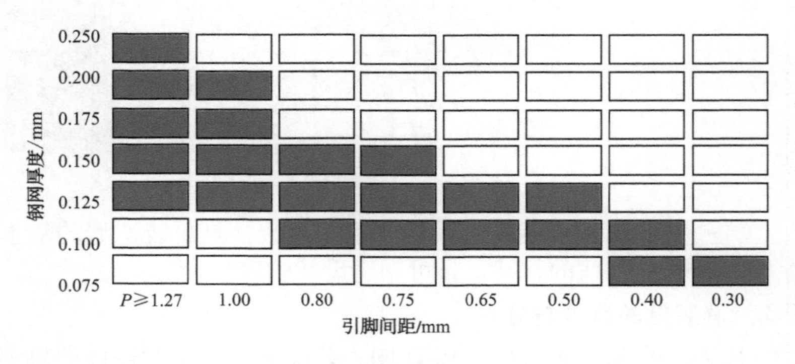

图 5-7 元器件引脚间距对应的钢网厚度值

5. 混装度概念的意义

混装度概念对元器件封装的选型、元器件的布局有重要的指导意义。我们希望在同一装配面上封装的工艺差异性越小越好。

5.2 PCBA 可制造性设计概述（1）

概　述（1）

1. PCBA 可制造设计的设计内容

PCBA 可制造设计包括 PCB 的可制造性设计和 PCBA 的可组装性设计（或者说装配性设计）两部分内容，如图 5-8 所示。

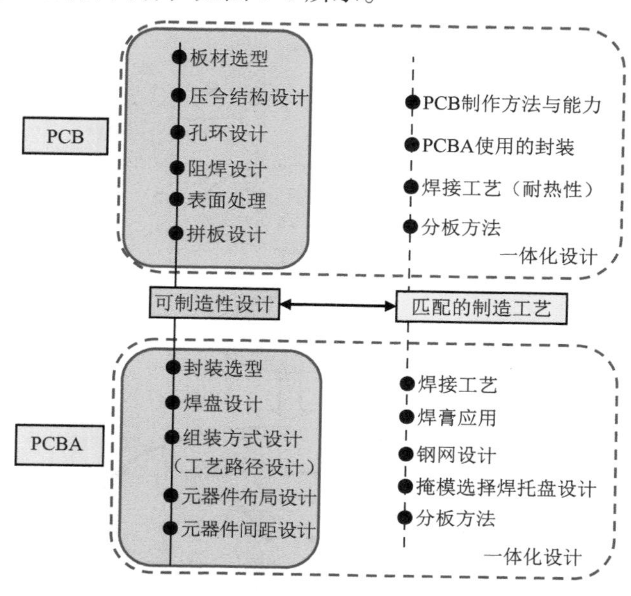

图 5-8　可制造性设计内容

PCB 的可制造性设计侧重于“可制作性”，设计内容包括板材选型、压合结构、孔环设计、阻焊设计、表面处理和拼板设计等内容。这些设计都与 PCB 的加工能力有关，受加工方法与能力限制，设计的最小线宽与线距、最小孔径、最小焊盘环宽、最小阻焊间隙等必须符合 PCB 的加工能力，设计的叠层与压合结构必须符合 PCB 的加工工艺。因此，PCB 的可制造性设计重点在于满足 PCB 厂的工艺能力，了解 PCB 的制作方法、工艺流程和工艺能力是实施工艺设计的基础。

而 PCBA 的可组装性设计侧重于“可组装性”，即建立稳定而坚固的工艺性，实现高质量、高效率和低成本的焊接。设计的内容包括封装选型、焊盘设计、组装方式（或称为工艺路径设计）、元器件布局、钢网设计等内容。所有这些设计要求，都是围绕更高的焊接良率、更高的制造效率、更低的制造成本来展开。因此，了解各类封装的工艺特点、常见焊接不良现象及影响因素非常重要。

不管 PCB 的可制造性设计还是 PCBA 的可组装性设计，都不能简单地围绕单独的设计要素来进行，比如元器件选型，0201 对手机板而言是最常用的封装，而对通信板则不是，在进行设计时必须全面、系统地通盘考虑单板的工艺性，也就是本书一再强度的“一体化”设计概念！

2. PCBA 可制造设计的设计流程

在 PCBA 的可制造性设计中，我们一般先根据硬件设计材料明细表（BOM）的元器件数量与封装确定 PCBA 的组装方式，即元器件在 PCBA 正反面的元器件布局，它决定了组装时的工艺路径，因此也称工艺路径设计；然后，再根据每个装配面采用的焊接工艺方法进行元器件布局；最后根据封装与工艺方法确定元器件之间的间距和钢网厚度与开窗图形设计，如图 5-9 所示。

5.2 PCBA 可制造性设计概述（2）

概 述（2）

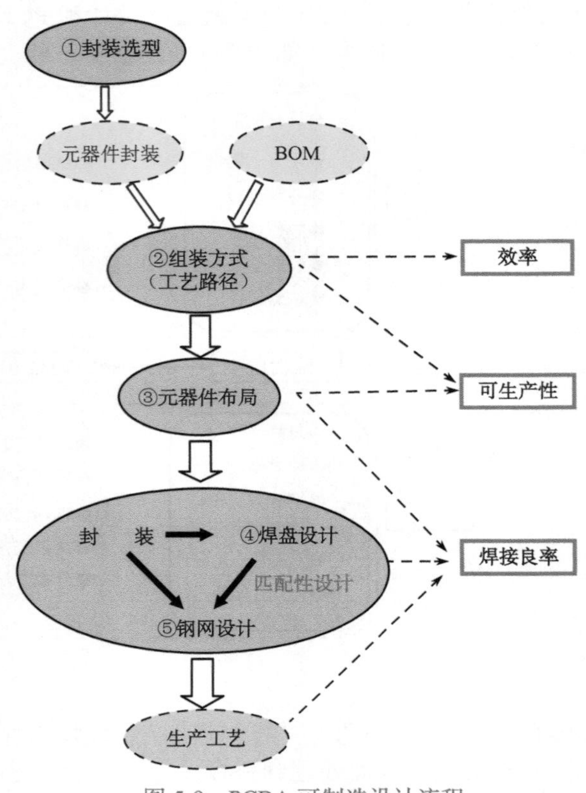

图 5-9 PCBA 可制造设计流程

从图 5-9 我们可以看到以下几点：

1）封装是可制造性设计的依据和出发点

封装是可制造性设计的依据与出发点。不论工艺路径、元器件布局，还是焊盘、元器件间距、钢网开窗，都围绕着封装来进行，它是联系关联设计要素的桥梁。

2）焊接方法决定元器件的布局

每种焊接方法对元器件的布局都有自己的要求，比如，波峰焊接片式元件，要求其长度方向与 PCB 波峰焊接时的传送方向相垂直，相邻元件间距大于其相对比较高的那个元件的高度。

3）封装决定焊盘与钢网开窗的匹配性

封装的工艺特性，决定需要的焊膏量及分布。封装、焊盘与钢网等三者是相互关联和影响的，焊盘与引脚结构决定了焊点的形貌，也决定了吸附熔融焊料能力。钢网开窗与厚度设计决定了焊膏的印刷量，在进行焊盘设计时必须考虑到钢网的开窗与封装的需求。图 5-10 所示的两个图分别是 0.4mm QFP 不同钢网开口尺寸下焊膏熔融的结果，我们可以看到图 5-10（a）比图 5-10（b）设计要好，焊膏熔化后均匀地铺展到焊盘上，显示焊膏量与焊盘尺寸比较匹配，而图 5-10（b）显示焊膏偏多，焊接时容易产生桥连。

5.2 PCBA 可制造性设计概述（3）

概述（3）

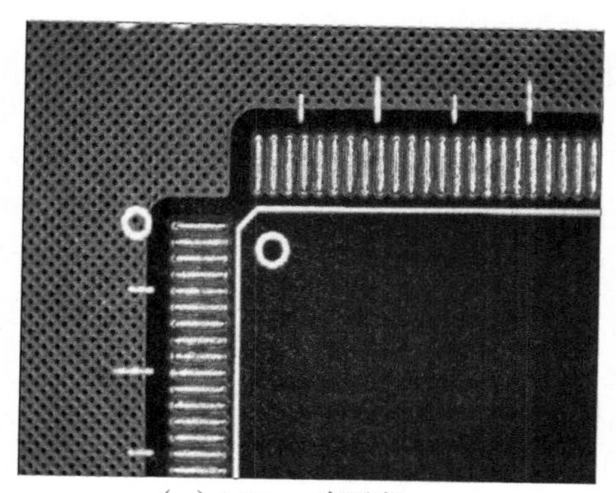

（a）0.18mm 宽开窗　　（b）0.22mm 宽开窗

图 5-10　焊膏熔化后的铺展情况

4）可制造性设计与 SMT 工艺决定制造的良率

可制造性设计为高质量的制造提供前提条件和固有工艺能力（Cpk），这也是质量管理课程中提到"设计决定质量"的理由之一。

这些观点或逻辑关系是可制造性设计内在联系的体现，在可制造性设计时必须记住这些观点，以便以"一体化"的思想进行可制造性的设计。

3. PCBA 可制造设计的基本原则

1）优选表面组装与压接元器件

表面组装元器件与压接元器件，具有良好的工艺性。

随着元器件封装技术的发展，绝大多数元器件都可以买到适合再流焊接的封装类别，包括可以采用通孔再流焊接的插装元器件。如果设计上能够实现全表面组装化，将大大提高组装的效率与质量。

压接元器件主要是多引脚的连接器，这类封装也具有良好的工艺性与连接的可靠性，也是优先选用的类别。

2）以 PCBA 装配面为对象，整体考虑封装尺度与引脚间距

对整板工艺性影响最大的是封装尺度与引脚间距。在选择表面组装元器件的前提下，必须针对特定尺寸与组装密度的 PCB，选择一组工艺性相近的封装或者说适合某一厚度钢网进行焊膏印刷的封装。比如手机板，所选的封装都适合用 0.1mm 厚钢网进行焊膏印刷。

3）缩短工艺路径

工艺路径越短，生产效率越高，质量也越可靠。优选的工艺路径设计是：

（1）单面再流焊接；

（2）双面再流焊接；

（3）双面再流焊接 + 波峰焊接；

（4）双面再流焊接 + 选择性波峰焊接；

（5）双面再流焊接 + 手工焊接。

4）优化元器件布局

元器件布局设计主要指元器件的布局位向与间距设计。元器件的布局必须符合焊接工艺的要求。科学、合理的布局，可以减少不良焊点，可以减少工装的使用，

5.2 PCBA 的可制造性设计概述（4）

概述（4）

可以优化钢网的设计。

5）整体考虑焊盘、阻焊与钢网开窗的设计

焊盘、阻焊与钢网开窗的设计，决定焊膏的实际分配量及焊点的形成过程。协调焊盘、阻焊与钢网三者的设计，对提高焊接的直通率有非常大的作用。

6）聚焦新封装

所谓新封装，不完全是指新面市的封装，而是指自己公司没有使用经验的那些封装。对于新封装的导入，应进行小批量的工艺验证。别人能用，不意味着你也可以用，使用的前提必须是做过试验，了解工艺特性和问题谱，掌握应对措施。

7）聚焦 BGA、片式电容与晶振等应力敏感元器件

BGA、片式电容与晶振等属于典型的应力敏感元件，布局时应尽可能避免布放在 PCB 在焊接、装配、车间周转、运输、使用等环节容易发生弯曲变形的地方。

8）研究案例完善设计规则

可制造性设计规则来源于生产实践，根据不断出现的组装不良或失效案例持续优化、完善设计规则，对于提升可制造性设计具有非常重要的意义。

4. PCBA 可制造性设计与制造的关系

PCBA 可制造性设计与制造的关系可以归纳为两点：

（1）PCBA 的可制造性设计决定 PCBA 的焊接直通率水平，它对焊接良率的影响是先天性的，较难通过现场工艺的优化进行补偿。

（2）可制造性设计决定生产效率与生产成本。如果 PCBA 的工艺设计不合理，可能就需要额外的试制时间和工装，如果还不能解决，就必须通过返修来完成。这些都降低了生产效率，提高了成本。

下面我们举一个 0.4mm QFP 的例子予以说明：

0.4mm QFP 是广泛使用的一类封装，但它也是焊接不良排行前十的封装。主要的焊接不良表现为桥连和开焊，如图 5-11 所示。

（a）桥连

（b）开焊

图 5-11　0.4mm QFP 桥连和开焊现象

0.4mm QFP，之所以容易发生桥连，根本上是由于引线之间的间隔比较小，一般只有 0.15 ~ 0.20mm，它对焊膏量的变动比较敏感。如果焊膏印刷稍微偏厚就可能引发桥连，因此，通常采取的改进举措是减薄焊膏印刷的钢网厚度，但这样做的结果可能带来更多的开焊。如果我们能够提供一个比较大的焊膏量工艺窗口，那么就可以有效地提高焊接的良率。

5.2　PCBA 的可制造性设计概述（5）

概　述（5）

从工艺设计角度考虑，我们需要解决两个问题：一是如何控制焊膏量的变化；二是如何降低焊膏量对桥连的影响。如果我们能够解决这两个问题就能够很好地管控 0.4mm QFP 的焊接质量。

首先我们看一下 0.4mm QFP 的焊点结构与焊膏印刷的原理，如图 5-12、图 5-13 所示。从图 5-12 我们可以看到，熔融的焊锡铺展在焊盘和引脚表面，焊盘的宽度决定吸附熔融焊锡的量。从图 5-13 可以了解到阻焊厚度对钢网与焊盘之间密封性的影响——如果阻焊层比较厚就会增加焊膏的量。

了解了这两点，我们就可以进行 0.4mm QFP 的工艺设计，具体讲就是通过对焊盘、阻焊和钢网的一体化设计，有效控制焊膏量的波动并降低焊膏量对桥连的敏感度。

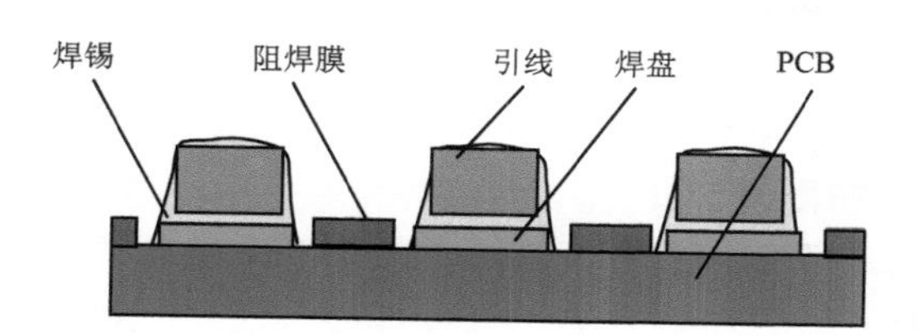

图 5-12　0.4mm QFP 焊点截面结构示意图

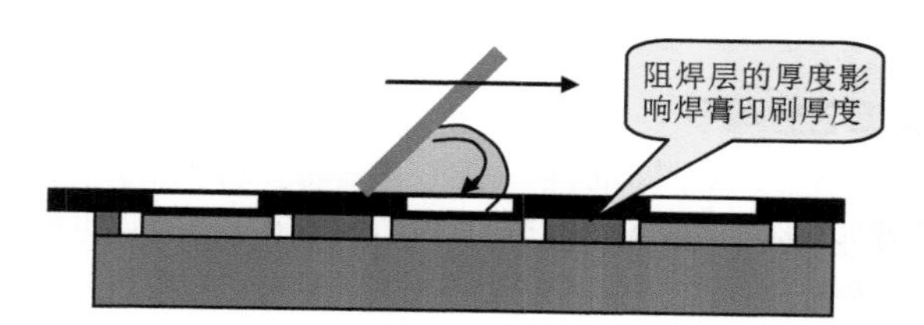

图 5-13　焊膏印刷原理

如果我们把焊盘设计得比较宽一点、钢网开窗设计窄点、去掉焊盘之间的阻焊，如图 5-14 所示，那么，就可以获得稳定的焊膏量（去掉了阻焊对焊膏印刷厚度的影响）、可以适应焊膏量变化的焊缝结构（宽焊盘窄的钢网开窗），从而为实现了少桥连甚至不桥连的工艺目标。实践证明，这样的设计完全可以解决 0.4mm QFP 的桥连问题。

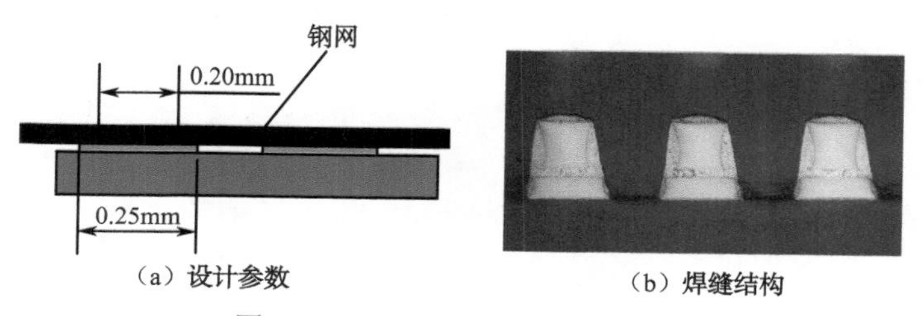

（a）设计参数　　（b）焊缝结构

图 5-14　0.4mm QFP 的工艺设计

5.3 基本的PCBA可制造性设计

设计考虑因素

前面提到PCBA的设计包括PCB和PCBA的可制造性设计两部分内容。PCB的可制造性设计主要与PCB的加工能力有关，比较简单，一般只要按照签约的供应商给出的技术能力设计即可。而PCBA的设计，有关可制造性的部分内容相对比较简单，但是，有关工艺性的设计部分比较复杂，与经验有关，没有最好，只有更好，完全取决于企业内部的技术积累。限于篇幅，本书仅就PCBA基本的可制造性要求做一介绍。

PCBA的可制造性设计，主要包括以下四方面的设计。

1. 自动化生产线单板传送与定位要素设计

自动化生产线组装，PCB必须具有传送边与光学定位符号，这是可生产的先决条件。

2. PCBA组装流程设计

PCBA组装流程设计，即元器件在PCB正反面的元器件布局结构。它决定了组装时的工艺方法与路径，因此也称为工艺路径设计。

3. 元器件布局设计

元器件布局设计，即元器件在装配面上的位置、方向与间距设计。元器件的布局取决于采用的焊接方法。每种焊接方法对元器件的布放位置、方向与间距都有特定要求，因此本书按照封装采用的焊接工艺布局设计要求加以介绍。需要指出的是，有时一个装配面需要采用两种甚至更多的焊接工艺，如采用“再流焊接+波峰焊接”进行焊接，对于此类情况，应按每种封装所采用的焊接工艺进行布局设计。

4. 组装工艺性设计

组装工艺性设计，即面向焊接直通率的设计，通过焊盘、阻焊与钢网的匹配设计，实现焊膏定量、定点的稳定分配；通过布局布线的设计，实现单个封装所有焊点的同步熔融与凝固；通过安装孔的合理连线设计，实现75%的透锡率等，这些设计目标最终都是为了提高焊接的良率。

比如，日本京瓷公司手机板上0.4mm CSP的焊盘设计采用了阻焊定义焊盘设计，如图5-15所示，目的就是提高焊接的良率。这样的设计，一方面由于建立了一个阻焊平面，有利于钢网与PCB之间的密封；另一方面，焊膏量的增加用于降低因焊膏总量的不足而产生的球窝风险。

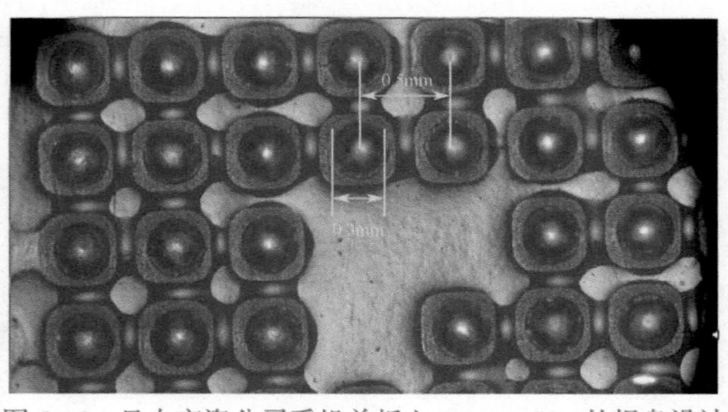

图5-15　日本京瓷公司手机单板上0.4mm CSP的焊盘设计

5.4 PCBA 自动化生产要求（1）

<table>
<tr><td>PCB
尺寸</td><td>

1. 背景

PCB 的尺寸受限于生产线设备的能力，因此，在产品系统方案设计时应选用合适的 PCB 尺寸。

一般 SMT 生产线的配置如图 5-16 所示。

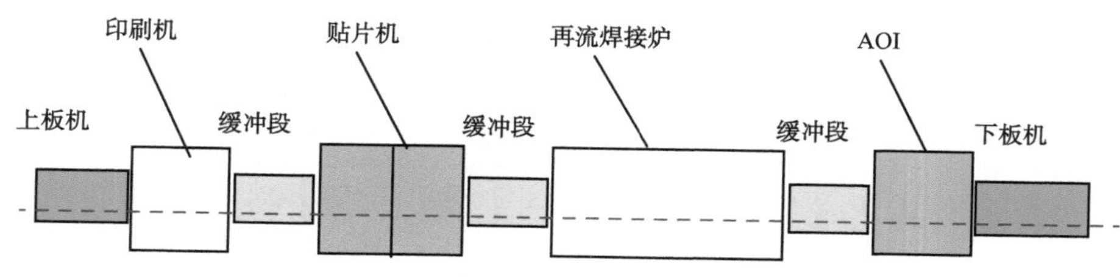

图 5-16 SMT 生产线的配置

（1）SMT 设备可贴装的最大 PCB 尺寸源于 PCB 板料的标准尺寸，大多数为 20″ ×24″ ，即 508mm×610mm（导轨宽度）。

（2）推荐尺寸是与 SMT 生产线各设备比较匹配的尺寸，利于发挥各设备的生产效率，消除设备瓶颈。

（3）对于小尺寸的 PCB 应设计成拼板，以提高整条生产线的生产效率。

2. 设计要求

（1）一般情况下，PCB 的最大尺寸应限制在 460mm×610mm 范围内。

（2）推荐尺寸范围为（200 ～ 250）mm×（250 ～ 350）mm，长宽比应小于 2。

（3）对于尺寸小于 125mm×125mm 的 PCB，应拼板为合适的尺寸。

</td></tr>
<tr><td>PCB
外形
（1）</td><td>

1. 背景

SMT 生产设备是用导轨传送 PCB 的，不适宜传送不规则外形的 PCB，特别是角部有缺口的 PCB。

2. 设计要求

（1）PCB 外形应为规则的方形且四角倒圆，如图 5-17 所示。

图 5-17 理想的 PCB 外形

（2）为保证传送过程中的平稳性，对不规则形状的 PCB 应考虑用拼板的方式将其转换为规则的方形，特别是角部缺口最好要补齐，如图 5-18 所示，以免波峰焊接夹爪传送过程中卡板。

（3）纯 SMT 板，允许有缺口，但缺口尺寸应小于所在边长度的 1/3，如图 5-19 所示，对于超过此要求的，应设计工艺边补齐。

（4）金手指的倒边设计要求参考图 5-20 所示，除了插入边按图示要求设计倒角外，插板两侧边也应该设计（1 ～ 1.5）×45° 的倒角，以利于插入。

</td></tr>
</table>

<table>
<tr><th colspan="2">5.4 PCBA 自动化生产要求（2）</th></tr>
<tr><td>PCB
外形
（2）</td><td>
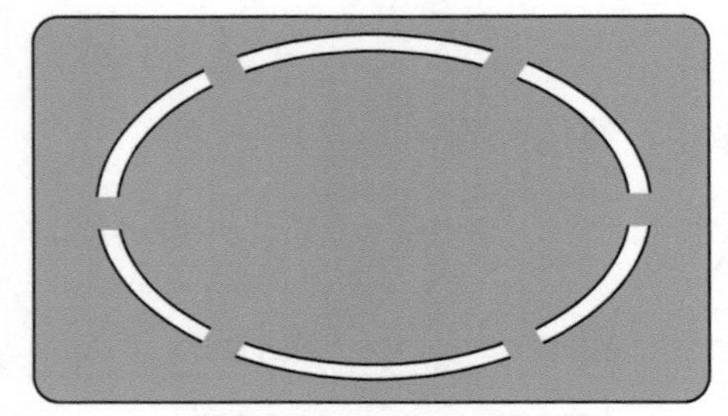

图 5-18　不规则外形 PCB 转换成规则的方形

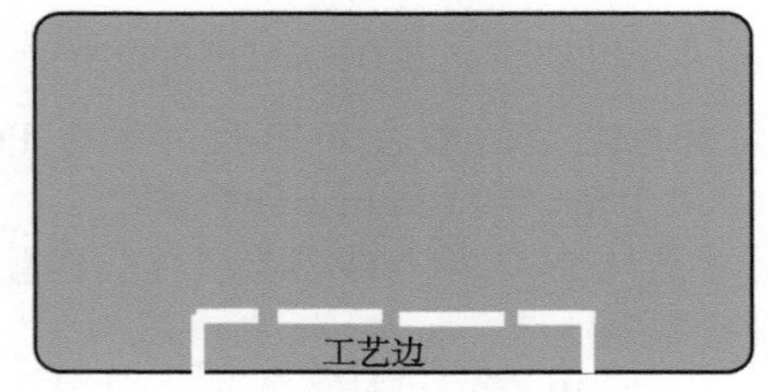

图 5-19　缺口补齐

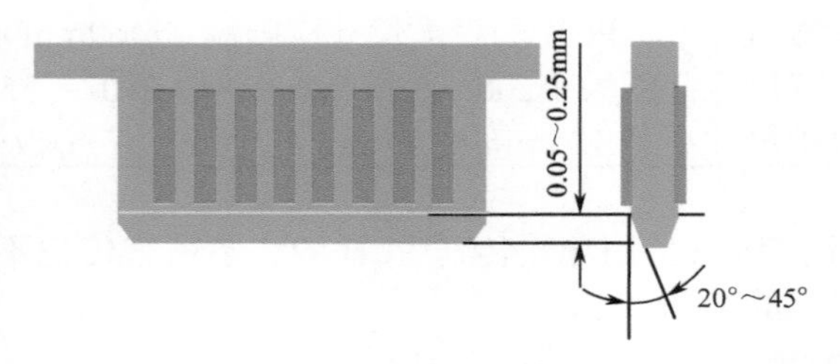

图 5-20　金手指的外形要求
</td></tr>
<tr><td>传送边
（1）</td><td>
1. 背景

传送边的尺寸取决于设备的传送导轨要求，印刷机、贴片机和再流焊接炉，一般要求传送边大于 5mm。印刷机导轨与再流焊接炉导轨如图 5-21 所示。

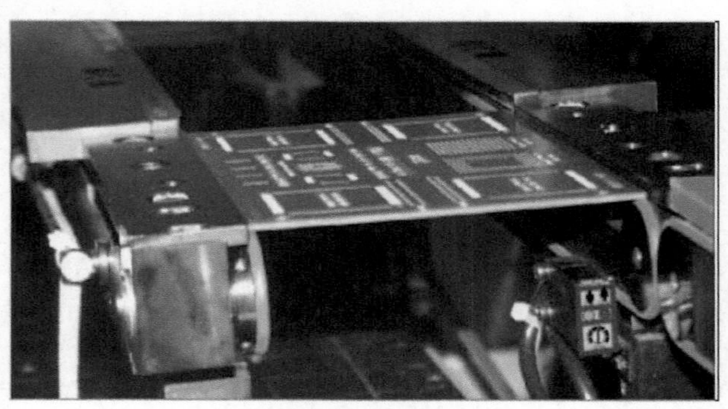

（a）印刷机导轨

图 5-21　主要设备传送导轨
</td></tr>
</table>

<table>
<tr><th colspan="2">5.4　PCBA 自动化生产要求（3）</th></tr>
<tr><td>传送边
（2）</td><td>

（b）再流焊接炉导轨

图 5-21　主要设备传送导轨（续）

2. 设计要求

（1）为减少焊接时 PCB 的变形，对非拼板 PCB，一般将其长边方向作为传送方向；对于拼板也应将其长边方向作为传送方向。

（2）一般将 PCB 或拼板传送方向的两条边作为传送边，如图 5-22 所示，传送边的最小宽度≥5.0mm，传送边正反面内，不能有任何元器件或焊点。

（3）非传送边，SMT 设备方面没有限制，最好预留 2.5mm 的元器件禁布区。

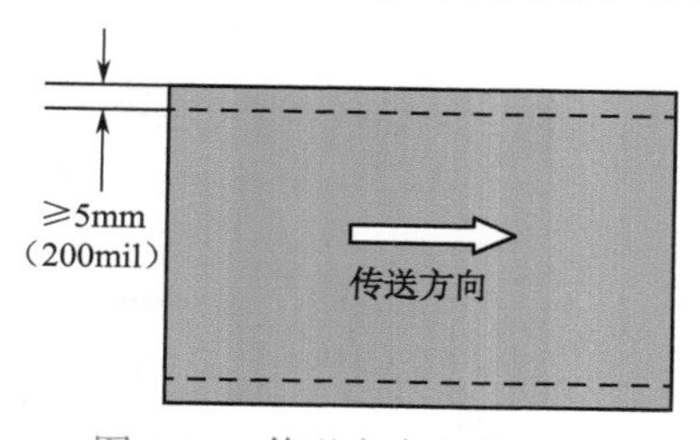

图 5-22　传送方向与传送边

</td></tr>
<tr><td>定位孔
（1）</td><td>

1. 背景

拼板加工、组装、测试等很多工序需要 PCB 定位准确，因此，一般都要求设计定位孔。

2. 设计要求

（1）每块 PCB，至少应设计两个定位孔，一个设计为圆形，另一个设计为长槽形，前者用于定位，后者用于导向，如图 5-23（a）所示。

① 定位孔径没有特别要求，根据自己工厂的规范设计即可，推荐直径为 2.4mm、3.0mm。

② 定位孔应为非金属化孔。如果 PCB 为冲裁 PCB，如图 5-23（b）所示，则定位孔应设计孔盘，以加强刚度。

③ 导向孔长一般取直径的 2 倍即可。

④ 定位孔中心应确保孔离传送边 5.0mm 以上，仅作推荐，两个定位孔应尽可能离得远些，建议布局在 PCB 的对角处。

（2）对于混装 PCB（安装有插件的 PCBA），定位孔的位置最好正反一致，这样，工装的设计可以做到正反面公用，如装螺钉底托也可用于插件的托盘。

</td></tr>
</table>

5.4 PCBA 自动化生产要求（4）

定位孔（2）

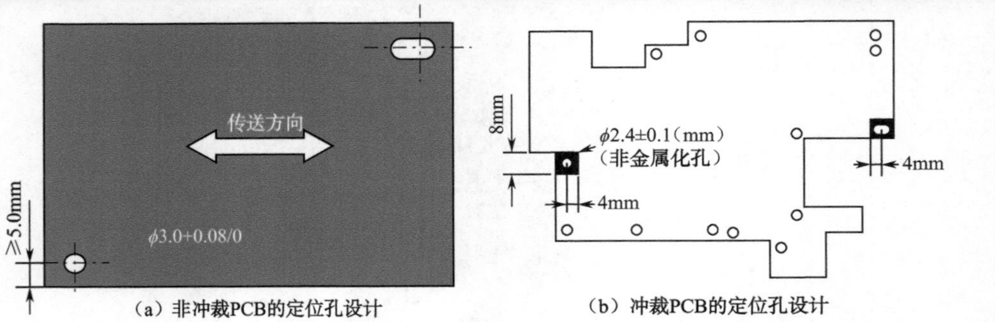

（a）非冲裁PCB的定位孔设计　（b）冲裁PCB的定位孔设计

图 5-23　定位孔设计要求

定位符号（1）

1. 背景

现代贴片机、印刷机、光学检测设备（AOI）、焊膏检测设备（SPI）等都采用了光学定位系统。因此，PCB 上必须设计光学定位符号。

2. 设计要求

（1）定位符号分为整体定位符号（Global Fiducial）与局部定位符号（Local Fiducial）。前者用于整板定位，后者用于拼板子板或精细间距元器件的定位，如图 5-24 所示。

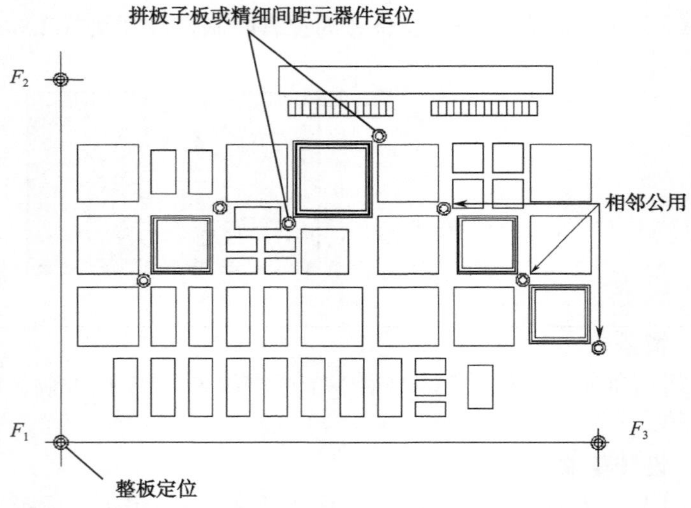

图 5-24　定位符号的应用

（2）光学定位符号可以设计成正方形、菱形、圆形、十字形、井字形等，如图 5-25 所示，高度 2.0mm。一般推荐设计成 ϕ1.0mm 的圆形铜定义图形，考虑到材料颜色与环境的反差，应留出比光学定位符号大 1mm 的无阻焊区，其内不允许有任何字符，如图 5-26 所示。同一板面上的三个符号下内层有无铜箔应一致。

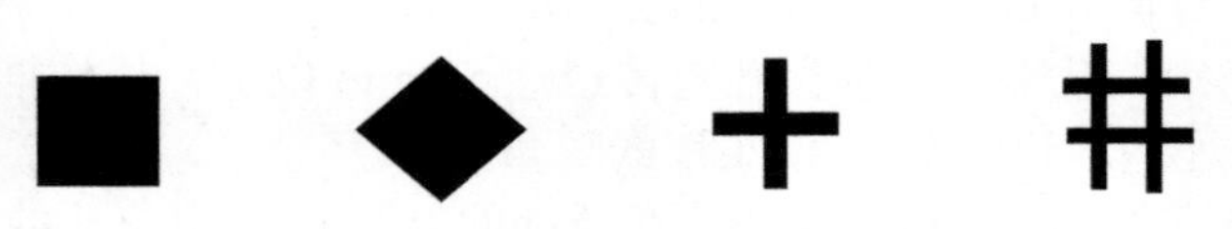

图 5-25　常用定位符号图形

5.4　PCBA 自动化生产要求（5）

定位符号（2）	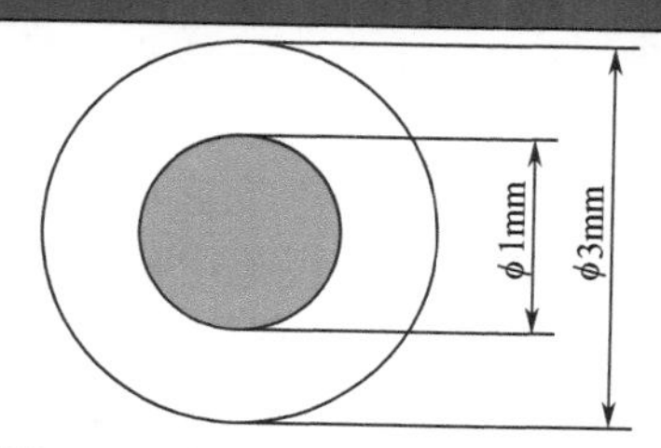 图 5-26　推荐的光学定位符号设计 （3）在有贴片元器件的 PCB 面上，建议在板的角部布设 3 个整板光学定位符号，以便对 PCB 进行立体定位（三点决定一个平面，可以检测焊膏的厚度），如图 5-27 所示。 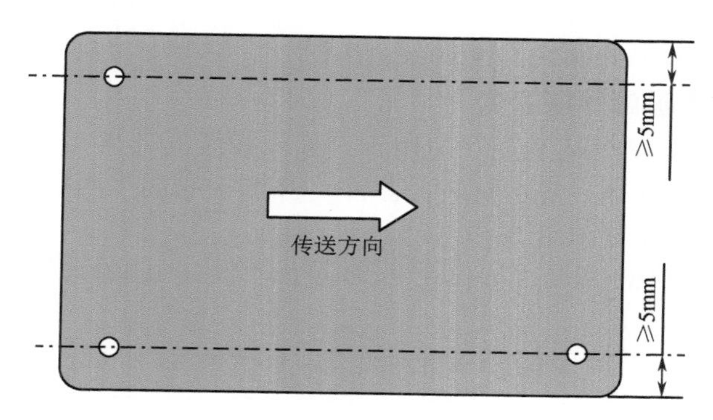 图 5-27　定位符号的设置数量与位置 （4）对于拼板，除了要有 3 个整板光学定位符号外，每块单元板上对角处最好也设计两个或三个拼板光学定位符号，如图 5-28 所示。 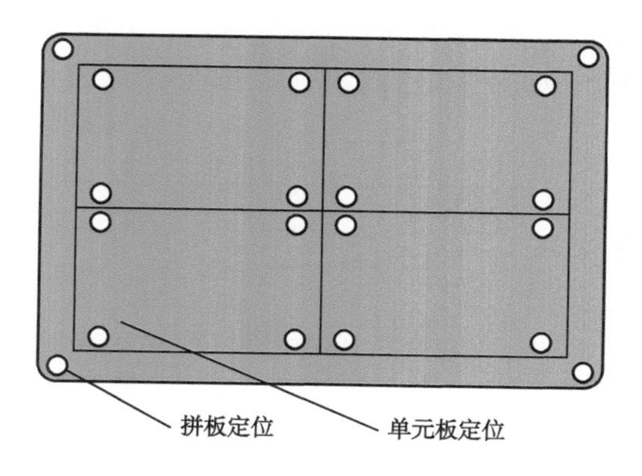 图 5-28　拼板定位符号的设计要求 （5）对引线中心距≤0.5mm 的 QFP 及中心距≤0.8mm 的 BGA 等器件，应在其对角设置局部光学定位符号，以便对其精确定位。 （6）如果是双面都有贴装元器件，则每一面都应该有光学定位符号。 （7）光学定位符号的中心应离 PCB 传送边 5mm 以上，如图 5-27 所示。

5.5 组装流程设计（1）

组装流程设计（1）

印制电路板组件（PCBA）的组装流程设计，也称为工艺路径设计。

PCBA组装流程设计决定了PCBA正反面上元器件布局（安装）设计。在IPC-SM-782中，把元器件在PCB正反面的安装设计称为装配类型设计（Assembly Type Design），在CISCO企业规范中称为产品设计（Product Design），二者在本质上是一样的，都是基于工艺流程的、元器件在正反板面上的布局设计。

事实上，进行EDA设计时，需先根据元器件数量与封装类别确定合适的组装流程，然后再根据组装流程要求进行元器件的布局设计，其核心是“组装流程设计”。

我们采用“顶面（Top）元器件类别 // 底面（Bottom）元器件类别”方式来表示元器件的安装布局。这里的顶面对应EDA设计软件中的Top面，即IPC定义的主装配面；底面对应EDA设计软件中的Bottom面，即IPC定义的辅助装配面。

推荐的组装流程主要有以下几种。

1. 单面波峰焊接工艺

单面波峰焊接工艺，适用于“顶面插装元器件（THC）布局”和“顶面插装元器件（THC）// 底面贴装元器件（SMD）布局”两类设计。

1）顶面THC布局

顶面THC布局，即仅在PCB顶面安装THC的设计，如图5-29所示。

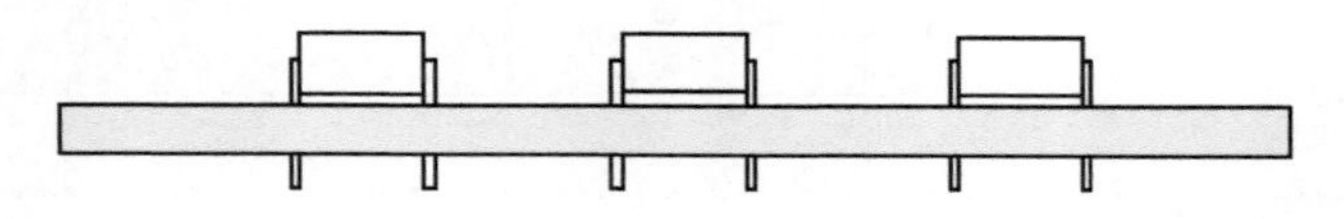

图5-29 顶面THC布局

对应的顶面工艺路径：插装THC→波峰焊接。

2）顶面THC// 底面SMD布局

顶面THC// 底面SMD布局，即在PCB顶面安装THC，底面安装可波峰焊接的SMD的设计，如图5-30所示。

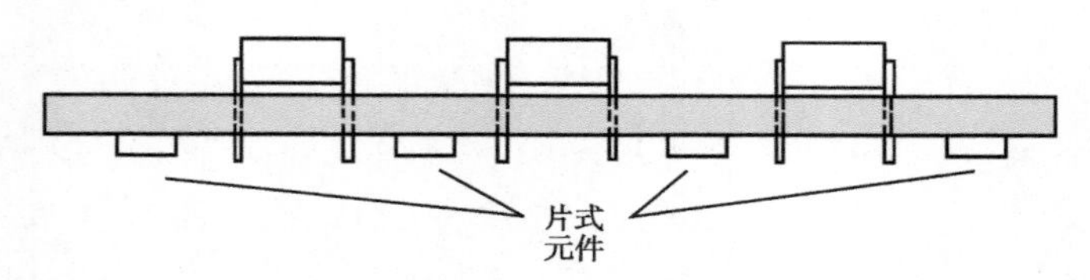

图5-30 顶面THC// 底面可波峰焊接SMD布局

对应的工艺路径：

（1）底面：点红胶→贴片→固化。

（2）顶面：插装THC。

（3）底面：波峰焊接。

2. 单面再流焊接工艺

单面再流焊接工艺，适用于“顶面SMD布局”，即在顶面仅安装SMD的设计，如图5-31所示。

5.5　组装流程设计（2）

组装流程设计（2）

顶面工艺路径：印刷焊膏→贴装 SMD →再流焊接。

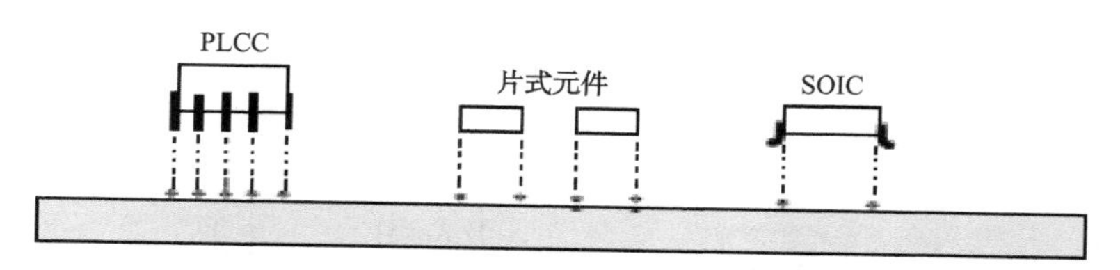

图 5-31　顶面 SMD 布局

3. 顶面再流焊接，底面全波峰焊接工艺

顶面再流焊接，底面全波峰焊接工艺适用于顶面 SMD 和 THC// 底面无元器件或 SMD 的布局，即仅在顶面安装 THC 和 SMD，底面无元器件或可波峰焊接 SMD 的设计，如图 5-32 所示。

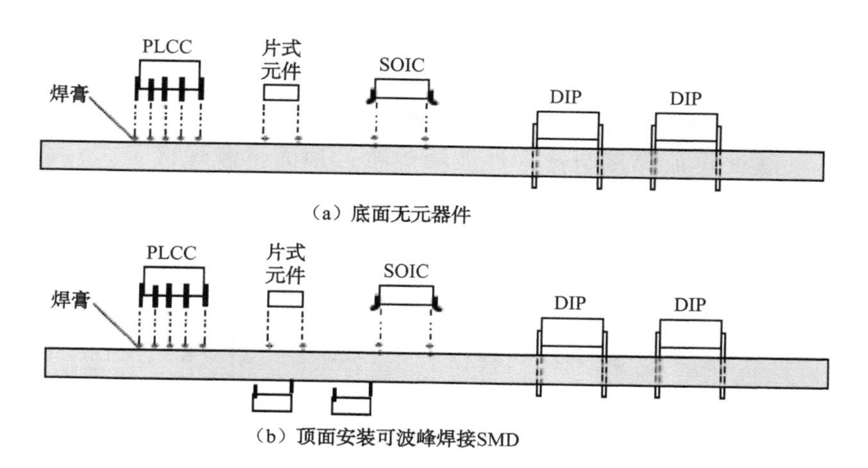

图 5-32　顶面 SMD 和 THC// 底面无元器件或 SMD 的布局

图 5-32（a）布局对应的工艺路径：

（1）顶面：印刷焊膏→贴装 SMD →再流焊接。

（2）顶面：插装 THC。

（3）底面：波峰焊接。

如果底面安装了可波峰焊接的贴片元器件，如 0603 ~ 1206 的片式元件，引脚中心距≥1.0mm 的 SOP 等，则图 5-32（b）布局对应的工艺路径如下：

（1）顶面：印刷焊膏→贴装 SMD →再流焊接。

（2）底面：点红胶→贴装 SMD →固化。

（3）顶面：插装 THC。

（4）底面：波峰焊接。

4. 双面再流焊接工艺

双面再流焊接工艺适用于顶面和底面只安装有 SMD 的布局，如图 5-33 所示。此类布局要求底面所布元器件再焊接顶面元器件时不会掉落。

5.5 组装流程设计（3）

组装流程设计（3）

工艺路径：

（1）底面：印刷焊膏→贴装 SMD →再流焊接。

（2）顶面：印刷焊膏→贴装 SMD →再流焊接。

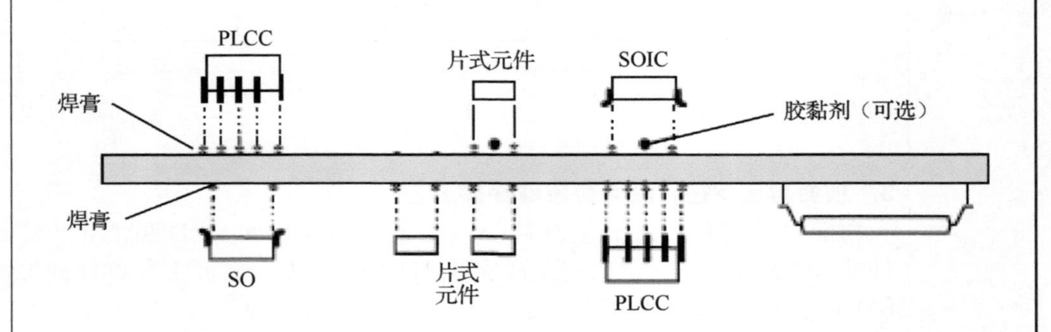

图 5-33 顶面和底面只安装 SMD 的布局

5. 底面再流焊接与选择性波峰焊接，顶面再流焊接工艺

底面再流焊接与选择性波峰焊接，顶面再流焊接工艺，适用于“顶面 SMD 和 THC 的布局 // 底面 SMD”，如图 5-34 所示，这是目前最常见到一种布局。

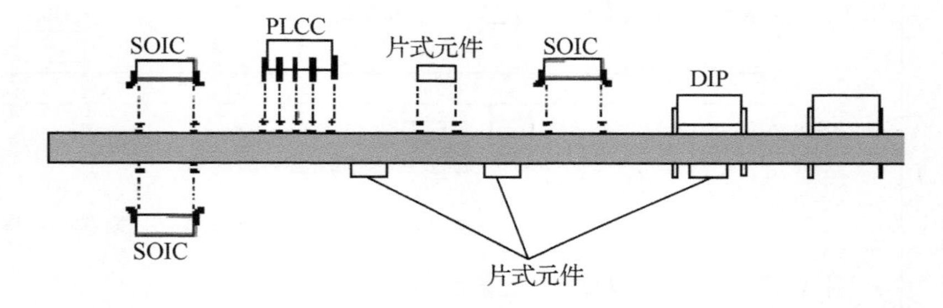

图 5-34 顶面 SMD// 底面 SMD 和 THC 的布局

需要注意的是可以根据底面插装元器件的数量选择不同的选择性波峰焊接工艺，工艺不同，元器件的间距与位向也要求不同，可参照板面元器件的布局要求。

工艺路径：

（1）底面：印刷焊膏→贴装 SMD →波峰焊接。

（2）顶面：印刷焊膏→贴装 SMD →波峰焊接。

（3）顶面：插装 THC。

（4）底面：波峰焊接。

5.6　再流焊接面元器件的布局设计（1）

设计要求（1）

再流焊接具有良好的工艺性，对元器件的布局位置、方向与间距没有特别的要求。再流焊接面上元器件的布局主要考虑焊膏印刷钢网开窗对元器件间距的要求、检查与返修的空间要求、工艺可靠性要求。

（1）表面贴装元器件禁布区，如图 5-35 所示的斜线区域。

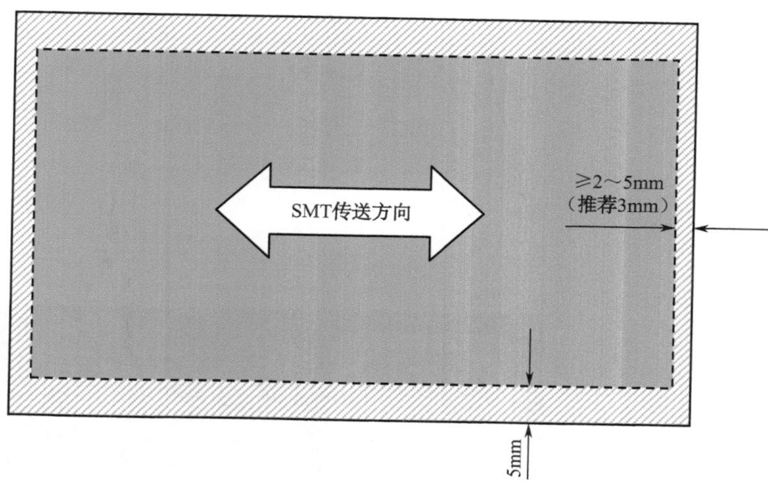

图 5-35　表面贴装元器件禁布区域

备注：

① 传送边（与传送方向平行的边），离边 5mm 范围为禁布区。5mm 是所有 SMT 设备都可以接受的一个要求。

② 非传送边（与传送方向垂直的边），离边 2mm 范围为禁布区。理论上元器件可以布局到边，但由于钢网变形的边缘效应，应设立 2mm 以上的禁布区，以保证焊膏厚度符合要求，如图 5-36 所示。

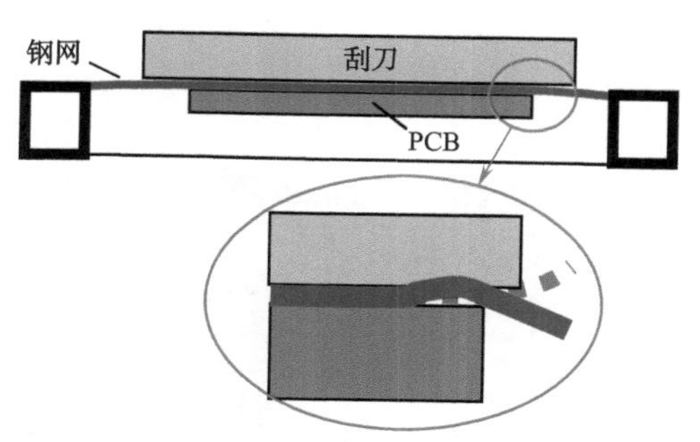

图 5-36　非传送边设立禁布区的原理

③ 传送边禁布区域内不能布局任何种类的元器件及其焊盘。非传送边禁布区内主要禁止布局表面贴片元器件，但如果需要布局插装元器件，应考虑防翻锡工装的设计需求。

（2）元器件尽可能有规则地排布。有极性的元器件的正极、IC 的缺口等统一朝上、朝左放置，如图 5-37、图 5-38 所示。有规则的排列方便检查，利于提高贴片速度。

5.6 再流焊接面元器件的布局设计（2）

设计要求（2）

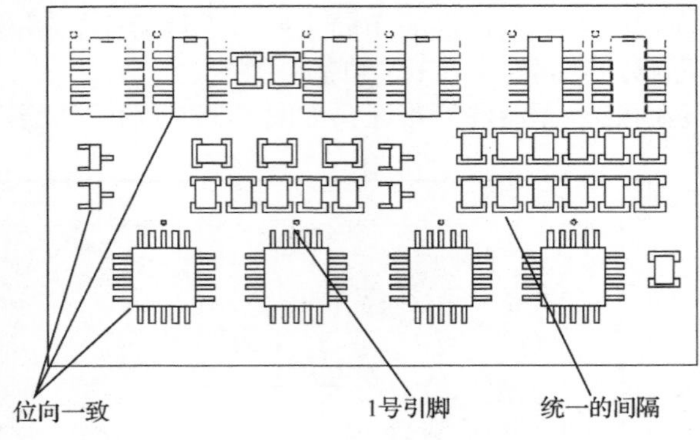

图 5-37　规则布局要求

图 5-38　规则布局案例（实板局部）

（3）元器件尽可能均匀排布。均匀分布有利于减少再流焊接时板面上的温差，特别是大尺寸 BGA、QFP、PLCC 的集中布放，会造成 PCB 局部低温，如图 5-39 所示。

图 5-39　均匀布局案例

（4）元器件之间的间距（间隔）主要与装焊操作、检查、返修空间等要求有关，一般可根据具体情况自行确定。对于特殊需要，如散热器的安装空间、连接器的操作空间，可根据实际需要进行设计。

5.6　再流焊接面元器件的布局设计（3）

设计要求（3）

① SMD 间距。

表面组装元器件之间的间距主要取决于检查、返修需要，图 5-40 所示为 IPC-SM-782 中给出的一个大致要求。事实上，SMD 之间的间距没有一个标准的要求，主要取决于检测手段与返修，与各公司的生产工艺有关。

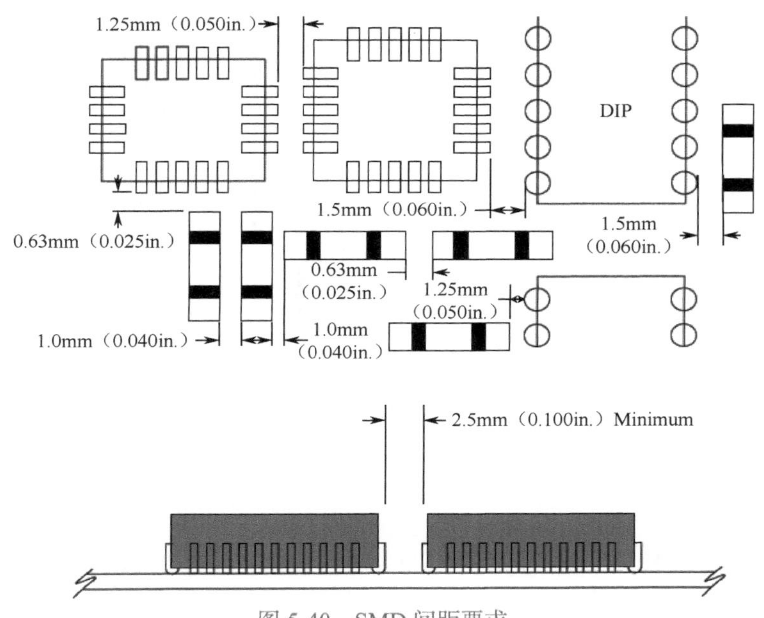

图 5-40　SMD 间距要求

② BGA 周围间距（禁布区）要求。

BGA 周围间距取决于返修工艺，如果采用热风加热返修工艺，一般要求 BGA 周围 5.0mm 范围以内禁布任何元器件；如果采用激光加热返修工艺，一般要求 BGA 周围 3.5mm 范围以内禁布任何元器件。图 5-41 为 BGA 周围间距要求布局案例。

图 5-41　BGA 周围间距要求布局案例

5.6 再流焊接面元器件的布局设计（4）

设计要求（4）

③ 通孔再流焊接周围间距（禁布区）要求。

通孔再流焊接焊盘周围间距要求主要源于焊膏扩印、阶梯钢网的需求，如图 5-42 所示。

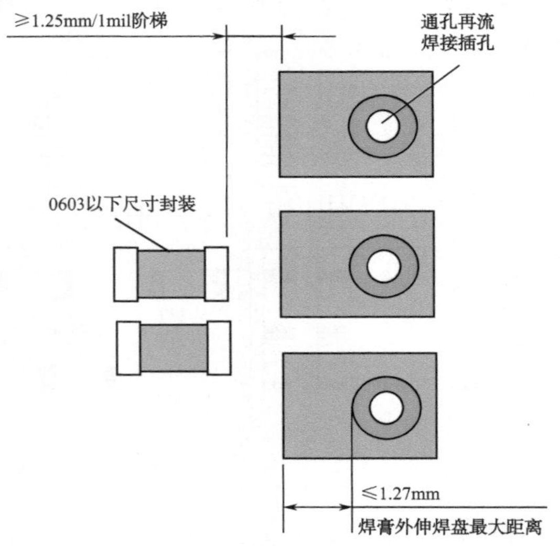

图 5-42 通孔再流焊接焊盘周围间距要求

（5）精细间距元器件（0.65mm 及以下间距 QFP/SOP、0.8mm 及以下 CSP、QFN、0402 等），应尽可能远离传送边、条码、丝印字符，以免影响焊膏印刷，许多著名企业标准要求间距为 20.0mm 以上，（参考）要求如图 5-43 所示。

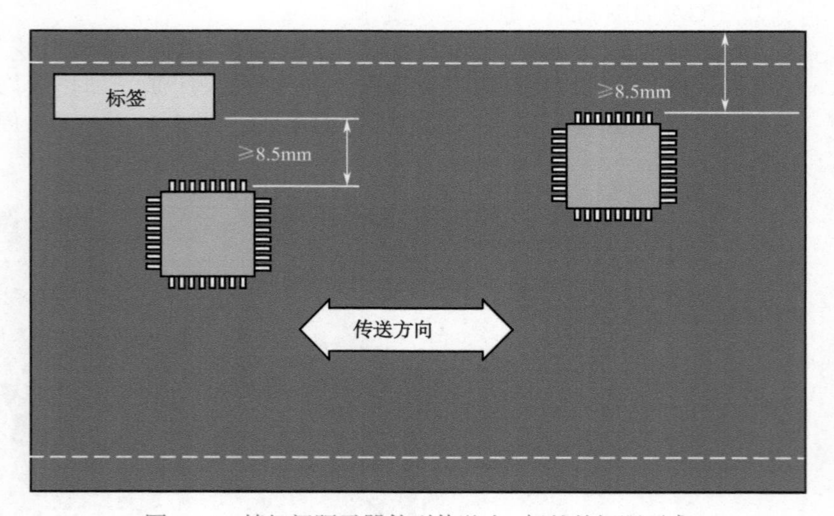

图 5-43 精细间距元器件到传送边、标签的间距要求

（6）双面采用再流焊接的板（如双面全 SMD 板、掩膜选择焊双面板），通常都是先焊元器件数量和种类比较少的那面（底面）。此面要经受二次再流焊接过程，其上不能布放引脚少且比较重、比较高的元器件。一般经验是布局在底面上的 BGA 器件，焊缝能够承受的最大重力为 $0.03g/mm^2$，其余封装为 $0.5g/mm^2$。

5.6　再流焊接面元器件的布局设计（5）

设计要求（5）

（7）尽可能避免双面镜像贴装 BGA 设计，如图 5-44 所示。据有关试验研究，这样的设计焊点可靠性将降低 50% 左右。

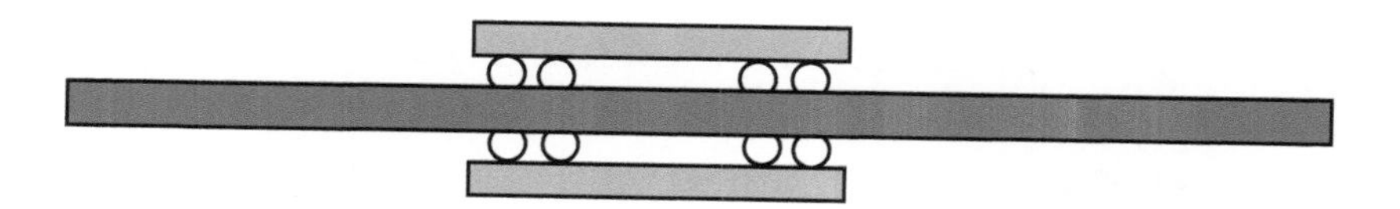

图 5-44　BGA 镜像贴装设计

（8）再流焊接焊料是定量供给的，因此，应避免在焊盘上打孔。如果需要可以采用塞孔电镀设计（Plating Over Filled Via，POFV），如图 5-45 所示。

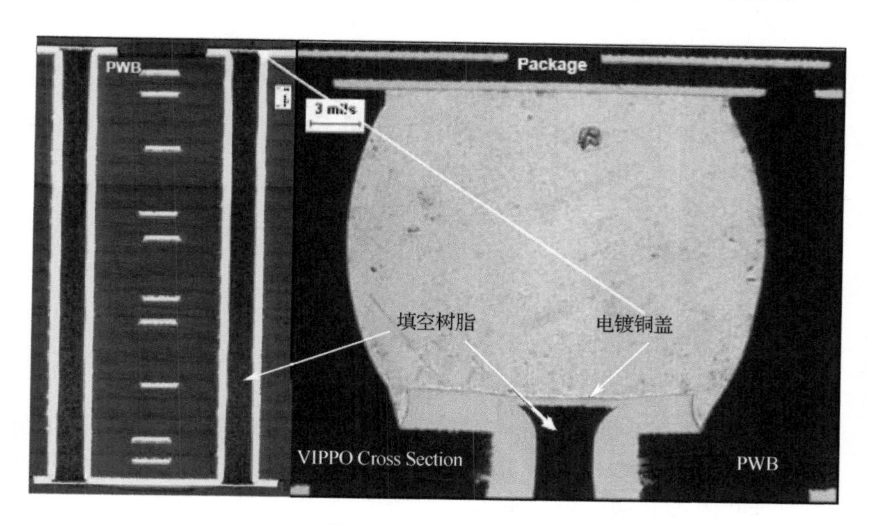

图 5-45　POFV 设计

（9）BGA、片式电容、晶振等应力敏感器件，应避免布局在拼板分离边或连接桥附近，装配时容易使 PCB 发生弯曲的地方，如图 5-46 所示。详细设计要求见组装可靠性设计的有关要求。

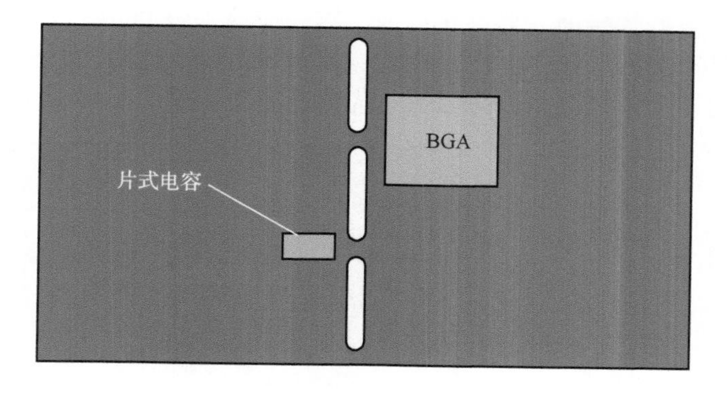

图 5-46　应力敏感元器件的布局要求

5.7 波峰焊接面元器件的布局设计（1）

设计要求（6）

1. 背景

波峰焊接是通过熔融焊锡对元器件引脚进行焊料施加与加热的，由于波峰与PCB 的相对运动及熔融焊锡的“黏”性，波峰焊接的工艺要比再流焊接复杂得多，对要焊接封装的引脚间距、引脚伸出长度、焊盘尺寸有要求，对在 PCB 板面上的布局方向、间距也有要求，对安装孔的连线也有要求，总之，波峰焊接的工艺性比较差，要求很高，焊接的良率基本取决于设计。

2. 设计要求

1）封装要求

（1）适合波峰焊接的贴装元器件应该具备焊端或引出端外露；封装体离地间隙（Stand 0ff）<0.15mm；高度 <6mm 的基本要求。满足这些条件的贴装元器件包括：

① 0603 ~ 1206 封装尺寸范围内的片式阻容元器件。

② 引线中心距≥1.0mm 且高度 <4mm 的 SOP。

③ 高度≤4mm 的片式电感。

④ 非露线圈片式电感（即 C、M 型）。

（2）适合波峰焊接的密脚插装元器件为相邻引脚最小间距 $(X)\geq$1.75mm 的封装，如图 5-47 所示。

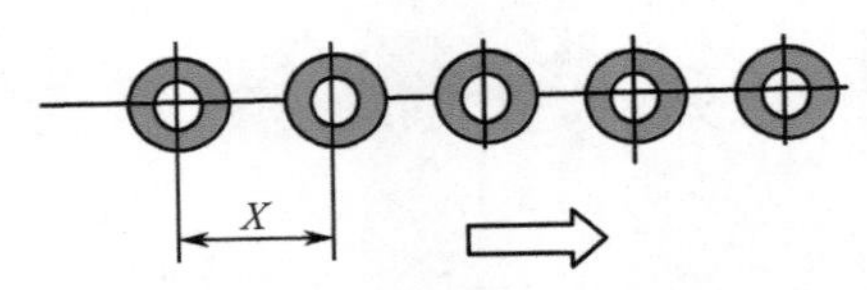

图 5-47 插装元器件间距要求

备注：

① 插装元器件最小间距是波峰焊接可接受的前提，但是满足最小间距要求并不意味着就能够实现高质量的焊接，还需要满足布局方向、引线伸出焊接面的长度、焊盘间隔等其他要求，见本节后续内容。

② 片式贴装元器件，封装尺寸 <0603 不适合波峰焊接，这是因为元器件两端焊盘间隔太小，容易发生两焊端间的桥连。

③ 片式贴装元器件，封装尺寸 >1206 不适合波峰焊接，这是因为波峰焊接属于非平衡加热，大尺寸的片式阻容元器件容易因热膨胀不匹配而开裂。

2）传送方向

在波峰焊接面元器件布局前，首先应该确定 PCB 过炉的传送方向，它是插装元器件布局的“工艺基准”。因此，在波峰焊接面元器件布局前，首先应确定传送方向。

（1）一般情况下，应以长边为传送方向，如图 5-48 所示。

图 5-48 传送方向

5.7　波峰焊接面元器件的布局设计（2）

设计要求（7）

（2）如果布局有密脚插装连接器（间距 <2.54mm），应以连接器的布局方向为传送方向，如图 5-49 所示。

图 5-49　以连接器布局方向为传送方向

（3）在波峰焊接面，应用丝印或铜箔蚀刻的箭头标示出传送方向，以便焊接时识别。箭头如图 5-50 所示。

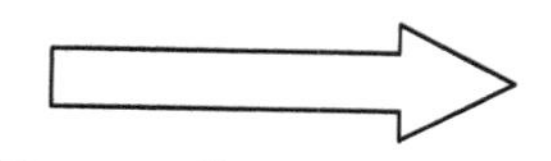

图 5-50　传送方向指示符号

备注：

① 元器件的布局方向对波峰焊接而言很重要，因为波峰焊接有一个入锡和脱锡的过程。因此，设计与焊接必须以同样的方向进行，这也是标示波峰焊接传送方向的原因。

② 如果能够判定传送方向，如设计有盗锡焊盘，则传送方向可以不标示。

3）布局方向

元器件的布局方向主要涉及片式元件和多引脚连接器。

（1）SOP 器件封装的长度方向应平行于波峰焊接传送方向，片式元件的长度方向应垂直于波峰焊接的传送方向，如图 5-51 所示。

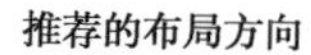

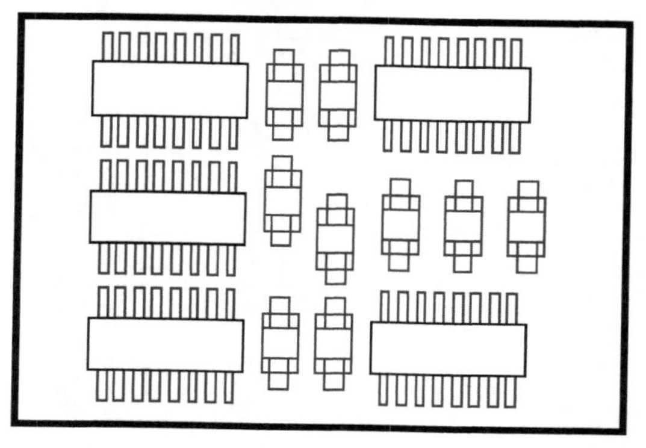

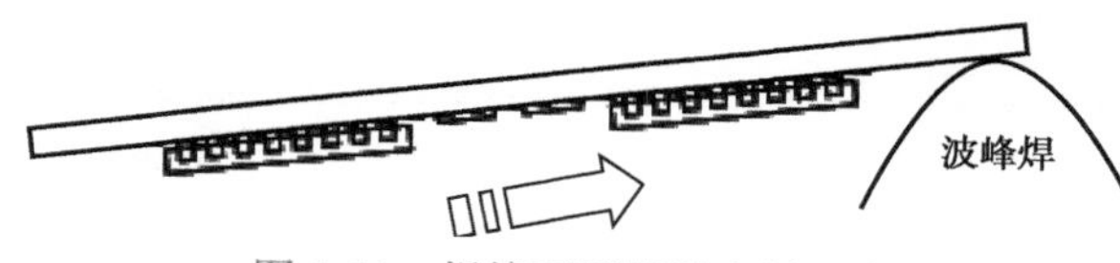

图 5-51　焊接面元器件布局要求

5.7 波峰焊接面元器件的布局设计（3）

设计要求（8）

（2）多个两引脚的插装元器件，其插孔中心连线方向应与传送方向垂直，以减少元器件一端浮起的现象，如图 5-52 所示。

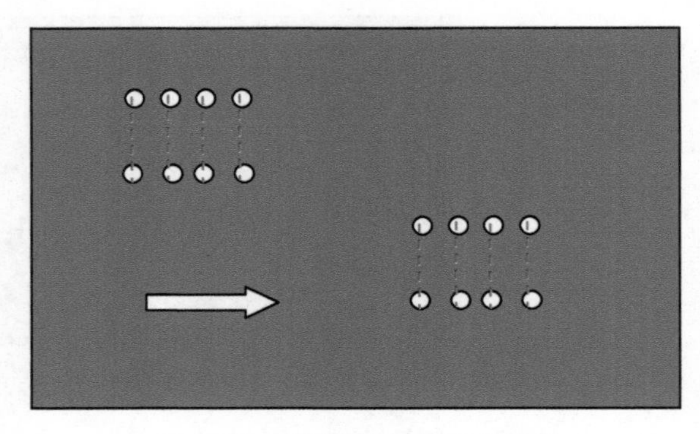

图 5-52 插装元器件的布放要求

备注：

① 由于贴片元器件封装体对定向流动的锡波有阻挡作用，容易导致封装体后（脱锡侧）引脚的漏焊。因此，一般要求按封装体不影响熔融焊锡流动的方向进行布局。

② 多引脚连接器的桥连主要发生在引脚的脱锡端 / 侧。将连接器引脚排列的长度方向与传送方向一致，可减少脱锡端引脚的数量，最终也会减少桥连的数量。可通过设计工艺性的盗锡焊盘彻底消除桥连。

4）间距要求

对于贴片元器件，焊盘间隔是指相邻封装最大外伸特征（包括焊盘）间的间隔；对于插装元器件，焊盘间隔指焊盘间的间隔。

对于贴片元器件，焊盘间隔不完全是从桥连方面考虑的，还包括封装体的阻挡效应可能引起的漏焊。

（1）贴片元器件焊盘间隔参考图 5-53 所示设计。

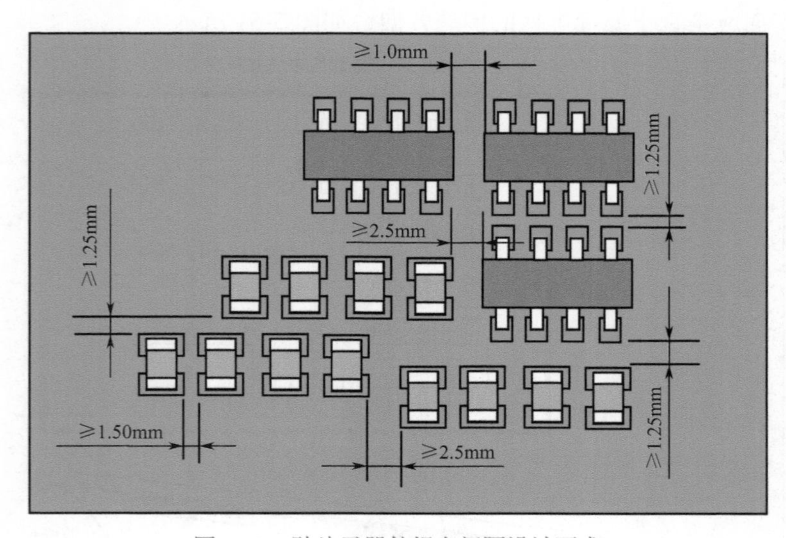

图 5-53 贴片元器件焊盘间隔设计要求

5.7　波峰焊接面元器件的布局设计（4）	
设计要求（9）	（2）插装元器件焊盘间隔一般应≥ 1.00mm。对于细间距插装连接器，允许适当减小，但最小不应 <0.60mm，如图 5-54 所示。 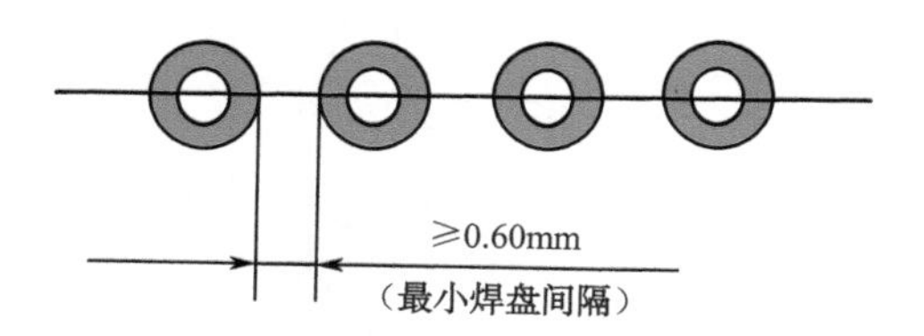 图 5-54　插装元器件焊盘间隔设计要求 （3）插装元器件焊盘与波峰焊接贴片元器件焊盘的间隔应≥ 1.25mm，如图 5-55 所示。 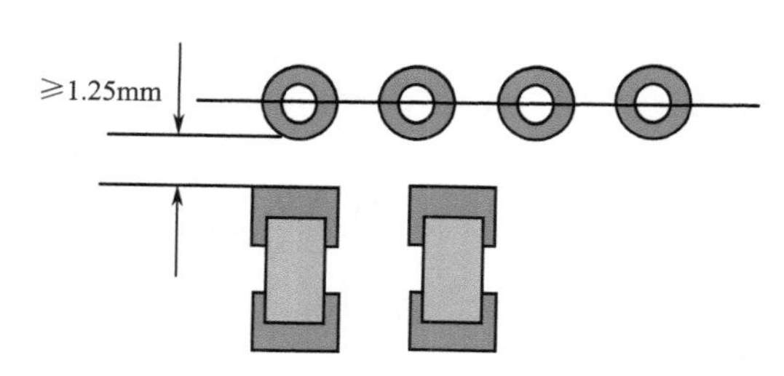 图 5-55　插装元器件焊盘与贴片元器件焊盘间隔要求 5）焊盘设计特殊要求 （1）为了减少漏焊，对于 0805/0603、SOT、SOP、钽电容器的焊盘，建议按照以下要求进行设计。 ① 对于 0805/0603 元器件，按照 IPC-7351 的建议设计，焊盘外扩 0.2mm，宽度减少 30%，如图 5-56（a）所示。 ② 对于 SOT、钽电容器，焊盘应比正常设计的焊盘向外扩展 0.3mm，如图 5-56（b）所示。 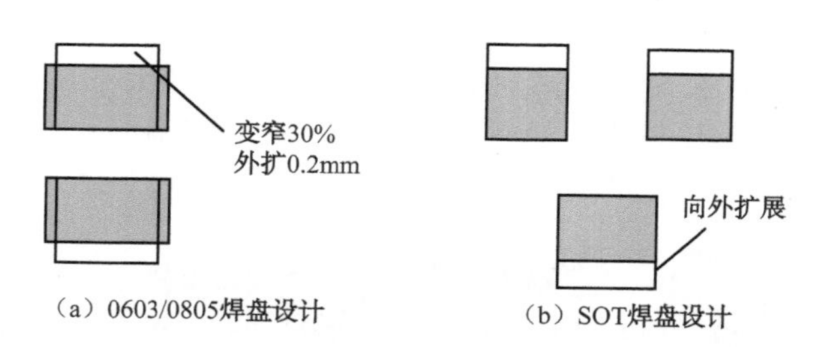 图 5-56　贴片元器件焊盘设计 （2）对于金属化孔盘，焊点的强度主要依靠孔连接，焊盘环宽≥ 0.25mm 即可。 （3）对于非金属化的孔盘（单面板），焊点的强度决定于焊盘尺寸，一般焊盘直径应大于等于孔径的 2.5 倍。 （4）对于 SOP 封装，应在脱锡引脚端设计盗锡焊盘，如果 SOP 间距比较大，盗锡焊盘可以按图 5-57 所示情况设计。

5.7 波峰焊接面元器件的布局设计（5）

设计要求（10）

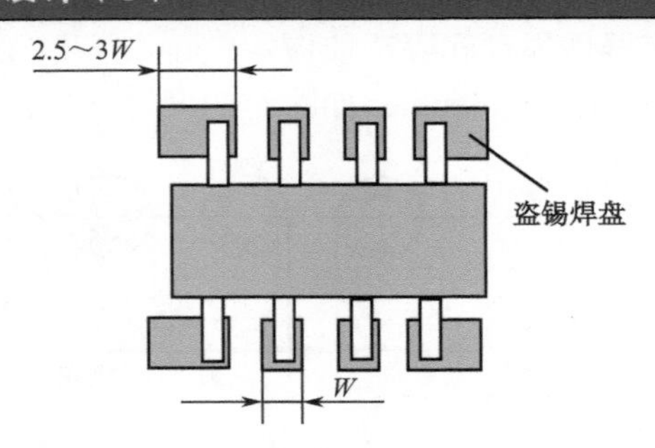

图 5-57 SOP 盗锡焊盘的设计

（5）对于多引脚的连接器，应在脱锡端设计盗锡焊盘，如图 5-58 所示。

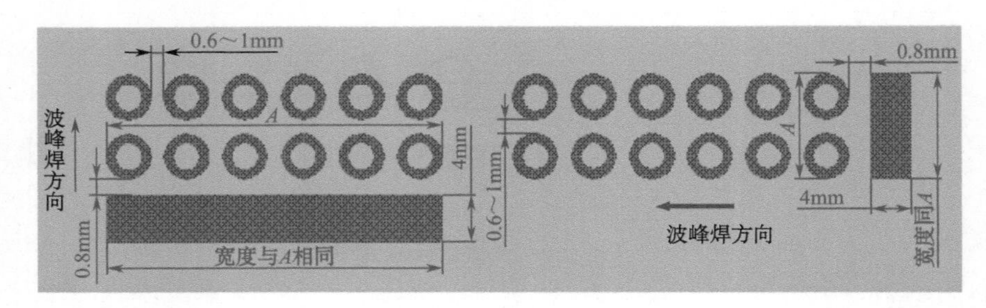

图 5-58 连接器盗锡焊盘的设计

6）引线伸出长度

（1）引线伸出长度对桥连的形成有很大的关系，引脚间距越小影响越大。一般建议：

① 如果引脚间距在 2 ～ 2.54mm，引线伸出长度应控制在 0.8 ～ 1.3mm。

② 如果引脚间距 <2mm，引线伸出长度应控制在 0.5 ～ 1.0mm。

（2）引线的伸出长度只有在元器件布局方向符合波峰焊接要求的条件下才能起作用，否则消除桥连的效果不明显。

备注：

引线伸出长度对桥连的影响比较复杂，一般大于 3.5mm 以上或小于 1.0mm，对桥连的影响比较小，而在 1.0 ～ 3.5mm，影响比较大。也就是不长不短情况下最容易引发桥连现象。图 5-59 为一长引线设计，不会产生桥连现象。

图 5-59 长引线不会引起桥连

5.7　波峰焊接面元器件的布局设计（6）

设计要求（11）

7）阻焊油墨的应用

（1）我们经常看到一些连接器焊盘图形位置印有油墨图形，如图 5-60 所示，这样的设计一般认为可以减少桥连现象。其机理可能是油墨层表面比较粗糙，容易吸附比较多的助焊剂，焊剂遇高温的熔融焊锡挥发而形成隔离气泡，从而减少了桥连的发生，如图 6-61 所示。

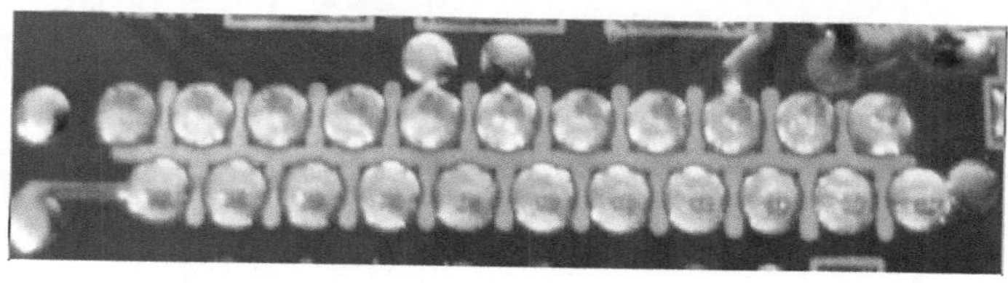

图 5-60　油墨层的应用

图 5-61　油墨层降低桥连的机理推测

（2）如果引脚焊盘间距离 <1.0mm，可以在焊盘外设计阻焊白油层，用以消除密集焊盘中间焊点间的桥连，以降低桥连的发生概率，而盗锡焊盘主要消除密集焊盘群最后脱锡端焊点的桥连，它们的功能不同。因此，对于引脚间距比较小的密集焊盘，阻焊油墨与盗锡焊盘应一起使用。

案例

图 5-62 所示为几个白油阻焊层应用案例。

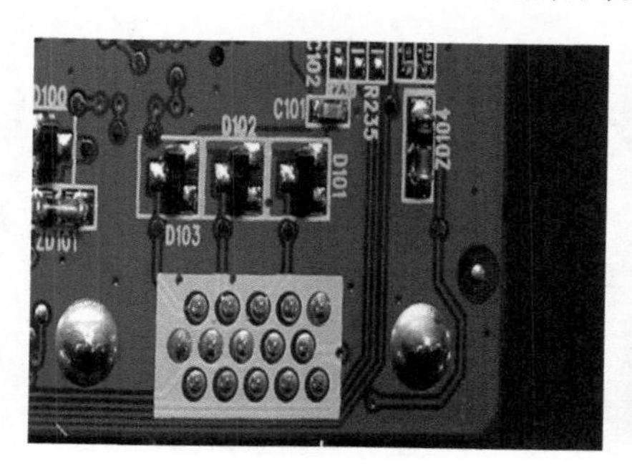

图 5-62　白油阻焊层应用案例

5.7 波峰焊接面元器件的布局设计（6）

设计要求（12）

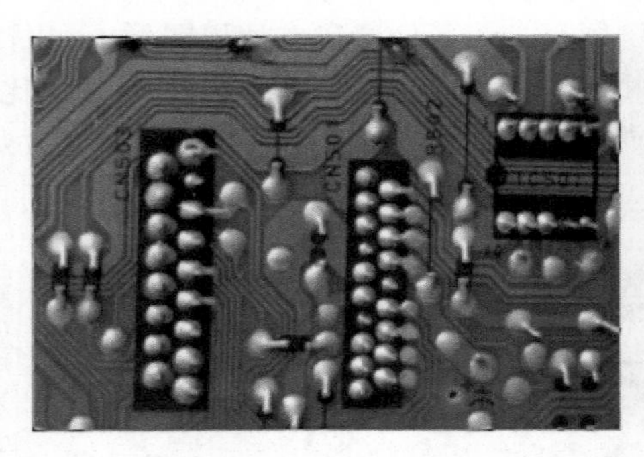

图 5-62 白油阻焊层应用案例（续）

需要指出的是，白油层表面比较粗糙，其本身比光滑的阻焊层（绿油）更容易黏附熔融焊锡，这也是焊膏印刷的字符上容易生产锡珠的原因，如图 5-63 所示。波峰焊接阻焊油墨之所以能够起作用，本质上是利用了其表面粗糙容易吸附焊剂的特性，实际上对消除桥连起作用的是焊剂挥发形成的气泡，因此，阻焊油墨隔离桥的宽度很关键，它决定吸附焊剂的面积，一般不应小于 0.5mm 宽。

（a）焊膏印刷图形

（b）再流焊接后锡珠现象

图 5-63 字符之上扩印焊膏产生锡珠

5.8　表面组装元器件焊盘设计（1）

概　述

1. 焊盘设计考虑因素

焊盘设计是表面组装最基本的工艺设计，一般应从以下四个方面考虑。

（1）最小重叠面积，如图 5-64 所示，必须满足 IPC-A-610 所规定的最小焊缝宽度或长度要求。

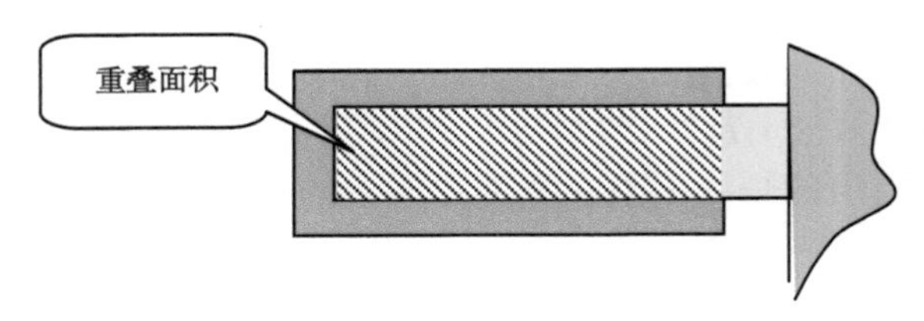

图 5-64　SMD 的焊端重叠面积

（2）焊缝 / 焊点强度要求。

（3）焊接热传递要求。

（4）工艺性要求，如减少移位、立碑、桥连、开焊等。

2. 元器件焊端 / 引脚类别

元器件的封装结构形式很多，但焊端 / 引脚的种类并不多，主要有六类，包括：

（1）帽形端电极（Chip 类封装），如图 5-65（a）所示；

（2）L 形引脚，如图 5-65（b）所示；

（3）J 形引脚，如图 5-65（c）所示；

（4）球形引脚（BGA 类封装），如图 5-65（d）所示；

（5）城堡类焊端，如图 5-65（e）所示；

（6）QFN 焊端（BTC 类封装），如图 5-65（f）所示。

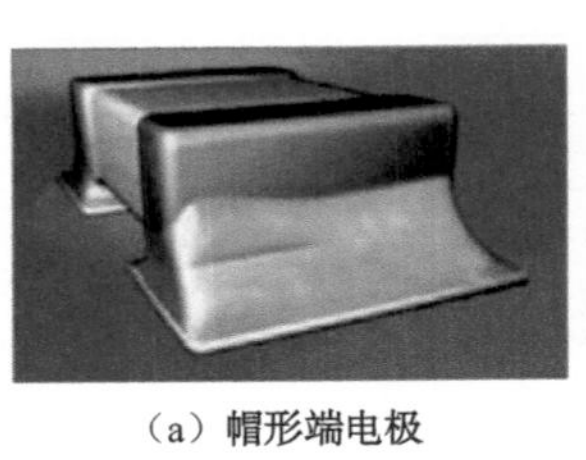

（a）帽形端电极

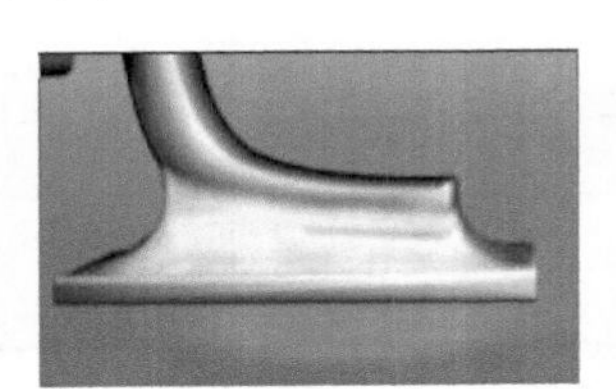

（b）L形引脚

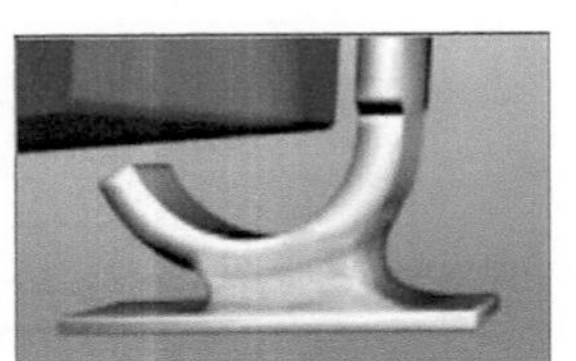

（c）J形引脚

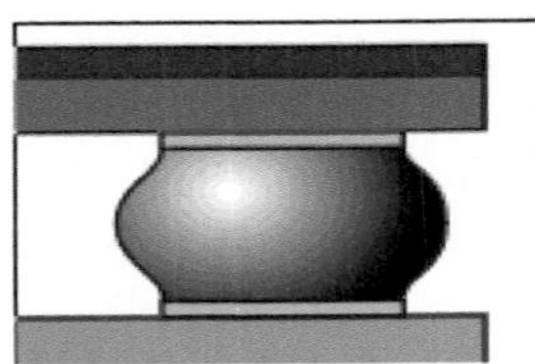

（d）球形引脚

（e）城堡类焊端

（f）QFN焊端

图 5-65　SMD 的焊端 / 引脚种类

设计原则

1. 帽形端电极的焊盘设计

所谓帽形端电极，是指片式元件那样的有三个或五个焊接面的焊端。使用帽形端电极的元器件只有无引线的片式元件。

1）设计原则

片式元件如果封装尺寸为 0603 及其以上，焊盘尺寸对焊接直通率的影响不是很大，可以根据组装密度选择 IPC-7351 给出的合适焊盘尺寸来进行设计。但如果封

设计原则（1）

装尺寸为 0603 以下，特别是对于 0201、01005，焊盘尺寸对焊接直通率的影响就比较大了，变得非常敏感。

主要影响尺寸为焊盘的伸出长度 F，如图 5-66 所示，太长容易引起立碑。

一般设计原则为（单位 mm）：

$X=W+2B$，其中 B 可取 0 ~ 0.1；

$G=S-(0.1 \sim 0.2)$；

$F=(1/2 \sim 3/4)T$。

需要指出的是，电阻在宽度方向上的两面无电镀层，如果用波峰焊接，焊盘宽度应减少 30%，在长度方向外增 0.2mm 以上。

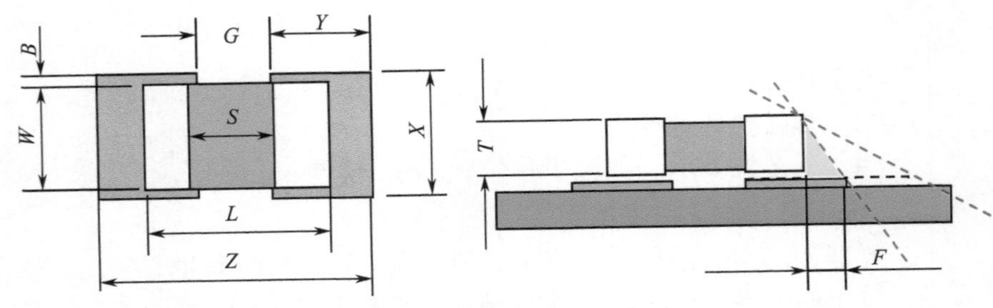

图 5-66 片式元件与焊盘尺寸

2）业界设计参考

表 5-2 为推荐的焊盘设计尺寸，仅参考。

表 5-2 推荐焊盘设计尺寸 [单位：mm（mil）]

封装名称	Z	G	X	Y
01005	0.66（26）	0.15（6）	0.23（9）	0.25（10）
0201	0.83（33）	0.23（9）	0.38（15）	0.30（12）
0402	1.37（54）	0.30（12）	0.50（20）	0.53（21）
0603	2.10（83）	0.58（23）	0.81（32）	0.76（30）

2. L 形引脚的焊盘设计

L 形引脚的封装有 QFP、SOP。

1）设计原则

L 形引脚焊缝、焊盘结构示意图如图 5-67 所示，脚跟为主焊缝，脚尖为辅焊缝。焊盘设计原则上脚尖（F_t）外扩（1/3 ~ 1/2）T，脚跟（F_h）外扩（2/3 ~ 3/3）T，焊盘间隔最小为 0.13mm。

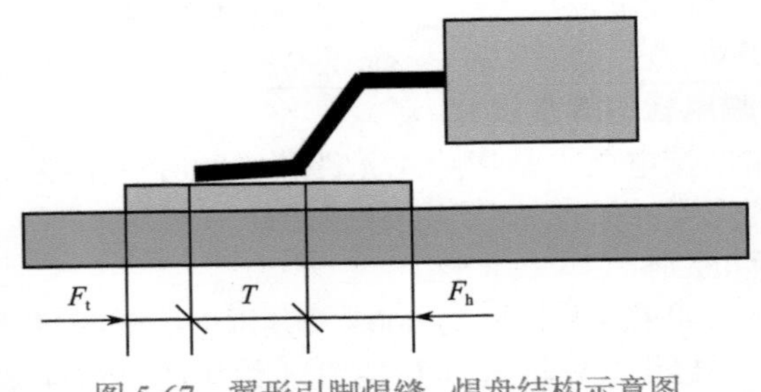

图 5-67 翼形引脚焊缝、焊盘结构示意图

5.8　表面组装元器件焊盘设计（3）

设计原则（2）

2）业界设计参考

IPC 推荐的设计尺寸见表 5-3，表中 Z 的取值方式如图 5-68 所示。

一般焊接问题多的是引脚中心距为 0.4mm 的 QFP，经验就是钢网开窗宽度应小于焊盘 0.05mm 以上。

表 5-3　IPC 推荐的设计尺寸　（单位：mm）

引线中心距	0.65	0.50	0.40	0.30
焊盘宽度	0.40	0.28	0.25	0.17
焊盘长度	1.80			
Z	L+0.5			

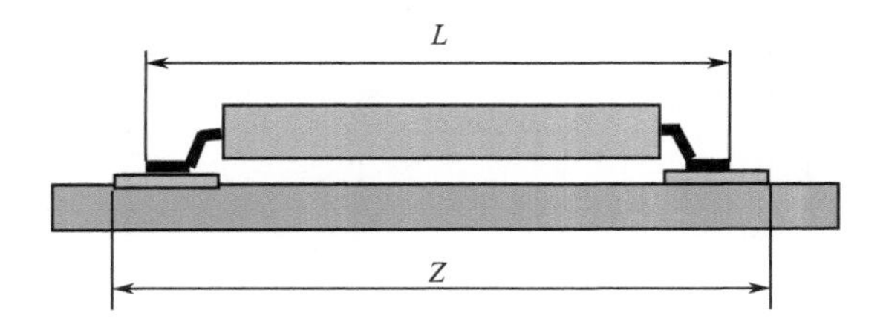

图 5-68　尺寸说明

3. J 形引脚的焊盘设计

J 形引脚的封装有 PLCC、SOJ。

1）设计原则

J 形引脚焊缝、焊盘结构示意图如图 5-69 所示，脚尖为主焊缝，脚跟为辅焊缝。由于引脚间距标准，焊盘的设计也很标准，原则上脚尖（F_t）外扩（1/3 ～ 1/2）T，脚跟（F_h）外扩（2/3 ～ 3/3）T。

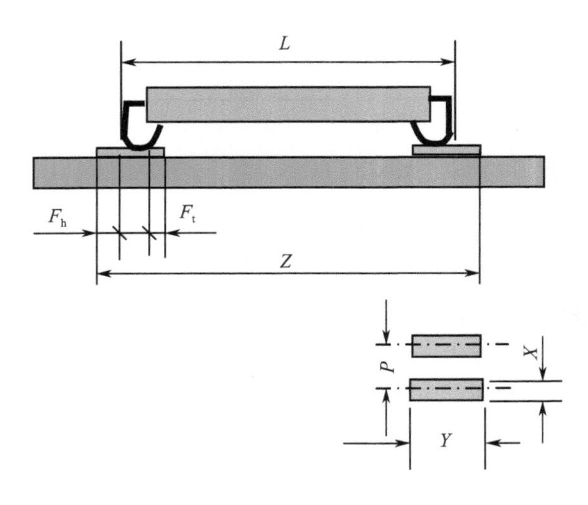

图 5-69　J 形引脚及焊盘尺寸说明

5.8 表面组装元器件焊盘设计（4）

设计原则（3）

2）业界设计

IPC 推荐设计尺寸：

X=0.60mm；

Y=2.20mm；

Z=L+0.5mm。

4. 球形引脚的焊盘设计

使用球形引脚的封装主要有 BGA 类封装。

球形引脚焊盘的设计，理想情况下应根据 BGA 载板焊盘直径的大小来设计，由于各封装厂家采用的焊球尺寸、焊盘尺寸不统一（见表 5-4），实际上很难做到。一般都是根据 BGA 焊球的中心距设计，以兼顾不同供应商的 BGA。表 5-5 是参考业界多家的设计规范给出的一个 BGA 焊盘设计尺寸，仅供参考。

表 5-4 BGA 名义焊球尺寸和推荐焊盘直径 （单位：mm）

名义焊球直径	BGA 的间距	焊 盘 直 径
0.75	1.50、1.27	0.55 ± 0.05
0.60	1.00	0.45 ± 0.05
0.50	1.00、0.80	0.40 ± 0.05
0.45	1.00、0.80、0.75	0.35 ± 0.05
0.40	0.80、0.75、0.65	0.30 ± 0.05
0.30	0.80、0.75、0.65、0.50	0.25+0/−0.05
0.25	0.40	0.20+0/−0.03
0.20	0.30	0.15+0/−0.03

表 5-5 推荐的 BGA 焊盘设计尺寸 （单位：mm）

间距	1.27	1.00	0.80	0.75	0.65	0.50	0.40	0.30
焊盘	0.60	0.50	0.35	0.35	0.30	0.30	0.25	0.17
应用	传统多层板			HDI 板				

5. 城堡焊端的焊盘设计

城堡焊端焊盘的设计如图 5-70 所示，设计原则：

F_t=0.20 ～ 0.30mm；

F_h=0 ～ 0.10mm；

W=b+（0 ～ 0.05）mm。

5.8　表面组装元器件焊盘设计（5）

设计原则（4）

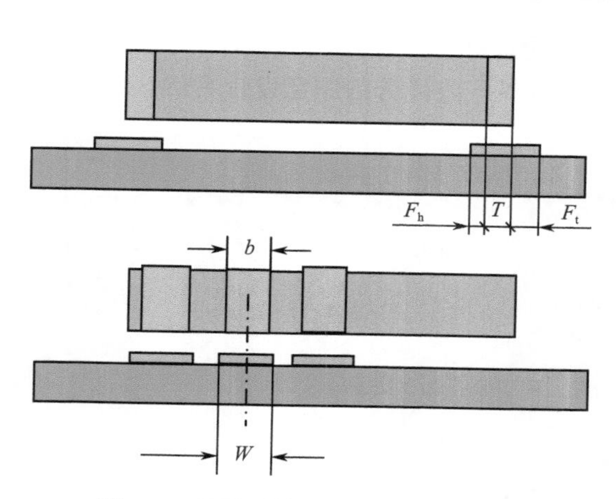

图 5-70　城堡形焊端的焊盘设计尺寸

6. QFN 的焊盘设计

QFN 的焊接，特别是多排焊端的 QFN，问题比较多，主要为开焊和桥连。之所以如此，是因为 QFN 封装下面一般有一个大的散热焊端，焊接时 PCB 焊盘上的熔融焊料会对 QFN 产生向上的推举作用。

1）设计的原则

原则上，焊盘与热沉焊盘、焊盘与焊盘最小间隔应≥ 0.2mm，以免贴装时发生桥连。焊盘尺寸如图 5-71 所示。

F_t=0.2 ～ 0.3mm；

F_h=0；

W=B+0.03mm。

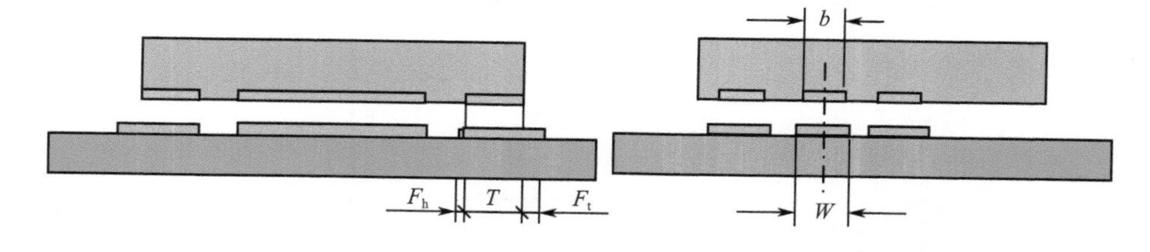

图 5-71　QFN 焊盘设计

2）热沉焊盘上导热孔的设计

热沉焊盘的有效散热有赖于导热孔与地电层的连接，散热孔布局在热沉焊盘的周边比中心要好很多，20 个以上的孔对散热效率并没有太明显的提升。塞孔焊缝中的空洞率要高一些，而不塞孔则少一些，但是存在冒锡珠的风险。塞孔与不塞孔取决于板厚、表面处理，通常对于板厚超过 3.0mm 大单板，不建议塞孔；对于 OSP 处理的单板也不建议塞孔。

散热孔径一般按 0.20 ～ 0.33mm 设计，中心距大于 1.0mm 设计即可，这样的设计可以满足 80% 的散热需求。

设计原则（5）

7. 业界优秀设计案例

图5-72为业界一些优秀的焊盘设计案例，说明焊盘的设计具有高度的工艺性。

（a）0201焊盘设计

（b）0402焊盘设计

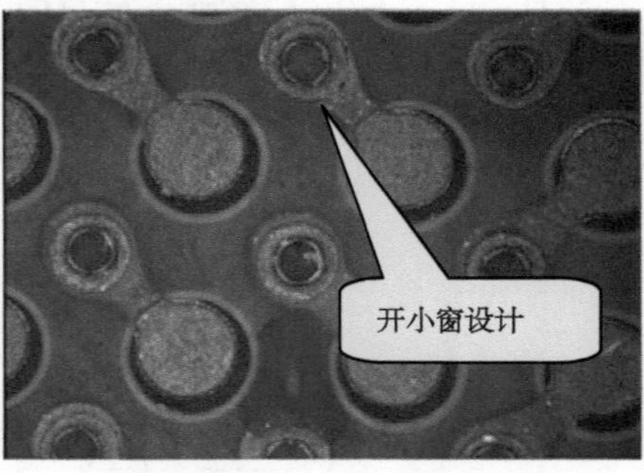

（c）0.80 mm BGA焊盘设计

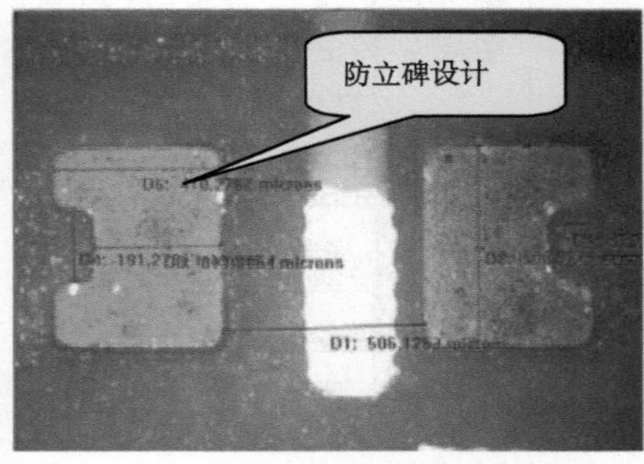

（d）0402焊盘设计

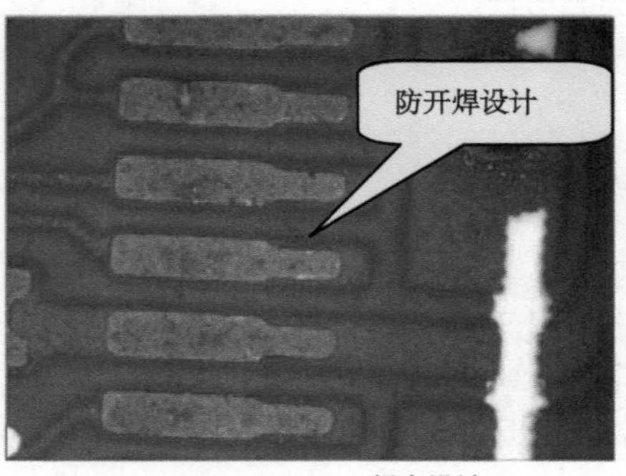

（e）0.40 mm QFP焊盘设计

（f）0603焊盘设计

图5-72　优秀焊盘设计案例

5.9　插装元器件孔盘设计

	1. 背景 插装元器件孔盘设计与安装孔结构有关——金属化孔（也称支撑孔）或非金属化孔（也称非支撑孔）。 金属化孔安装孔盘环宽的设计，原则上只要满足 PCB 板厂加工的工艺能力即可，因为焊点的强度主要靠孔而非焊盘的连接。非金属化安装孔盘焊点的强度完全靠孔盘，因此，焊盘的设计需要考虑强度要求。 **2. 设计要求** （1）金属化孔盘设计要求如图 5-73 所示。 ① 孔径（或槽宽）： 如果引线直径≤ 0.8mm，孔径（或槽宽）应比引线直径（厚度）大 0.30 ～ 0.40mm； 如果引线直径 >0.8mm，孔径（或槽宽）应比引线直径（厚度）大 0.50 ～ 0.70mm。 ② 焊盘环宽（b）≥ 0.5mm（20mil）。 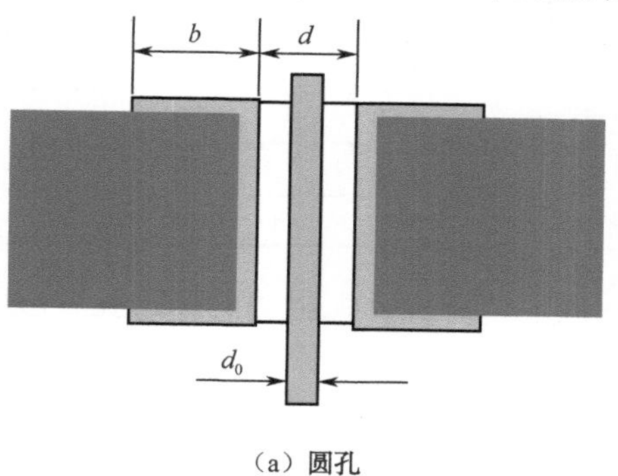 （a）圆孔 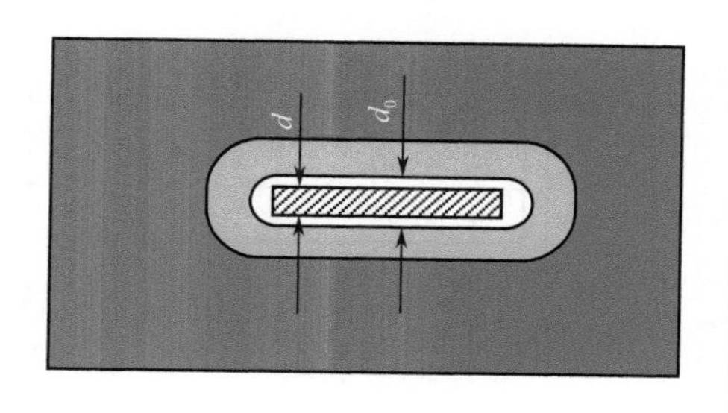 （b）长孔 图 5-73　金属化安装孔盘的设计 （2）非金属化孔盘（单面板）设计要求如图 5-74 所示。 ① 孔径应比引线直径大 0.15 ～ 0.40mm。 ② 焊盘环宽（b）按孔径的尺寸设计，即焊盘最大直径为孔径的 3 倍。 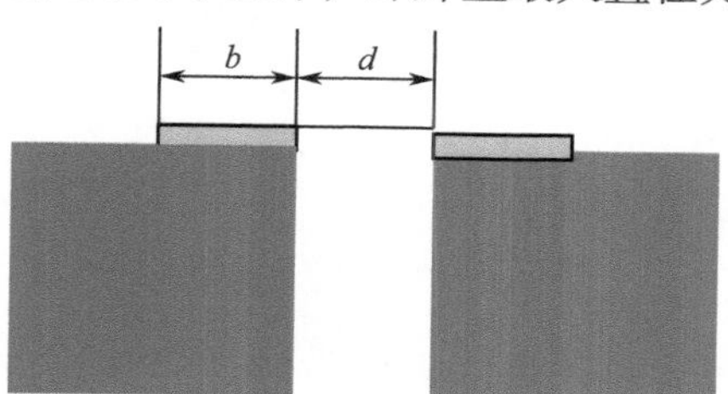 图 5-74　非金属化安装孔盘的设计 （3）跨距。 PCB 上元器件安装跨距应元件的封装尺寸、安装方式和元器件在 PCB 上布局而定。 对于轴向元件，引线直径在 0.8mm 以下的轴向元件，安装孔距应选取比封装体长度长 4mm 以上的标准孔距。 对于引线直径在 0.8mm 及以上的轴向元件，安装孔距应选取比封装体长度长 6mm 以上的标准孔距。 标准安装孔距建议使用公制系列，即 2.5mm、5.0mm、7.5mm、10.0mm、12.5mm、15.0mm、17.5mm、20.0mm、22.5mm、25.0mm。
设计要求（1）	

5.10 导通孔盘设计

设计要求（2）

1. 背景

导通孔（Via）用于层间互连。导通孔的设计包括孔径、孔盘与阻焊设计，也包括布局设计。

2. 设计要求

（1）导通孔的孔径、焊盘直径与板厚有关，其关系见表 5-6。焊盘最小环宽应 >0.127mm（5mil），这取决于 PCBJ 的加工能力。

表 5-6　导通孔径、焊盘与板厚的关系

孔径 /mm	层	钻孔方法	最小焊盘尺寸 /mm		应用板厚 /mm
			外层	内层	
0.10	仅表层	激光			HDI 板
0.15	全部	激光			HDI 板
0.20	全部	机械	0.50	0.50	≤2.4
0.25	全部	机械	0.50	0.70	≤2.4
0.30	全部	机械	0.60	0.70	≤3.0
0.40	全部	机械	0.70	0.85	≤4.0
0.50	全部	机械	0.90	1.00	≤4.8

（2）导通孔的位置主要与再流焊接工艺有关，无阻焊的导通孔一般不能设计在焊盘上，应通过导线与焊盘连接，设计要求如图 5-75 所示。

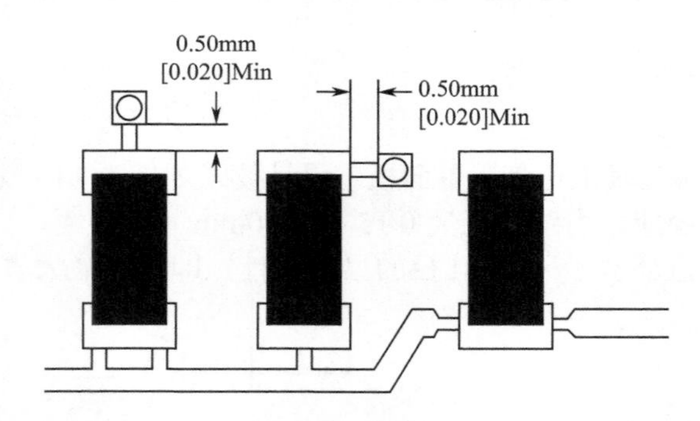

图 5-75　无阻焊导通孔不宜设计在焊盘上

（3）非阻焊导通孔最好不要设计在片式元件焊盘中间、QFP、BGA 引脚附近，如图 5-76 所示，容易引发桥连，至少应远离焊盘 0.13mm 以上。如果过波峰，还可能引发可靠性的问题。

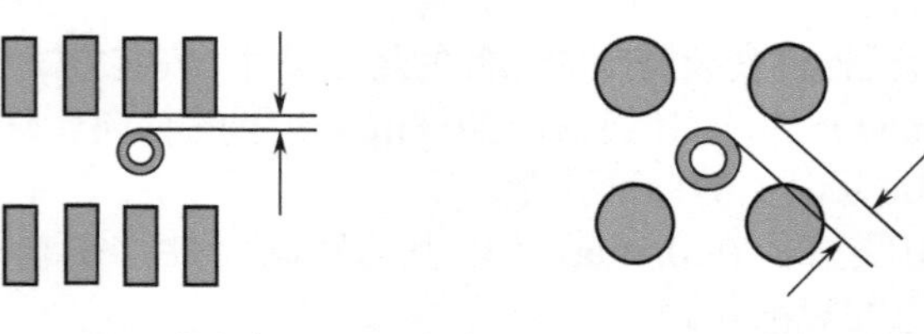

（a）SOP焊盘中间　　（b）BGA焊盘中间

图 5-76　无阻焊导通孔不宜设计在焊盘上

5.11　焊盘与导线连接的设计

设计要求（3）

1. 背景

焊盘与导线的连接，主要涉及片式元件，特别是小尺寸的片式元件。连线位置以及连线宽度会影响熔融焊锡的铺展位置，容易引起片式元件的偏位。

2. 设计要求

1）表面线路与片式元件焊盘的连接

原则上线路与片式元件焊盘可以在任意点连接，但对采用再流焊接进行焊接的片式元件，如电阻、电容，建议采用从焊盘中心位置对称引出的设计，如图 5-77 所示，特别是连线宽度超过 0.3mm 时有助于减少元器件的偏转风险。

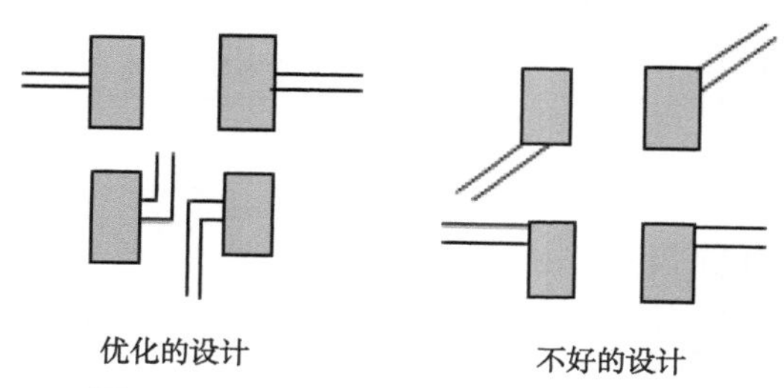

图 5-77　阻容元器件焊盘与印制线的连接

2）大面积铜箔上焊盘的设计

与大面积铜箔连接的表面安装焊盘，优先采用花焊盘设计，即焊盘通过类似车轮辐条状导线连接的设计。如果功能上有需求或组装密度比较高，也可采用阻焊膜定义焊盘设计（实连接，焊盘由阻焊开窗决定），如图 5-78 所示。

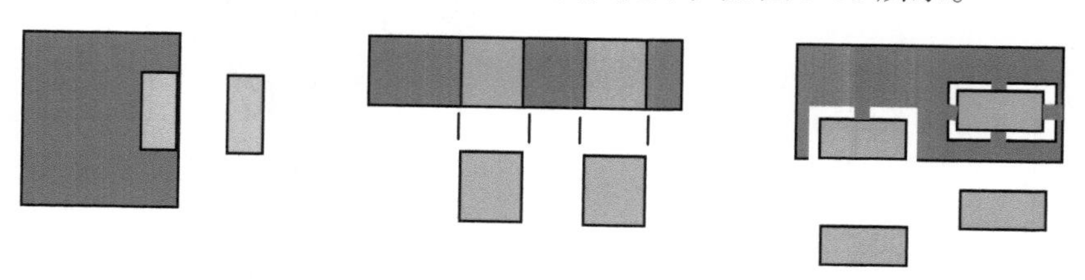

图 5-78　与大面积铜箔连接的表面安装焊盘的设计

3）BGA 角部连线的设计

BGA 角部焊盘最好不要采用连线方式引出，如果一定按此设计，建议采用细、短连线，如图 5-79 所示。

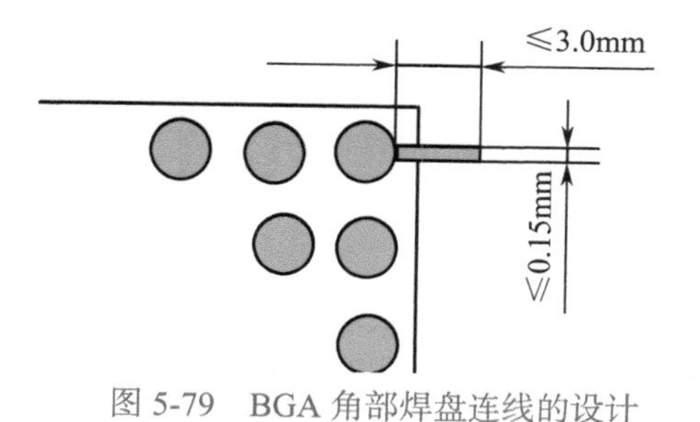

图 5-79　BGA 角部焊盘连线的设计

第 6 章 现场工艺

6.1 现场制造通用工艺

现场工艺概述

现场工艺，本书是指与生产的产品无关的制造通用工艺。

电子产品的制造，涉及物料的认证、验收、存储与配送，SMT、波峰焊接、分板、螺装、清洗、三防等几十道工序及工艺的管控，如图 6-1 所示。

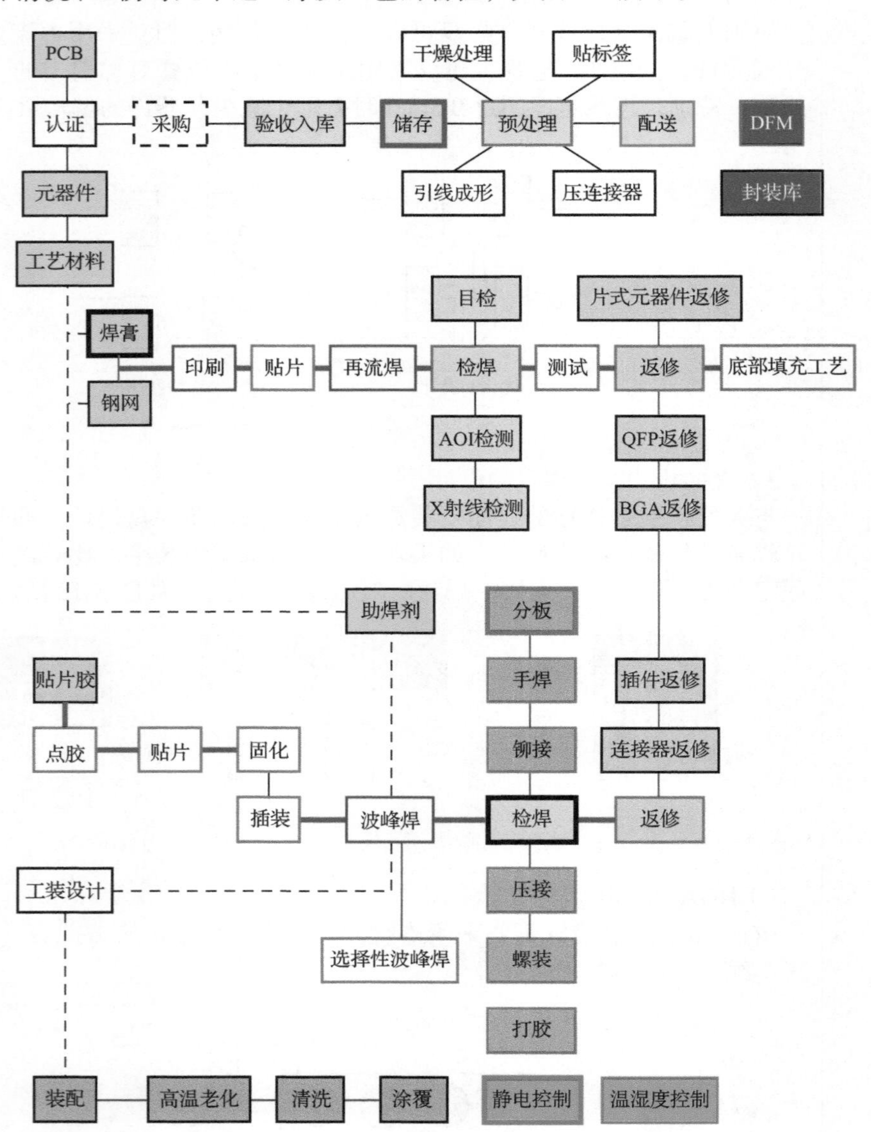

图 6-1　电子制造主要工序 / 工艺

电子制造的能力体现在设备和工艺两方面，设备是手段，工艺是核心。现场工艺的管控水平很大程度上体现在通用工艺作业指导书的科学性和操作性上，它是企业经验的标准化。本章不介绍具体的作业书，这与设备、产品和工艺有关，仅介绍潮湿敏感元器件的管理、焊膏的应用、印刷工艺、再流焊接工艺、波峰焊接等几个基础工艺的应用，可作为编制作业指导书的参考指导。

6.2　潮敏元器件的应用指南（1）

概　述

再流焊接不像波峰焊接，元器件需要经受高温。当元器件暴露在再流焊接的高温下，非密封型封装内的蒸汽压力会大幅增加。在特定状况下，该压力会造成封装材料内部界面分层从而脱离芯片及（或）引线框 / 基板，或是发生未扩展到封装外面的内部裂缝，或是绑定、金属线细化、绑定翘起等损伤。严重时会造成封装外部裂缝，我们一般将此现象称为"爆米花"现象。

封装的破坏是在潮气和高温两种因素的作用下发生的，因此，IPC 标准中把这种封装定义为潮湿 / 再流焊接敏感元器件（Moisture/Reflow Sensitive Surface Mount Devices，MSD），工厂里通常简称为潮湿敏感元器件或潮敏元器件。

为了避免再流焊接时潮湿敏感元器件焊接时热损伤，IPC/JEDEC J-STD-020 和 J-STD-033 两份标准对塑封 IC 类元器件的处置、包装、运输、存储、使用和再流焊接的操作进行了规范（有关非 IC 类元器件、PCB 的潮湿敏感材料的管控分别见 IPC/J-STD-075、IPC-1601）。为了更好地理解标准的内容，我们把这两份标准的内容通过图 6-2 作一个简要汇总，以便了解标准的架构和内容上的逻辑性。

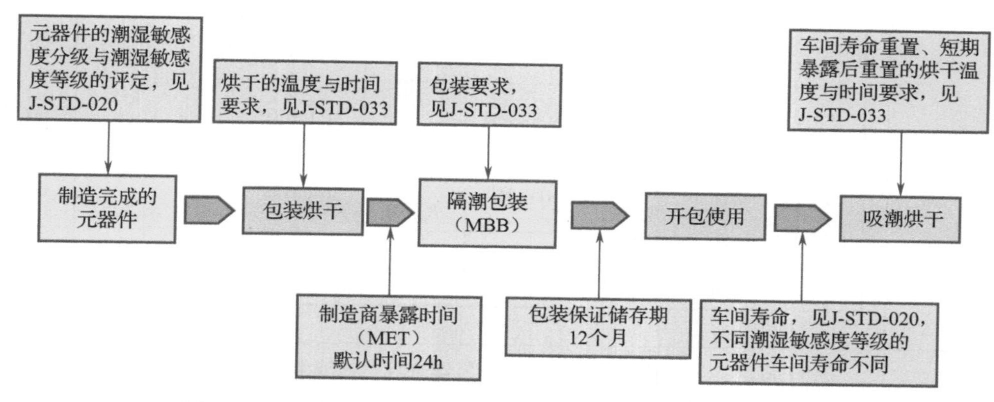

图 6-2　元器件的湿敏度等级分级与使用有关标准的框架结构

从图 6-2 我们可以清楚地了解到，对于潮湿敏感元器件的管理，我们需要了解以下几个问题。

（1）哪些封装是潮湿敏感元器件。

（2）潮湿敏感等级的分类与对应的车间寿命。

（3）潮湿敏感等级的评定方法。

（4）元器件干燥包装前的烘干温度与时间。

（5）干燥包装。

（6）车间寿命的重置。

潮湿敏感等级（1）

对潮敏元器件的吸湿敏感度进行等级划分，目的是标准化车间寿命，以便组装厂家可以识别并采取适当的措施安全地进行焊接。

J-STD-020 为非密封型固态表面贴装元器件的再流焊接工艺潮湿敏感等级，一共分为 6 个等级，见表 6-1。

业界常用的为 MSL1、MSL2 和 MSL3 级，MSL1 级的集成电路（即 IC），不需要烘烤和真空包装；MSL2 级产品，在温度 / 相对湿度≤ 30℃/60%RH 的条件下，从打开真空包装到再流焊接的时间限定为一年；而对 MSL3 级产品，限定时间减短到 168h。除 MSL1 等级的产品外，其他所有等级的塑封表面贴装 IC 都必须在

6.2 潮敏元器件的应用指南（2）

潮湿敏感等级（2）

规定的时间内完成再流焊接，否则有可能发生失效或可靠性问题。

表 6-1 潮敏元器件的分级

等级	车间寿命		渗浸要求			
			标准条件		加速等效条件	
	时间	环境条件	时间 /h	环境条件	时间 /h	环境条件
1	不限制	≤ 30℃/85% RH	168 +5/−0	85℃/85% RH		
2	1 年	≤ 30℃/60% RH	168 +5/−0	85℃/60% RH		
2a	4 周	≤ 30℃/60% RH	696 +5/−0	30℃/60% RH	120 +1/−0	60℃/60% RH
3	168h	≤ 30℃/60% RH	192 +5/−0	30℃/60% RH	40 +1/−0	60℃/60% RH
4	72h	≤ 30℃/60% RH	96 +2/−0	30℃/60% RH	20 +0.5/−0	60℃/60% RH
5	48h	≤ 30℃/60% RH	72 +2/−0	30℃/60% RH	15 +0.5/−0	60℃/60% RH
5a	24h	≤ 30℃/60% RH	48 +2/−0	30℃/60% RH	10 +0.5/−0	60℃/60% RH
6	标签上的时间（ToL）	≤ 30℃/60% RH	ToL	30℃/60% RH		

潮湿敏感等级的评定（1）

非密封固态 SMD 潮湿敏感度等级的评定流程如图 6-3 所示。其中样品的处理 / 试验是最重要的环节，必须确保评定的样品合格、充分烘干、按等级规定的渗浸要求吸潮、按照标准温度曲线进行三次再流焊接，以确保评定的潮湿敏感度等级有效。

潮湿敏感度等级的评定，主要依据试验样品是否出现不可接受的分层。分层是指再流焊接之后测得的分层与吸湿之前测得的分层相比较而出现的新变化。

只要样品在潮敏分级（MSL）试验后不符合以下任何一条，则判定该批产品不能通过潮湿敏感度等级试验。

对于金属引线框架塑料封装 IC：

（1）在芯片有源面没有任何分层。

（2）引线框小岛打引线时，小岛上分层的变化不能大于 10%。

（3）没有贯穿性的分层在引脚上。

（4）对依靠装片胶导电和导热的 IC，装片胶区域分层或裂纹不能大于 50%（像 F-BGA 是不允许的）。

如果 SMD 出现上述情形将被认作不能通过潮气敏感度的检查标准。

以下材料和工艺可能影响 IC 的潮湿敏感度。也就是说，如果这些材料或工艺发生了变化，则制造出来的 IC 的潮湿敏感度等级需要重新评估。

（1）装片材料（通常为导电的银浆）和工艺。

6.2　潮敏元器件的应用指南（3）

潮湿敏感等级的评定（2）

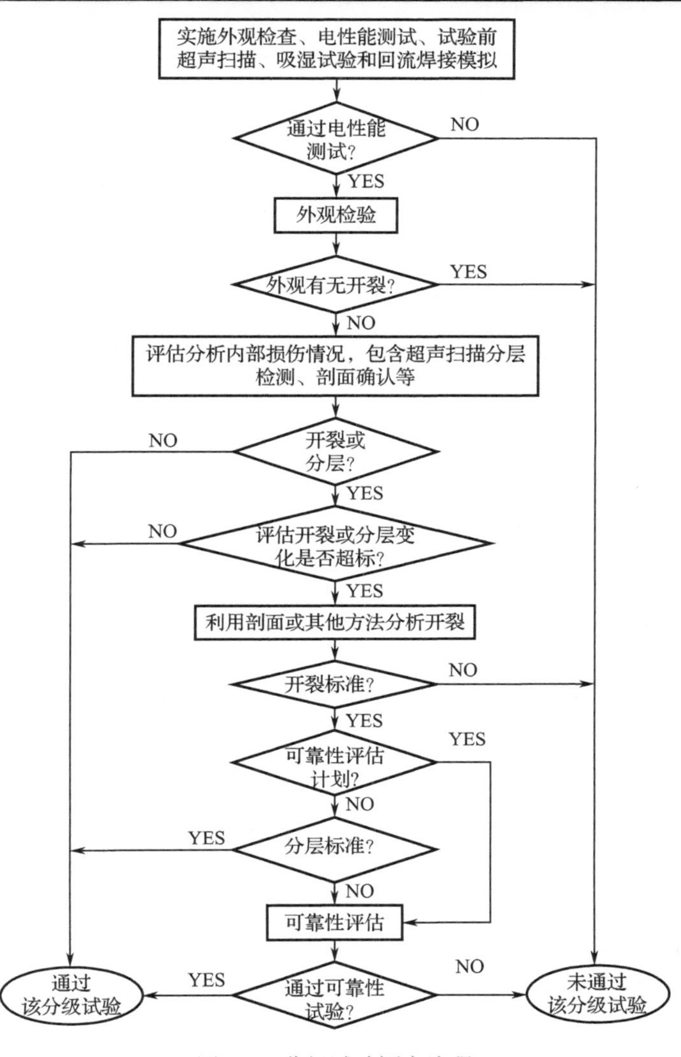

图 6-3　分级试验评定流程

（2）引线脚数。
（3）塑封树脂和工艺条件。
（4）引线框小岛尺寸和形状。
（5）塑封体大小。
（6）芯片钝化层 / 芯片表面保护层。
（7）引线框、基板、散热片设计。
（8）芯片尺寸和厚度。
（9）圆片制造技术和工艺。
（10）打线方式。

为了最大限度地减少试验次数，通常当一个 SMD 封装形式通过了某一潮湿敏感度等级，只要所用材料相同，那么该类封装所有不同芯片的产品都被认为通过了该潮湿敏感度等级。在实际生产中，这种规则仅限于同一客户的相同封装形式。

6.2 潮敏元器件的应用指南（4）

干燥包装（1）

1）要求

潮湿敏感等级的干燥包装要求，见表 6-2。各等级按 J-STD-020 或 JESD22-A113 加可靠性测试确定。干燥包装中用到的所有材料都必须符合 EIA-541 和 EIA-583 标准规定。

表 6-2 干燥包装要求

等级	袋装前干燥	隔潮袋内放置 HIC	干燥剂	MSID* 标签	警示标签
1	可选	可选	可选	不要求	如果在 220 ～ 225℃下分级，不要求；如果在其他温度下分级，要求 **
2	可选	要求	要求	要求	要求
2a ～ 5a	要求	要求	要求	要求	要求
6	可选	可选	可选	要求	要求

*MSID= 潮湿敏感标识标签。

** 在最小级别运输包装上的条形码，以目视可读的格式，标示出了等级和再流焊接温度，则不要求“警示”标签。

HIC：湿度指示卡。

2）密封到隔潮袋（MBB）之前，SMD 封装和载体材料的干燥

（1）分类为 2a ～ 5a 级别的元器件在封入 MBB 前必须干燥。干燥与封口之间的时间必须小于制造商暴露时间（MET），并且 MET 剩余时间能够允许分销商打开及重新包装。

（2）放置在隔潮袋内的载体材料，如托盘、卷盘、盛料管等，都会影响隔潮袋内潮湿敏感等级。因此，这些材料也必须烘烤。

（3）如果烘烤到封口的时间超过允许的时间范围，则必须重新烘烤。

3）干燥包装

（1）干燥包装指将干燥材料、HIC，与 SMD 一起密封在 MBB 内的包装方式。常见的包装形式如图 6-4 所示。

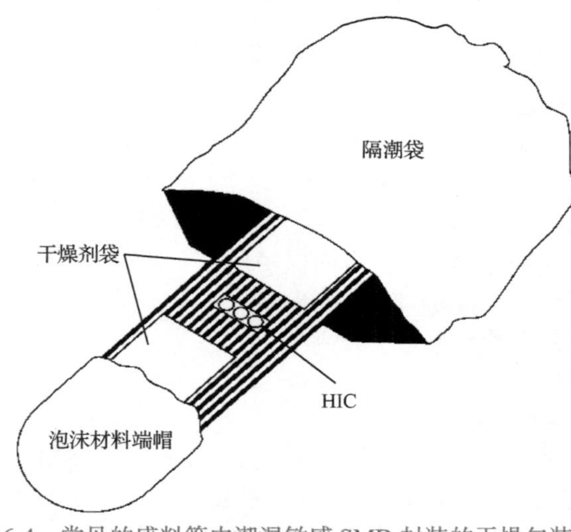

图 6-4 常见的盛料管内潮湿敏感 SMD 封装的干燥包装形式

6.2　潮敏元器件的应用指南（5）

干燥包装（2）

（2）防潮袋应符合 MIL-B-81075 类型Ⅰ标准，满足柔韧性、ESD 保护、机械强度和防渗透要求。

（3）干燥剂材料应符合 MIL-D-3464 标准类型Ⅱ的要求。干燥剂应无尘、无腐蚀性，且达到规定的吸湿量。干燥剂应包装在可渗透湿气的小袋子里。每包防潮袋干燥剂的用量，应视防潮袋的表面积和透湿率（WVTR）而定，以确保 25℃时能保持 MBB 内部的相对湿度（RH）小于 10%。

（4）HIC 上至少有 3 个敏感值为 5%RH、10%RH 和 60%RH 的色点。图 6-5 为一个 HIC 的示例。色点应该通过明显的、易辨识的颜色（色调）变化指示湿度，见表 6-3 的说明。

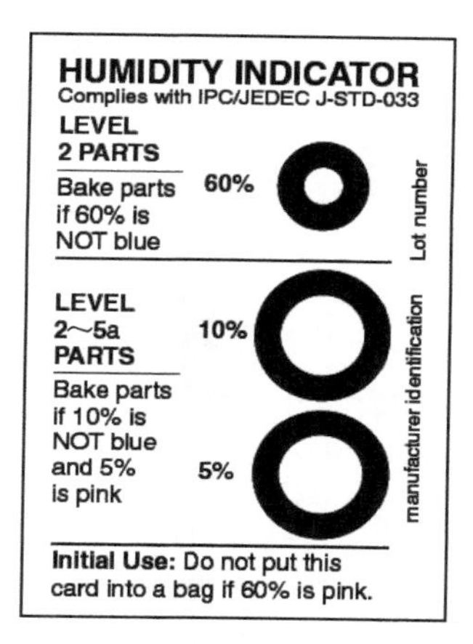

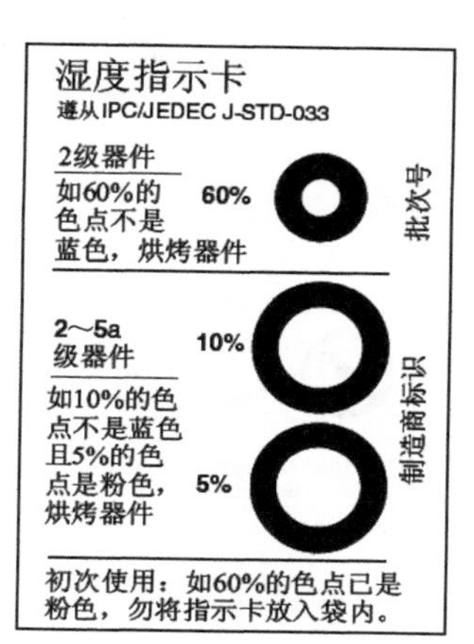

图 6-5　HIC 示例

表 6-3　典型的色度指示卡色点对照表

色点	2%RH 环境下的指示	5%RH 环境下的指示	10%RH 环境下的指示	55%RH 环境下的指示	60%RH 环境下的指示	65%RH 环境下的指示
5% 色点	蓝色（干）	淡紫色（色点值）色调变化 ≥ 7%	粉红色（湿）	粉红色（湿）	粉红色（湿）	粉红色（湿）
10% 色点	蓝色（干）	蓝色（干）	淡紫色（色点值）色调变化 ≥ 10%	粉红色（湿）	粉红色（湿）	粉红色（湿）
60% 色点	蓝色（干）	蓝色（干）	蓝色（干）	蓝色（干）	淡紫色（色点值）色调变化 ≥ 10%	粉红色（湿）

注：可使用其他颜色的组合方案。

4）标签

（1）与干燥包装相关的标签是“潮湿敏感标识”（MSID）标签（见图 6-6）和 JEDEC JEC113 中定义的警示标签（见图 6-7）。MSID 标签应贴在装有隔潮袋的最小级别运输包装上。警示标签应贴在隔潮袋外表面。

6.2 潮敏元器件的应用指南（6）

干燥包装（3）

（2）未放置在 MBB 中运输的等级 6 器件应该在最外层运输箱上贴上 MSID 标志和适当的警示标志。

（3）不是采用最高再流焊接时，在警示标志上须注明再流焊接温度。

图 6-6 潮湿敏感标志标签（示例）

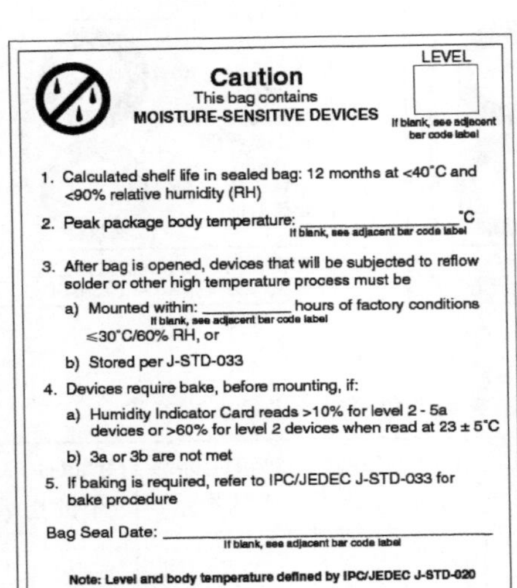

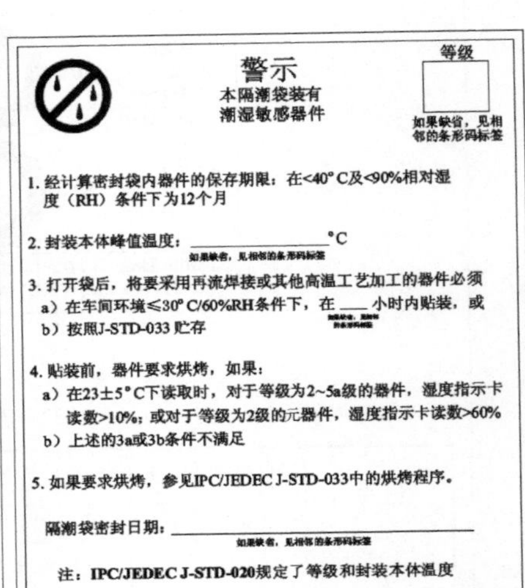

图 6-7 潮湿敏感警示标签（示例）

5）隔潮袋密封

为了不损伤隔潮袋或造成隔潮袋分层，应当热封隔潮袋口。不推荐全真空包装，全真空包装容易损坏隔潮袋，也不利于干燥剂发挥作用。

6）保存期限

当存储在 < 40℃/90%RH 不结露的大气环境中，从包装封口日起至少为 12 个月。

烘 干（1）

表 6-4 给出了在车间寿命过期后或发生其他显示潮湿暴露过度的情况下，用户在自己的场所重新烘干元器件的条件。表 6-5 给出了供应商或分销商在干燥包装前的烘干条件。表 6-6 总结了用户端重置或者暂停“车间寿命”计时条件。

6.2　潮敏元器件的应用指南（7）

烘　干（2）

表 6-4　已贴装或未贴装的 SMD 封装的烘干参考条件（用户烘干，车间寿命重新计时）

封装本体	等级	在 125℃条件下烘干		在 90℃，≤ 5%RH 条件下烘干		在 40℃，≤ 5%RH 条件下烘干	
		超出车间寿命 >72h	超出车间寿命≤ 72h	超出车间寿命 >72h	超出车间寿命≤ 72h	超出车间寿命 >72h	超出车间寿命≤ 72h
厚度≤ 1.4mm	2	5h	3h	17h	11h	8 天	5 天
	2a	7h	5h	23h	13h	9 天	7 天
	3	9h	7h	33h	23h	13 天	9 天
	4	11h	7h	37h	23h	15 天	9 天
	5	12h	7h	41h	24h	17 天	10 天
	5a	16h	10h	54h	24h	22 天	10 天
厚度 >1.4mm ≤ 2.0mm	2	18h	15h	63h	2 天	25 天	20 天
	2a	21h	16h	3 天	2 天	29 天	22 天
	3	27h	17h	4 天	2 天	37 天	23 天
	4	34h	20h	5 天	3 天	47 天	28 天
	5	40h	25h	6 天	4 天	57 天	35 天
	5a	48h	40h	8 天	6 天	79 天	56 天
厚度 >2mm ≤ 4.5mm	2	48h	48h	10 天	7 天	79 天	67 天
	2a	48h	48h	10 天	7 天	79 天	67 天
	3	48h	48h	10 天	8 天	79 天	67 天
	4	48h	48h	10 天	10 天	79 天	67 天
	5	48h	48h	10 天	10 天	79 天	67 天
	5a	48h	48h	10 天	10 天	79 天	67 天
BGA 封装尺寸 >17mm×17mm 或任何堆叠晶片封装（见注 2）	2 ～ 6	96h	根据封装厚度和潮湿等级，参考以上要求	不适用	根据封装厚度和潮湿等级，参考以上要求	不适用	根据封装厚度和潮湿等级，参考以上要求

注 1：表 6-4 是针对最严苛条件的模制引线框架 SMD 封装。如果技术上有据可查（如吸潮 / 去湿数据等），用户可以缩短实际的烘干时间，大多数的案例可以应用于其他非气密 SMD 封装。

注 2：对于尺寸大于 17mm × 17mm 的 BGA 封装，基材内没有阻挡湿气扩散的内层，可以根据表格中厚度 / 潮湿等级部分，使用烘干时间。

6.2 潮敏元器件的应用指南（8）

烘干（3）

表 6-5 暴露在≤ 60%RH 条件下，干燥包装前采用的默认烘干条件

封装本体厚度	等级	在 125℃条件下烘干	在 150℃条件下烘干
≤ 1.4mm	2	7h	3h
	2a	8h	4h
	3	16h	8h
	4	21h	10h
	5	24h	12h
	5a	28h	14h
>1.4mm，≤ 2.0mm	2	18h	9h
	2a	23h	11h
	3	43h	21h
	4	48h	24h
	5	48h	24h
	5a	48h	24h
>2mm，≤ 4.5mm	2	48h	24h
	2a	48h	24h
	3	48h	24h
	4	48h	24h
	5	48h	24h
	5a	48h	24h

注：对于没有阻挡层或堆叠晶片的封装，指定的烘干时间是保守的。如果封装在烘烤前已经超出工厂环境暴露的条件，对于一个堆叠晶片或有阻挡湿气扩散的内层的 BGA 封装，实际的烘干时间可能比表中要求的时间更长。如果经过技术判定，也可缩短实际烘干时间。烘干时间的增加或减少应当采用 JEDEC JESD22-A120 中的要求确定（即连续 2 次读值间的质量减少<0.002%）或根据关键的界面浓度计算。

表 6-6 用户端重置或暂停车间寿命计时

MSL 等级	在温度 / 相对湿度条件下的暴露时间	车间寿命	在相对湿度条件下的干燥器时间	烘干	重置保存期限
2，2a，3，4，5，5a	任何时间 ≤ 40℃/85%RH	重置	不适用	表 6-4	干燥包装
2，2a，3，4，5，5a	> 车间寿命 ≤ 30℃/60%RH	重置	不适用	表 6-4	干燥包装
2，2a，3	>12h，≤ 30℃/60%RH	重置	不适用	表 6-4	干燥包装
2，2a，3	≤ 12h，≤ 30℃/60%RH	重置	5 倍的暴露时间 ≤ 10%RH	不适用	不适用
4，5，5a	>8h，≤ 30℃/60%RH	重置	不适用	表 6-4	干燥包装
4，5，5a	≤ 8h，≤ 30℃/60%RH	重置	10 倍的暴露时间 ≤ 10%RH	不适用	不适用
2，2a，3	累计时间≥车间寿命 ≤ 30℃/60%RH	暂停	任何时间 ≤ 10%RH	不适用	不适用

6.2　潮敏元器件的应用指南（9）

烘　干（4）

暴露于车间环境的烘干要求如下：

（1）潮湿敏感的 SMD 封装如果在环境相对湿度≤ 60%RH 条件下暴露任意时间，可能就需要按照表 6-4 的要求，在再流焊接前进行适当的高温或低温烘干。或在干燥包装前按照表 6-5 的要求烘干。

（2）潮湿敏感等级为 2、2a、3 的器件，只有车间寿命暴露时间不超过 12h，要求最短干燥时间为 5 倍的暴露时间，以完全烘干 SMD。重置车间寿命时间见表 6-6。

（3）潮湿敏感等级为 4、5、5a 的器件，只有车间寿命暴露时间不超过 8h，要求最短干燥时间为 10 倍的暴露时间，以完全烘干 SMD。重置车间寿命时间见表 6-6。

使　用（1）

一旦打开隔潮袋包装，车间寿命开始计时。

1. 来料包装检查

1）隔潮袋检查

干燥包装的元器件应检查警示标签或条形码上的封袋日期。包装袋应检验并确保没有洞、凿孔、撕破、针孔或是任何会暴露内部或多层包装袋内层的开口。如果发现有开口，应参照 HIC 决定采取何种适当的恢复措施。

2）元器件检查

将完好的密封袋在接近封口处的顶部割开，检查元器件。如果包装袋在车间环境中打开不超过 8h，可再与活性干燥剂一起重新装入密封袋中并封口，或是将元器件放置在一个空气干燥箱里再次干燥，要求再次干燥的时间至少是暴露时间的 5 倍。

2. 车间寿命

如果车间环境条件不是 30℃/60%RH，需要修改表 6-7 所示的车间寿命。如果一批元器件中部分已使用，剩下的元器件在打开包装 1h 内必须重新封口或是放入 <10%RH 的干燥箱中。如果暴露时间超过 1h，应参照表 6-8 规定进行处理。

表 6-7　潮湿敏感等级和车间寿命

等　　级	在车间环境≤ 30℃/60%RH 条件下或规定条件下的车间寿命（袋外）
1	在≤ 30℃/85%RH 下不受限
2	1 年
2a	4 周
3	168h
4	72h
5	48h
5a	24h
6	使用前强制烘干。烘干后，必须在标签注明的时间内完成再流焊接

表 6-8 为酚醛树脂、联苯或多功能环氧树脂封装元器件在 20℃、25℃、30℃和 35℃时的推荐等级与总车间寿命（在元器件同一分类温度再流焊接）。

6.2 潮敏元器件的应用指南（10）

使用（2）

表 6-8 酚醛树脂、联苯或多功能环氧树脂封装元器件在不同温度时推荐等级与总车间寿命

封装类型和本体厚度	潮湿敏感等级	5%	10%	20%	30%	40%	50%	60%	70%	80%	90%	
本体厚度≥3.1mm，包括管脚>84的PQFP PLCC（方形）；所有MQFP或≥1mm的所有BGA	2a级	∞	∞	94	44	32	26	16	7	5	4	35℃
		∞	∞	124	60	41	33	28	10	7	6	30℃
		∞	∞	167	78	53	42	36	14	10	8	25℃
		∞	∞	231	103	69	57	47	19	13	10	20℃
	3级	∞	∞	8	7	6	6	6	4	3	3	35℃
		∞	∞	10	9	8	7	7	5	4	4	30℃
		∞	∞	13	11	10	9	9	7	6	5	25℃
		∞	∞	17	14	13	12	12	10	8	7	20℃
	4级	∞	3	3	3	2	2	2	2	1	1	35℃
		∞	5	4	4	4	3	3	3	2	2	30℃
		∞	6	5	5	5	5	4	3	3	3	25℃
		∞	8	7	7	7	7	6	5	4	4	20℃
	5级	∞	2	2	2	2	1	1	1	1	1	35℃
		∞	4	3	3	2	2	2	2	1	1	30℃
		∞	5	5	4	4	3	3	2	2	2	25℃
		∞	7	7	6	5	5	4	3	3	3	20℃
	5a级	∞	1	1	1	1	1	1	1	1	1	35℃
		∞	2	1	1	1	1	1	1	1	1	30℃
		∞	3	2	2	2	2	2	1	1	1	25℃
		∞	5	4	3	3	3	2	2	2	2	20℃
2.1mm≤本体厚度<3.1mm，包括：PLCC（矩形）；管脚为18-32的SOIC（宽体）；管脚>20的SOIC；管脚≤80的PQFP	2a级	∞	∞	∞	∞	58	30	22	3	2	1	35℃
		∞	∞	∞	∞	86	39	28	4	3	2	30℃
		∞	∞	∞	∞	148	51	37	6	4	3	25℃
		∞	∞	∞	∞	∞	69	49	8	5	4	20℃
	3级	∞	∞	12	9	7	6	5	2	2	1	35℃
		∞	∞	19	12	9	8	7	3	2	2	30℃
		∞	∞	25	15	12	10	9	5	3	3	25℃
		∞	∞	32	19	15	13	12	7	5	4	20℃
	4级	∞	5	4	3	3	2	2	1	1	1	35℃
		∞	7	5	4	4	2	3	2	2	1	30℃
		∞	9	7	5	5	4	4	3	2	2	25℃
		∞	11	9	7	6	6	5	4	3	3	20℃
	5级	∞	3	2	2	2	2	1	1	1	1	35℃
		∞	4	3	3	2	2	2	1	1	1	30℃
		∞	5	4	3	3	3	3	2	1	1	25℃
		∞	6	5	5	4	4	4	3	3	2	20℃
	5a级	∞	1	1	1	1	1	1	1	0.5	0.5	35℃
		∞	2	1	1	1	1	1	1	0.5	0.5	30℃
		∞	2	2	2	2	2	2	1	1	1	25℃
		∞	3	2	2	2	2	2	2	2	1	20℃

注：摘自 IPC/JEDEC J-STD-033B 表 7-1 部分内容，详细见原文。

6.2　潮敏元器件的应用指南（11）

使　用（3）	**3. 安全存储** 安全存储是指元器件保存在一个湿度可以控制的环境中存储，这样车间寿命可维持在零纪录。以下列出了 2 ～ 5a 级的元器件可接受的安全存储分类。 1）干燥包装 干燥包装完好的 MBB 中的元器件，应该有一个预期的存储寿命，一般是从警示或条形码上标明的袋封日期算起至少 12 个月。 2）空气干燥橱 散装元器件应放置在一个空气干燥橱中，橱内的温度和相对湿度条件应维持在 25 ± 5℃和 < 10%RH。橱内可使用氮气或干燥空气。 **4. 再流焊接** 再流焊接包括整板的再流焊接和返修过程中单个元器件的焊接和去除。 （1）在打开干燥包装后，干燥袋中所有元器件在标识的车间寿命前必须完成包括返修在内的所有高温再流焊接过程。如果车间寿命超期应烘干处理或车间环境超过标准，应按表 6-8 要求降级使用。 （2）在再流焊接过程中元器件温度不得超过标识在警示标签上的设定值。再流焊接过程中元器件的温度，将直接影响元器件焊接的可靠性。 （3）在再流焊接过程中，不应超出 JESD22-A113 中规定的附加温度曲线参数。虽然温度在再流焊接中是最关键的参数，但其他曲线参数，如高温中总的暴露时间和加热速率，也会影响元器件焊接的可靠性。 （4）如果使用了一个以上的多道再流焊接，必须小心确保在最后一道再流焊接前的所有潮湿敏感元器件，无论是贴装的还是不贴装的，都不能超过它们的车间寿命。 （5）每个元器件最多只能经过三道再流焊接工序。如果因为某种原因需要超过三道工序的，应向供应商咨询。 **5. 干燥指示器** 干燥指示器显示结果和情况，确定元器件再流焊接前干燥或是继续安全存储。 （1）干燥包装内潮湿过度。 HIC 会提示干燥包装内湿度过度。这是由于误处理（如缺少干燥剂或干燥剂量不足）、误操作（如 MMB 撕裂或割裂）或是存储不当引起的。 （2）HIC 从 MMB 中取出后应立即读数。在 23 ± 5℃条件下可获得最精确的读数，后续的应用情况与存储时间无关，例如，库存寿命是否过期等。 ① 如果 10%RH 点为蓝色，表示元器件干燥仍然合适。若干燥袋需要再次封口，应更换活性干燥剂。 ② 如果 5%RH 点为粉红色而且 10%RH 点不为蓝色，则说明元器件暴露已超过了潮湿敏感等级，必须按照表 6-8 的规定进行干燥处理。 （3）车间寿命或温度 / 湿度环境超标。 ① 如果车间寿命或温度 / 湿度条件超标，在再流焊接或安全存储前元器件必须按照表 6-8 要求进行干燥处理。 ② 如果车间温度和 / 或湿度条件没有满足，则需减少元器件车间寿命作为补偿。 （4）第 6 级元器件。 划分为第 6 级的元器件必须烘烤干燥，然后在标签指定的限制时间内完成再流焊接。

6.2 潮敏元器件的应用指南（12）

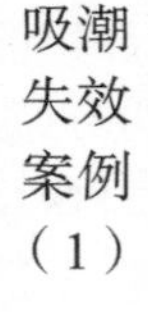
吸潮失效案例（1）

案例 1：BGA 芯片与基板之间分层

某单板上 BGA 出现焊球桥连现象，发生概率为 6.2%。通过超声波扫描发现失效样片出现分层现象。进一步切片分析，观察到芯片与 BGA 载板间出现分层，并使基板鼓起变形，从而导致再流焊接时 BGA 锡球桥连，如图 6-8 所示。追溯生产工艺过程，发现一方面是因为生产批量小，客户提供的物料没有进行干燥包装。另一方面是生产时，上线前也没有进行检查和烘干。这是一个非常典型的吸潮导致 BGA 分层失效的案例。

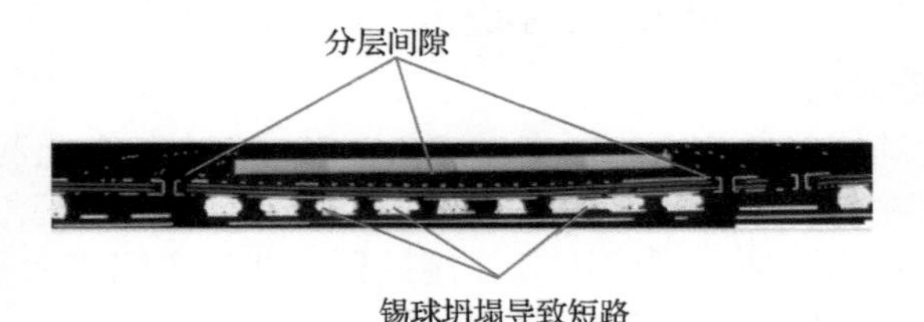

图 6-8　BGA 分层失效

塑封 IC，如 PBGA、QFP 等，芯片与载板或框架的安装连接界面，常常存在空洞，是引发分层的起爆点。多数情况下，如果吸潮量超标不大，再流焊接时往往会引发封装基板中心底部鼓包的现象，如图 6-9（a）所示。如果吸潮量达到饱和，再流焊接时升温速率和焊接峰值温度又比较高，就可能引发封装体开裂，如图 6-9（b）所示。这两种现象一般称为“爆米花”现象。

（a）封装分层

（b）封装体开裂

图 6-9　分层与“爆米花”现象

案例 2：塑封 BGA 载板分层现象

BGA 载板分层也是吸潮导致的常见不良现象之一。

BGA 载板通常为一阶 HDI 四层板，由于埋孔的存在，很容易吸潮和分层。图 6-10 为一 BGA 基载板分层的案例，此 BGA 返修前单板没有进行过烘烤，因而出现局部分层现象。

HDI 单板由于内存存在密集孔埋孔设计，因此，分层往往表现为局部的多个半球形鼓包现象，这可能是由于埋孔所用填孔树脂容易吸潮所导致的。

6.2　潮敏元器件的应用指南（13）

吸潮失效案例（2）

图 6-10　BGA 基载板分层现象

案例 3：钽电容过炉冒锡珠

某单板焊接后部分电容周围有锡珠，如图 6-11 所示，锡珠位于钽电容侧面。据了解，此批物料之前拆过包，在未做烘干处理情况下重新包装过。

图 6-11　有机高分子钽电容冒锡珠现象

从冒锡珠位置就可以推测锡珠的来源——阴极与银浆界面。通常，银浆层容易吸潮，如果吸潮遇到高温就会产生很大的内部蒸汽压力，将钽电容包封材料挤破而出现锡珠。结合本案例所用批次及钽电容之前曾经的开包历史，基本可以确定为钽电容吸潮所致。

案例 4：SiP 封装内部空洞导致过炉后失效或包封界面冒锡珠

SiP 封装（System in a Package，系统级封装）是将多种功能芯片，包括处理器、存储器等功能芯片集成在一个封装内，从而实现一个基本完整的功能。从封装的角度看就是一个包封的小尺寸 PCBA（往往是一个电路功能模块），即裸 Die 和表贴元器件焊接在一个小板子上，然后进行包封。从工艺的角度看，内部有锡焊点，包封时也可能留下空洞或间隙，这决定了它是一个 3 级以上的湿度敏感器件。

SiP 封装内，特别是 PCB 与包封材料之间，如果有空洞或间隙，就容易吸潮。即使吸潮不超标，再流焊接时也会成为湿气挥发的聚集地，很可能因空洞内 / 间隙内蒸汽压力过大而分层。如果相邻焊点间贯穿分层，就会导致 SiP 内部焊点桥因迁移而桥连，从而导致功能失效。如果分层出现在靠近封装表面的地方，就可能在封装表面 PCB 与包封材料的界面处看到冒锡珠的现象。

6.3 焊膏的管理与应用指南（1）

<table>
<tr><td>焊膏保管</td><td>1）存储条件
为了防止助焊剂和焊锡粉化学反应，应放在 0 ～ 10℃的阴暗场所冷藏保存。
2）保质期限
多数焊膏，在未开封冷藏保管（0 ～ 10℃）条件下，可以保存 6 个月。
3）应用管理
（1）为了防止冷凝水分进入锡膏容器内，从冷藏库内取出后，温度回到室温后需再进行开封。
（2）开封后请尽早使用。使用了一部分的焊膏再度需要保存时用刮刀刮落容器内侧附有的焊膏，并放入冷藏库内保存。在容器内侧附有焊膏的情况下进行保管时，这部分的焊膏会变干，印刷性能也就随着变差。
（3）使用过一次的焊膏，需存放到其他容器内保管并尽早使用。</td></tr>
<tr><td>搅拌要求</td><td>为了增强焊膏的流动性，焊膏添加前应进行搅拌操作。
（1）人工搅拌。当焊膏在室温时用刮刀等工具搅拌 20 ～ 30 回。
（2）采用自动搅拌机进行搅拌。时间设定在焊膏的温度不超出室温以上的范围内，过多的搅拌会因锡粉的摩擦导致发热，造成焊膏性能变坏。一般在室温下搅拌 0.5 ～ 1min 即可。</td></tr>
<tr><td>焊膏应用要求</td><td>（1）连续印刷时模板上的时间。
● 连续添加焊膏的场合 8h。
● 不连续添加焊膏的场合 4h。
（2）焊膏被静止放置在模板上的时间限制在 3h 以内。
（3）模板上的焊膏快到滚动直径 10mm 时请添加新的焊膏。滚动直径如图 6-12 所示。
（4）印刷中断 30min 以上时，应清洗模板开口部。
（5）印刷环境应控制温度为 23 ～ 26℃、相对湿度 60% 以下。

图 6-12　滚动直径的含义</td></tr>
<tr><td>印刷条件（1）</td><td>1）印刷速度
印刷速度过慢时，填充时间长，因而容易导致底部渗透；如果印刷速度过快，焊膏的滚动性变差导致填充性变差。
2）刮刀角度
刮刀角度一般应设定在 60° ～ 70°。目前，多数印刷机刮刀角度不可调，固定在 60°。
3）刮刀压力
刮刀压力以模板与 PCB 无间隙接触和模板上无残留焊膏为标准。</td></tr>
</table>

6.3　焊膏的管理与应用指南（2）

印刷条件（2）	4）离板速度 离板速度可能与焊膏的性能有关。多数焊膏合适的离板速度在 2.5 ~ 5.0mm/s 范围内，过高的离板速度将导致焊膏图形边缘模糊。 5）脱模距离 脱模距离一般为 2mm。
印刷后的放置时间	印刷后应尽快进行再流（放置时间最多 4h）。不允许放置的情形： （1）电风扇或换气的风经过的地方，放置在这些地方容易使焊膏表面干燥，黏着力下降。 （2）温度高的环境（28℃以上）。高温条件下，焊膏表面会很快变干，黏着力下降，有可能导致元器件移位、脱落、立碑等现象。 （3）湿度高的环境（70% 以上）。长时间放置后焊膏会吸湿，焊接时会引起锡球飞溅、湿润性不良。
推荐的温度曲线	图 6-13 为 SAC305 和 Sn58Bi 合金焊膏的再流焊接推荐温度曲线，仅作示例说明（编制焊膏使用作业指导书时推荐的温度曲线）。 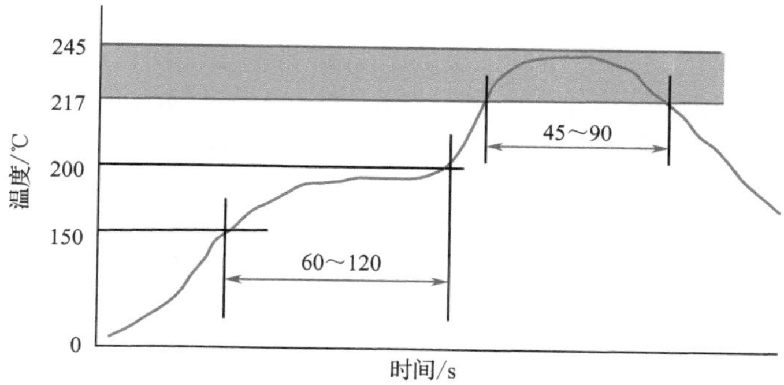 温度/℃　245　217　200　150　0　45～90　60～120　时间/s （a）SAC305 合金焊膏的推荐温度曲线 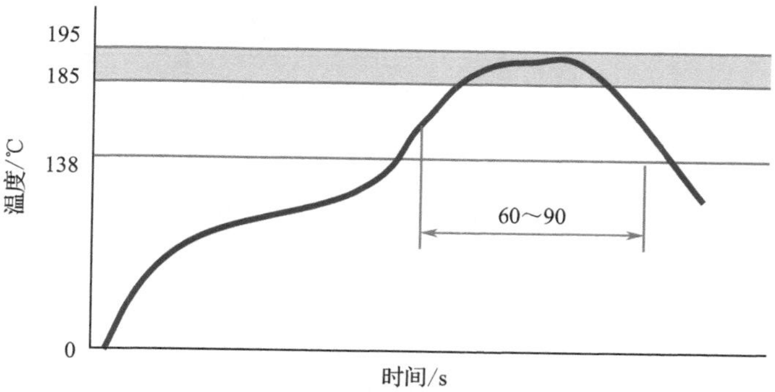 温度/℃　195　185　138　0　60～90　时间/s （b）Sn58Bi 合金焊膏的推荐温度曲线 图 6-13　SAC305 和 Sn58Bi 合金焊膏的推荐温度曲线

6.4 焊膏印刷参数调试（1）

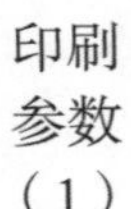

印刷参数（1）

焊膏印刷参数主要是指刮刀速度（v_b）、刮刀压力（F）、刮刀角度（θ）、脱模速度（v_s）和脱模距离（h）等设备设置参数，如图6-14所示。刮刀速度、刮刀角度和刮刀压力主要影响焊膏的填充，脱模速度和脱模距离主要影响焊膏的转移。

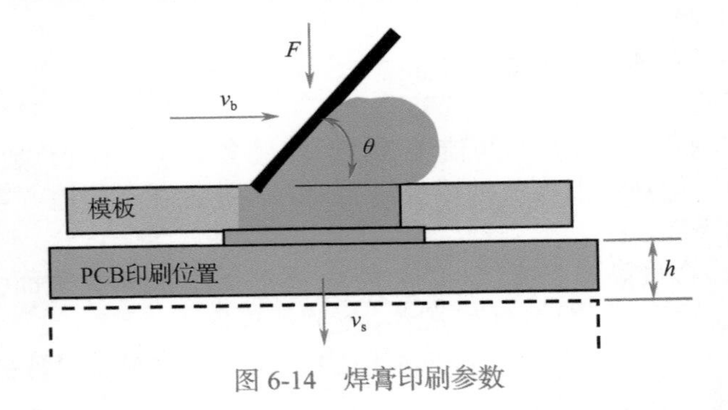

图6-14　焊膏印刷参数

1. 刮刀速度

刮刀速度对焊膏印刷的影响主要是填充性，主要通过对焊膏施加压力、改变焊膏的黏度及填充时间来实现。第一，焊膏在模板上是开放的（不是装在容器里的），如果没有刮刀的移动将不会产生向下的作用力，如图6-15所示的分力F_2。这个力取决于刮刀移动的速度和刮刀的角度，是焊膏填充的充分必要条件。第二，刮刀的移动产生使焊膏滚动的分力F_1。焊膏的滚动使得焊膏黏度变小，从而利于填充，如图6-15所示。第三，刮动速度也影响焊膏的填充时间。因此，可以说刮刀速度对焊膏的影响是复杂的，刮刀速度和填充率之间并不是一个简单的线性函数关系，有一个合理的速度区间。

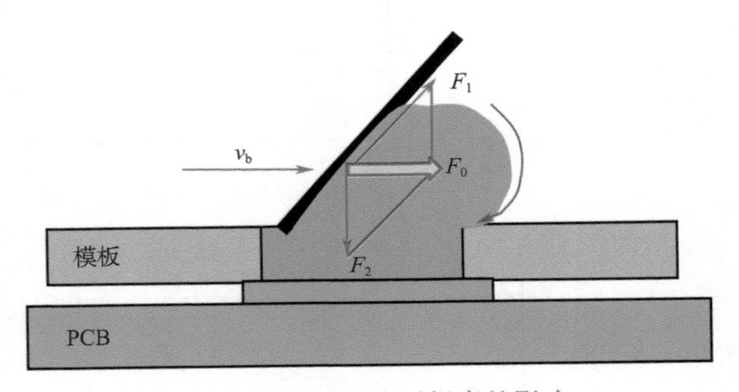

图6-15　刮刀速度对焊膏的影响

一般而言，刮刀速度在100mm/s之前，填充时间起主导作用，在100mm/s之后，焊膏黏度起主导作用，但有一点是共同的，就是速度太快（高于180mm/s）或太慢（低于20mm/s），都不利于焊膏的填充。推荐的刮刀速度如下：

（1）安装普通间距元器件的板：140 ~ 160mm/s。

（2）安装精细间距元器件的板：25 ~ 60mm/s。

2. 刮刀压力

刮刀压力是指刮刀作用在模板上的力。通过设置刮刀向下的行程或压力，使焊膏与模板表面接触并产生一定的压力，以便刮刀刮动时可以把焊膏刮干净（是否能够刮干净还与焊膏黏度、黏性等有关）。

6.4　焊膏印刷参数调试（2）

印刷参数（2）

刮刀压力的大小与焊膏的填充没有必然的关系，它只与印刷时模板与PCB的接触间隙以及模板表面焊膏的刮净度有关。

印刷时，我们希望模板能够紧贴焊盘表面，刮刀刮动后的模板表面比较干净。这样，印刷出来的焊膏厚度以及分辨率才符合要求。因此，对于刮刀压力的设置，原则上只要印刷时模板能够紧贴PCB、刮刀过后模板表面干净，压力越小越好。因为，压力越大，不仅模板的寿命越短，而且容易导致大尺寸开口内焊膏被舀挖的现象，如图6-16所示。

刮刀压力的设定与刮刀长度尺寸有关，一般初设值按0.5kg/1″来设置，再根据实际印刷结果进行调整。

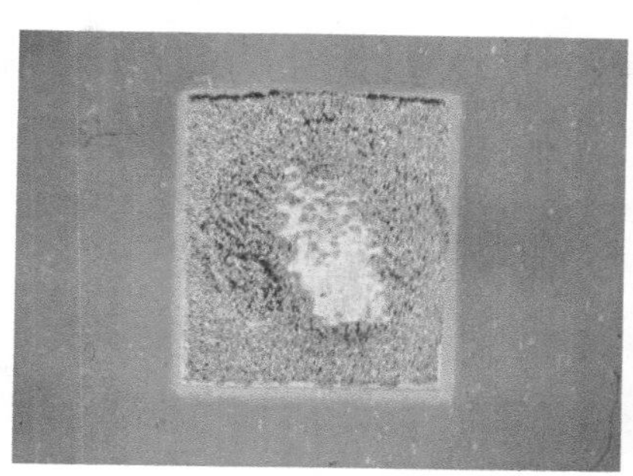

（a）刮刀压力过大导致舀挖现象

（b）刮刀压力过小导致模板表面残留焊膏

图6-16　焊膏舀挖现象

3. 刮刀角度

刮刀角度，通常指刮刀与模板表面形成的角度。刮刀角度越小，施加到焊膏上向下的压力越大，填充性也越好，但是，如果角度偏小，将影响焊膏的正常滚动，也不容易刮干净。

刮刀角度比较合适的范围是45°～75°。目前，大多印刷机将其锁定在60°，并不需要自行设置。

4. 脱模速度

脱模速度也称分离速度，指印刷完成后PCB离开模板的速度。这个速度主要影响脱模时PCB与模板之间的空气压力以及焊膏的甩出效应。如果脱模速度比较慢，会得到良好的印刷图形与高的分辨率，如图6-17（a）所示。如果脱模速度很快，将在PCB与模板之间形成负压，脱模的瞬间会使孔壁处的焊膏被抽出，从而降低图形的分辨率、污染模板的底部，如图6-17（b）所示。

5. 脱模距离

脱模距离是指PCB离开模板的距离，一般不能太小（如1mm），否则，将可能因脱模时模板的反弹而重新接触焊膏图形，造成模板底部污染或“狗耳朵”现象（长方形焊膏图形一端的拉尖现象）。脱模距离取决于模板框的尺寸和丝网的张力大小，一般应>2mm。

6.4 焊膏印刷参数调试（3）

印刷参数（3）

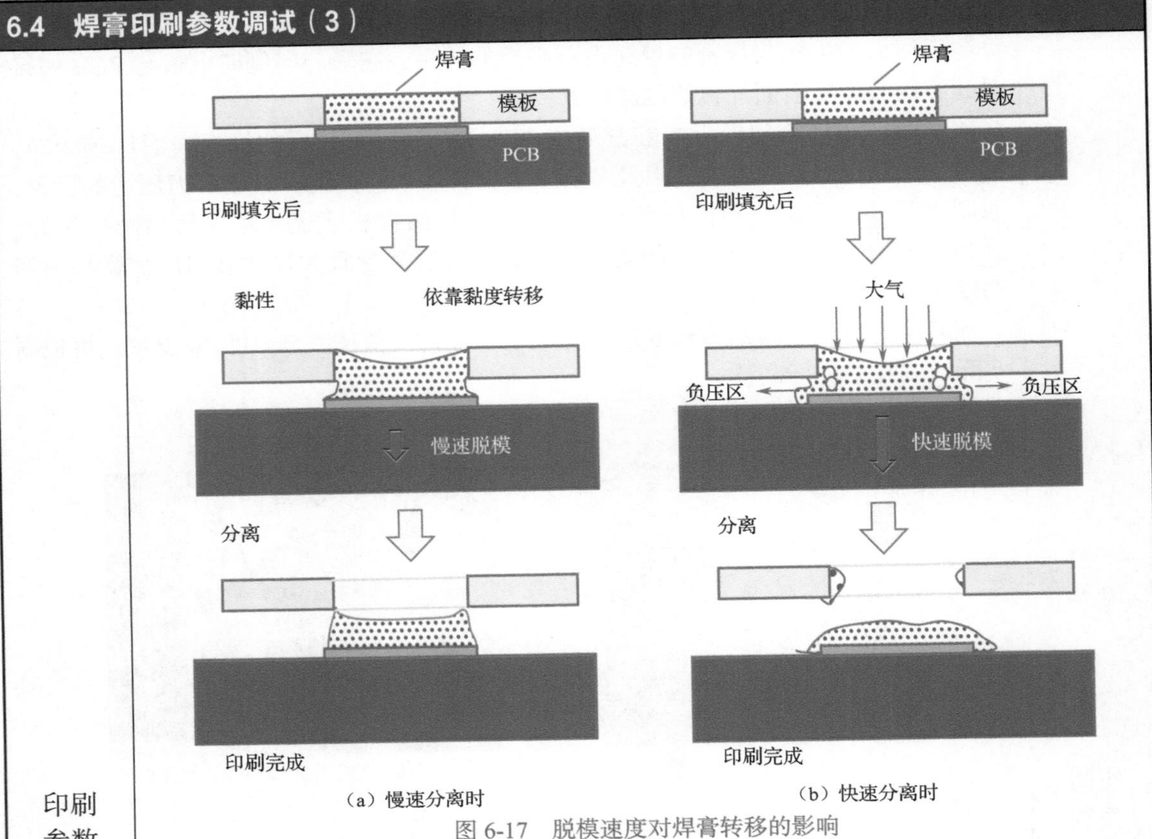

（a）慢速分离时　　（b）快速分离时

图 6-17　脱模速度对焊膏转移的影响

6. 底部擦洗工艺参数

擦网参数的设置与使用的焊膏有关，比如某品牌的焊膏，要求工艺及参数如下：

擦网工艺：湿擦 / 真空擦 / 干擦，或湿擦 / 干擦 / 真空擦（先干擦利于抽真空）。

湿擦速度：50mm/s。

干擦速度：50mm/s。

真空擦速度：50mm/s。

溶剂喷涂时间：0.3s，只要纸润湿宽度达到 2cm 即可。图 6-18 所示的润湿有 5cm 多，会导致过多的清洗剂渗进孔壁。

卷纸步进长度：28mm。

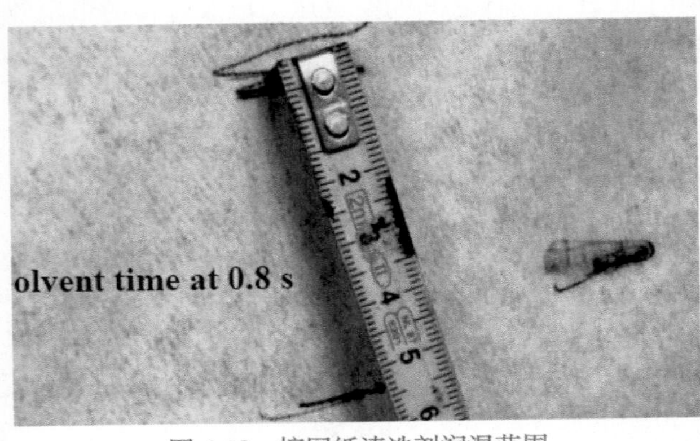

图 6-18　擦网纸清洗剂润湿范围

6.5 再流焊接温度曲线测试指南（1）

测试点的选择与固定

1. 热电偶的选择与要求

在测试任何炉温曲线时，使用正确的热电偶是很重要的。应该使用导体型号为 36AWG 的 K 型热电偶，因为较粗的热电偶导体散热较多。为保证良好的精确度，热电偶导体长度不应超过 75cm。同样为了保证精确度，热电偶的接合点必须焊接，不能绞合，应采用压接或者焊接。

2. 热电偶测试点的固定

热电偶可以用高温焊料、高温胶带 [见图 6.19（a）]、铝箔胶带、红胶 [见图 6.19（b）] 等固定。

当使用高温胶带诸如聚酰亚胺或铝制胶带时应当小心。胶带在再流焊接过程中有变松的倾向，这样测量的是炉子中空气的温度而非焊点的温度。确认胶带良好接触很重要，否则，就应该使用高温焊料或导热黏合剂将热电偶连接至焊点上。当然，使用胶带的一大优点在于热电偶不受损害并能重复使用。

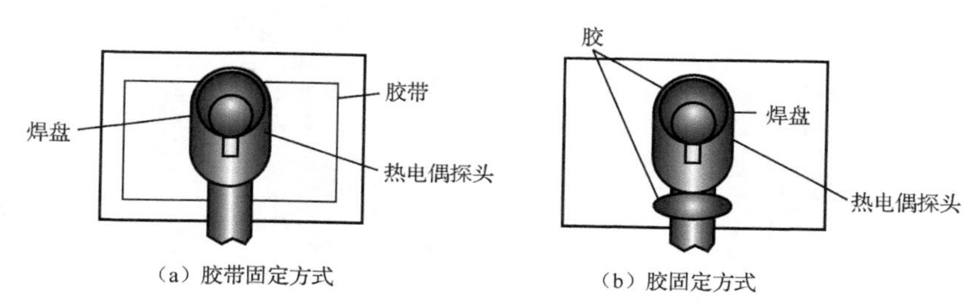

（a）胶带固定方式　（b）胶固定方式

图 6-19　热电偶的固定

3. 测试点的选择

对于 BGA，应在中央和角落焊球位置的印制板背面钻孔，并将热电偶推到印制板正面以正确测量 BGA 的焊球温度。在同一个 BGA 上保证中心焊球和角落焊球之间的温度差异在 2℃之内是很重要的。可将热电偶插入 BGA 底下，这样可省略钻孔的过程，但是，在此情况下热电偶测量的只是该元器件下面的温度。

图 6-20（a）展示了电路板上推荐的热电偶位置，应连接 4 ～ 6 个热电偶到各种元器件位置，以代表最低热容至最高热容区。包括至少两个热电偶用于 BGA，如图 6-20（b）所示。

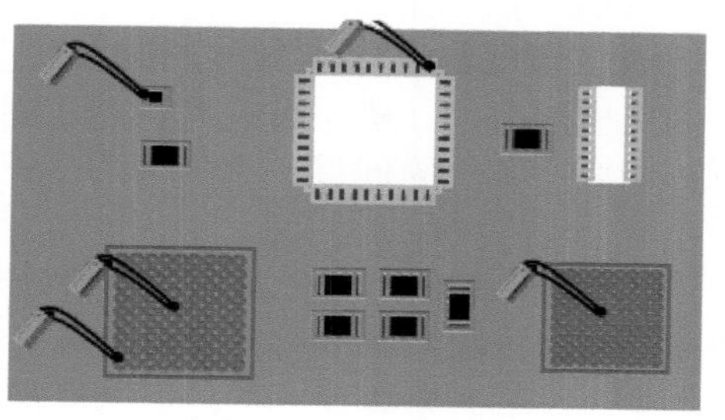

（a）测试点位置的选取

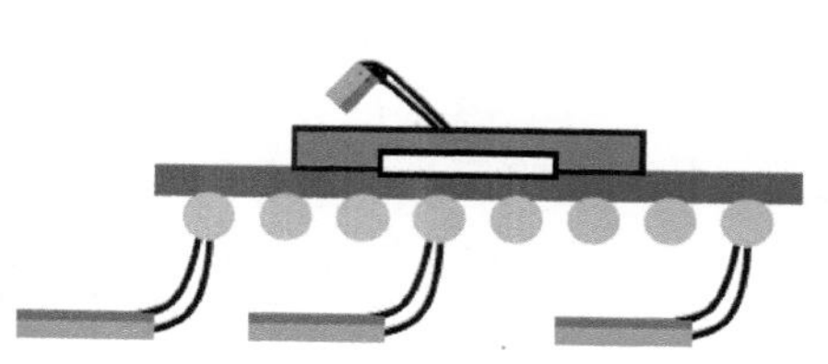

（b）BGA 测试点位置的选取

图 6-20　热电偶的连接点选择

6.5 再流焊接温度曲线测试指南（2）

<table>
<tr><td>测试板</td><td>温度曲线的测试，主要测试大热容量底部焊端元器件（如高的变压器、表贴连接器、大尺寸 F-BGA）焊点温度及耐热性差的元器件的封装体温度。测试板的制作应反映这两种情况，一般建议：
（1）PCB 采用实际产品裸板，或采用层数、厚度与尺寸相近的裸板。
（2）大热容量底部焊端元器件、耐热性差的元器件，应采用实际的元器件封装，或封装与尺寸相近的元器件。
（3）尺寸大、热阻大的元器件密集布局场景不应忽视，测试板上必须按实际单板的布局制作。图 6-21 为一实际案例，密集布局的高、大变压器组导致区域焊点温度偏低，甚至影响到温度曲线的测试。

图 6-21　高热阻元器件的密集布局导致区域焊点温度偏低</td></tr>
<tr><td>注意事项</td><td>（1）热电偶的固定必须牢靠，测试期间不能松动。
（2）对于大热容量的 PCBA，测试温度往往比实际生产的温度偏高。因为实际生产是连续进板的，这会降低热风的温度，从而影响焊点的实际温度。因此，在测试温度曲线时应考虑实际温度要降低的问题，适当给予补偿，比如提高 2 ~ 4℃。
（3）炉子的初始温度设置，可以根据一般的经验设置，然后进行测试，获得首次温度曲线后再根据测试软件进行调整，按照调整的温度设置再进行测试，直到获得设置温度满足设计要求的曲线。这里需要注意一点，重新设置温度后，需要等待 10 多分钟，直到温度为炉温温度后才能进行测试。</td></tr>
</table>

6.6　再流焊接温度曲线设置指南（1）

再流焊接加热原理

再流焊是具有许多变量的复杂工艺。所有量产用的再流焊接炉都包括对流、传导和辐射三种热传递方式，每种方式的程度取决于再流焊接炉的加热单元的设计，所有设计都致力于达成相同的工艺结果。

再流焊接过程通常包括五个不同的阶段，分别为：①焊膏中的溶剂蒸发；②激活助焊剂并产生助焊活性；③对元器件和印制电路板进行预热；④融化焊料并发生恰当润湿（有些情况并不是越润湿越好，如表贴连接器，不允许熔融焊锡爬到接触部分）；⑤冷却已焊组件。

需要说明的是，无论再流焊接炉采用哪种基本的热传递方式，BGA 元器件下焊球的加热主要是通过 PCB 进行传导的，如图 6-22 所示。这是因为 PCB 内部有大铜面（电源层、接地层），受热面积大，温度高的缘故。从这点可以看出，改善焊点的温度，需要优化 PCB 的布局布线设计，使之能够为 BGA 下焊球的焊接提供供热通道。

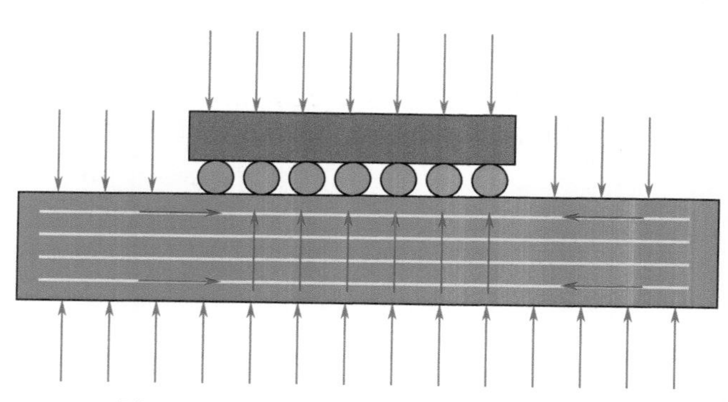

图 6-22　再流焊接时 BGA 焊球的加热方式

参数设置（1）

再流焊接工艺的核心就是温度曲线，它决定了 PCBA 焊接的良率及质量。焊接炉温曲线不仅与特定产品有关，同时也与助焊剂有关。表 6-9 为 IPC-7095C 推荐的再流温度曲线关键参数设置。

表 6-9　推荐的温度曲线参数设置

曲线内容	锡铅合金曲线	混合 / 向后兼容曲线	无铅合金（SAC 305）/ 向前兼容曲线
合金固液相线温度	183℃	183℃/220℃	217 ~ 220℃
目标合金峰值温度范围	210 ~ 220℃	228 ~ 232℃	235 ~ 245℃
绝对最小再流峰值温度	205℃	228℃	230℃
元器件升温斜率	2 ~ 4℃/s	2 ~ 4℃/s	2 ~ 4℃/s
元器件降温斜率	2 ~ 6℃/s	2 ~ 6℃/s	2 ~ 6℃/s

6.6 再流焊接温度曲线设置指南（2）

续表

参数设置（2）

曲线内容	锡铅合金曲线	混合 / 向后兼容曲线	无铅合金（SAC 305）/ 向前兼容曲线
保温或预热活化温度	100 ~ 180℃	100 ~ 180℃	140 ~ 220℃
保温或预热活化时间	60 ~ 120s	60 ~ 120s	60 ~ 150s
液相线以上持续时间	60 ~ 90s	60 ~ 90s	60 ~ 90s
峰值温度持续时间	最多 20s	最小 20s	最多 20s
所用焊膏	锡 / 铅焊膏	锡 / 铅焊膏	无铅焊膏 (SAC 305)
SMT 元器件类型	所有 SMT 类锡 / 铅和无铅元器件，但无铅 BGA 焊球除外	所有 SMT 类锡 / 铅和无铅元器件，包括 SAC 无铅 BGA 焊球	所有元器件包括 BGA 都是无铅，包括含有 SAC 305、无铅焊球的 BGA
采用此峰值温度的理由	无铅表面处理的 BGA 元器件在 205℃熔化没有问题。所有锡 / 铅表面处理都含有 90% 的锡。无铅表面处理接近含有 100% 的锡，并含有一些其他无铅元素，如铋	需要采用一个折中的温度，使锡铅元器件不过度受热，同时具有 220℃熔点的无铅 SAC BGA 元器件能熔化、塌陷并完全与锡铅焊膏熔融。较低的峰值温度会引起 SAC BGA 焊球不熔化或者只部分熔化，增加了 HoP、开路发生率及较差的可靠性	所有元器件都是无铅的，可以承受更高温度。然而太高的峰值温度可能引起 BGA 焊球脱落、开路，退润湿和板子翘曲，同时为了进行 MSL 评价，大 BGA 元器件要在最高 245℃温度下进行测试

温度曲线各区的作用与设置要求（1）

图6-23为无铅工艺的推荐温度曲线，它可以分为预热、保温、再流和冷却四个区。

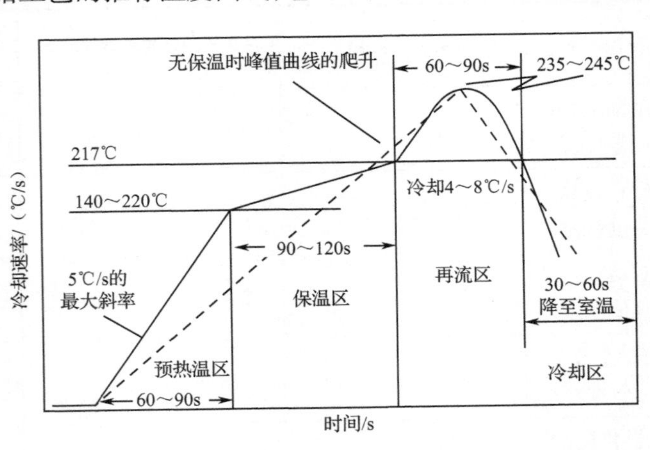

图 6-23　典型无铅工艺温度曲线形状及分区

6.6　再流焊接温度曲线设置指南（3）

温度曲线各区的作用与设置要求（2）

1）预热温区

预热区域的温度范围为室温到 175℃，许多元器件供应商通常建议将温度上升速率设置为 2 ～ 4℃/s 以避免热冲击温敏元器件。快速的温升速率会增加产生锡珠的可能，所以应尽可能保持低温升率。无论如何，应该考虑组件中最敏感元器件可接受的温升率。

2）保温区

保温区的作用是将整块电路板的温度提升至一个统一的温度。保温区的温度上升速率非常慢，温度由 75℃提升至 220℃的曲线几乎是平的。保温区也可作为焊膏中助焊剂活化区。保温区温度过高的后果是锡珠、锡溅，这是因为焊膏的过度氧化耗尽了助焊剂的活化能力。长的保温区的目的是减少空洞，特别是 BGA 中的空洞。不使用保温区而使温度稳定地从预热区上升至再流峰值温度也是常见的做法，但当温度稳定爬升至再流峰值温度时，出现空洞的可能性将会增加。

3）再流区

再流区的峰值温度应该足够高，以获得良好润湿，并产生牢固的冶金结合。但是其温度也不应太高以致元器件或电路板损坏或变色，或更严重的电路板烧焦。如果温度过低，可能会导致冷的和颗粒状焊点、焊料不熔融或差的金属间连接。对于无铅来说峰值温度应维持在 230 ～ 245℃。液相线以上时间（TAL）应为 60 ～ 90s。高于焊料熔点或 TAL 的持续时间过长会损坏温敏元器件，它也会导致过多的金属间化合物生长使得焊点脆化，从而降低焊点的耐疲劳性。

4）冷却区

大部分组件典型的冷却速率为 4 ～ 6℃/s，这主要是基于产量和锡铅金属间化合物厚度的考虑。随着转化为无铅焊料，由于锡银铜（SAC）焊料刚性的增加以及层压板抗弯曲能力的下降，焊盘坑裂缺陷会变得更加频繁。焊盘坑裂可在再流焊接工艺后被直接识别。

在冷却阶段，PCBA 厚度方向上各种材料会以不同的速率冷却。通常来说 BGA 封装会比焊点冷却得快且比印制电路板快得多。这种冷却上的差异会形成互连的薄弱位置，BGA 连接盘下的层压板处产生机械应变。通过大幅度地降低冷却速率到 1.5℃/s，厚度方向上的所有材料的冷却速率会变得更慢，于是层压板上的应变会减少。实验表明，冷却速率下降既不会对焊点金属间化合物也不会对焊点晶粒结构产生负面影响。如果在再流焊接之后焊盘坑裂立即被发现或确定组件有发生坑裂的风险，则应该降低 PCBA 的冷却速率以减少应变。

再流焊接程序（1）

所谓再流焊程序是指再流焊接炉面板上的机器参数设置表，如图 6-24 所示。它与再流焊温度曲线不同，它是实现工艺要求的温度曲线的机器设置参数。

	P.W.I.	公分/分	温区 1	温区 2	温区 3	温区 4	温区 5	温区 6	温区 7	温区 8	温区 9
原本上温区	96%	85.00	110.0	150.0	150.0	150.0	160.0	190.0	190.0	230.0	260.0
原本下温区			110.0	150.0	150.0	150.0	160.0	190.0	190.0	230.0	260.0
预测上温区	96%	85.00	110.0	150.0	150.0	150.0	160.0	190.0	190.0	230.0	260.0
预测下温区			110.0	150.0	150.0	150.0	160.0	190.0	190.0	230.0	260.0

☑ 上与下温区温度设定一至

图 6-24　某单板再流焊接程序

6.6 再流焊接温度曲线设置指南（4）

再流焊接程序（2）

再流焊接程序是机器参数设定值和传送带速度的组合，如图 6-24 所示。而温度曲线则是 PCA 经过再流焊炉时热电偶所测温度对时间变化的直观表示，如图 6-25 所示。

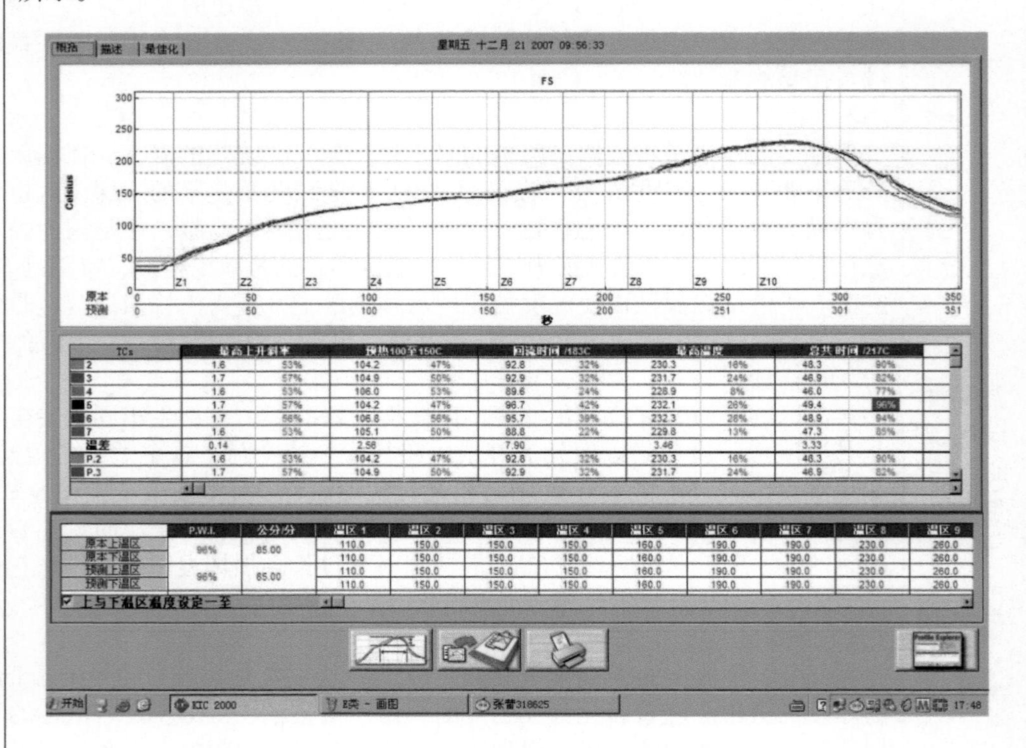

图 6-25　温度曲线

对已确定的工艺和焊膏来讲，温度曲线的基本要求是一样的，所以才有推荐的温度曲线之说。但是，对于每种 PCBA 而言，由于其尺寸、厚度、元器件安装数量及封装等的不同，要求的加热温度也是不同的。换句话来说，就是要达到推荐的温度曲线设置要求，再流焊接炉的机器参数对不同的板温度是不同的。另外，同一 PCBA，在不同的炉子上焊接，机器参数的设置也会有差异，比如 10 温区的炉子与 12 温区的炉子，要实现相同的温度曲线，设置参数肯定不同。这就需要开发再流焊接的程序。

再流焊接程序的开发是再流焊接工艺的核心。开发工作主要是进行温度曲线的调试，并把最终的设置参数记录下来，形成相关的再流焊接程序，以便生产时进行传送带速设置与温度的设置。

通常调试温度曲线要经过设置、测试、调整、再测试的不断循环。目前的测温仪相当智能化，测试一次就会记录下 PCBA 的热特性，并在电脑上就可以直接调试，因此，温度曲线的调试一般有 2 ～ 3 次“设置 - 测试”循环就可以了。

一旦程序被优化生成所需的温度曲线，建议用实际的单板焊接一次，确认后就可以作为正式的程序存储起来备用。

6.7　波峰焊接机器参数设置指南

工艺参数设置	通过这些参数的不同设置，以实现我们的控制目标——PCBA上下板面的预热温度、焊点的实际焊接温度与时间。 1）助焊剂喷涂量 助焊剂的喷涂量是影响波峰焊接质量的关键因素，必须确保焊接面及孔内被助焊剂覆盖及达到一定的固含量水平。 助焊剂喷涂不足容易引发拉尖、透锡不足、桥连等焊接缺陷。 2）上下预热温度 预热的目的有三个：焊剂中溶剂挥发，获得适当的温度与黏度；促进焊剂活化；减少热冲击与PCB变形。 （1）元器件面预热温度，应根据PCB的尺寸、厚度、层数、元器件大小进行控制，一般控制在90～120℃，孔过低透锡不好，孔过高一些元器件会受损，如LED、薄膜电容、一些热塑性塑料材质的连接器等。 （2）焊接面预热温度，通常以助焊剂挥发到发黏不沾手为宜，如果挥发不充分，容易引起锡球、漏焊等缺陷；如果挥发过度，会引起过多的桥连。 3）锡槽温度 锡槽温度取决于焊料合金，一般应高于焊料熔点40℃以上，但不高于270℃。温度过高会导致PCB变形严重，产生过多的锡渣，容易引发孔盘溶铜；温度过低，液态焊料黏度大，流动性不好，容易产生过高的桥连概率，也会导致厚板透锡不好。 通常，对于63Sn37Pb合金，锡槽温度设置在250±5℃；对于Sn0.7Cu和SnAgCu305，锡槽温度设置在265±5℃。试验表明温度在260～270℃之间，对桥连率的影响不明显，但对于透锡率的影响比较大。 4）链条传送速度 链条传送速度决定着熔融焊料与PCB焊点的接触时间，或者说焊接时间。通常按照接触时间3～5s进行控制。对于无铅焊料，由于锡槽温度一般都设置在265±5℃范围，过长的接触时间将导致铜盘的溶蚀甚至消失（俗称掉焊盘）现象。 5）传送倾角 传送角度一般会影响锡波与PCB焊点的分离，通常设置在7°左右。 6）锡波高度 所谓锡波高度是指PCB压入锡波的高度，通常以压入板厚的1/2为标准，太高，会引起大的开槽、孔翻锡。 波峰焊接不同于再流焊接，机器参数的设置比较复杂，有些参数的设置表征的就是实际的工艺条件。有些参数的设置，比如预热温度，只是机器的参数，需要通过测试确定实际的温度，后者才是我们关心的工艺条件。 总体来讲，应根据产品需求进行设置，如板子比较厚，对透锡要求高，那么可以将预热温度调高、链速调慢一点。

6.8 BGA底部加固指南（1）

加固方式（1）

产品在应用中BGA可能遇到冲击和弯曲等应力作用，BGA可能需要使用黏合剂以进一步加强封装与PCB的互连。这种工艺通常称为加固工艺。

加固工艺通常有三种。

1）高性能底部填充

这种方式主要用于在温度循环和冲击方面期望有最高性能的设备。此类设备的预期寿命长达10～20年或更长，主要包括航空电子设备、军事电子设备、医疗设备和汽车电子设备。通常使用的底部填充材料是低分子量树脂，在流动期间可用较小颗粒尺寸的填充材料完全充实底部以完成最小化空洞的形成和填充剂的分离。这些材料可能需要较长时间固化且不能进行返工。对于这类产品，性能是最终驱动力而不是成本。

2）工艺导向的底部填充

这种方式主要用于手机、MP3播放器和平板电脑这类便携式电子产品。这类产品需保证在抗冲击方面的高性能。温度循环性能的需求不高，因为这些移动设备在低功耗下运行环境温度更低。对于消费市场，成本很重要。因此这种底部填充剂是由流动极快并能在较低温下快速固化的树脂制成的。

3）角落点胶黏合

使用这种方法的设备包括笔记本电脑、部分台式电脑和少数的服务器。这些设备并不像上一组产品那样携带频繁，因此它们在冲击方面的要求较低。角落点胶方式的抗冲击能力低于底部填充方式，但这种方法更易于返工并且工艺成本较低。

对于采用角落点胶还是底部填充，不取决于BGA封装的形状参数（即本体尺寸和/或焊球节距），而取决于特定市场对可靠性的要求，即应用类别，如冲击、弯曲、振动、跌落、温度循环等，如图6-26所示。

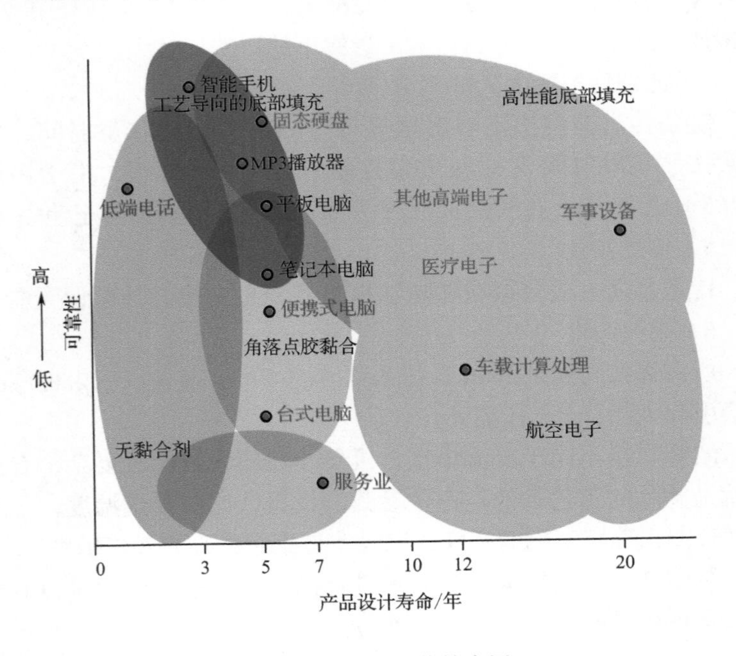

图6-26 加固工艺的应用

6.8　BGA 底部加固指南（2）

加固方式（2）

如同所预计的那样，用聚合物增强策略获得的高性能只能通过选择正确的材料，在具体应用中利用实验法来实现。对于选择底部填充方式的用户，选择与环境相匹配的具有固化机械性能的底部填充化学品至关重要。

底部填充化学品通常会增加封装的机械性能（冲击、弯曲、振动和跌落），但如果选择不当，可能同时会降低温度循环性能。因此，机械冲击可靠性的增益边际需要与温度循环可靠性损失边际的风险相平衡。

底部填充工艺（1）

底部填充工艺又可进一步细分为全底部填充和部分底部填充。

1. 全底部填充

全底部填充通常将未固化的液态聚合物施加于电路板上的 BGA 封装边缘，以使底部填充剂通过毛细管作用流进 BGA 封装底部。设计底部填充分配工艺时必须注意应避免 BGA 封装内部裹挟较大的气泡（空洞）。分配模式中如“I”形是沿着封装的一边向下分配，相比流动较快的“L”形或“U”形模式（分别沿着两边或三边），不太可能会裹挟气泡。

底部填充剂可通过自动化设备（喷射分配或螺旋泵或其他）或通过手动设备（通过注射器与针头气动分配）分配至基板封装周围。为了提高底部填充剂的流动速率以及生产线的生产速度，组装板通常需预热至 50 ~ 110℃。

底部填充剂供应商已经认识到流速决定着生产速度。最近几代底部填充剂已配制成具有低黏度和高润湿性，大幅提升了其流动速率。新一代无须预热且流动良好的底部填充剂也已开始得到使用。

当分配使用“I”形模式时，毛细管底部填充流动时间可由如下公式粗略估计（见图 6-27）。

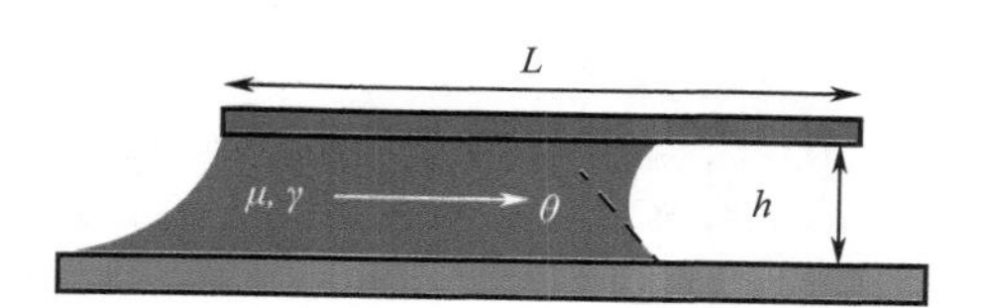

图 6-27　两平行表面间底部填充剂的流动

$$t = (3\mu L) / (h\gamma\cos\theta)$$

其中，t = 底部填充剂流过封装所需时间（s）；μ= 底部填充剂黏滞系数（Pa · s）；L = 底部填充剂流经距离（m）；h = 平行表面之间间隙（m）；θ = 流体对表面的润湿角度（°）；γ = 底部填充剂的表面张力（mN/m）。

底部填充中的空洞很常见，特别是在焊球与 PCB 之间及焊球与封装基板之间的相交处。一般的共识为底部大量填充中的小空洞不会对冲击、弯曲或者温度循环性能造成显著影响。对于底部填充中可接受的空洞，业界并没有相关标准。但是，大部分底部填充用户认为在底部填充中任何相邻焊料间的空洞都是有风险的。

为了达到最好的底部填充性能，需要有适当的填充高度。在大多数应用场合，沿封装侧面向上至封装中心线之间有 25% ~ 100% 的填充被认为是可以接受的。

<table>
<tr><th colspan="2">6.8 BGA底部加固指南（3）</th></tr>
<tr><td>底部填充工艺（2）</td><td>在围绕BGA周边进行底部填充时，对其他元器件和开窗导通孔的隔离区是必要的。隔离的保守规则是：在BGA封装的非填充边，PCB表面至BGA封装基板顶面高度的1.5倍时，对应的BGA封装填充边为6.0mm。底部填充封装要在炉中固化。对这些板子进行固化的一个理想方法是使用标准SMT再流焊接炉，将温度设定为低于正常再流温度，让板子单次通过炉子。许多底部填充化学品可在120～165℃运行5～20min即可固化，这种性质有利于采用这种方法。固化也可用离线再流焊接炉。底部填充剂供应商已经开始采用新的配方，可在较低温度下固化并且需要的时间更短。

2. 部分底部填充
部分或仅角落底部填充是在BGA封装角落附近，通过点状或“L”形模式分配底部填充剂来完成的。流入的底部填充剂大致呈圆弧状并裹住各角落中的几个焊球（见图6-28）。

图6-28　局部底部填充（将封装拆除后能看到在各角落的黑色填充）

这种方式与完全底部填充相比的优点是所使用的底部填充材料大为减少且底部填充材料流动时间也显著缩短，这有助于提高与滴涂工序相关的生产率。如所预计的一样，部分或仅角落底部填充没有像完全底部填充那样有很大的强度改善，但是，在许多情况下，部分底部填充所带来的性能提升已足够满足市场对封装/电路板保护的要求。
一项试验案例表明，部分角落底部填充BGA对比于未经过填充的BGA，在机械损伤持续发生的情况下，抗冲击水平提升1.5倍，这是非常显著的。</td></tr>
<tr><td>角落施加黏合剂（1）</td><td>组装和再流焊接后角落点胶的有效性取决于所选择的胶水类型和与每个角落接触的总表面积。涂覆量随每个角基本的单一点胶到胶水在角落的每边沿着封装边向下延伸多达六个焊球的“L”形支架变化而不同。
研究表明较长的“L”形分配支架可以显著地提升机械可靠性。一项研究表明了冲击性能的改善，其中造成机械损伤开始发生的加速度水平从180g增至300g。</td></tr>
</table>

6.8　BGA 底部加固指南（4）

角落施加黏合剂（2）

每个角落点胶量的一个好的起点是，“L”形支架的每条“腿”应延伸 3 ~ 6 个焊球深处。角落黏合的一大隐患是使用的胶水量太少而使覆盖表面不够。测试表明，沿基板一边不超过一个焊球宽度的单点胶水覆盖并不会显著增加 BGA 冲击或弯曲方面的性能。这是因为通常情况下，阻焊膜与下面的 FR-4 材料或 BGA 基板的接合强度较低，如果角落点胶的表面太少，这样的结构将很容易发生裂纹，冲击后典型的角落点胶失效模式为阻焊层剥离板子和未保护到焊点，如图 6-29 所示。

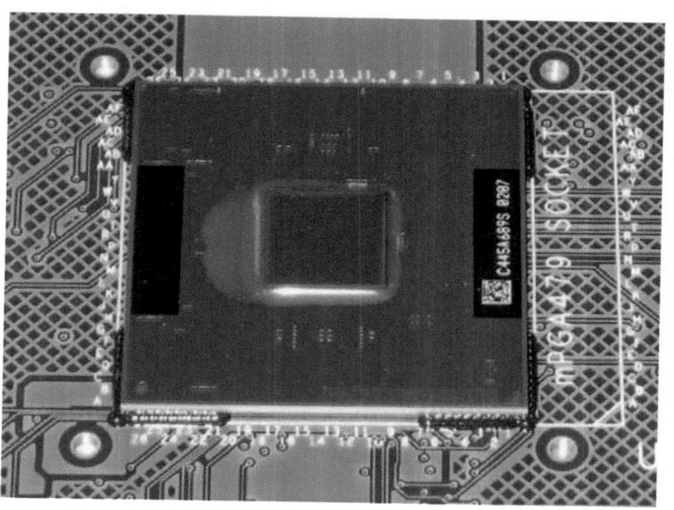

图 6-29　点胶区域胶太少，冲击后典型的失效模式

其他准则是，黏合剂的整个涂敷线应平均润湿封装基板垂直边至少 50% 以上，同时即使环氧树脂向内流动到足以接触到某些焊球，也应强制环氧树脂材料在 BGA 封装底部流动到一定深度。

再流焊接后角落点胶的典型分配设备包括给注射器和针头装置提供空气的气动源。这种设备成本低，可在人工费率低于可用资产的制造环境下装备。

角落黏合剂是类似于底部填充材料的环氧树脂。典型的固化周期是 60 ~ 180℃温度下 5 ~ 60min。这些材料的 UV 光固化版本也正被采用。

下篇

生产工艺问题与对策

第 7 章　由工艺因素引起的焊接问题

7.1　密脚器件的桥连（1）

现　象

密脚器件，一般是指引脚间距≤0.80mm 的 QFP、SOP。密脚器件的桥连是目前业界遇到的、缺陷数量占第一位的焊接缺陷，其桥连现象一般有以下两种形式。

（1）引脚的腰部桥连，如图 7-1（a）图所示。

（2）引脚的脚部桥连，如图 7-1（b）图所示。

（a）腰部桥连

（b）脚部桥连

图 7-1　引脚桥连现象

原　因

生产中引发桥连的因素很多，主要有以下几种。

（1）焊膏量局部过多（如钢网厚、钢网与 PCB 间有间隙、器件周围有标签、丝印字符等都会导致焊膏量局部过多）。

（2）焊膏塌落，有可能导致焊膏桥连，最终导致焊点桥连。

（3）焊膏印刷不良。

（4）引脚变形（多出现在器件的四角位置）。

（5）贴片不准。

（6）钢网开窗与焊盘的匹配性不好。

（7）焊盘尺寸不符合要求。

（8）PCB 的制造质量，如阻焊间隙、厚度及喷锡厚度的影响。

QFP 焊点形成过程：首先，引脚脚尖与脚跟处焊膏先熔化，接着熔化的焊膏在引脚润湿瞬间沿引脚两侧面向焊盘中心迁移，如图 7-2 所示。如果焊料过多就会碰到一起，这就是桥连形成的机理。因此，为避免开焊而采取的向引脚两端外扩钢网开窗的方法不可取，这是一种危险的做法。

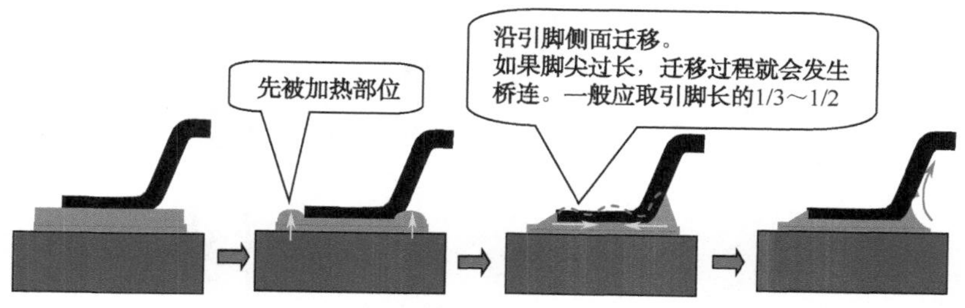

图 7-2　QFP 桥连机理

7.1 密脚器件的桥连（2）

<table>
<tr><td>对 策</td><td>

1. 设计

采用较宽的焊盘尺寸和窄的钢网开窗设计并在焊盘间加阻焊膜，如0.22mm宽的焊盘和0.18mm宽的钢网开窗。

2. 现场

（1）使用厚度≤0.13mm（5mil）的钢网，如果可能应使用0.10mm（4mil）厚的钢网。

（2）调整印刷机的支撑装置和参数，确保焊膏印刷时不从钢网下挤出。

（3）确保贴片居中的精度要求，偏移不得大于±0.03mm，因为多引脚器件自对中性很差。

（4）使用快速升温曲线（130℃到熔点之间的时间越短越好，有助于减少热塌落）。

（5）严格控制印刷环境（温湿度）。

</td></tr>
<tr><td>案 例</td><td>

案例1：

某板上一个0.4mm间距QFP桥连率达到75%。

经查，使用了0.15mm（6mil）厚的钢网，更换为0.13mm（5mil）厚的钢网后桥连率大幅下降，生产正常。

手机板的生产多使用4mil厚钢网，一般很少有0.4mm QFP桥连的现象。说明钢网厚度对密脚QFP的桥连影响很大。

案例2：

某板上面有4个0.4mm间距QFP，使用0.13mm（5mil）厚的钢网印刷，中途换了不同批次的板子（主要差别是焊盘宽度不同），结果是桥连率不同。

经查，一个批次的焊盘宽度为0.25mm且焊盘间无阻焊剂，没有桥连缺陷；而另一个批次的焊盘宽度为0.20mm且焊盘间有阻焊剂，桥连率为8%。说明采用宽焊盘、窄钢网开窗工艺，对解决密脚QFP的桥连是有效的。

案例3：

试验表明，贴片的位置精度对桥连的影响超过印刷位置精度；焊盘宽度与钢网开窗的匹配关系超过阻焊剂发挥的作用。

</td></tr>
<tr><td>说 明</td><td>

图7-3为日本京瓷公司的0.4mm间距QFP的焊盘设计，焊盘宽度为0.25mm，焊盘间采用阻焊工艺，工艺性非常好。但这需要PCB厂家具备“1.5+3+1.5”的阻焊制作工艺能力（目前国内大部分PCB厂还不具备批量生产能力）。

图7-3　0.4mm QFP的焊盘

</td></tr>
</table>

7.2　密脚器件虚焊

现　象	密脚器件虚焊是指引脚与焊盘没有形成电连接的现象，即如图 7-4 所示的焊接不良现象。其中因引脚翘起或没有焊膏而导致的开焊（Open Soldering）缺陷是最常见的一类。 密脚器件虚焊，往往很难发现，是一种危害性比较严重的缺陷。  （a）芯吸引起的虚焊现象  （b）焊接温度不足引起的虚焊现象  （c）引脚不润湿引起的虚焊现象 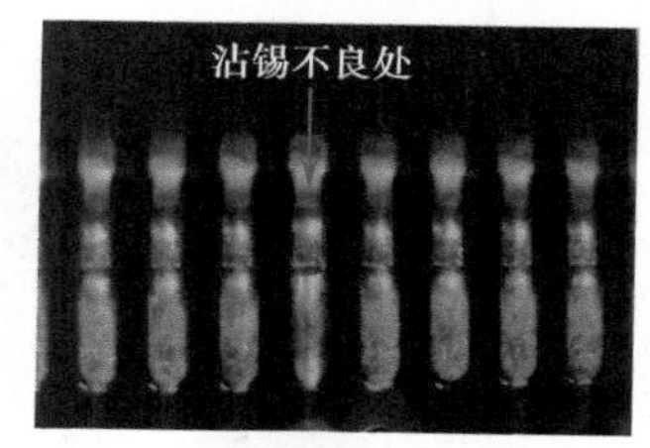 （d）引脚不润湿引起的虚焊现象 图 7-4　密脚器件虚焊现象
原　因	密脚器件虚焊原因很多，如焊膏漏印、引脚变形、可焊性不好、PCB 可焊性差、芯吸作用等，这些因素在器件或引脚上的出现往往不确定，随机性很强，因而在工艺上也比较难控制。 常见原因有： （1）焊膏漏印。我们知道，焊膏量少则总的焊剂也少，因而去除氧化物的能力也就比较差，如果器件引脚的可焊性不好，就可能导致虚焊。 （2）引脚共面性差，如翘脚会因焊膏与引脚不接触而导致虚焊。 （3）焊盘上有导通孔。 （4）引脚或焊盘可焊性差。 （5）芯吸作用，如果 PCB 很厚，热容量大，温度低于器件引脚，焊膏熔化后会先沿引脚上爬。
对　策	密脚器件虚焊与设计关系不大，主要是物料和工艺问题。一般应注意以下几点： （1）避免焊接前写片操作，因为写片操作很容易引起引脚变形。 （2）避免开包点料，因为在转包装过程中很容易引起引脚变形。 （3）勤擦网。
说　明	生产中焊膏印刷图形不全或无是引起虚焊的最主要因素。因此，严格对密脚 QFP、SOP 器件焊膏印刷图形质量的监控是减少虚焊的有力措施。

7.3 空洞（1）

现　象

通常情况下，焊点中普遍存在空洞，不同之处仅在于空洞的大小和数量，如图7-5所示。

大多数空洞在切片图或X射线影像图中所占的面积百分比在5% ~ 20%，少部分为0%或超过20%。典型的BGA焊点空洞所占面积百分比平均在10%左右。BGA、QFN、LGA和CSP等焊点，由于底部安装的特点，这些封装的焊点容易出现空洞。

空洞对焊点质量的影响主要在可靠性方面。在大部分情况下，焊点对可靠性没有什么影响，有影响的主要是位于BGA界面的空洞、功放管底部的空洞、QFN等热沉焊盘中的空洞。到目前为止，IPC-A-610只对BGA焊点中的空洞做了要求。对于其他封装焊点的空洞，生产上管控要求主要来源于客户的要求，业界没有统一的标准。

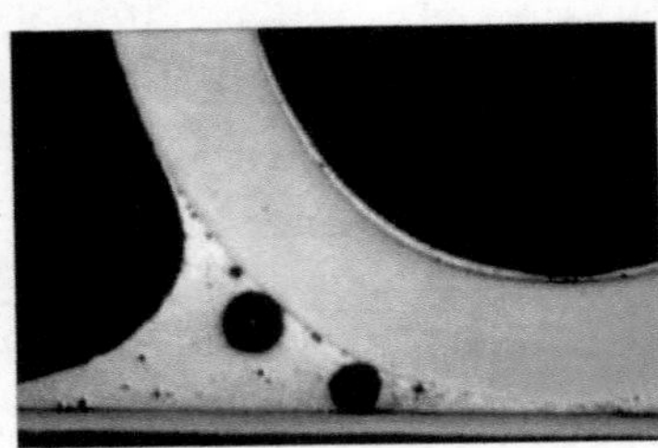

（a）PLCC焊点的空洞现象

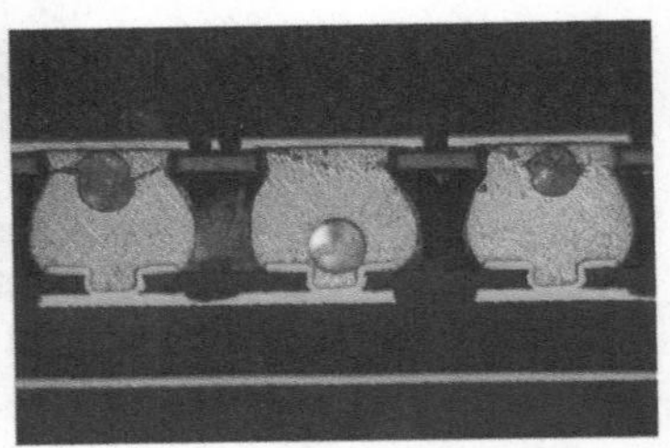

（b）CSP焊点的空洞现象

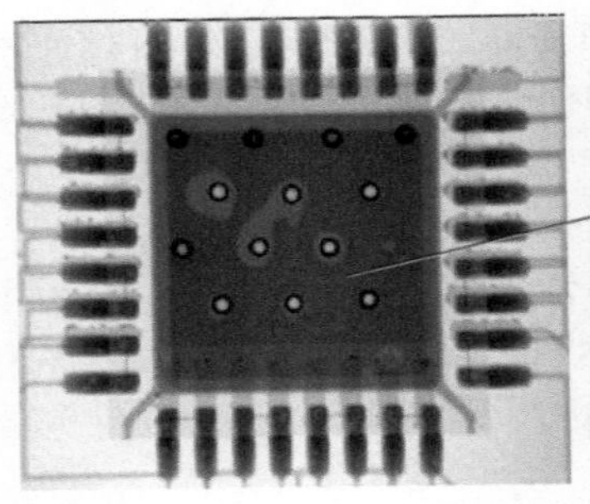

（c）QFN热沉焊盘导通孔引起的空洞现象

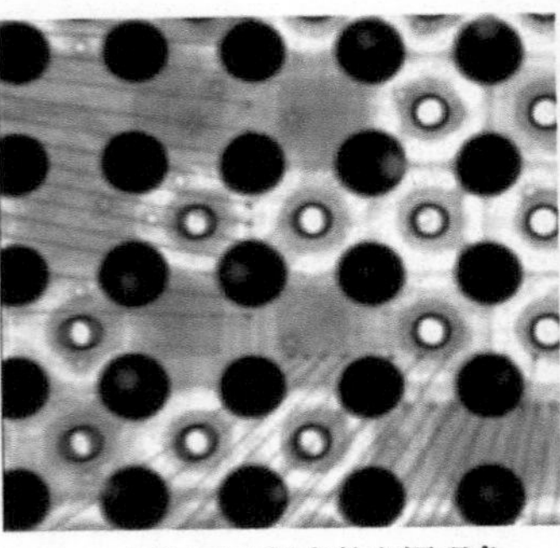

（d）BGA焊点的空洞现象

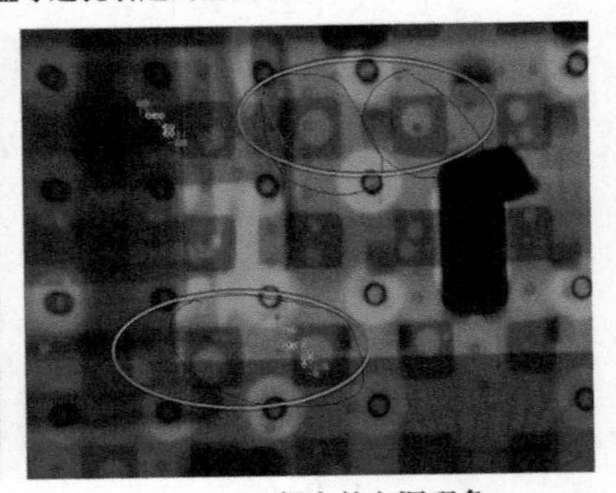

（e）LGA焊点的空洞现象

图7-5　空洞现象

7.3　空洞（2）

原　因（1）

实践中，我们发现了很多有关空洞的产生原因和一些解决方法。

（1）对一些类型的焊膏，如水溶性的焊膏，如果回温时间比较短，就容易产生大的空洞。

（2）HDI 微盲孔，一定会有空洞产生。

（3）树脂塞孔的盘中孔，往往会引起焊点中较大空洞的产生。

（4）QFN 等带有热沉焊盘的元器件，如果热沉焊盘上没有排气通道，会产生大的空洞。

（5）QFN 热沉焊盘，采用交错条纹开窗的钢网比采用格状开窗的钢网，容易产生比较大的空洞。

（6）温度曲线对空洞的影响取决于焊点结构。对于敞开型的焊点（非 BTC 类封装的器件焊点，也就是焊接时排气畅通的焊点），增加预热时间，有助于减少空洞；而对于非敞开型焊点，即 BTC 类封装的焊点，提高峰值温度对减少空洞更有效。

（7）使用的焊膏多一些或者活性比较强一点，空洞就会减少。

（8）被焊接表面氧化程度小，空洞就会少。

从以上情况看，空洞的产生有很多种原因，但是从本质上来讲，绝大部分 SMT 焊点中出现的空洞都是因为在再流焊接过程中，熔融焊点截留的助焊剂挥发物在凝固期间没有足够的时间及时排出去而形成的。

正常情况下，焊膏中的助焊剂会被再流焊接过程中熔融焊锡的聚合力驱赶排出。如果熔融焊料凝固期间仍然截留有助焊剂，就可能形成气泡。如果形成的气泡不能及时逃逸，焊点凝固后就会形成空洞，如图 7-6 所示。

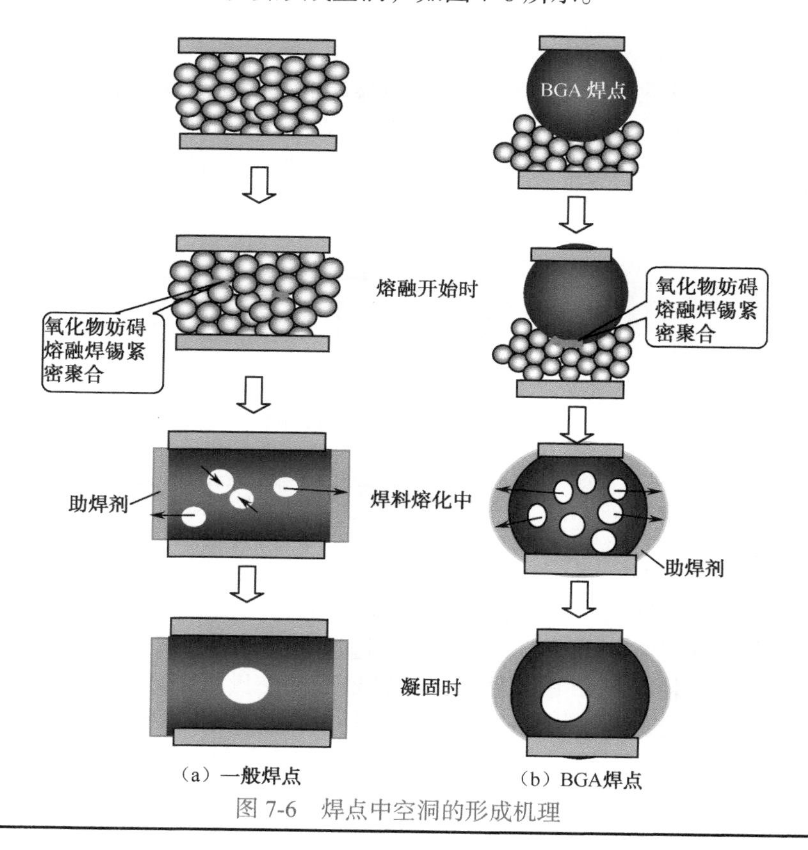

（a）一般焊点　（b）BGA焊点

图 7-6　焊点中空洞的形成机理

7.3 空洞（3）

原　因（2）

什么情况下容易截留助焊剂？

第一种情况，被焊接面氧化严重。

如果被焊接面或焊粉颗粒表面有氧化膜存在，一方面会妨碍熔融焊料的润湿，另一方面会黏附助焊剂。实质上就是起到一个“空洞种子”的作用，如图 7-7 所示。

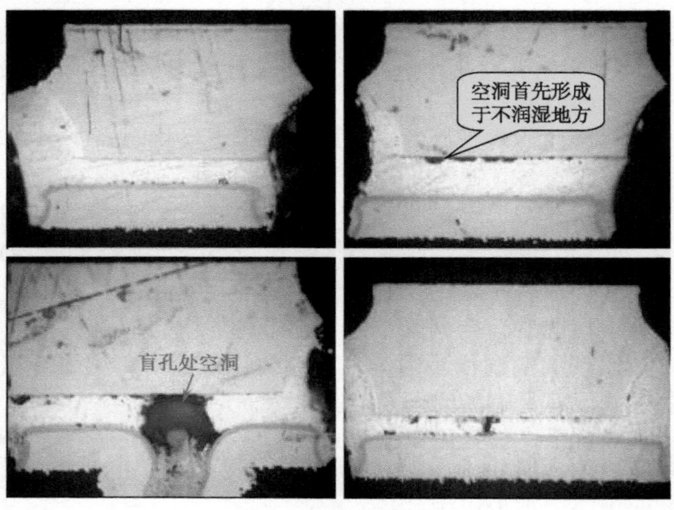

图 7-7 “空洞种子”

第二种情况，焊膏助焊剂溶剂的沸点相对比较低。

易挥发性的助焊剂容易产生高黏性的助焊剂残留物，而高黏性的助焊剂残留物难以从融熔焊料中被排出，容易形成空洞，如图 7-8 所示。溶剂的挥发性越强，助焊剂残留物就越易被“残留”，焊点就越容易形成空洞。

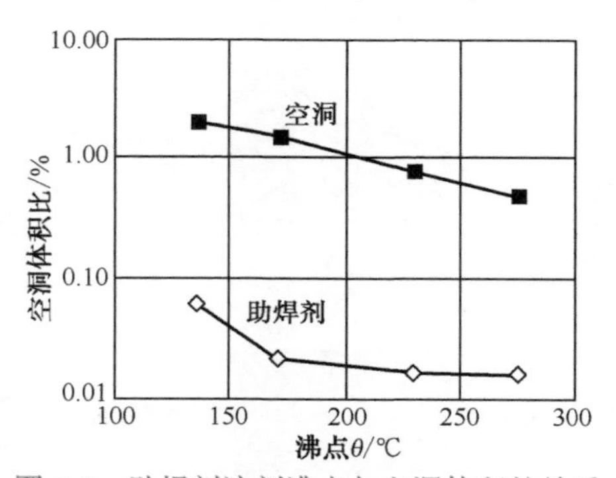

图 7-8 助焊剂溶剂沸点与空洞体积的关系

第三种情况，助焊剂挥发物的逃逸通道不畅。

挥发气体的逃逸与焊点周围的逃逸通道或阻力有关。像 QFN、LGA 类封装，元器件封装与 PCB 的间距很小，往往被液态助焊剂堵死，挥发气体难以逃出，容易形成空洞，这也是 QFN 等焊点容易出现空洞的原因。

排气通道不畅，直接的结果就是焊剂残留物多，同时空洞也多。因此，可以说，排气通道对空洞的影响，本质上是通过助焊剂残留物的多少起作用的（个人观点）。

7.3　空洞（4）

影响因素（1）

通常空洞是在焊接期间，由夹层式焊点（如BTC类封装的焊点）里截留的助焊剂的出气所引起的。空洞的形成与焊点的结构（主要影响排气程度）、被焊接表面的可焊性、焊膏中焊粉含量及助焊剂的活性、焊膏印刷量等因素有关。

1．助焊剂

（1）助焊剂的活性。空洞量随着助焊剂活性的递增而减少，如图7-9所示，图中横坐标是采用润湿平衡法测得的助焊剂润湿时间。助焊剂的活性强，意味着能够较快速地清除被焊接表面的氧化物，黏附的助焊剂越少，形成空洞的机会也就越少。

另外，较高的助焊剂活性也意味着会产生更多的助焊剂反应的产物，而较多的反应产物并没有产生较多的空洞，也说明了助焊剂反应物不是引起空洞的原因。

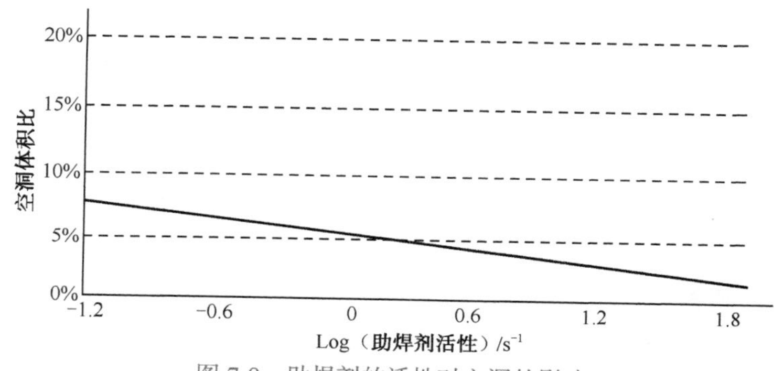

图7-9　助焊剂的活性对空洞的影响

（2）焊剂中溶剂的沸点。研究表明，助焊剂中溶剂的沸点越低越容易形成空洞，这是因为溶剂挥发使得助焊剂变得黏稠，越黏稠越不容易被熔融的焊料“挤走”。

2. 焊料

（1）表面张力。一方面（主要方面），低的表面张力有利于焊料与焊剂的扩散，有利于气体的逃逸，空洞会比较少，如图7-10所示。另一方面（次要方面），低的表面张力允许空洞的发展。表面张力对空洞的影响取决于焊点的类别，比如，对于非BGA类焊点（塌落很小，主要是焊料迁移与扩展），低的表面张力会减少其空洞，但对BGA类焊点，可能会增加空洞的尺寸，这就是使用N_2气氛再流焊接时BGA焊点中的空洞会比较大的原因。

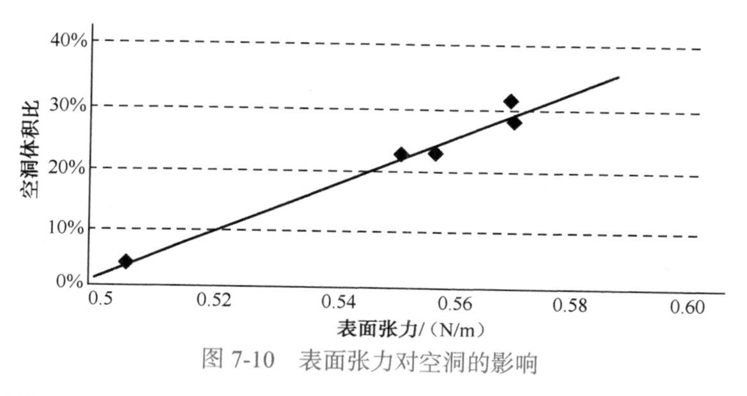

图7-10　表面张力对空洞的影响

7.3 空洞（5）

影响因素（2）

（2）焊膏金属含量与焊粉尺寸。金属含量越高、焊粉越细，空洞率越高，如图 7-11 所示。因为焊锡粉粒表面的氧化物越多，助焊剂越不容易从更紧密的锡粉和大量高黏性金属盐中逃逸。

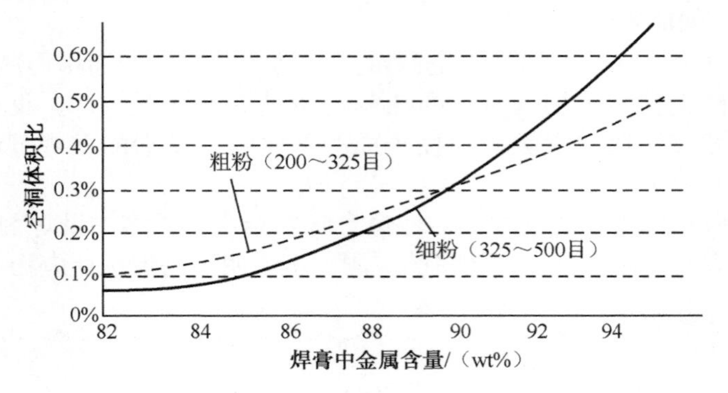

图 7-11　焊膏中金属含量与空洞率

（3）合金成分。试验表明，许多低银或无银合金焊膏的空洞比 SAC305 锡膏多。对于 BGA 焊点，有些低银或无银合金焊膏的空洞与 SAC305 锡膏相似；对于 QFN 焊点，使用低银或无银合金焊膏的空洞水平显著增加。

3. 物料

（1）被焊接表面的氧化程度。被焊接表面的氧化程度，某种意义上等于可焊性，可焊性相对于助焊剂的活性，对空洞的形成更敏感或者说起的作用更显著。敏感度的差别可认为是“时间因素”，如果在再流焊接时焊膏凝聚比基板氧化物的除去更快，助焊剂就会黏附于被焊接表面氧化物上并会陷入熔融的焊料里去，陷入焊料里的助焊剂将是出气的来源，它会不断地释放蒸汽并形成空洞。

这里必须强调，固定的氧化物比移动的氧化物（如焊粉表面的氧化物）容易产生更多的空洞，因为助焊剂只会黏附于固定的氧化物上。因此，如果焊盘、元器件引脚 / 焊端和高熔点焊球的表面氧化严重，就容易产生空洞。

图 7-12 所示为 BGA 焊盘氧化程度与空洞率的试验曲线。如果 BGA 焊球表面存在氧化层，就会妨碍熔融焊料的紧密融合，从而影响对助焊剂的“驱赶”，如图 7-13 所示。

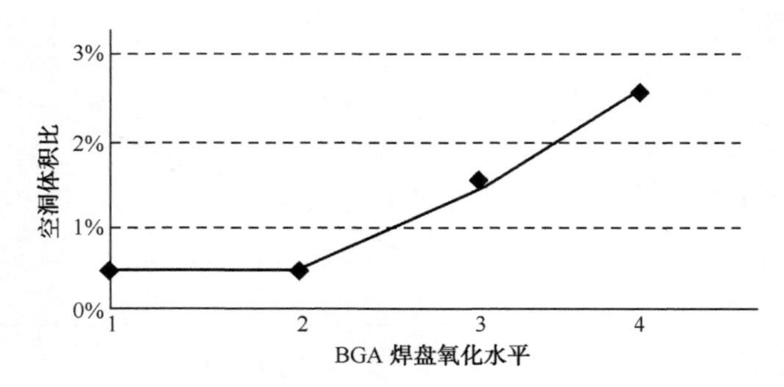

图 7-12　BGA 焊盘氧化程度与空洞率

7.3　空洞（6）

影响因素（3）

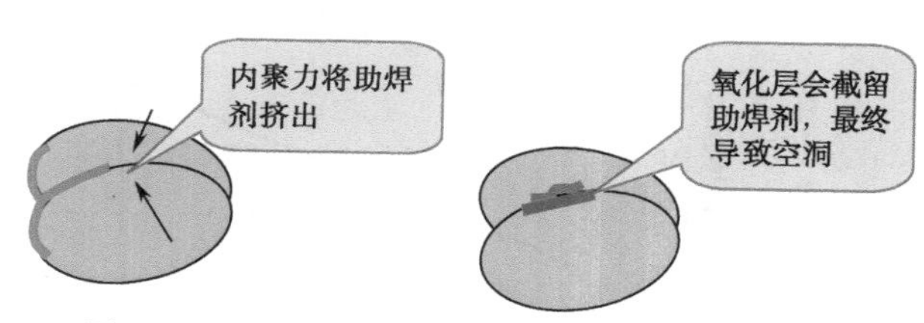

图 7-13　BGA 焊盘氧化层妨碍熔融焊料与之融合

（2）PCB 的表面镀层。PCB 的表面镀层对空洞的影响主要与润湿性有关，润湿性越好空洞越少。通常，镀层对空洞的影响大致为：OSP（最差）< 非贵金属 < 贵金属（最好）。通过改善润湿性来减少空洞比增加助焊剂的助焊能力更有效。

还有一种特殊情况就是 Im-Ag 镀层，它容易产生空洞的原因与镀层厚度及含有的有机物有关。通常，Im-Ag 镀层含有 30% 的有机杂质，如图 7-14 所示。当镀层厚度薄至 0.2μm（0.8mil）时，Ag 会在零点几秒内熔入焊料，焊点中基本没有有机物残留。但是，如果沉银厚度比较厚，就不会完全熔入焊料中，在再流焊接过程中残留在银镀层中的有机杂质会热分解并排出气体，形成空洞。

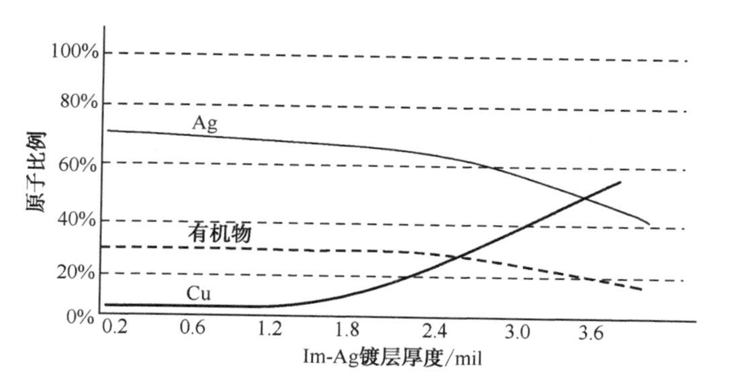

图 7-14　Im-Ag 镀层厚度与构成

（3）PCB 的阻焊膜 / 层。典型的就是阻焊膜 / 层定义焊盘与微盲孔引起的空洞现象，如图 7-15 所示。封闭的空气或残留的有机杂质挥发都可能导致空洞产生。

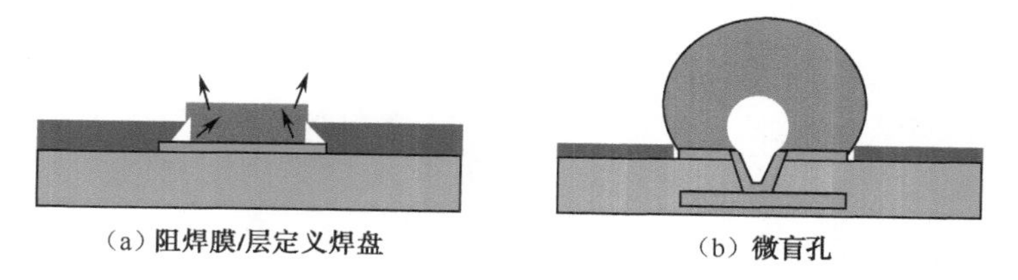

图 7-15　PCB 排气导致的空洞

（4）焊点面积。引脚宽度（实质为覆盖面积）越大，空洞也越容易发生，如图 7-16 所示。

7.3 空洞（7）

影响因素（4）

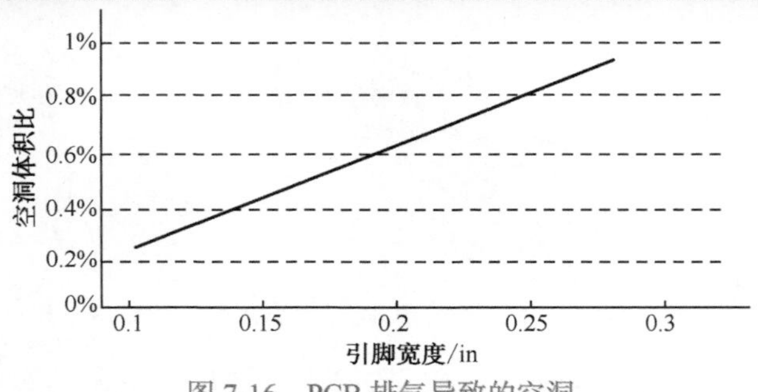

图 7-16　PCB 排气导致的空洞

4. 工艺

（1）BGA 焊球与焊膏熔点。对于 BGA 类焊点，如果焊球熔点低于焊膏熔点，如图 7-17（a）所示，则更容易产生空洞。因为焊球先熔化后将焊膏覆盖，容易截留助焊剂。如果焊球熔点高于焊膏熔点，如图 7-17（b）所示，焊膏先于焊球熔化，有利于焊膏中的助焊剂排出，空洞会小很多。

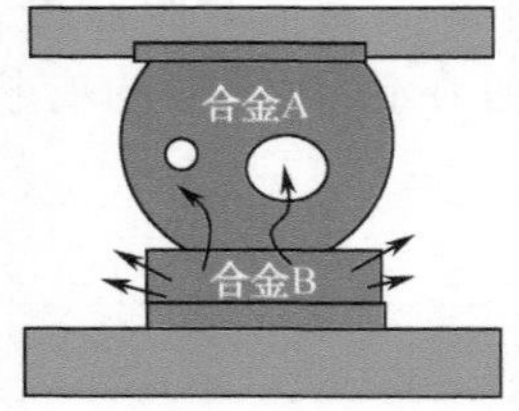

（a）合金A熔点<合金B熔点

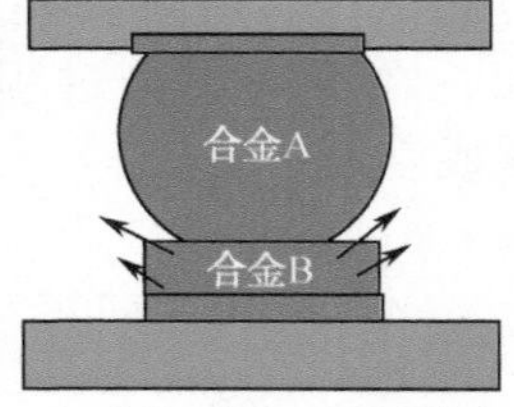

（b）合金A熔点>合金B熔点

图 7-17　熔融顺序对空洞形成的影响

（2）焊膏印刷厚度。焊膏印刷厚度越厚，空洞越少，如图 7-18 所示。因为厚一点的焊膏提供了更强的助焊能力来去除氧化物，并具有更高的焊点高度，这有助于气泡的逃逸，所以具有更少的空洞。

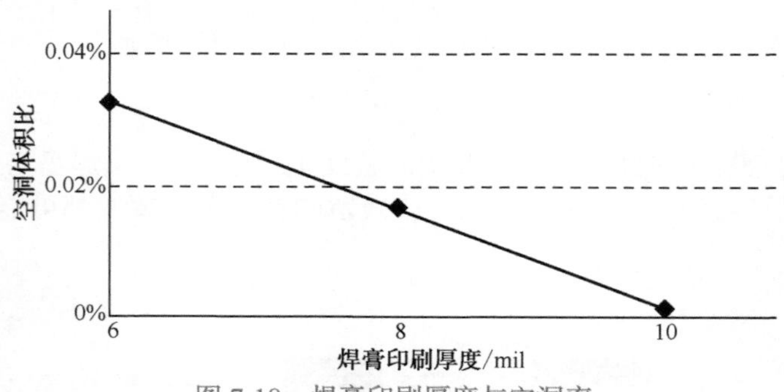

图 7-18　焊膏印刷厚度与空洞率

（3）温度曲线应根据具体的封装进行优化。对于像 BGA、片式元件等敞开型（可见的焊点，焊剂挥发气体容易逃逸）的焊点，可以采用长时高温的预热和短时低温的峰值温度，如图 7-19、图 7-20、图 7-21 所示。需要指出的是，长时高温预热容易导致焊膏活性提前消耗殆尽，容易造成焊接时出现不润湿现象，应注意与焊膏的匹配性。而对于像 QFN、LGA 等非敞开型的焊点，应提高峰值温度，增强 QFN 等器件的再流焊接时的振动，通过这种方式进行挥发气体的排放。

7.3　空洞（8）

影响因素（5）

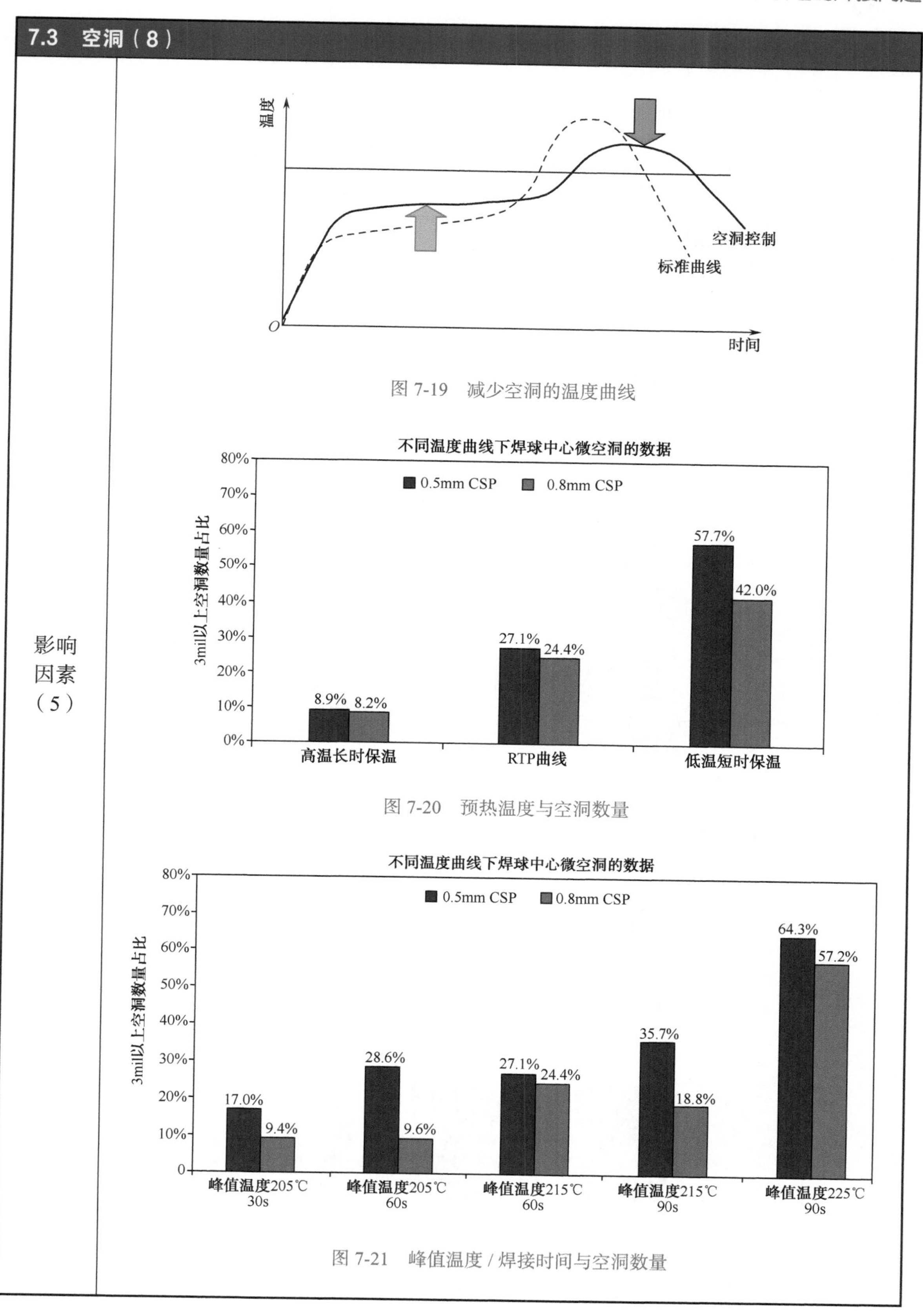

图 7-19　减少空洞的温度曲线

图 7-20　预热温度与空洞数量

图 7-21　峰值温度 / 焊接时间与空洞数量

7.3 空洞（9）

影响因素（6）

（4）焊接气氛气压。我们知道，在真空条件下焊接，焊缝中很少会有孔洞，并不是不产生挥发物，而是形成的气泡容易逃逸。使用 N_2 尽管也减少了加热过程的继续氧化，但炉内的气压相对比较高，气泡不容易跑出去，因此，使用 N_2 往往空洞会更大，这点可以从双面板二次过炉的 BGA 上得到验证。

5. 焊点类型

焊点的结构不同，形成空洞程度也不同，如图 7-22 所示。空洞主要见于 BGA、QFN、片式元件和宽引脚焊点。

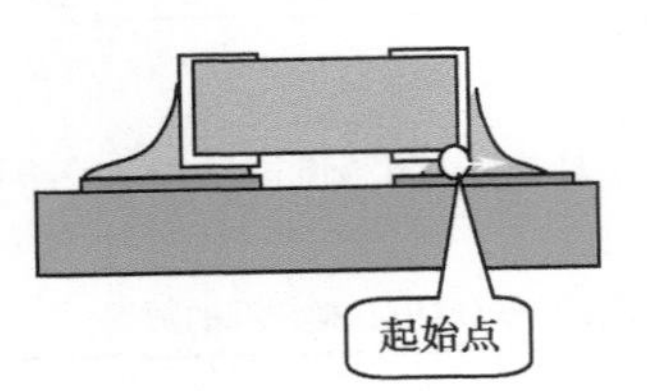

（1）片式元件等类似焊点，空洞的产生往往与引脚尺寸有关，如果引脚与焊盘重叠比较多，就容易产生空洞。
（2）焊剂挥发气体逃逸面积最大。
（3）空洞率较低

（1）BGA的空洞主要与焊球的氧化程度、球径有关。
（2）BGA焊球润湿性相对较差，当焊球与焊膏熔融一体时，容易截留焊剂。
（3）焊球直径越小，气泡越难以溢出，因为助焊剂膜比较厚

（1）QFN的空洞率主要与焊剂挥发气体的逃逸通道有关。
（2）焊剂挥发气体逃逸面积最小，气泡不容易溢出。
（3）空洞率高

图 7-22 焊点类型与形成空洞的难易程度

6. 特定的设计

一些设计必然会导致空洞产生，如图 7-23 所示的盲孔设计。

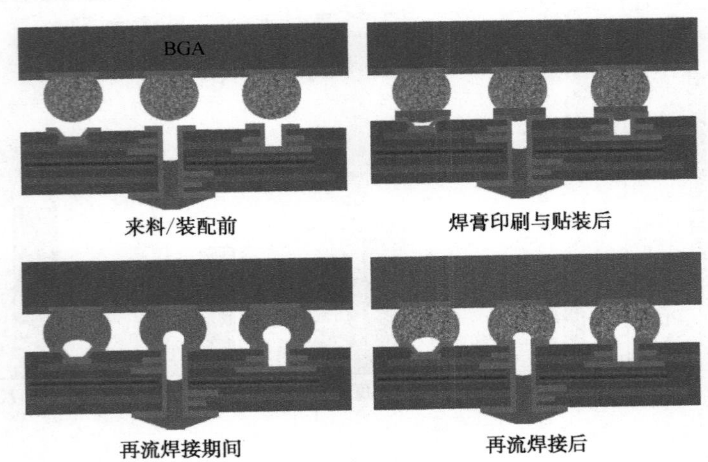

图 7-23 盲孔一定会导致空洞产生

7.3　空洞（10）

空洞可接受的标准

空洞对焊点可靠性的影响与空洞的位置、尺寸和数量有关。在评估空洞对可靠性的影响前，首先要识别空洞的类项与了解其位置、尺寸，然后再进行评估。

那么，多大尺寸的空洞是可以接受的？

BGA 焊接接受 / 不接受准则，在 IPC 标准 J-STD-001 和 IPC-A-610 中已经建立起来，这些准则主要用于供应商合同条款中。但是，这只是作为反映工艺质量的一个指标提出的，并非与焊点的可靠性有多少关系。

1. 焊缝中空洞的控制准则

目前，最新版本的 J-STD-001 和 IPC-A-610 给出的可接受标准是在焊点截面切片图上，空洞直径应小于等于焊球直径的 25%，如图 7-24 所示。换算为面积就是空洞的面积约为焊球截面面积的 6%。如果空洞不只一个，那么按所有空洞的总面积来计算。

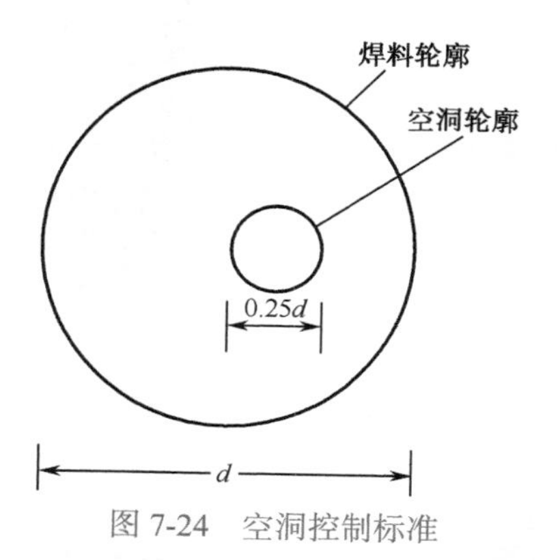

图 7-24　空洞控制标准

到目前为止，没有证据表明焊点中的空洞会引起焊点失效。因此，空洞的位置比尺寸更重要，位于焊料与 BGA 焊盘或 PCB 焊盘界面的空洞，往往会导致焊缝开裂，这是因为大多数焊点开裂发生在焊料与焊盘界面上，如图 7-25 所示。

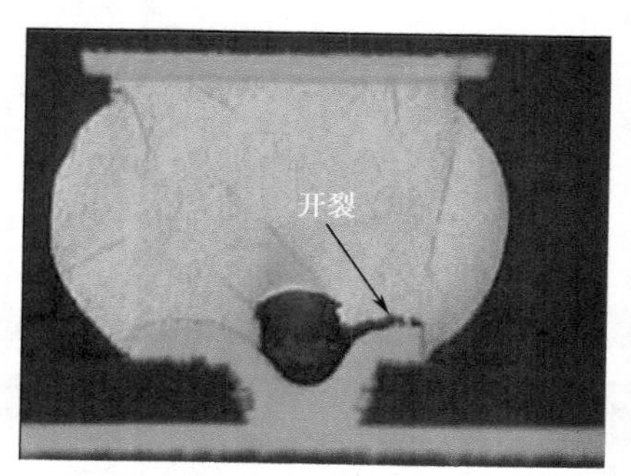

图 7-25　空洞导致焊点开裂

2. 工艺控制准则

我们可以根据空洞的位置、尺寸与数量优化工艺，满足客户的要求。

3. 工艺特征

在 IPC-7095B 中建立了一个工艺特征信息，可以用于指导新产品的导入、元器件 / 材料的认证和质量提升。

7.3 空洞（11）

案例（1）

案例 1：α-QFN 空洞现象

α-QFN 是某公司开发的手机芯片，封装比较独特，类似 LGA，但焊端侧面部分露出且无可焊镀层。由于焊端侧面润湿比较差，如果使用的焊膏活性比较弱或没有使用 N_2 气氛再流焊接，容易出现局部随机润湿（也称为不对称润湿）的现象，以及产生桥连。同时，空洞现象也比较严重，对比两种不同厚度的钢网，薄的钢网更容易出现空洞，如图 7-26、图 7-27 所示。

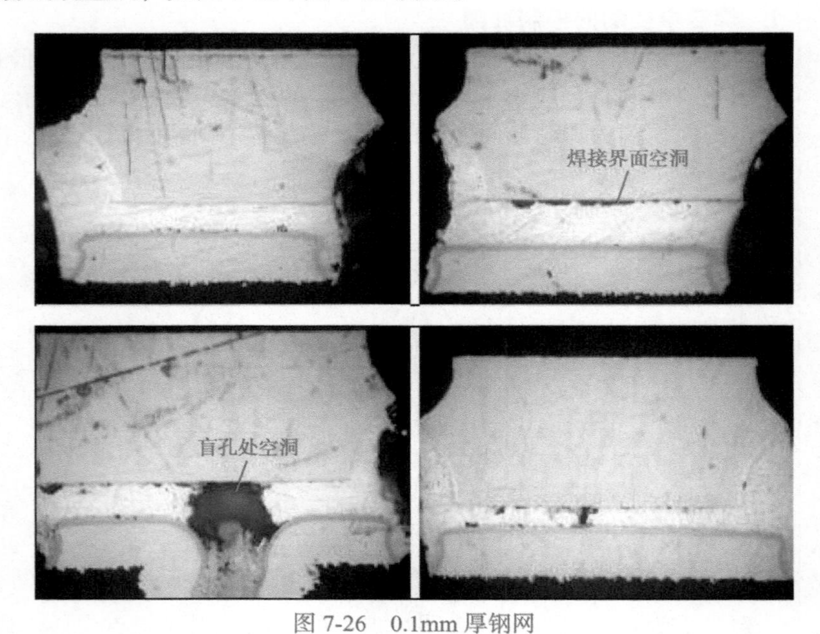

图 7-26　0.1mm 厚钢网

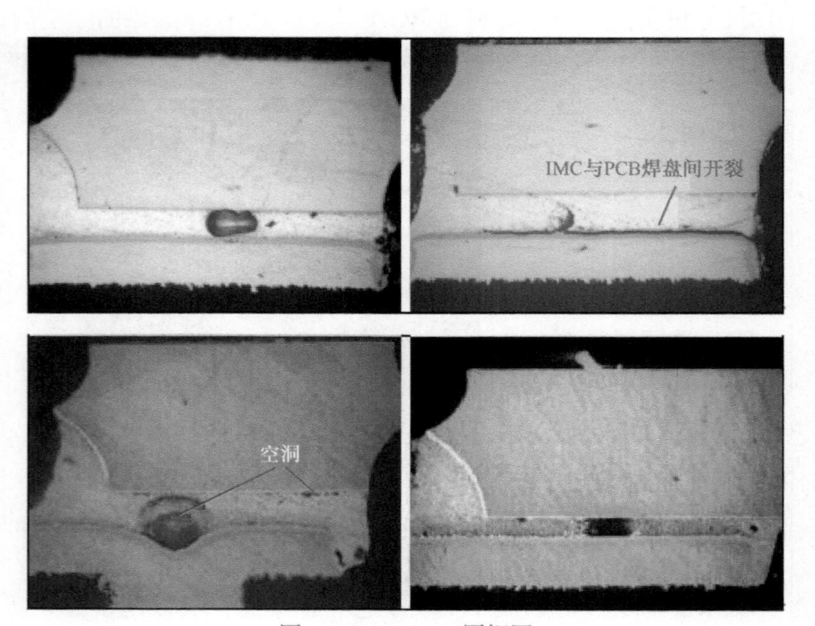

图 7-27　0.08mm 厚钢网

7.3　空洞（12）

案　例（2）

薄的焊膏更容易形成大的空洞，这是焊剂挥发物更难以逃逸的结果。从这个案例可以看出，厚的焊膏印刷对减少 QFN 类元器件空洞问题也许有些帮助。

案例 2：BGA

某 BGA 出现大面积空洞，并且个别空洞面积率达到 50%，如图 7-28 所示。

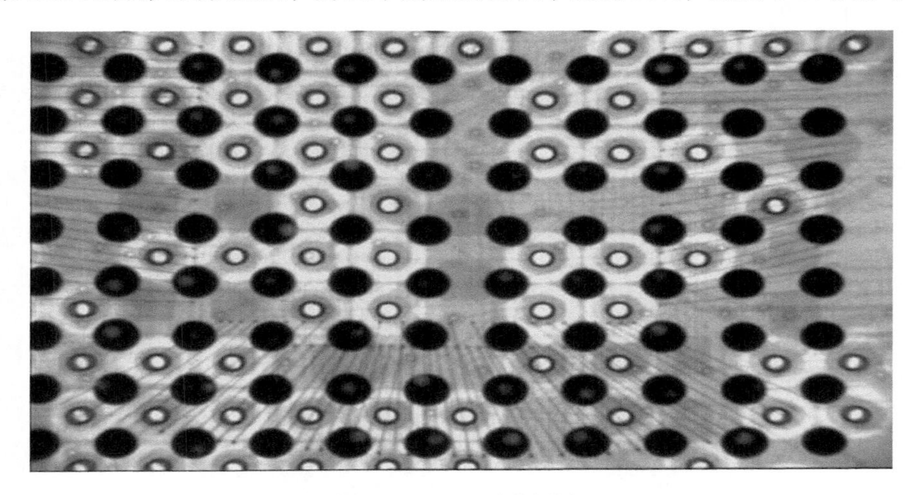

图 7-28　BGA 空洞现象

生产中通过烘干物料、调整温度曲线等，均不能有效解决空洞问题，重新植球空洞消失，如图 7-29 所示。

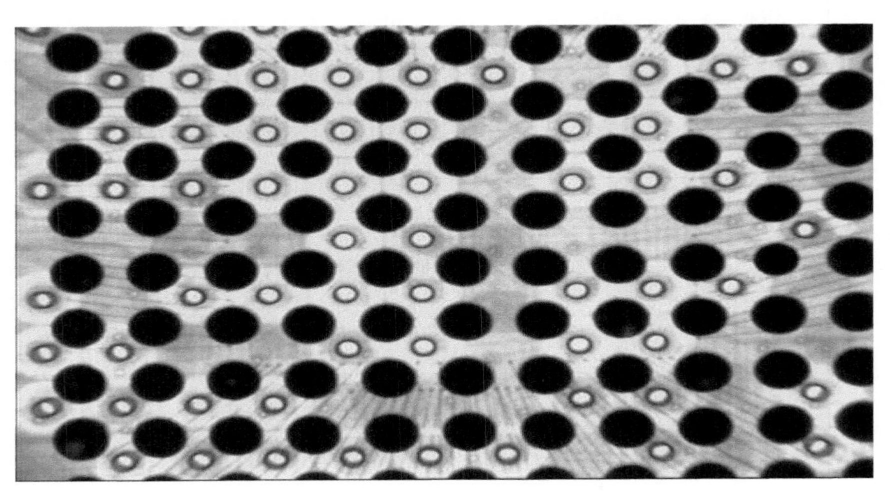

图 7-29　重新植球后的焊接结果

对比图 7-28 和图 7-29，可以明显地看到，焊点的大小不同。植球采用的是较大直径的焊球，离板间隙比较大，有利于焊剂挥发气体的逃逸。

此案例说明 BGA 封装对空洞的产生有很大的影响。这也是在一块板上有些 BGA 空洞比较多有些比较少的原因，因为同一块板上不同 BGA 的焊接工艺条件虽然一样，但不同封装 BGA 的焊球尺寸不同。

7.3 空洞（13）

案例（3）

案例 3：QFN

QFN 与 LGA 一样，有比较小的离板间隙，但焊盘尺寸（宽度为 0.25mm）比 LGA 更小。如果焊缝高度不合适，周边信号焊缝更容易产生空洞，如图 7-30 所示。

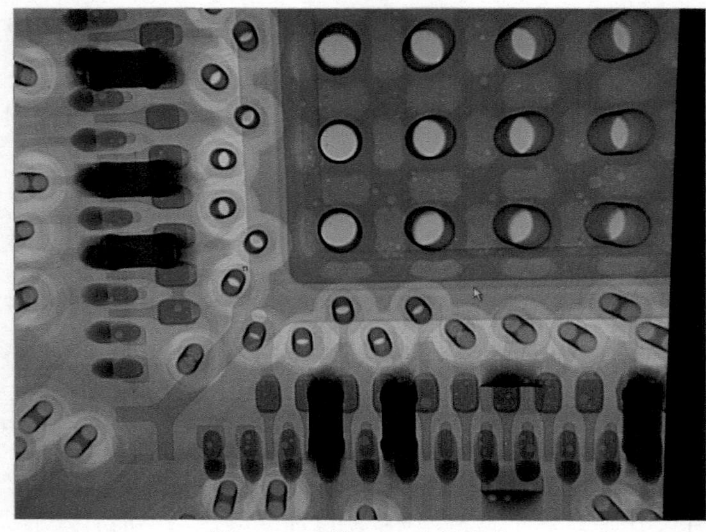

图 7-30 双排 QFN 空洞现象

我们通过改变热沉焊盘上焊膏的覆盖率及信号焊盘的开窗尺寸进行对比试验，结果发现热沉焊盘上焊膏覆盖率越高，空洞会越少，如图 7-31 所示。这是因为 QFN 焊缝高度取决于热沉焊盘的焊缝高度，热沉焊盘上焊膏覆盖率越高，相当于焊缝的高度也越高，也意味着焊点中助焊剂越容易挥发。

	编号	钢网设计	X射线（局部）	X射线（整体）
1	D1A21	热沉焊盘焊膏覆盖率按15%开窗；周边焊盘按照0.25mm×0.45mm和0.25mm×0.70mm尺寸开窗；钢网厚度按0.12mm设计		
2	D1A22	热沉焊盘焊膏覆盖率按60%开窗；周边焊盘按照0.25mm×0.45mm和0.25mm×0.70mm尺寸开窗；钢网厚度按0.12mm设计		
3	D1A23	热沉焊盘焊膏覆盖率按90%开窗；周边焊盘按照0.20mm×0.40mm和0.20mm×0.50mm尺寸开窗；钢网厚度按0.12mm设计		

图 7-31 焊膏覆盖率、焊盘宽度尺寸与空洞对应关系

7.4　元器件的侧立、翻转

现　象	元器件侧立、翻转现象分别如图 7-32、图 7-33 所示。 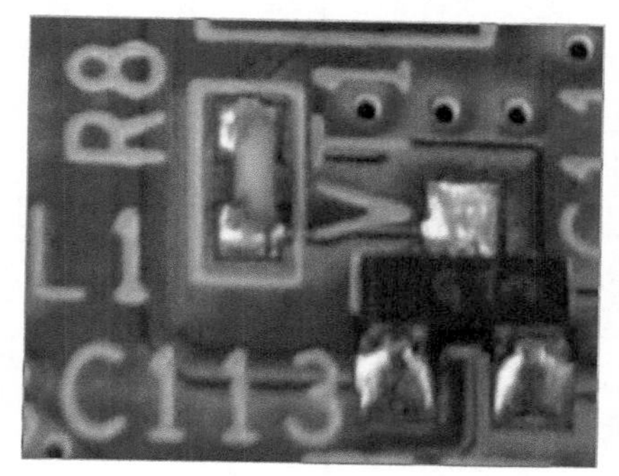 图 7-32　元器件侧立现象 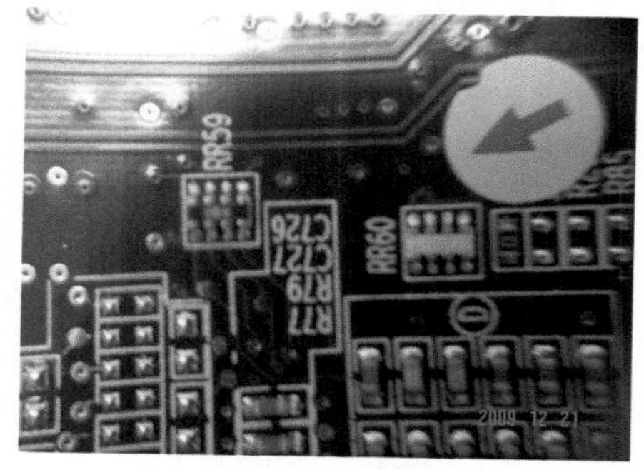 图 7-33　元器件翻转现象
原　因	元器件侧立、翻转是片式元件主要的焊接不良，尺寸越小，越容易发生。两种现象产生的原因相同，即： （1）贴片时元器件厚度设置不正确。元器件没有接触到 PCB 表面而被放下很容易造成侧立或翻转（贴片机吸嘴里真空释放时会吹起、吹偏或翻转）。 （2）贴片吸嘴尺寸不合适。 （3）贴片机拾片时压力过大引起供料器振动，将编带下一个空穴中的元器件振翻。 （4）贴片机吸嘴真空阀过早打开或关闭，引起元器件侧立或翻转。 （5）贴片机吸嘴被磨损或被部分堵塞，也会引起元器件侧立或翻转。 （6）PCB 变形严重，绝对凹陷超过 0.5mm。 （7）片式元件周围有吹气的钽电容。 总之，元器件侧立、翻转两种不良，主要与贴片工序有关。
对　策	根据具体原因采取对应的措施： （1）设置正确的元器件高度。 （2）调整贴片头 Z 轴拾片高度。 （3）调整吸嘴真空打开或关闭时间。 （4）定期检查、保养吸嘴。 （5）做好 PCB 的支撑。
说　明	多发生在 0402、0201 等小尺寸的片式元件上。

7.5 BGA 虚焊

BGA 虚焊的类别

BGA 封装是表面组装工艺中最具代表性的封装，不仅组装密度高，而且工艺性良好，受到业界的广泛青睐，应用越来越普遍。但是，BGA 封装也有不足之处，即焊点在封装体的底部，焊接完成后无法目检，只能通过 X 射线检测，但也只能检测部分项目，对于虚焊情况往往没有办法判定。因此，了解导致 BGA 虚焊的各种组装不良及形成机理，从源头进行控制非常重要。

一般我们把电气断路的焊接缺陷称为虚焊，一般发生在用户使用过程中。根据焊点的失效机理或主要原因，BGA 的虚焊点大致可分为以下几类。

（1）焊盘无润湿，如图 7-34（a）所示；

（2）球窝，如图 7-34（b）所示；

（3）冷焊，如图 7-34（c）所示；

（4）块状 IMC 断裂，如图 7-34（d）所示；

（5）机械应力断裂，如图 7-34（e）所示；

（6）黑盘断裂，如图 7-34（f）所示；

（7）收缩断裂，如图 7-34（g）所示；

（8）重熔型断裂，如图 7-34（h）所示；

（9）阻焊膜型断裂，如图 7-34（i）所示；

（10）界面空洞断裂，包括焊接时 BGA 空洞向上飘移引起的 BGA 侧界面空洞和 Im-Ag 型香槟界面空洞。

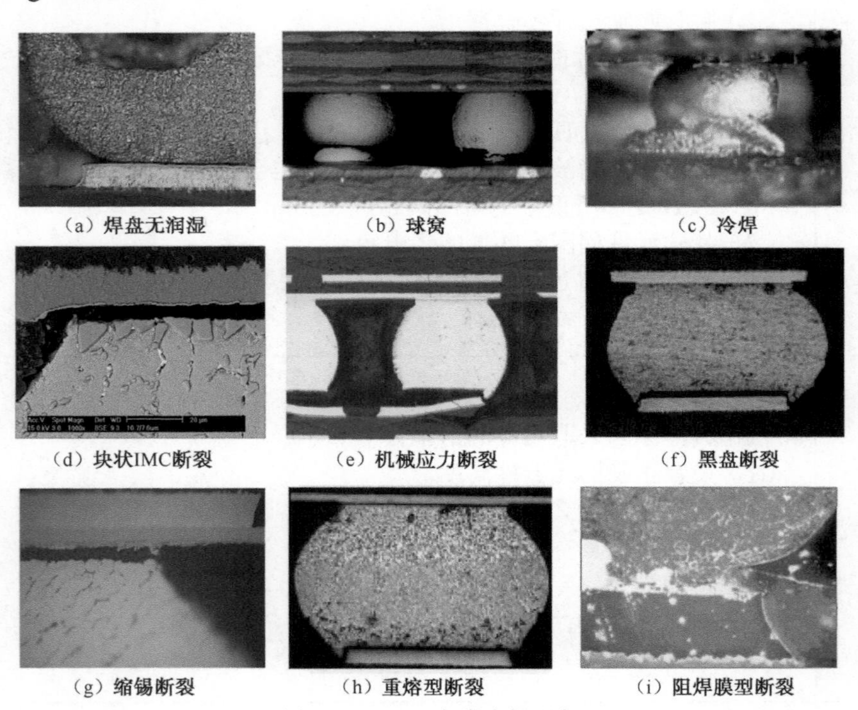

（a）焊盘无润湿　（b）球窝　（c）冷焊

（d）块状IMC断裂　（e）机械应力断裂　（f）黑盘断裂

（g）缩锡断裂　（h）重熔型断裂　（i）阻焊膜型断裂

图 7-34　BGA 各类虚焊现象

上面的分类基本包含了目前已常见的 BGA 虚焊点类型，认识和了解这些类别，有助于快速、准确地进行缺陷定位。

7.6 BGA 球窝现象（1）

现　象

焊球与焊膏没有焊连，而在焊球侧形成球窝，如图 7-35 所示，这种现象被称为球窝现象，也称为枕头效应（Head in Pillow 或 Head on Pillow）。此缺陷属于虚焊的一种，在无铅工艺、微焊盘条件下常常会遇到。

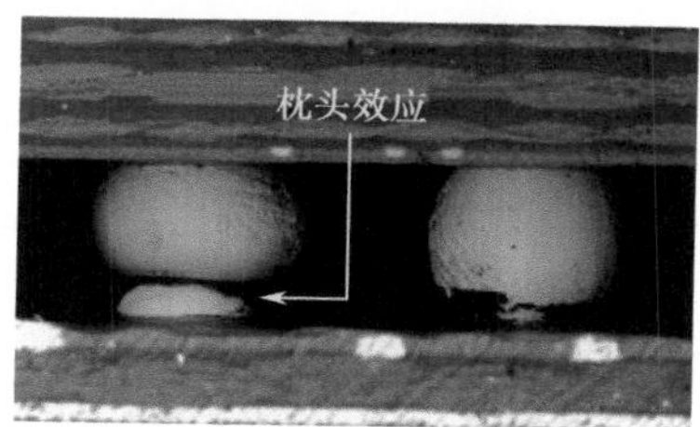

（a）球窝焊点外观形貌

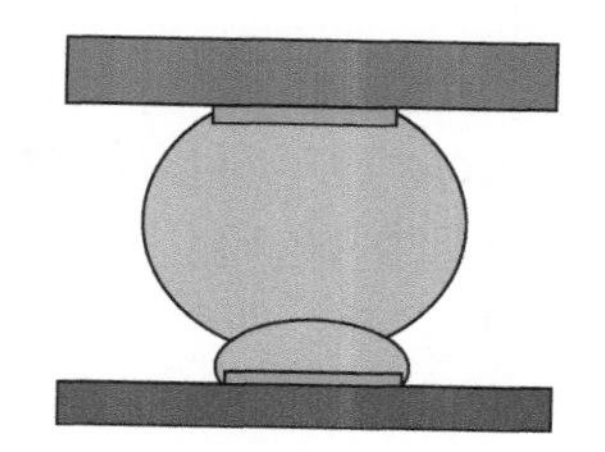

（b）球窝焊点特征

图 7-35　球窝现象

原　因

原因比较多，主要有以下几种。

（1）焊球表面深度氧化。

（2）焊接时焊球与焊膏在第一次塌落时没有接触，如 BGA 变形、焊膏薄，机理如图 7-36 所示，本质上就是发生二次塌落后熔融焊膏中焊剂已经不能去除熔融焊球表面的氧化物。

（3）贴片偏移位置比较大时，也会导致球窝现象，与共面性差导致球窝的机理相同。

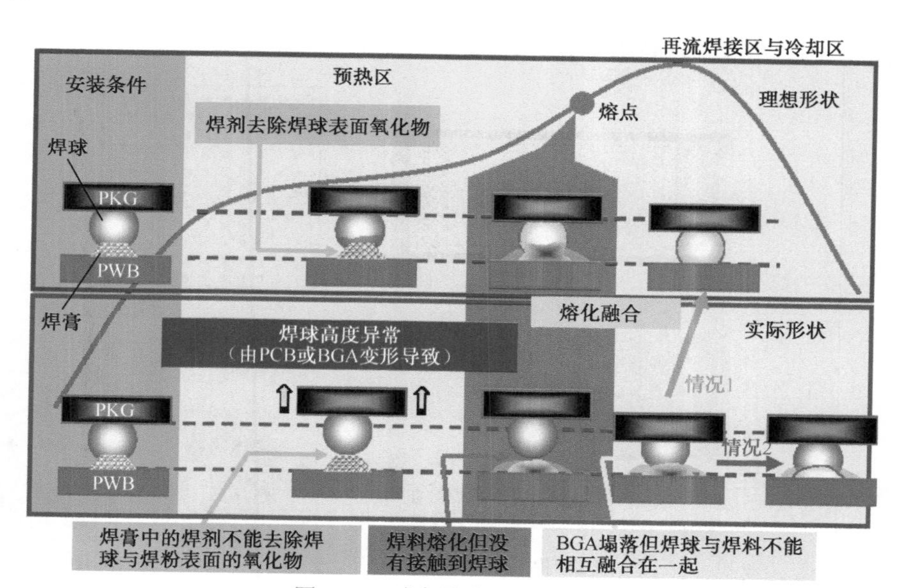

图 7-36　球窝形成过程及原因

对　策

（1）选用活性比较强的焊膏。

（2）增加焊膏印刷厚度（采用阻焊剂定义焊盘可增加 25% 以上的焊膏量）。

（3）对 BGA 四角位置的焊点，钢网开窗扩大，提高总的焊膏量。

（4）调整温度曲线，减少 BGA 本身的温度差。可采用平台保温、低的峰值温度、慢的升温速率曲线。

7.6 BGA 球窝现象（2）

说 明（1）

球窝现象形成的原因与 BGA 的封装有关，但不同类别的 BGA 封装，形成球窝的原因不完全一样，如 F-BGA，大多数情况下是因为其加热时变形使焊球与焊膏分离而引发的，而 ML-PoP 的球窝则主要是因为加热不充分而形成的，下面举例说明。

1）F-BGA

F-BGA 属于典型的双层结构，上面为硅片（即管芯，Die），下面为基板，前者的 CTE 为 4×10^{-6}/℃，后者的 CTE 为 15×10^{-6}/℃，在加热时因膨胀系数不同而发生四角上翘，如图 7-37 所示。

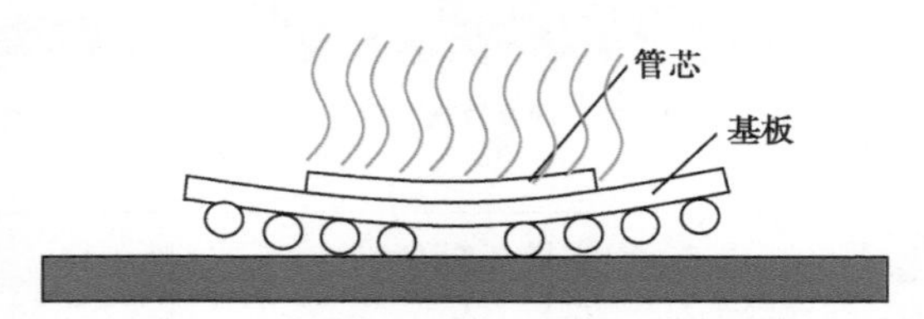

图 7-37　F-BGA 的变形现象

F-BGA 之所以发生四角上翘，是因为封装结构的 CTE 不同。对于此类器件，有效的方法就是采用比较低的峰值温度、长时间保温、比较慢的升温速率再流焊接温度曲线。

2）球珊阵列连接器

球珊阵列连接器如图 7-38 所示。

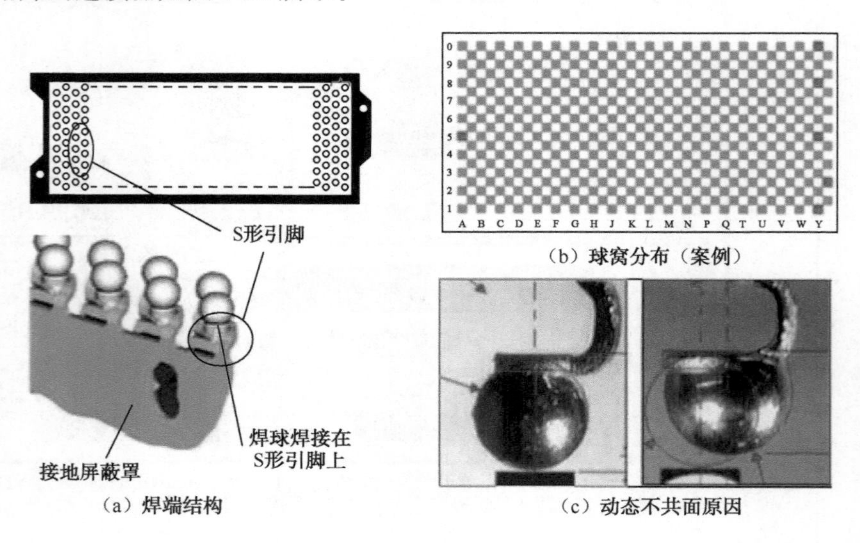

图 7-38　球珊阵列连接器及球窝产生机理

球珊阵列连接器产生球窝的机理仍然是焊球与焊膏不接触，这并非连接器加热时的变形所导致的。此连接器的封装非常特别，是在焊料无约束的焊端（焊盘为连接针的一部分，没有阻焊定义）上植球的，再流焊接加热时，焊球会沿连接针铺展或者说发生芯吸现象，会导致焊球变矮。如果再流焊接时加热比较快，连接器周边焊球会先一步熔化。

7.6　BGA 球窝现象（3）

说　明（2）

在这种情况下，就可能引发球窝现象。这也是一种动态共面性差的典型案例，说明动态共面性不完全决定于封装本身的变形，还取决于焊球直径的稳定性。

对于此案例来讲，减少连接器外围与中心的焊球温度差是减少球窝的有效方法之一。

3）ML-PoP

ML-PoP 属于球－球焊点结构，如图 7-39 所示，中间封装不仅受热不好且热容量比较大。球窝现象（见图 7-40）是其主要的焊接不良之一。

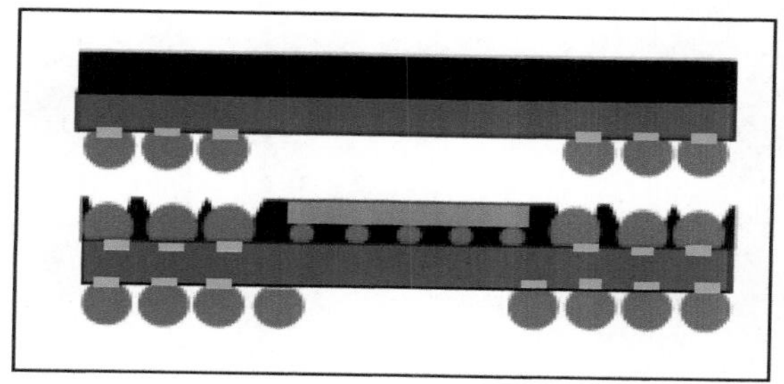

图 7-39　ML-PoP 的封装

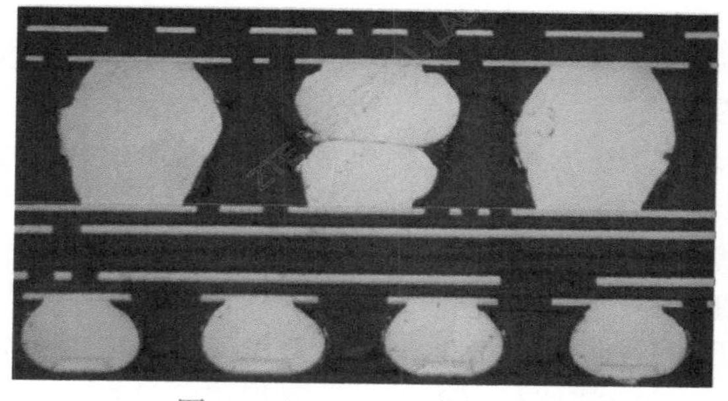

图 7-40　ML-PoP 球窝现象

产生球窝的原因比较复杂，主要有焊剂漏涂、焊接温度不够，像图 7-40 所示的球窝就是焊剂漏涂造成的，因为我们已经看到 PoP 球已经熔化。而图 7-41 所示的球窝则主要是焊接温度不够造成的，因为下层球几乎没有熔化，仍然保持球的形状。

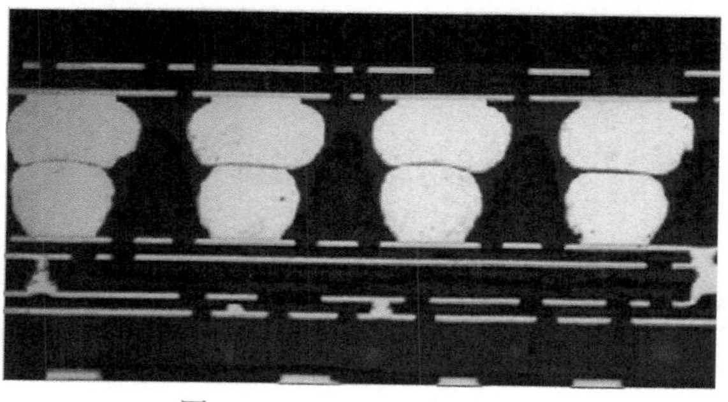

图 7-41　ML-PoP 球窝现象

从以上三个案例我们可以看到，球窝的产生与封装结构、工艺等多种因素有关，分析时应具体对象具体分析，切不可简单化。

7.7 BGA 的缩锡断裂（1）

现　象	所谓缩锡断裂是笔者根据 BGA 焊点裂纹的特征命名的一种 BGA 焊接断裂缺陷，它是焊点在半凝固状态下被拉开而形成的。由于焊点裂缝形态类似金属凝固收缩的特征，因此命名为缩锡断裂。 缩锡断裂的形态特征如图 7-42 所示，它属于焊接过程形成的裂缝型缺陷，不像机械应力那样脆断，在大多数情况下仍然“藕断丝连”，具有导电性。 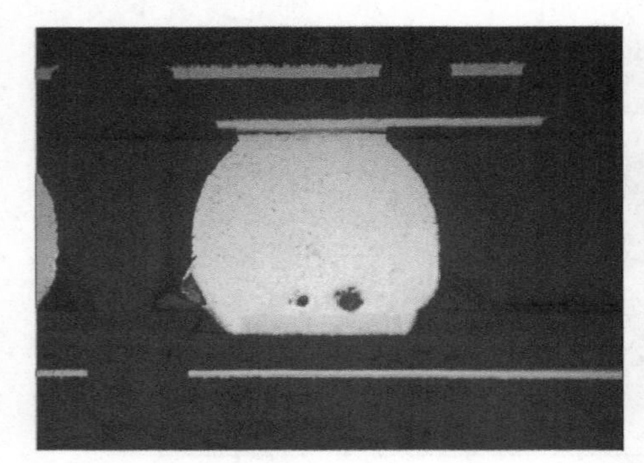 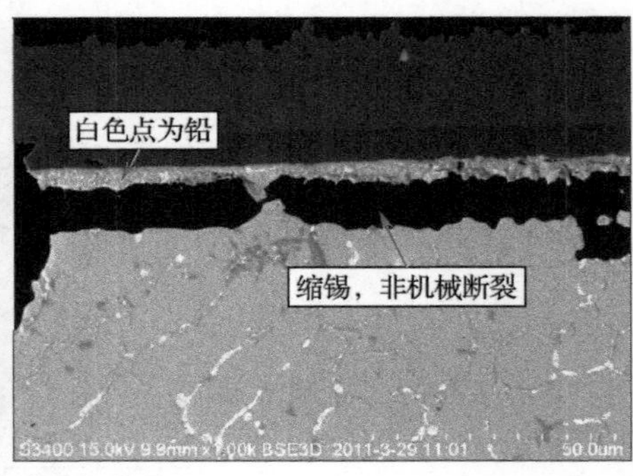 图 7-42　缩锡开裂裂纹的特征
原　因（1）	焊点从 PCB 侧开始单向凝固，在 BGA 侧还未完全凝固时因 BGA 四角上翘而形成收缩裂缝。 我们知道，BGA 焊点的冷却主要靠 BGA 和 PCB 的传导。一方面，由于 BGA 的封装特点，BGA 载板上的焊盘几乎以同样的速率冷却。但 PCB 上的焊盘，会因每个焊盘的连线方式不同，冷却快慢也不同。如果 BGA 焊盘直接引出，其焊点会从 PCB 侧开始先期凝固（单向凝固）。 另一方面，BGA 的翘曲最大的地方是四个角，如果先凝固的点位于角部，就可能因 BGA 的角部翘起而得不到熔融焊锡的补充出现断裂，如图 7-43 所示。 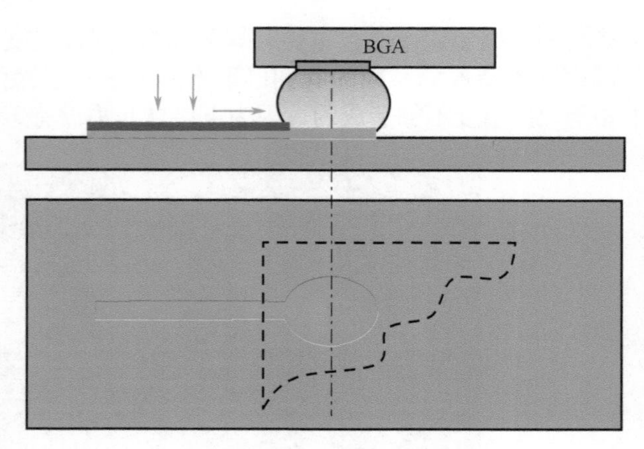 图 7-43　BGA 焊盘连线设计 因此，我们可以得出缩锡断裂的根本原因是单向凝固，BGA 与 PCB 的动态变形是触发条件。

7.7　BGA的缩锡断裂（2）

原　因（2）

根据生产中众多案例的统计分析，我们发现缩锡断裂点具有以下共同点：

（1）位置。

多数位于BGA角部3个焊球的范围内。如果出现在边中心部位，我们一般把它归为热应力变形引起的断裂（主要原因为PCB的变形）。

典型情况是位置固定并连有一根长的导线，如图7-44、图7-45所示。

（2）发生此类的单板具有比较明确的范围。

BGA全为PBGA，焊球中心矩为1.0mm；PCB的厚度为1.6mm，少部分为2.0mm。薄的PCB冷却速率比较快，容易发生单向凝固。

（3）冷却速率大于2.0℃/s。

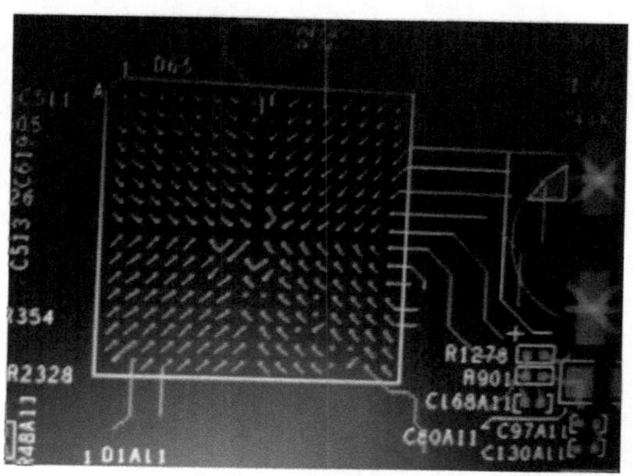

图7-44　某案例BGA的失效点

图7-45　某案例BGA的失效点

另外，失效批次单板生产所用温度曲线，也有一些共同点，即出现缩锡断裂的BGA，其冷却率大多在2.4℃以上，没有发生问题的多在2℃以下，这也是为什么有时会集中在几条生产线上的原因（实际上是温度曲线的影响）。

对　策

识别特定应用场景，针对薄板、PBGA的设计采取措施：

（1）加大角部焊点钢网开窗尺寸。

（2）严格控制再流焊接时的冷却速率，应小于2℃/s。

7.7 BGA 的缩锡断裂（3）

案例

某单板高温老化测试时发现其上某 BGA 失效，失效单板外观如图 7-46 所示。

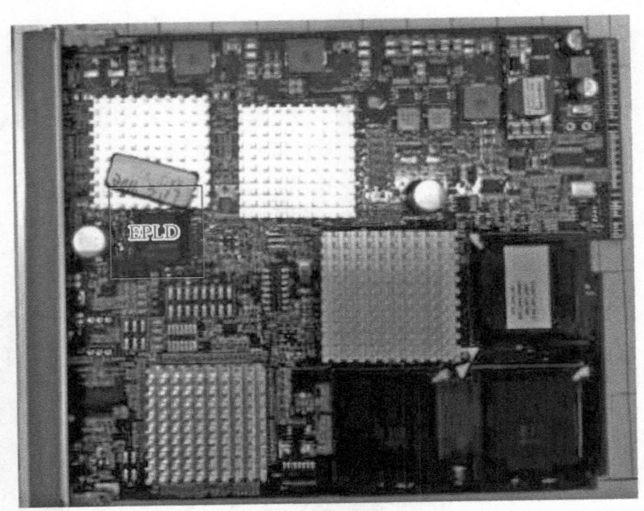

图 7-46　失效单板外观

失效焊点的位置与布线如图 7-47 所示。

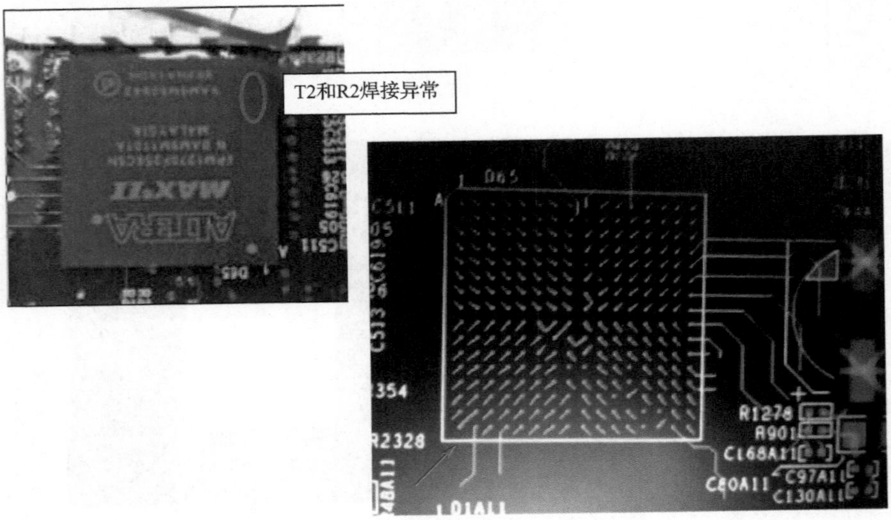

图 7-47　失效 BGA 的布线设计

切片分析确认此焊点为缩锡断裂。缩锡断裂焊点是一种危害性比较大的失效模式，由于“藕断丝连”的特点，焊接后很难通过测试发现。而且，其发生的比例往往很小，在 3/10000 以下。对于高可靠性产品，这种失效模式的存在对其构成了很大的风险，生产上没有好的方法将其检查出来，只能通过应力筛选的方法剔除。一般只要 5 个以上的温循过程就可以将“藕断丝连”的部分完全断开，可以将此作为一种筛选手段。好在这种不良只发生在特定的应用场景下，只要能够识别出来，就有非常有效的方法控制。

7.8　镜面对贴 BGA 缩锡断裂现象（1）

现　象

某单板上镜面对贴 BGA 发现虚焊现象。

单板为双面贴装板，失效 BGA 为顶面上镜像对贴的 BGA，此 BGA 尺寸为 14mm × 9mm 塑封 BGA，如图 7-48 所示。

生产采用掩模板过炉工艺。

根据功能分析，定位为图 7-49 所示位置的焊点虚焊，切片分析如图 7-50 所示。

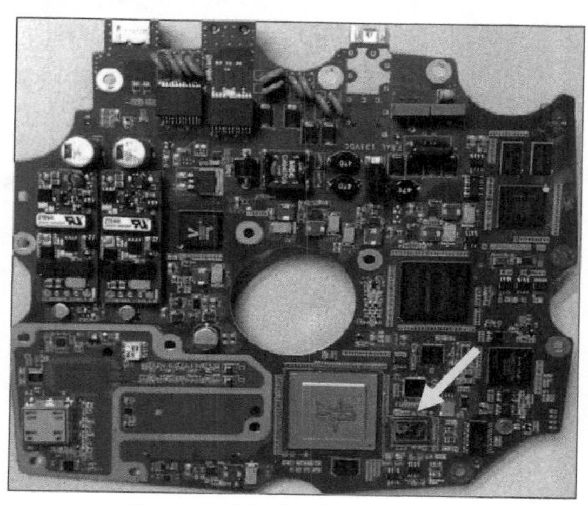

图 7-48　失效单板及失效 BGA

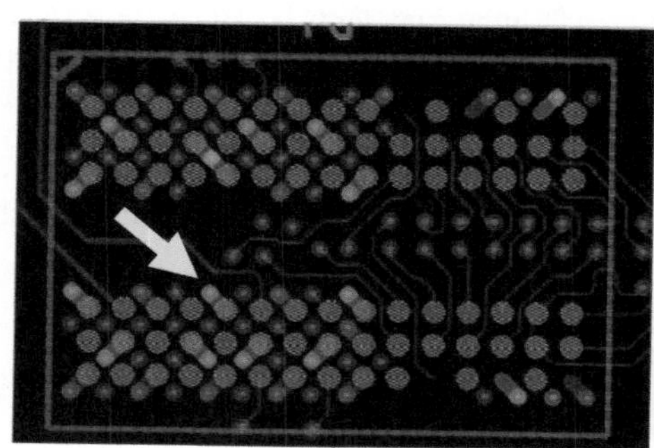

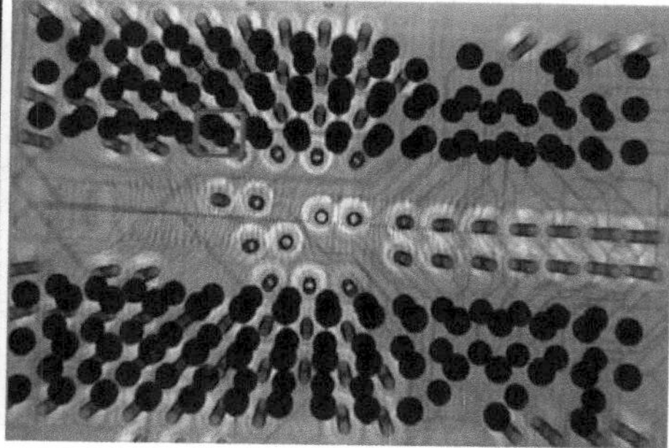

图 7-49　BGA 失效焊点位置

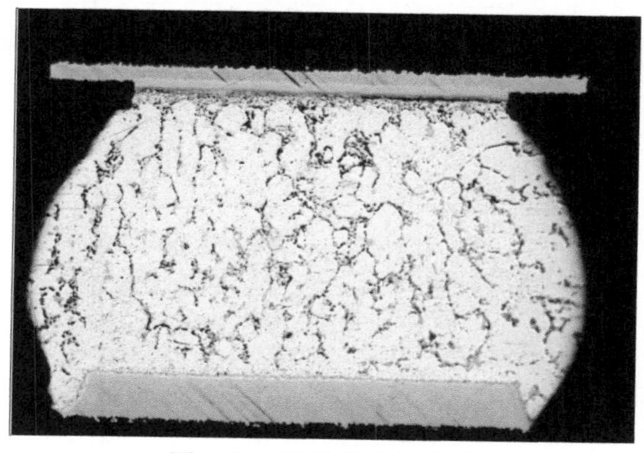

图 7-50　失效焊点切片图

7.8 镜面对贴 BGA 缩锡断裂现象（2）

原因（1）

1. 切片分析

从切片看，IMC 留在 BGA 焊盘侧，同时，裂纹焊球侧表面似乎为熔融状态断裂，根据这两点，基本可以确认为“缩锡断裂”失效，如图 7-51 所示。

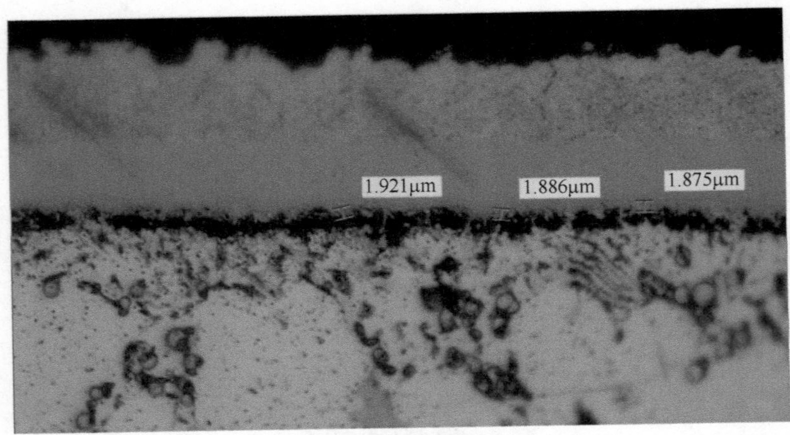

图 7-51 失效 BGA 焊点裂纹切片放大图

2. 机理分析

首先看一下过炉时的 BGA 所处的受热环境，如图 7-52 所示。使用掩模板基本消除了 PCB 在焊接过程中的变形，但同时与镜面对贴 BGA 一起改变了顶面 BGA 的冷却环境，使得顶面上的 BGA 中心部位焊点（焊球）温度高于周边焊点温度。这导致两个结果：

（1）顶面上的 BGA 中心部位焊点（焊球）滞后于周边焊点凝固。

（2）顶面上的 BGA 在冷却过程中逐渐由“笑脸”（U 形）变平，在周边已经凝固焊点的支撑下，中间焊点将受到拉伸。如果中心部位焊点处于半凝固状态，则会发生缩锡断裂，如图 7-53 所示。

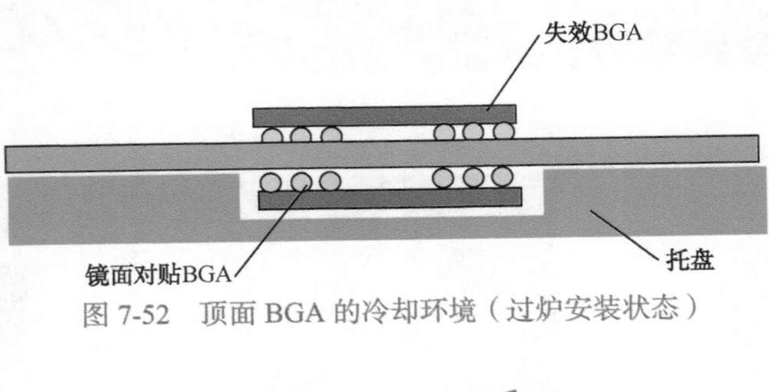

图 7-52 顶面 BGA 的冷却环境（过炉安装状态）

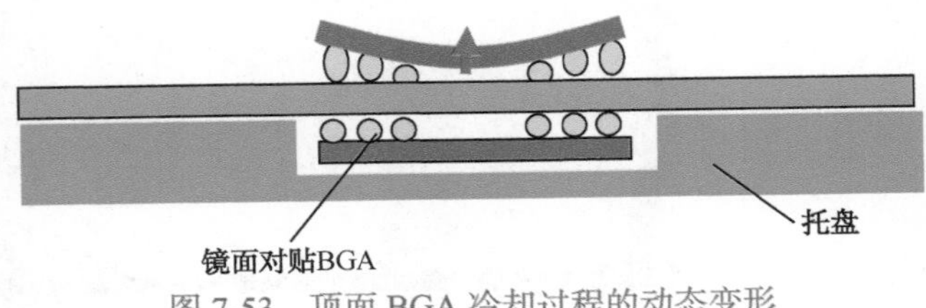

图 7-53 顶面 BGA 冷却过程的动态变形

<table>
<tr><th colspan="2">7.8　镜面对贴 BGA 缩锡断裂现象（3）</th></tr>
<tr><td>原　因
（2）</td><td>这与通常情况下发生的缩锡断裂道理是一样的，都是发生在凝固开始的一段时间内。之所以这个案例 BGA 的缩锡断裂出现在 BGA 中心，是由于镜像对贴及使用掩模板改变了 BGA 中心与边缘焊点的凝固顺序。
仅由此例不能确定缩锡位置，但从布线看，失效焊点只占用半个导通孔的导热能力，如图 7-54 所示，这就意味着更快地冷却，会发生缩锡断裂是有一定道理的。
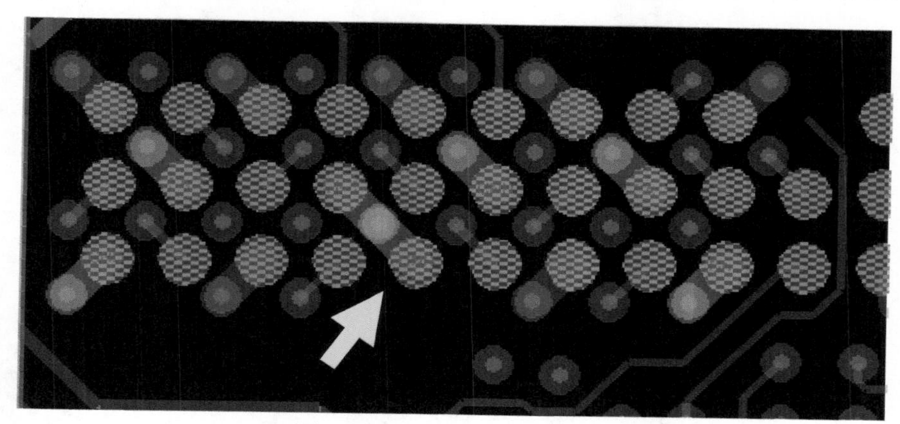
图 7-54　失效焊点的连线情况
通过此案例，我们可以看出，BGA 是一个具有动态热变形的封装。温度曲线的设置尽可能使 BGA 的所有焊点同时凝固，也就是减少再流焊接的延迟时间。</td></tr>
<tr><td>说　明</td><td>缩锡断裂焊点是一个复杂、难以预测的焊接不良现象，是否发生取决于多种因素，非常随机。一般的发生概率不高，平均在 3/1000 左右，多与 BGA 布线，冷却速率及空气的相对湿度有关。
缩锡断裂焊点，有时检测不出来，会对可靠性构成威胁。
庆幸的是，缩锡断裂只发生在特定的封装与特定的板厚 PCBA 上，且只出现在四角位置。有比较成熟的工艺方法可预防，如四角焊点加大焊膏量、上线前对 BGA 进行干燥，使用掩模板过炉等。
使用掩模板可以消除 PCB 加垫过程中的凹陷变形，从而减缓 BGA 焊点冷却时的拉伸，对降低 BGA 的缩锡断裂风险也是非常有效的一个工艺管控措施。</td></tr>
</table>

7.9 BGA焊点机械应力断裂（1）

<table>
<tr><td>特　征</td><td>

机械应力引起的焊点断裂（失效），一般成因多为不规范的人为“操作”，因此原因往往比较难以确认，但这类断裂具有非常典型的分布与裂缝特征，如图7-55所示的几种断裂情况，都属于机械应力断裂。

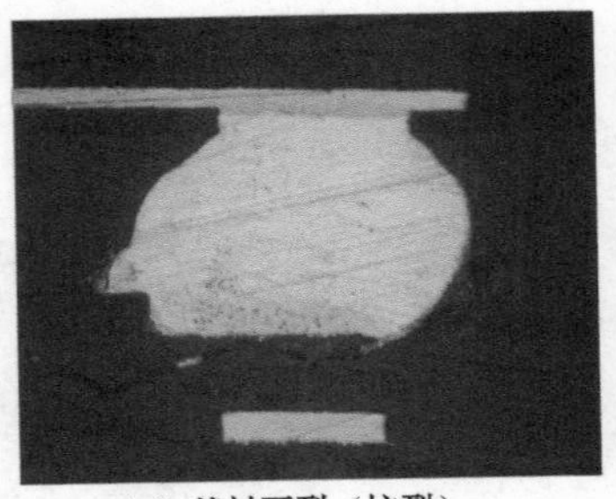

（a）基材开裂（坑裂）

（b）整个BGA掉落

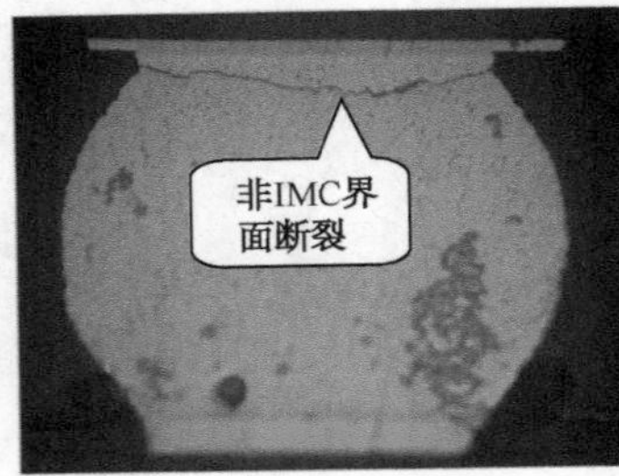

（c）焊料薄弱处断裂

（d）角部焊点开裂

图7-55　机械应力引起的BGA焊点断裂情况

</td></tr>
<tr><td>应力断裂焊点的识别</td><td>

机械应力引起的BGA开裂或断裂焊点，具有明显的区域性分布特点（靠近应力源呈连片分布），裂缝能够基本啮合，发生的概率比较大，有时高达30%以上，这些与热应力断裂焊点有明显区别。

有几种典型的焊点断裂现象或应用场景可以作为机械应力断裂的识别标志：

（1）PCB基材拉裂或焊盘拔起的焊点（坑裂）。

（2）BGA某区域焊点断裂。另外，有以下的设计环境的BGA，焊点的断裂很可能为机械应力所为：

带有比较重的胶黏散热器（≥50g）、散热叶片变形。

（3）双BGA公用散热器。

（4）周围有螺钉。

（5）BGA布局在压接元器件附近。

（6）BGA布局在拼板边附近。

</td></tr>
<tr><td>说　明</td><td>

一般而言，BGA的工艺性非常好，不容易发生问题。发生焊点断裂，80%以上情况与机械应力有关。

</td></tr>
</table>

7.9　BGA 焊点机械应力断裂（2）

案　例（1）

案例 1：ICT 针床设计不良导致 BGA 焊点应力断裂

1. 背景

某产品如图 7-56 所示，PCB 表面处理为 OSP，先后采用有铅工艺、无铅工艺生产过，图示的 BGA 均有 3/1000 左右的虚焊，而且位置固定，都位于图示的位置。

图 7-56　BGA 焊点断裂位置

2. 原因分析

1）工艺条件分析

峰值温度：238 ~ 240℃；

220℃以上时间：58 ~ 60.7s；

总过炉时间：300s；

再流焊接升温速率：2.5℃/s。

从焊接温度曲线看，没有任何问题，而且从正常焊点切片图看，焊点的形态也非常好。开裂焊点出现的部位也不是我们常见的 BGA 四角部位，而是一个比较靠近固定边的中间位置，如图 7-57 所示。

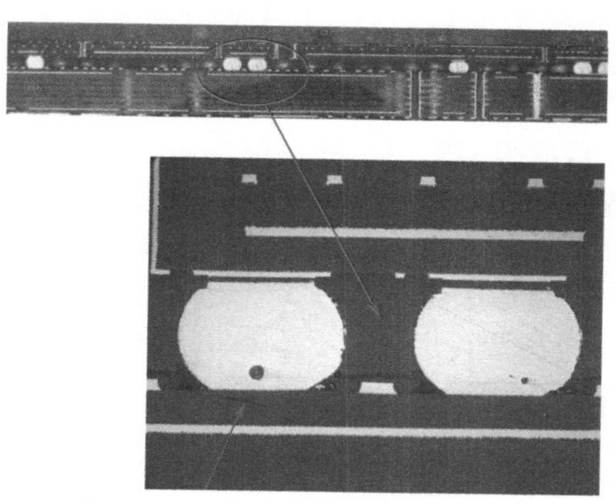

图 7-57　BGA 断裂焊点的切片图

7.9 BGA 焊点机械应力断裂（3）

案例（2）

2）装焊过程分析

BGA 焊点断裂要有两个条件，一个是焊点强度弱，另一个是有应力。检查装焊过程，发现有可能产生应力的环节在 ICT 测试过程中。

根据所用测试夹具，将测试的单板分别进行缺陷统计，发现所有出问题的单板均来自同一测试夹具。进一步分析确认，BGA 焊点断裂的原因为测试夹具中临近断裂焊点的压针造成的，如图 7-58 所示，将此压针去掉，问题解决。

图 7-58 测试夹具

3. 说明

单板装焊中，装配螺钉、测试、周转等环节都可能产生较大的应力，会对附近 BGA 构成威胁。

在装配螺钉时，如果 PCBA 底部没有制作支撑工装，PCB 底部是不平的。当使用电动螺丝刀装配螺钉时，会导致 PCB 局部弯曲，特别是薄的 PCB。PCB 的变形会导致 BGA 等受应力元器件损坏。

在进行插装通孔元器件操作时，由于插件线采用链条传送，仅两条边有支撑，插入元器件时也会导致 PCB 弯曲。

ICT 针床目前很多采用顶针定位，如果顶针位置不合理或顶针的高低尺寸不一致，也会导致 PCB 弯曲。

在周转环节中，单手拿板是一个司空见惯的不良现象，对于一些大尺寸、比较重的单板，就会造成弯曲。

规范装焊操作是防止应力敏感元器件焊点或封装体受损的关键。企图通过设计减少应力比较困难。

事实上，许多 BGA 焊点的断裂并非是由焊接过程产生的，而是发生在装配、周转和运输过程中，这些过程的“操作”非常难以再现与确认，往往给原因的查明带来困难。但是，大部分情况下，我们都可以根据失效单板的发生阶段与操作动作推断出来。

7.9　BGA 焊点机械应力断裂（4）

案　例（3）

案例 2：连接器压接操作导致 BGA 焊点应力断裂

1. 背景

某单板尺寸比较大，采用了分段设计方案，如图 7-59 所示。开局加电，发现有 *x*% 左右失效。经过分析，定位为位号 D77 的 BGA 焊点断裂，断裂位置为靠近压接连接器的角部，断裂位置位于 IMC 与 BGA 载板铜界面，如图 7-60 所示，贝壳形 IMC 非常粗大，宽度超过 10μm，这一现象比较少见。

此 BGA 采用了铜盘上直接植球工艺，而不是普遍的沉镍金工艺。

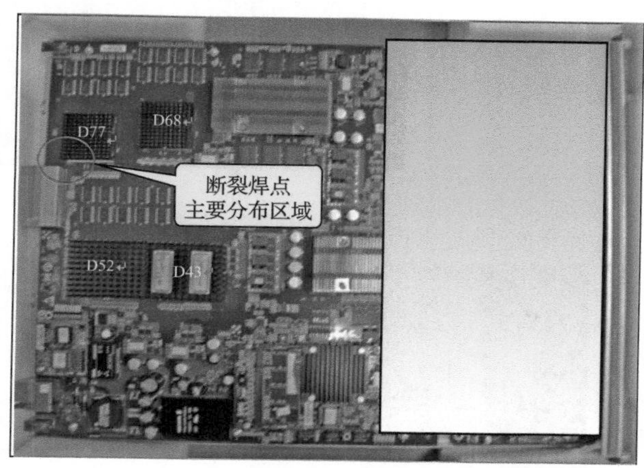

图 7-59　失效焊点的位置

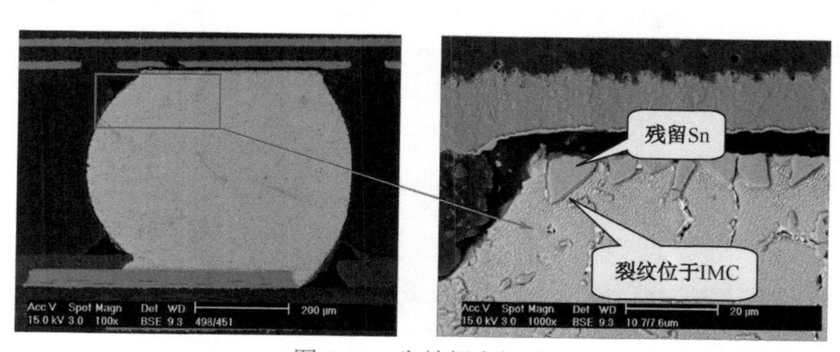

图 7-60　失效焊点切片

2. 原因分析

（1）染色分析，了解失效焊点的位置分布。通过染色分析发现大部分断裂焊点分布在 BGA 靠近压接连接器的一个角部，而且断裂点呈连片的局域性分布，如图 7-61 所示。

（2）切片分析，了解来料 BGA 与失效焊点的 IMC 形态。发现两点异常：一是来料 BGA 焊球 IMC 比较厚；二是失效焊点 IMC 呈“块状化”，而且也比较厚。如图 7-62 所示。

（3）焊点剪切力分析。采用焊接用温度曲线对 BGA 进行过炉，模拟焊接过程，然后对剪切力进行测试，发现比同样尺寸的其他公司 BGA 的剪切力小 20% 以上，如图 7-63 所示。

7.9 BGA 焊点机械应力断裂（5）

案例（4）

（4）组装与运输过程可能产生应力的“操作环节”进行排查。发现在压接过程、车间周转、运输过程存在很多可能产生应力的地方。

图 7-61 染色分析

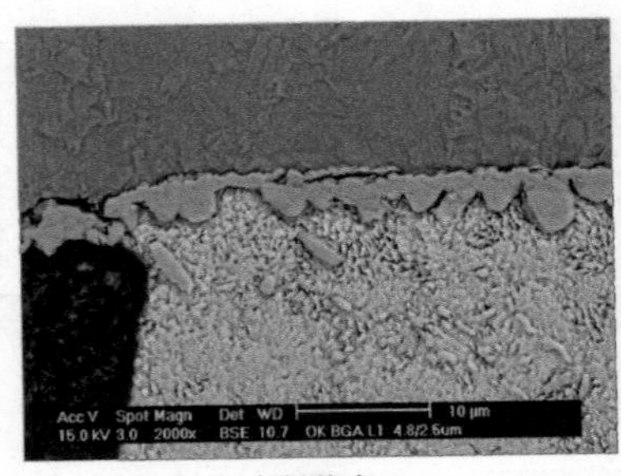

（a）来料状态BGA

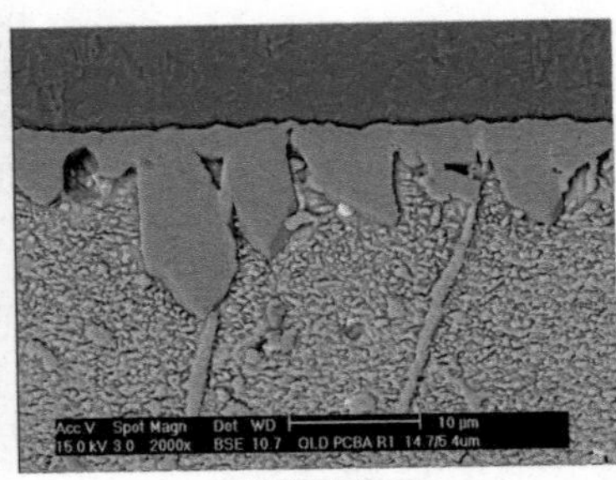

（b）焊接过的BGA

图 7-62 切片分析

剪切试验样品

封装样品1#

封装样品2#

典型失效模式

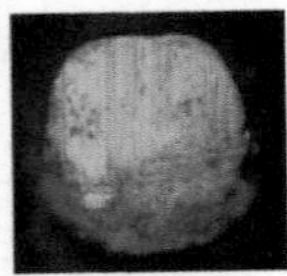

塑性断裂
（封装样品1号）

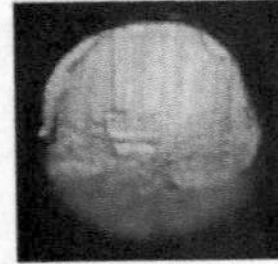

塑性断裂
（封装样品2号）

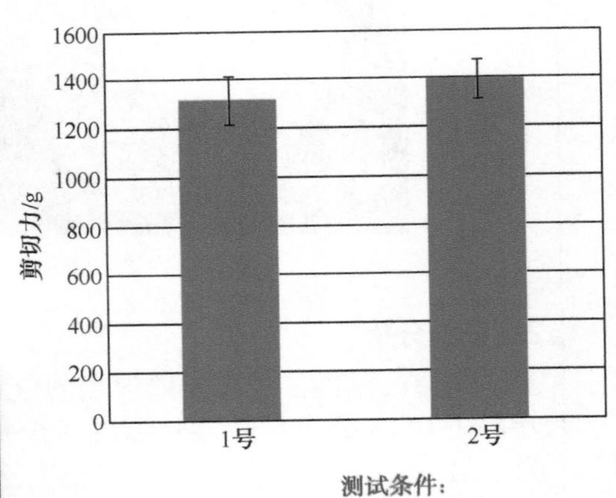

测试条件：
剪切速率：500μm/s
样品数量：30个球
剪切高度：30μm

图 7-63 剪切力分析

综上分析，根据失效 BGA 断裂焊点的分布以及裂缝位置，可以确定此 BGA 断裂为应力断裂。但此 BGA 断裂除应力外，还有 IMC 超厚的异常因素，它降低了焊点的强度，使得更不耐应力作用。

7.9　BGA 焊点机械应力断裂（6）

案　例（5）

3. 改进与效果

（1）提高抗破坏能力。由于运输过程不可控制，采用了对失效 BGA 加固的方法，如图 7-64 所示，提高抗应力破坏的能力。

图 7-64　对 BGA 进行加固

（2）减少装配过程应力的产生。采用全托盘工装、半自动压接机进行压接，如图 7-65 所示。

图 7-65　半自动压接

（3）降低焊接峰值温度与缩短液态停留时间，避免 IMC 块状化。实际生产表明，在混装工艺条件下，采用较低的焊接温度可以避免 OSP 植球 BGA 形成块状 IMC。调整后的温度曲线如图 7-66 所示。

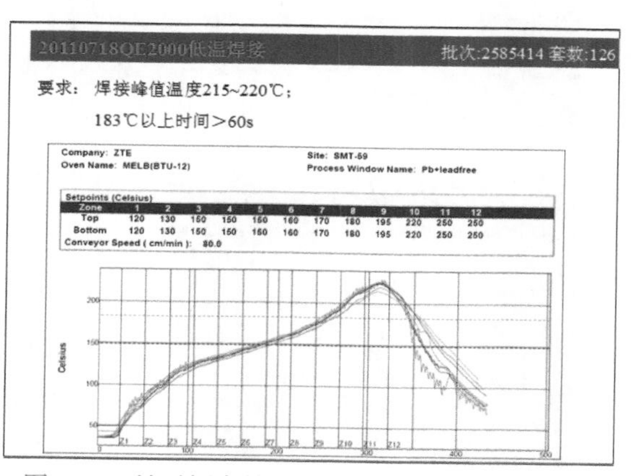

图 7-66　针对铜盘植球封装工艺定制的温度曲线

实践表明，采取这些措施后效果良好，没有再出现失效问题。

7.9 BGA焊点机械应力断裂（7）

案例（6）

案例3：高峰值温度焊接导致BGA在运输过程中脱落

1. 背景

图7-67所示单板为一机顶盒产品单板，反馈问题为有一定比例的机顶盒无法开机，经查为主板上BGA脱落所致。绝大部分焊点从焊球侧IMC层断开，其断口呈脆性断裂特征，还有少部分焊点从PCB基材断开，如图7-68、图7-69所示。

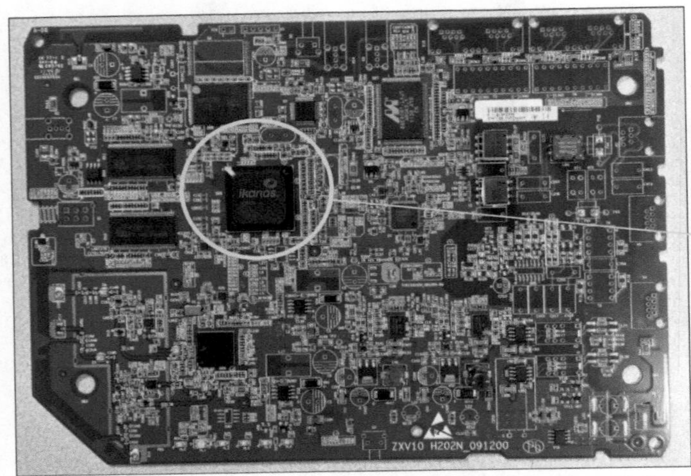

图7-67　失效单板与BGA脱落

（a）断裂BGA的位置

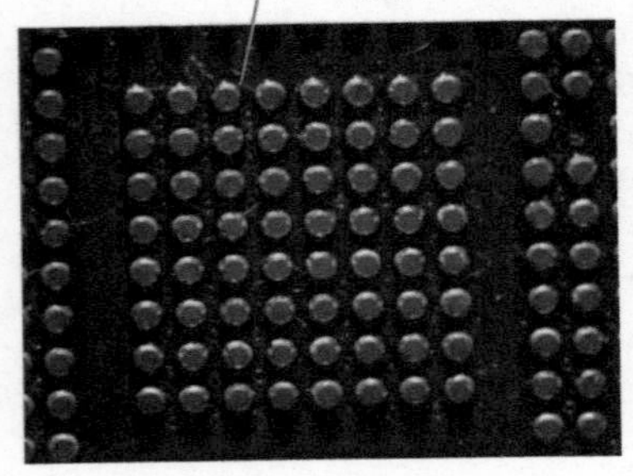

（b）焊球留在PCB侧

（c）BGA侧断口平整呈沙质面

图7-68　BGA焊点断裂位置

7.9 BGA 焊点机械应力断裂（8）

案 例（7）

图 7-69 BGA 焊点 PCB 侧坑裂

2. 分析

BGA 完全从 PCB 上脱落是比较少见的一种失效模式，一般由运输过程中高程跌落而引发。

BGA 完全脱落一般发生在这样的场景：BGA 上装有比较重的散热器，IMC 比较厚。从脱落现象看，有少部分焊点从 PCB 基材断开，属于典型的过应力或冲击应力断裂特征，说明此板存在过应力操作（如运输跌落）。大范围焊点的脆断不是 IMC 超厚就是存在金脆现象。因此，我们把分析的重点放在失效 BGA 的 IMC 形态与成分上。

1）焊接后 BGA 切片分析

此 BGA 载板表面处理为 ENIG，采用生产条件进行再流焊接，对其焊点进行切片分析，切片如图 7-70 所示。可以观察到此 BGA 侧 IMC 呈块状化、超厚，符合引发 BGA 脱落的条件。

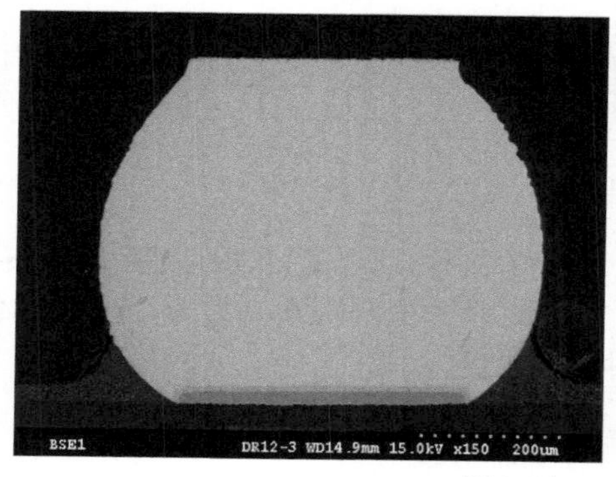

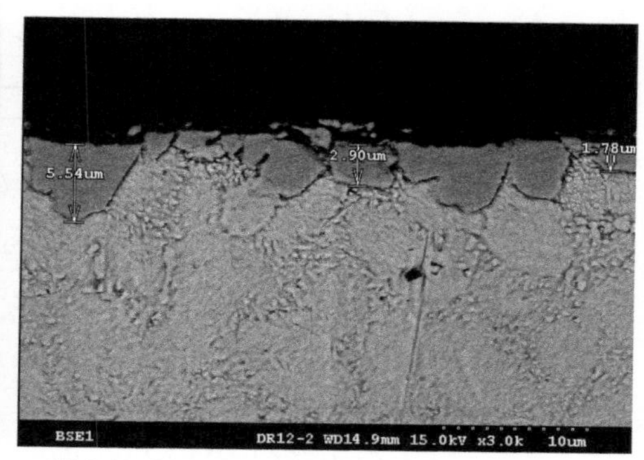

图 7-70 BGA 焊点切片图

7.9 BGA 焊点机械应力断裂（9）

2）IMC 成分分析

断裂面的 IMC 成分复杂，检测到大量的三元合金（NiSnCu）成分，如图 7-71 所示。

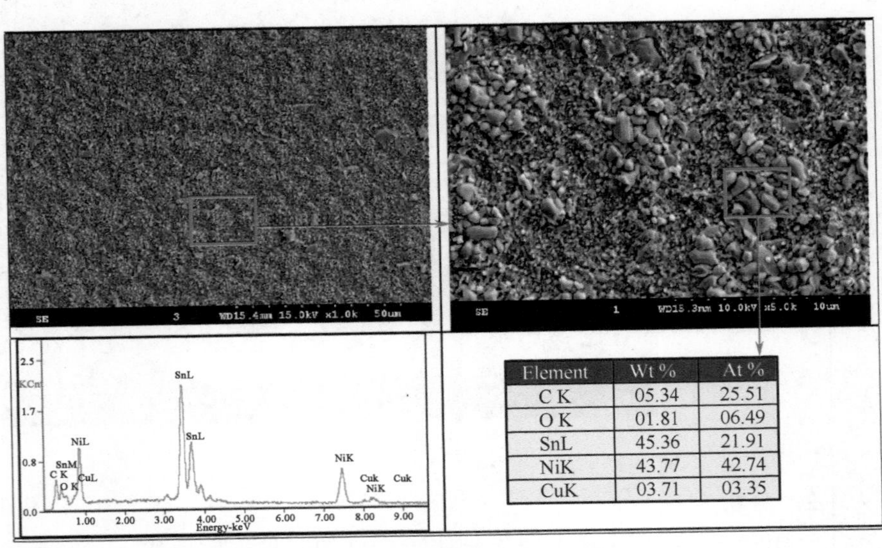

Element	Wt %	At %
C K	05.34	25.51
O K	01.81	06.49
SnL	45.36	21.91
NiK	43.77	42.74
CuK	03.71	03.35

图 7-71　断裂面观察及能谱分析（大量三元合金成分）

案　例（8）

3）温度曲线分析

鉴于 IMC 超厚特性，对再流焊接温度曲线进行测试，测试结果如图 7-72 所示。失效 BGA 焊点 217℃以上的时间为 95.2s，最高温度为 243℃。由于采用混装工艺，183℃以上时间估计超过 200s，属于超高温度、超长时间。

回流时间/217℃		最高温度		总共时间/230℃	
97.35	87%	248.56	81%	69.92	298%
91.22	56%	246.76	57%	63.71	174%
95.21	76%	243.05	7%	55.11	2%
85.10	26%	245.06	34%	58.94	79%
88.28	41%	247.51	67%	68.39	268%
96.05	80%	246.44	52%	68.06	261%
98.50	92%	246.06	47%	64.96	199%
104.40	122%	246.44	53%	65.99	220%
100.40	102%	246.06	47%	58.02	60%

图 7-72　温度曲线分析

综上分析，我们基本可以断定，该例采用了不合适的温度曲线导致超厚 IMC 的产生，而超厚 IMC 是导致 BGA 完全脱落的主要因素。另外，产品的包装没有考虑运输过程可能产生的过应力风险。

建议：

（1）采用胶对 BGA 进行加固，提高抗跌落能力。

（2）调整温度曲线，降低焊接温度峰值到 225℃以下，控制 183℃以上焊接时间在 120s 内。

7.9　BGA 焊点机械应力断裂（10）

案例（9）

案例 4：HASS 试验导致 BGA 焊点应力开裂

1. 背景

在高加速应力筛选（HASS）试验中发现某 BGA 焊点失效，失效 BGA 位置与失效焊点位置如图 7-73、图 7-74 所示。

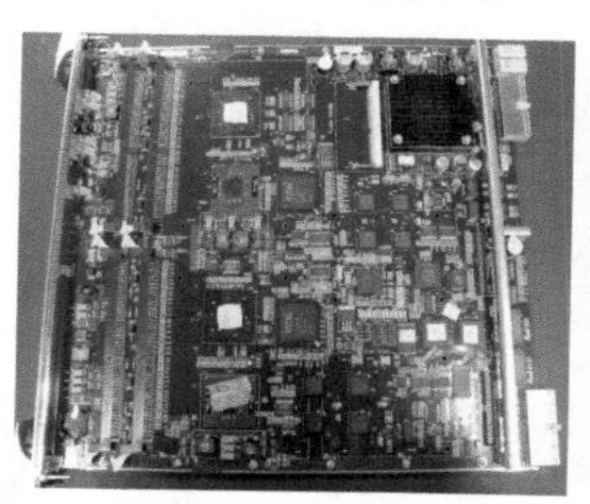
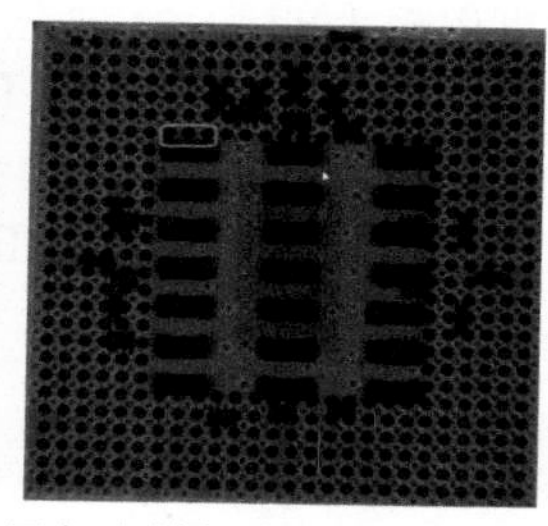

图 7-73　失效 BGA 位置与失效焊点位置

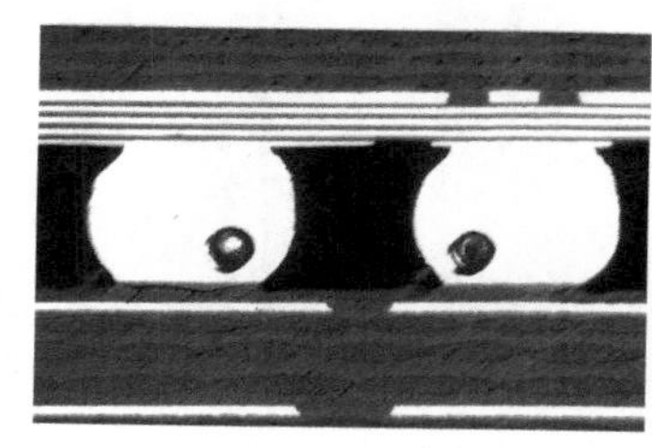
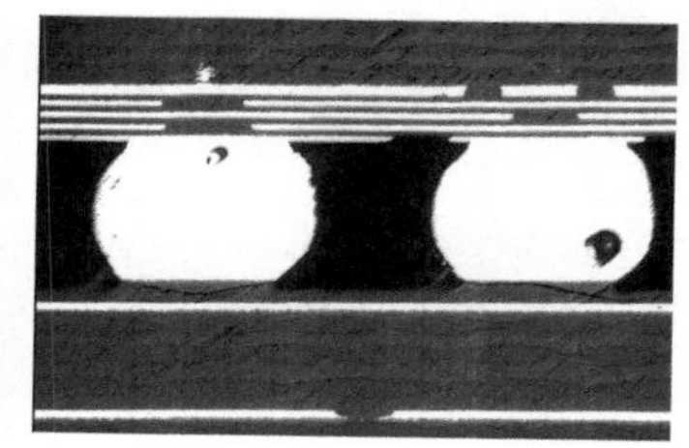

图 7-74　失效焊点切片图

2. 分析

HASS 实际上是一种特殊的环境应力筛选，通常采用随机振动和温度循环应力。它所施加的温度循环应力的温度变化率高于传统的环境应力，最大的温度变化速率超过 100℃/min[①]。

从裂纹特征判断，应为过应力断裂。为什么会出现在 BGA 焊球矩阵的内侧？这与 BGA 所处位置的 PCB 的变形有关。图 7-75 所示的 BGA 左侧有内存条连接器，右侧有加强筋，这样 PCB 只能发生图 7-75 所示的弯曲变形，决定了图示蓝色范围内 BGA 焊点受到的应力比较大，再考虑到管芯对 BGA 载板变形的制约，应力发生在内部成为可能。

图 7-75　BGA 焊点断裂位置分析

① 见姜同敏等编《可靠性试验技术》P 97。

7.10 BGA 热重熔断裂（1）

案例（10）

案例 1：热压焊导致背面贴装 BGA 焊点部分重熔

1. 背景

某手机单板上的 FLASH 芯片（0.5mm 间距 CSP 焊点），在热压焊 FPC 后断裂，如图 7-76 所示，以前没有出现过此问题。

断裂特征：

（1）断裂面位于元器件侧 IMC 中间。

（2）断裂面平整。

（a）断裂位置

（b）断裂面

图 7-76 BGA 热重熔断裂

2. 分析

失效单板的元器件面及热压焊位置，如图 7-77 所示。

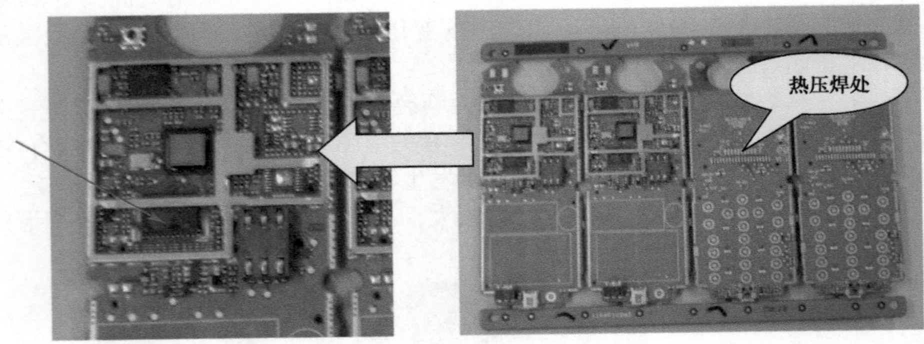

图 7-77 热压位置对应的 CSP

发生断裂的 CSP 正好位于热压焊处，说明 CSP 的断裂与热压焊接操作有关，试验确认推断正确。此失效机理完全符合“部分重熔、混合组织形态”的说法。

3. 对策

采用拖焊或改进热压焊工艺。

热压焊位置下不应该布放 CSP 类器件。

4. 说明

此案例具有失效模式分类意义，其最主要的特征是断裂面平整。

7.10 BGA 热重熔断裂（2）

案例（11）

案例 2：波峰焊接导致背面贴装 BGA 焊点部分重熔

1. 背景

在中低端的电子产品中，仍然广泛采用了再流焊接和波峰焊接双面混装的工艺路线。由于波峰焊接工艺带来的对 PCBA 组件的瞬时温度冲击及局部热应力问题，给 BGA 的应用带来了一定的质量和可靠性问题。

在本案例中，发现顶面的 BGA 封装经历了波峰焊接工艺之后，在可靠性测试中出现了较多的早期失效，即大多数焊点从封装侧的焊点界面断裂，而且断口平整，如图 7-78 所示。

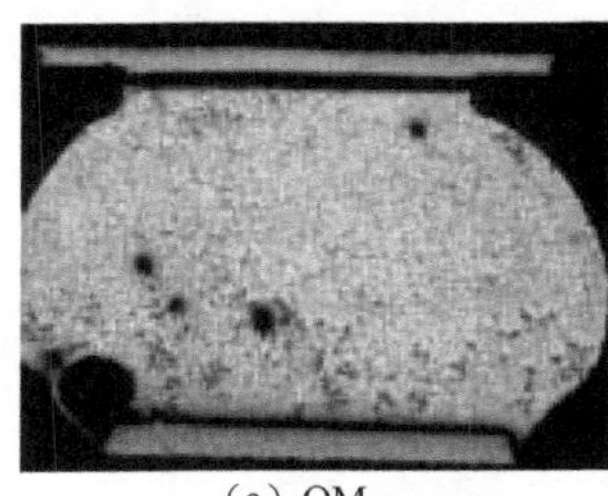

（a）OM

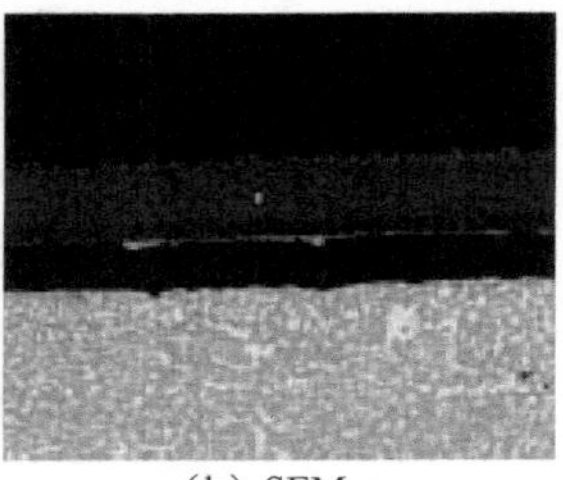

（b）SEM

图 7-78　BGA 波峰热重熔断裂

2. 分析

通过分析，发现断裂的焊点多为距离过孔较远的焊点。这些焊点，在波峰焊接时温度较低未发生重熔，而其周围焊点发生全部或者局部重熔。

在波峰焊接过程中，由于热冲击和局部热效应的影响，BGA 器件及 PCB 产生局部变形并产生应力，由于多数焊点重熔具备自由伸缩能力，因此所有应力加载于个别未重熔焊点，导致该焊点出现裂纹或开焊。

在本案例中，发现断裂焊点的组织基本正常，断裂分离界面在 IMC 和 SnPb 焊点之间，但是焊点和 PCB 侧焊盘连接正常，靠近 PCB 侧焊盘的组织出现轻微的粗化现象。这是因为这些焊点出现了明显的局部重熔的形态①，如图 7-79 所示。

（a）焊点切片图

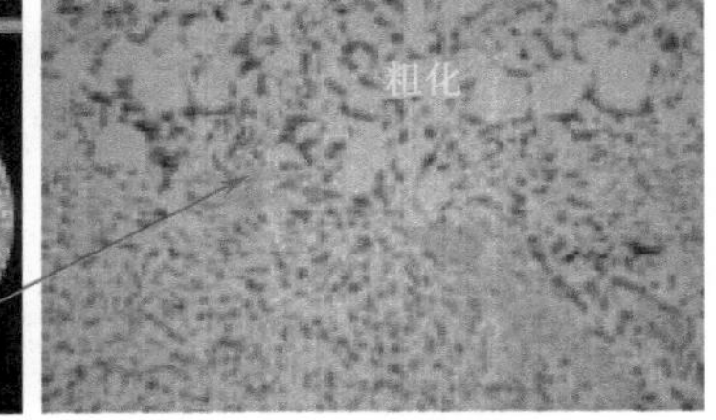

（b）PCB侧组织图

图 7-79　焊点组织局部粗化图

3. 对策

对可靠性要求高的产品，尽可能不采用“底面 SMT+ 顶面 SMT+ 波峰焊接”工艺。

① 刘桑等《波峰焊条件下 BGA 焊点界面断裂失效机理研究》，EM China，2007 年 8 月，P22 ~ 23。

7.11 BGA 结构型断裂

现　象

BGA 侧焊盘，如果采用阻焊定义焊膜盘设计并且先电镀镍金后阻焊的制作工艺，较容易发生 BGA 侧 IMC 外断裂的现象，如图 7-80 所示，这种断裂是由于 BGA 的封装结构设计造成的，因此，我们把它命名为 BGA 结构型断裂。一般而言，阻焊膜定义 BGA 焊盘，会产生较大的应力，如果再采用先电镀镍金后阻焊的工艺应力会更大。

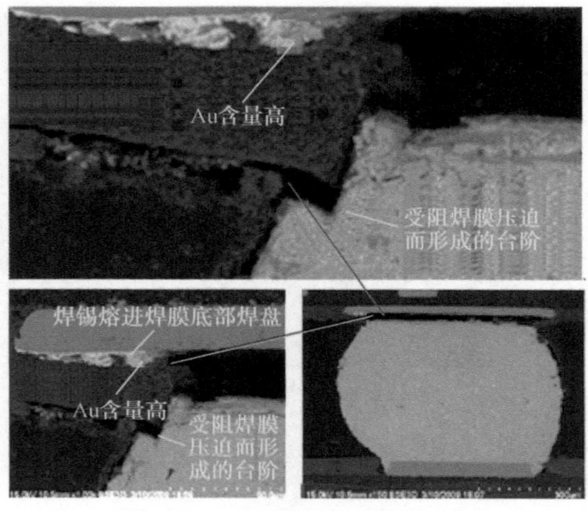

图 7-80　BGA 结构型断裂现象

案　例

某 BGA 切片如图 7-81 所示，采用阻焊膜定义设计并先电镀镍金后阻焊制作工艺，焊接后有约 7‰ 的芯片出现焊点断裂情况。

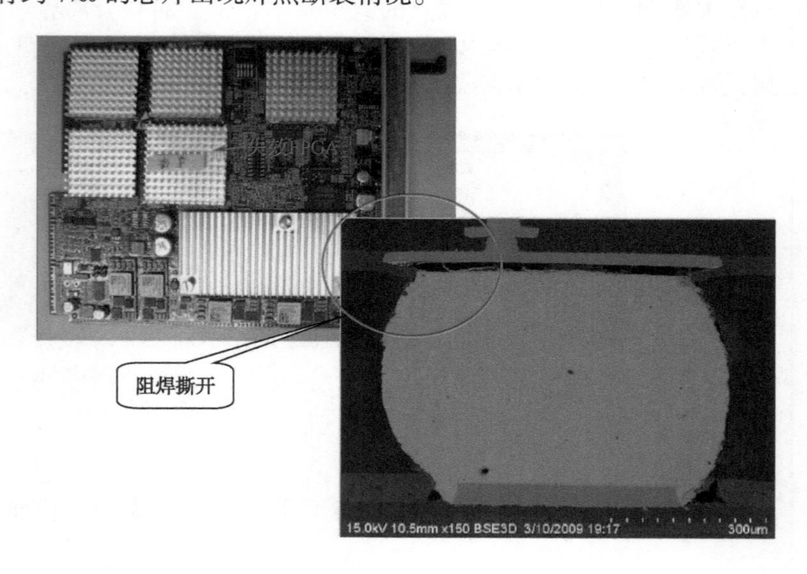

图 7-81　断裂 BGA 切片图

7.12　BGA 焊盘不润湿

现　象	焊盘上无焊料润湿（铺展），如图 7-82 所示。 图 7-82　不润湿示意图
原　因	（1）焊盘可焊性差或焊盘上没有焊膏，如图 7-83 所示； （2）PCB 焊盘温度不够，焊膏被焊球吸走（芯吸），如图 7-84 所示。 图 7-83　焊盘不润湿与焊盘无焊膏   图 7-84　BGA 焊球芯吸
对　策	（1）严格控制 PCB 的来料质量，严格使用存储安全期内的 PCB。 （2）定期检查焊膏印刷情况，定期擦网。 （3）使用活性强的焊膏。

7.13 BGA 焊盘不润湿（特定条件：焊盘无焊膏）

<table>
<tr><td>案 例</td><td>
某单板采用有铅焊接工艺，同批次分两次焊接，首次焊接无不良，而另一次焊接某 BGA 有开焊缺陷。
取不良板 12 块，良板 4 块，通过 X 射线观察，所有不良板具有相同的特征，在板上某 BGA1 脚旁 9 个焊球明显小于其他焊球，如图 7-85 所示，而所有良板某 BGA 1 脚旁 9 个焊球大小与其他焊球相同。
再根据对返修所拆 BGA 观察，这些地方没有被焊膏润湿过。从切片看，焊盘侧面也没有被焊锡包裹，显然这是由于焊盘上没有焊膏所产生的。焊盘上没有焊膏，最典型的特征是 BGA 焊盘没有被润湿。
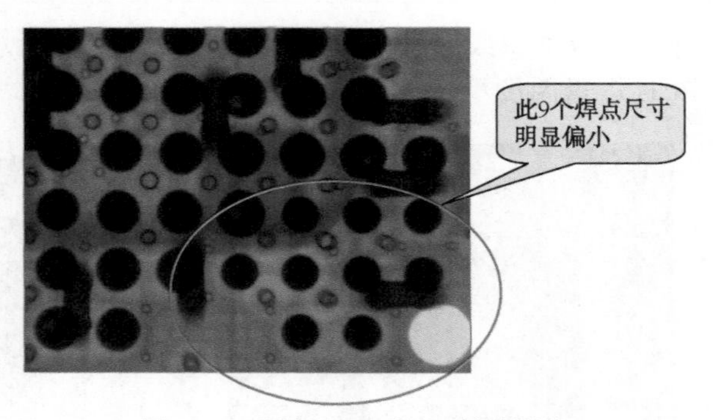

图 7-85　不良 BGA 的 X 射线影像
</td></tr>
<tr><td>原 因</td><td>
经查，造成本案例焊膏漏印的原因是钢网开窗被异物封堵。
PCB 表面有时不干净，如遗留有透明的塑料薄膜屑，如图 7-86 所示，会将焊膏与焊盘隔开，焊膏无法转移到焊盘上。
钢网堵塞也会产生同样的情况。

图 7-86　PCB 上黏附异物
</td></tr>
<tr><td>对 策</td><td>
（1）规范擦网次数。随着焊盘的微型化，钢网开窗越来越小，给焊膏印刷造成困难。除了优化钢网设计，还应该规范擦网频次。
（2）PCB 上线前采用胶滚进行尘屑的清理。
</td></tr>
</table>

7.14　BGA 黑盘断裂

现　象	ENIG 处理的焊盘，发生了贯穿性裂纹，如图 7-87 所示，此裂纹发生在 PCB 焊盘侧 IMC 与镍层间。 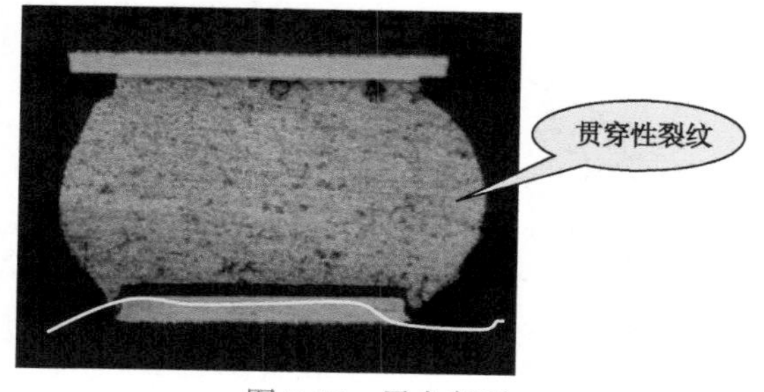 图 7-87　黑盘断裂
原　因	ENIG 镀层出现贯穿性焊点开裂多属“黑盘”现象。 黑盘会降低焊球与焊盘的结合强度。如果 BGA 受到比较大的热或机械应力作用，焊点就可能被拉裂。
案　例	如图 7-88 所示，是某手机出现 ENIG 黑盘断裂失效的案例。 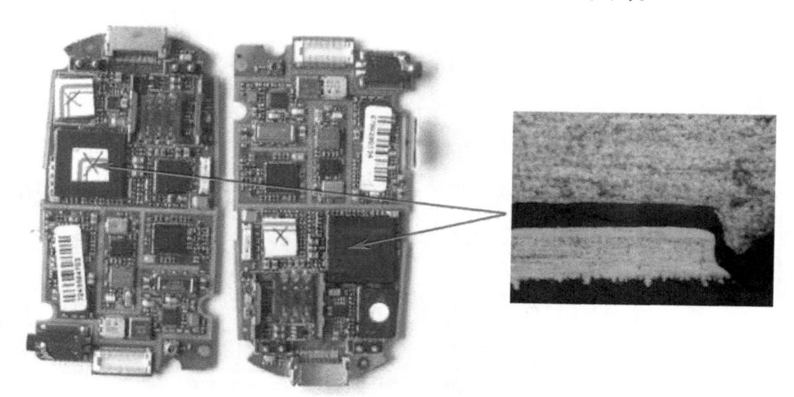 图 7-88　PCB 侧贯穿性断裂
对　策	用 OSP 代替 ENIG。
说　明	黑盘是此类缺陷的根源，但不合适的温度曲线，往往会使焊点产生较大的应力。两方面的原因往往会导致焊点断裂。 目前精细间距的 BGA、QFN、CSP 等器件，其焊盘的表面处理多用 OSP 代替 ENIG。这是因为“黑盘”带给小尺寸焊盘的风险更大。

7.15 BGA 返修工艺中出现的桥连（1）

现　象	热风返修时，BGA 角部位置焊点出现桥连，如图 7-89 所示。 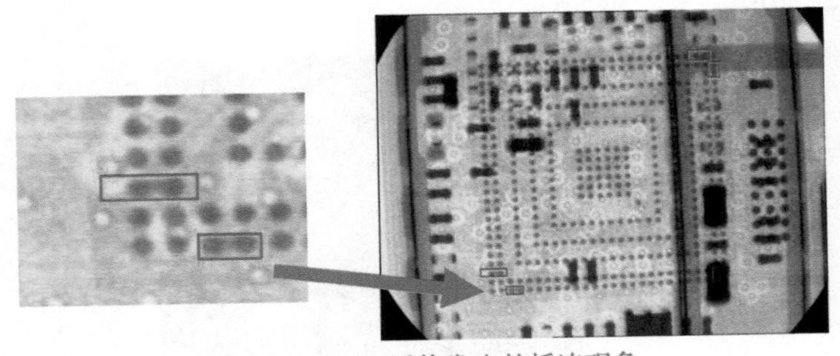 图 7-89　BGA 返修发生的桥连现象
原　因	热风返修属于局部加热技术，喷嘴中心的温度一般高于边缘，加热时往往会发生中心上弓的变形，使得 BGA 四角向下弯曲，将焊点压连。如果心部桥连，一般是由于返修时的冷却速度太快。 应记住一点：热风返修是一种单向、不均匀的加热过程，返修发生的焊接不良，多与此工艺特点有关。
案　例	某产品返修时出现角部位置处焊点桥连。 芯片为 CSP 封装，间距为 0.5mm，锡球直径为 0.7mm。使用 Conceptronic2000 返修工作站。返修 20 块仅修好 3 块，主要的不良是 BGA 心部焊球桥连。起初怀疑为 BGA 受潮，但烘干后没有明显改变，当关掉冷却风后问题解决。 本案例失效 BGA 切片图如图 7-90 所示。 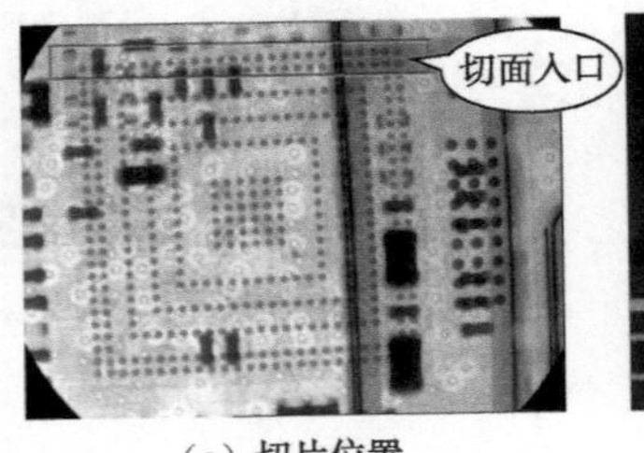 （a）切片位置  （b）角部焊点 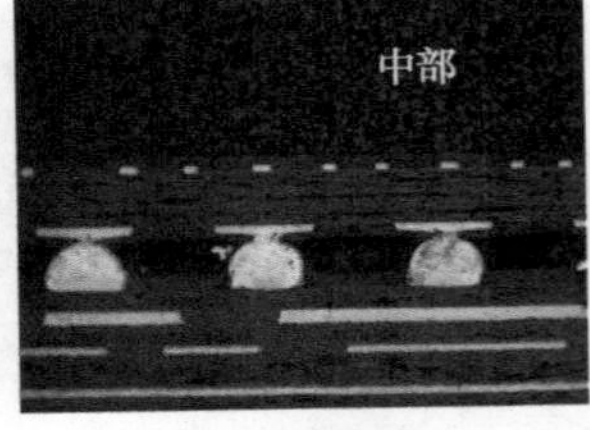 （c）中部焊点 图 7-90　CSP 切片图 分析得知，CSP 封装体出现中间鼓起现象（非爆米花现象，CSP 中间没有分层），CSP 边中心部位焊点的高度为 183μm，角部的高度 158μm。
对　策	BGA 返修的核心是控制 BGA 上下的温差，一般不能超过 10℃。 如果四角桥连，应适当延长预热时间，降低喷嘴加热风速，使 BGA 内外焊点同时熔化，避免心部焊球还没有完全熔化的情况下，边角处焊球在 BGA 上弓变形时先熔化。 如果心部桥连，应打开底部预热器，温风中冷却，避免边角处焊球先凝固。

7.15　BGA 返修工艺中出现的桥连（2）

返修工作站的工艺特点

热风返修工作站，主要为 BGA 返工 / 返修而设计。所谓工作站，就是集成了不同种类的返修工具，使用起来比较方便。但其核心的功能就是热风枪通过风嘴对被拆除或焊接的元器件进行加热。热风发生装置类似吹风机，只不过工作温度更高一些，能够根据工艺需要进行“温度－时间”设定而已。

热风返修工作站的热风加热功能与热风枪没有太多的区别，都需要适配对应的风嘴。这样，吹到元器件表面的热风温度是不均衡的，特别是当使用比较大的出口尺寸的喷嘴时。一般而言，热风嘴中心的风速比较高，加热时 BGA 中心部位的温度相对稍高（多数情况下会超过 10℃，远高于正常的再流焊接），如图 7-91 所示。而冷却时中心部位的温度则比较低。还有，返修工作站的加热属于单向、局部加热，这与普通再流焊接炉的全方位加热不同，很容易导致返修中的 BGA 产生更大的变形，如图 7-92 所示。这是导致 BGA 返修不良最常见的原因，如本案例发生的角部焊点桥连，就是因为焊接时 BGA 四角向下翘导致的。

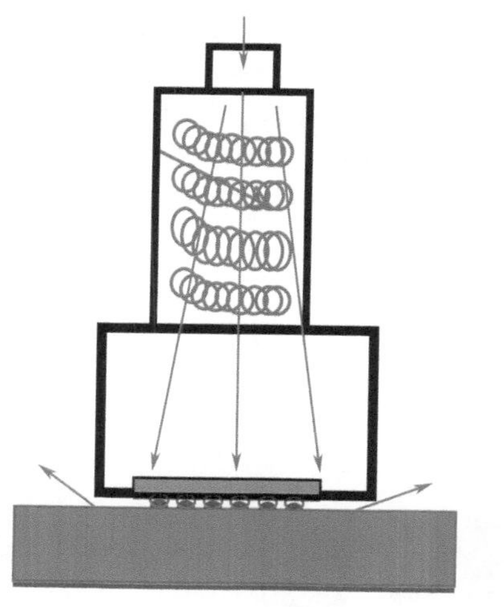

（a）热风枪加热原理

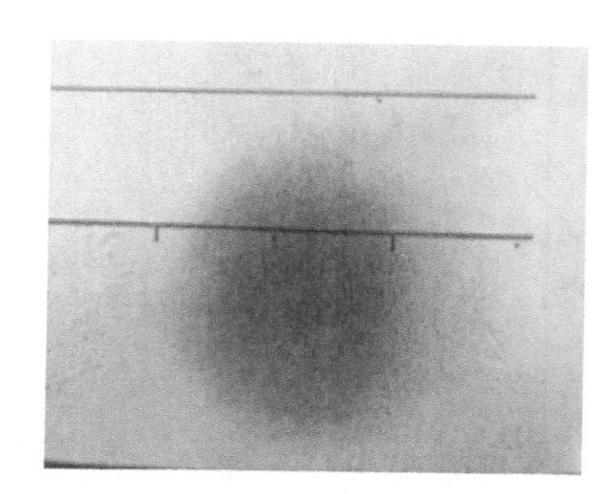

（b）热风加热纸的结果

图 7-91　热风加热的不均匀性

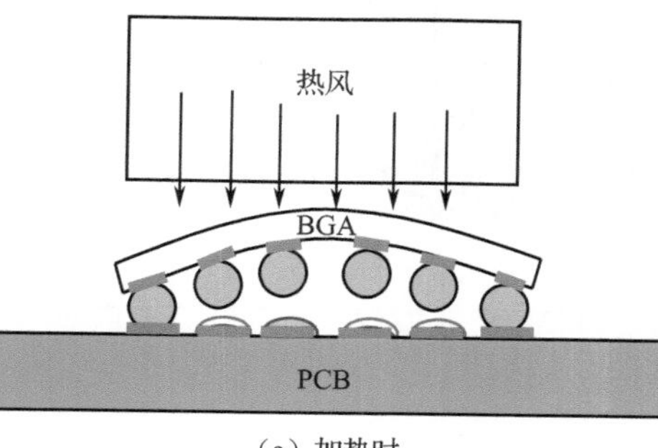

（a）加热时

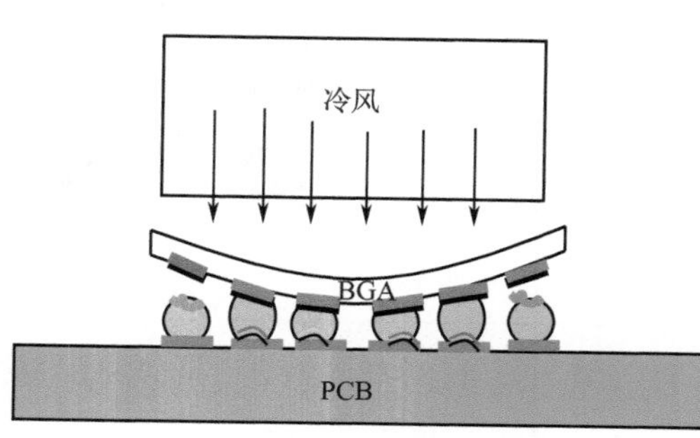

（b）冷却时

图 7-92　热风加热 BGA 时的热变形

7.16 BGA 焊点间桥连

现　象	BGA 焊点间连锡如图 7-93 所示。 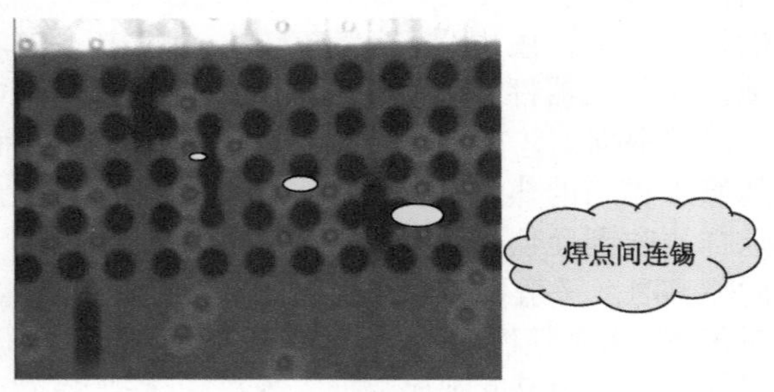 图 7-93　BGA 桥连
原　因	BGA 个别焊点间桥连，原因有很多，如： （1）BGA 超薄、超大，再流焊接时容易发生大的热变形，这是目前引发 BGA 焊点间桥连的主要原因。热变形引发的桥连有典型的特征，桥连的位置不是 BGA 的中心就是四角部位，具体要看 BGA 的封装结构。 （2）0.4mm 间距 BGA（也称 CSP）焊点桥连，基本与设计有关。由于 0.4mm 间距 BGA 焊球之间的空气间隔只有 0.15mm，对焊膏量非常敏感。如果焊盘的设计有个别采用了阻焊膜定义焊盘设计，将会导致 100% 的桥连。这是因为阻焊设计增加了焊膏量又减少了吸附焊膏的能力。 （3）焊膏印刷桥连，焊接时分不开。
案　例	某单板 BGA 焊接后出现大规模的桥连现象，概率达到 1/100。有一个非常显著的特点，即桥连焊点附近的焊点很小，如图 7-94 所示。 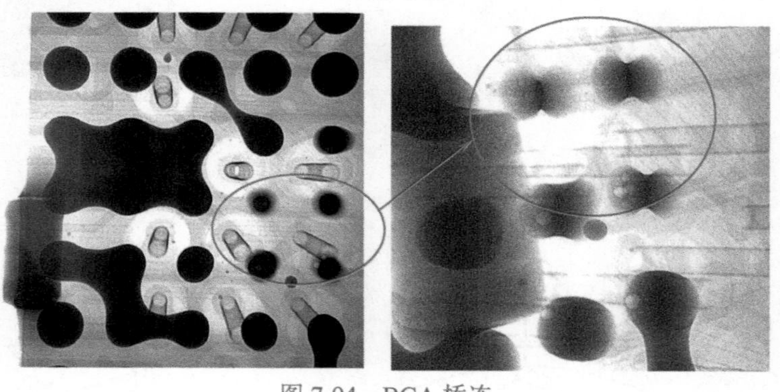 图 7-94　BGA 桥连
对　策	针对具体封装、具体原因进行管控，如根据 BGA 尺寸优化钢网开窗设计。
说　明	通常情况下，BGA 焊点桥连，多因为焊膏印刷、BGA 吸潮所致（爆米花），但 BGA 吸潮所引发的桥连有明显的特点，即桥连发生在 BGA 中心部位。而焊膏印刷、BGA 较重引发的桥连，多具有桥连点周围焊点尺寸比较小的特点，即焊膏熔化后发生迁移。

7.17　BGA 焊点与邻近导通孔锡环间桥连

现　象	测试发现某 BGA 桥连，但 X 射线图像看不到桥连。
原　因	这个案例中的 BGA 是一个球距为 0.8mm 的 BGA 器件。PCB 上 BGA 的焊盘直径为 ϕ0.36mm，导通孔孔盘直径为 ϕ0.45mm，导通孔孔径为 ϕ0.20mm，测试孔阻焊为开小窗设计。由于厂家阻焊能力不足，私自将阻焊开窗由原设计的 ϕ0.30mm 修改为 ϕ0.35mm。在这种情况下，只要阻焊偏位 0.05mm，测试焊盘总有一个方向会完全无阻焊，那么测试导通孔开小窗露出的锡环与 BGA 焊盘之间的有效间隔只有 0.15mm，如图 7-95 所示。这种设计尺寸，BGA 焊盘与测试导通孔焊盘之间就可能发生桥连。 实践表明，当 BGA 焊盘与测试导通孔锡环间的间隔≤0.15mm 时就很容易发生桥连，0.15mm 往往作为 BGA 焊盘与测试孔锡环发生桥连的一个阈值。 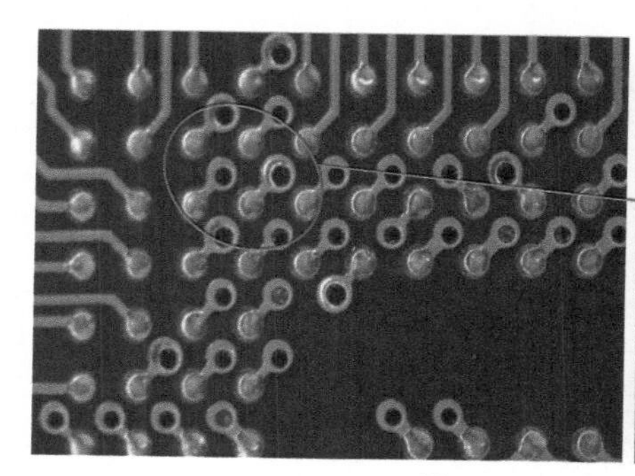 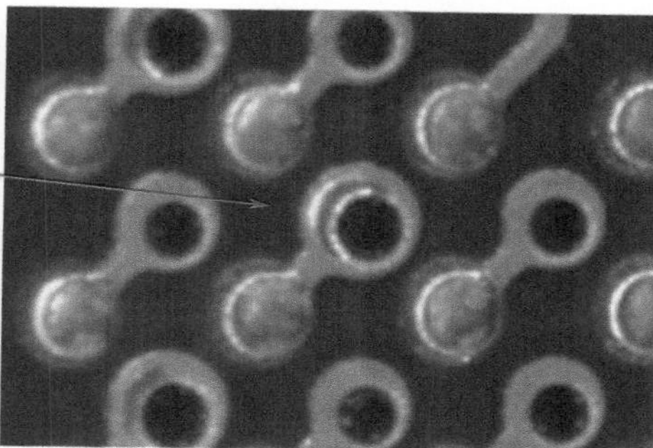 图 7-95　导通孔开小窗尺寸偏大
对　策	（1）合理设计焊盘、导通孔孔径、开小窗尺寸，尽可能加大锡环与焊盘的间隔，如图 7-96 所示的尺寸 S。 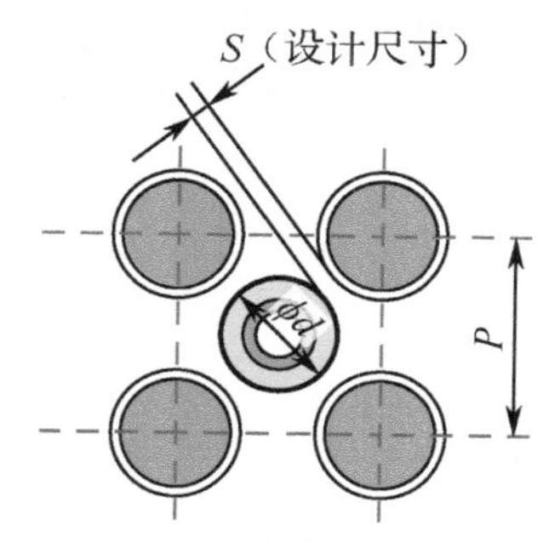 图 7-96　BGA 焊盘设计控制尺寸 （2）严格检查 PCB 加工质量。有些板厂为了提高成品率、降低成本，会修改设计尺寸。注意，板厂有时不会按原设计进行加工。

7.18 无铅焊点表面微裂纹现象

现　象	无铅焊点表面存在微裂纹，如图 7-97 所示。此现象在波峰焊接焊点中比较常见，通常为表面缺陷，不会影响焊接强度。 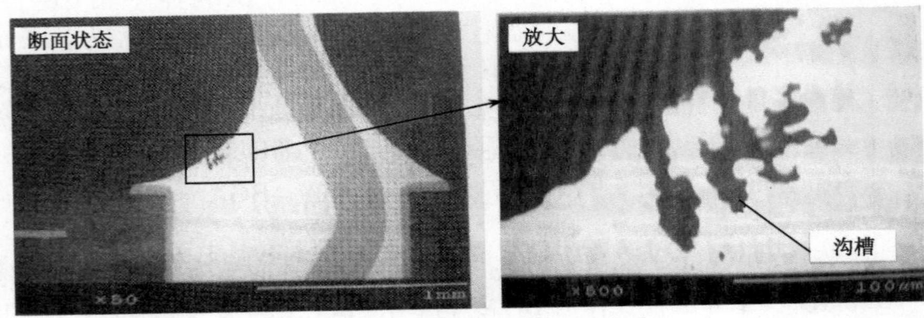 图 7-97　无铅波峰焊接点切片图
原　因	（1）冷却速率偏低。 （2）元器件引线镀层含铅。
案　例	图 7-98 为一典型无铅波峰焊接点。 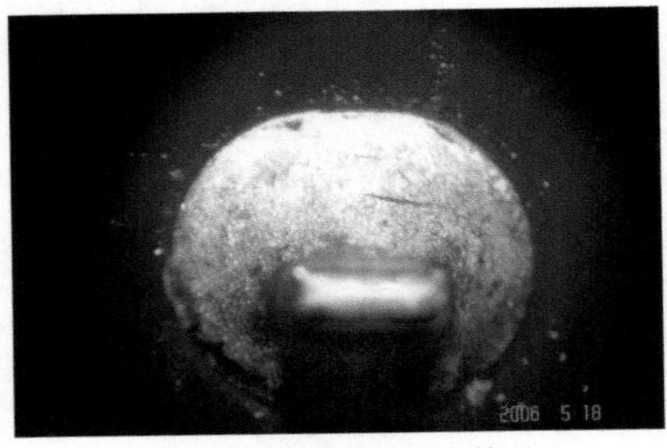 图 7-98　波峰焊接焊点外观
对　策	（1）提高焊接后的冷却速率。 （2）选用含 Ni 的无铅焊料。 （3）尽可能避免采用有铅无铅混装工艺。
说　明	IPC-A-610 D 5.2.11 认为裂口尚未透彻可接受。

7.19　ENIG 焊盘上的焊锡污染

<table>
<tr><td>现　象</td><td>ENIG 焊盘上有圆形放射性小灰点，如图 7-99 所示。
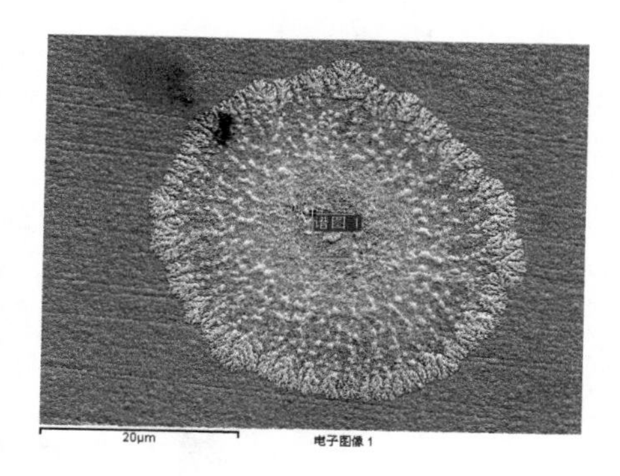

图 7-99　焊锡污染</td></tr>
<tr><td>原　因</td><td>（1）焊膏飞溅。再流焊接时，如果预热升温速度过快，就会引起焊膏飞溅，结果是 ENIG 盘 / 面被污染。
（2）焊膏印刷时 ENIG 盘被焊膏污染。
（3）ENIG 盘附近安装有大尺寸引脚的器件，如图 7-100 所示的功率 SOT。
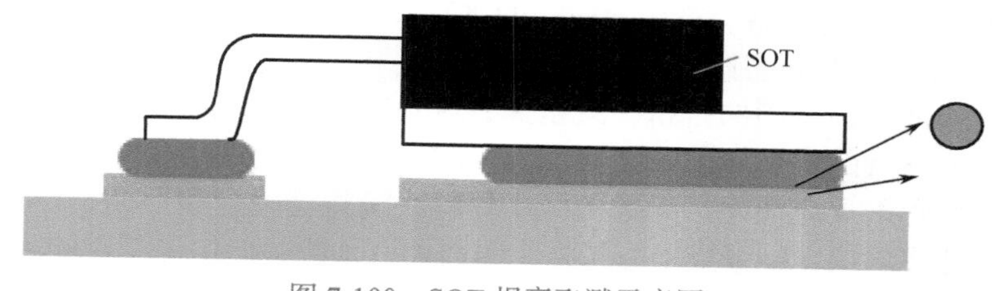

图 7-100　SOT 焊膏飞溅示意图</td></tr>
<tr><td>对　策</td><td>（1）降低预热段升温速率；
（2）增加擦网频率，并定期检查钢网底面是否干净；
（3）大散热焊盘钢网开口采用网状开口。</td></tr>
<tr><td>说　明</td><td>ENIG 焊盘被焊剂污染，实际就是锡球在焊盘上的铺展。如果焊膏不是飞溅到 ENIG 盘上，而是飞到阻焊膜上，就是一个锡珠，因此，ENIG 盘焊锡污染与锡珠形成的原因是一样的。
我们之所以关注 ENIG 盘上焊锡、焊剂的污染，是因为 ENIG 盘一般作为测试点或按键盘使用，如果被污染，将影响接通率。事实上，焊锡飞溅、焊剂飞溅是一种常见的现象，只是我们一般不关注而已。</td></tr>
</table>

7.20 ENIG 焊盘上的焊剂污染

<table>
<tr><td>现　象</td><td>ENIG 盘上有焦黄色的污点，可以用酒精洗掉或橡皮擦掉，如图 7-101 所示。
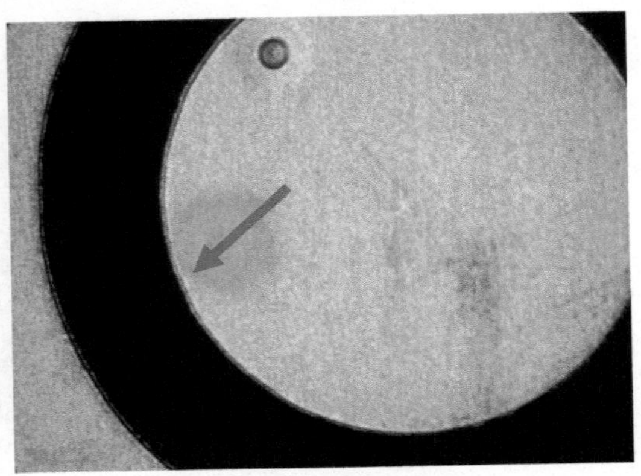
图 7-101　焊剂污染</td></tr>
<tr><td>原　因</td><td>污染点为焊剂的飞溅物，发生在焊料刚凝聚时，如图 7-102 所示。主要原因有：
（1）飞溅物大多数情况下是由焊膏吸潮而引起的。由于存在大量氢键合，在它最终断开和蒸发之前水分子聚积了相当的热能量。过度的热能与水分子相结合直接地引起爆发汽化活动，即产生飞溅物。暴露于潮湿环境下的焊膏或采用吸湿性助焊剂的焊膏会加重吸潮情况，比如，水溶性焊膏，一旦暴露在 90% RH 条件下达 20 分钟，就会产生比较多的飞溅。
（2）焊膏再流过程中，溶剂挥发、还原产生的水蒸气挥发以及焊料凝聚过程引起助焊剂液滴的排挤，既是焊膏再流焊接正常的物理过程，也是导致助焊剂、焊料飞溅的常见原因。在再流焊接时，焊粉在内部熔化，一旦焊粉表面氧化物通过助焊剂反应消除，无数的微小焊料小滴将会融合和形成整体的焊料。助焊剂反应速率越快，凝聚推动力越强，因而可以预测会产生更严重的飞溅。
（3）擦网不干净，也可能导致模板底部锡球污染，最终残留到 PCB 表面，从而形成类似锡飞溅的现象。如果改进措施没有效果，这可能就是原因了。
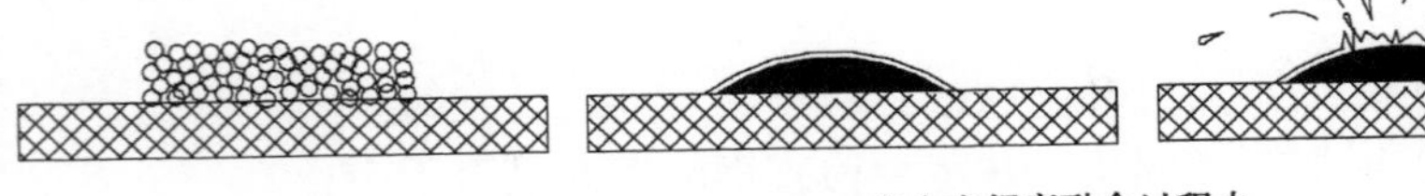
发生在焊膏融合过程中
图 7-102　焊剂飞溅发生的时间点</td></tr>
<tr><td>对　策</td><td>（1）控制车间环境，确保炉前焊膏处于相对湿度低于 65% 的环境。
（2）延长预热时间、降低熔点以上升温速率（对应发生点）。
（3）确保再流焊接排风系统工作良好。焊剂飞溅，有时不可避免，有效地排风往往会把飞起来的焊剂抽走而不是在炉内打转。</td></tr>
</table>

7.21　锡球——特定条件：再流焊接工艺	
现　象	焊盘周围遍布许多小锡球，如图 7-103 所示。  图 7-103　再流焊接锡球
原　因	（1）印刷时焊膏污染 PCB。 （2）焊膏吸潮。 （3）焊膏氧化。 （4）再流焊接时预热升温速度太快。 （5）使用了 IPA（异丙醇）清洗剂。
对　策	（1）增加擦网频次。 （2）不使用从钢网上刮下的焊膏。 （3）降低再流焊接时的预热速度。 （4）减小钢网开口尺寸。 （5）使用合适的（钢网）清洗剂。
说　明	钢网清洗剂往往易被忽视，但它对焊接质量的影响非常大，特别是锡球。因为不合适的清洗剂在清洗时，会渗入孔壁，进而会稀释焊膏，引起锡球，如图 7-104 所示。 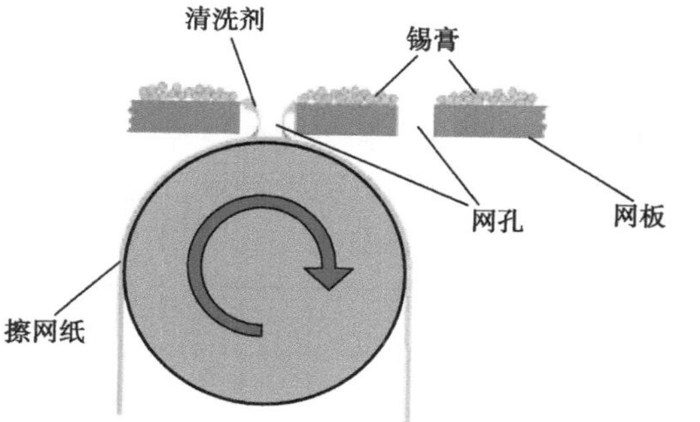 图 7-104　擦网示意图

7.22 锡球——特定条件：波峰焊接工艺

<table>
<tr><td>现　象</td><td>焊盘周围遍布许多小锡球，如图 7-105 所示。
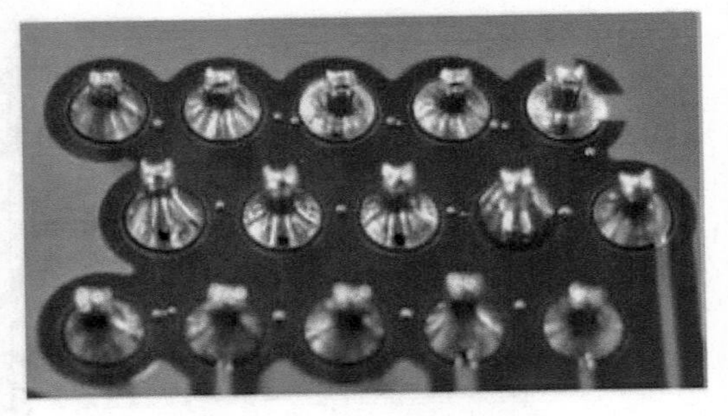
图 7-105　波峰焊接锡球</td></tr>
<tr><td>原　因</td><td>波峰焊接产生的锡球是在 PCBA 脱开液态焊锡时形成的，原因较多，如图 7-106 所示。常见原因有：
（1）使用了掩模板，掩模板与 PCB 的夹缝中的焊剂往往不能挥发完全，容易引起焊锡飞溅。
（2）PCB 吸潮，引起焊锡飞溅。
（3）PCB 的阻焊剂光滑。一般而言，粗糙的表面不容易黏附锡球。
（4）使用了氮气，氮气比空气更容易产生锡球。
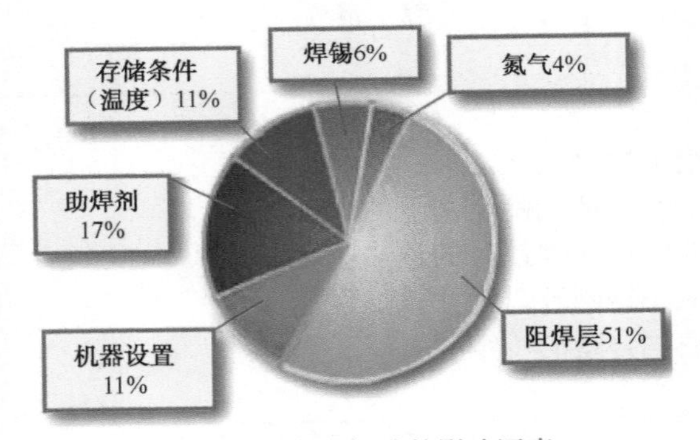

图 7-106　产生锡珠的影响因素</td></tr>
<tr><td>对　策</td><td>大多数情况下，波峰焊接锡球是由于预热不足造成的。
（1）如果板子存储时间过长，最好对板进行烘干去潮。
（2）设置合适的预热温度，确保焊剂挥发完全。
（3）避免使用过期的焊剂。
（4）更快的传送速度，有利于减少锡球。
（5）使用更多的助焊剂可以减少锡球，但会增加焊剂残留物的量。
（6）尽可能降低焊锡的温度。</td></tr>
<tr><td>说　明</td><td>IPC-A-610C 规定：
直径小于最小绝缘间隙（如线间距为 4mil），数量少于每平方英寸 5 个，认为可接受，但 D 板没有对无铅锡球做出规定。</td></tr>
</table>

7.23　立碑（1）

现　象	片式元件一端离地，如图 7-107 所示。   图 7-107　立碑现象
原　因	（1）元器件两端焊膏熔化时间不同步或表面张力不同，如焊膏印刷不良（一端有残缺）、贴偏、元器件焊端大小不同。一般总是焊膏后熔化的一端被拉起。 （2）焊盘设计——焊盘外伸长度有一个合适的范围，太短或太长都容易发生立碑现象，如图 7-108 所示。 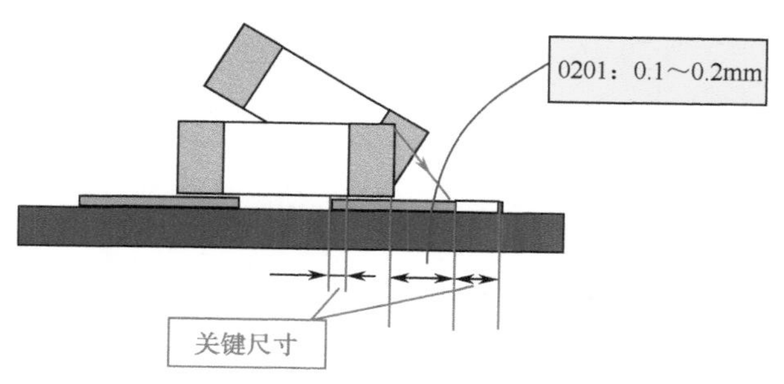 图 7-108　影响立碑的关键尺寸 （3）焊膏印刷太厚，焊膏熔化后将元器件浮起，如图 7-109 所示。这种情况下，元器件很容易发生立碑现象，但主要发生在小尺寸片式元件上。 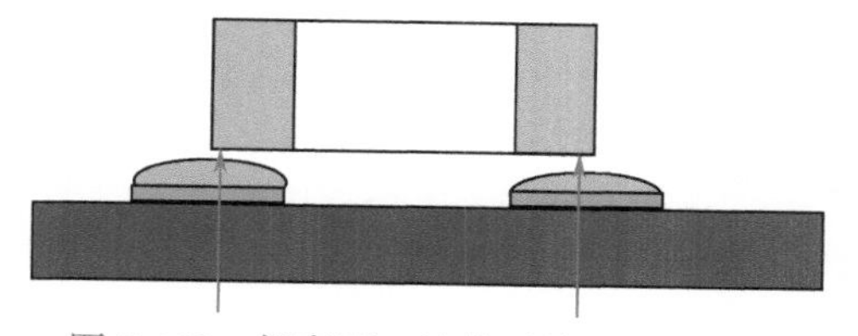 图 7-109　焊膏厚，熔化后将元器件浮起 （4）温度曲线设置——立碑一般发生在焊点开始熔化的时刻，熔化时刻附近的升温速率非常重要，越慢越利于消除立碑。 （5）元器件的一个焊端氧化或被污染，无法润湿。要特别关注焊端为单层银的元器件。 （6）焊盘被污染（有丝印、阻焊油墨，黏附有异物，被氧化）。

7.23 立碑（2）

形成机理	再流焊接时，片式元件的受热面如图 7-110 所示。一般而言，暴露面积最大的焊盘先被加热到焊膏熔点以上温度，这样，后被焊料润湿的元器件一端往往会被另一端的焊料表面张力拉起，如图 7-111 所示。 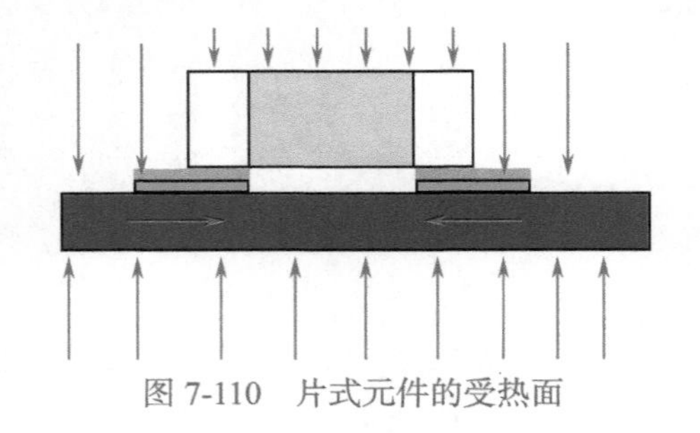 图 7-110　片式元件的受热面 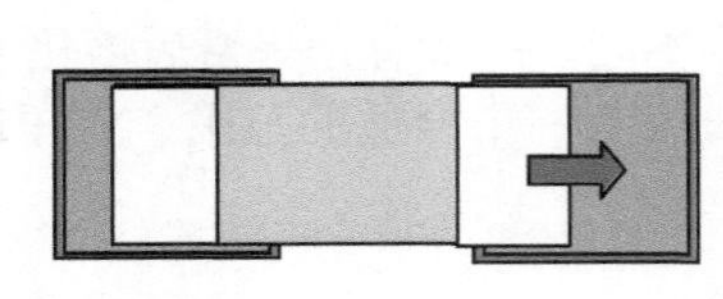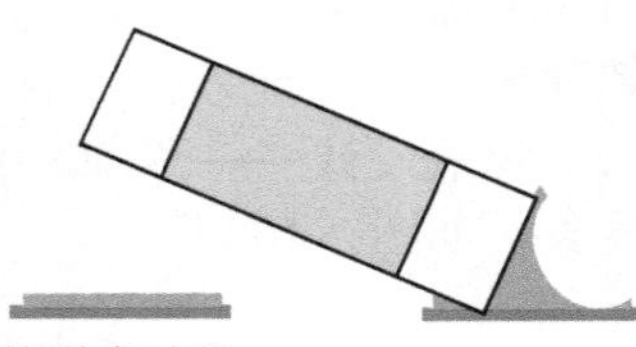 图 7-111　立碑的形成过程
案　例	小尺寸片式阻容元件易发生立碑，特别是 0402 片式电容、片式电阻。
对　策	设计方面： 合理设计焊盘，即外伸尺寸一定要合理，尽可能避免伸出长度构成的焊盘外缘（直线）润湿角 >45° 的情况。 生产现场： （1）勤擦网，确保焊膏沉积图形完全。 （2）贴片位置准确。 （3）采用非共晶焊膏并降低再流焊接时的升温速度（控制在 2.2℃/s 下）。 （4）减薄焊膏厚度。 来料： 严格控制来料质量，确保采用的器件两焊端有效面积大小一样（产生表面张力的基础）。

7.24　锡珠

现　象	简单地说，锡珠指的是一些很大的焊球，形成于非常低的离板间隙的元器件周围，如片式电容或片式电阻，如图 7-112 所示，它是锡球的特殊一类。 再流焊接产生的锡珠牢固地粘在 PCB 上，只有用水或溶剂清洗才能够清除掉。生产测试或运输振动过程是不会导致焊珠移动的，因此不用担心其可靠性。锡珠作为缺陷主要是影响外观。 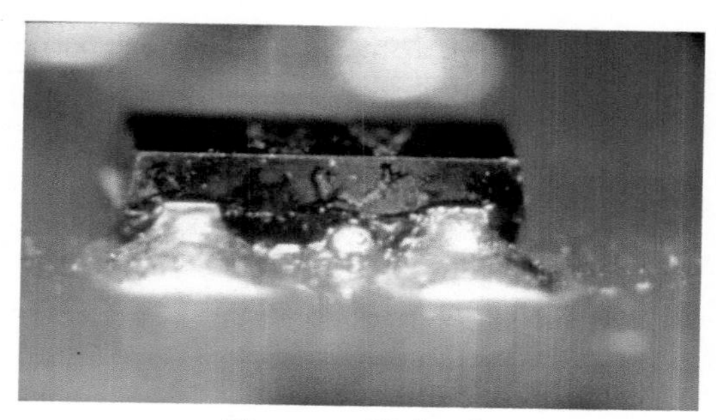 图 7-112　锡珠现象
原　因	锡珠的产生通常与特定封装有关，即具有低离板间隙的封装。主要的机理就是元器件底部不润湿面处有多余的焊料存在，在熔融焊料表面张力的作用下被挤出来。多余的焊料，至少有五种情况可以产生锡珠，即： （1）再流焊接预热时，焊膏中溶剂挥发过快，将焊膏“炸”出焊盘范围。 （2）半塞盘中孔再流焊接时，半塞孔残留药水“气爆”，将熔融焊料“炸”出焊盘范围。 （3）焊膏印刷全覆盖，贴片时压力过大，将焊膏挤出焊盘范围。 （4）片式元件大焊盘设计，再流时元器件塌落过程将熔融焊料挤出焊盘的范围。 （5）印刷时因为周围丝网印刷字符等垫高了钢网，焊膏被挤到焊盘之外。
对　策	设计方面： 焊盘间丝网印刷油墨阻挡条或去掉焊盘间铜皮（此工艺在 SONY 产品中被广泛应用）； 生产现场： （1）降低预热升温速率。 （2）使用高金属含量的焊膏。 （3）钢网开窗外移或减少焊盘内侧焊膏覆盖。
说　明	锡球、锡珠，中文字面意义没有大的区别。但在电子装联领域，还是被赋予了不同的含义：锡球指尺寸小而多的锡珠现象，而锡珠指尺寸大而少的锡球。之所以这样划分，是因为它们产生的机理不同。

7.25 0603 片式元件波峰焊接时两焊端桥连

<table>
<tr><td>现　象</td><td>0603 片式元件引出端有锡桥，如图 7-113 所示。为什么是 0603 呢，主要是波峰焊接最小尺寸为 0603，再小就不适合采用波峰焊接。0603 由于焊端间隔比较小，极易出现焊端底部桥连，也会有顶面桥连。
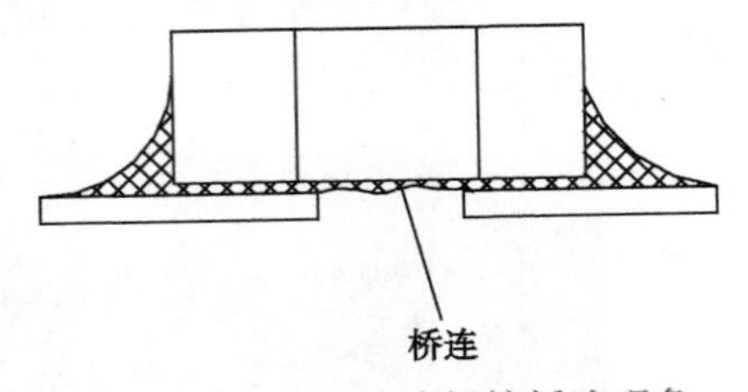

图 7-113　0603 波峰焊接桥连现象</td></tr>
<tr><td>原　因</td><td>主因：
两端焊盘间隔小、元器件离板间隙小。
次因：
焊剂活性比较大。</td></tr>
<tr><td>案　例</td><td>除波峰焊接外，手工焊接这类元器件也常常会发生两端桥连的现象，这也是背板不建议采用手工焊接的原因之一。</td></tr>
<tr><td>对　策</td><td>设计方面：
（1）严格控制波峰焊接面小尺寸片式元件的使用。
（2）加大焊盘间隔尺寸，如图 7-114 所示。
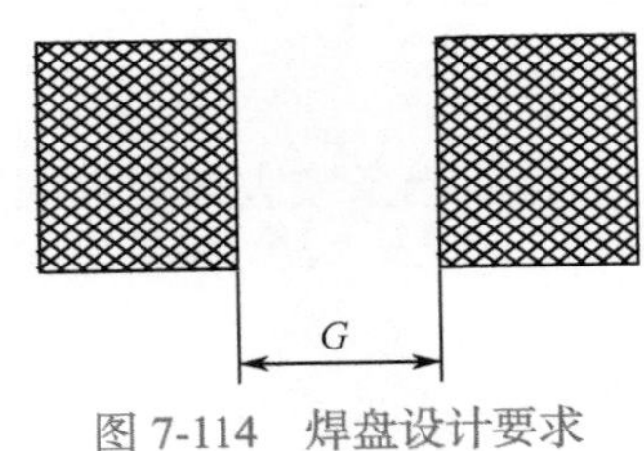

图 7-114　焊盘设计要求
生产现场：
使用低活性焊剂。</td></tr>
<tr><td>说　明</td><td>工艺上，有时确实要利用低活性焊剂的这一特性。</td></tr>
</table>

<table>
<tr><th colspan="2">7.26　插件元器件桥连</th></tr>
<tr><td>现　象</td><td>引线间桥连如图 7-115 所示。

图 7-115　桥连</td></tr>
<tr><td>原　因</td><td>（1）助焊剂的涂覆量不足。
（2）预热、焊接温度不足，焊锡的流动性不好。
（3）传送角度、速度不合适。</td></tr>
<tr><td>对　策</td><td>（1）首先适当提高助焊剂的涂覆量，看是否有所改善。
（2）调慢传送速度，看是否有所改善。
（3）调低平滑波的高度，使之更好地接触到最突出引线，发挥其修理的功能；如果没有效果，试着仅用“窄波”或“平滑波”进行焊接，看是否有所改进。有时候，单波焊接会更有利于减少桥连现象。</td></tr>
<tr><td>说　明</td><td>1）关于助焊剂的量
助焊剂的涂覆量决定助焊剂的膜厚，每种助焊剂都有一个最佳的涂覆量。
TUMYLA 公司研究发现，助焊剂的固体含量越多，越需要增加涂覆量；固体含量越少，越需要减少涂覆量，如图 7-116 所示。
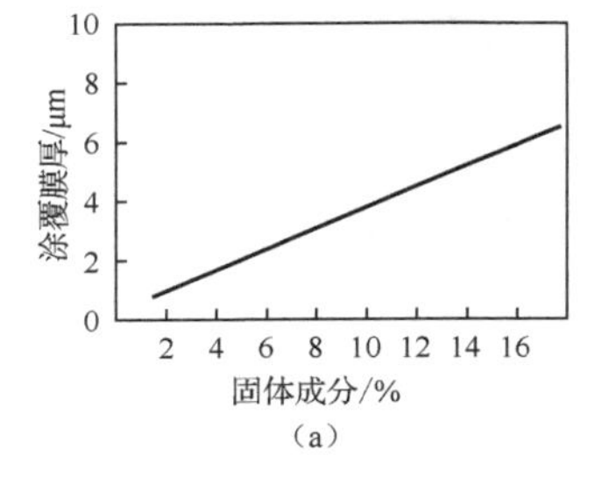

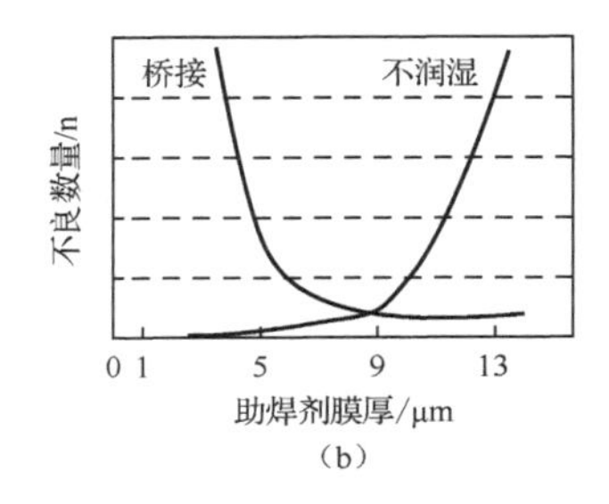

图 7-116　焊剂量对桥连的影响
涂覆量太厚，焊接时会阻碍焊料与焊盘的润湿，从而形成不润湿。因此，焊剂不是越多越好。焊剂越多，其残留物也越多。
2）相对脱离速度
如果单板脱离锡波的速度与锡波的流速相近，桥连会更少。生活中，我们都有撕不干胶的经验，撕得越快，越撕不干净，波峰焊接桥连道理也一样。</td></tr>
</table>

7.27 插件桥连——特定条件：安装形态（引线、焊盘、间距组成的环境）引起的	
现　象	插装元器件，不同的安装伸出长度、不同的引线直径，发生桥连的固有概率不同，如图 7-117 所示。 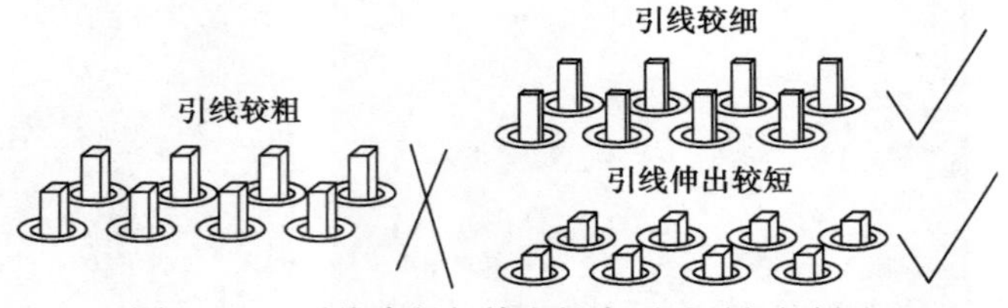 图 7-117　引线直径与伸出长度不适引起的桥连
原　因	引线间距、截面形状、伸出长度对桥连的形成是有重要影响的。一般间距 <2.5mm 就容易发生桥连，而且引线越粗、焊盘越大（可以采用小焊盘设计，比如环宽 5mil），桥连也越多。 如图 7-118 所示，同样的插座，引线截面积为 0.7mm × 0.7mm 的就比 0.5mm × 0.5mm 的容易桥连，而 DIP 插座却很少会桥连，说明引线的热容量很关键。笔者曾测试过 96 芯插座，波焊时每排引线的温度相差达 3℃以上。 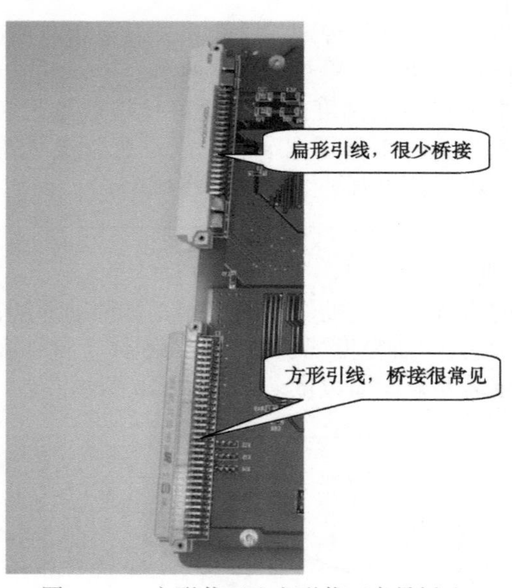 图 7-118　方形截面比扁形截面容易桥连
案　例	典型的案例是 96 芯欧式插座波峰焊桥连。
对　策	设计： 对较粗的引线，如 96 芯插头，采用短的伸出长度（伸出焊盘长度≤1mm 的结构），或采用扁形引线的元器件，如 960 芯插座（建议采用单板用座，背板用针的设计方案）。 现场： 提高助焊剂的涂覆量与焊接温度。

7.28　插件桥连——特定条件：掩模板开窗引起的	
现　象	在采用掩模板选择波峰焊接工艺时，掩模板开窗过小，特定部位的焊点容易发生桥连现象，如图 7-119 所示： （1）靠近开口处的焊点容易发生桥连。 （2）排成一列的焊点，最后离开锡槽的焊点容易发生桥连。  图 7-119　掩模板开窗小，容易引起桥连
原　因	此类缺陷多为焊点的受热不足造成的。 掩模板阻断了传热通路，小的局部受热面积很难短时把一些多层板的焊点加热到焊接温度，常常引发桥连、冷焊等缺陷。
对　策	对于采用掩模板选择焊出现的桥连，可采用以下措施改进： （1）加高锡波高度（掩模板四边加围框）、慢速焊接。 （2）掩模板开窗尽量开大，如图 7-120 所示。如果开大窗受限，看能否在其附近开受热工艺窗口。 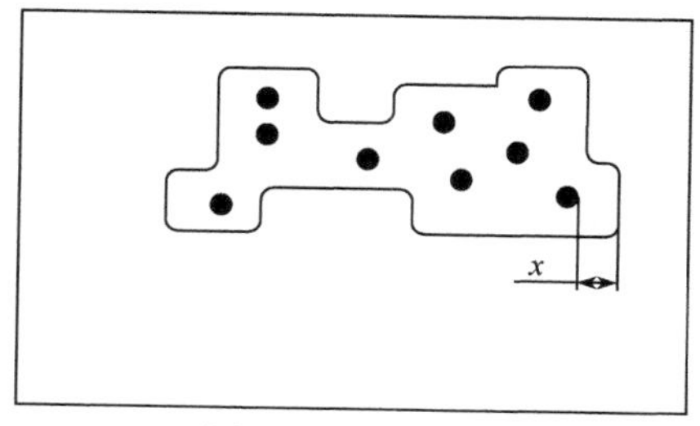 图 7-120　开大窗
说　明	设计上，插孔元器件应尽可能集中布局，以便有一个大的受热窗口。

7.29 波峰焊接掉片

现　象	一些封装比较高的元器件过波峰后掉件，如钽电容过波峰后掉件，如图 7-121 所示。 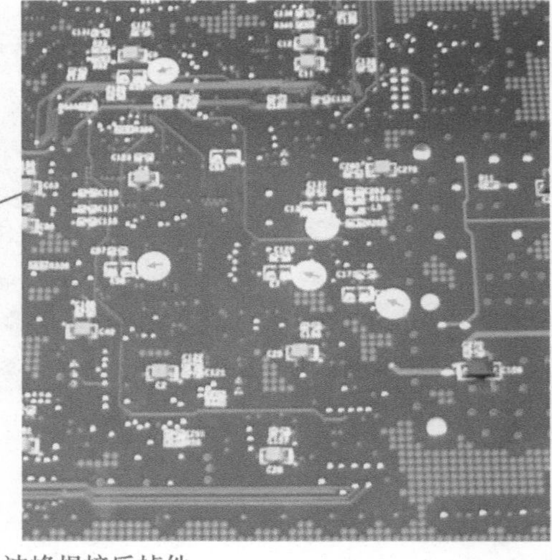 图 7-121　波峰焊接后掉件
原　因	波峰焊接时，如果 PCB 不使用掩模板或托架，焊接时一定会发生向下的弯曲变形。这时就可能发生波峰嘴把元器件碰掉的可能（被碰的证据——元器件先进入波峰的边被碰钝并有黑色痕迹）。 另外，也有些掉件是因为设计方面的原因造成的，主要是焊盘间隔小，贴片胶被压上焊盘（见图 7-122），波峰焊接时熔融的焊锡使胶产生应力而被破坏。 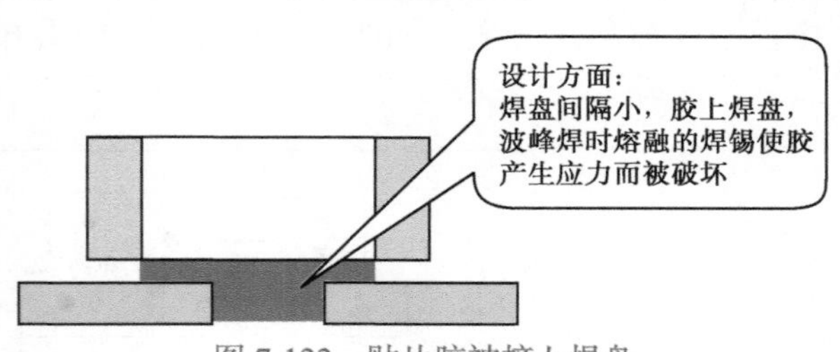 图 7-122　贴片胶被挤上焊盘
对　策	可以采取多种方法： （1）使用托架进行焊接。 （2）或前后加挡条。

7.30　波峰焊接掩模板设计不合理导致的冷焊问题

现　象

远离大面积开窗区的小开窗内的焊点冷焊，如图 7-123 所示。

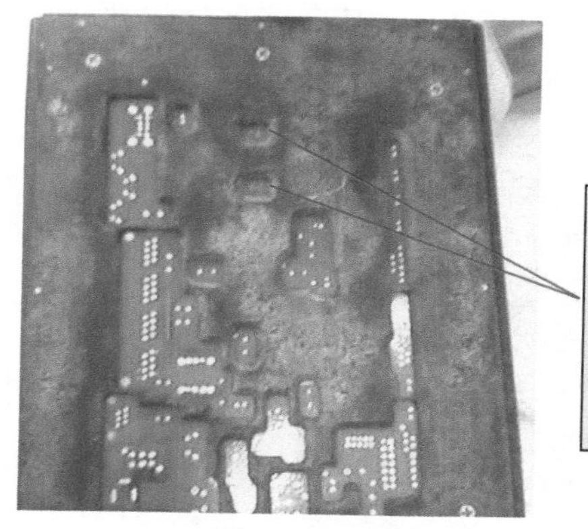
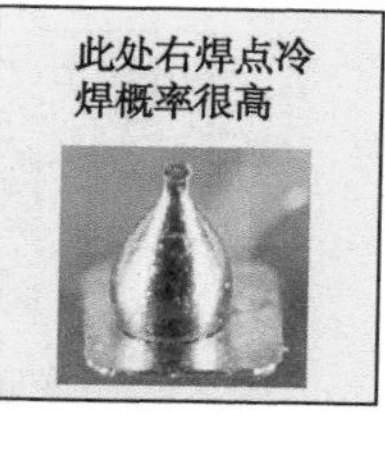

图 7-123　容易出现冷焊的地方

原　因

由于此开窗内的焊点受热不良，难以焊接。

对　策

开窗时不仅要考虑遮蔽问题，同时也必须考虑受热问题。最好的解决方法就是在设计阶段考虑使用掩模板。

（1）设计方面，采用如图 7-124 所示的建议，插件尽可能集中布局，可为掩模板设计提供先决条件。

（2）掩模板设计方面，尽量避免远离大开窗区的小尺寸开窗，这类开窗内的焊点受热条件很差，可以通过开工艺窗口的方法改进。孤立的开窗，开窗边缘必须离焊点 5mm 以上。

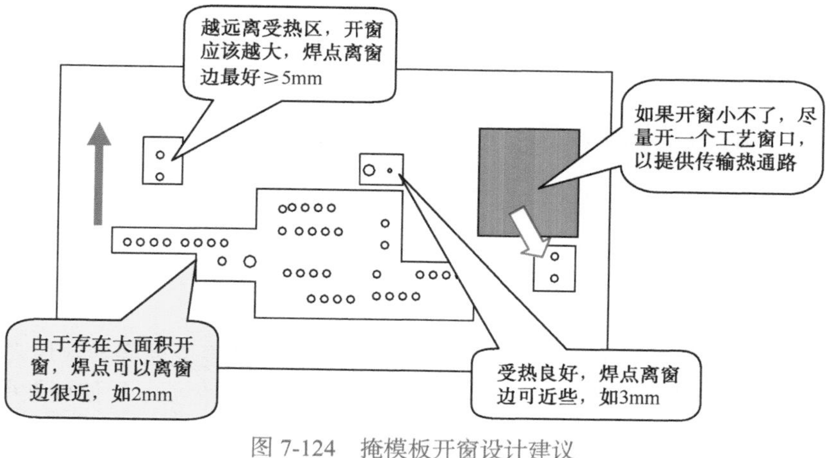

图 7-124　掩模板开窗设计建议

7.31 PCB 变色但焊膏没有熔化

案　例	焊膏没有熔化，再次过炉也不能使其熔化。熔化区插座外贴的高温保护胶膜烧化（膜已经没有，颜色变灰蓝）。其余元器件焊端也比正常焊点偏黑，板面上白油发黄，如图 7-125 所示。 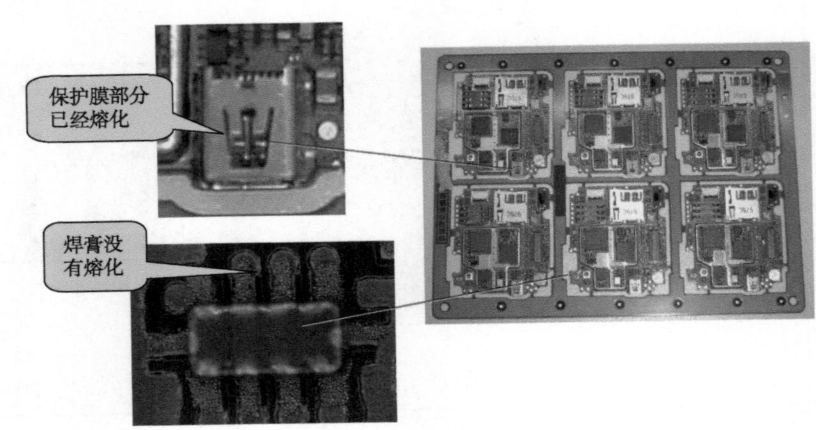 图 7-125　焊膏没有熔化 后来同一条生产线又连续出现 7 块类似情况的板，其中两块板异常，即一块板上的焊膏均没有熔化，另一块板部分熔化。
原　因	发现此生产线再流焊接炉的传送系统有问题，容易卡板。 在进入焊接区前，板子被卡，长时间烘烤，使得 PCB 变黄、焊膏严重氧化，无法形成焊点。
对　策	现场人员应时刻关注传送系统是否有异常。
说　明	此情况也发生在以下情况： （1）如果焊点温度没有达到焊膏熔化的最低温度就会导致焊膏熔化不完全现象。 （2）焊膏中焊粉已经氧化（如使用了过期的焊膏、超使用期的焊膏）或从冰箱拿出来后没有解冻直接使用。

7.32　元器件移位

<table>
<tr><td>现　象</td><td>过炉后元件移位。
图 7-126 所示的是片式类元件的移位现象。

图 7-126　元件移位</td></tr>
<tr><td>原　因</td><td>不同封装移位原因不同，一般常见的原因有：
（1）再流焊接炉风速设置太高。
（2）再流焊接炉传送导轨振动、贴片机工作台下移速度过快。
（3）焊盘设计不对称。
（4）大尺寸焊盘熔融焊料托举（SOT147）。
（5）轻、引脚少、跨距比较大的元器件，容易被焊锡表面张力拉斜。对此类元器件，如 SIM 卡，焊盘或钢网开窗的宽度必须小于元器件引脚宽度加 0.3mm。
（6）元器件两端尺寸大小不同。
（7）元器件受力不均，如封装体反润湿推力、定位孔或安装槽卡位。
（8）旁边有容易发生排气的元器件，如钽电容等，受潮后会向外排气，会把旁边的元器件吹走。
（9）焊膏活性，一般活性比较强的焊膏不容易发生移位。
（10）凡是可以引起立碑的因素，也都会引起移位。</td></tr>
<tr><td>对　策</td><td>针对具体原因进行处理。</td></tr>
<tr><td>说　明</td><td>由于再流焊接时，元器件处于熔融焊料的漂浮状态。如果需要准确定位，应该做好以下工作：
（1）焊膏印刷必须准确且钢网开窗尺寸不能比元器件引脚宽 0.1mm 以上。
（2）合理的设计焊盘与安装位置，以便可以使元器件自动校准。
（3）设计时，结构件与之的配合间隙适当加大。</td></tr>
</table>

7.33 元器件移位——特定条件：设计/工艺不当

案　例	手机电池连接器移位如图7-127所示。  图7-127　连接器移位
原　因	图7-128所示的连接器，侧翼有两个翼形引线，底部有三个扁平引线，本身所受焊锡表面张力不均。 图7-128（a）的槽孔设计一般容易因为贴片时碰到元器件凹槽边而偏移，图7-128（b）则不会。 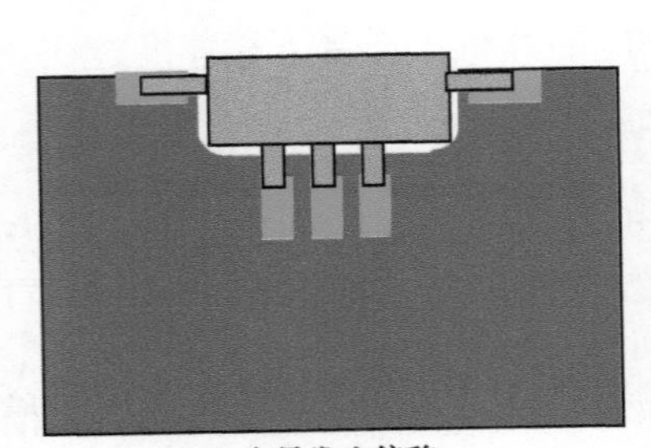 （a）容易发生偏移 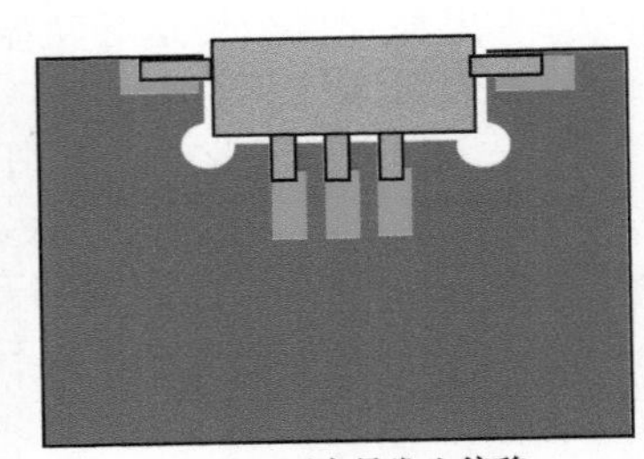 （b）不容易发生偏移 图7-128　两种设计对比
对　策	（1）开槽设计应使元器件能够在焊锡的表面张力作用下自由校准位置，如图7-129所示。 （2）采用窄的焊膏图形，依靠焊膏熔化后形成的表面张力拉正。  （a）焊接面  （b）非焊接面 图7-129　参考设计

7.34　元器件移位——特定条件：较大尺寸热沉焊盘上有盲孔

<table>
<tr><td>案　例</td><td>某铜基板上 R40 焊后移位如图 7-130 所示。
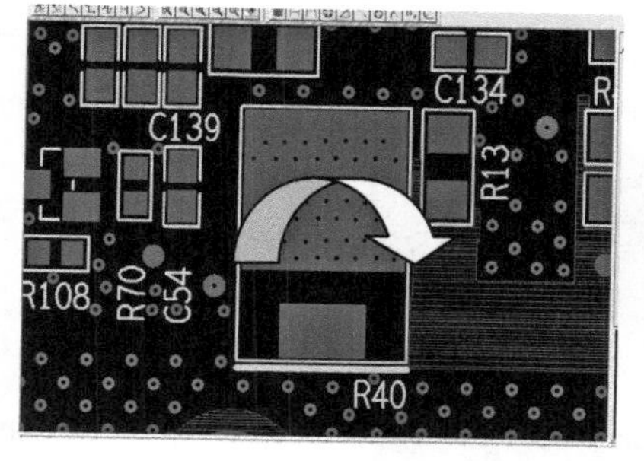

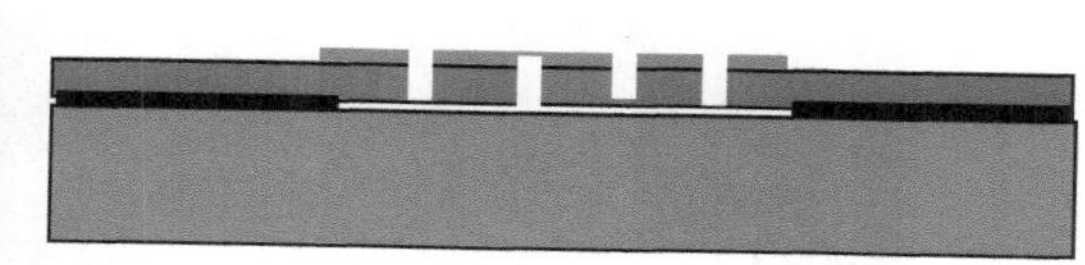
图 7-130　移位元器件的焊盘设计</td></tr>
<tr><td>原　因</td><td>此板为铜基板，为了使元器件 R40 热沉焊盘上的导热孔能够灌锡，此元器件热焊盘下基板与铜板间没有半固化片，这样印刷焊膏后就形成了一个密封气穴。焊接时，空气膨胀，会将焊膏“吹沸”，使元器件飘移。</td></tr>
<tr><td>对　策</td><td>大尺寸焊盘，本身熔化就可能将元器件浮起，如果再有空气压力，必然会引起元器件位移。因此，必须避免在大尺寸焊盘上设计盲孔。如果希望孔内灌锡，必须留有空气排气通道，如图 7-131 所示。
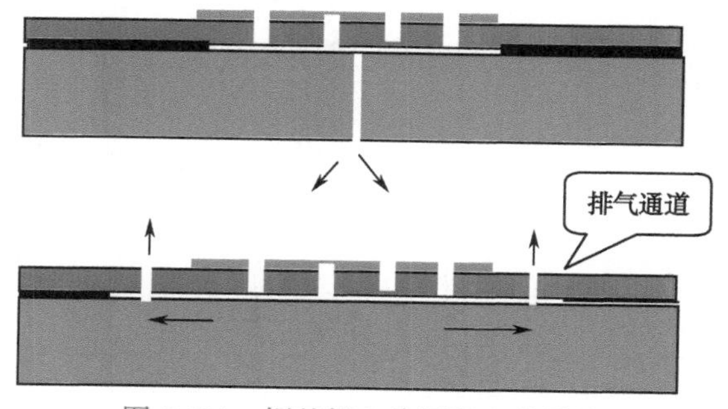

图 7-131　铜基板上热沉焊盘的设计</td></tr>
</table>

7.35 元器件移位——特定条件：焊盘比引脚宽

案 例

SIM 卡的焊接不仅要求焊点符合要求，同时对位置也有严格的要求，如果偏移过大，不仅影响外观也影响外壳的装配。图 7-132 所示的 SIM 卡因为焊盘与引脚宽度不匹配，焊接时多出现显著移位。

图 7-132　焊盘与引脚宽度尺寸悬殊（单位：mm）

原 因

物料更换。

新物料的引脚宽度（0.8mm）比当初设计采用的物料（3.0mm）窄很多，但所用焊膏印刷的钢网开口又没有做相应的调整，使得焊锡将元器件浮起，从而引发位移。

对 策

将钢网开口变窄，如图 7-133 所示。

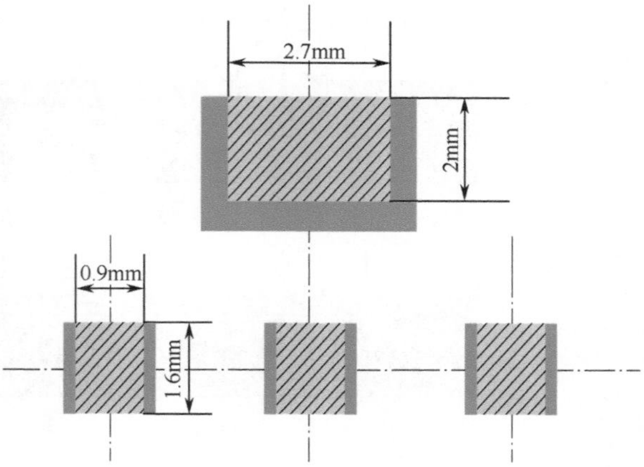

2.7mm
2mm
0.9mm
1.6mm

图 7-133　钢网开口修正

7.36　元器件移位——特定条件：元器件下导通孔塞孔不良

<table>
<tr><td>现　象</td><td>某电源模块，在焊装到 PCB 上时，其下面的元器件发生移位短路，移位元器件位置如图 7-134 所示。

图 7-134　模块元器件移位现象</td></tr>
<tr><td>原　因</td><td>一般情况下，已经焊接好的元器件，不会因为焊盘两端不同步熔化而移位。因为先熔的一端不会把没有熔化的一端拉起。如果此料存在虚焊问题，应该发生的是立碑而非移位，而且在模块生产时就应该发生。但发生移位，一定是受到外力的驱动，那么这个外力来自哪里？
观察发生位移的元器件下有一个共同特点，就是有一个导通孔，如图 7-135 所示。如果导通孔塞孔存在空洞或由焊剂形成密封的空洞，那么在安装到 PCB 时，很可能造成气爆，将元器件吹偏。

图 7-135　移位原因</td></tr>
<tr><td>对　策</td><td>对于高密度设计的板，应尽可能避免在元器件下设计导通孔或不塞孔。</td></tr>
</table>

7.37 元器件移位——特定条件：元器件焊端不对称

现 象

LED 由于封装焊端的不对称，生产时很容易出现移位的现象，并且具有一定的规律性，如图 7-136 所示。

移位概率为 2% ~ 3%。

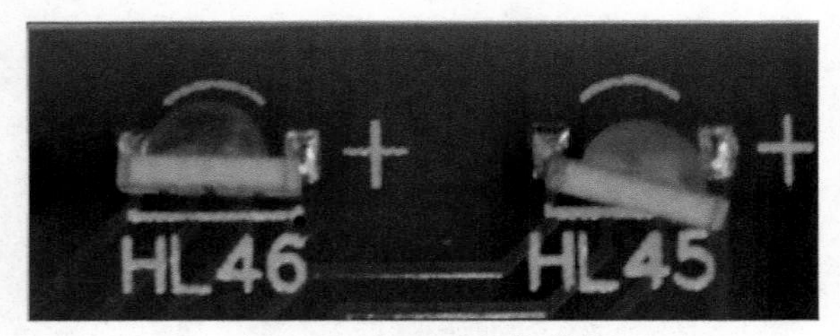

图 7-136 LED 移位现象

原 因

（1）由于元器件焊端不对称，焊膏熔化后产生的表面张力也不对称，可能将元器件拉偏。图 7-137 为 LED 的焊盘设计图，我们可以从图 7-136 看到不对称现象都是偏向焊端的。

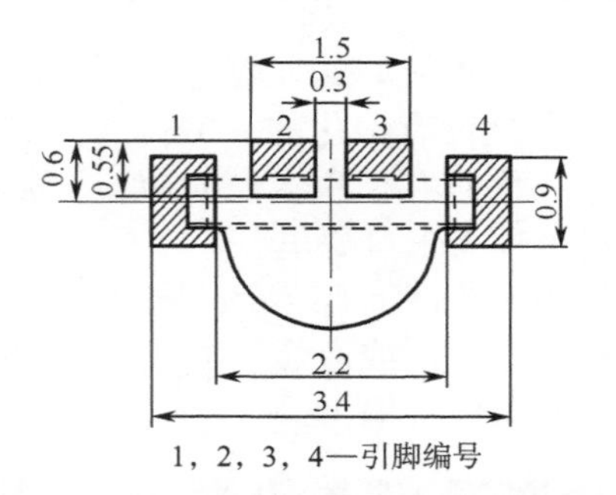

图 7-137 LED 焊盘设计图（单位：mm）

（2）此封装尺寸小，焊接面积大，具有焊锡漂浮特性。如果风速大，也会导致移位。

对 策

建议将中间 2 个引脚焊盘外伸尺寸缩小，如图 7-138 所示，减小灯珠座侧的表面张力，以减少元器件的偏移；同时降低风速。

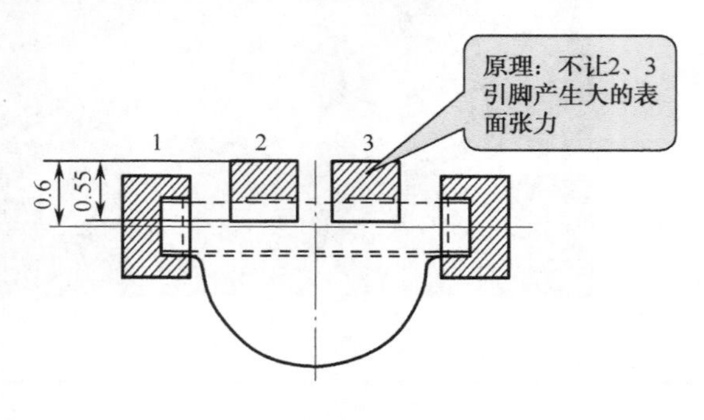

1，2，3—引脚编号

图 7-138 推荐的钢网开窗优化方向（单位：mm）

7.38　通孔再流焊接插针太短导致气孔

现　象	短的连接针采用通孔再流焊接工艺时会出现球状外观，这是因为焊点内有空洞，如图 7-139 所示。 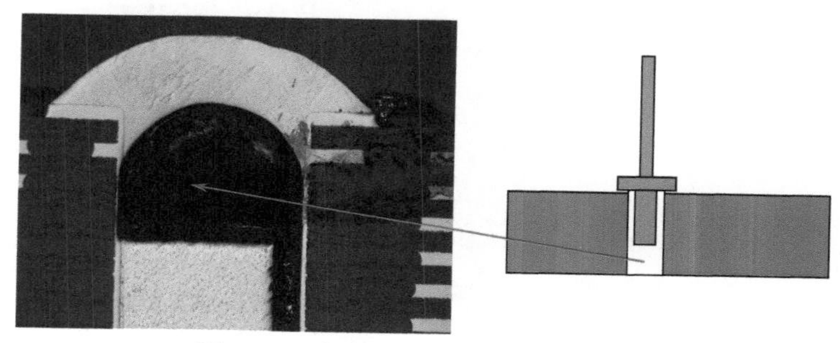 图 7-139　短针通孔再流焊接气孔现象
原　因	通孔再流焊一般先印焊膏后插针。如果插针的插入部分长度比板厚小，则焊膏往往不会被桶出来，而在插针与孔壁之间形成密封空洞的焊膏填充结果，焊接后形成气孔，如图 7-140 所示。 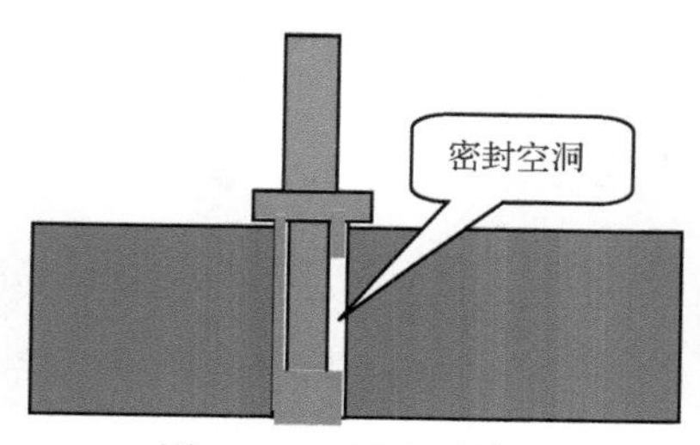 图 7-140　插入后情况
对　策	有些产品，如电源模块、硬盘驱动器，需要插针不露出 PCB 表面，以免影响外观或装配。 为了实现设计意图，确保插针焊点不露出 PCB 面，同时消除气孔的要求，建议采用与 PCB 厚度等尺寸的插针或尖头的插针，如图 7-141 所示，以避免插针插入后形成有密封空洞的焊膏填充。 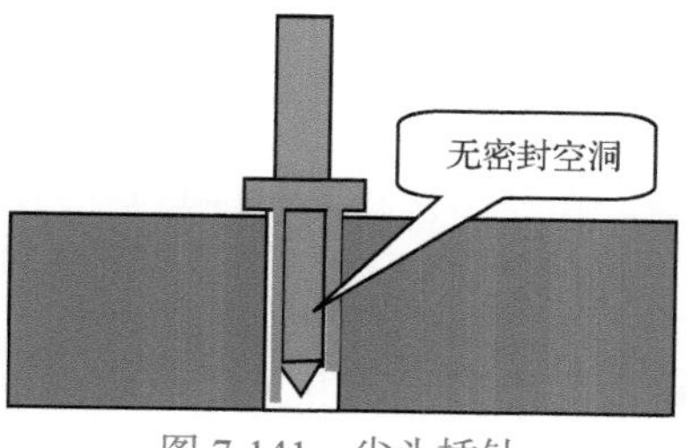 图 7-141　尖头插针

7.39 测试设计不当造成焊盘被烧焦并脱落

<table>
<tr><td>现　象</td><td>某焊盘测试后元器件焊端变黑，手碰后元器件与焊盘一起脱落，如图 7-142 所示。

图 7-142　焊盘脱落现象</td></tr>
<tr><td>案　例</td><td>某产品 C6723 位号瓷珠，元器件及焊点明显变黑，用手稍碰即从焊盘脱落，如图 7-143 所示。

（a）脱落瓷珠位置

（b）焊盘脱落并烧焦
图 7-143　焊盘脱落情况</td></tr>
<tr><td>原　因</td><td>首先，元器件焊端焊锡面变黑、丝印变黄，为典型的高温烘烤现象。
其次，根据固定位置及测试后变黑的事实，确认为测试过程产生的问题。起初因与 PCB 批次有关，断定为 PCB 的质量问题，后经过厂家分析被排除。
此瓷珠电阻仅为 0.7Ω，如果短路，会造成瓷珠高电压。经过对测试针床的分析，确认为测试问题。</td></tr>
<tr><td>对　策</td><td>对高密度 PCB，必须注意测试探针的对位问题。</td></tr>
<tr><td>说　明</td><td>记住局部焊锡面变黑或丝印变黄，一般都不是焊接问题，若是焊接问题，一定是整板丝网印刷变黄。</td></tr>
</table>

7.40　热沉元器件焊剂残留物聚集现象

现　象	带热沉焊盘 QFN 等元器件角部或边中部位，焊剂聚集，如图 7-144 所示。    （a）引脚中间　　（b）元器件角部 图 7-144　焊剂聚集现象
原　因	（1）焊膏焊剂固体含量多。 （2）热沉焊盘上焊膏多。
案　例	某产品板，如图 7-145 所示，焊点上覆盖有很厚的焊剂。  图 7-145　案例
对　策	换用焊剂固含量少的焊膏，也可适当降低焊膏的量。
说　明	此现象属于无害问题，可以忽略。

7.41 热沉焊盘导热孔底面冒锡（1）

现　象	热沉焊盘导热孔底面冒锡是指焊锡从导热孔流出或挥发气体压出锡珠的现象，如图 7-146 所示。 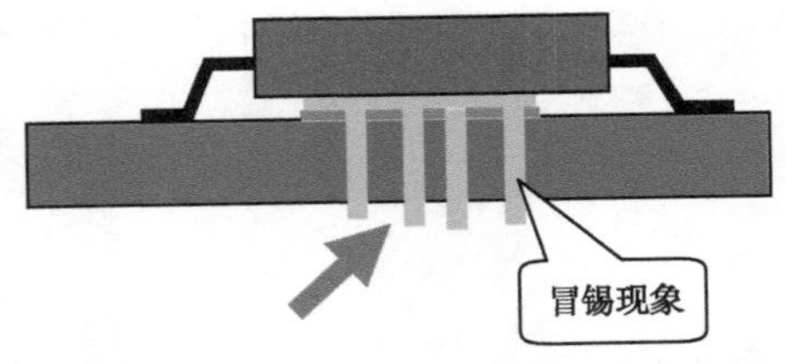 图 7-146　热沉焊盘导热孔底面冒锡现象
原　因	热沉元器件导孔冒锡是一个比较复杂的问题，与元器件的封装、热忱焊盘上散热孔径孔距、PCB 的厚度、PCB 的表面处理工艺、焊膏厚度等都有关。按照影响程度依次为： （1）QFN 类封装，由于热沉焊盘与引出端焊接面在同一面上（离板间隙为 0），焊接时，焊锡在元器件重力作用下往往冒锡严重。而 QFP、SOP 类则基本没有。 （2）表面处理，润湿性越差，越不容易发生冒锡现象，如 OSP 处理的 PCB，一般就不容易出现冒锡现象，而喷锡铅表面处理（HASL），由于润湿性能好，就很容易发生冒锡现象。 （3）PCB 厚度影响非常大，一般厚度超过 3.00mm 就不容易出现冒锡现象。 （4）PCB 的孔径影响也很大，同时它还与厚度有关联。孔径在 0.25 ~ 0.35mm 比较容易出现冒锡珠，而大于 0.8mm 就不容易出现。 （5）焊膏印刷盖孔率，特别是避孔距离，对冒锡有比较大的影响，这也是目前钢网开口都要避孔的原因。
案　例	热沉焊盘导热孔底面冒锡实际案例如图 7-147 所示。 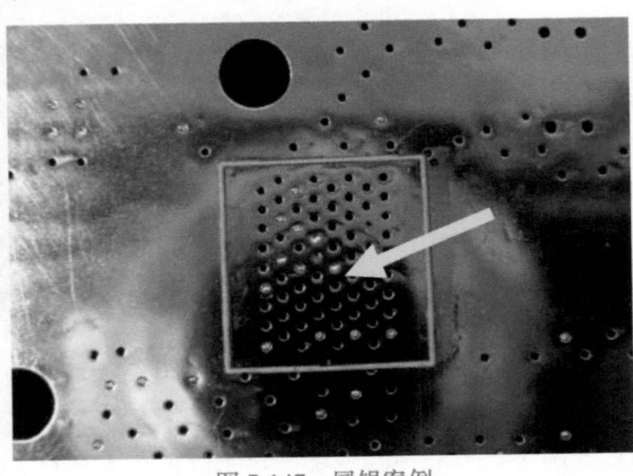 图 7-147　冒锡案例
对　策	（1）优化设计，选取合适的孔径与间距。 （2）优化钢网的设计。

7.41 热沉焊盘导热孔底面冒锡（2）

对策（设计建议）

1）单面布局

将热沉元器件统一布放在第二次再流焊接的面，以便消除“锡球”的影响。

2）无塞孔（见图 7-148）

适合元器件背面允许有焊剂或愿意增加一道焊剂擦洗工序的板。

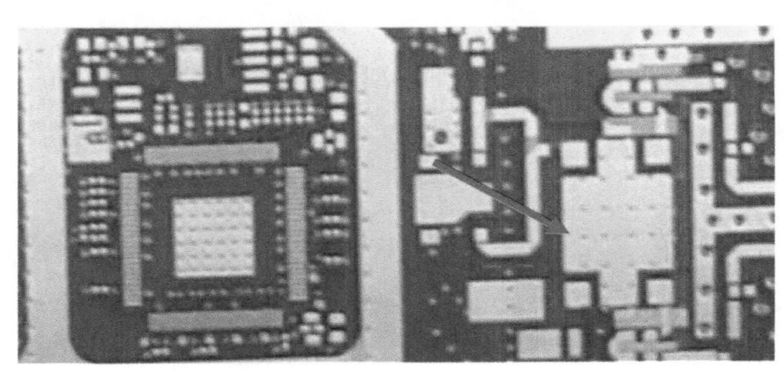

图 7-148　无塞孔设计

3）无环塞孔

如果背面有平整度要求，如刮亮的射频板，可以采用无环塞孔工艺，如图 7-149 所示。采用无环塞孔工艺需要注意两点：薄板不适用；阻焊区的总面积不能超过热沉焊盘总面积的 20%。

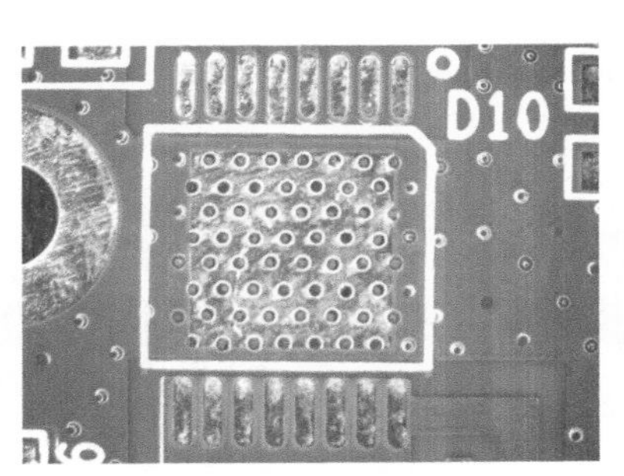

图 7-149　无环塞孔工艺

4）阻焊区

设计专门的导热孔区，无环塞孔处理，如图 7-150 所示。

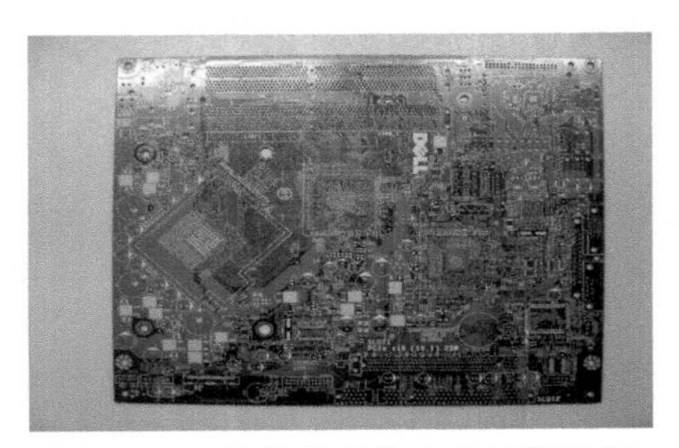

图 7-150　导热孔布局在专门阻焊区

说　明

无环塞孔工艺，许多厂家做得不好。

7.42 热沉焊盘虚焊

<table>
<tr><td>现　象</td><td>

某产品功放器件接地不良，如图 7-151 所示。用烙铁将引脚焊锡熔化，轻轻用力即可取下，说明热沉焊盘没有真正焊合。

图 7-151　接地不良

</td></tr>
<tr><td>原　因</td><td>

功放板产品一般使用的 PCB 都比较薄，热容量小，焊接时 PCB 的温度高于元件热沉焊盘的温度，因而焊锡会流进散热孔（毛细作用），使得元件热沉焊盘虚焊，如图 7-152 所示。

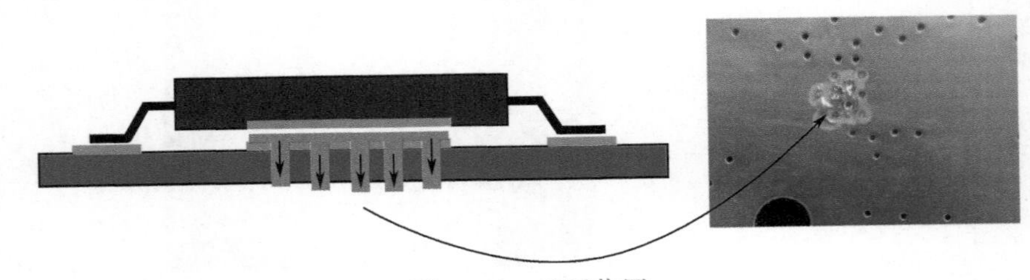

图 7-152　毛吸作用

</td></tr>
<tr><td>对　策</td><td>

热沉焊盘虚焊往往不被注意，但对于一些接地要求高的器件，必须慎重考虑布局与开孔、阻焊等问题。

改进措施：

（1）散热孔底部采用阻焊塞孔。

（2）调整温度曲线或使用工装，使元器件温度先于 PCB 提升起来。

</td></tr>
<tr><td>说　明</td><td>

本案例具有一定的典型意义。

我们一般会注意到芯吸作用，但很难想到热沉元件的热沉焊盘也会出现此类问题。此案例提醒我们，PCB 厚度对一些元器件的焊接质量是有影响的。

</td></tr>
</table>

7.43　片式电容因工艺引起的开裂失效

<table>
<tr><td>现　象</td><td>高温老化或使用一段时间，片式电容出现一定比例的失效。同时发现绝大部分的片式电容失效有一个共同特征：位于拼板边缘、螺钉附近或插座附近，如图 7-153 所示。
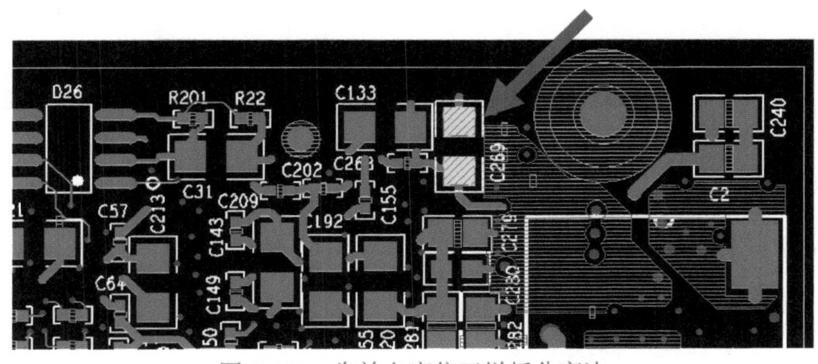

图 7-153　失效电容位于拼板分离边</td></tr>
<tr><td>原　因</td><td>装焊或操作过程中存在应力，如分板、装螺钉、压接、多次地插拔插头、单手拿板、手工焊接、其他局部焊接（如掩模选择焊接、喷嘴选择焊接）、返修（因局部加热）、测试夹具设计不合理、单板安装结构（如支点不共面、导槽上下不平行、板板干涉）等操作，都有可能导致片式电容开裂。</td></tr>
<tr><td>对　策</td><td>（1）采用铣刀分板机分板。
（2）优化布局设计。片式电容尽可能远离拼板分离边、螺钉、频繁插入操作的插座。
（3）用钽电容代替多层陶瓷电容。
（4）避免采用手工焊接或其他局部焊接工艺。</td></tr>
<tr><td>说　明</td><td>片式电容最怕应力。热应力、机械应力、操作应力都有可能使片式电容焊点侧发生角部 45° 裂纹，如图 7-154 所示。这种断裂一般外观看不出来，难以检查。唯一可行的举措就是从设计、工艺方面进行改进。
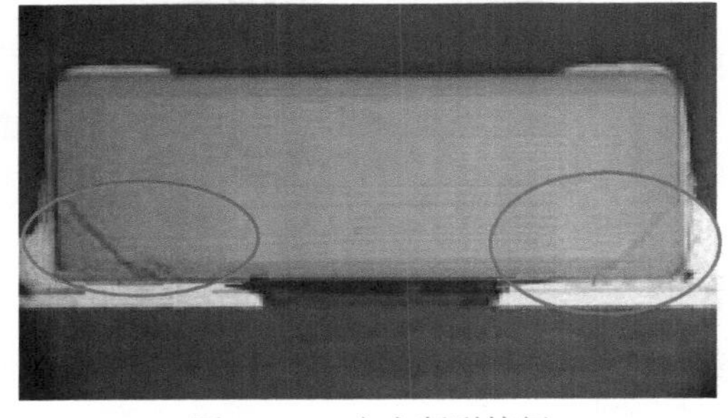
图 7-154　应力断裂特征</td></tr>
</table>

7.44 铜柱连接块开焊（1）

现　象

电源模块类产品，有不少品牌采用铜柱连接块作为与 PCB 的连接和支撑件，如图 7-155 所示，焊接后有时会出现个别焊缝断开的现象。

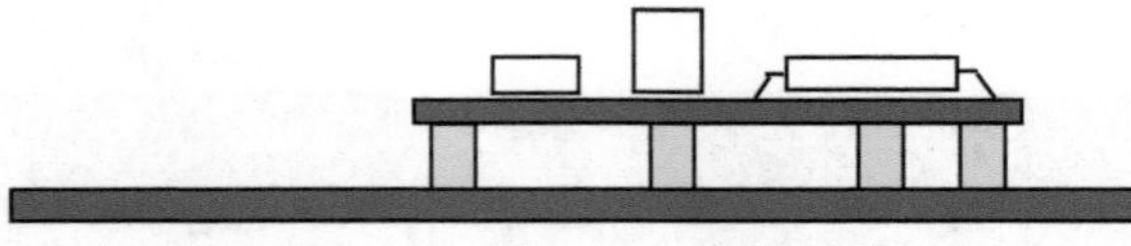

图 7-155　铜柱连接块

原　因

（1）铜柱共面性差。

（2）焊接时模块变形。

（3）铜柱结构使得焊接强度变差，使焊缝内容易产生空洞，如图 7-156 所示。

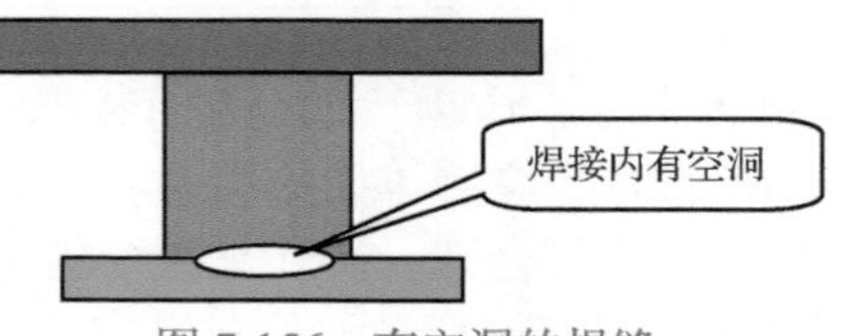

图 7-156　有空洞的焊缝

（4）铜柱表面处理不良。

案　例

某单板上的电源模块虚焊，拉开模块发现模块焊盘中心基本没有焊锡，如图 7-157 所示。

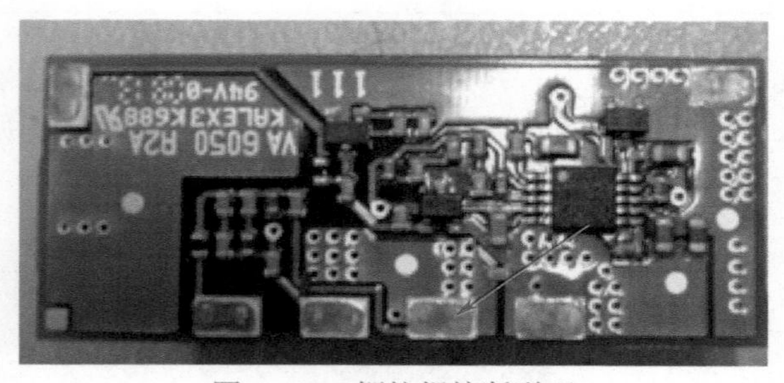

图 7-157　铜柱焊接断裂面

对　策

（1）改变铜柱结构，将底部设计成带槽的结构以加强焊接强度。

（2）优化温度曲线，尽可能减少模块的变形。

7.44 铜柱连接块开焊（2）

特殊案例（1）

1. 背景

某产品上电源模块在高温测试后发现约1/1000的失效概率，分析发现断裂界面发生于模块侧铜柱与焊料结合面，如图7-158～图7-160所示。

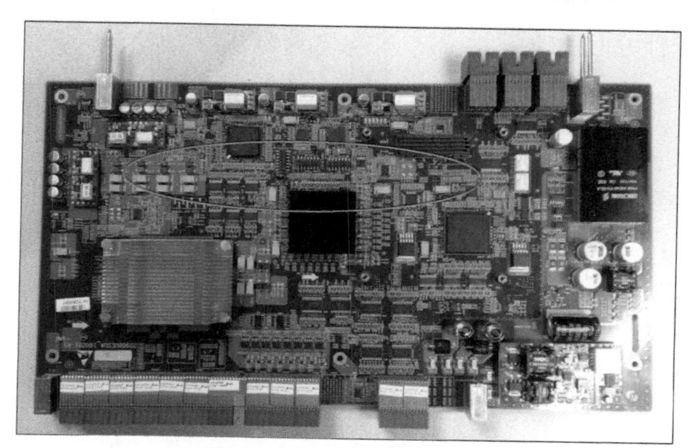

图7-158 失效单板与模块

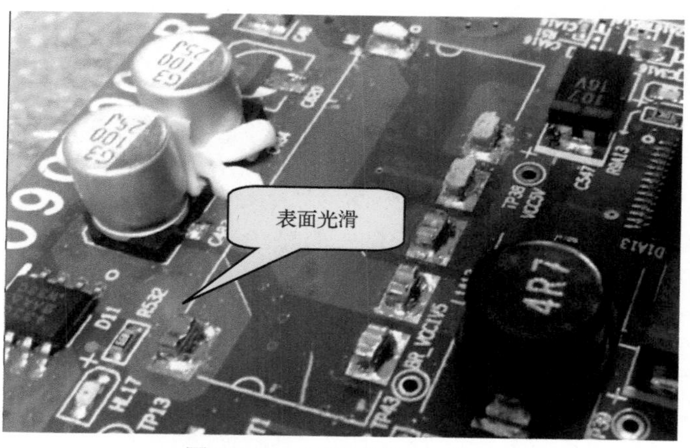

图7-159 断裂界面的铜柱面

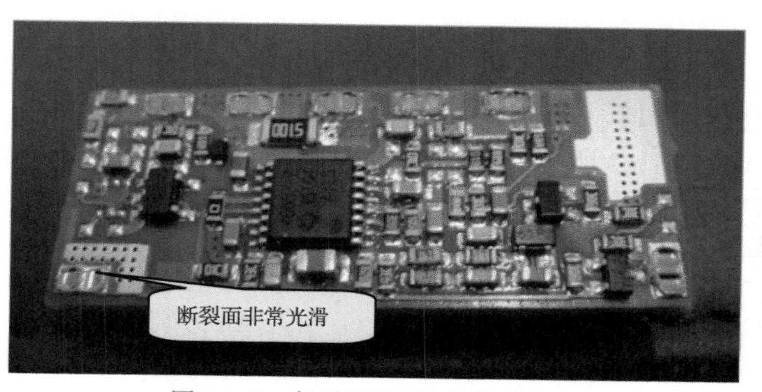

图7-160 断裂界面模块侧焊盘表面

7.44 铜柱连接块开焊（3）

特殊案例（2）

2. 分析

（1）从铜柱表面的爬锡情况看，润湿角非常小，如图 7-161 所示，说明不存在可焊性方面的问题。

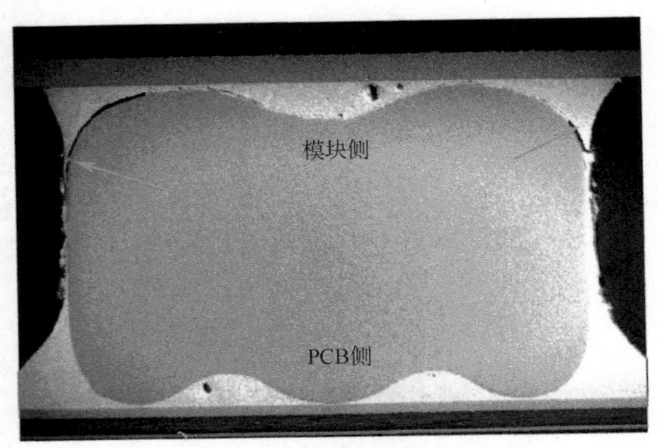

图 7-161 铜柱表面焊锡的润湿情况

（2）进一步用电镜分析，发现断裂界面并非通常见到的焊料层、IMC 层或 IMC 与基底金属界面，而是两层 Ni 结合面，如图 7-162 所示。

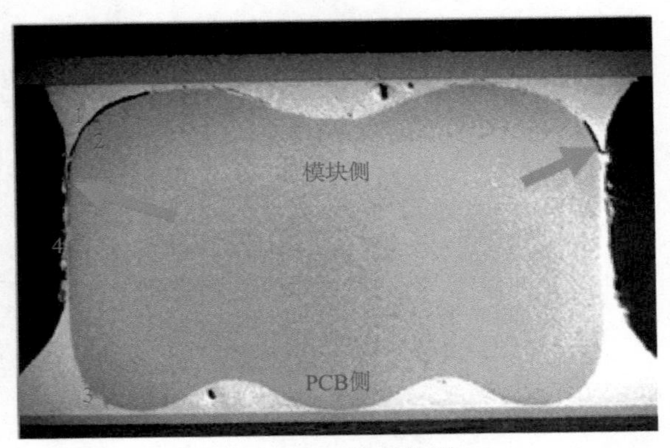

图 7-162 断裂界面

（3）对界面两侧进行分析，发现均为 Ni 层，但成分不同。靠近铜柱为纯 Ni，而靠近模块侧，Ni 层含有 P。

对图 7-162 所示的 1，2，3，4 个位置做 SEM 分析，结果为：位置 1 含 P 为 15% 左右，位置 3 含 P 为 3% ~ 10%，位置 4 含 P 为 10% ~ 16%，而位置 2 处则几乎不含 P。

向厂家了解，原来电镀出现了问题，厂家采取了“返镀”。进一步了解到铜柱外协厂只做铜柱机械加工，镀 Ni 与镀 Au 分别外包给另外的厂家。原 Ni 层采用电镀（晶粒细），退镀后重新电镀却采用了化学镀（晶粒粗大），因此出现了两层 Ni 且成分不一样的情况。

第 8 章　由 PCB 引起的问题

8.1 无铅 HDI 板分层

现　象	HDI 板积层下有密集埋孔的地方出现起泡，如图 8-1 所示。 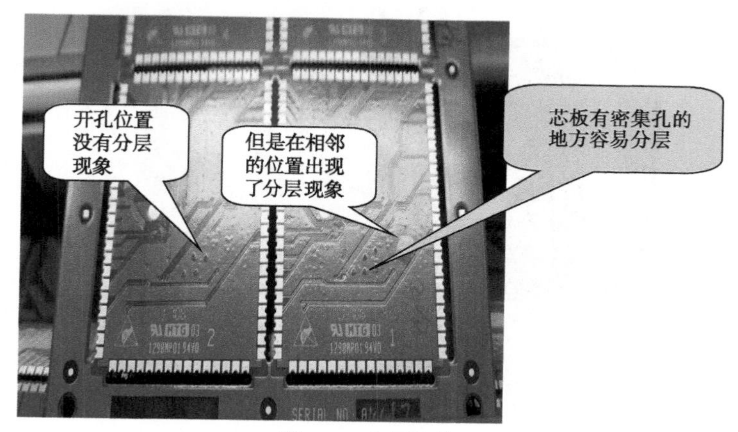 图 8-1　分层部位
原　因	此现象发生在 2006 年无铅导入时段，当时板厂没有应对无铅的经验，以为使用了高 T_g（玻璃相变温度）的板材就可以了。经过对填孔树脂、半固化片含胶量、制程等各方面的分析研究，发现主要的问题是由板材吸湿造成的。 高 T_g 的板材容易吸潮，由于对无铅温度提升后吸潮对焊接的影响认识不足，没有采取相应的防潮措施，导致无铅焊接出现批量的分层现象。 此案例提醒我们，无铅焊接温度的提升，会使 PCB 成为潮湿敏感材料。在 PCB 制造、SMT 装焊等制造过程，必须严格管控吸潮问题。
对　策	PCB 制造工艺： （1）使用适合无铅工艺的高 T_g 的板材（150 ~ 70℃）、低 CTE 填孔树脂和高含胶量（≥65%）半固化。 （2）加强制程防潮控制，层压前、包装前增加烘烤制程。 （3）采用气密的铝箔包装。 现场： （1）严格控制超期板上线（3 个月）。 （2）超期半年内，采用 125℃、5h 烘干后再贴装。 （3）超期一年以上作报废处理。
说　明	高 T_g 的板材容易吸潮，如果采用聚乙烯塑料包装，一般 3 个月后，吸潮量会翻倍增长。笔者实际测试表明，7 个月吸潮约为 4.7%，但 4 个半月却达到了 12.7%。因此，对高 T_g 的板材，必须采用铝箔包装并限制在 3 个月内生产完成。这是无铅工艺带给组装工艺的一大改变。

8.2 再流焊接时导通孔“长”出黑色物质

现　象	导通孔处“长”出黑色蘑菇状物质，如图 8-2 所示，把阻焊剂顶出，这种现象在 PCB 业内被俗称为“弹油”。 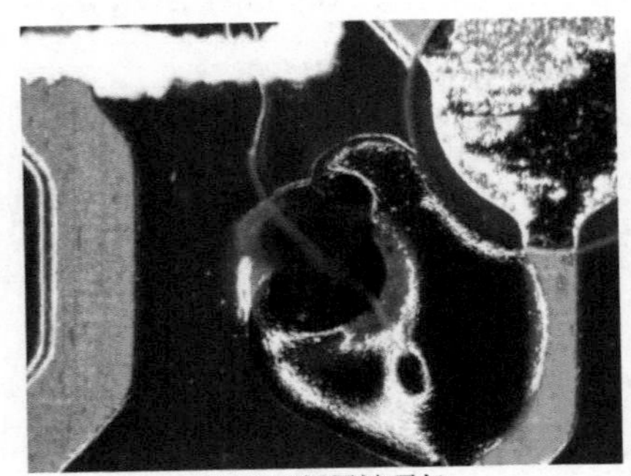 （a）阻焊层被顶起 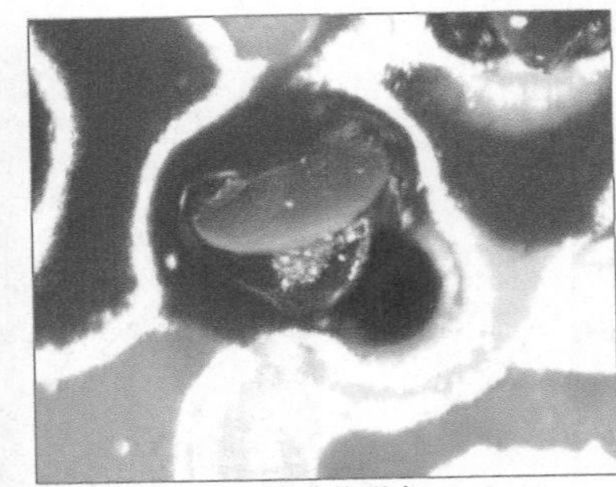 （b）蘑菇状形态 图 8-2　阻焊剂被顶出
原　因	（1）塞孔油墨性能不佳。 （2）塞油孔上表面油墨覆盖宽度不足。 （3）后固化参数不合理（填孔油墨没有完全固化）。
案　例	图 8-3 为一实际发生的案例板。 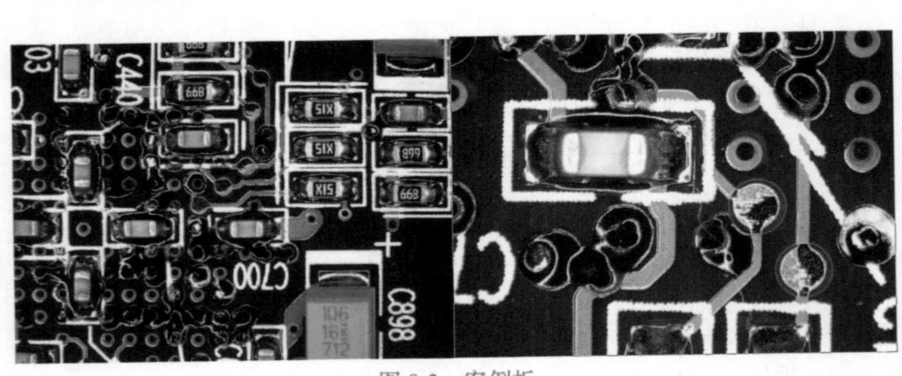 图 8-3　案例板
对　策	报废处理。
说　明	此案例一般很少发生，但了解此问题对于认识控制 PCB 来料质量复杂性有一定的帮助。

8.3　波峰焊接点吹孔

<table>
<tr><td>现　象</td><td>波峰焊接焊点出现气孔，在 10 倍显微镜下可以看到孔口有向外的锯齿形翻边，如图 8-4 所示，我们也把此类形态的孔俗称为“吹孔”。
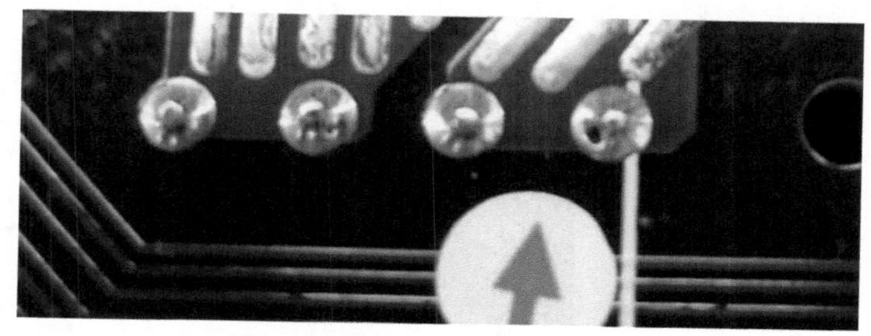
图 8-4　波峰焊接焊点气孔现象</td></tr>
<tr><td>原　因</td><td>出现此现象，属于典型的 PCB 质量问题。原因有多种，主要为：
（1）PCB 钻孔所用钻头比较钝，孔表面粗糙，电镀后孔壁存在小孔。
（2）电镀质量差、焊接孔内壁有孔。
（3）板吸潮。</td></tr>
<tr><td>案　例</td><td>图 8-5 为一案例的切片图，十分清晰地表达了气孔的形成机理，也证明了气孔产生的原因为 PCB 的加工问题。
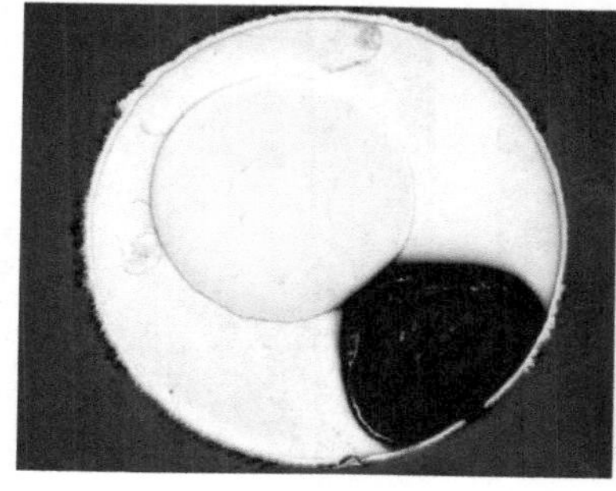 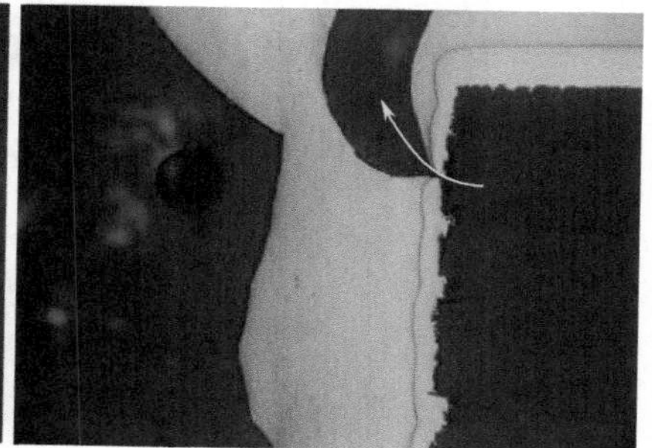
图 8-5　吹孔焊点切片图</td></tr>
<tr><td>对　策</td><td>（1）加强 PCB 厂家的质量控制，检查钻孔质量。
（2）检查孔电镀质量（喷锡板不能根据锡层有没有孔进行判断）。
临时补救措施：
对上线板材进行 125℃、5h 的烘干处理。</td></tr>
<tr><td>说　明</td><td>PCB 的 PTH 孔壁很薄，在无铅条件下，很容易因板材 Z 向的 CTE 膨胀而拉断。如果 PCB 吸潮比较严重，焊接时瞬间形成的高压蒸汽会从孔壁断裂处或孔处喷出，形成吹孔缺陷。
IPC-610 规定：PTH 铜厚最薄不得 <20μm，最小平均厚度应≥ 25μm。</td></tr>
</table>

8.4 BGA 拖尾孔

现　象	所谓拖尾孔，是笔者自行定义的一种孔，专指 HDI 板层间错位比较严重，以致微盲孔底部局部无铜，激光钻孔打出拖尾巴的孔。焊接时，孔内所藏有机物汽化，在焊点内形成大尺寸的带尾巴的孔，如图 8-6 所示。 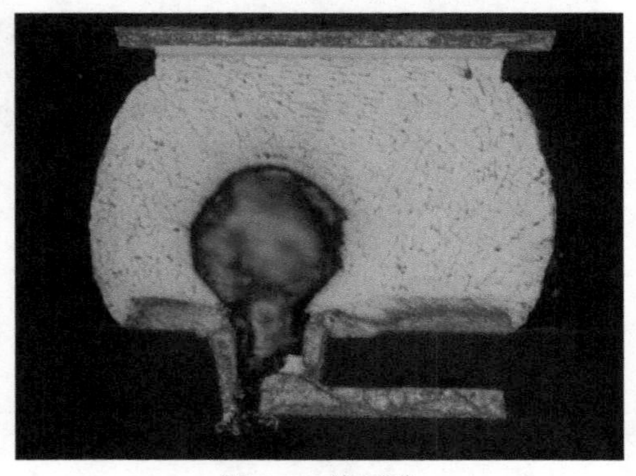 图 8-6　拖尾孔
原　因	PCB 制造时，孔盘错位，激光钻孔时形成了深的 HDI 孔。由于孔比较小、深、不规则，容易残留电镀清洗液，焊接时遇高温挥发形成高压气体，使 BGA 焊点内形成超大的空洞，图 8-7 是遇到的一些实际案例切片图。 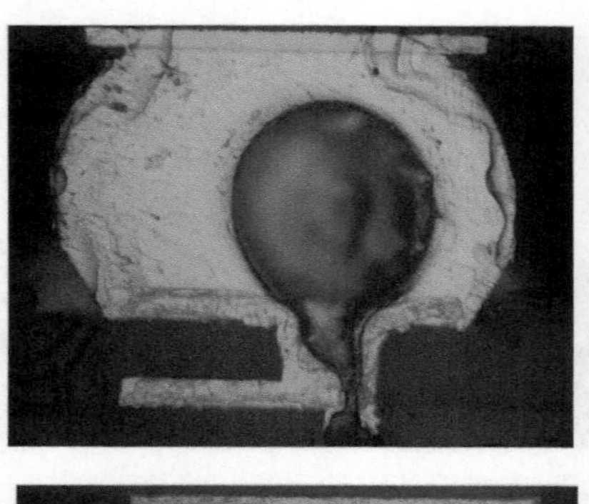 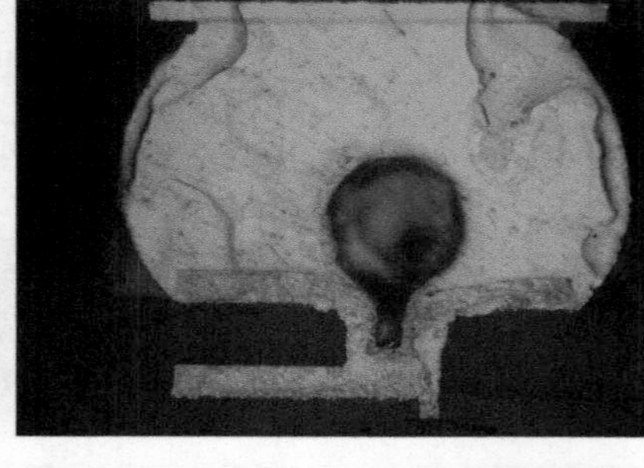 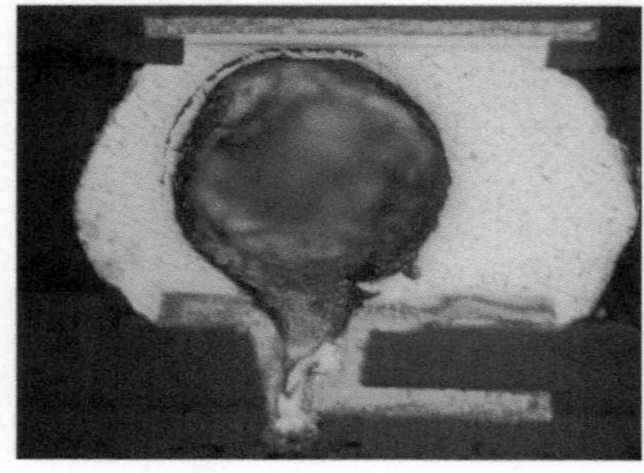 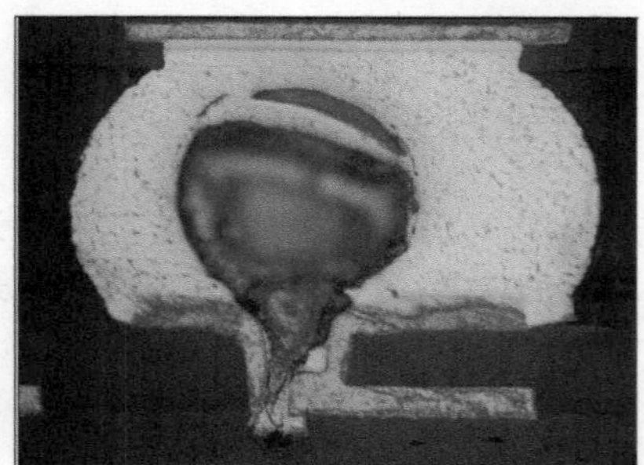 图 8-7　拖尾孔的形态
对　策	现场：105℃、5h 烘干。 PCB 制造：加强工艺控制。
说　明	标准中应该取消允许孔底 90℃崩盘之规定。

8.5　ENIG 板波峰焊接后插件孔盘边缘不润湿现象（1）

现　象

顶面再流焊接，贴片焊盘没有问题。

在波峰焊接底面时，插装元器件部分孔盘边缘不润湿、边缘呈半圆凹齿状，如图 8-8 所示。主要特征：

（1）不润湿出现在插装元器件的焊接面焊盘周边，如图 8-8（a）所示；元器件面焊盘润湿良好。

（2）孔内润湿良好，形成金属间化合物（IMC），如图 8-8（b）所示。

（3）不润湿部位烙铁补焊困难。

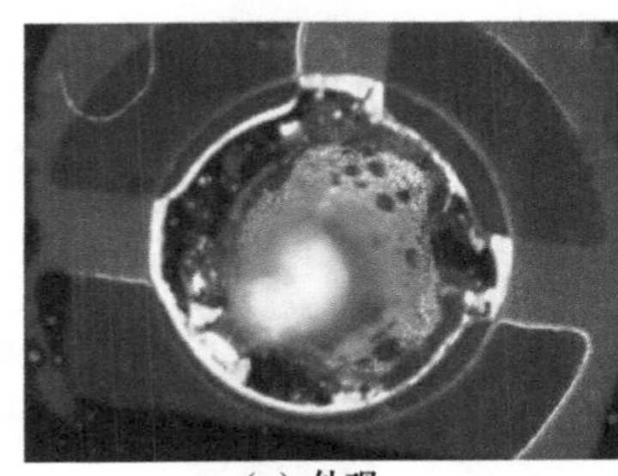

（a）外观

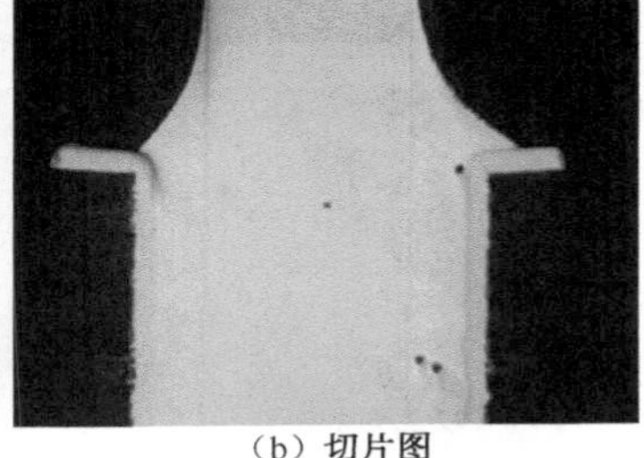

（b）切片图

图 8-8　孔盘边缘不润湿现象

原　因

属于黑盘问题，只不过最严重的地方出现在盘孔边缘与孔盘拐弯处，如图 8-9 所示，这与电镀时电流的分布及镀层结构有关。

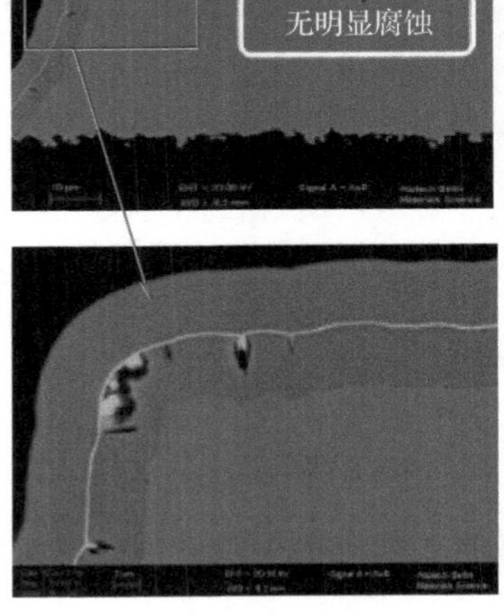

（a）孔盘边缘

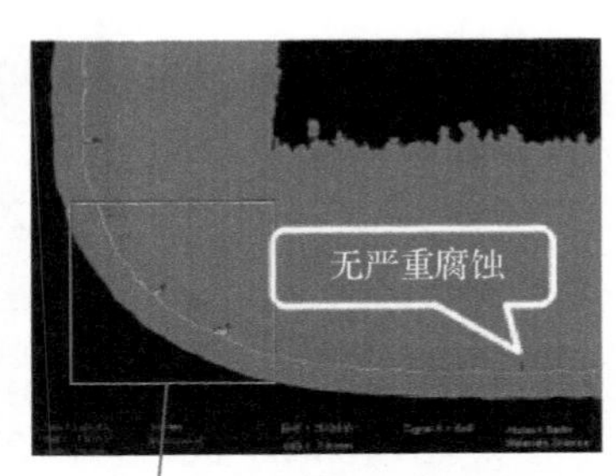

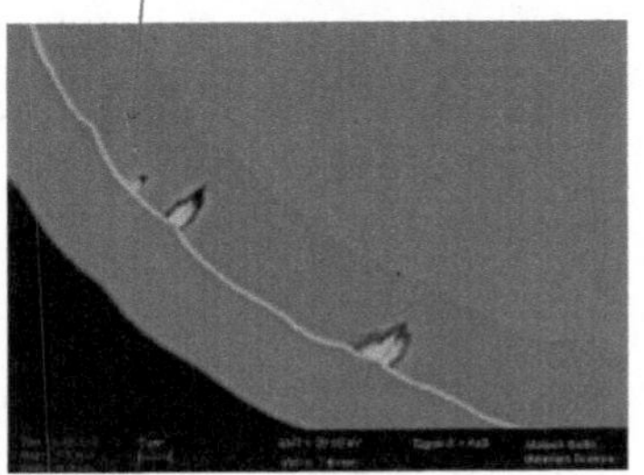

（b）孔盘拐角处

图 8-9　黑盘现象

8.5 ENIG 板波峰焊接后插件孔盘边缘不润湿现象（2）

案 例	图 8-10 为案例分析所做的切片图。 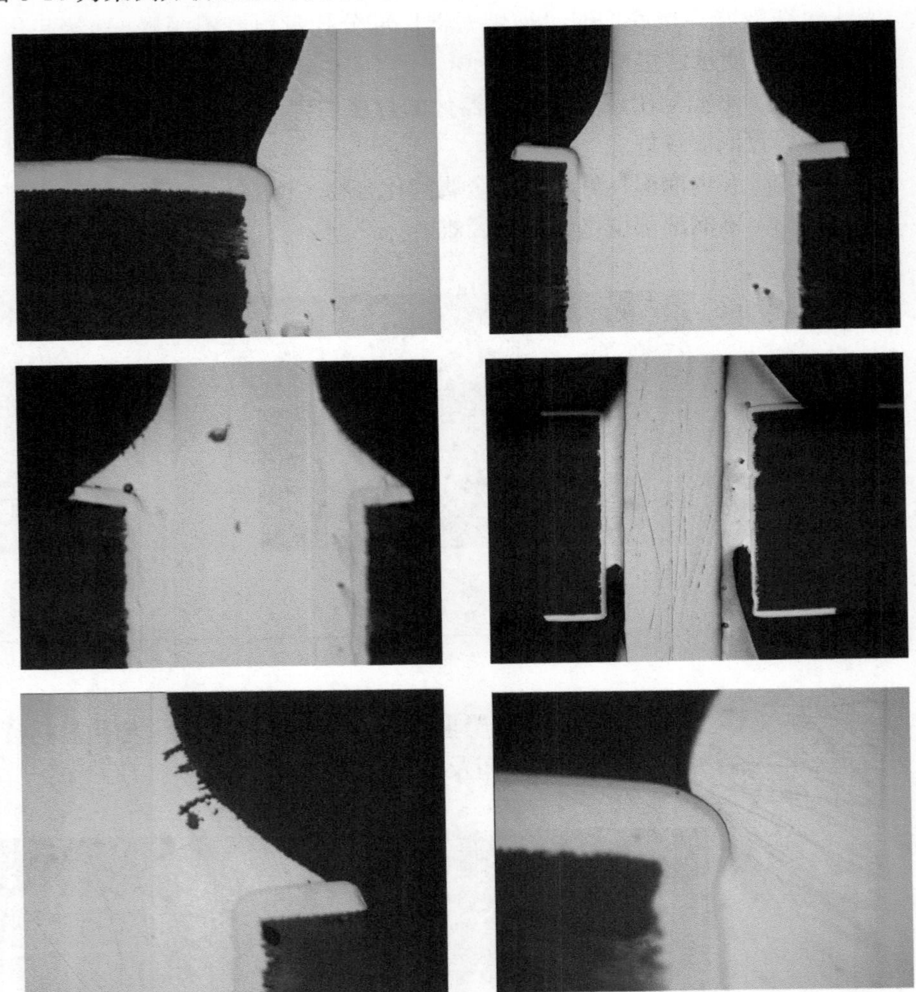 图 8-10 ENIG 孔盘周边不润湿典型切片 有黑盘风险的单板，为什么焊点缩锡只出现在插件的孔盘上呢？一方面是因为孔盘边缘和孔口拐角处腐蚀严重，另一方面是由波峰焊接锡波的拖拽作用造成的。被腐蚀的 Ni 表面润湿性比较差（不是不能润湿，而是界面原子的扩散速度很慢，此变化从形成的 IMC 极薄可以佐证），熔融焊锡与之的结合力很弱，在流动锡波的拖拽下往往会被拉开。
对 策	这不是焊接工艺问题，而是 PCB 表面处理质量的问题。这种不良目前没有有效的手段可以检测，只能通过对 PCB 厂家工艺的管控来实现，即控制 MTO（Metal Turn Over）次数，一般不超过 2 次就可以避免。 化学镀镍时，会向电镀槽中不断添加化学药水，当化学药水的加入量相当于初始开缸量时就称之为一个 MTO。

8.6　ENIG 表面过炉后变色

<table>
<tr><td>现　象</td><td>ENIG 表面过炉后变色，如图 8-11 所示，此现象多见于选择性 OSP 的 ENIG 板。
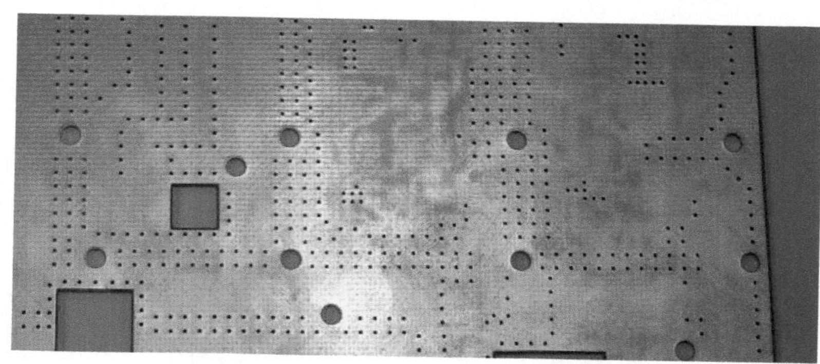
（a）案例一
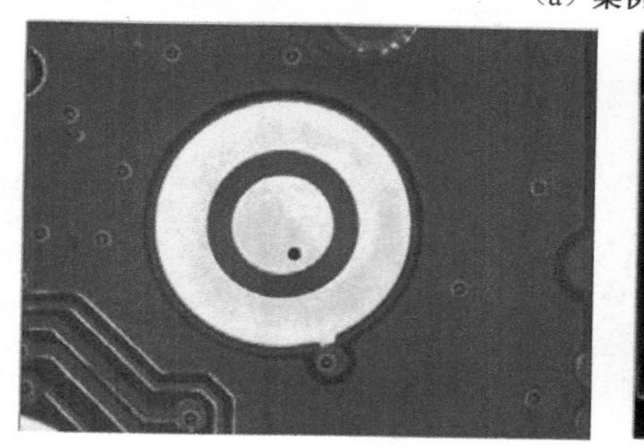 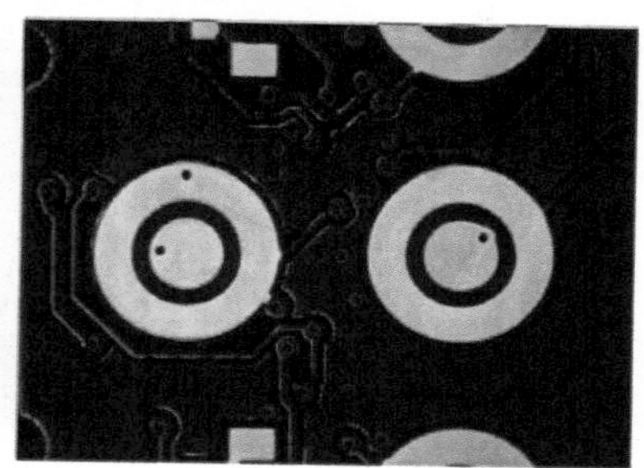
（b）案例二
图 8-11　再流焊接后 ENIG 表面变色</td></tr>
<tr><td>原　因</td><td>我们知道，选择性 OSP 的 ENIG 板，一般先完成 ENIG 表面处理再进行 OSP 处理。在进行 OSP 处理时，ENIG 表面并不需要做特别的保护。因此，变色与 OSP 的处理有关，即：
（1）使用了不合适的 OSP 药水。有些 OSP 药水与金表面也会像铜一样生成络合物，从而再过炉后出现颜色的变化，正如 OSP 过炉后颜色变化的道理一样。
（2）PCB 制程清洗不干净。</td></tr>
<tr><td>对　策</td><td>PCB 制造：
（1）使用合适的 OSP 药水。
（2）表面处理后一定要清洗干净。</td></tr>
<tr><td>说　明</td><td>ENIG 表面本身并不会氧化，所谓的“变色”，只是残留在 ENIG 表面的有机物变色。一般而言，对于纯的 ENIG 板，出现变色现象可以不作处理，但对于选择性 OSP 的 ENIG 板，如果按键盘也出现变色，应进行清洗处理，清理不是因为变色问题，而是需要将影响电接触的 OSP 膜去掉。</td></tr>
</table>

8.7 ENIG 面区域性麻点状腐蚀现象

<table>
<tr><td>现　象</td><td>
某背板采用ENIG表面处理，压接后库存3个月出现面麻点状腐蚀现象，如图8-12所示。

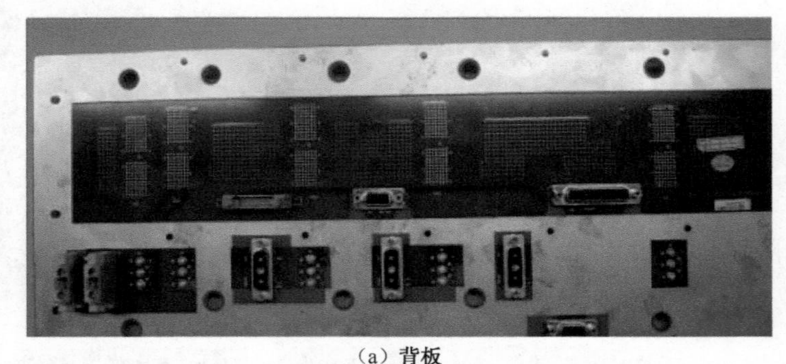

（a）背板

（b）腐蚀现象

图 8-12　麻点状腐蚀现象
</td></tr>
<tr><td>原　因</td><td>
整板、区域性麻点状发黑，其部位多发生于有手印的地方，但并非完全一致。在 200 倍显微镜下观察，发黑处金层已经不存在，即被腐蚀掉了，如图 8-13 所示。正常的镀层在显微镜下也有明显的针孔现象，如图 8-14 所示。

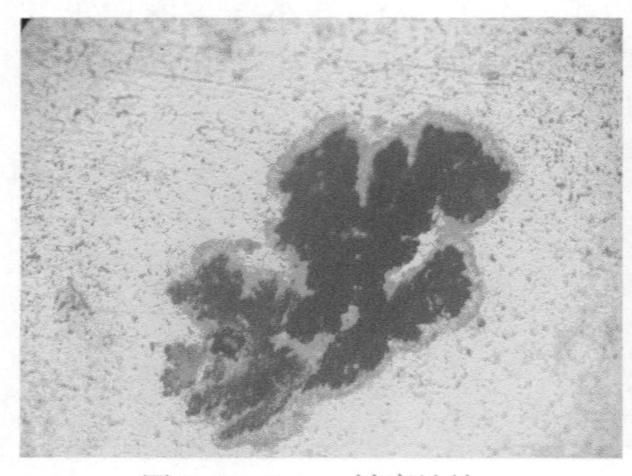

图 8-13　ENIG 被腐蚀掉

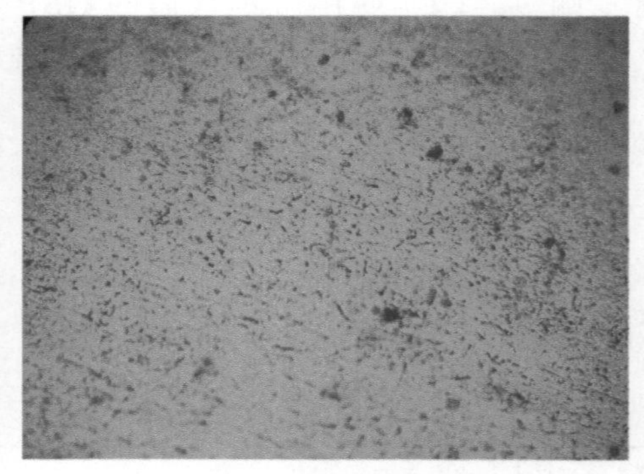

图 8-14　ENIG 表层存在针孔
</td></tr>
<tr><td>对　策</td><td>
属于 PCB 质量问题。
镀层针孔严重，在应用环境下会严重腐蚀，影响产品质量。
</td></tr>
</table>

8.8　OSP 板波峰焊接时金属化孔透锡不良

现　象	OSP 处理的 PCB，元器件孔透锡不良，如图 8-15 所示。 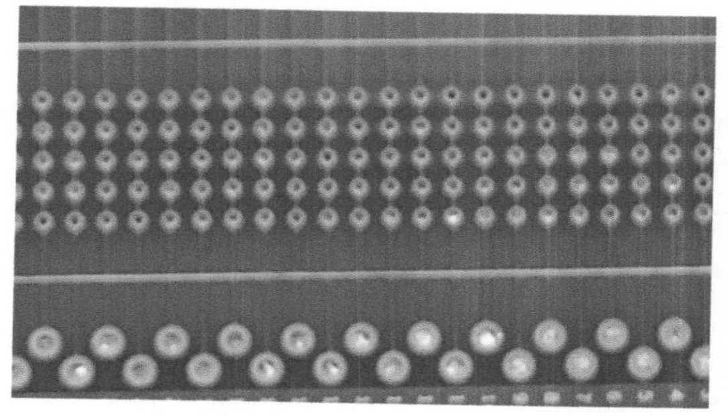 图 8-15　透锡不良现象
原　因	多数情况下，与波峰焊接工艺有关，如孔内焊剂量不足而无法将 OSP 膜分解而形成。如果 OSP 膜比较厚也可能发生此类问题。
对　策	首先要分清是第一次受热还是第二次受热，对应工艺会有所不同。 OSP 板第一次受热（此板没有经过再流焊接过程）： （1）适当提高预热温度，使孔壁上 OSP 膜在进入锡波前能够分解掉。 （2）适当提高焊接温度，使之流动性更好，以便锡波能够进入孔中并依靠其温度去除 OSP。 OSP 板第二次受热后焊接： （1）检查焊剂的喷涂质量，看孔内表面是否被焊剂完全覆盖（建议采用较慢的喷嘴移动速度和传送速度）。 （2）检查预热温度，只要焊剂挥发至表面发黏即可，不可完全挥发掉。 良好的透锡情况如图 8-16 所示。  图 8-16　良好的透锡情况
说　明	OSP 膜为非可焊层，其保护机理不同于金属可焊层，要获得良好的透锡效果，必须使之分解掉。 焊剂组分的影响不大，但要注意不同的焊剂要求的预热温度相差很大。

8.9 喷纯锡对焊接的影响

现　象	喷纯锡处理的 PCB，采用有铅焊膏焊接无铅 BGA 时出现虚焊现象，特征为喷锡层与焊球没有融合在一起，如图 8-17 所示。 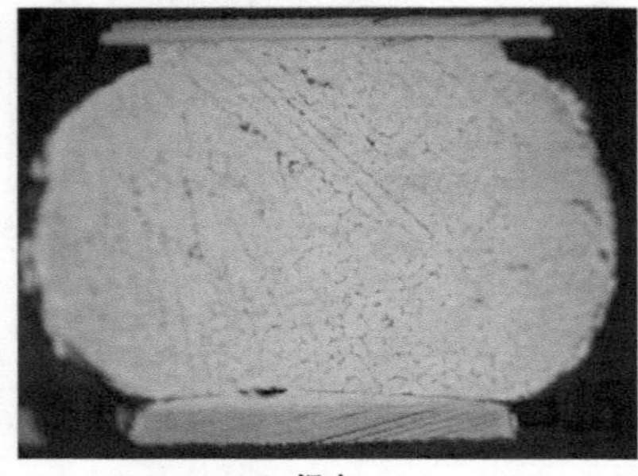 （a）焊点A 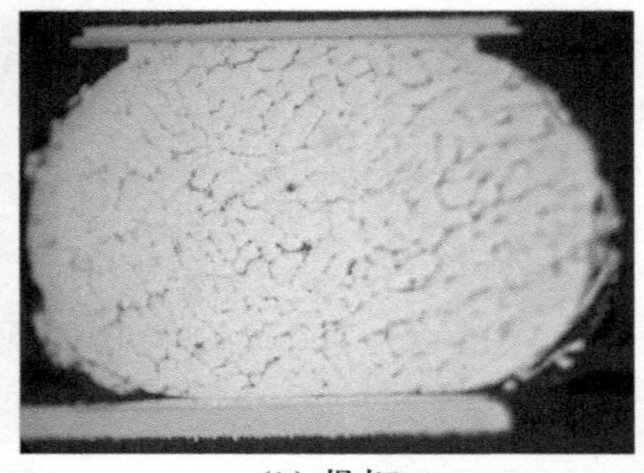 （b）焊点B 图 8-17　喷纯锡焊接不熔现象
原　因	纯锡熔点比较高（232℃），喷锡涂层又比较厚，如果温度比较低、时间比较短，就可能不会熔化并与焊球融合。
案　例	某喷纯锡板，采用 224℃峰值温度进行焊接，发现很多 BGA 焊点出现虚焊。
对　策	提高焊接峰值温度到 235℃。
参　考	提高温度后焊球与喷锡焊盘之间融合得很好，如图 8-18 所示。  （a）焊点A  （b）焊点B 图 8-18　提高温度后的焊接结果

<table>
<tr><th colspan="2">8.10　阻焊剂起泡</th></tr>
<tr><td>现　象</td><td>阻焊剂起泡，如图 8-19 所示，多处表面颜色变浅，这是因为分层的结果。

（a）孔周围起泡

（b）大铜皮上起泡
图 8-19　阻焊剂起泡现象</td></tr>
<tr><td>原　因</td><td>原因比较多，如：
（1）网印阻焊剂前 PCB 板面没有清洗干净。
（2）PCB 受潮。
（3）焊接温度高、时间长。
多见于大铜皮、厚铜线边缘处。</td></tr>
<tr><td>案　例</td><td>图 8-20 为阻焊剂起泡切片图。
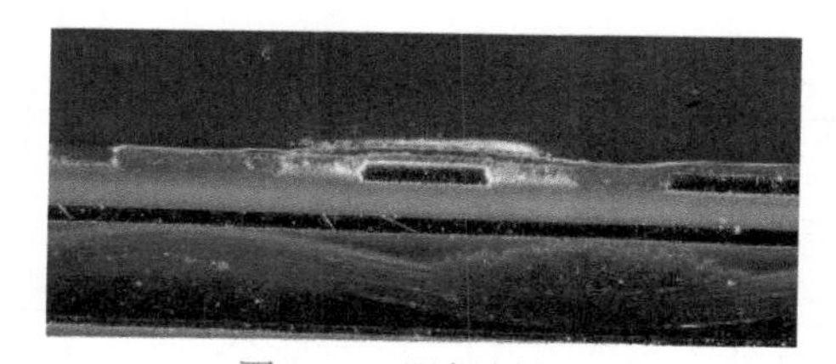
图 8-20　阻焊剂起泡</td></tr>
<tr><td>对　策</td><td>PCB 制造：
严格 PCB 制造制程管理，确保网印阻焊剂前清洗干净。
组装现场：
（1）对 PCB 进行烘干处理（要根据 PCB 的表面处理工艺确定具体的烘干工艺，如果是 OSP，应采用 125℃/5h 烘干工艺，其他情况，可以采用较高点的温度进行烘干）。
（2）控制焊接温度与时间。
设计：
对大铜皮区应采用网格状设计。</td></tr>
<tr><td>说　明</td><td>阻焊剂的主要功能是防止焊接时桥接和焊后对铜线的保护。根据 IPC-A-610C 的 2.4、9.3.1 ～ 9.3.3 条规定，除阻焊剂在铜线处剥离外，其他情况，如起皱、变色、起泡等都是可以接受的。</td></tr>
</table>

8.11 ENIG 镀孔压接问题

现　象	（1）如果压针为刚性的，如柱齿形，压接作业时，容易发生 ENIG 孔镀层被搓出的现象，如图 8-21 所示。 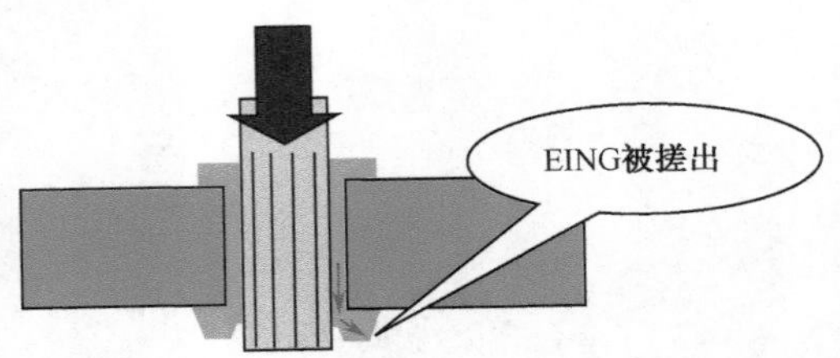 图 8-21　ENIG 孔镀层被搓出的现象 （2）ENIG 的底层（Ni 层）比较硬，压针与孔的嵌合的包络面比较窄，如图 8-22 所示，通常情况下 ENIG 镀孔与压接针结合力相对比较小。 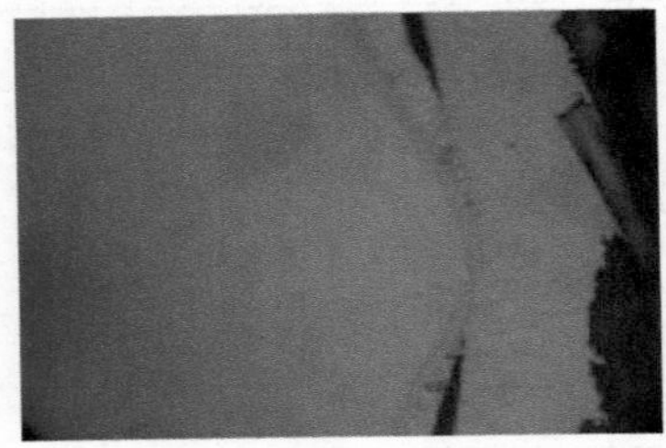 （a）与OSP处理孔的结合情况 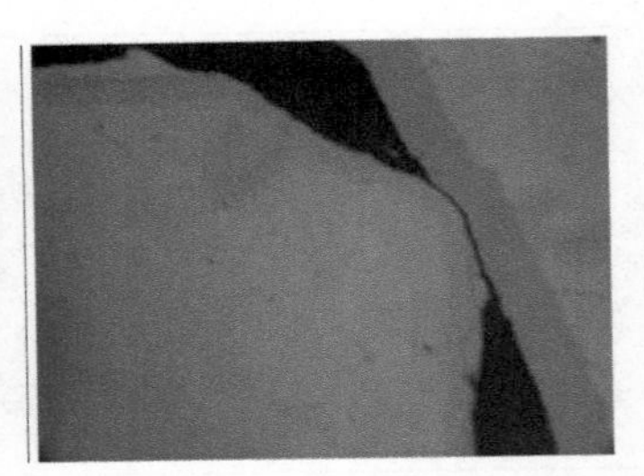 （b）与ENIG处理孔的结合情况 图 8-22　孔与针的嵌合情况
原　因	ENIG 镀层因 Ni 层比较硬，同时，没有 Sn、OSP 膜那样的润滑作用。如果被压入的引线属于刚性的，就很容易使孔的 ENIG 镀层被搓出甚至拉断。 另外，嵌合处不能随引线形状完全变形，压合后的嵌合力相对也比较小。
对　策	ENIG 可用于弹性引线的压入孔镀层，但不宜用于刚性、靠柱齿啮合的压接元器件的压接孔镀层。
说　明	在有铅工艺时代，业界不推荐压接孔镀层采用 ENIG，但是，随着无铅化的实施，很多单板采用了 ENIG 镀层鉴于 ENIG 镀层比较硬的特点，压接时应使用可控制压力和速度的压接机。人工压接，由于无法控制压入速度，这样很容易损坏镀层，存在可靠性的问题。

8.12 PCB 光板过炉（无焊膏）焊盘变深黄色

<table>
<tr><td>现　象</td><td>喷锡板过炉发现喷锡焊盘没有聚集 Sn 的地方变色，如图 8-23 所示。此色层可用橡皮擦掉，擦掉后，可观察到锡面，用烙铁也很容易焊接。
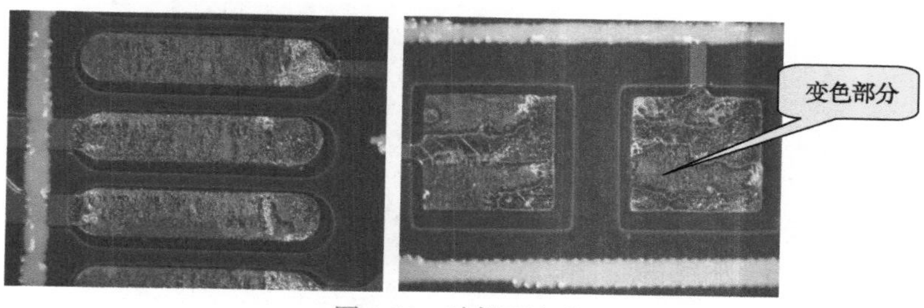

图 8-23　喷锡面变黄
ENIG 板过炉后 ENIG 按键盘变色，如图 8-24 所示，此色层也可用橡皮擦掉。这些变色的地方过炉前颜色与不变色处就有明显不同，主要是发乌。

图 8-24　ENIG 面颜色变深</td></tr>
<tr><td>原　因</td><td>两种板非同类表面处理，也非同一厂家生产，但具有共同的特征，就是过炉后变色，而且这个色可用橡皮擦掉。发生此类现象，多与 PCB 制程有关，即表面处理后没有清洗干净，镀层表面残留有有机物。</td></tr>
<tr><td>对　策</td><td>建议配备离子污染度测试仪对来料进行离子污染度测试或借助高倍显微镜（40 ~ 100 倍）观察焊盘的表面状态，即是否光亮、一致。因为所有变色焊盘的原始状态都发乌。</td></tr>
<tr><td>说　明</td><td>这种现象，一般不会影响可焊性。</td></tr>
</table>

8.13 微盲孔内残留物引起 BGA 焊点空洞大尺寸化

现　象	BGA 焊盘上微盲孔引起的焊点空洞大尺寸化，超过 IPC 标准可接受条件，如图 8-25 所示。 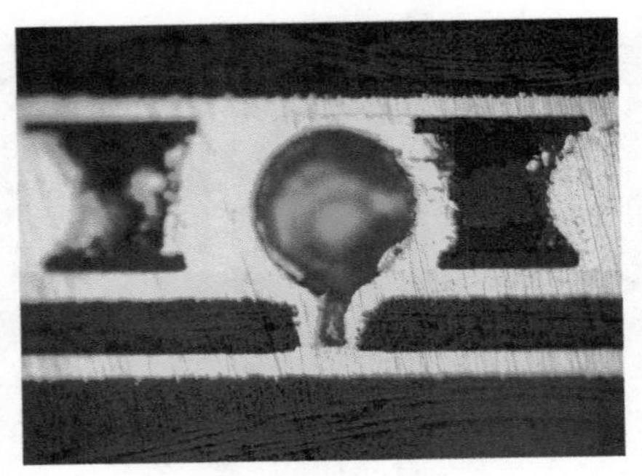 图 8-25　大气孔
案　例	同一单板，A 板厂生产的板，焊接时有 10% 左右 BGA 焊点出现超大空洞不良，而 B 板厂生产的板却没有此问题。
原　因	对比 A 厂与 B 厂加工板的孔形，两者存在不同，B 厂板孔为倒梯形（CO_2 激光直接烧孔），而 A 厂为直孔形（先腐蚀孔后激光烧孔）且孔口收小，如图 8-26 所示。 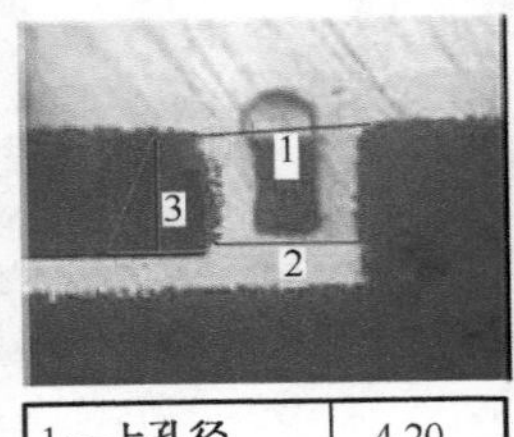 1—上孔径 4.20；2—下孔径 3.52；3—介电层深度 2.94 单位：mm （a）A厂加工的孔形 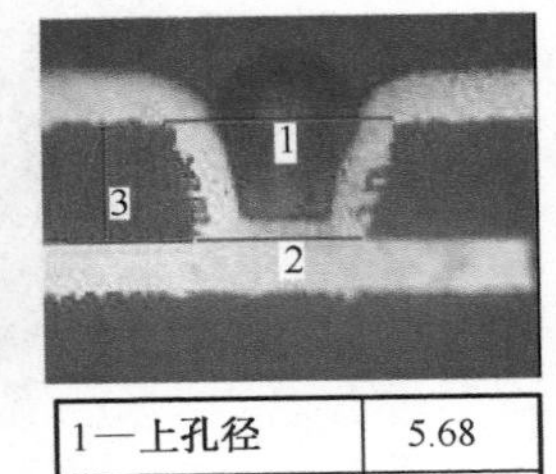 1—上孔径 5.68；2—下孔径 3.98；3—介电层深度 2.90 单位：mm （b）B厂加工的孔形 图 8-26　A、B 厂生产板的孔形 起初怀疑是孔形的问题，但后续长时间跟踪发现，许多其他厂家生产的板，同样为直孔形，但也没有发现空洞超标。 之后怀疑孔内有残留有机物或受潮，在 125℃、2h 条件下烘干，焊接后空洞没有明显减少，之后进行 5h 烘干，焊接再没有发现空洞。 通过以上试验分析，激光盲孔的孔形和清洁度是影响 BGA 焊点空洞的两个主要因素，二者的影响为依存关系。倒梯形孔，容易清洗干净，一般不会有问题。而直孔、细腰型孔，一般不容易清洗干净，问题会多些。
对　策	（1）进行 125℃、5h 烘干处理。 （2）采用半填铜孔工艺。

8.14　超储存期板焊接分层	
现　象	超期 PCB，无铅焊接时出现分层，如图 8-27 所示。 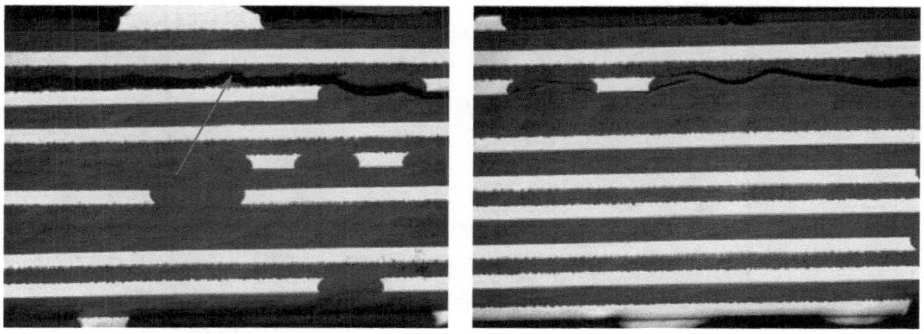 （a）分层1　（b）分层2 图 8-27　PCB 超期分层
案　例	某板本身为有铅板，因小元器件立碑严重，后改为无铅工艺。 由于超期一年多，125℃、4h 烘干后上线焊接，耐压测试时发生烧坏现象，经分析确认测试不通过的板均有分层现象，如图 8-28 所示。需要指出的是，内部的分层很多的时候从外观是看不出来的，这也是该现象流转到下一道工序的原因。 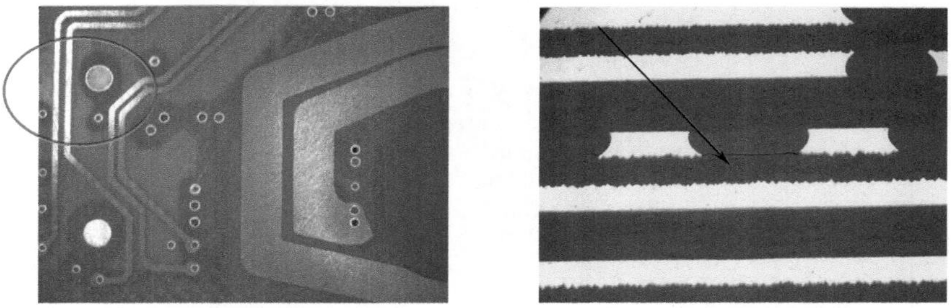 （a）分层平面层　（b）分层切片图 图 8-28　分层现象
原　因	PCB 分层很常见，它与多重因素有关，比如： （1）吸潮。PCB 是由树脂材料制造的，树脂材料是湿度 / 再流焊接敏感的材料，吸潮后遇到高温就会产生很大的应力。 （2）设计因素。如果相邻层都是大面积的铜箔，再流焊接时很容易出现分层现象。 （3）温度因素。再流焊接温度越高越容易出现分层，这也是有很多产品，采用有铅焊接工艺没有出现分层现象，换成无铅工艺后就会看到出现分层现象的原因。 （4）烘干不充分。烘干温度、时间其实与 PCB 的结构有关。如果 PCB 严重超期（意味着吸潮充分），就必须用比较长的时间进行烘干，短时间的烘烤往往会把潮气赶到铜箔与树脂的结合处，实际上更容易分层。所以，要烘干就必须充分烘干，否则更有害。
对　策	（1）进行 8h 烘干处理。 （2）采用有铅焊接工艺。

8.15 PCB 局部凹陷引起焊膏桥连

现 象

压合式铜基板，在铜板挖空处 PCB 往往会下陷，这样在印刷焊膏时，会造成局部焊膏桥连，如图 8-29 所示。一旦焊膏桥连，通孔再流焊接时就可能发生焊锡转移，产生焊接不良。

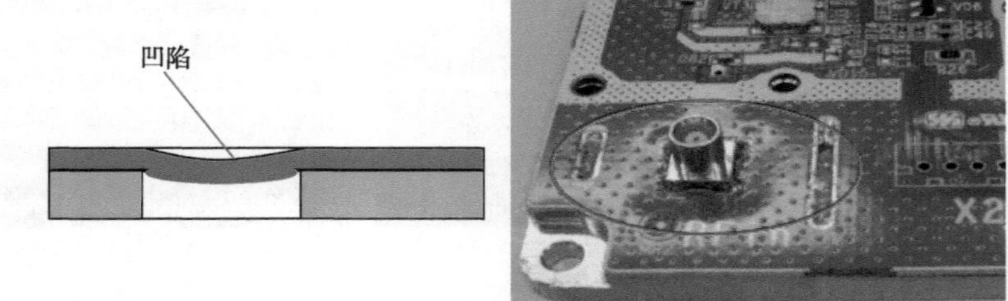

图 8-29 PCB 凹陷现象

案 例

图 8-30 为一实际案例，插座下铜基被掏空，PCB 压合时出现局部凹陷，使后续的通孔再流焊接焊膏印刷出现桥连。

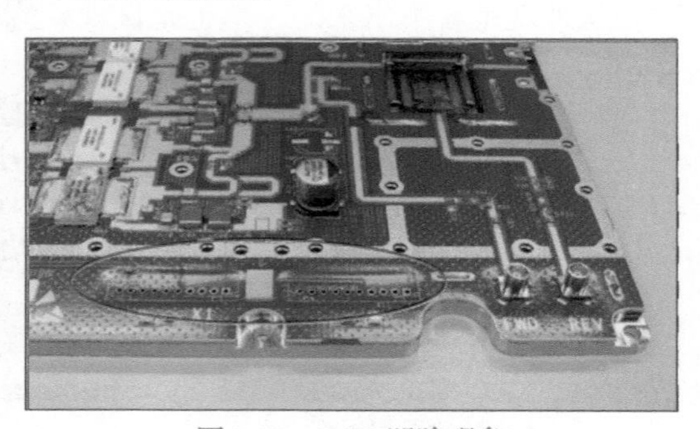

图 8-30 PCB 凹陷现象

原 因

此案例非常特殊，产生于特定的设计情况，一般不会遇到，但也说明了一个问题，焊膏的桥连会引起熔融焊锡的迁移。许多 BGA 的桥连就是在这样的情况下发生的，即因焊料迁移引发桥连，如图 8-31 所示案例。

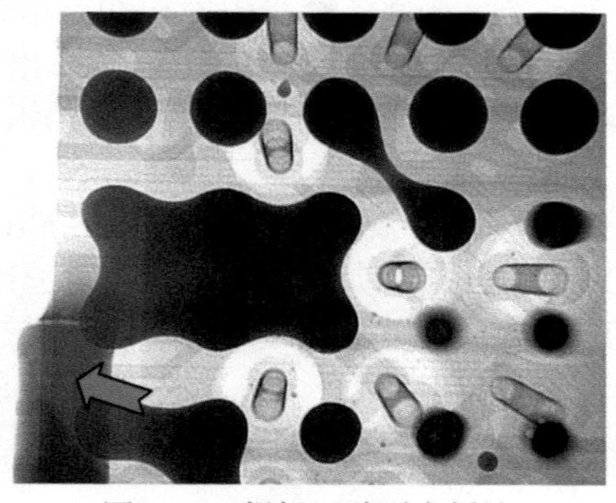

图 8-31 焊锡迁移引发桥连

8.16　BGA 下导通孔阻焊偏位	
现　象	BGA 下测试导通孔开小窗，特别是 0.8mm/1.0mm BGA，如果阻焊偏位、小窗尺寸变大或开成大窗，如图 8-32 所示，就容易发生短路。 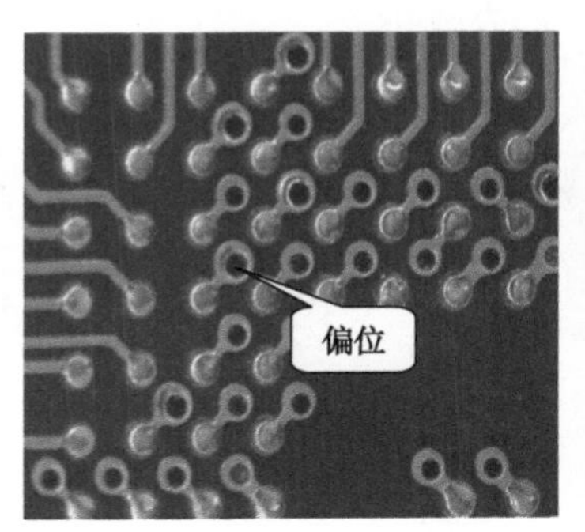  图 8-32　阻焊偏位
原　因	（1）PCB 生产厂为加工方便，自行加大阻焊小窗的尺寸。 （2）设计有误，导通孔位偏或阻焊开窗加大，如图 8-33 所示。 （3）阻焊偏位，如图 8-34 所示。 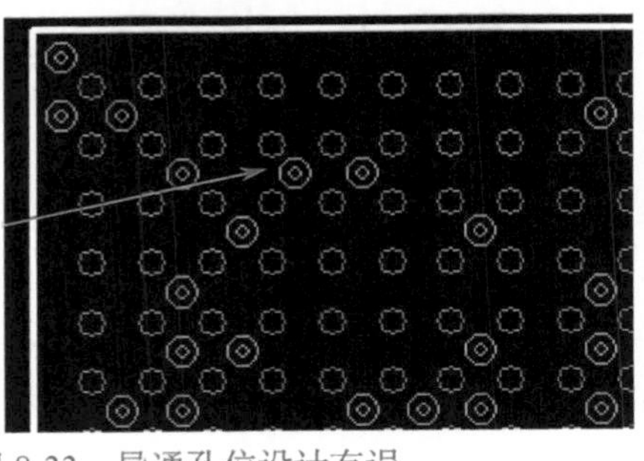 图 8-33　导通孔位设计有误  图 8-34　阻焊偏位
对　策	（1）正确设计，保证锡环与焊盘的最小间隔（S）满足 0.15mm 的要求，如图 8-35 所示； （2）严格 PCB 的检查，确保加工尺寸符合设计要求。 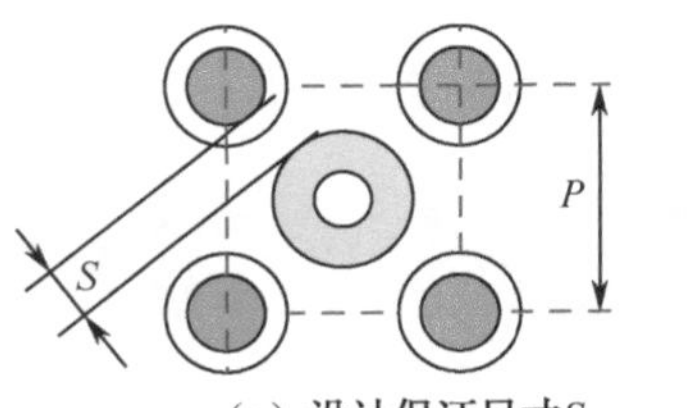  （a）设计保证尺寸S 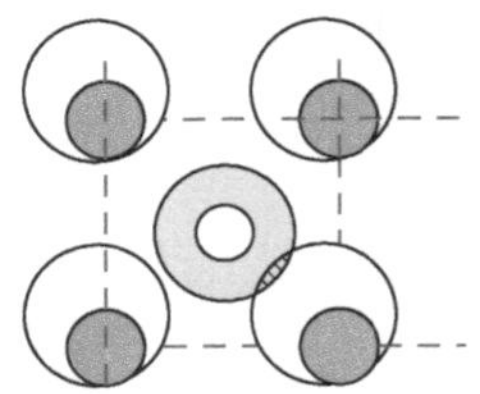 （b）露铜现象 图 8-35　设计控制尺寸“S”

8.17 喷锡板导通孔容易产生藏锡珠的现象

<table>
<tr><td>现　象</td><td>对于喷锡板，非塞孔的导通孔往往会藏有锡珠，如图8-36所示，表现为不透光。藏锡珠的直接危害就是它可能跑出来黏附在焊盘上，影响焊膏的印刷。更隐蔽的危害就是锡珠飞出来，对可靠性构成威胁。
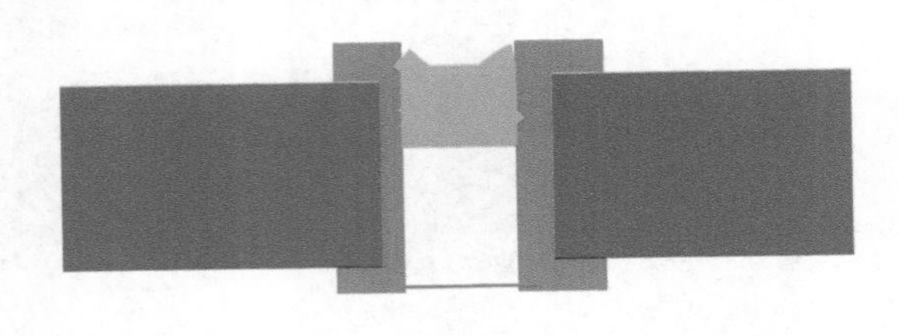
图8-36　藏锡珠现象</td></tr>
<tr><td>案　例</td><td>图8-37为藏锡珠现象。
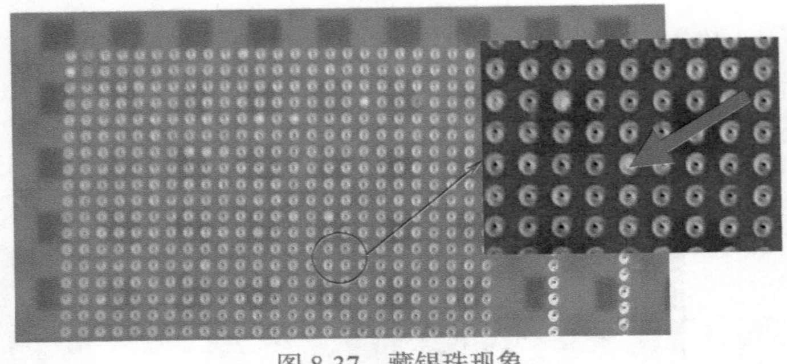
图8-37　藏锡珠现象</td></tr>
<tr><td>原　因</td><td>喷锡工艺就是直接把PCB放进熔融锡料中，尽管有热风吹，但总会有焊锡藏在孔里。再流焊接时炉内的热风或重力就可能使封在空口的焊锡跑出来，以锡珠的形式黏附在孔盘上。</td></tr>
<tr><td>对　策</td><td>藏锡珠现象是否构成危害取决于孔盘尺寸大小。如果非阻焊焊盘环宽尺寸在0.05mm尺寸内，一般它不会跑出来形成锡球，但如果焊盘环宽尺寸比较大，就会跑出来形成锡球。
开小窗阻焊的孔，如果藏锡珠，最坏的情况就是锡珠从孔中心跑到孔口处，把孔口表面糊住，但一般不会形成球状突出物，如图8-38所示。
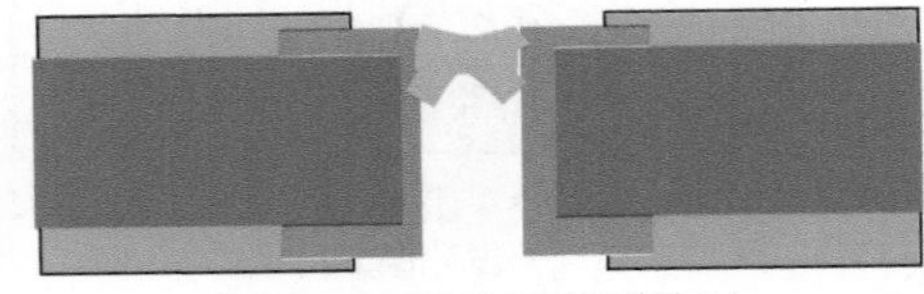
图8-38　锡珠迁移到孔口</td></tr>
</table>

<table>
<tr><th colspan="2">8.18　喷锡板单面塞孔容易产生藏锡珠的现象</th></tr>
<tr><td>现　象</td><td>喷锡板的单面塞孔容易出现藏锡珠、漏铜的现象，如图 8-39 所示。焊接时，堵在孔口的焊锡会因封闭在内的空气或助焊剂挥发喷出来，形成锡球黏附在焊盘上，影响焊膏的印刷。

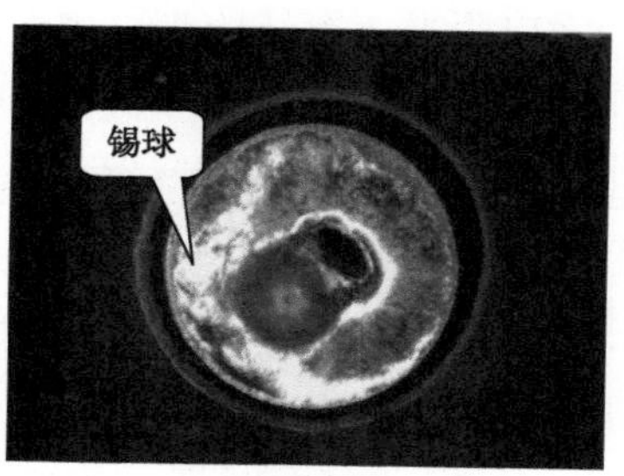

图 8-39　单面塞孔容易发生的情况</td></tr>
<tr><td>原　因</td><td>喷锡板单面塞孔，业界有两种工艺流程，即传统的“印刷阻焊—喷锡—塞孔”工艺和“印刷阻焊—塞孔—喷锡”。前者工艺比较复杂，有两个“湿工艺”，生产周期比较长，但一般不会产生堵孔问题（与成孔径有关，大于 0.3mm 不会藏锡珠），而后者 70% 的半塞孔会出现孔口堵锡的问题。
因此，要防止喷锡板单面塞孔出现堵孔的问题，应指明加工方法。</td></tr>
<tr><td>对　策</td><td>（1）改进设计，换用其他不产生藏锡珠的表面处理。
（2）如果一定要采用喷锡表面处理工艺，应指定采用传统的“印刷阻焊—喷锡—塞孔”工艺。
（3）改变设计，采用开小窗阻焊工艺。开小窗阻焊设计，还有一个好处就是孔内不会残留有机物。</td></tr>
<tr><td>说　明</td><td>单面塞孔或者说半塞孔设计是有些产品设计的需要，如 QFN 热沉焊盘、盘中孔，它们的一面要求焊接，另一面又要确保熔融的焊锡不会流走，防止形成锡珠或虚焊。
半塞孔藏锡珠，只发生在喷锡（HASL）板上，其他的 ENIG、Im-Ag、Im-Sn、OSP 等，由于都是化学反应，不会造成堵孔现象。因此，如果没有特别需要，可选择非喷锡表面处理工艺。
对于 QFN 等热沉焊盘上散热孔的设计，冒锡珠主要影响背面的焊膏的印刷。设计时我们可以把这些元器件布局在第二次再流焊接的面，只要外观上接受冒锡珠即可。
对于盘中孔的设计，则一定要塞孔，否则就会导致虚焊。可以用树脂塞孔工艺。树脂塞孔是一种两面齐平的塞孔，不会出现阻焊剂那样的半塞孔容易藏锡珠的问题。</td></tr>
</table>

8.19 CAF引起的PCBA失效（1）

<table>
<tr><td>CAF</td><td>

CAF（Conductive Anodic Filament，导电阳极丝）。CAF是电化学腐蚀过程的副产物，通常表现为从电路中的阳极发散出来，沿着玻璃纤维与环氧树脂之间的界面表面向阴极方向迁移，形成导电性细丝物，如图8-40所示，从而导致导体间绝缘电阻发生突然的难以预料的下降。该失效模式在1976年由贝尔（Bell）实验室的科学家首先得以发现和确认。

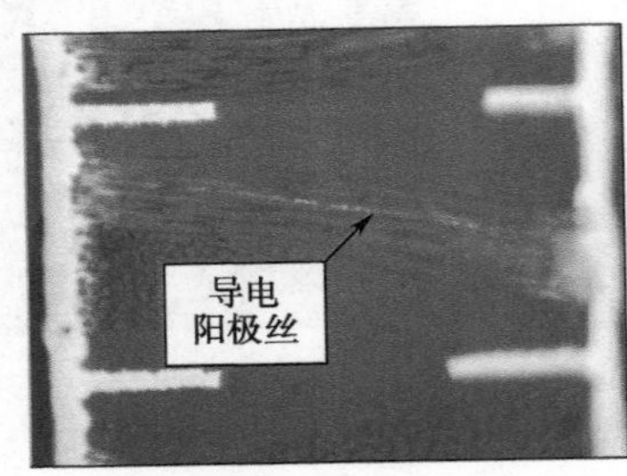

（a）导电阳极丝失效案例切片图

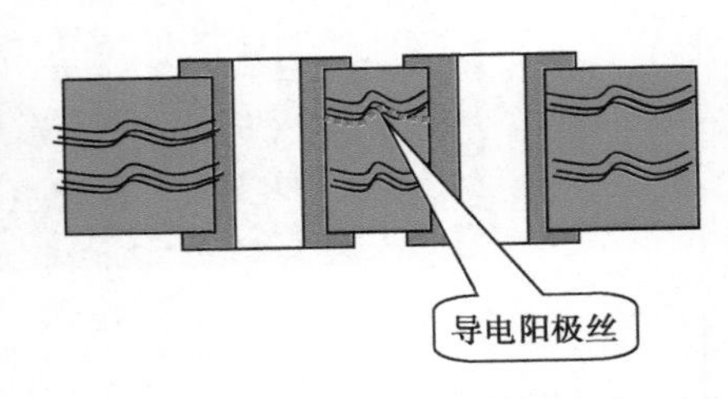

（b）导电阳极丝示意图

图8-40　CAF现象

</td></tr>
<tr><td>CAF的失效表现形式</td><td>

导电阳极丝通常发生在通孔与通孔之间、通孔与内外层导线之间、外层或外层导线与导线之间，从而造成两个相邻的导体之间绝缘性能下降甚至造成短路。CAF的失效形式如图8-41所示。

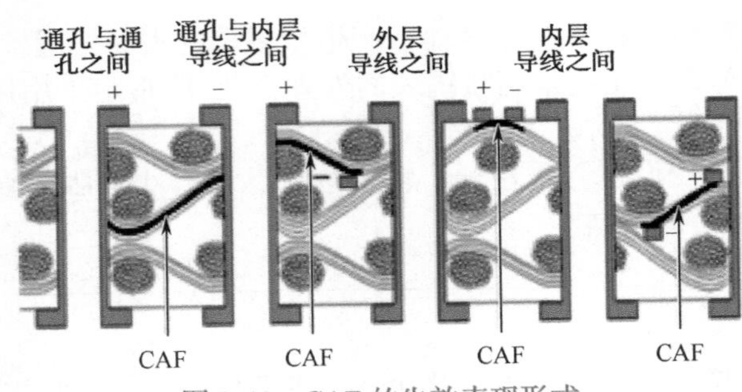

图8-41　CAF的失效表现形式

</td></tr>
<tr><td>CAF的形成过程（1）</td><td>

导电阳极丝的形成首先是玻璃纤维/环氧树脂的物理破坏，然后是吸潮导致了玻璃/环氧分离界面出现水介质，提供了电化学通道，促进了腐蚀产物的运动，腐蚀产物在电场作用下从阳极向阴极定向移动，最终形成从阳极到阴极的导电丝。导电阳极丝的形成和基材、导体结构、助焊剂和电场强度等因素相关。

CAF的形成过程：

阶段1：在高温高湿的环境下，环氧树脂与玻璃纤维之间的附着力出现劣化，并促成玻璃纤维表面硅烷偶联剂的化学水解，从而在环氧树脂与玻璃纤维的界面上形成沿着玻璃纤维增强材料形成CAF泄漏的通路。

</td></tr>
</table>

8.19　CAF 引起的 PCBA 失效（2）

CAF 的形成过程（2）	阶段 2：铜腐蚀并形成铜盐的沉积物，在偏压的驱动之下，形成了 CAF 生长，其化学反应式为： （1）$Cu \rightarrow Cu^{2+}+10e^-$　（Cu 从阳极发生溶解） $H_2O \rightarrow H^+ + OH^-$ $2H^+ + 2e^- \rightarrow H_2$ （2）$Cu^{2+} + 2OH^- \rightarrow Cu(OH)_2$　（Cu 从阳极向阴极方向迁移） （3）$CuO + H_2O \rightarrow Cu(OH)_2 \rightarrow Cu^{2+} + 2OH^-$（Cu 在阴极沉积） $Cu^{2+} + 2e^- \rightarrow Cu$
影响 CAF 形成的因素	1）基材 业界经常使用的 G-2（一种非阻燃的环氧玻璃布材料）、聚酰亚胺材料（PI）、β - 三氮树脂（BT）、氰酸酯（CE）、环氧玻璃纤维布（FR-4）、CEM-3（一种非阻燃的短切毡玻璃材料）、MC-10（一种混合的聚酯和环氧玻璃板，芯部为短切毡玻璃材料）、Epoxy/Kevlar 板材，其形成 CAF 的敏感性程度如下： MC-10 ≥ Epoxy/Kevlar ≥ FR-4 ≈ PI> CEM-3>CE>BT 2）导体结构 导体结构是影响 CAF 的关键因素，对于导通孔与导通孔之间、导通孔与内外层导线之间、外层或外层导线与导线之间的三种典型导体结构而言，导通孔与导通孔之间的结构最容易形成 CAF。 3）电压梯度 随着导体之间电场强度的变化，玻璃纤维 / 环氧树脂之间腐蚀物质的转移能力也会发生变化，电场强度越高，CAF 形成越快，电压梯度是 CAF 形成敏感性的另一个关键因素。 4）助焊剂 研究表明，在焊接过程中，由于基板温度很高，助焊剂中的溶剂聚乙二醇会扩散进入环氧基板。聚乙二醇的吸收，增加了基板的吸湿性并导致了腐蚀和性能的下降。 5）潮气 电子产品在使用过程中，由于环境条件的变化，对 CAF 也会造成影响，其中湿度的影响最为关键。PCBA 使用过程中，当湿度低于一定的临界值时，CAF 很难产生。因此，控制运输和存储的过程非常关键。
措　施	CAF 的生长将导致相邻导体之间绝缘性能的下降甚至短路并最终使产品失效。CAF 生长需要一定的时间，具有较强的隐蔽性，使得电子产品的生产者难以采取有效的手段进行检测，因此，控制 CAF 的失效最有效的方法就是优化设计，采用好的基板材料，改善 PCB 的钻孔，优化 PCB 沉铜工艺。 设计上改进措施： （1）加大孔间距，如将最小间距从 0.5mm 加大到 0.8mm。 （2）导通孔作塞孔设计。

8.20 元器件下导通孔塞孔不良导致元器件移位

<table>
<tr><td>现　象</td><td>

某电源模块，在焊装到 PCB 上时，其下面的元器件发生移位短路，移位元器件位置如图 8-42 所示。

图 8-42　元器件移位现象

</td></tr>
<tr><td>原　因</td><td>

一般情况下，已经焊接好的元器件不会因为焊盘两端不同步熔化而移位，因为先熔化的一端不会把没有熔化的一端拉起。如果此料存在虚焊问题，应该发生的是立碑而非移位，而且在模块生产时就应该发生。因此，发生移位，一定是受到力的驱动，那么这个力来自哪里？

观察发生位移的元器件下有一个共同特点，就是有一个导通孔，如图 8-43 所示。如果导通孔塞孔存在空洞或由焊剂形成密封的空洞，那么在安装到 PCB 时，很可能造成气爆，将元器件吹偏。

图 8-43　移位原因

</td></tr>
<tr><td>对　策</td><td>

对于高密度设计的板，应尽可能避免在元器件下设计导通孔或不塞孔。

</td></tr>
</table>

8.21　PCB 基材波峰焊接后起白斑现象（1）

现　象	大铜皮间 PCB 基材过波峰焊接后起白斑。 发生此现象的案例有一个共同特点，就是都使用掩模板过波峰，而且白斑发生在靠近首先进入波峰焊接的板边，且与波峰焊接方向一致的两个比较厚、大铜箔区域内，如图 8-44 所示。 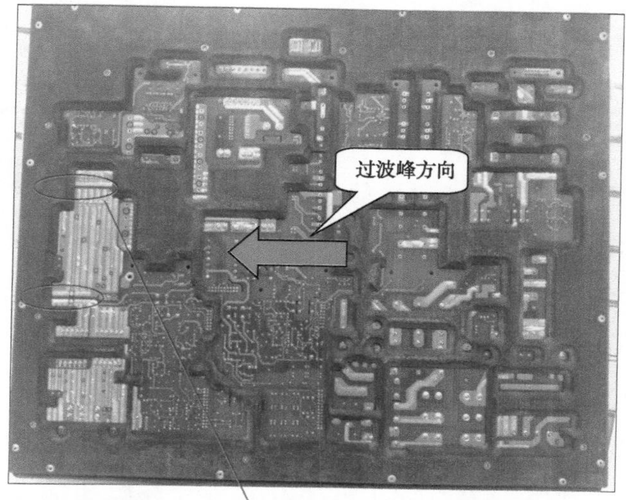  图 8-44　波峰焊接起白斑现象
案　例（1）	案例 1： 图 8-45 所示的单板，当使用掩模板过波峰时，所示位置出现白斑。 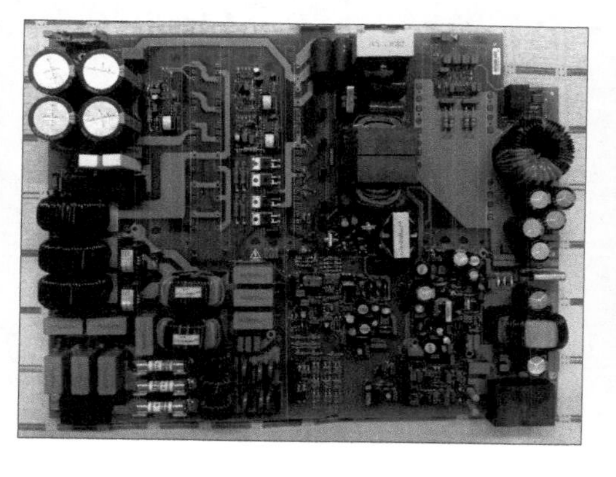 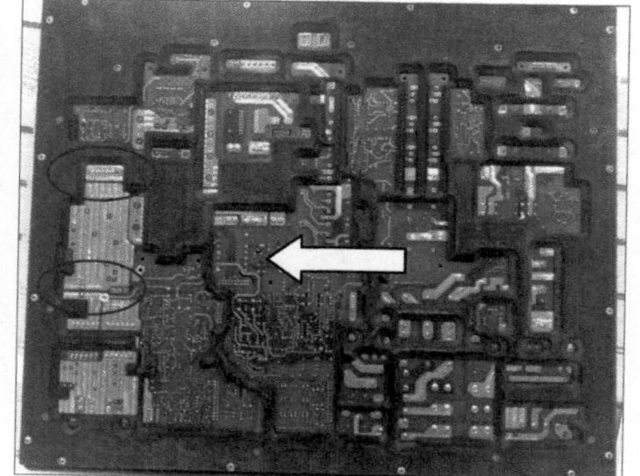 图 8-45　案例 1 单板

8.21 PCB 基材波峰焊接后起白斑现象（2）

案 例（2）

白斑位置如图 8-46 所示。

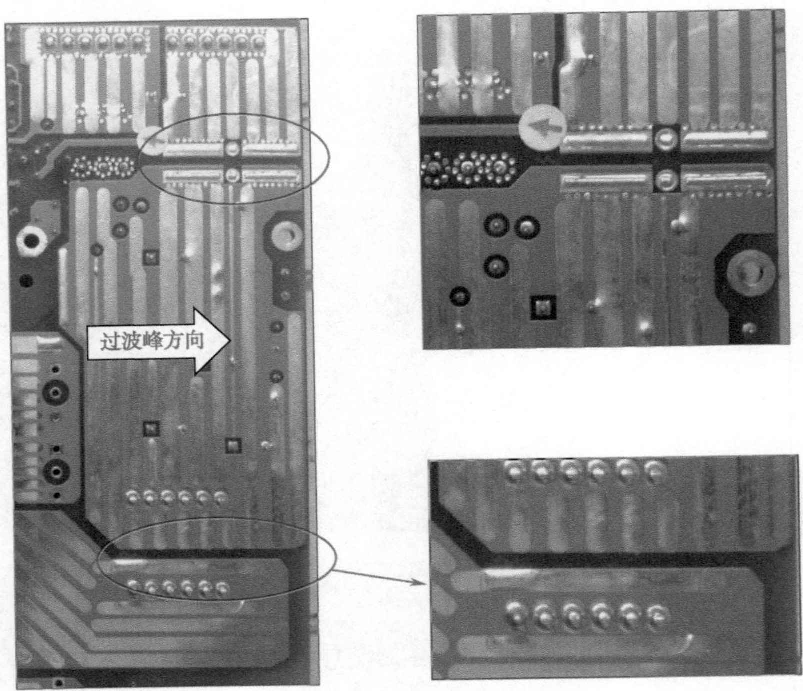

图 8-46　白斑出现位置

案例 2：

图 8-47 所示的单板，不使用掩模板过波峰时没有问题（沿长方向），当使用掩模板过波峰时，图 8-48 所示的位置出现白斑。

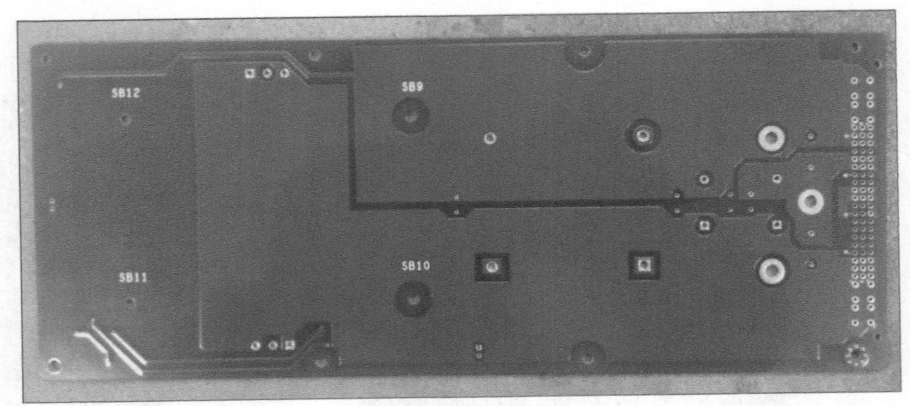

图 8-47　案例 2 单板

8.21　PCB 基材波峰焊接后起白斑现象（3）

<table>
<tr><td>案　例
（3）</td><td>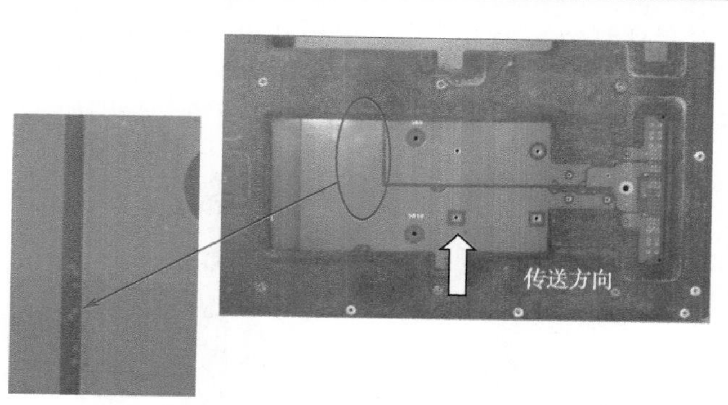

图 8-48　出现白斑位置</td></tr>
<tr><td>原　因</td><td>本节介绍的两个案例显然与材料、热应力有关。
问题是为什么发生在靠近首先进入波峰焊接的板边，并与波峰焊接方向一致的两个比较厚、大铜箔区域内（见图 8-49），而且是在使用掩模板进行焊接的情况下。如果不使用掩模板或离边远点，也不会出现此问题。

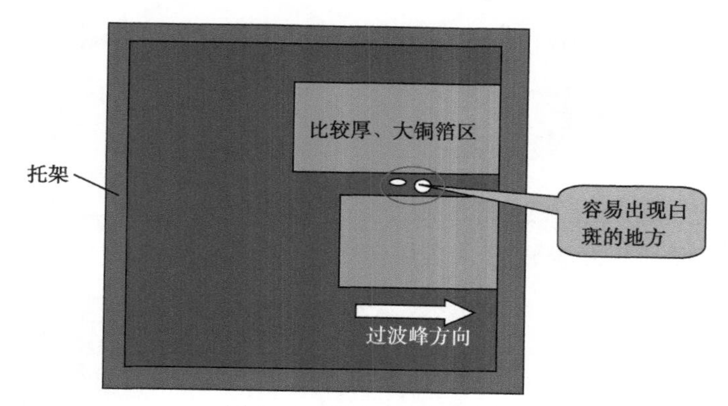

图 8-49　出现白斑的位置

从以上案例可以看出，核心问题应是掩模板的设计。我们发现，所有出问题的地方都有一个共同的特点，就是掩模板在 PCB 进入波峰的边上比较宽，掩模板覆盖的铜箔成了冷源，这样在单板刚进入波峰时，两铜箔间的树脂受到高温冲击而局部膨胀，因玻璃纤维交叉处结合力比较差而分层，从而产生白斑现象。如果使掩模板不覆盖铜箔，则相当于不使用掩模板，也就不会出现问题。因此，本质上仍然是局部热冲击的问题。</td></tr>
<tr><td>对　策</td><td>（1）改进掩模板设计，避免遮盖两大铜箔。
（2）提高板材耐热性，如使用高 T_g 板材。</td></tr>
</table>

<table>
<tr><th colspan="2">8.22 BGA 焊盘下 PCB 次表层树脂开裂（1）</th></tr>
<tr><td>现　象</td><td>

随着产品改为无铅工艺后，单板在进行机械应力测试（如冲击、振动）时，焊盘下基材开裂现象明显增加，直接导致两类失效：焊盘与导线断裂和单板内两个存在电位差的导线“建立”起金属迁移通道，分别如图 8-50 和图 8-51 所示。

图 8-50　焊盘连线断裂

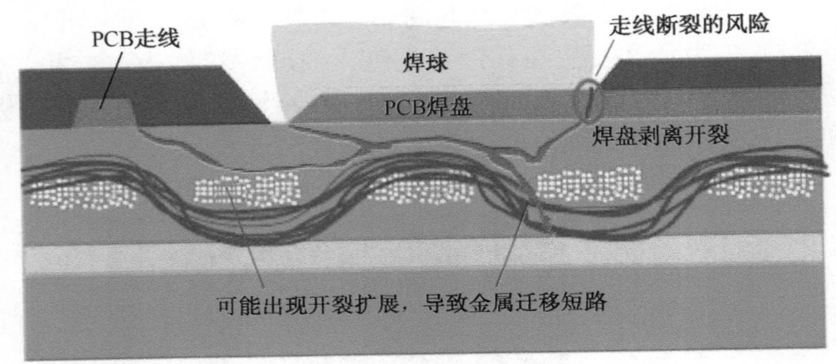

图 8-51　金属迁移“通道”

</td></tr>
<tr><td>案　例</td><td>

某手机板发生 PCB 次表层树脂开裂，如图 8-52 所示。

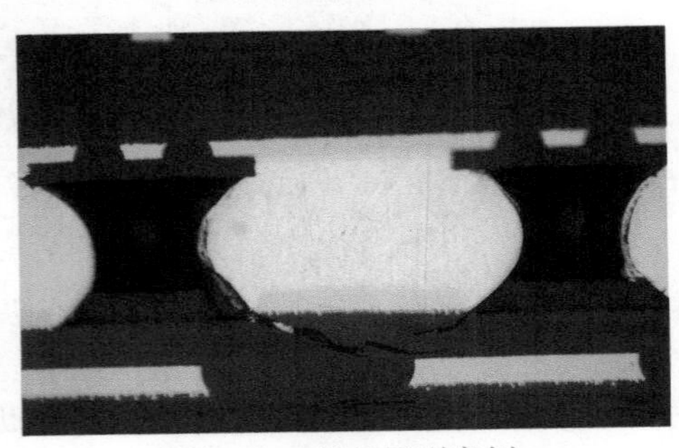

图 8-52　基材开裂案例

</td></tr>
<tr><td>原　因</td><td>

（1）无铅焊料硬度变高，在既定的应变水平下，传递到 PCB 焊盘界面的应力更大。

（2）PCB 从熔融焊料固化到室温的温度差 ΔT 变大，导致 PCB 和元器件之间的 X/Y 平面的 CTE 更加不匹配，作用在焊点上的应力更大。

（3）高 T_g 板材（T_g > 150℃）的脆性更大。

这三个“更大”导致基材开裂现象增加。

</td></tr>
<tr><td>对　策</td><td>

在其他因素不变的情况下，高 T_g 的 FR4 树脂比标准 T_g 的 FR4 树脂材料更容易发生焊盘剥离失效。因此，在无铅工艺中如果能够使用中 T_g 的 FR4 板材更好。

</td></tr>
</table>

8.22　BGA 焊盘下 PCB 次表层树脂开裂（2）

说　明

BGA 焊盘下 PCB 次表层树脂开裂，这种失效模式有一个专用的名词，称为坑裂（Pad Crater）。在 IPC-9708 中，坑裂的定义是：在表面贴装焊盘底下介电层内出现的黏性开裂或断裂现象。这种失效在有铅工艺时代，几乎没有或者说很少，但在无铅工艺时代，这种失效现象在试验室会经常遇到，在跌落试验、组装过程中也会经常遇到。

无铅焊点为什么会出现坑裂现象呢，主要有以下三方面的原因：

（1）无铅焊料通常比 SnPb 焊料更加坚硬。一方面，BGA 焊点在受到机械应力作用时，会将更多的应力转移或者说传递到到 PCB 上，如图 8-53（a）所示；另一方面，在同等应力作用下，无铅焊点能够承受的应变减少，如图 8-53（b）所示。这两方面的原因决定了无铅焊点比有铅焊点更容易发生坑裂现象。

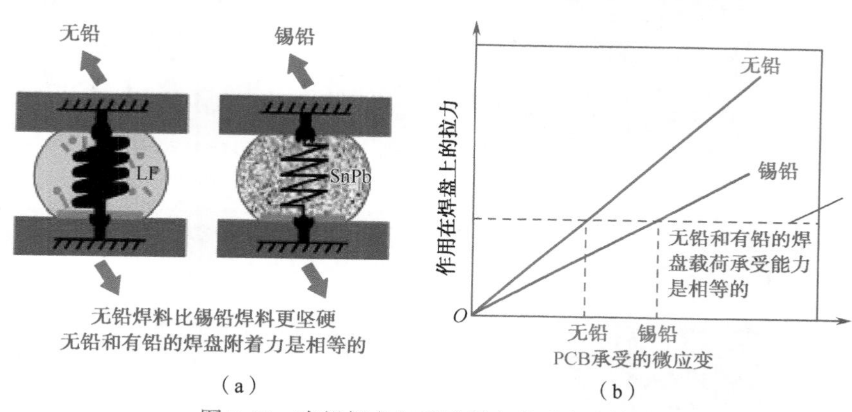

图 8-53　有铅焊点与无铅焊点的耐应变情况

（2）无铅板材使用的固化剂发生了变化，使 PCB 更硬、更脆。大多数无铅焊料的熔点比较高，这要求无铅板材能够耐更高的焊接温度。为了避免 PCB 在无铅焊接时分层，必须减少无铅板材的吸水性，因此，将普通 FR-4 中使用的极性强、容易吸水的双氰胺（Dicy）固化剂换成了不容易吸水的酚醛树脂（PN）固化剂，含量由 5% 提高到 25%，使 PCB 的 Z 向 CTE 大幅增加。为了降低 Z 向的 CTE，加入了约 20% 的 SiO_2，其结果是在提高 PCB 的耐热性的同时使得 PCB 的刚性增强，韧性降低，变得更脆，从而更容易发生次表层树脂开裂，即坑裂现象。

（3）为了适应无铅焊接，普遍使用了高 T_g 的板材。试验表明，高 T_g 的板材与标准 T_g 的板材相比，焊盘的剥离强度下降，如图 8-54 所示。

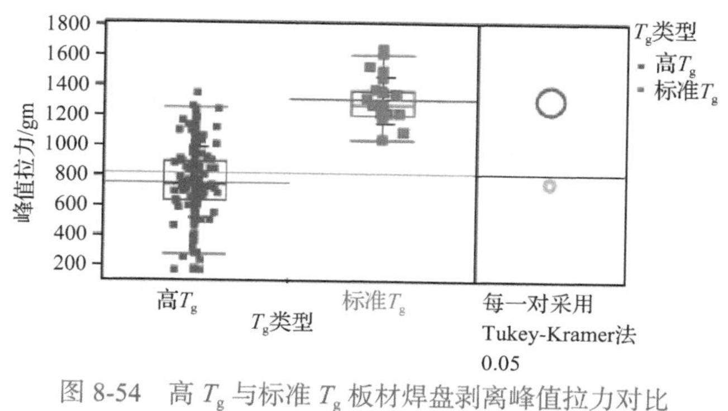

图 8-54　高 T_g 与标准 T_g 板材焊盘剥离峰值拉力对比

8.23 导通孔孔壁与内层导线断裂（1）

<table>
<tr><td>现　象</td><td>
某单板喷嘴选择焊接导致插孔断裂，断裂位置上面有一子板，通过一些铜柱（插针）与母板连接，如图 8-55 所示。
此板采用的是喷嘴选择性波峰焊接，实测焊接时间为 5.4s。

图 8-55　失效单板与失效通孔位号
</td></tr>
<tr><td>原　因
（1）</td><td>
通过切片分析，发现 PTH 孔壁铜与壁基材开裂，第 13 层连接的线路也开裂，如图 8-56 所示。同时发现孔盘起翘，如图 8-57 所示。

图 8-56　孔壁与内层线路断裂并有间隙
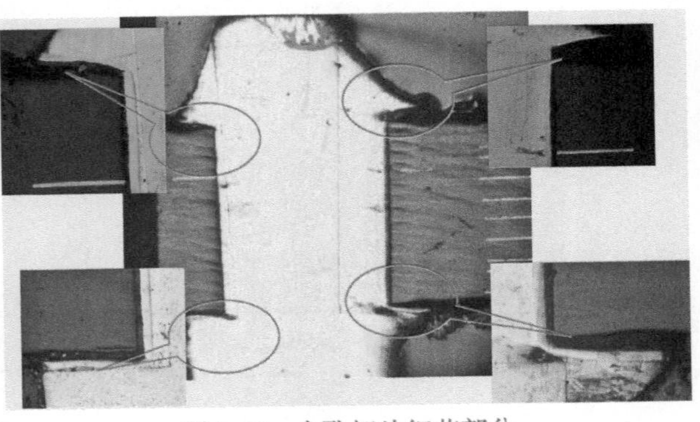
图 8-57　全孔切片细节部分
</td></tr>
</table>

8.23　导通孔孔壁与内层导线断裂（2）

原　因（2）

观察其他孔并无异常，如图 8-58 所示。

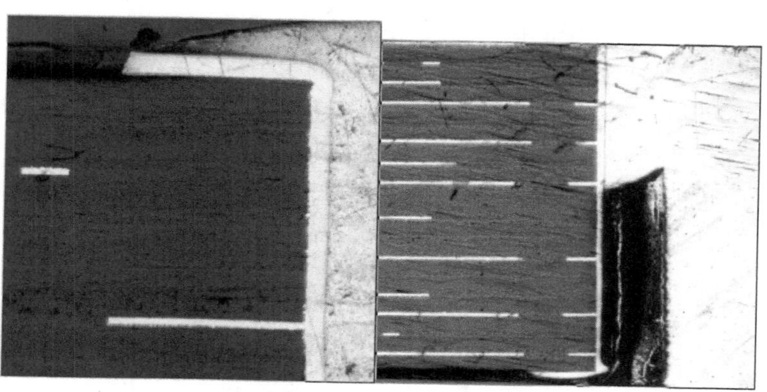

图 8-58　其他孔切片

做热应力测试，过两次再流焊接和一次波峰焊接，均没有发现问题，说明 PCB 本身的质量不存在问题。

通过切片，我们可以看到所有的开裂均位于次表层，如图 8-59 所示。说明次表层应力比较大，这显然与单板采用喷嘴选择性波峰焊接有关。它是一种局部加热波峰焊接技术，如果锡槽温度设置比较高，就可能出现此问题。

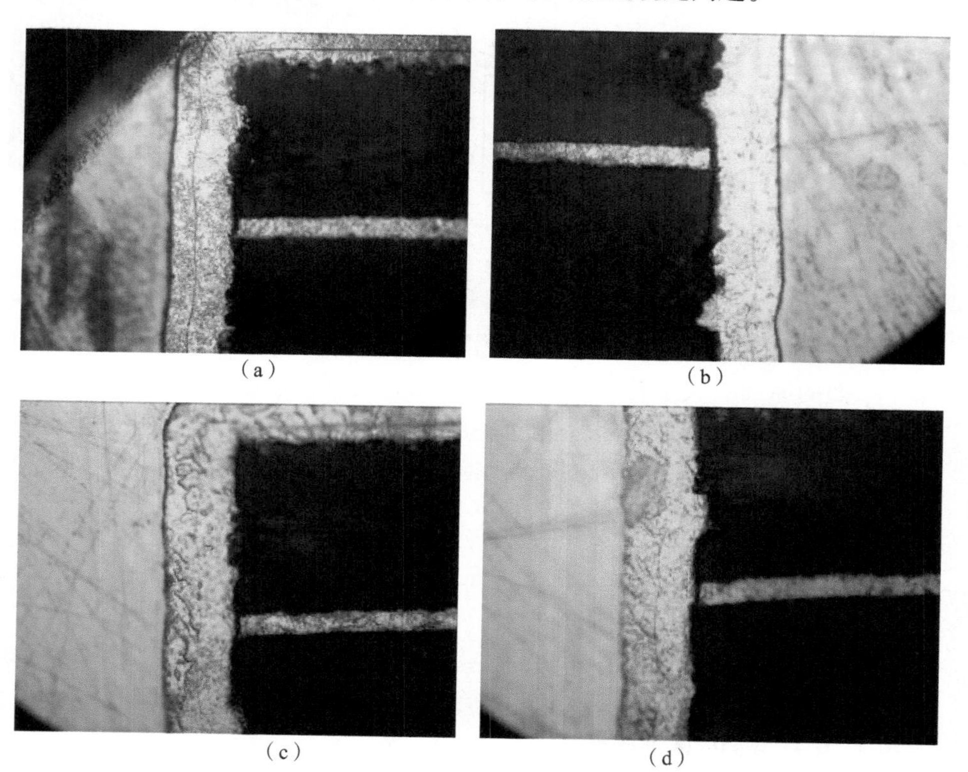

（a）　（b）　（c）　（d）

图 8-59　孔壁与连线断裂位置

我们首先了解一下喷嘴选择性波峰焊接的工作原理，它是通过喷嘴喷出的流动焊料波对 PCB 表面进行加热并焊接的，如图 8-60 所示。

8.23 导通孔孔壁与内层导线断裂（3）

原　因（3）	由于插孔孔壁的铜与PCB基材的热膨胀系数不同，加热时靠近孔壁的地方树脂膨胀较大，局部膨胀量远超过孔壁的膨胀量，一个明显的特征就是孔盘边缘翘起，如图8-57所示。同时，较厚的孔壁刚度变大即延展性更差，从而使孔壁与连接线两者间产生很大的剪切应力，使得孔壁与连接导线被剪断。 显然，越靠近PCB焊接面，热应力越大，这就是所有的断开位置位于次表层的原因，如图8-60所示。 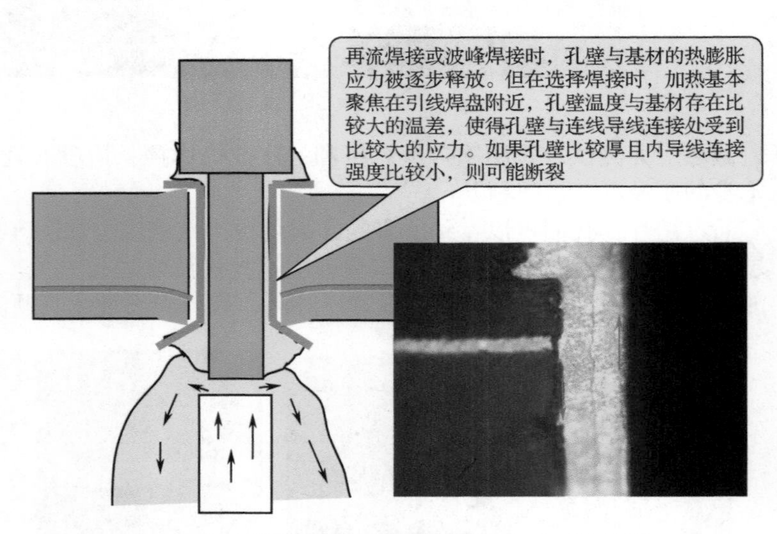 图8-60　喷嘴选择性波峰焊接原理与热应力分析 从以上的分析可以看出，此案例单板插孔孔壁与连接导线的断开，与几个方面的原因有关。首先是PCB本身孔壁太厚，超过导线的几倍；其次就是选择性波峰焊接是一个局部加热的焊接技术，本身就会给局部的PCB造成很大的应力。锡波温度越高、时间越长，就越容易产生这种现象，同时也会出现焊盘被溶蚀的问题。
对　策	喷嘴选择焊是一种局部的、具有热冲击特点的焊接技术，焊接时会使插孔处产生大的应力。因此，使用喷嘴选择焊工艺时，应尽可能减少焊接的应力。 （1）对PCB进行烘干。 （2）在透锡满足要求的前提下，尽可能降低焊接温度或缩短焊接时间。 （3）控制PCB加工质量，控制孔壁厚度。

第 9 章　由元器件电极结构、封装引起的问题

9.1　银电极渗析

现　象	陶瓷基体上烧结工艺制作的电极镀层全部或局部溶解到焊料中，露出不润湿基底，如图 9-1 所示，我们把这种焊接不良称为渗析。 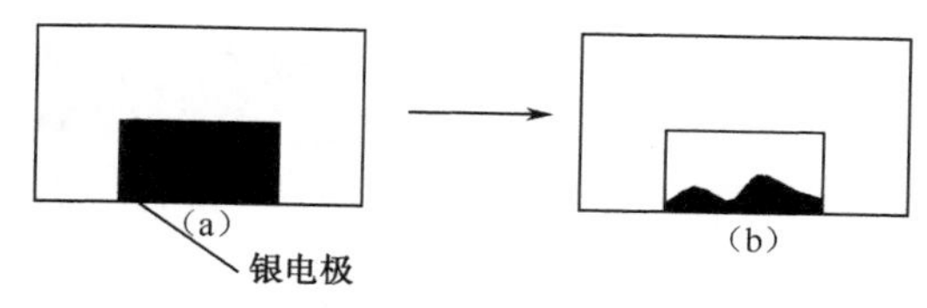 图 9-1　电极镀层渗析现象
原　因	镀层厚度不够，或没有按照标准的三层镀层结构制作。
案　例	Ag-Pd 浆料烧结形成的单层电极再流焊接时会发生渗析现象，形成虚焊，如图 9-2 所示。  图 9-2　电极渗析
对　策	生产现场： 使用含银焊膏、缩短焊接时间。 元器件选型： （1）如果镀层为单层，则厚度必须大于 25μm； （2）选用三层电极结构（陶瓷制作的元器件）的封装。
说　明	标准的三层镀层结构如图 9-3 所示。 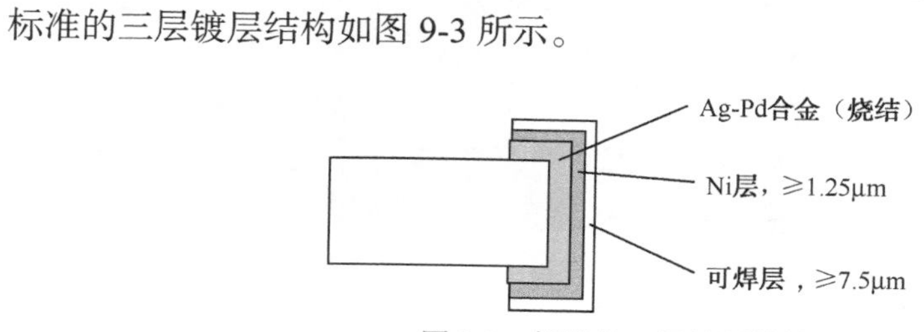 图 9-3　标准的三层镀层结构

9.2 单侧引脚连接器开焊

现　象	单侧引脚连接器类元器件，如图 9-4 所示，经常会发生开焊缺陷。 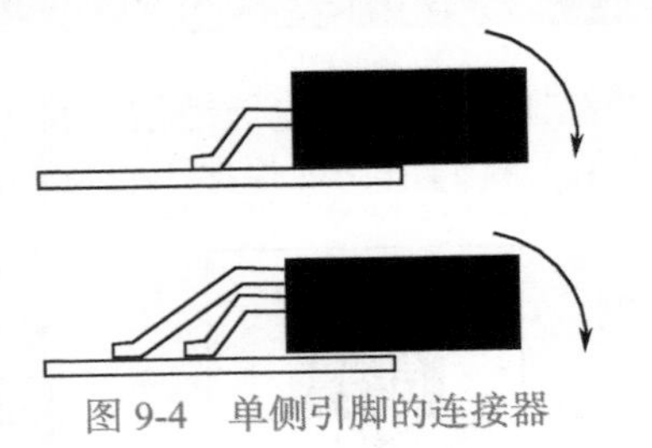 图 9-4　单侧引脚的连接器
原　因	单侧引脚连接器，特别是单侧双排的引脚连接器，由于其贴装后的状态与封装体的离板间隙、焊膏厚度有关，使引脚的“共面性”比较差，因而常常会发生开焊现象。
案　例	某单侧引脚的连接器应用实例如图 9-5 所示。 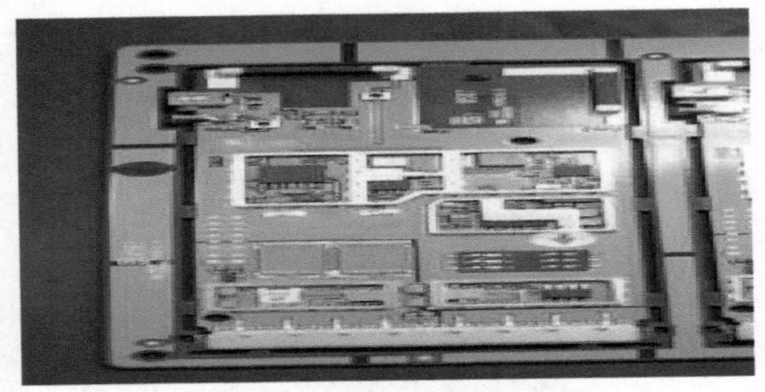 图 9-5　某单侧双引脚连接器
对　策	生产现场： （1）增加焊膏厚度。 （2）采用工装，保证所有引脚共面，如图 9-6 所示。 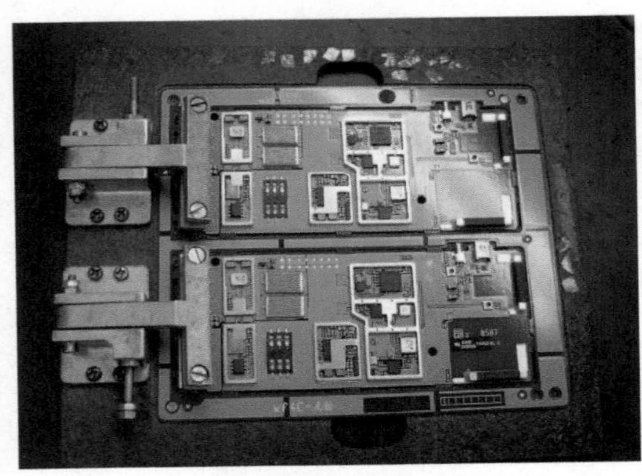 图 9-6　工装
说　明	物料的封装设计，一定要考虑贴片时的焊膏支撑情况，以确保贴片时连接器的引脚可压入 PCB 焊盘上焊膏内。

9.3　宽引脚元器件焊点开焊

现　象	宽引脚的元器件如图 9-7 所示，容易引起开焊缺陷。 图 9-7　宽引脚的元器件
原　因	对于有引脚的封装，贴片时通常要求引脚插入焊膏至少 1/3 的厚度。 对于引脚比较窄、比较少的元器件或引脚与安装焊盘有夹角的元器件（如 QFP，其引脚与 PCB 安装平面有 7°~10° 的夹角），贴片时很容易插入焊膏中。但是，对于引脚比较宽且与安装焊盘平行的元器件，如图 9-7 所示的一类元器件，贴片时因为阻力比较大，往往难以插入焊膏中。在这种情况下，如果引脚的共面性不好或可焊性不好，就容易发生引脚虚焊现象。 图 9-7 的引脚结构设计不是很好。
对　策	选用符合工艺要求的引脚结构，如图 9-8 所示，减少贴片时压入焊膏的阻力。 这也是改变焊锡流向的一种方法，有些元器件，如耳机插座，有时为了避免焊锡沿引脚往上爬，通常采用引脚脚尖上翘的结构设计，把焊锡引到脚尖部而非脚跟部。 图 9-8　两种改进结构
说　明	此类情况多为连接器、接插件类元器件。

9.4 片式排阻虚焊（开焊）

现　象	焊端与焊盘没有形成弯月面，如图 9-9 所示。  图 9-9　排阻虚焊
原　因	（1）片式排阻（或称电阻排），如果制造时“碎片”和“电极浸涂”工艺控制不好，容易造成端电极镀层厚度不同，形成类似共面性差的问题。共面不好就会导致开焊，这种情况下熔融焊锡就不可能爬上焊端，形成弯月面。 （2）贴片偏位。
对　策	生产现场： （1）增加焊膏厚度。 （2）准确贴片。 设计方面： （1）尽可能减小 S 尺寸，如图 9-10 所示，目的是减少因偏位导致的虚焊。 （2）适当增加四角焊盘的宽度尺寸 X_1，如图 9-10 所示，目的是希望通过四角焊点的表面张力使排阻自动进行定位，从而减少排阻中间四个焊端可能的虚焊。 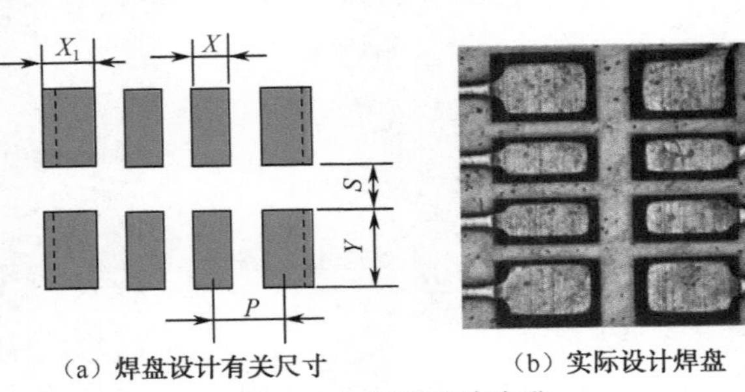 （a）焊盘设计有关尺寸　（b）实际设计焊盘 图 9-10　焊盘设计改进
说　明	手机 EMI 元器件比片式排阻工艺性更差，由于侧棱倒圆，更容易发生虚焊。应该把焊盘内伸作为一个改进选项。

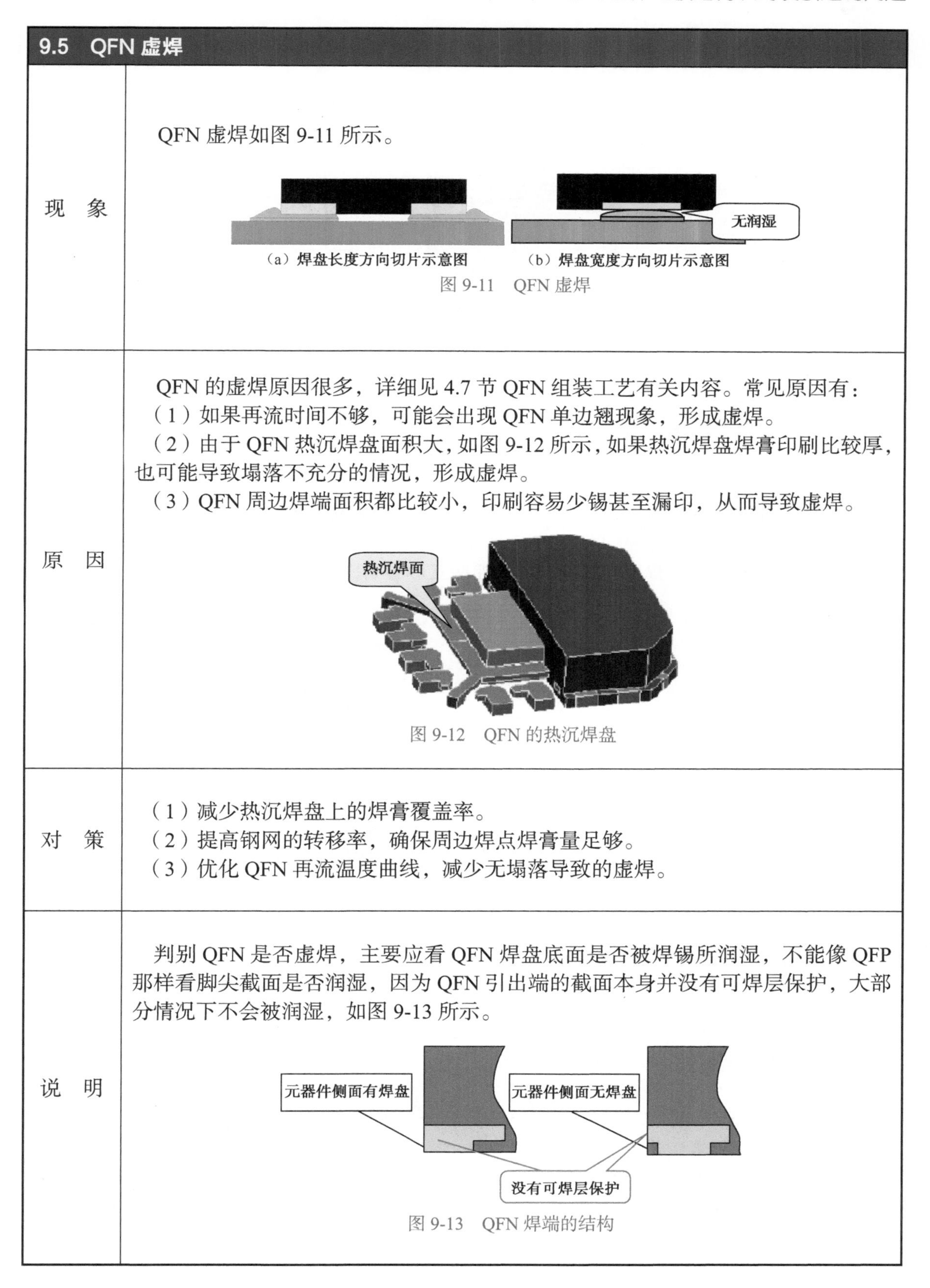

9.5　QFN 虚焊

现　象	QFN 虚焊如图 9-11 所示。 无润湿 （a）焊盘长度方向切片示意图　（b）焊盘宽度方向切片示意图 图 9-11　QFN 虚焊
原　因	QFN 的虚焊原因很多，详细见 4.7 节 QFN 组装工艺有关内容。常见原因有： （1）如果再流时间不够，可能会出现 QFN 单边翘现象，形成虚焊。 （2）由于 QFN 热沉焊盘面积大，如图 9-12 所示，如果热沉焊盘焊膏印刷比较厚，也可能导致塌落不充分的情况，形成虚焊。 （3）QFN 周边焊端面积都比较小，印刷容易少锡甚至漏印，从而导致虚焊。 热沉焊面 图 9-12　QFN 的热沉焊盘
对　策	（1）减少热沉焊盘上的焊膏覆盖率。 （2）提高钢网的转移率，确保周边焊点焊膏量足够。 （3）优化 QFN 再流温度曲线，减少无塌落导致的虚焊。
说　明	判别 QFN 是否虚焊，主要应看 QFN 焊盘底面是否被焊锡所润湿，不能像 QFP 那样看脚尖截面是否润湿，因为 QFN 引出端的截面本身并没有可焊层保护，大部分情况下不会被润湿，如图 9-13 所示。 元器件侧面有焊盘　元器件侧面无焊盘 没有可焊层保护 图 9-13　QFN 焊端的结构

9.6 元器件热变形引起的开焊

现　象	再流焊接时，元器件体发生变形而引起开焊，如图9-14所示。 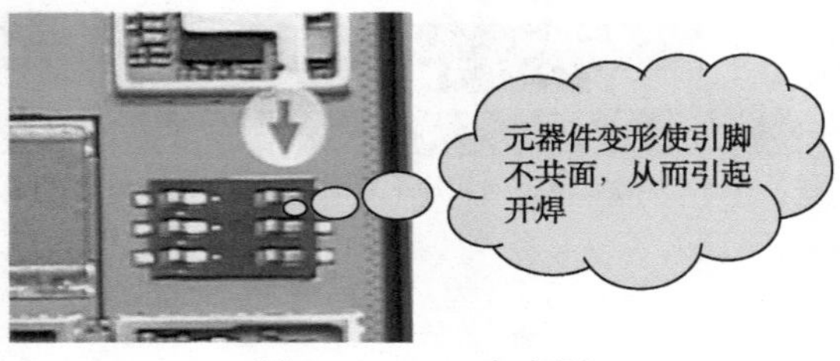 图9-14　SIM卡变形
原　因	元器件封装体结构上不对称，受潮后遇高温容易发生变形。 从图9-15所示的某类封装吸潮与变形的关系图中可以看出，元器件吸潮会增加焊接时的变形程度，因此，对于那些变形影响比较大的封装，上线前应进行烘干处理。 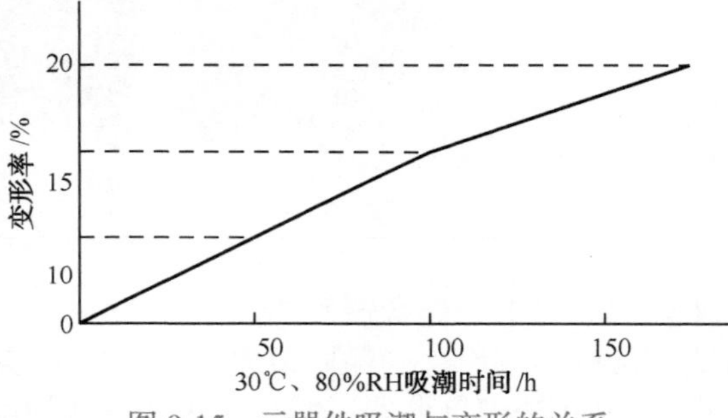 图9-15　元器件吸潮与变形的关系
对　策	（1）降低再流焊接温度。 （2）对变形的元器件进行烘干。
说　明	用无铅焊工艺焊接有铅元器件时，注意元器件的耐热性。 有些产品对元器件封装的变形比较敏感，即使元器件焊点良好、性能正常，但使用功能也会出现问题，本案例所示的SIM卡座，变形0.10mm就会使SIM卡无法装入。

9.7　Slug-BGA 的虚焊

<table>
<tr><td>案　例</td><td>所谓 Slug-BGA 芯片，是指底部有散热凸台的 BGA 芯片，如图 9-16 所示。

图 9-16　SLUG-BGA 芯片
Slug-BGA 焊接后，测试不通过率达 6% 左右。通过 X 射线透视检查发现，中间焊点图形小，周边大，如图 9-17 所示，说明 BGA 中间凸台阻止了 BGA 的塌落。
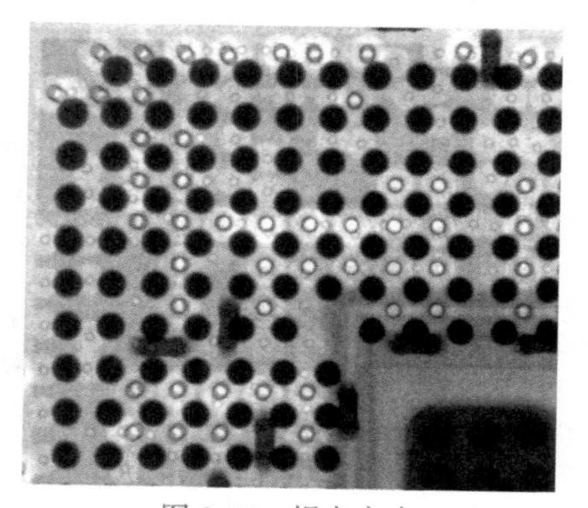
图 9-17　焊点大小</td></tr>
<tr><td>原　因</td><td>将失效的芯片进行切片分析，发现芯片中间受凸台的支撑作用鼓起，比周边焊点高出 30μm，使得 BGA 本身存在很大的应力，如果焊点强度不够就可能被拉断，如图 9-18 所示。

图 9-18　BGA 的变形情况</td></tr>
<tr><td>对　策</td><td>适当降低焊接峰值温度，延长焊膏熔点以上的焊接时间。</td></tr>
<tr><td>说　明</td><td>混装工艺条件下，不能按有铅工艺参数进行炉温设置。</td></tr>
</table>

9.8 陶瓷板塑封模块焊接时内焊点桥连

案　例	图 9-19 为一电源模块，内焊点采用有铅焊料，基板为陶瓷板，塑封。  图 9-19　某电源模块的封装 采用有铅工艺焊接，出现内部焊点断路、短路，如图 9-20 所示，概率达 41%。 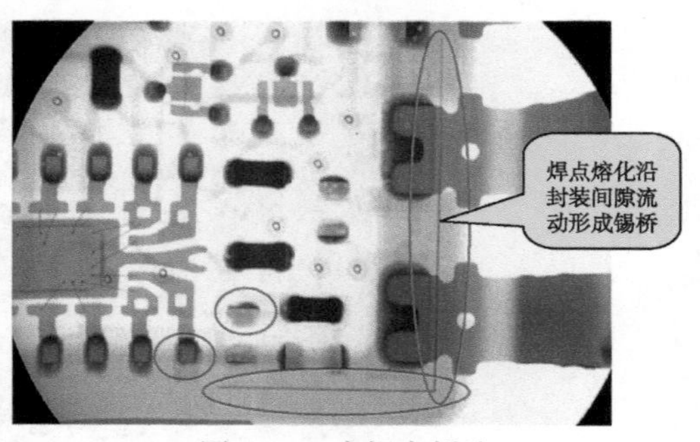 图 9-20　内焊点桥连
原　因	此模块为系统级封装（SiP），载板为陶瓷板，其上安装有多种器件，整体进行包封。如果包封后在载板和元器件与包封材料界面存在间隙，再流焊接时很容易因为间隙聚集潮气的特性而分层。陶瓷载板不透气，一方面会限制元器件存储期间吸潮速度，另一方面，再流焊接时也会阻止潮气的扩散，尽管此作用有限，但至少是分层的一个加速因子。 分层后，如果相邻焊点间缝隙连通，就会导致内部桥连。这种桥连可用 X 光透视检测发现。
对　策	（1）采用低应力温度曲线进行焊接（慢的温变速度）。 （2）对元器件进行烘干处理。
说　明	陶瓷板组件模块有其特殊结构，即厚且引出线内连采用锡铅焊料。

9.9　全矩阵 BGA 的返修——角部焊点桥连或心部焊点桥连

案　例	角部位置处焊点发生桥连，如图 9-21 所示。 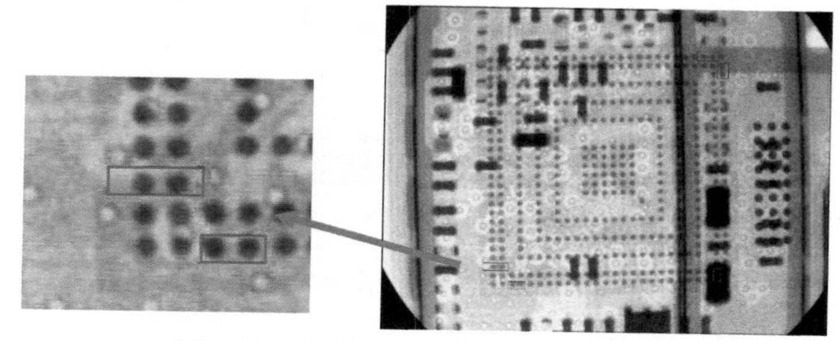 图 9-21　全矩阵 BGA 的返修时角部桥连
原　因	热风返修是一种单方向局部加热工艺。焊接时，如果热风温度比较高，或热风风速比较高，BGA 会出现较严重的“哭脸”变形（即 BGA 四角向下翘的变形），会挤压四角部位的焊点连在一起，形成桥连。 图 9-22 为案例芯片的切片图。测量切面焊点高度，中间最高距离为 183μm，边角最低距离为 158μm ，这是典型的返修焊接焊点高度的表现。此类情况主要出现在封装比较厚、心部有焊球的 BGA 上。 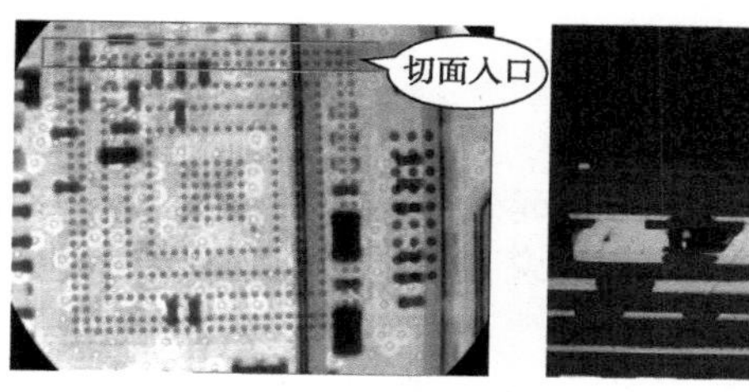   图 9-22　案例芯片的切片图
对　策	返修作业时，如果四角桥连，则需要： （1）降低底部预热温度，减少 PCB 下弯。 （2）延长预热时间与温度，降低风速，使内外焊点同时熔化，避免心部焊球还没有完全熔化的情况下，边角处焊球在 BGA 上弓时先熔化。 如果心部桥连，则需要： （1）降低风速或关掉低部风冷，甚至打开预热器，使 BGA 慢速冷却。 （2）延长焊接时间，温风中冷却，避免边角处焊球先凝固。
说　明	返修加热为局部加热，而且不均匀，很容易造成 BGA 变形。

9.10 铜柱焊端的焊接——焊点断裂

现　象	铜柱焊端元器件侧断裂（无铅焊缝在有铅工艺条件下），如图 9-23 所示。 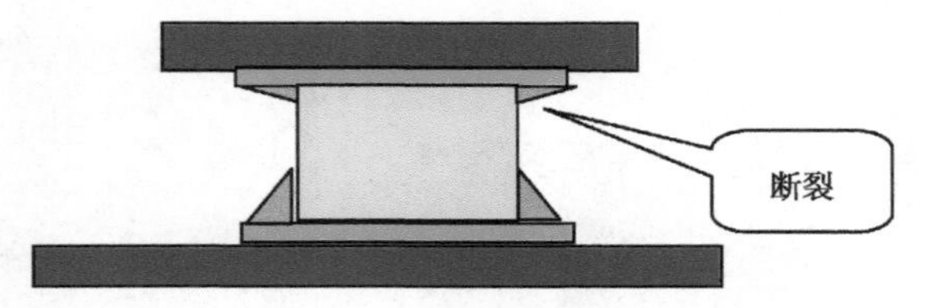 图 9-23　断裂位置 图 9-24 所示小模块焊接后整体很容易被碰掉。所有焊点断裂处均为铜柱的元器件侧焊缝，在断裂面上可以看到铜柱下焊锡很薄。 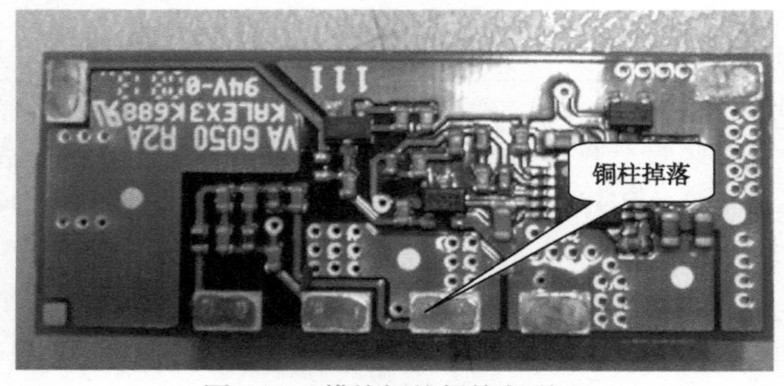 图 9-24　模块铜柱焊接断裂面
原　因	元器件焊点强度不够，因为铜柱端头接缝处没有焊锡，仅凭周边很弱的填锡不能产生足够的强度。机理分析如图 9-25 的说明。 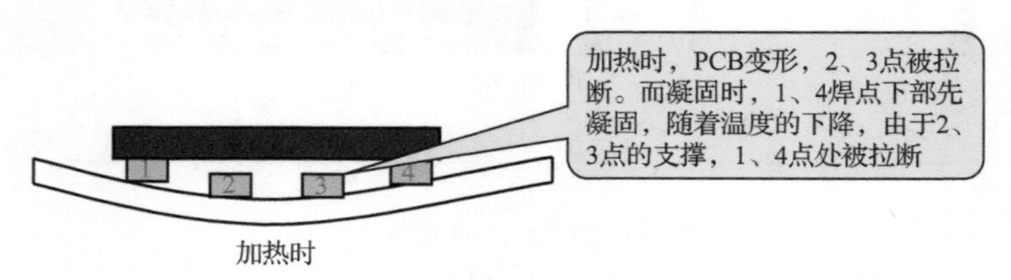 图 9-25　断裂机理分析
对　策	在铜柱上开槽，增加焊缝面积从而提高强度，如图 9-26 所示。 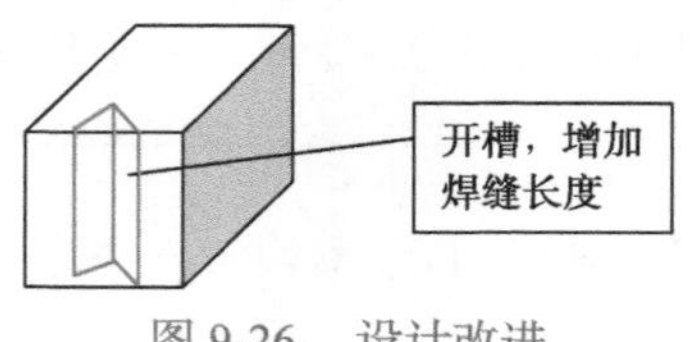 图 9-26　设计改进

9.11　堆叠封装焊接造成的内部桥连

现　象	堆叠多芯片封装内部分层，凸点焊料漫流造成短路，如图 9-27 所示。 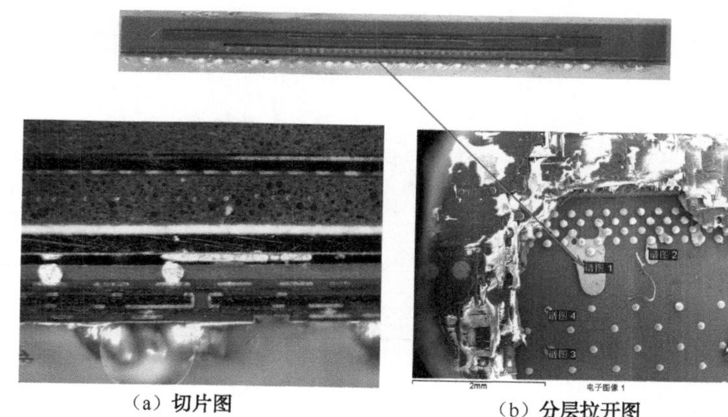 （a）切片图　（b）分层拉开图 图 9-27　内部桥连
原　因	此芯片为多芯片堆叠的 BGA 封装，底层芯片采用倒装焊工艺与载板连接，顶层芯片采用线焊技术与载板连接。 倒装焊就是芯片的有源面向下，通过凸点与安装载板连接，类似 BGA。焊接后底部作填充处理。由于芯片离地间隙比较小，填充往往不实，会有空洞。再流焊接时，这些空洞的地方就成为潮气聚集的地方。如果再流焊接温度高，空洞内的潮气压力就比较大，就可能引发倒装焊接界面填充树脂与芯片、填充树脂与焊球间的分层，形成缝隙通道。 本案例封装倒装焊接凸点采用的是 SnPb 焊球，再流焊接时会熔化。如果倒装芯片焊接层分层，这些熔化的焊料就会在内部气压的驱动下向缝隙迁移。如果相邻焊点之间缝隙贯通，就会发生桥连。 这个案例具有典型性。一般而言，对于多芯片堆叠封装，如果芯片尺寸比较大，就比较容易发生内部分层的现象。对于此类封装，应严格按照供应商的要求保存和使用。
对　策	上线前进行 5h 烘干处理并采用小应力再流焊接温度曲线。
说　明	新封装、无铅，使得工艺难度提高。因此，必须前期介入，了解封装内部结构，制订个性化的工艺，这点非常重要。 目前 CPU 的封装趋势是朝着大尺寸、薄形化方向发展。这给焊接、返修带来了很大的挑战，特别是 2.5D（即 2.5 代封装，指以硅载板作为多芯片间互连与安装基板的倒装 BGA 封装）的封装，连基本的变形趋势有时都难以判断，会给焊接带来更多的问题。必须了解清楚焊接时的热变形，才能够采取有效的措施。

9.12 手机 EMI 器件的虚焊

现　象	EMI 焊接的主要问题是两侧接地焊点的虚焊，如图 9-28 所示，占其焊接不良的 60%。可以观察到，大部分虚焊点的特征是焊膏独立成球，没有与焊端形成焊点。 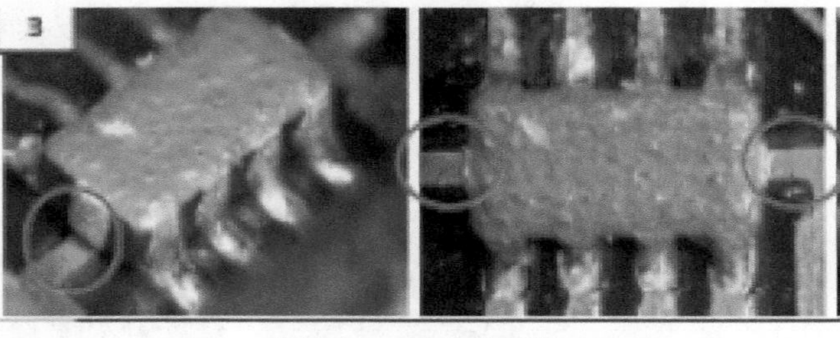 图 9-28　EMI 的封装
原　因	焊膏印偏或漏印，使得焊膏不能与焊端接触，从而形成虚焊。
案　例	EMI 虚焊现象如图 9-29 所示。 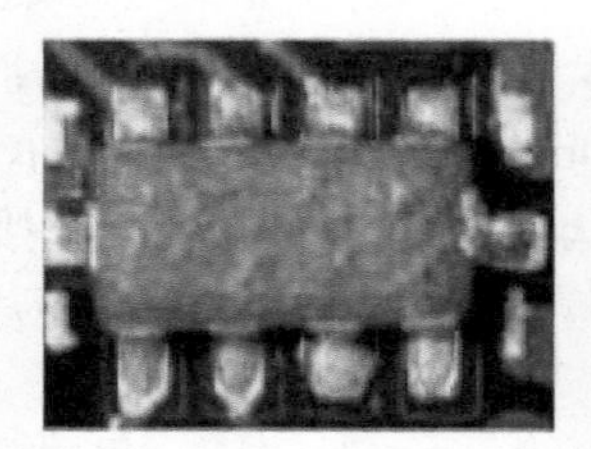  图 9-29　EMI 虚焊现象
对　策	生产现场： （1）严格控制焊膏印刷质量。 （2）严格调试贴片位置，一定要居中。 （3）修正钢网开口尺寸，减小中间焊点钢网开口宽度并增加长度；加宽四角钢网开口宽度。 设计改进： （1）尽量减小两排焊盘中间的间隔，提高工艺窗口。 （2）适当加大四角焊盘的宽度。
参　考	核心是焊膏印刷不能偏位。 解决问题方法：观察焊膏印刷是否偏位、是否局部漏印，这是所有微细焊盘组装需要关注的首要要点。

9.13 F-BGA 翘曲

现 象	图 9-30 所示的封装为典型的 F-BGA 封装，载板上倒装焊接有裸芯片（Die）。如果裸芯片尺寸小于载板尺寸的 1/4，一般可以把它看作一个小的 PCB。这种封装再流焊接时，偶尔可以看到对角上翘的现象，是非常少见的。从起翘角部焊点形态看，BGA 焊球基本完整，有时能够看到焊球与焊盘之间有细丝连接的形貌，说明载板的变形基本在预热结束时就已经定型，应该属于应力释放的变形。 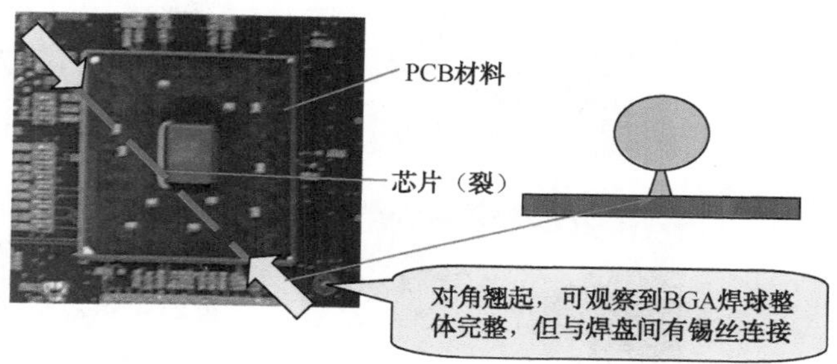 图 9-30 F-BGA 马鞍形变形现象
案 例	某单板上 F-BGA 出现对角翘起并使焊点拉起的现象，如图 9-31 所示。 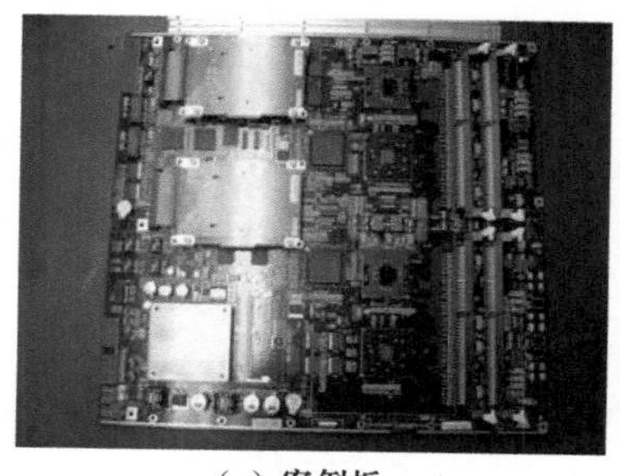 （a）案例板  （b）FC-BGA翘曲现象 图 9-31 F-BGA 对角起翘现象
原 因	F-BGA 为什么会发生对角起翘的现象？实际上 F-BGA 可以看作 PCB，PCB 的变形有弓曲和扭曲，PCB 受潮或受热不均就可能发生这样的扭曲，也可以说这是 F-BGA 变形的典型特征。这与 P-BGA 封装不同，P-BGA 属于双层结构，焊接时发生的变形是对称的。
对 策	烘干并适当延长焊接时间。

9.14 复合器件内部开裂——晶振内部

案 例

某单板上的晶振器件采用手工焊接，测试发现功能失效。

失效的晶振器，摇动会响，打开看到内部焊点断裂并可以看见焊点上的金（Au）没有熔蚀掉，说明内焊点断裂原因是冷焊而非手工焊接时热量太大引起的，如图9-32所示。

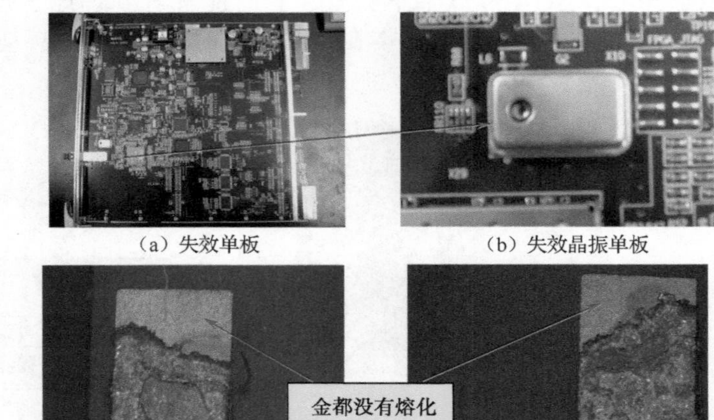

（a）失效单板　（b）失效晶振单板

（c）断裂焊点　（d）断裂焊点

图9-32　内焊点断开

原 因

内焊点为冷焊点。

说 明

严格来料质量检查，特别是复合器件。

本案例出现问题的晶振，上面都有厂家所做的标记，如图9-33所示，疑为厂家将废品混进来。

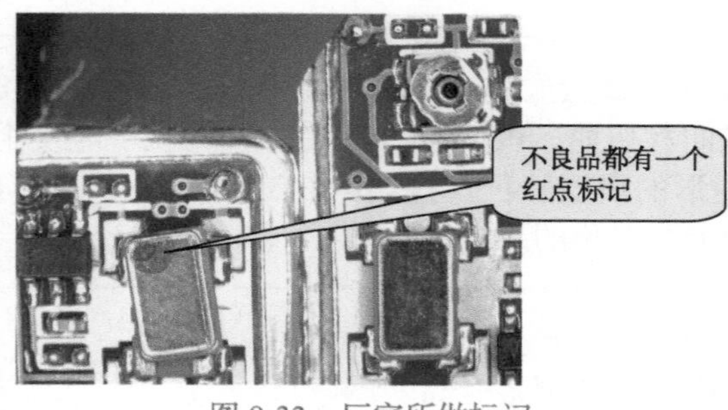

图9-33　厂家所做标记

9.15　连接器压接后偏斜	
现　象	96 芯欧式插座，压接后一致向左偏斜，如图 9-34 所示。 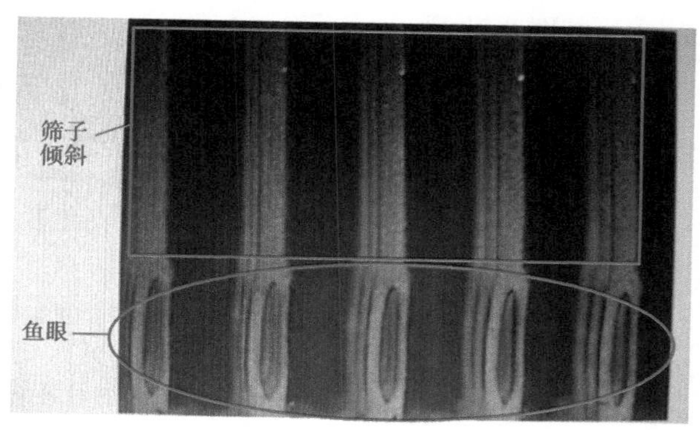 图 9-34　连接器压接后外斜
原　因	压接连接器鱼眼环（弹性环）左边的宽度比右边平均宽 0.04 ~ 0.05mm，远高于可接受的 0.01mm 以下。由于两边宽度不同，导致压接后的变形不同，从而引起一致向左偏斜的现象，如图 9-35 所示。 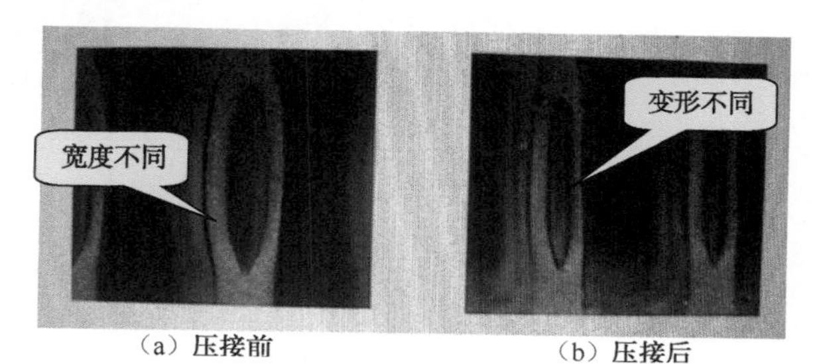 （a）压接前　（b）压接后 图 9-35　压接前后对比 合格品与不合格品对比如图 9-36 所示。 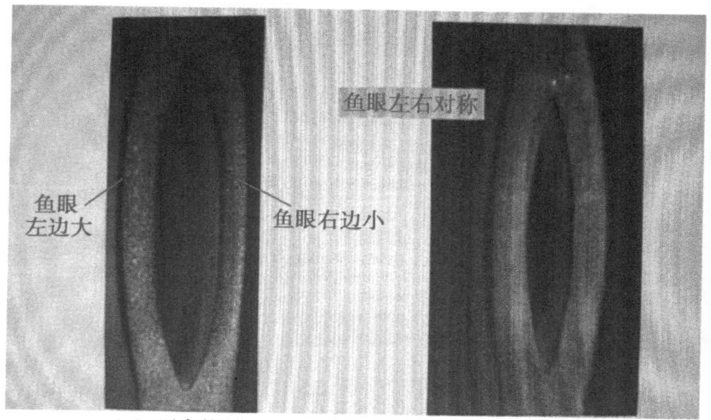 （a）不合格品　（b）合格品 图 9-36　合格品与不合格品的对比
对　策	属于不可克服的缺陷，作退货处理。

9.16 引脚伸出 PCB 太长，导致通孔再流焊接“球头现象”

<table>
<tr><td>现 象</td><td>同轴插座由三个零件构成，如图 9-37 所示。通孔再流焊接后，中间引线形成球头不良现象，如图 9-38 所示。
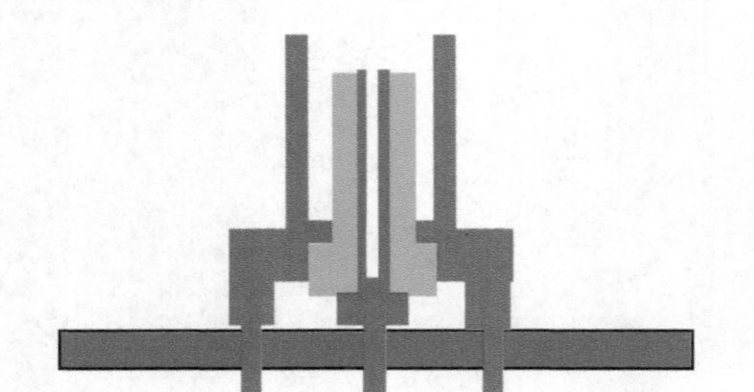
图 9-37 同轴插座的剖面示意图
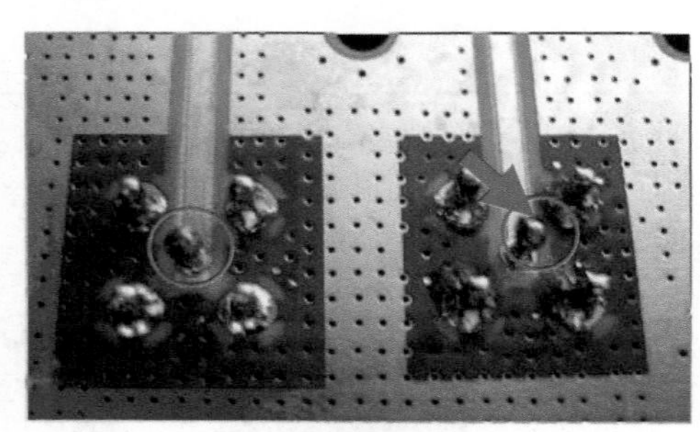
图 9-38 球头现象</td></tr>
<tr><td>原 因</td><td>由于内引线印刷的焊膏少（见图 9-39），同时，插入插座后，大部分焊膏又被插出（见图 9-40），使得焊接时内引线与孔填充很差，无法向引线头铺展。同时，因引线受热不充分以及引线太长而无法流回到孔，最后形成球头现象。
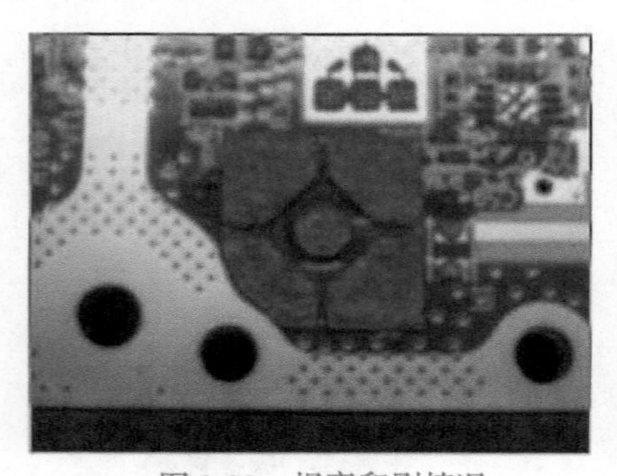
图 9-39 焊膏印刷情况

图 9-40 插入后情况</td></tr>
<tr><td>对 策</td><td>减小内引线伸出 PCB 焊盘的长度。</td></tr>
</table>

9.17　钽电容旁元器件被吹走（1）

现　象

钽电容周围的小尺寸元器件（如 0402 片式元件）会被“吹走”，而且往往吹走的距离比较远。图 9-41 所示的钽电容将附近的 0402 被吹偏了。

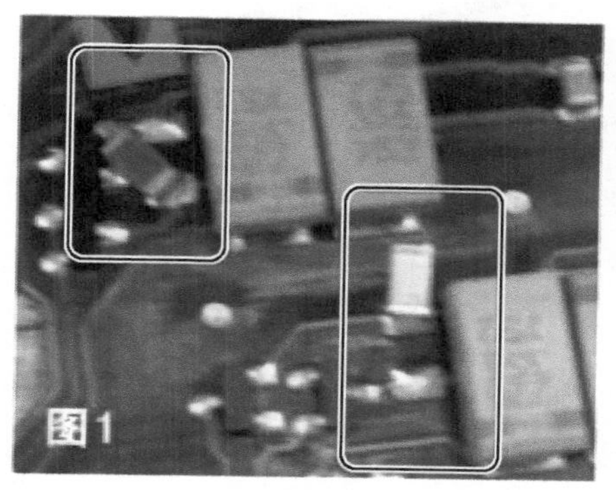

图 9-41　钽电容“吹走”附近元器件

原　因（1）

钽电容吹气并非个案，属于比较常见的现象。为了确定钽电容内部挥发气体吹出来的位置，我们采用再流焊接观察仪对钽电容的“吹起”现象与“吹起”位置进行了研究。根据研究要求，依次设计了两个试验：

（1）试验一，将钽电容按照正常安装状态放到光板上，周围排放 0603 片容，如图 9-42（a）所示，目的是确认钽电容的“吹起”现象。

（2）试验二，我们将钽电容倒置在光板上，周围同样布局 0603 片容，在片容底面上也布放一个片容，如图 9-42（b）所示，目的是进一步确认气体是从侧面吹出的还是从元器件底面吹出的。

试验发现，钽电容在 221℃时其底部脱模处会发生“吹起”现象。

那么，为什么钽电容高温时会“吹气”？首先，我们了解一下钽电容的制造工艺、结构和材料特性。固体钽电容是通过将钽粉压制成形，之后经高温真空烧结成一多孔的坚实芯块（圆柱形状），芯块经过阳极化处理生成氧化膜 Ta_2O_5，先被覆上固体电解质 MnO_2，然后再覆上一层石墨及锡铅涂层，最后用树脂包封成的元器件，如图 9-43 所示。

（a）周围布局 0603 片容

（b）周围布局及朝上的 0603 片容

图 9-42　钽电容吹起试验

9.17 钽电容旁元器件被吹走（2）

原　因（2）	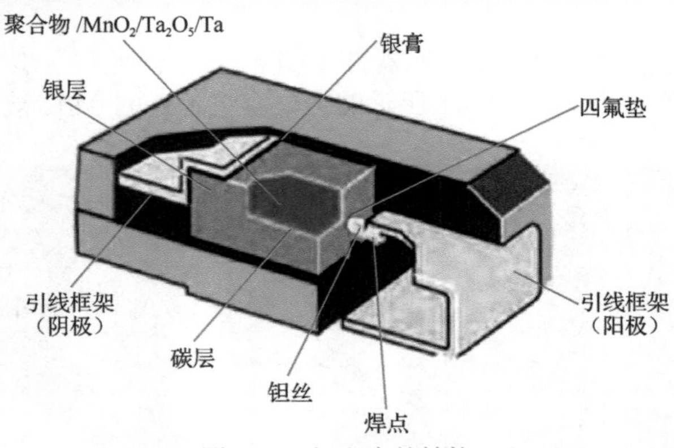 图 9-43　钽电容的结构 MnO_2 是在阳极氧化膜 Ta_2O_5 表面被覆盖的一层电解质。在实际的加工过程中，MnO_2 层是通过 $Mn(NO_3)_2$ 的热分解得到的，其过程是将 Ta_2O_5 的阳极基体没入 $Mn(NO_3)_2$ 溶液中充分浸透，然后取出烘干，在水汽（湿式）或空气（干式）的高温气氛中分解，制取出电子电导型的 MnO_2。作为钽电容的固体电解质，其分解温度是 210 ~ 250℃，化学方程式如下： $$Mn(NO_3)_2 \rightarrow MnO_2 + 2NO_2 \uparrow$$ 在固体钽电容的生产过程中，如果工艺参数控制不到位，就会造成 $Mn(NO_3)_2$ 分解残留。在元器件贴装再流时，残留的 $Mn(NO_3)_2$ 进一步分解，释放出 NO_2 气体。由于钽电容塑封体底部有一个脱模坑，此处非常薄，在 NO_2 的高压下就会开裂并溢出，从而造成钽电容本身或附近元器件移位。
对　策	钽电容"吹气"本质上是元器件制造工艺导致的问题，应该从源头解决。工艺上，一般可以采取以下措施： （1）对于容易发生"吹气"的钽电容，拆包后须过一次炉再重新编带，不过这在一般的工厂较难操作。 （2）在 PCB 设计上可以采用焊盘中间无铜无阻焊甚至打孔的设计，为钽电容排气减压提供减压空间，如图 9-44 所示。 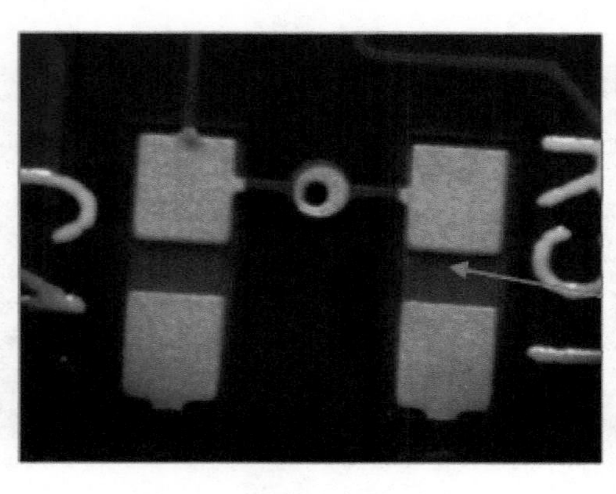 图 9-44　推荐的焊盘设计

9.18 灌封器件吹气

现　象	图 9-45 所示的封装，焊接时会把附近的元器件吹走，如图 9-46 所示。  图 9-45　灌封器件  图 9-46　元器件被“吹走”
原　因	灌封工艺对空洞的要求比较高。而空洞的控制主要靠灌封时的真空度。灌封机如果平时的保养做得不好，如真空滤芯堵塞严重，就会降低真空度，从而导致灌封材料部分出新空洞。 空洞的存在如果吸潮，特别是存储过期后烘干不足时，就会成为烘干时期滞留的地方。遇到高温，如再流焊接温度比较高，就会导致空洞中气体溢出，形成强大的喷射，将周围小的、比较高的片式元件吹跑。
对　策	（1）严格控制物料质量，确保符合工艺要求。 （2）如果必须使用有问题的物料，那么只能采用长时间的烘干处理，但这会劣化引脚的可焊性。
说　明	此案例对于灌封类元器件质量控制具有指导意义。

9.19　手机侧键内进松香

<table>
<tr><td>现　象</td><td>
手机侧键焊接后出现 20% 以上的断路，拆开后看到内部接触片之间有松香痕迹，如图 9-47 所示。

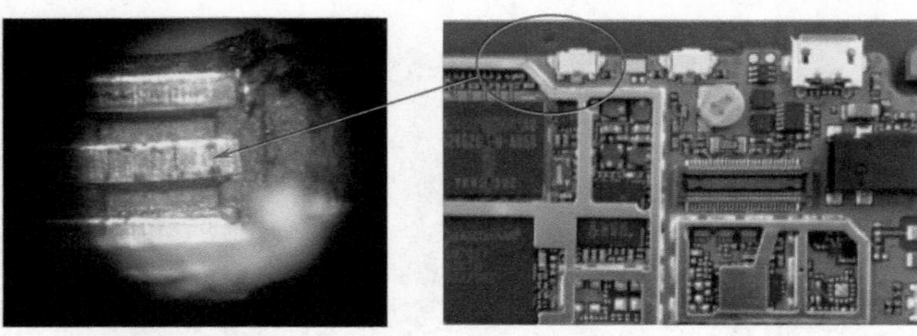

（a）接触片上残留有松香　　（b）侧键

图 9-47　手机侧键内进松香
</td></tr>
<tr><td>原　因</td><td>
对比有问题物料和无问题物料（同品牌），结构上有一个不同，就是有问题的物料上有小孔直接通内部触条，而无问题物料小孔为非通小孔，如图 9-48 所示。

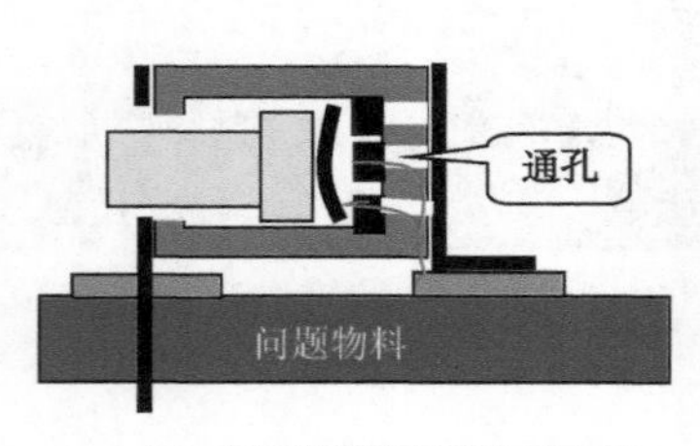

（a）有问题侧键的结构示意图

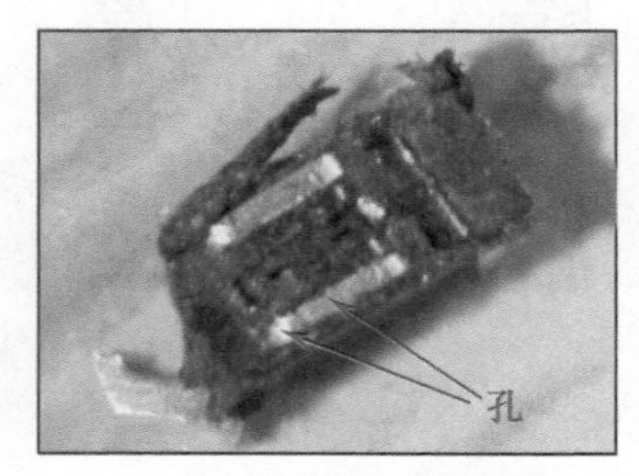

（b）有问题侧键的解剖图

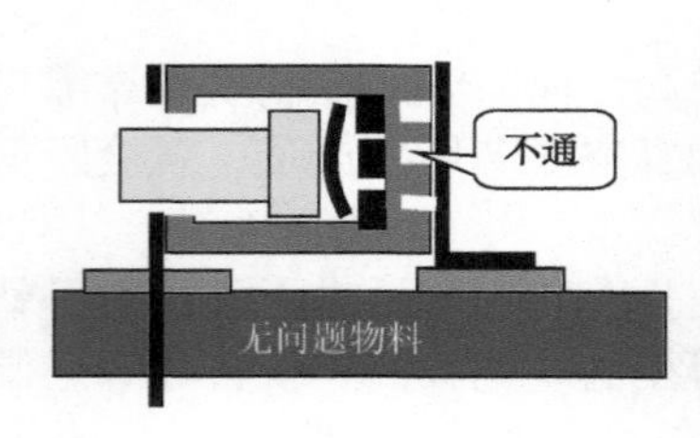

（c）无问题侧键的结构示意图

（d）无问题侧键的解剖图

图 9-48　按键结构示意图

此孔以及外金属框与塑料体间隙成为焊剂毛细通道，焊接时，熔化的松香由于表面张力很小被吸附进按键内部，从而导致弹片与触条之间的接触不良。
</td></tr>
<tr><td>对　策</td><td>
（1）换用无问题物料。
（2）或小孔侧的脚（主要起加固作用）不焊接。
</td></tr>
</table>

9.20 MLP（Molded Laser PoP）的虚焊与桥连（1）

现　象

图 9-49 所示封装为某公司设计的一种微细间距的新型 PoP 封装。焊接后发现 2.5% 以上的虚焊与桥连问题。经切片观察，虚焊大部分为球窝现象，如图 9-50 所示，桥连均如图 9-51 所示。

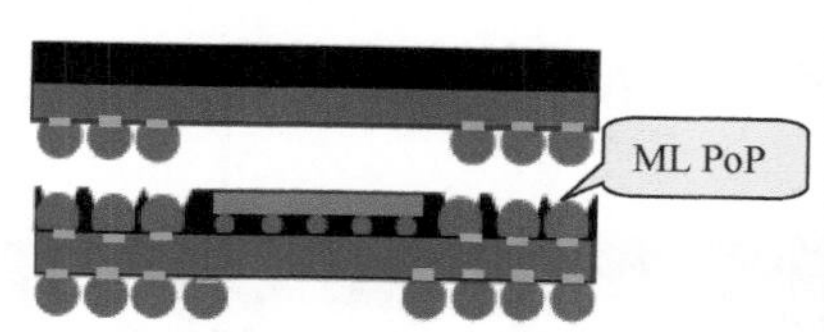

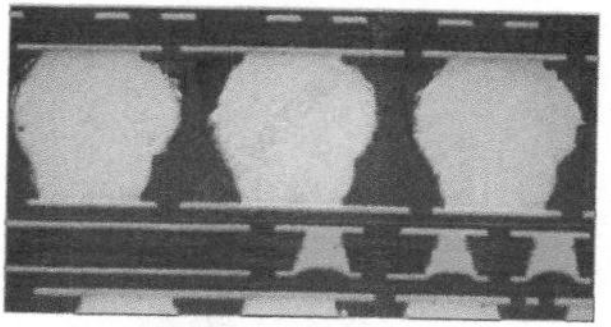

图 9-49　ML PoP 封装及正常焊点形态

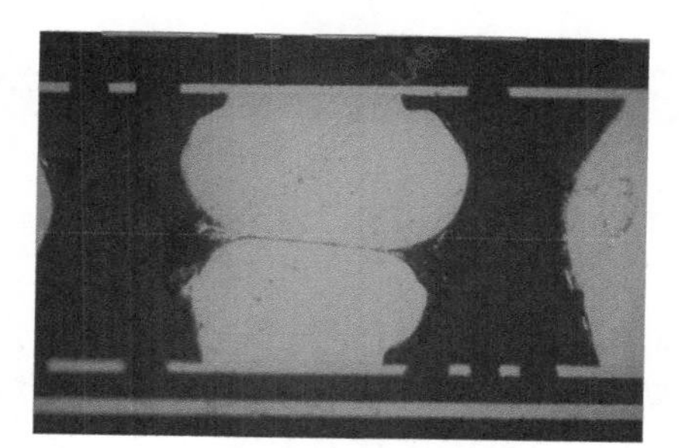

图 9-50　球窝现象

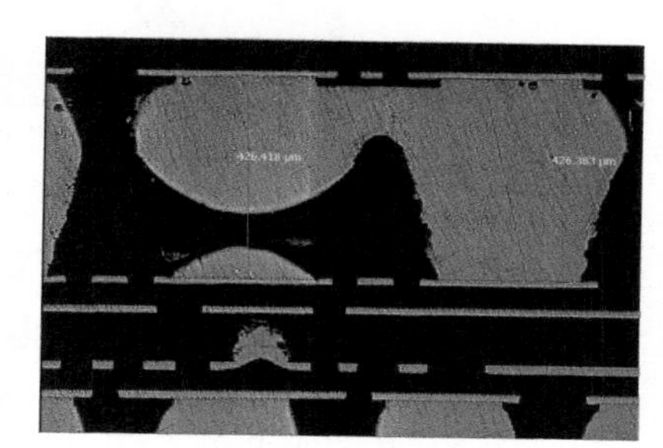

图 9-51　桥连现象

原　因（1）

1. 桥连

合格封装的球窝如图 9-52（a）所示。桥连现象主要发生在 ML PoP 球窝比较深的封装上，如图 9-52（b）所示。贴片后焊膏或焊剂覆盖到 PoP 下层球上方，使下方形成密封的空洞，如图 9-52（c）所示，焊接时被密封的空洞膨胀将熔融焊料挤到上边而桥连，如图 9-52（d）所示。

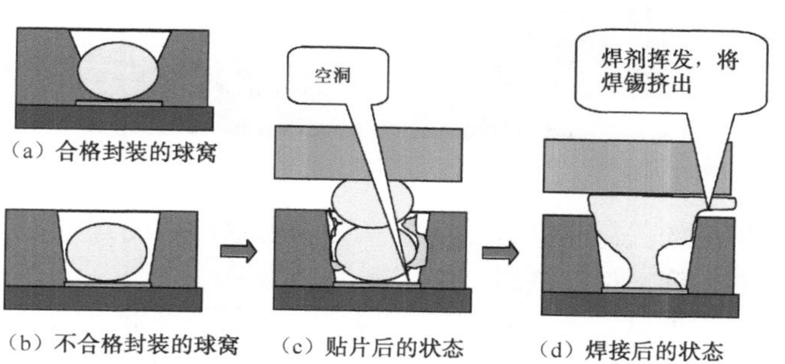

图 9-52　桥连机理推测分析

9.20 MLP（Molded Laser PoP）的虚焊与桥连（2）

原因（2）

2. 虚焊

MLP 虚焊失效模式如图 9-53 所示。

（1）球顶球，没有接触。

（2）倒球窝现象，即上球熔化形成球窝，半抱下球。

MLP 的虚焊形成原因与一般的 BGA 不同。主要是 PoP 上层焊球上所沾的焊剂比较少或两焊球间没有接触形成的。两球没有接触，下球受热困难，从而不能熔化并融合。

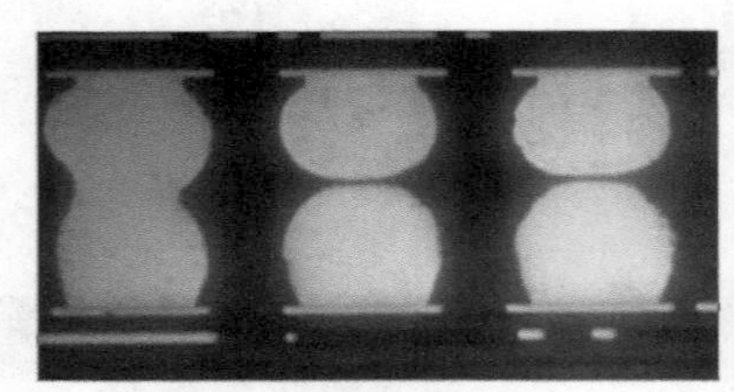

（a）球顶球虚焊现象

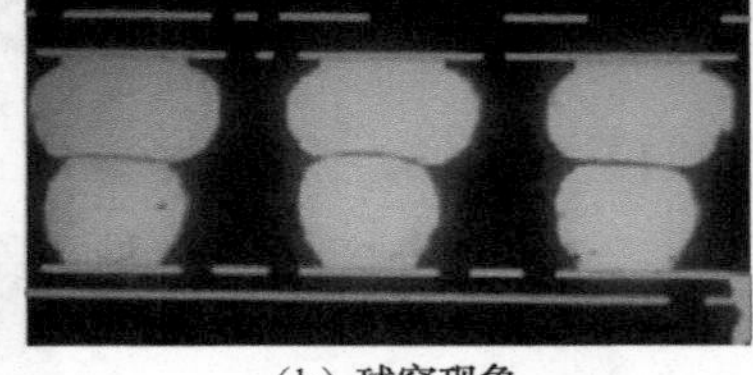

（b）球窝现象

图 9-53　MLP 虚焊失效模式

对策（1）

（1）控制焊剂量。不能覆盖到顶层 BGA 的塑封底面，也不能太少，一般应达到 BGA 球径的 80%。太多，影响上层 BGA 贴片时图形识别；太少，容易导致球窝。

MLP 的组装工艺流程如图 9-54 所示，关键工序是粘焊剂，其装置主要有旋转式（见图 9-55）和刮刀式，后者涂覆的均匀性要一致些。

图 9-54　组装工艺流程

图 9-55　旋转式焊剂粘涂装置

粘焊剂的关键是做到粘涂量一致，但这往往受焊剂的挥发变稠以及粘涂时间等因素的影响，难以做到。

控制焊剂量，普遍采用梳规检测焊剂膜高度的方法来控制粘涂量。由于焊剂属于触变性的材料，膜厚合适，并不能代表粘涂的高度一样。

要做到有效、可控、可操作，最简单的方法就是必须把膜厚控制转为粘涂高度控制，也就是以实际的结果为准。

9.20　MLP（Molded Laser PoP）的虚焊与桥连（3）

对　策（2）

我们可以将粘涂焊剂后的 ML-PoP 贴到平面上，观察焊剂在平面上的实际铺展状态，来判断焊剂是否合适，如图 9-56 所示。

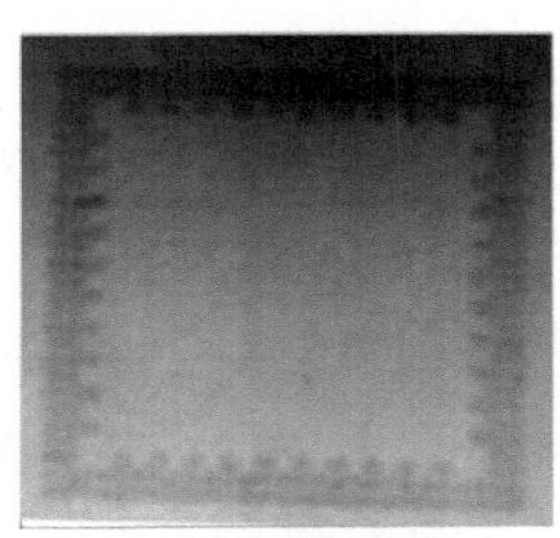
（a）粘涂量合适

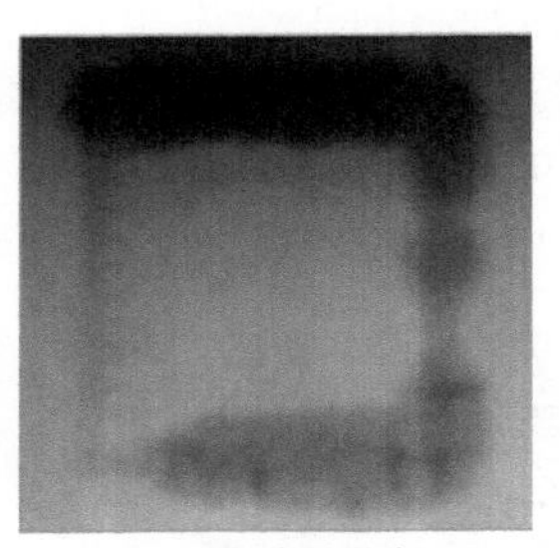
（b）粘涂量过多

图 9-56　焊剂沾涂量的拓印检查法

（2）控制贴片压力。一般用于 PoP 的助焊剂比较黏，如果贴片时压力小，很容易导致焊接时移位和球顶球虚焊现象。

（3）控制 PCB 表面的水平性（不是指共面度）。ML-PoP 由于是“球－球”结构，对贴片基准面的水平性有要求，如果不平，就会导致贴片压力的不均衡，最终导致不良的发生。一般而言，水平越差良率越低，这点可以从不良焊点的分布得到确认，如图 9-57 所示。

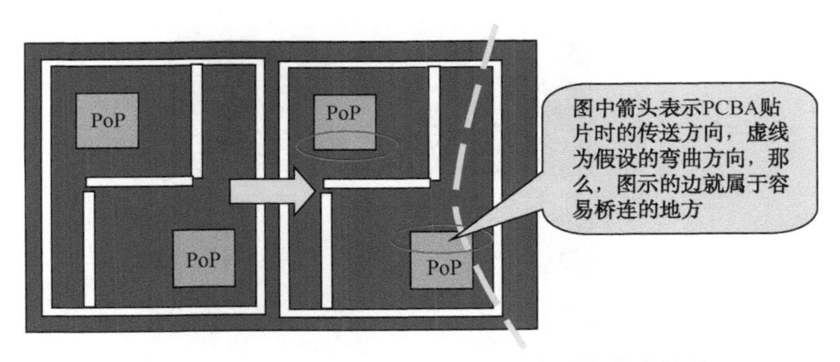

图 9-57　由于 PCBA 外形引起的焊点不良分布情况

（4）焊接温度曲线。焊接温度和焊接时间对良好焊接非常重要，温度必须足够高（≥235℃）、时间足够长（≥70s），以便中间焊球达到熔化温度。

（5）来料控制。封装不能有球窝烧到底的现象，合格的封装应该为焊球露出高度在焊球直径的 1/3 ～ 1/2 范围，如图 9-58 所示。

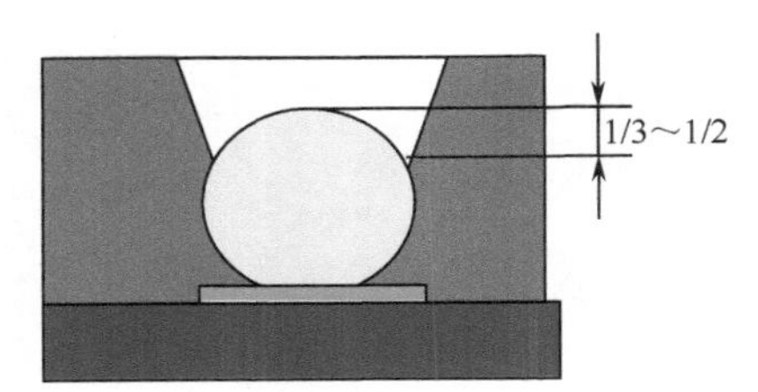

图 9-58　合格封装要求

9.21 表贴连接器焊接动态变形（1）

现　象	表面贴装连接器，如内存卡连接器，如果连接器结构设计或材料选用不合理，过再流焊接时就会发生弯曲变形（这是因为表贴连接器具有一定厚度，加热时上热下冷所致），导致虚焊等不良。 图 9-59 为 HDICM 插座，采用再流焊观察仪可以观察到其焊接时的动态变形发生在 159 ~ 175℃之间，如图 9-60 所示。 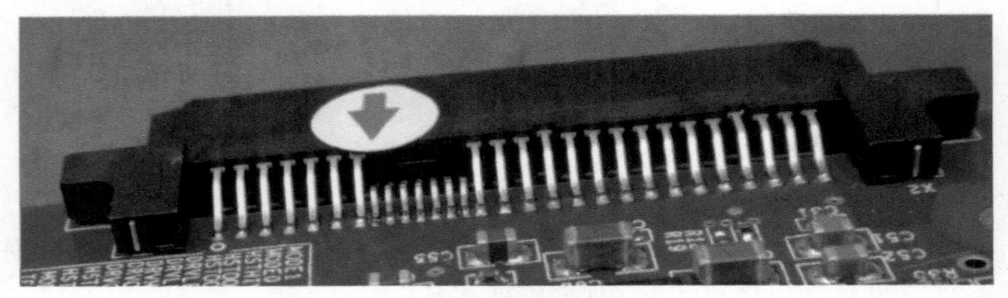 图 9-59　HDICM 插座焊接时的变形情况 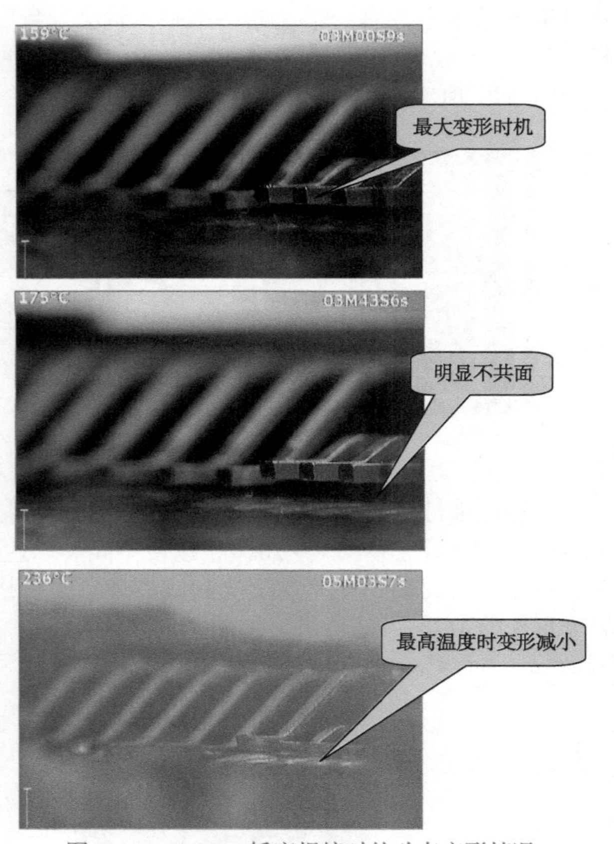 图 9-60　HDICM 插座焊接时的动态变形情况

9.21 表贴连接器焊接动态变形（2）

<table>
<tr><td>原　因</td><td>表贴连接器动态变形主要与连接器的结构设计与选用的材料有关，图 9-60 所记录的动态变形完全能够说明这一点。
有时也可能因定位孔的设计发生弓曲。一般对于长度大于 50mm 的连接器，应采用单孔定位设计，即一个孔定位，一个孔导向。</td></tr>
<tr><td>对　策</td><td>连接器动态变形本质上属于物料问题，生产上的方法都是辅助性的，一般都是通过机械方法强制压制可能的变形。常用的方法有加压块（见图 9-61）或使用压制变形的工装（见图 9-62）。

图 9-61　压块
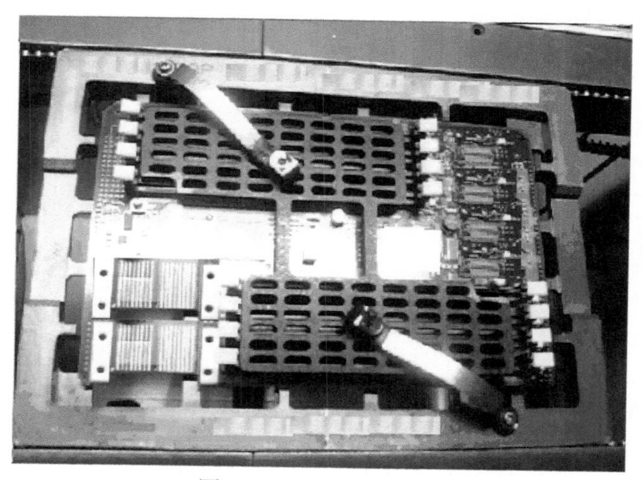
图 9-62　过炉所有工装</td></tr>
<tr><td>说　明</td><td>连接器动态变形的控制方法具有一定的指导意义。在很多复杂的电子系统中，单板上的连接器应用非常广泛，如在通信产品中，单板上会有很多表贴内存卡连接器使用。表贴内存卡连接器不仅尺寸比较大，而且引脚间距又比较小（通常在 0.4 ～ 0.8mm 范围内），本身共面性就不是很好，再加上焊接时的弓曲变形，往往中间的焊点会发生开焊现象。为了避免开焊，现场工艺通常采用工装或压块等方法强制制止连接器的变形。由于采用的是“压”的办法，如果压力过大，有可能将焊膏挤连在一起，最终导致焊点间的桥连或开焊（熔融焊料的迁移导致）。因此，“压”力的大小是这种工艺成败的关键。另外采用“压”的方法时，必须与钢网开口配合使用，比如，开口是缩小还是扩大，应根据焊接的结果进行确定。</td></tr>
</table>

第10章　由设备引起的问题

10.1　再流焊接后PCB表面出现异物

现　象

再流焊后PCB表面出现坚硬黑色异物或海绵状黄色异物，如图10-1所示。

（a）黑色异物

（b）黄色异物

图10-1　异物

原　因

采用FT-IR方法，对使用的焊膏、焊接设备内的松香物与PCB上的异物进行分析，确认PCB表面异物与再流焊接炉抽风管内壁上的松香成分一致，如图10-2所示。可确定黑色异物为抽风管掉下来的焊剂挥发后固体物的焦化物。

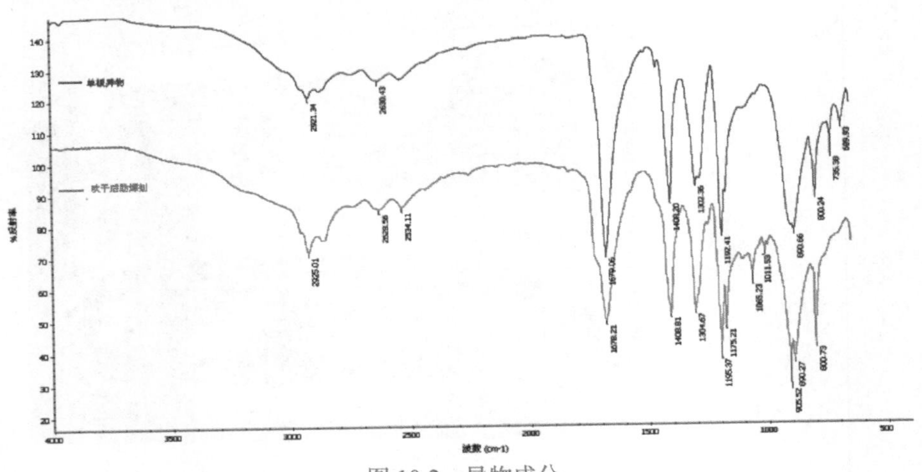

图10-2　异物成分

对　策

定期清理炉内和风管内的焊剂固化物，图10-3为再流焊接炉抽风管内的情况。

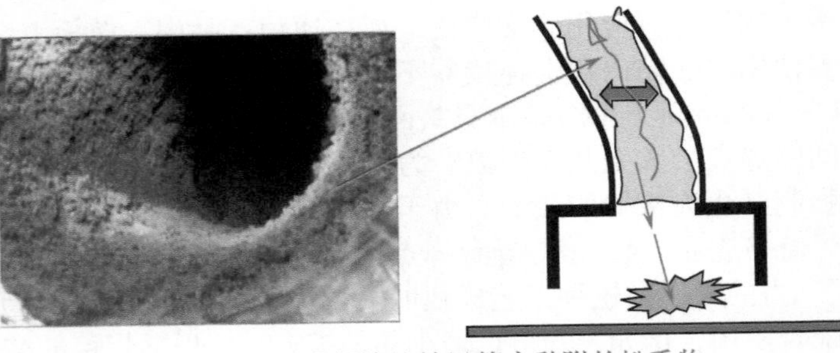

图10-3　再流焊接炉抽风管内黏附的松香物

10.2　PCB 静电引起 Dek 印刷机频繁死机

<table>
<tr><td>现　象</td><td>Dek 印刷机在某厂使用时，出现频繁死机现象。</td></tr>
<tr><td>原　因</td><td>经过分析，该印刷机频繁死机的原因为 PCB 带有很高的静电。
分析如下：
（1）将 50 块光板过炉后再印刷，没有问题，再将没有过过炉的 PCB 印刷，则又开始频繁死机，怀疑与 PCB 上携带的静电有关。
（2）对刚拆过包装的 PCB 光板进行静电测量，结果为 105V，而测量过炉后的 PCB 板的静电仅为 4V。测量其他产品刚拆过包装的 PCB 光板，静电量均为 4V，回过头来再测量拆过包装放置了一段时间（约 100 分钟）的此板，静电量为 45V。
由此可以判定此板的包装材质不防静电（高静电量）导致了设备不正常。此板采用 PVC 塑料袋抽真空包装，板间用白纸搁开，两面用胶木板保护，如图 10-4 所示。
（a）包装外观　（b）PCB间用纸隔开
图 10-4　单板的包装
为什么静电会干扰印刷机呢？这是因为印刷机图形识别相机上的止推器（Board Stopper）接触到带静电的 PCB 板后，静电会把传递给相机。过高的静电干扰了相机的成像信号及光源亮度，造成相机无法正常识别光学定位符号而导致印刷机死机。</td></tr>
<tr><td>对　策</td><td>生产现场：
（1）将 PCB 板拆包装后，放置 1 ～ 10h，让静电释放后再印刷。
（2）或用离子风扇吹拆开包装的 PCB 板 2 ～ 20min 后再印刷。
（3）在止推器上临时贴上绝缘胶布。</td></tr>
<tr><td>说　明</td><td>此案例是一个典型的静电影响设备正常运作的案例。</td></tr>
</table>

10.3 再流焊接炉链条颤动引起元器件移位

<table>
<tr><td>现　象</td><td>单板经过再流焊接炉后，一些大而重的元器件高概率移位，如图 10-5 所示。
对现场再流焊系统进行分析，没有发现通常引起此类问题的原因存在，如两端焊盘大小不同、风速比较大、板变形比较大等。

图 10-5　发生移位的元器件</td></tr>
<tr><td>原　因</td><td>再流过程发生移位的元器件通常都比较轻，而重的器件一般不会因表面张力或风速发生移位。能够引起较重元器件的移位，一般只有传送链条颤动一个原因，经查确实为此原因。对传送导轨润滑后问题解决，图 10-6 为传送链条颤动示意图。

图 10-6　传送链条颤动</td></tr>
<tr><td>对　策</td><td>检查链条的润滑情况，如干涩、速度快会引起颤动。</td></tr>
<tr><td>说　明</td><td>引起较重元器件的移位，多为设备原因所致。一般贴片机的工作台高速下降运动、再流焊接炉传送导轨链条的上下颤动，是引起较重元器件的移位最常见的原因。</td></tr>
</table>

10.4　再流焊接炉导轨故障使单板被烧焦

现　象	连续 7 块单板烧焦——喷锡焊盘发紫、白色丝印字符变焦黄、浅色元器件颜色变深、焊点表面松香聚集，如图 10-7 所示。  （a）烧焦的单板 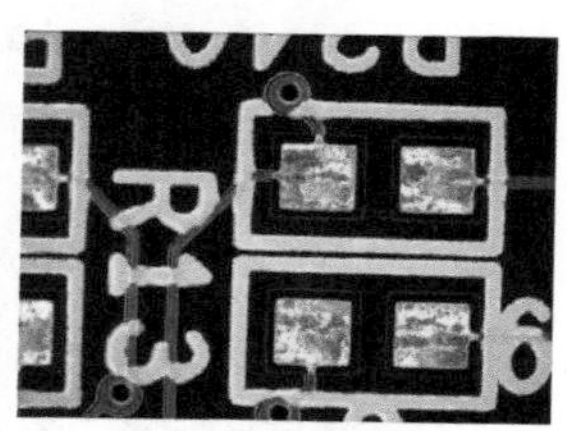 （c）白色字符烧黄 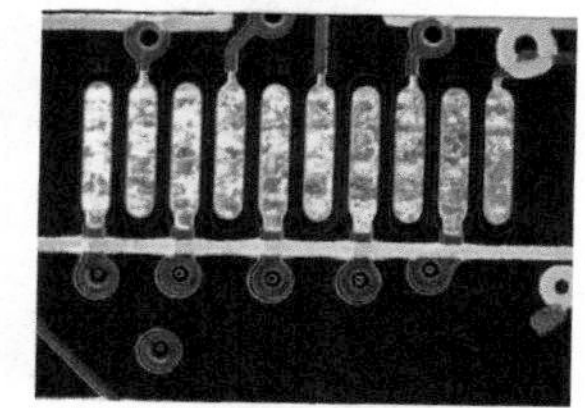 （d）焊盘喷锡表面局部变蓝 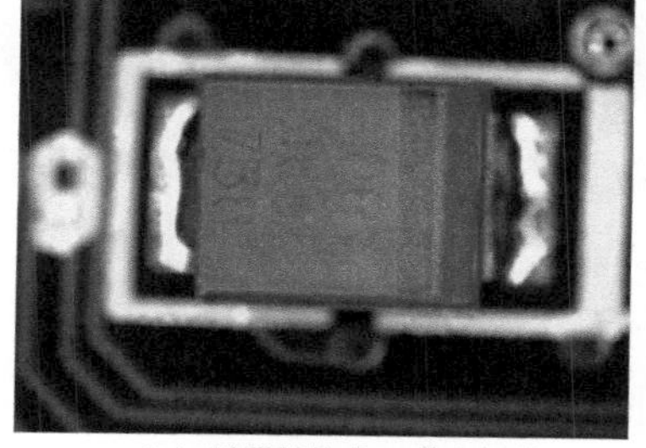 （b）元器件烧焦（黄变深黄） 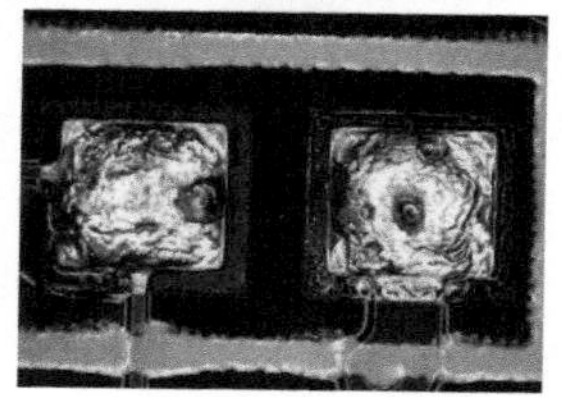 （e）焊点表面松香聚集 图 10-7　烧焦的单板
原　因	PCB 过炉后，其上白色字符变黄属于典型的由高温长时间加热而导致的现象，说明 PCB 可能在再流焊接区长期滞留过。经过现场调查，了解到 PCB 过炉时因后段接驳线传送系统异常卡板而长时间滞留在炉内，如图 10-8 所示。 此案例说明生产中有时会因设备故障、人为操作而发生一些焊接不良现象。我们需要识别哪些现象属于正常情况下发生的，哪些属于异常情况下发生的，这点很重要。如果不明确此点，有些故障可能处于难以分析下去的状况，浪费时间与精力。同时也提醒设备维护与保养的重要性。 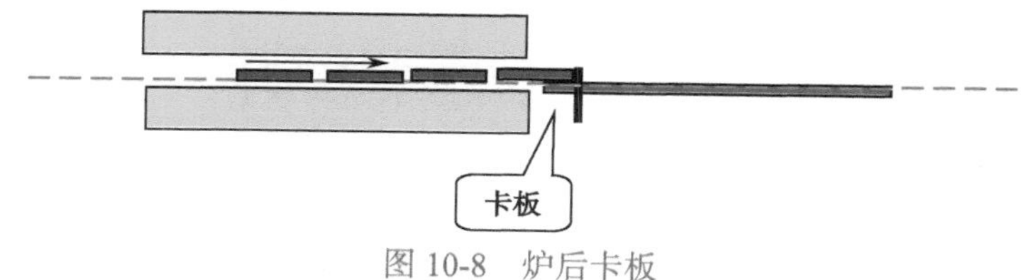 图 10-8　炉后卡板
对　策	生产时，要定期检查设备的状态。

10.5 贴片机 PCB 夹持工作台上下冲击引起重元器件移位

<table>
<tr><td>现　象</td><td>某板过贴片机后元器件歪斜，如图 10-9 所示。

图 10-9　元器件被振歪</td></tr>
<tr><td>原　因</td><td>贴片机工作时，通常是 PCB 传送到位后，工作台提升，贴装完成后工作台下降，如图 10-10 所示。这个下降动作如果过快，将会导致 PCB 上贴装的元器件移位。是否移位，取决于元器件的体积、质量和引脚数，如果体积大、引脚少、质量比较大，下降过程过快就会导致移位。
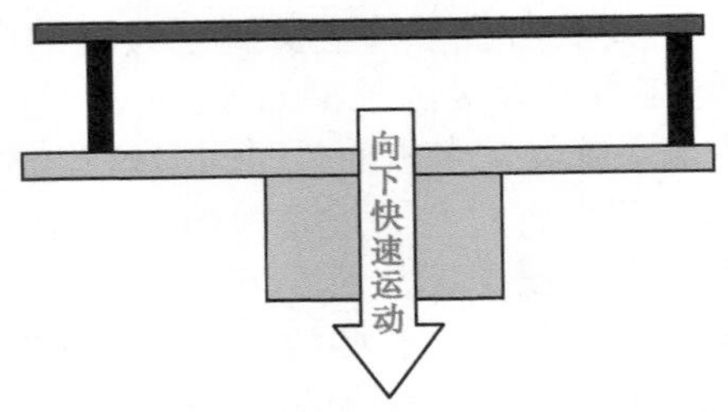

图 10-10　某贴片机 PCB 夹持工作台动作过程</td></tr>
<tr><td>对　策</td><td>调整贴片机 PCB 定位工作台运动速度。</td></tr>
<tr><td>说　明</td><td>贴片后移位，多为引脚跨距小、脚少、较高、较重的元器件，如电感。</td></tr>
</table>

10.6　钢网变形导致 BGA 桥连

现　象	某 BGA 固定位置桥连达到 10%，桥连位置如图 10-11 所示。 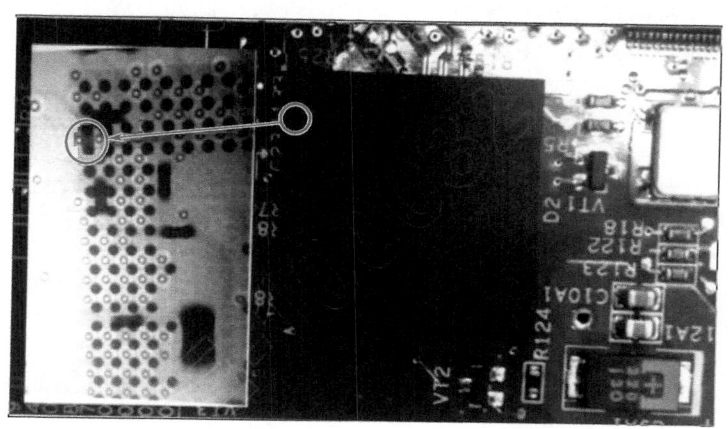 图 10-11　桥连现象
原　因	固定位置桥连必有特定原因，经查发现为钢网变形（BGA 焊盘处），如图 10-12 所示。 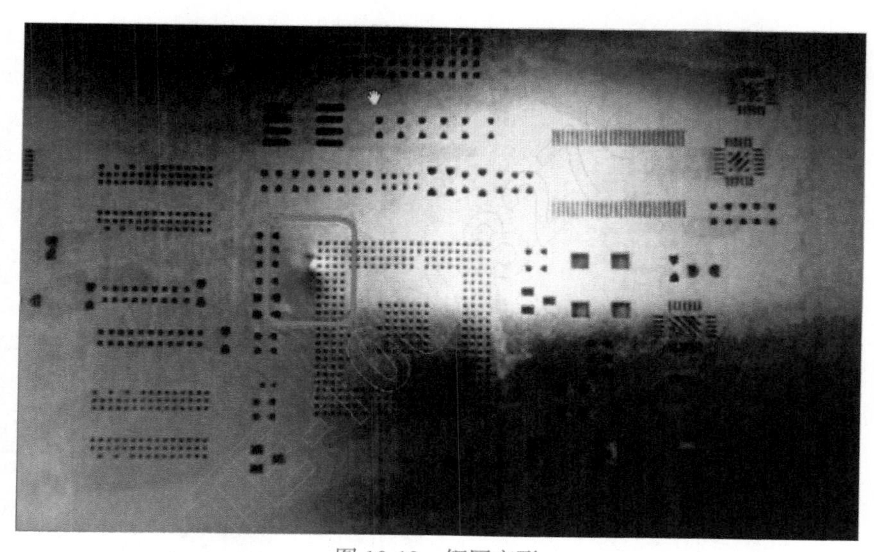 图 10-12　钢网变形
措　施	上线前仔细检查钢网，对新制作的钢网，应仔细检查是否有激光烧瘤、开窗不完整、板面金属毛刺等不良；对于使用过的钢网，应仔细检查开窗是否被焊膏堵塞，是否被磨损，是否变形（坑、凹与松弛现象）。如果存在以上不良，应一律应作报废处理。

10.7 擦网纸与擦网工艺引起的问题（1）

现 象

焊膏印刷经常会看到一些奇怪的现象，比如，焊膏图形周围分布有焊粉颗粒、清洁过的 PCB 上仍然看到纤维屑，如图 10-13、图 10-14 所示。

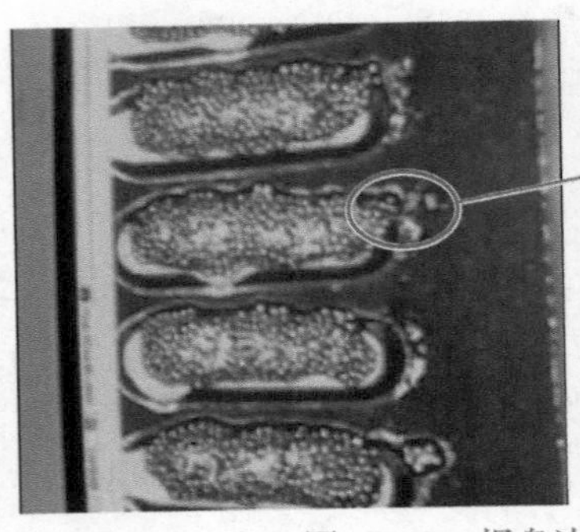
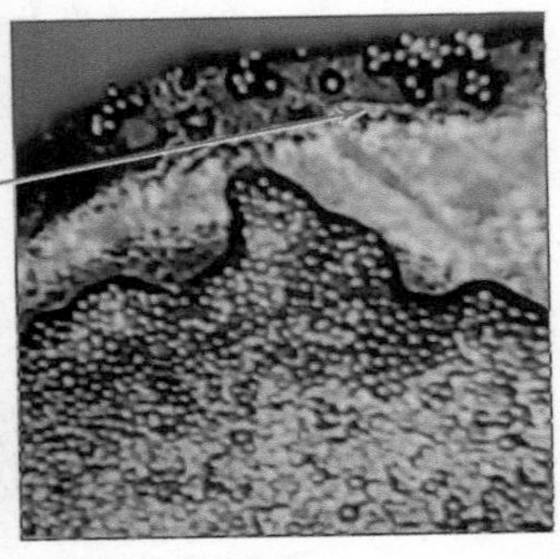

图 10-13 焊盘边缘存在锡珠现象

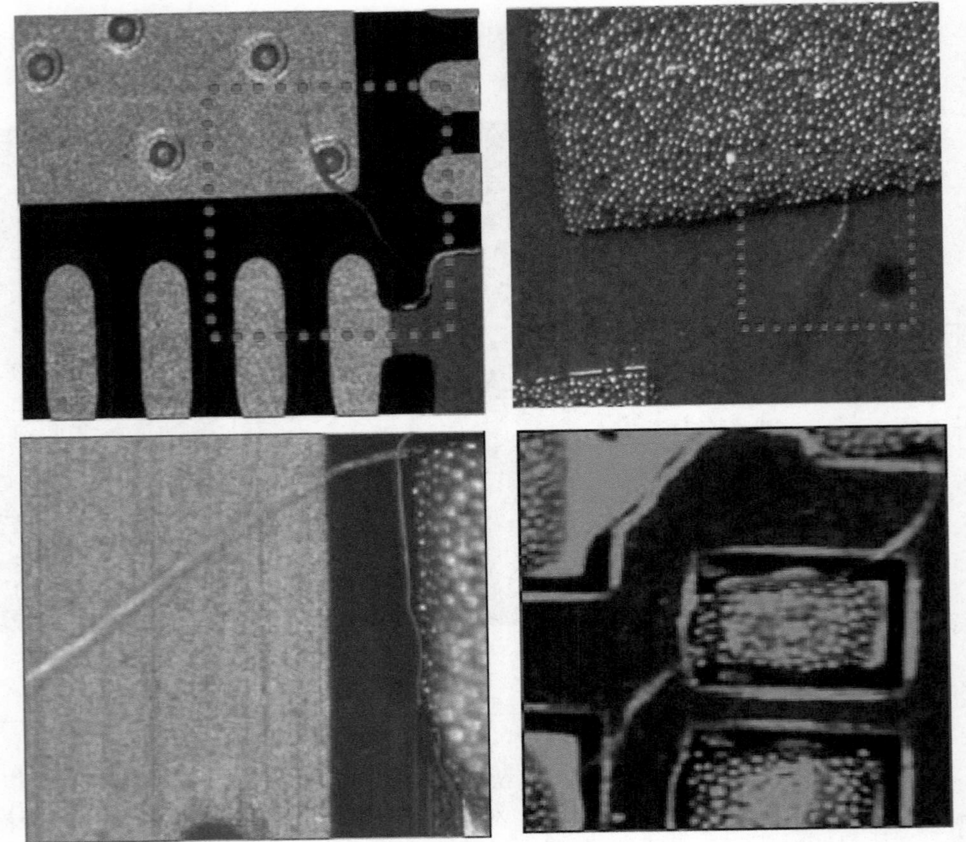

图 10-14 PCB 上存有纤维屑

10.7　擦网纸与擦网工艺引起的问题（2）

<table>
<tr><td>原　因</td><td>

1. 焊粉颗粒

试验发现，焊盘周围分布的焊粉颗粒为擦网所导致。

钢网的擦洗方式有干擦与湿擦两种。当采用干擦方式时，会把一些焊粉颗粒带出并残留在钢网底面，印刷时，便会转移到 PCB 板上，即板面上有脱落的合金粉颗粒。此现象出现的概率与钢网纸粗糙度以及钢网口光滑程度有关，不同的钢网纸，擦拭的效果不一样，板面上脱落的合金粉颗粒的数目也不一样。

此现象的危害不是我们表面上看到的、最终形成的锡珠问题。由于它是在擦网后留在钢网底面的焊粉颗粒转移而形成的，实际上会影响焊膏的印刷厚度。这对细间距的 CSP 来说危害很大，有可能导致焊点间桥连产生。

2. 纤维屑

图 10-15 为 PCB 存留的纤维屑微观形态照片，从图 10-15 中可以看出，与纤维的本体比，该纤维的尾部很毛糙，有被挂过的痕迹。由此判断，纤维不是自身脱落的，而是由于与钢网的接触，受钢网的锋利边缘等作用而断裂的。

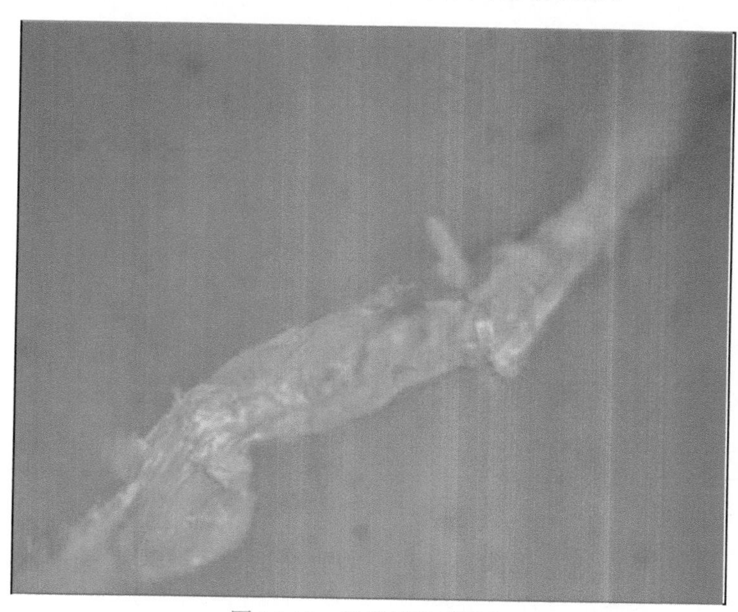

图 10-15　纤维屑微观形态

对比试验发现，擦网纸掉纤维屑与纸的品牌关系不大。价格高的，进口纸也会掉纤维屑。

</td></tr>
<tr><td>对　策</td><td>

设备保养时，应对印刷机的擦拭部件进行清洗，尤其是真空吸附和喷酒精的空腔内，并定期进行保养。清洁印刷机自身的擦拭部件，可减小影响真空擦拭时吸附的阻力，加大真空吸附能力，从而能更好地将钢网上残留的、被拉断的纤维吸附下来，减少单板上所掉的纤维屑。

</td></tr>
</table>

第11章　由设计因素引起的工艺问题

11.1　HDI板焊盘上的微盲孔引起的少锡/开焊

现　象

某晶振虚焊如图11-1所示，其不良比例大约为2%。

图11-1　晶振虚焊

原　因

晶振第二脚焊盘上有4个盲孔，如图11-2所示，吸附部分焊锡，引起焊盘少锡而开焊。

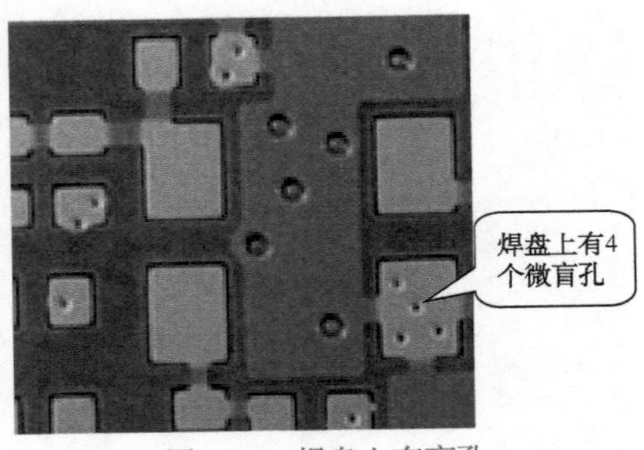

图11-2　焊盘上有盲孔

对　策

扩大晶振第二脚钢网开孔，增加焊锡量，补偿盲孔分流的焊锡。钢网扩大后，生产过程中没有发现晶振虚焊现象，问题得到解决。

说　明

HDI孔因为是盲孔，理论上应该不会发生吸锡问题，但事实并非如此。此案例具有典型意义，告诉我们即使非常小的盲孔都可能引起少锡问题，因此，设计上应该坚决杜绝在焊盘上打多个盲孔的设计，如果一定要这样设计，盲孔必须作电镀填铜处理。

11.2 焊盘上开金属化孔引起的虚焊、冒锡球（1）

现 象

焊盘上开金属化孔，主要见于热沉元器件。

焊锡流进孔内，一方面，可能引起焊盘少锡 / 开焊；另一方面，可能在背面形成锡球，影响此面的焊膏印刷，如图 11-3 所示。

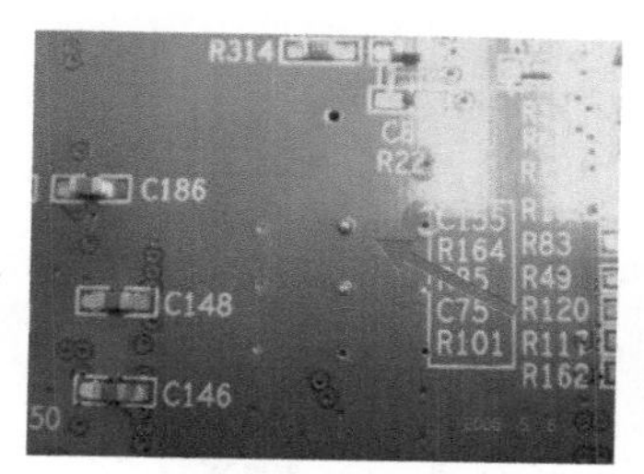

（a）冒锡珠现象

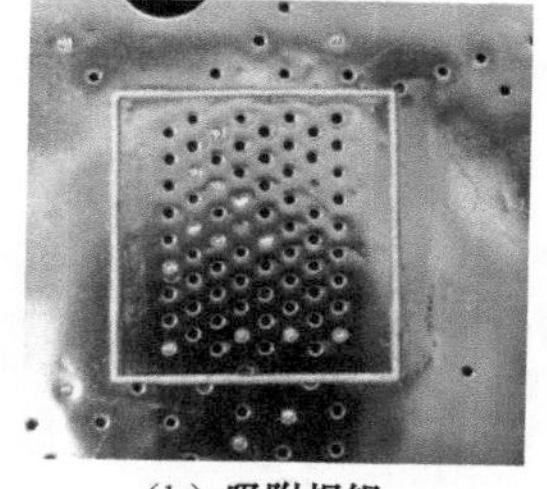
（b）吸附焊锡

图 11-3 冒锡球现象

原 因

少锡的原因：

导通孔毛吸作用，将熔融的焊锡吸进导通孔，从而造成焊盘上的焊锡减少，形成少锡或开焊。

冒锡球的原因：

与元器件的封装、导通孔的设计（大孔还是小孔，背面孔盘的阻焊方式等）、PCB 的表面处理工艺、焊膏的多少都有关系，比较复杂。

如果背面孔盘焊盘开大窗，一般不容易形成锡球，如图 11-4 所示。如果开小窗，一般容易形成锡球。

图 11-4 大面积喷锡面设计

对 策

（1）将热沉元器件布局在第二次焊接面。

（2）合理设计散热孔的孔位与孔径。

（3）优化钢网开窗设计。

11.2 焊盘上开金属化孔引起的虚焊、冒锡球（2）

说明

单面塞孔冒锡珠与通孔冒锡球机理不完全相同。

1）单面塞孔

锡球来源于单面塞孔孔口的锡。如果单面塞孔的孔口被锡封堵，焊接时由于孔内空气的膨胀，孔口的焊锡就会喷射出来，黏附在焊盘上，形成锡球，如图11-5所示。由于单面塞孔形成的堵孔现象不可控，因而这种“飞”出来的锡球现象也不可控。目前流行的做法就是采用开小窗设计代替单面塞孔设计。

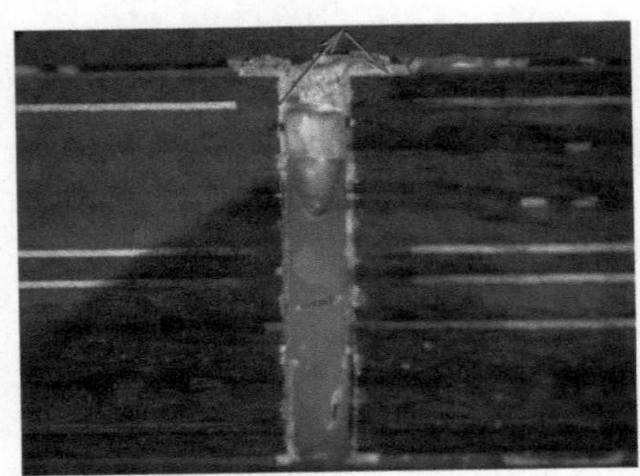
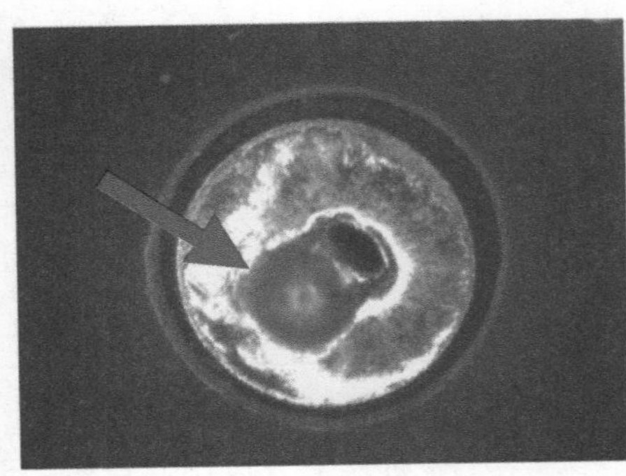

图11-5 单面塞孔喷射形成的锡球

2）通孔

通孔所冒锡球总是位于孔口上，是焊锡缓慢挤出来的。这种冒锡球现象是可以控制的，通过优化设计、优化钢网开窗，可以避免。

设计方面，可以采用大孔径设计，背面采用开大窗阻焊方式，如图11-6所示。钢网方面可以采用避孔设计并减少焊膏量，如图11-7所示。

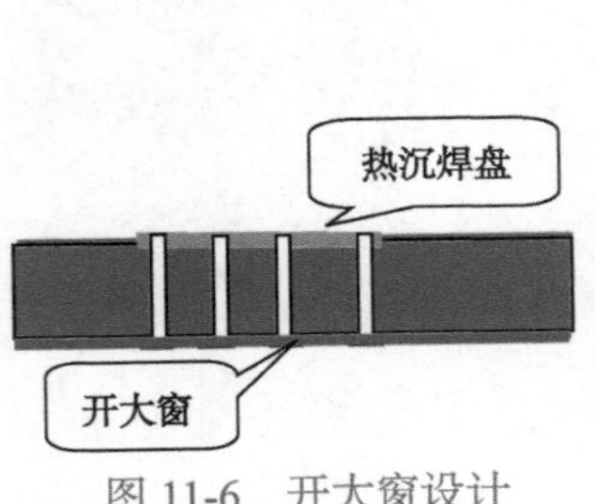

图11-6 开大窗设计

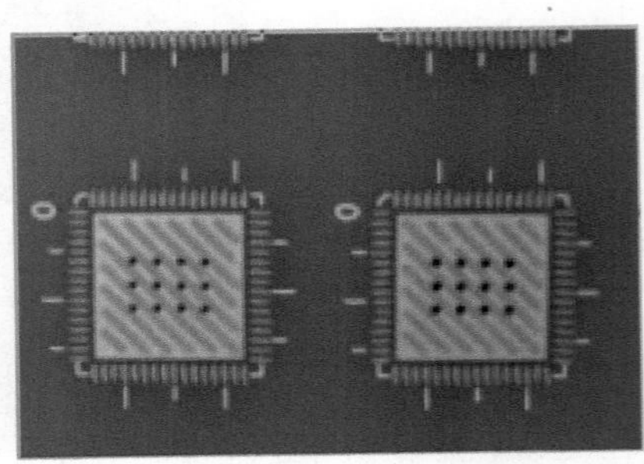

图11-7 钢网避孔设计

11.3　焊盘与元器件引脚尺寸不匹配引起开焊

现　象	焊盘与元器件引脚尺寸不匹配，造成开焊。
原　因	元器件引线搭不上焊盘，这种情况多数是因为换料造成的。
案　例	图 11-8 所示为一焊盘与引脚不匹配的案例。 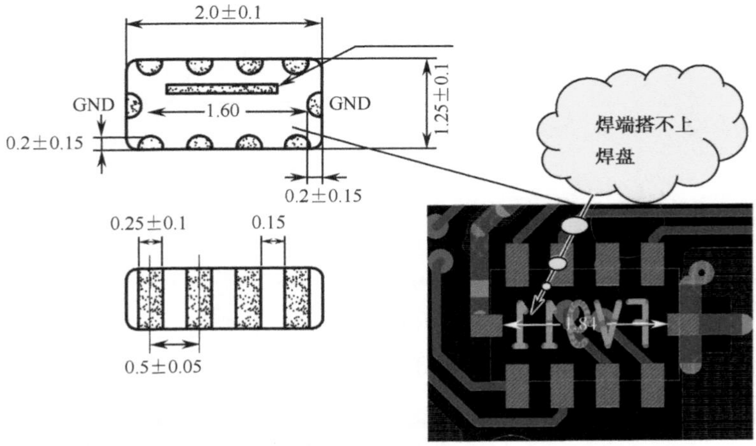 图 11-8　引脚与焊盘不匹配（单位：mm）
对　策	生产现场： 可临时采用钢网扩口措施，将两侧焊盘分别内扩 0.10mm，改后效果可以满足要求。 设计优化： 修改焊盘设计。
说　明	此类问题经常发生，应从元器件来料技术评审方面加以控制。

11.4 测试盘接通率低

现　象

测试接通率低。

原　因

（1）测试焊盘尺寸不能满足探针要求，尺寸过小。当测试焊盘直径小于 0.75mm 时，接通率就很低，如图 11-9 所示。

（2）对于 OSP 处理的板，因 OSP 不导电需要印刷焊膏。如果再流后焊盘上残留物较多，也会导致测试接通率低的问题。

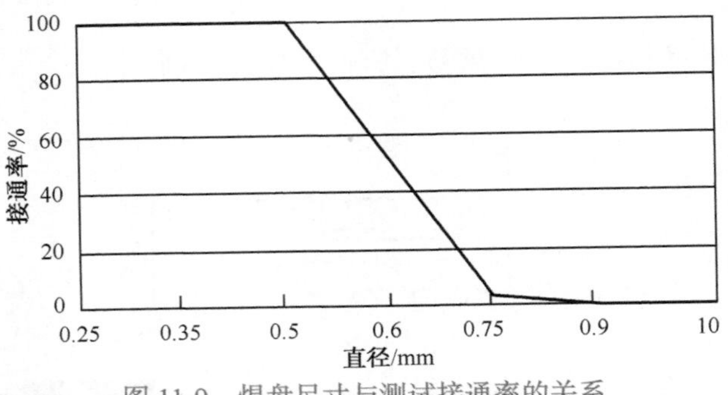

图 11-9　焊盘尺寸与测试接通率的关系

案　例

某板测试焊盘直径为 0.7mm，同时，孔却比一般导通孔直径大，并且喷锡厚度不均，一边偏厚，如图 11-10 所示。

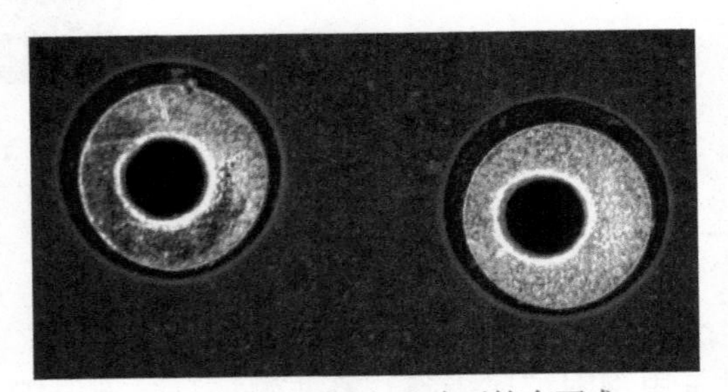

图 11-10　测试焊盘尺寸不符合要求

对　策

设计优化：

严格按要求设计（孔 ϕ0.10mm，盘 ϕ0.9mm）。

PCB 加工：

测试盘喷锡必须均匀，不能出现不平现象。

生产现场：

使用合适的探针。

手工对测试盘进行补锡。

11.5　BGA 附近设计有紧固件，无工装装配时容易引起 BGA 焊点断裂

现　象	靠近螺柱的 BGA 焊点 / 焊盘拉裂，如图 11-11 所示。 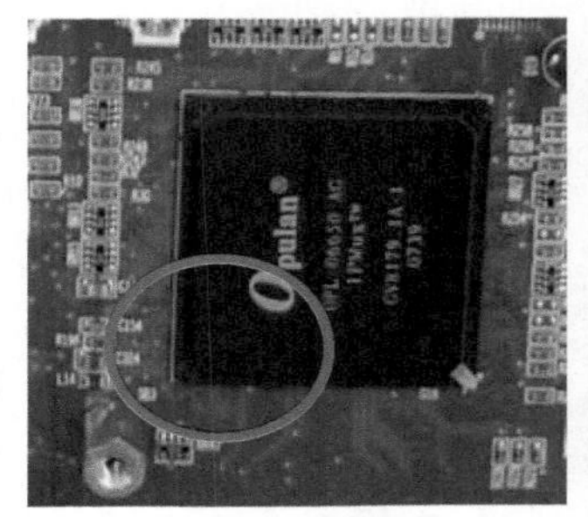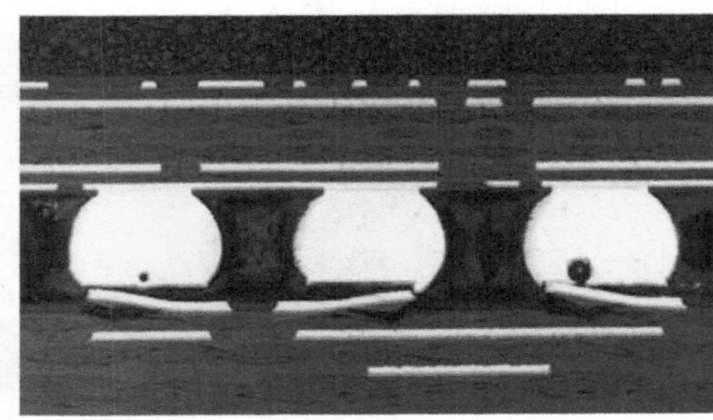 图 11-11　焊点 / 焊盘拉裂
原　因	直接原因为工人操作不当，根本原因为设计不合理。 PCBA 的分扳、压接、拿扳、打螺钉、拆卸元器件，必须注意操作可能引起的 PCB 变形问题，特别是贴有 BGA 和片容的 PCBA。
案　例	某板焊接后测试通过，在安装子板后出现 BGA 焊点开裂，如图 11-12 所示。 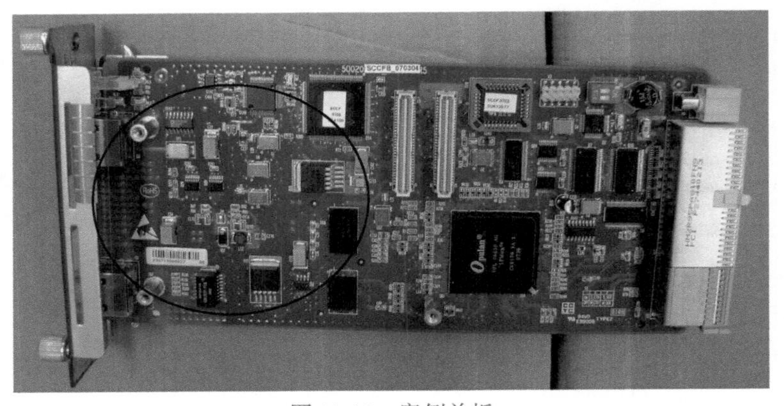 图 11-12　案例单板
对　策	（1）设计时应将 BGA 远离非自身散热器安装螺钉的地方，至少 5mm 以上，并尽量避免 BGA 角部靠近螺柱。 （2）严格工艺纪律并按工艺规范操作。

11.6 散热器弹性螺钉布局不合理引起周边BGA的焊点拉断

现　象	图11-13所示的BGA靠近螺钉焊点出现断裂现象。 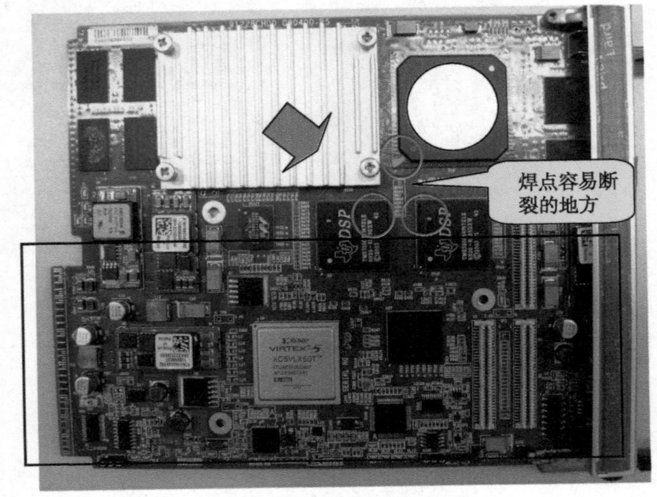 图11-13　BGA焊点断裂
原　因	图11-14所示类型的散热器安装方式，如果螺钉距离BGA比较远，则很容易引起PCB的变形。PCB的变形，会引起附近BGA临近部位焊点的断裂，这是应力长期作用的结果。一个明显的标志就是PCB变形严重。 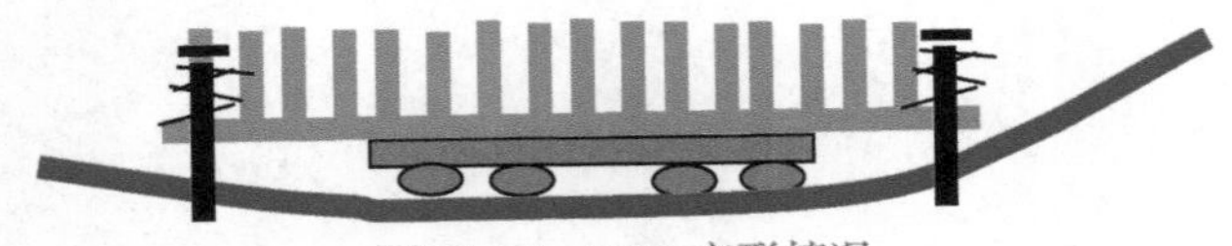 图11-14　PCB变形情况
对　策	改进设计，将螺钉布局在BGA边10mm范围内，减少PCB的变形，如图11-15所示，从而减轻对临近安装BGA焊点的损伤。 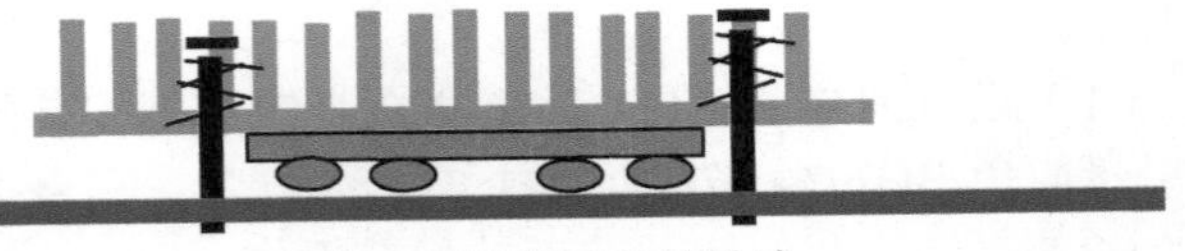 图11-15　较合理的螺钉布局设计

11.7　局部波峰焊接工艺下元器件布局不合理导致被撞掉

现　象

某板 LED 灯很容易被撞掉，如图 11-16 所示。

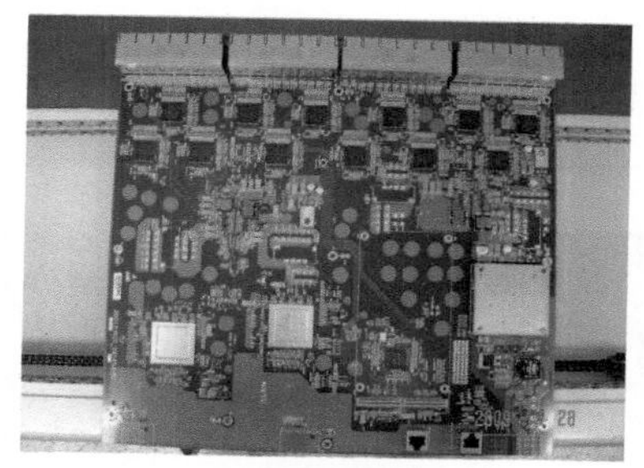

（a）案例单板

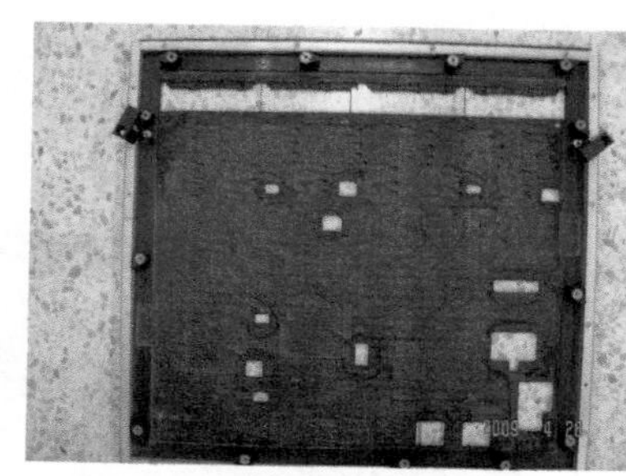

（b）波峰焊接托盘

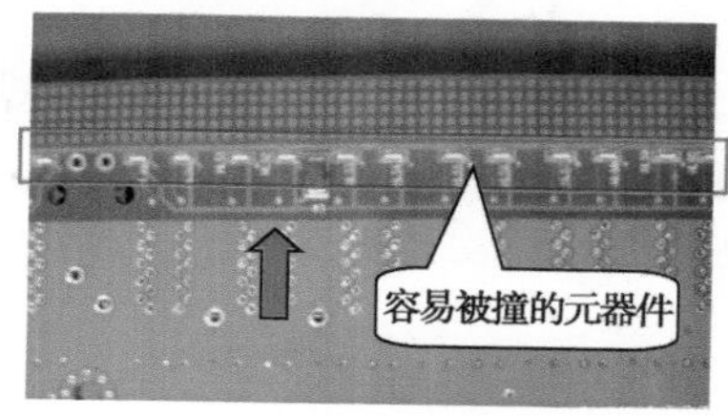

（c）容易被撞的元器件

（d）造成元器件被撞的托盘开窗边

图 11-16　容易被撞的元器件的布局

原　因

单板在装焊过程中的掉件大部分都发生在部件的装配环节，很少会发生在自动焊接过程中，也有但很少，最常见的就是波峰焊接时元器件被喷嘴刮掉。

在复杂的电子组件制造过程中，有很多装配工序与周转环节有关，如压接连接器、打螺钉、装面板、手工焊接、导热胶双组分混合研磨涂覆等，这些操作在绝大部分的工厂里仍然由人工完成。如果 PCBA 的结构设计不合理，就可能导致装配过程复杂、定位不准等情况，比如盲对位，在看不到的情况下对位，很容易因来回找寻定位目标（如凸台）把元器件撞掉，如本书 11.7 节提到的案例。

本案例的元器件被撞就是发生在把 PCB 安装到波峰焊接掩模板中的过程中。波峰焊接是在再流焊接后进行的，贴片元器件已经焊接好。随着元器件布局密度的提高，掩模板的设计越来越精细，很多情况下表面贴装元器件与掩模板凹坑的边缘距离只有 0.5mm，安装对位时很难保证不碰到贴装好的元器件。

对　策

人工装配很难避免撞件，最有效的方法就是从设计上解决。

（1）优化元器件布局，如图 11-16 所示的案例，将元器件远离局部波峰焊接引脚 5mm 以上。

（2）设计防撞假件，这是最常用的一种策略。

11.8 模块黏合工艺引起片式电容开裂

现　象	某模块产品，为了散热，需要PCB背面黏合散热铝板。设计采用双面胶工艺，为了使铝板与PCB结合紧密，采用了压平工艺，压平工装及元器件布局如图11-17所示。 工程返修报告此模块失效率很高，达到6%，基本上都是片式电容被烧坏。  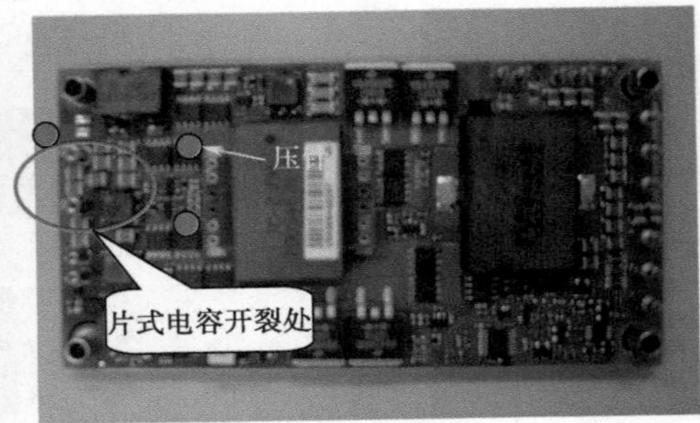 图11-17　压平工装及失效元器件附近压针的布局
原　因	详细排查生产过程，最终确认是由模块散热器压合工艺所致。 一方面，压合工艺采用的是压针而非压板，施加到PCB上的压力不均匀且是刚性的；另一方面，铝板与PCB的黏合采用的是双面胶，有一定厚度。这样，无针的地方PCB会被顶起，有针的地方会被压紧，如图11-18所示。这样，PCB的过大变形使片式电容开裂。 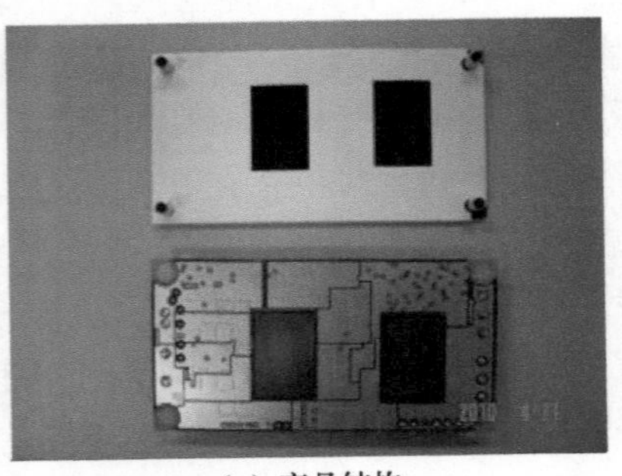 （a）产品结构 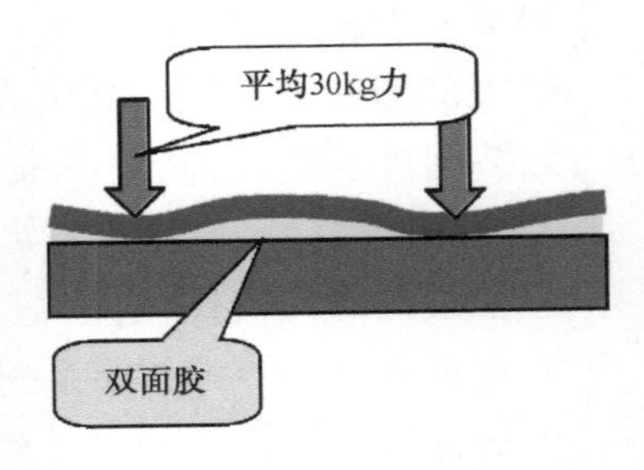 （b）压合工艺 图11-18　片式电容失效原因
对　策	优化产品设计，改双面胶黏合为胶黏剂黏合；或优化压合工艺，减少压力。

11.9　具有不同焊接温度需求的元器件被布局在同一面

现　象

某板上 PoP 与加强型 BGA 布局在同一面，如图 11-19 所示。

图 11-19　元器件布局

此 BGA 为无铅焊球，PoP 为有铅焊球。

由于 PoP 为三层 PCB 结构，比较重。焊接时温度超过 210℃时很容易过度塌落。而无铅 BGA 又要求焊接温度超过 230℃。这两种方式对焊接温度要求不同的元器件布局在同一面，会对工艺曲线的设置带来困难。

原　因

由于 PoP 与 BGA 对焊接温度的要求不同，焊接时如果以 BGA 焊球工艺为基准，PoP 焊接后会过度塌落。

对　策

采用掩模板将 PoP 下面的 PCB 遮住，可减少 PCB 对 PoP 焊点的热量，从而降低 PoP 焊点的温度，减少过度塌落。

说　明

此例 PoP 最初的设计采用的是无铅焊球。由于三层结构的热容量较大，容易冷焊，因此后来改为有铅焊球。

11.10 设计不当引起片式电容失效

<table>
<tr>
<td>案例 1</td>
<td>

在图 11-20 所示的 PCBA 结构中，装配时很容易发生子板弯曲现象。如果子板连接器周围有片式电容，就很可能会发生开裂问题。

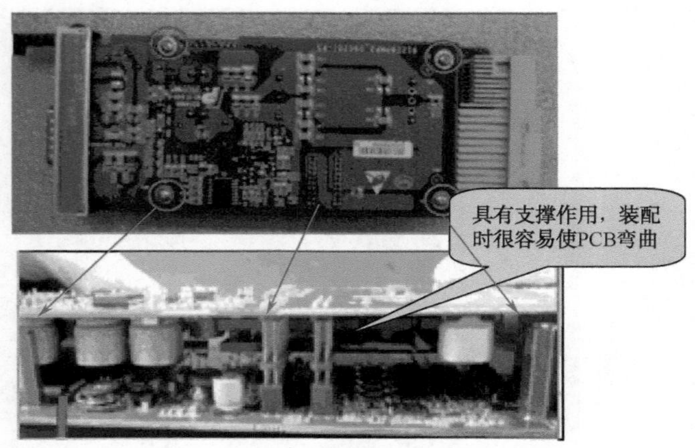

图 11-20 PCBA 的结构

现场对子板的装配操作带来的应力进行了测试，发现一般小于 1000με（微应变），但如果操作速度快时就可能超过 1000με，这个数值是 MURATA 公司给出的片式电容应力损坏阈值。

从图示的 PCBA 结构看，如果手不是直接压在连接器处，很可能产生较大的应力，使片式电容开裂。

</td>
</tr>
<tr>
<td>案例 2</td>
<td>

图 11-21 所示的结构类似于案例 1，都是子板连接器布局在远离安装时按压的地方，成了安装时的支点。安装时，如果按压位置不是子板连接器的位置，就可能会引起 PCB 的局部弯曲变形，从而使布局在子板连接器附近的片式电容遭到损坏。

图 11-21 PCB 的结构

</td>
</tr>
</table>

11.11　设计不当导致模块电源焊点断裂（1）

<table>
<tr><td>
现　象</td><td>失效单板及电源模块的位置，如图 11-22 所示。

图 11-22　失效单板上模块电源的布局</td></tr>
<tr><td>原　因
（1）</td><td>模块电源附近螺钉分布如图 11-23 所示。模块刚好位于变形区，装配时要承受六次 PCB 的反复弯曲变形。
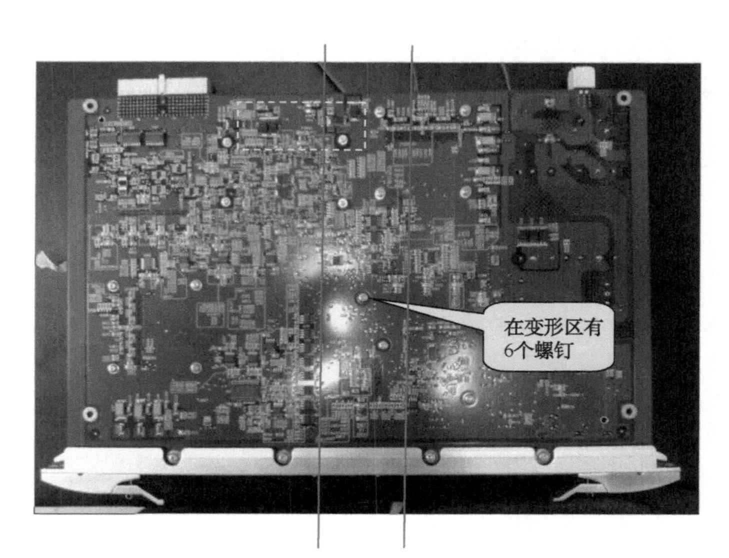

图 11-23　PCB 装配变形区</td></tr>
</table>

11.11 设计不当导致模块电源焊点断裂（2）

<table>
<tr><td>原 因（2）</td><td>这里，我们可以提出一个“变形区”的概念。
只要PCB底面不平，在安装螺钉的过程中就可能会引起PCB的弯曲。如果连续几个螺钉分布在一条线或相近的同一区域，那么，PCB在螺钉的安装过程中会受到反复弯曲变形，如图11-24所示，我们把这个反复出现弯曲的区域称为变形区。 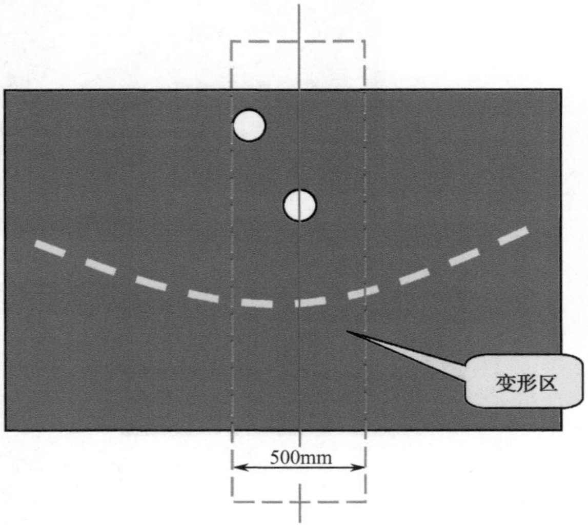

变形区
500mm
图11-24 变形区概念

如果将片式电容、BGA、模块电源等应力敏感元器件布局在变形区，那么，焊点就有可能发生开裂或断裂的情况。
本案例模块电源焊点的断裂就属于此情况。</td></tr>
<tr><td>对 策</td><td>工艺设计：
（1）避免将应力敏感元器件布局在PCB装配过程中容易弯曲变形的地方。
（2）使用底托工装进行装配，将PCB安装螺钉的地方垫平，避免在装配时引起PCB弯曲。
（3）对焊点加固。</td></tr>
</table>

11.12　拼板 V 槽残留厚度小导致 PCB 严重变形（1）

现　象

某 8 拼板如图 11-25 所示，厚度为 1.0mm，V 槽残留厚度为 0.25 ~ 0.35mm。生产中发现小板出现单方向凹陷变形，变形最大幅度达到 0.2mm 以上，如图 11-26 所示，严重影响焊膏的印刷。

（a）顶面

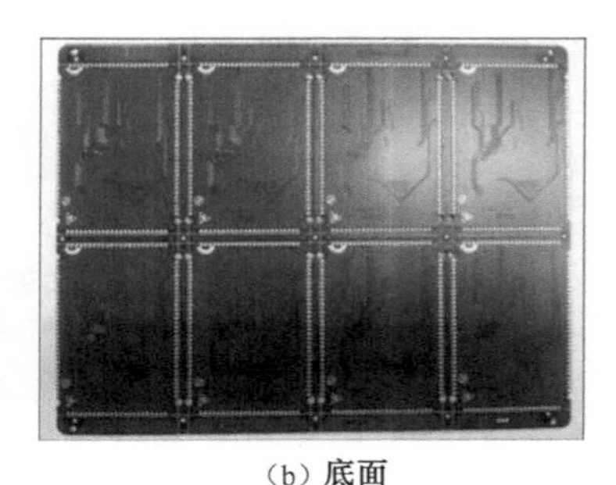

（b）底面

图 11-25　8 拼板

图 11-26　变形情况

原　因（1）

子板为一个模块板，元器件密度非常高，有两个 0.4mm 间距的 CSP，对焊膏量非常敏感。

由于子板尺寸小，变形后没有办法通过改进 PCB 的支撑来矫正过来，焊膏印刷时，钢网没有办法接触到 PCB，一方面，焊膏从钢网下挤出，另一方面，刮刀走过后直接脱网，造成焊膏出现拉尖，如图 11-27 所示；在一些情况下相邻焊盘间拉丝桥连，如图 11-28 所示，这个桥连主要是拉尖焊膏搭在一起形成的，不同于一般的焊膏印刷桥连。

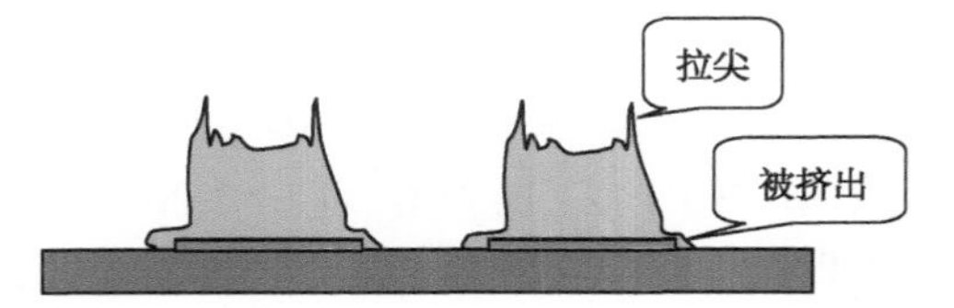

图 11-27　焊膏印刷后形貌

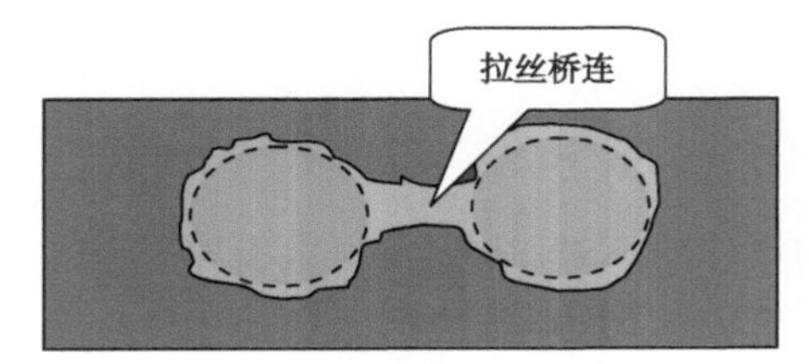

图 11-28　焊膏桥连现象

此案例清楚表明，拼板 PCB 的变形会严重影响组装质量与效率。

11.12 拼板 V 槽残留厚度小导致 PCB 严重变形（2）

<table>
<tr><td>原　因（2）</td><td>

为什么会拉尖？因为变形使得焊膏被挤到钢网开口外，在脱网时（见图 11-29）会因为撕裂形成拉尖。正常情况下是依靠空气压力将焊膏转移到钢网的表面。

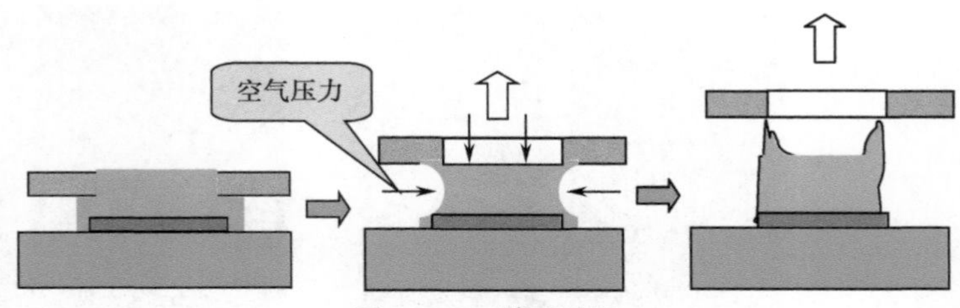

图 11-29　脱网过程

一般多层 PCB 的变形是因为叠层结构不对称造成的，这是内因。但是同样的设计，有的生产厂好些，有的生产厂差些，而且批次不同，也存在差别。还有其他的原因会引起 PCB 变形吗？

首先，调查了此板的生产记录。此板以前为连接桥拼板设计，因变形严重，影响焊膏印刷以及成品模块的焊接，改为 V 槽拼板设计。

此板有两个供应商，一个变形比较小，焊膏印刷不良率≤ 2%，而另一个供应商，变形比较大，焊膏印刷不良率≥ 35%。

对比分析，两个供应商加工的成品板除板材不同外，变形小的板 V 槽的残留厚度比较厚，达到 0.45 ～ 0.48mm，而变形大的仅为 0.25 ～ 0.35mm。

通过加工制作不同 V 槽残留厚度的板进行比较，确认 V 槽残留厚度的确对 PCB 的变形有很大的影响。

试验表面，对于 1.0mm 厚的板，V 槽残留厚度应≥ 0.5mm。

</td></tr>
<tr><td>对　策</td><td>

（1）为保证小尺寸高密度模块板的平整性（光板与组装板），应适当控制 PCB 的厚度，从国内厂家的加工能力看，应≥ 1.0mm。

（2）优化拼板设计，尽可能采用 V 槽设计并严格控制 V 槽残留厚度。

</td></tr>
<tr><td>说　明</td><td>

通过 V 槽尺寸的不对称设计，可以引导子板的变形方向。比如，顶面 V 槽浅些，底面深些，可以使之向底面弓曲。

</td></tr>
</table>

11.13　0.4mm 间距 CSP 焊盘区域凹陷

现　象	生产中有时会发生 0.4mm 间距 CSP 焊盘处局部凹陷现象，导致焊膏印刷严重拉尖现象（实为钢网与焊盘之间有间隙的结果），如图 11-30 所示。 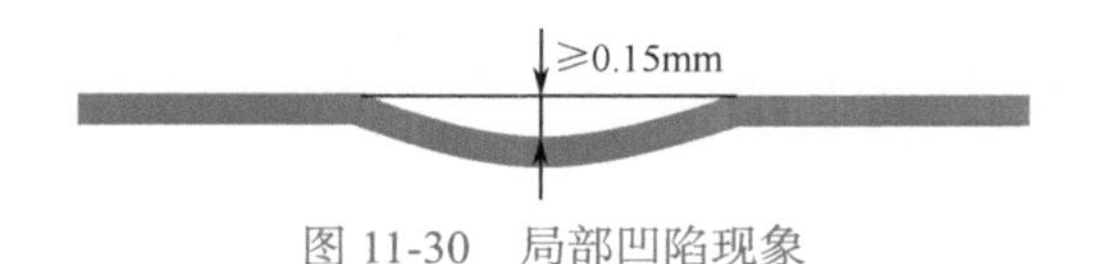 图 11-30　局部凹陷现象
原　因	首先看下 0.4mm 间距 CSP 的互连设计。 0.4mm 间距 CSP 由于焊盘之间的有效间隔非常小，无法采用焊盘间走线的互连设计，而是采用多阶的 HDI 设计。 目前，多阶 HDI 一般采用微盲孔电镀填铜工艺。如果 PCB 为多阶板，那么 CSP 处电镀孔层形成了“网状铜板”，如图 11-31 所示。 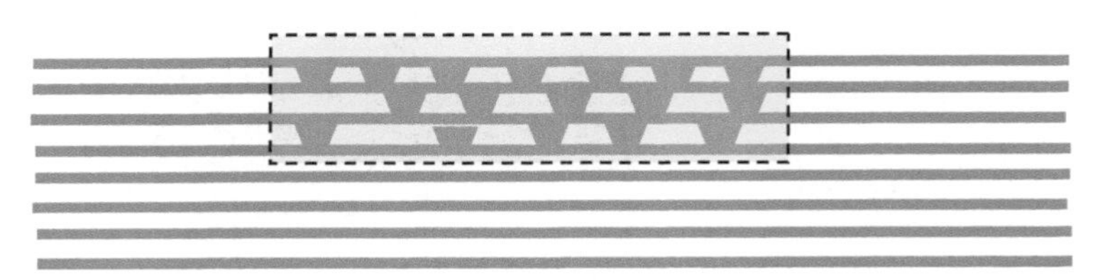 图 11-31　网状铜板 网状铜板可以看作铜板。由于铜的 CTE 比基材的 CTE 要大，加热冷却后会收缩，类似铜基板向铜基侧弯曲那样，形成局部凹陷，而且板越薄凹陷越严重，如图 11-32 所示。 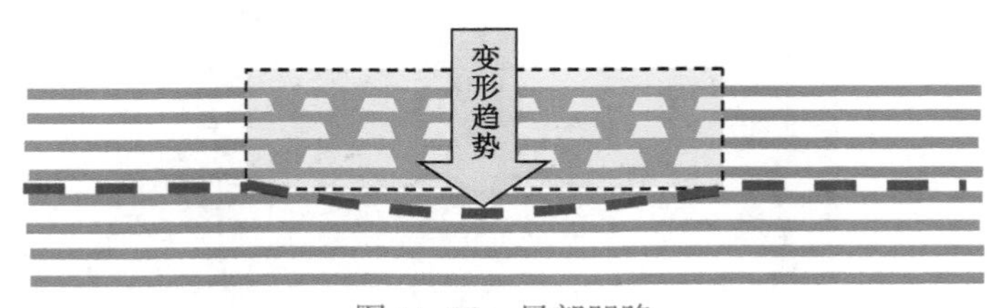 图 11- 32　局部凹陷
对　策	理解了 0.4mm CSP 处 PCB 局部凹陷的形成原因和机理，就可以改进设计和优化工艺： （1）尽可能采用堆叠盲孔设计，不要采用错位盲孔，避免形成“网状铜块”。 （2）严格控制盲孔位置偏差。过大的偏差会形成网状铜块，导致局部凹陷。

11.14 薄板拼板连接桥宽度不足引起变形

现　象

手机等薄板拼板容易发生变形。

原　因

（1）薄板本身因刚性不足，很容易变形，如果拼板排数超过2排，过炉时容易变形。

（2）拼板连接器刚度对薄板的拼板变形影响很大。如果连接桥宽度尺寸、刚度设计不足，就会加剧PCB的变形。

对　策

通过试验，表明连接桥的刚度与宽度对改善薄板、拼板的变形具有重要意义。试验表明，对于PCB厚度≤1mm的拼板，连接桥的宽度应≥5mm，最好为7mm；连接桥内层最好布全铜，提高刚度。设计方面有以下建议供参考。

（1）连接桥的刚度对于减少超薄板的变形有很大作用。因此，建议连接桥宽度按7mm设计并全层布铜（比槽宽内缩0.5mm），如图11-33所示。

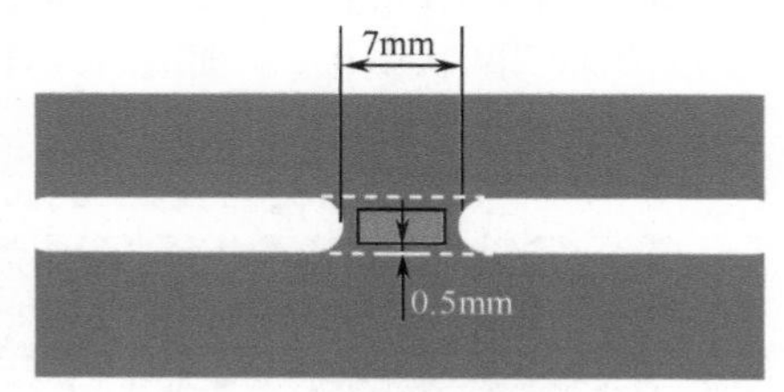

图11-33　薄板连接桥布铜设计

（2）工艺边宽度须≥10mm并全层布铜。

（3）拼板排数不能多于2排。

（4）如果子板间不能直接用连接桥连接，必须采用过渡连接条/块连接时，如图11-34所示的样板，建议以提高整体刚度为考量，加宽连接条宽度到5mm以上，以便顶针支撑。

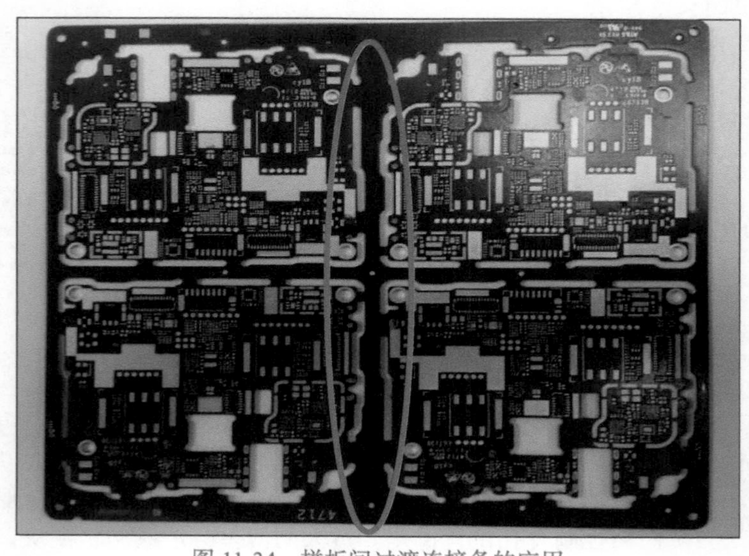

图11-34　拼板间过渡连接条的应用

11.15　灌封 PCBA 插件焊点断裂

<table>
<tr><td>现　象</td><td>
某企业生产的 LED，使用一段时间就坏掉了，经分析确认，为插装焊点断裂所致，如图 11-35 所示。

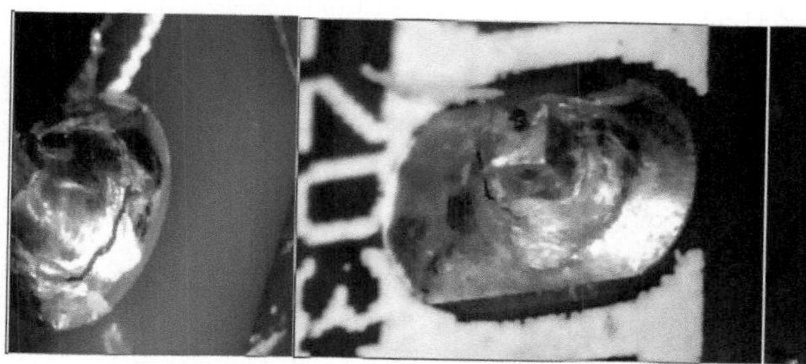
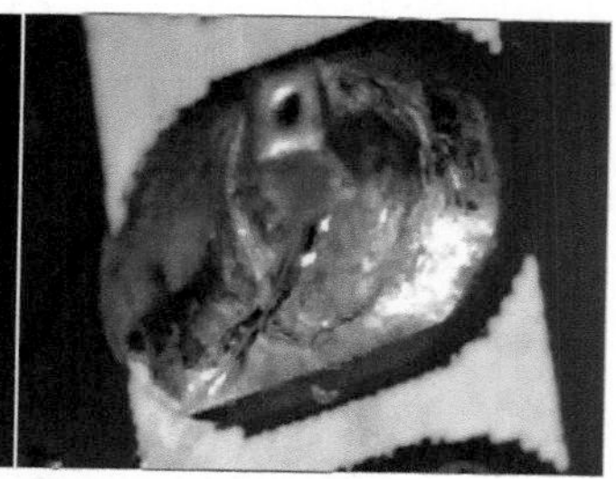

图 11-35　失效焊点特征
</td></tr>
<tr><td>原　因</td><td>
产品结构件如图 11-36 所示，为单面板并用聚氨酯灌封胶灌封。

图 11-36　产品外观

一般情况下，灌封胶的 CTE 为（200 ~ 240）$\times 10^{-6}$，而 PCB 的 CTE 则只有（14 ~ 16）$\times 10^{-6}$。过大的 CTE 差值在昼夜温差变化下对插件焊点形成周期性的蠕变－塑性变形，最终导致焊点疲劳失效，机理如图 11-37 所示。

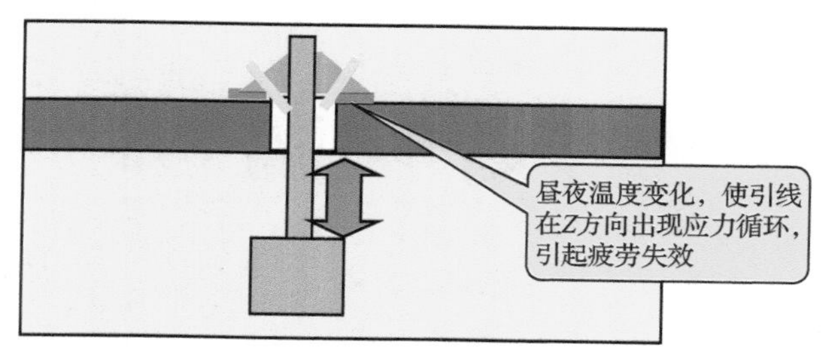

图 11-37　机理
</td></tr>
<tr><td>对　策</td><td>
（1）改单面板为双面板，主要是孔金属化。
（2）优化树脂配方，降低 CTE。
</td></tr>
</table>

11.16 机械盲孔板的孔盘环宽小导致 PCB 制作良率低（1）

现象

机械盲孔板采用多次压合方法制作，类似 BUM 工艺，本质上就是多层板积层。由于每压合一次都是在已压合多层板的基础上进行压合，使得每次压合的涨缩率不同，压合补偿数据比较复杂，最终导致层间对位公差比较大，如图 11-38 所示。

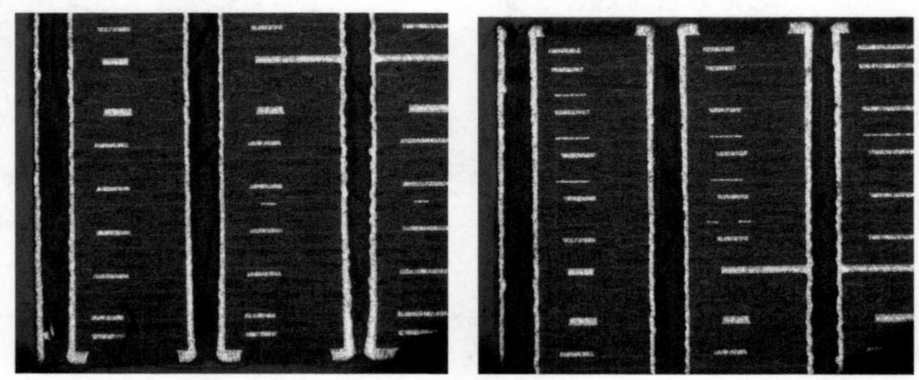

图 11-38 层间对位偏移严重

层间对位偏差比较大，要求孔环、孔－线间隔比一次压合条件下的设计数据大些，否则会引起孔环破孔、孔线短路，如图 11-39、图 11-40 所示。

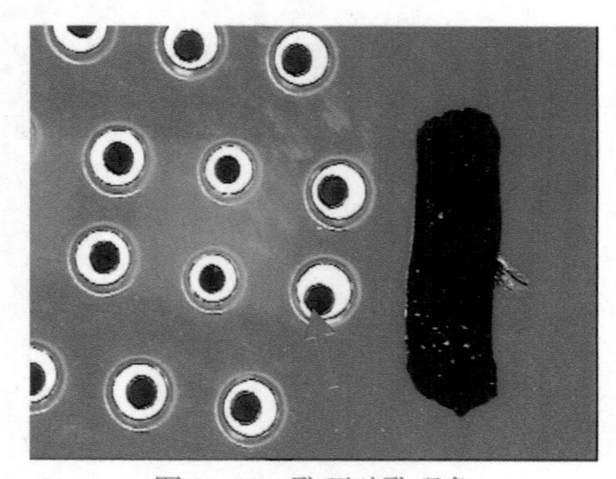

图 11-39 孔环破孔现象

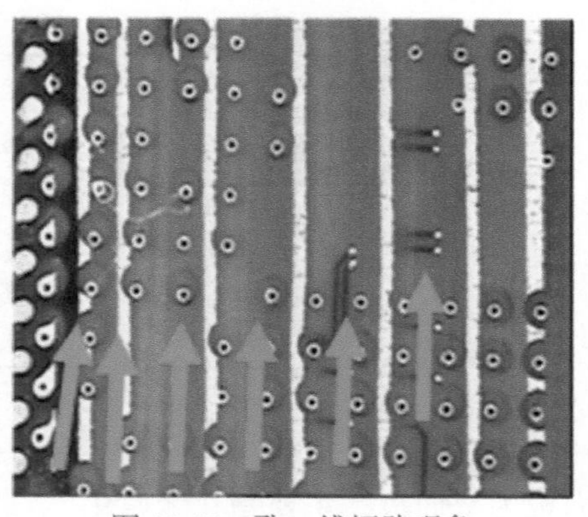

图 11-40 孔－线短路现象

11.16　机械盲孔板的孔盘环宽小导致PCB制作良率低（2）

案　例

某单板叠层结构如图11-41所示，采用5次压合。由于采用新材料经验不足，两生产厂首次样板制作良品率只有11%左右，问题主要集中在整板收缩尺寸超过要求、孔环破孔与导线与孔短路等方面。

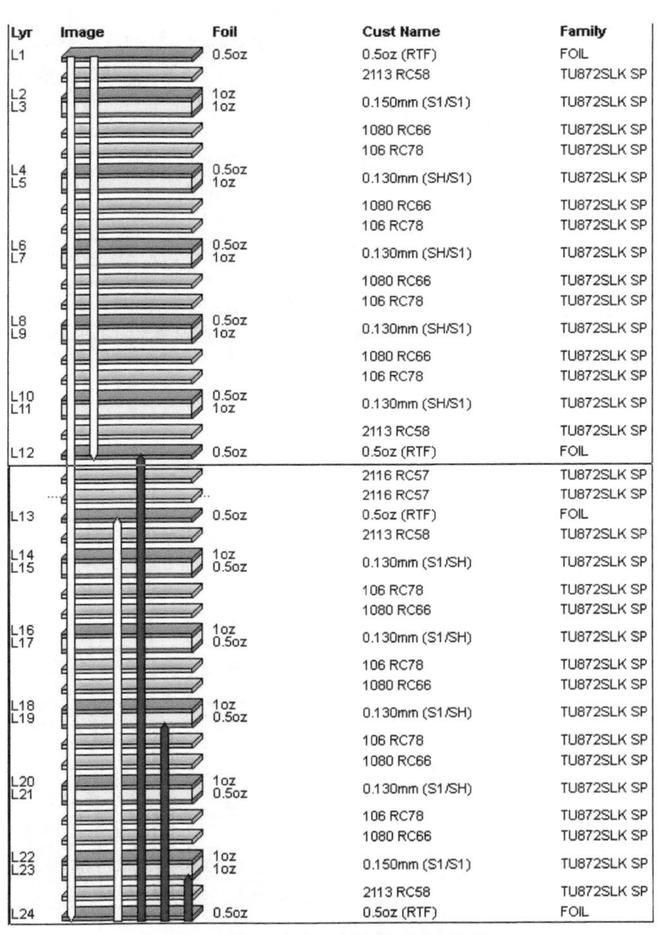

图11-41　案例单板的叠层结构

对　策

增加孔环环宽、孔－线间隔距离，设计要求如图11-42所示。

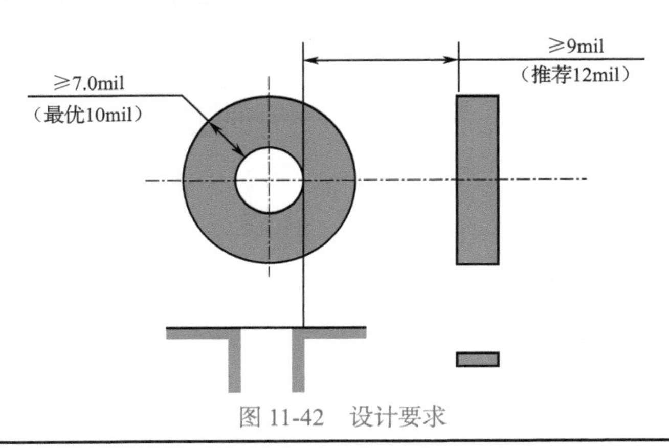

图11-42　设计要求

11.17 面板结构设计不合理导致装配时 LED 被撞

<table>
<tr><td>现　象</td><td>某单板如图 11-43 所示，装配时 LED 容易被撞。
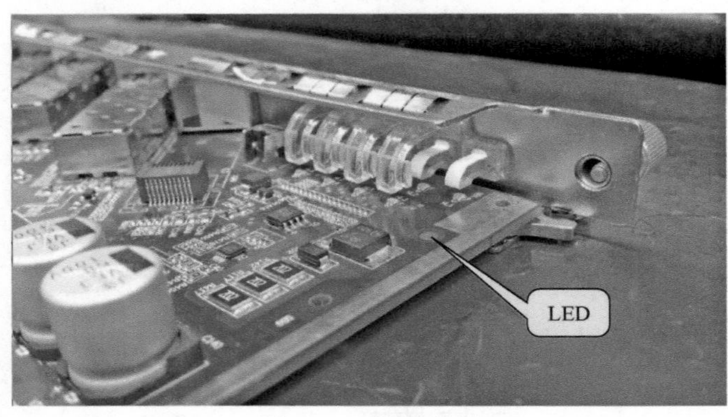

图 11-43　失效单板</td></tr>
<tr><td>原　因</td><td>此面板装配时，需要一边看着面板一边与光模块鼠笼对准，因此难以顾及 LED 的位置。面板结构呈“C”形，如图 11-44 所示。装配时难以控制面板导光柱与 LED 的间隙，从而导致 LED 容易被撞掉。
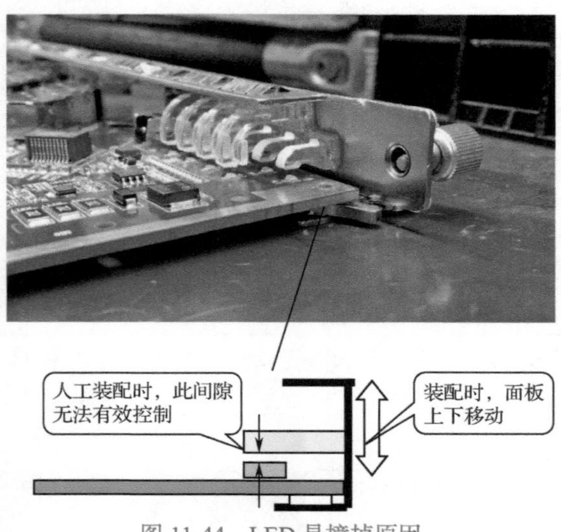

图 11-44　LED 易撞掉原因</td></tr>
<tr><td>对　策</td><td>使用工装，限制面板装配时的位置变化。</td></tr>
</table>

第 12 章 由手工焊接、三防工艺引起的问题

12.1 焊点表面残留焊剂白化

现 象

焊点表面残留焊剂变成白色粉状物，轻轻一碰就掉，如图 12-1 所示。

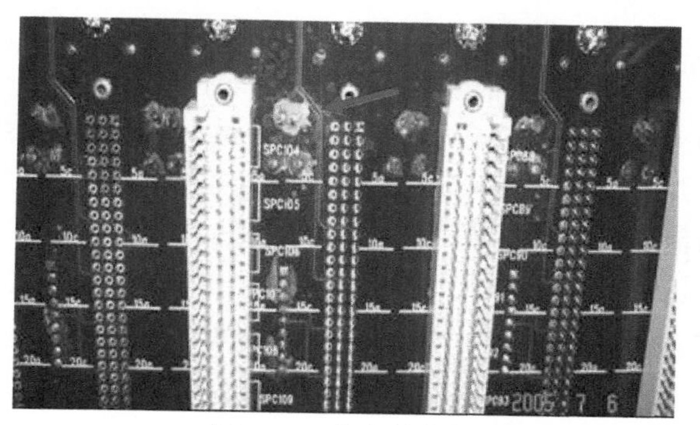

图 12-1 白色粉状物

原 因

用红外光谱（FT-IR）分析，白色残留物与松香的图谱近似，如图 12-2 所示，说明其为焊剂残留物。之所以呈现白色粉末状，是由于清洗时没有洗干净，部分焊剂溶解，使原本结晶状的焊剂残留物海绵化，在光线的作用下呈现白色。

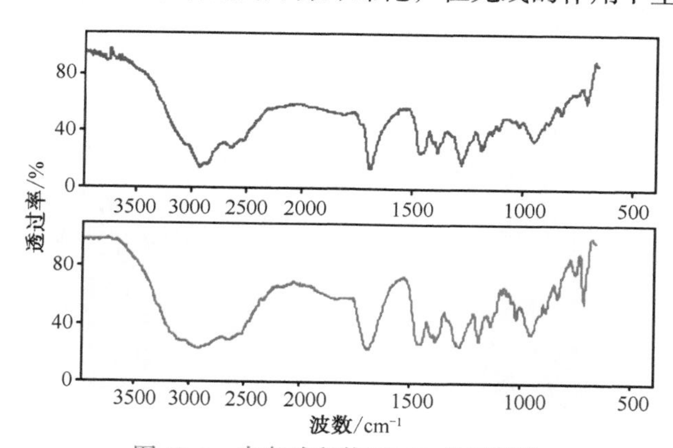

图 12-2 白色残留物 FT-IR 分析图谱

案 例

图 12-3 为某失效单板的局部照片，可以看到焊点表面有很明显的白色焊剂残留物。

图 12-3 失效单板案例

对 策

严格使用质量合格的焊丝并按规程操作。

如果需要清洗，一定要清洗干净或干脆不清洗。

12.2 焊点附近三防漆变白

现　象	焊点周围三防漆变白，轻轻一刮就掉，加热或清洗，白色物质马上变成透明的漆膜，而且与 PCB 的结合紧密，不容易刮掉。
原　因	取部分变白与非变白三防漆样品，置于红外显微镜下进行红外光谱分析，两者的红外光谱图主要特征吸收峰的数量与位置相同，且与丙烯酸树脂光谱相似。 在高倍显微镜下可以观察到多孔组织。 初步认为是三防漆配比中溶剂过多，挥发形成多孔组织，吸潮后变白（不能解释为什么容易刮掉）。之所以在焊点周围容易发白，是因为焊点周围的三防漆比较厚。
案　例	某单板半年后焊点周围三防漆膜变白且与 PCB 结合力很差，轻轻一刮就掉，如图 12-4（a）所示。一旦加热或清洗，白色物质马上变成透明的漆膜，而且与 PCB 的结合力又恢复，如图 12-4（b）所示。 加热前　加热后 （a）三防漆变白现象　（b）三防漆恢复正常 图 12-4　烘干可以消除此现象
对　策	110℃、1h 烘干处理。 单次喷涂不能太厚，以免漆膜多孔。
说　明	原因不明。 疑为没有发生聚合反应。

12.3　导通孔焊盘及元器件焊端发黑

现　象	非塞孔的导通孔、QFP 的引脚、片式类元器件的焊端变黑，如图 12-5 所示。 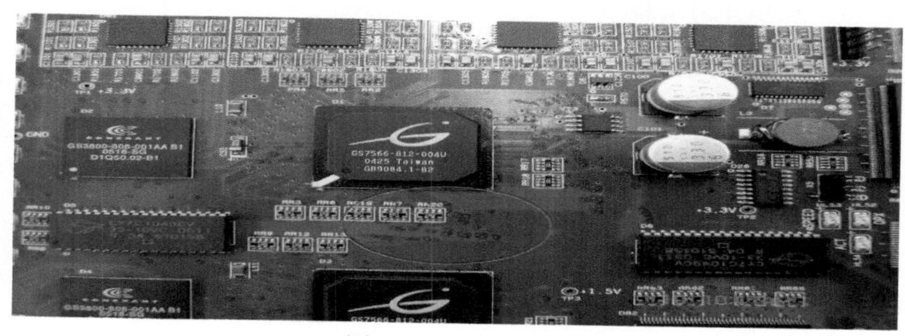 图 12-5　发黑现象
原　因	对单板过孔（开小窗的）上的黑色物质进行成分分析，结果为 C、O、S、Cu，初步怀疑黑色物质为硫化铜、硫化银等。
案　例	某产品单板过孔上存在黑色物质，过孔内层存有腐蚀现象，如图 12-6 所示。片式阻容、IC 的金属部分也有不同程度的氧化发黑现象。 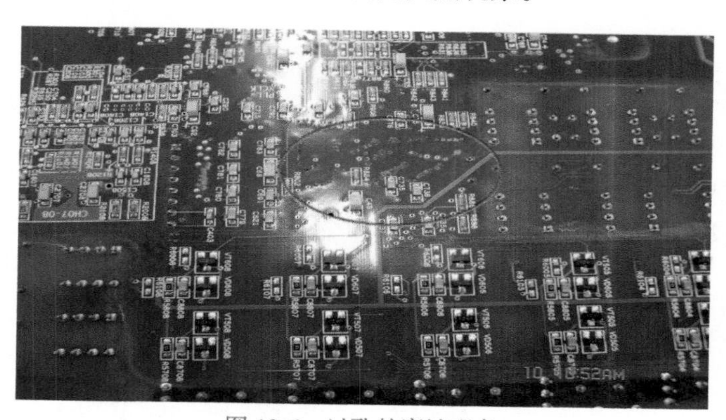 图 12-6　过孔的腐蚀现象
对　策	进行三防处理。
说　明	据调查，此板安装于户外机柜，靠近赤道附近，常年处于湿热（21 ~ 32℃）环境中。

第 13 章　操作不当引起的焊点断裂与元器件损伤

13.1　不当的拆连接器操作使得 SOP 引脚被拉断

<table>
<tr><td>现　象</td><td>某板 SOP 引脚断裂，如图 13-1 所示。

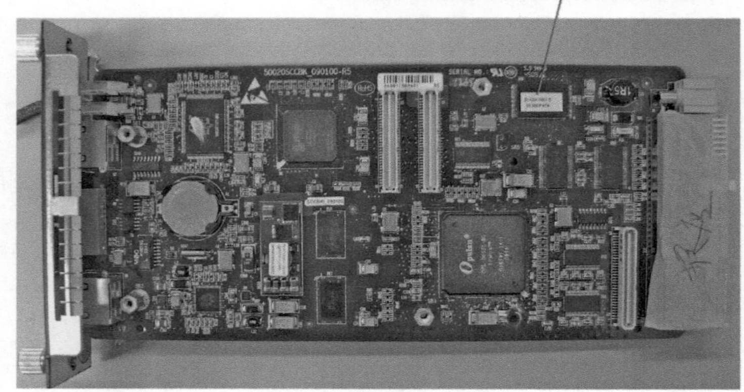
图 13-1　失效单板及 SOP</td></tr>
<tr><td>原　因</td><td>SOP 属于 L 形引脚，一般情况下很少会出现断裂现象。如果断裂，一定是受到反复的弯曲才可能发生，因此，首先定位为非正常操作所为。
仔细观察 SOP 引脚断裂处，发现有明显的拉伸痕迹，说明 PCBA 发生过很大的弯曲变形。再观察 SOP，其离板间隙为 0，这点使得其引脚在 PCB 弯曲时无法在 SOP 下沉时应力缓解，因此更容易被拉断。
根据以上分析，了解整个装焊过程，确认此断裂为不当的拆卸压接连接器操作所为，如图 13-2 所示，产线员工采用了将压接连接器压在压接工具头下，上下反复摇松的办法进行拆卸。
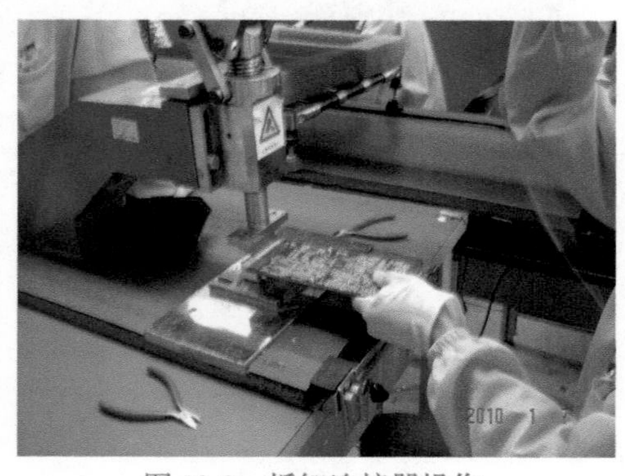
图 13-2　拆卸连接器操作</td></tr>
</table>

13.2　机械冲击引起的 BGA 断裂

现　象	从客户寄回的某返修单板时，BGA 轻轻一碰就掉了下来。断裂面呈沙质的界面，且全部从 BGA 侧断开，如图 13-3 所示。 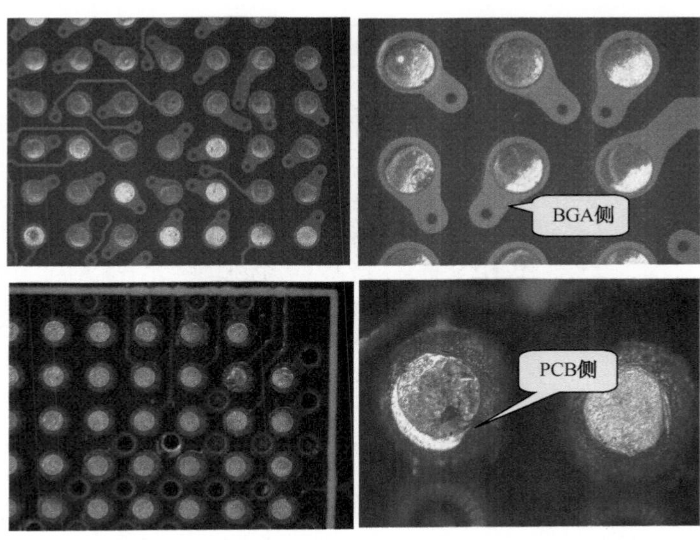 图 13-3　BGA 断裂特征
原　因	此 BGA 上装有散热器，比较突出（高出大多数元器件），疑为包装不周全，在运输过程中受到冲击导致的。
说　明	BGA 是一种应力敏感型器件，在装焊、运输和使用过程中，很容易因应力而断裂。分析时往往离开了发生的第一“现场”，只能根据断裂焊点的断裂界面特征与位置进行推断，因此，掌握 BGA 各类断裂类型的特点非常必要。 常见的 BGA 焊点断裂类型与特征如下： （1）四角部位、BGA 侧 IMC 与焊盘间的断裂，属于应力断裂。 （2）四角部位、BGA 侧 IMC 与焊球间的断裂，属于收缩型断裂。 （3）仅一个角发生焊点断裂，通常为机械应力断裂，这种情况多见于 BGA 角部有螺钉的情况。 （4）对称边出现焊点断裂，往往是受到反复弯曲变形导致的结果，很多焊点的断裂出现在焊盘与基材间。 （5）焊盘与基材间的断裂情况比较复杂，有很多因素可以引起此类断裂，如机械冲击力。

13.3 多次弯曲造成的BGA焊盘被拉断

<table>
<tr><td>现　象</td><td>某板三防处理后发现BGA焊点高比例断路，用返修工作站拆除BGA后，看到BGA的两侧有很多焊盘被拔起，如图13-4所示。
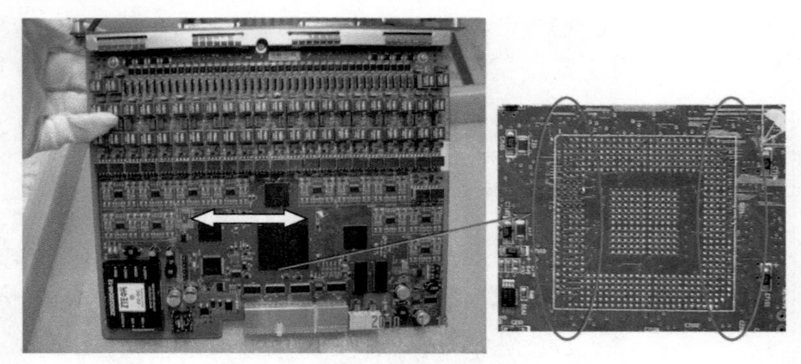
图13-4　失效单板与焊点断裂现象</td></tr>
<tr><td>原　因</td><td>焊盘拉断是典型是机械损坏。从BGA焊盘拉断的部位看，一定是PCB在某操作环节发生了水平方向的多次弯曲，如图13-5所示。
了解装焊过程得知PCBA在涂覆前曾经过ICT测试，说明问题出在测试后的装焊过程。进一步了解获知因PCBA在喷涂三防漆未干状态下直接插入单板车而无法抽出来，于是操作工就用手先把PCBA摇松再抽拔出来（还没有装面板），这个动作与上述损坏原因一致，经现场验证，故障复现。
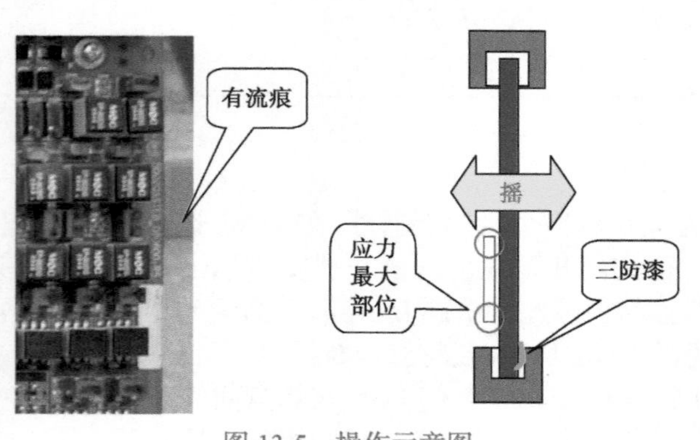

图13-5　操作示意图</td></tr>
<tr><td>说　明</td><td>本案例不是典型的，纯粹是因为操作不规范引起的。
之所以选择此案例，主要用于提醒装焊环节必须注意有BGA板的操作，即严禁多次的弯曲！</td></tr>
</table>

13.4　无工装安装螺钉导致 BGA 焊点被拉断

现　象

某板如图 13-6 所示，焊接后测试通过，但在安装子板后出现 BGA 焊点开裂，断裂位置与特征如图 13-7 所示。

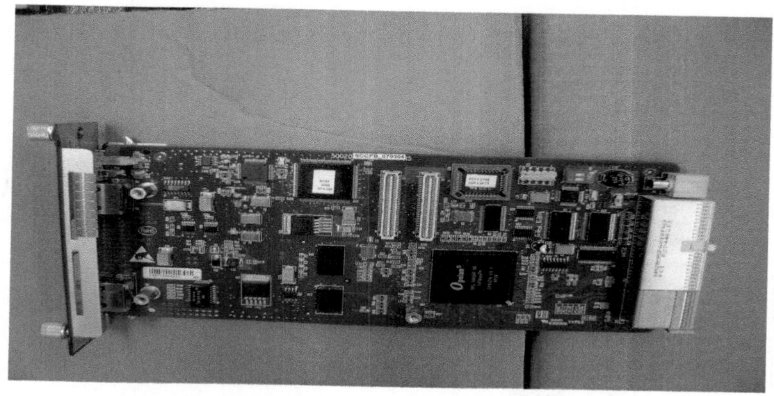

图 13-6　失效案例单板

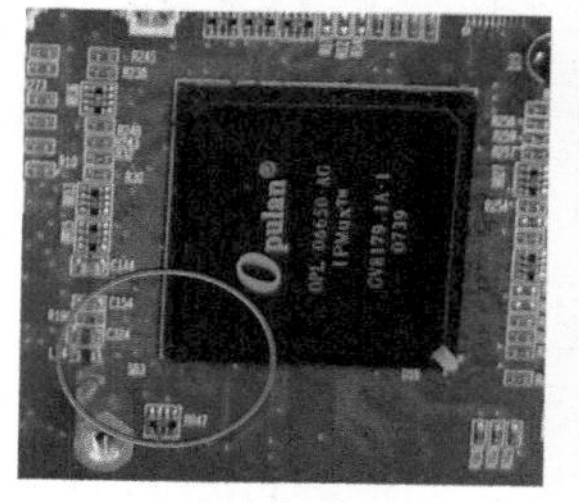

（a）焊点断裂位置

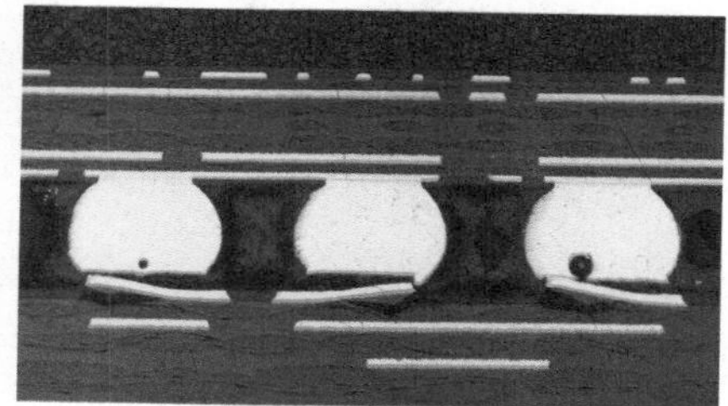

（b）焊点断裂切片图

图 13-7　焊点 / 焊盘拉裂现象

原　因

经调查发现是操作工人在安装螺钉时没有使用工装，而是一手拿板一手安装，如图 13-8 所示。

这样的操作使得 PCB 发生严重的变形，从而将 BGA 焊点拉断。

图 13-8　装配作业示意图

对　策

（1）设计时应将 BGA 远离螺柱布局，至少 5mm 以上，并尽量避免 BGA 角部靠近螺柱。

（2）严格工艺纪律，严格按工艺规范操作。

<table>
<tr><th colspan="2">13.5　散热器弹性螺钉引起周边 BGA 的焊点被拉断</th></tr>
<tr><td>现　象</td><td>BGA 靠近散热器螺钉部位的焊点出现断裂现象，如图 13-9 所示。

图 13-9　BGA 焊点断裂</td></tr>
<tr><td>原　因</td><td>在图 13-10 所示的散热器安装方式中，如果螺钉距离 BGA 有一定的距离，则随着使用时间的延长，PCB 会发生越来越严重的变形情况，特别是那些比较薄而长的 PCB。
靠近散热器安装螺钉附近的 BGA 焊点，随着 PCB 的变形承受的应力越来越大。当作用在焊点上的应力超过其所能承受的极限时将发生断裂。这是一个应力长期作用于起焊点导致断裂的案例，明显的标志就是 PCB 变形严重。

图 13-10　散热器安装方式导致 PCB 的变形</td></tr>
<tr><td>对　策</td><td>散热器安装螺钉最好靠近 BGA 布局，如图 13-11 所示。

图 13-11　较合理的螺钉布局设计</td></tr>
</table>

13.6　元器件被周转车导槽撞掉	
现　象	大多数生产厂仍然采用插板周转车，如果元器件离边距离小于导槽深度，运输中很容易被振下来，如图 13-12 所示。如果 PCB 很重，元器件很小，被撞下来的概率就很大。 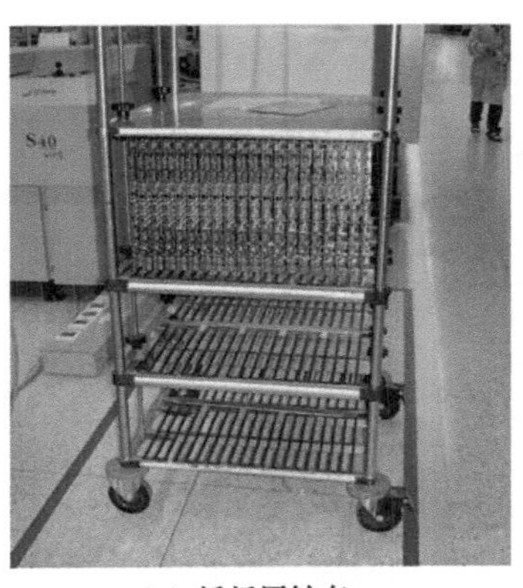 （a）插板周转车 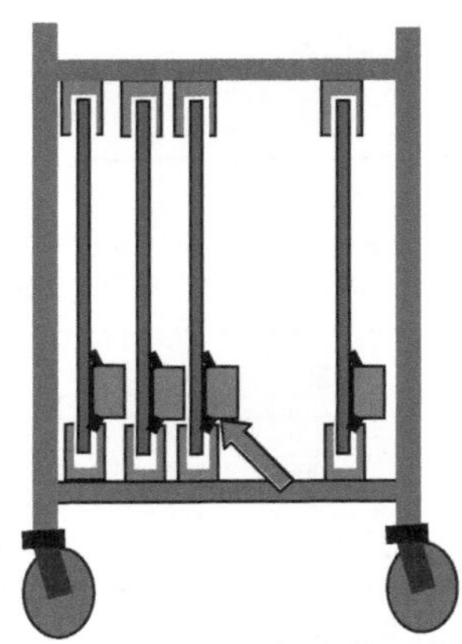 （b）板边尺寸不够使元器件受力 图 13-12　周转车
原　因	被 PCB 的重力振下来。
对　策	（1）设计上，元器件禁布边宽度应大于导槽深度，比如大于 2.5mm。 （2）使用防静电泡沫塑料托盘周转，如图 13-13 所示，不仅可以放宽设计，同时可以避免元器件被撞掉。  图 13-13　防静电泡沫塑料托盘

第14章 腐蚀失效

14.1 常见的腐蚀现象（1）

电子产品腐蚀

电子产品的腐蚀主要有电化学腐蚀和化学腐蚀，两者的区别见表14-1。像我们经常提到的银离子迁移、阳极导电金属丝、贾凡尼、爬行腐蚀都属于电化学腐蚀。片式元件电极Ag硫化属于化学腐蚀。

表14-1 电化学腐蚀与化学腐蚀的比较

对比项	化学腐蚀	电化学腐蚀
条件	金属与接触的物质反应	不纯金属与电解质溶液接触
现象	不产生电流	有微弱的电流产生
反应	金属被氧化	较活泼的金属被氧化
影响因素	随温度升高而加快	与原电池的组成有关
腐蚀快慢	相同条件下比电化学腐蚀慢	较快
相互关系	化学腐蚀和电化学腐蚀同时发生，但电化学腐蚀更普遍	

电化学腐蚀（1）

电化学是研究电能与化学能相互转换的科学。电化学反应主要有两类，即电解反应与原电池反应。相应地，电子产品的电化学腐蚀现象也可以分为两类，即电解腐蚀与原电池腐蚀。

1）电解腐蚀

由电解原理引起的腐蚀，称为电解腐蚀。

电解腐蚀需要三个条件：导体、电位差与电解液。在这三种条件同时存在下，电解液中的离子会在电位差的作用下发生迁移，从阳极向阴极移动并沉积，以枝晶方式生长。枝晶生长的结果导致两电极短路。

PCB中常见的阳极导电金属丝失效（CAF）、厚膜电路Ag迁移失效，都属于由电解原理引起的腐蚀导致的失效现象，但有一个显著特点，就是首先发生了水解反应，其后在电场的作用下形成了连续的可逆反应。

图14-1所示图形为典型的Ag迁移形貌，一般迁移物呈树枝状。

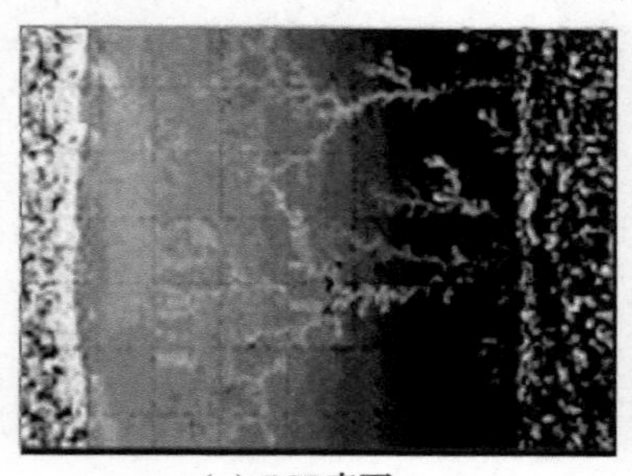

（a）PCB表面

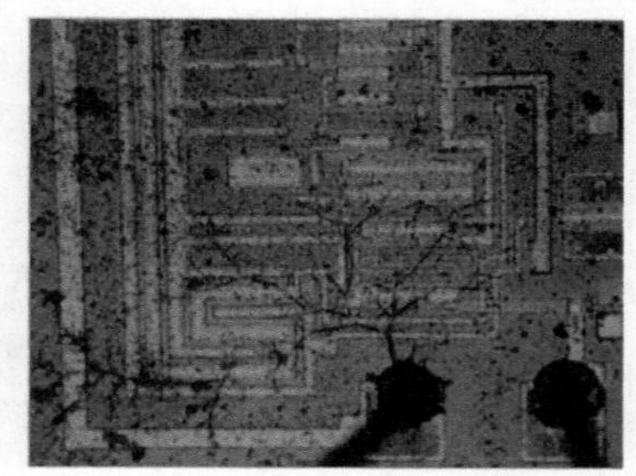

（b）芯片表面

图14-1 Ag电迁移典型形貌

<table>
<tr><th colspan="2">14.1　常见的腐蚀现象（2）</th></tr>
<tr><td>电化学腐蚀（2）</td><td>

PCB 上的电路由很多导线构成，这些导线之间均存在电位差，这些存在电位差的相邻导线就形成阴极与阳极，另外我们加工的 PCB 上通常会留有焊剂残留物灰尘导电物，它们具有一定的活性，当 PCB 在潮湿的环境下，板上有水分子沉积时，焊剂残留物溶于水中，水和助焊剂残留物就成了电解液，导线上的铜在电解液中变成带正电的铜离子，它们向阴极跑去，与阴极的电子形成铜原子沉积在阴极端，这样以树枝的形状从阴极向阳极生长，最后导致产品失效，这就是电子产品中的电迁移现象。

2）原电池腐蚀

不纯的金属或相连的不同金属与电解质溶液接触时，会发生原电池反应，比较活泼的金属失电子而被氧化的腐蚀叫作原电池腐蚀，是电化学腐蚀的一类。

在 PCB 的化学镀银过程中，裸露的铜与首先沉积在铜表面的银在电镀液中构成原电池。活泼的铜被腐蚀掉，形成著名的“贾凡尼效应”。这就是典型的原电池腐蚀，在金属腐蚀领域也称为电偶腐蚀。

</td></tr>
<tr><td>化学腐蚀</td><td>

化学腐蚀一般是指金属与接触到的干燥的氧化剂（如 O_2、CI_2、SO_2 等）直接发生化学反应而引起的腐蚀。

常说的硫化（Ag_2S）就属于化学腐蚀，不同的腐蚀现象其形貌也不同。如硫化腐蚀，呈莲花状，如图 14-2 所示，而爬行腐蚀呈鱼鳞状，如图 14-3 所示。

图 14-2　硫化腐蚀典型形貌

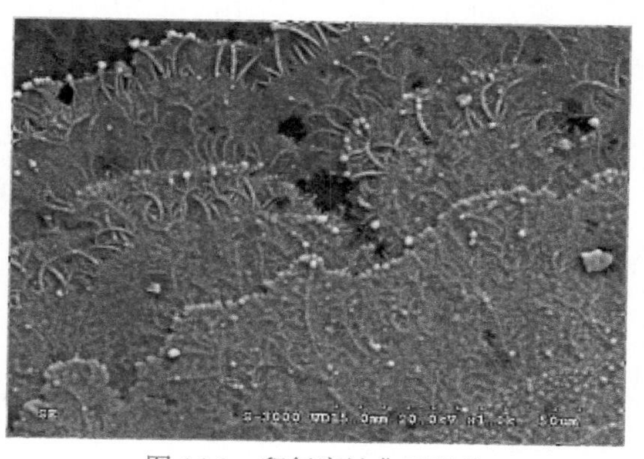

图 14-3　爬行腐蚀典型形貌

</td></tr>
</table>

14.2 厚膜电阻 / 排阻硫化失效（1）

现　象

厚膜电阻 / 排阻在腐蚀性环境下，有些品牌会出现电阻变大而失效的现象。

在立体显微镜下可观察到失效排阻焊端处有腐蚀物，如图 14-4 所示，进一步用能谱分析，确认该腐蚀物为 Ag_2S。由于 Ag_2S 属于低导电率的化合物，最后导致电阻变大甚至开路。

（a）失效陶瓷电阻端子典型形貌　（b）Ag_2S典型形貌

图 14-4　电阻硫化失效现象

原　因（1）

1）电阻的结构

电阻的结构如图 14-5 所示，其电极一般采用三层结构，即银钯浆料、镍及锡铅合金。

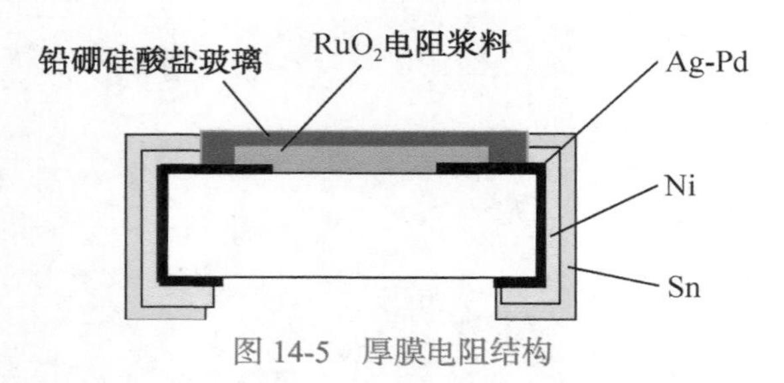

图 14-5　厚膜电阻结构

2）电阻硫化的前提条件

电阻硫化的前提是电阻电极与外保护层存在缝隙或空洞，如图 14-6 所示的位置。只要有缝隙，硫就很容易侵入。由于内电极层很薄，很容易腐蚀掉，从而导致电阻失效。

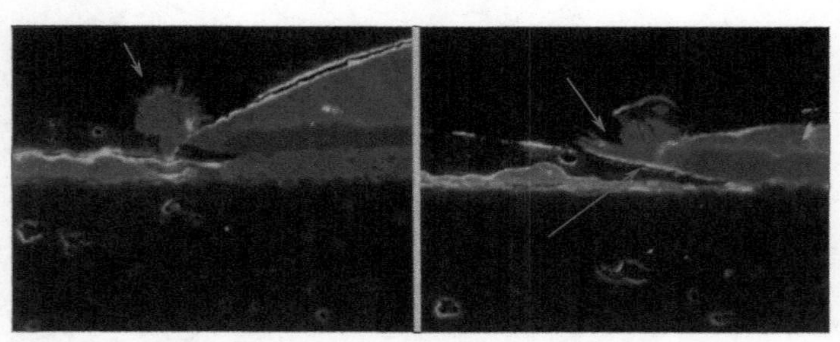

（a）钝化层空洞导致Ag_2S生长　（b）界面分层导致Ag_2S生长

图 14-6　电阻硫化的位置

<table>
<tr><th colspan="2">14.2 厚膜电阻 / 排阻硫化失效（2）</th></tr>
<tr><td>原 因
（2）</td><td>3）硫化反应
硫与银只要接触极易发生反应，在无其他活性硫化物存在时，只要元素硫的质量分数达到 50μg/g 时，就会引起银腐蚀。
潮湿的环境，特别是潮湿的酸性环境，可以加速硫化反应，也就是加速电阻电极的腐蚀。反应方程如下：
$4Ag+2H_2S+O_2=2Ag_2S$（黑色产物）$+2H_2O$
因此，电阻硫化主要是由于元器件本身的质量引起的，另外，环境气氛也是重要的因素。</td></tr>
<tr><td>对 策</td><td>对于户外或高可靠性要求的产品，可采取以下几种措施。
1）选择防硫化能力强的电阻
从失效分析看，电阻失效的原因是由于电阻本身质量问题所致，如钝化层开裂或有空洞。从目前电阻行业内对硫化情况的改善的工艺情况看，主要采用如下三种方式：
（1）改变原来的电极的成分，采用金作电极。
（2）改变原来的银钯电极的成分。
（3）改进钝化层涂覆工艺，使与端子可焊面接口不露银。
2）三防漆保护
对产品进行三防处理。
3）工艺控制
手工焊接容易导致电阻的致密性破坏，在同样的环境条件下，出现硫化失效的概率比较大。
以此类推，电阻在生产工艺过程中的单板变形，分板过程中对器件的受力变形，都会导致电阻的致密性降低，而在同样的环境条件下，出现硫化失效的概率比较大。
因此，应尽可能限制手工焊接以及对片阻的机械损伤操作。
4）注意元器件选型
元器件固定胶或灌封胶，往往含有硫的成分，布局在其周围的电阻硫化现象概率比较高，如图 14-7 所示。

图 14-7 灌封胶的影响</td></tr>
</table>

14.3 电容硫化现象（1）	
现 象	某品牌薄膜电容陆续发生严重硫化腐蚀，如图 14-8 所示。  图 14-8　薄膜电容腐蚀现象
原 因	在 50 倍显微镜下观察，腐蚀的电容两端电极与本体结合处粗糙、不紧密，而另一品牌的电容则结合紧密、表面光滑，如图 14-9、图 14-10 所示。  （a）腐蚀的电容样品  （b）无腐蚀的电容样品 图 14-9　两种品牌电容在 50 倍显微镜下的图片 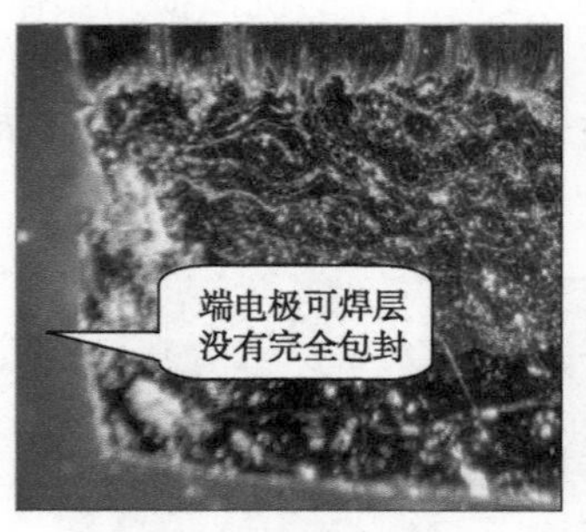 （a）腐蚀的电容样品  （b）无腐蚀的电容样品 图 14-10　两种品牌电容端电极切片图
对 策	同 14.2 所述。

14.3　电容硫化现象（2）

厂家分析

薄膜电容电极结构如图 14-11 所示，内电极为铜。

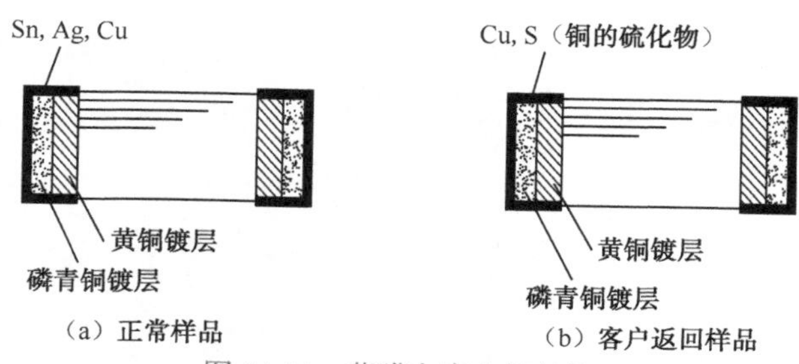

图 14-11　薄膜电容电极结构

失效元器件腐蚀现象及成分分析如图 14-12 所示。

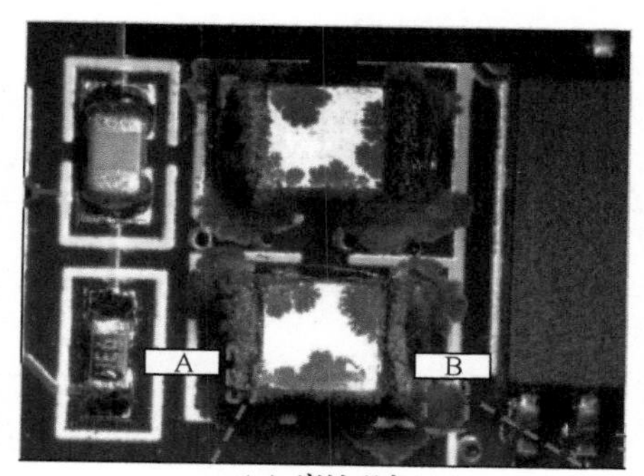

（a）腐蚀现象

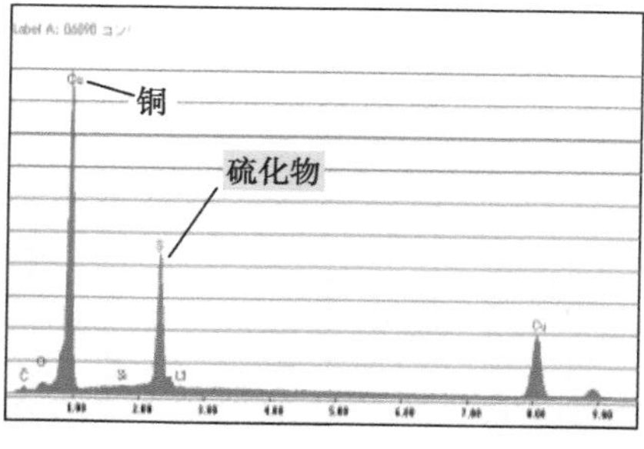

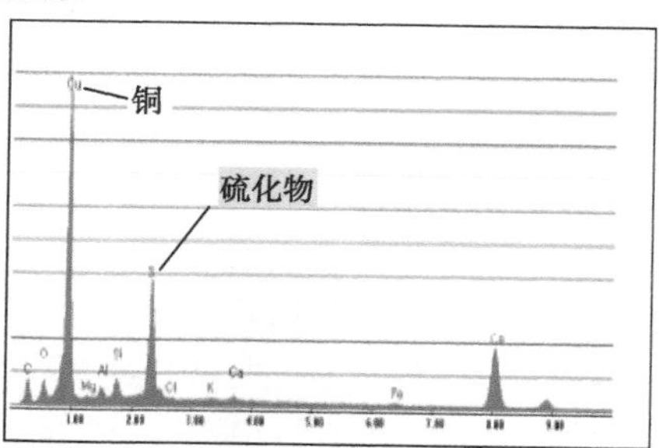

（b）成分分析

图 14-12　薄膜电容的腐蚀现象与成分

从成分分析可以看出属于铜的硫化腐蚀，也就是 14.4 节提到的爬行腐蚀。

14.4 PCB爬行腐蚀现象（1）

现　象

铜的硫化物在潮湿的环境下会溶解并沿着铜的线路和绝缘表面生长，此现象被称为爬行腐蚀，如图14-13所示。

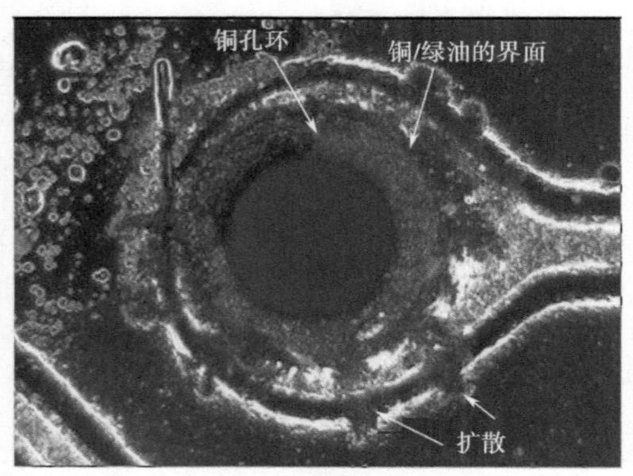

图14-13　爬行腐蚀现象

爬行腐蚀与电迁移的特征对比见表14-2，结晶外观如图14-14所示。

表14-2　爬行腐蚀与电迁移腐蚀的特征对比

对比	爬行腐蚀	电迁移
发生位置	露铜的地方	发生在存在压差的线路间
现　象	无定向结晶	定向结晶
产生条件	（1）高硫环境 （2）露铜，由铜的硫化物形成 （3）潮湿的环境	（1）线路间存在压差 （2）弱酸性水

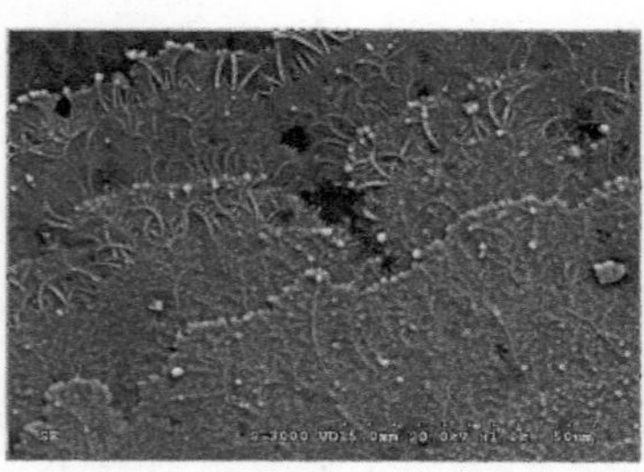

（a）爬行腐蚀现象

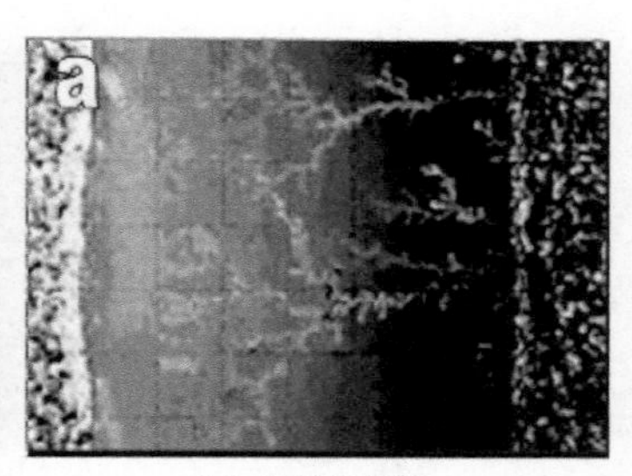

（b）电迁移现象

图14-14　爬行腐蚀与电迁移

14.4 PCB 爬行腐蚀现象（2）

原　因

爬行腐蚀产生的根本原因是有“露铜”。铜通过孔隙、缺陷、晶界向外迁移/扩散，与环境中的硫化物形成 Cu_2S。

Im-Ag 板容易发生露铜的地方有：

（1）贾凡尼攻击形成的裸露铜表面，如图 14-15 所示。

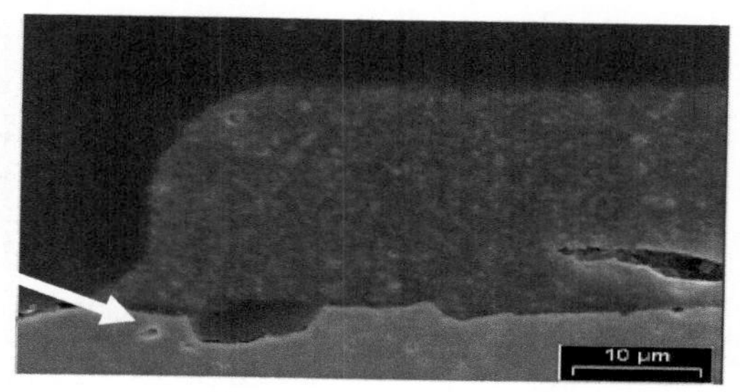

图 14-15　贾凡尼露铜

（2）盲孔或高厚径比通孔上的露铜，如图 14-16 所示。

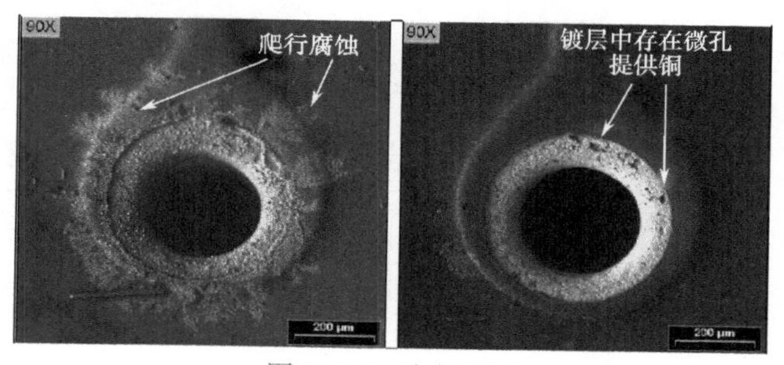

图 14-16　孔盘露铜

对　策

乐思（Enthone）发明了一种 Im-Ag 后处理自组装分子。它的一端能够吸附于铜和银的表面，而另一端具有隔离潮湿环境和线路的功能，从而具有防止爬行腐蚀发生的作用，如图 14-17 所示。此分子膜很薄，对可焊性、接触电阻无不良影响。

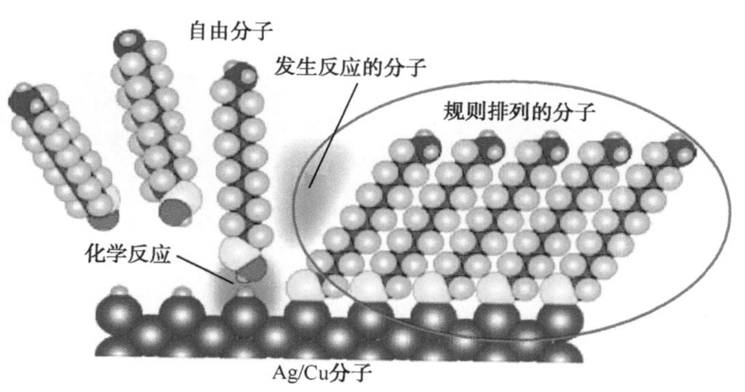

图 14-17　自组装分子的功能

14.5 SOP爬行腐蚀现象（1）

<table>
<tr><td>现 象</td><td>

某子卡上某SOP芯片失效，能够观察到明显的腐蚀物，如图14-18所示。失效地点为同一个机房，同批次芯片在其他地方没有报告出现类似问题。

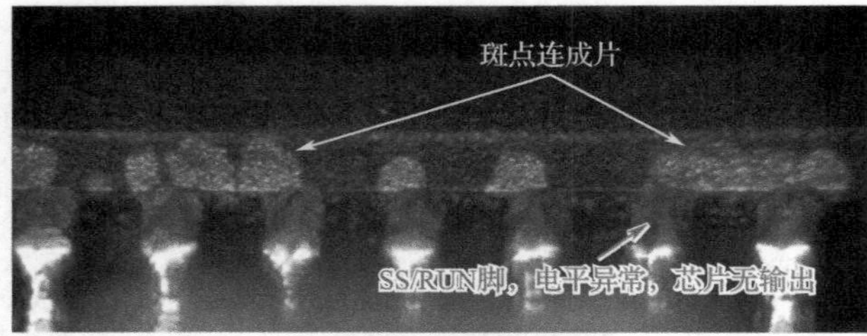

（a）失效芯片1腐蚀现象1

（b）失效芯片1腐蚀现象2

图14-18　腐蚀现象

</td></tr>
<tr><td>原 因
（1）</td><td>

（1）如图14-19所示，用刀将两引脚间的白色腐蚀物划开，发现芯片功能正常，说明腐蚀物具有导电性。

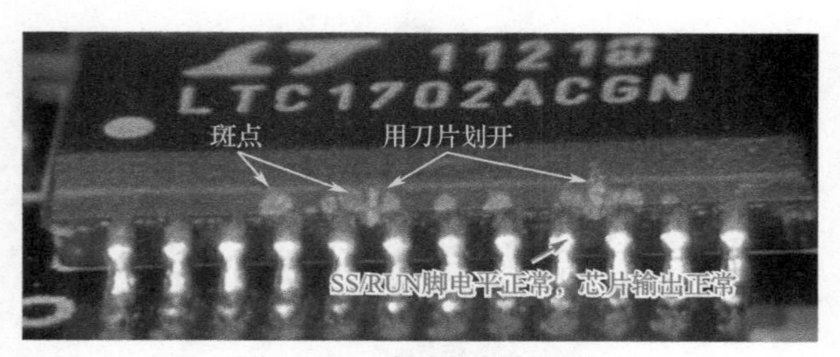

图14-19　腐蚀物划断图片

</td></tr>
</table>

14.5　SOP 爬行腐蚀现象（2）

原　因（2）

（2）通过显微镜观察，腐蚀物为雾状的深色物质，呈向四周扩散状态，如图 14-20 所示。

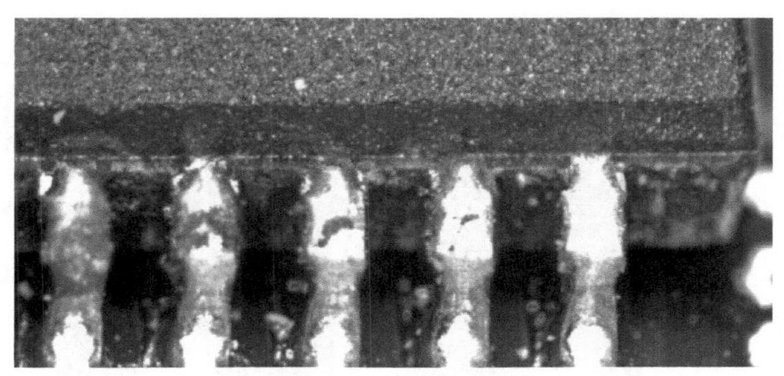

（a）腐蚀物

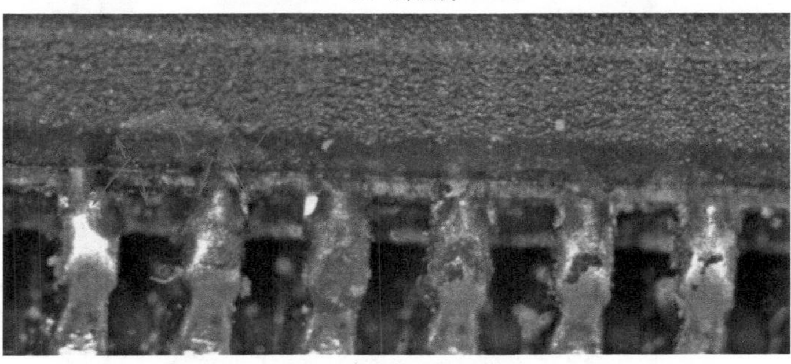

（b）腐蚀物扩展现象

图 14-20　腐蚀物外观

通过 EDS 分析，能够看到爬行腐蚀的典型“云”形貌，如图 14-21 所示。

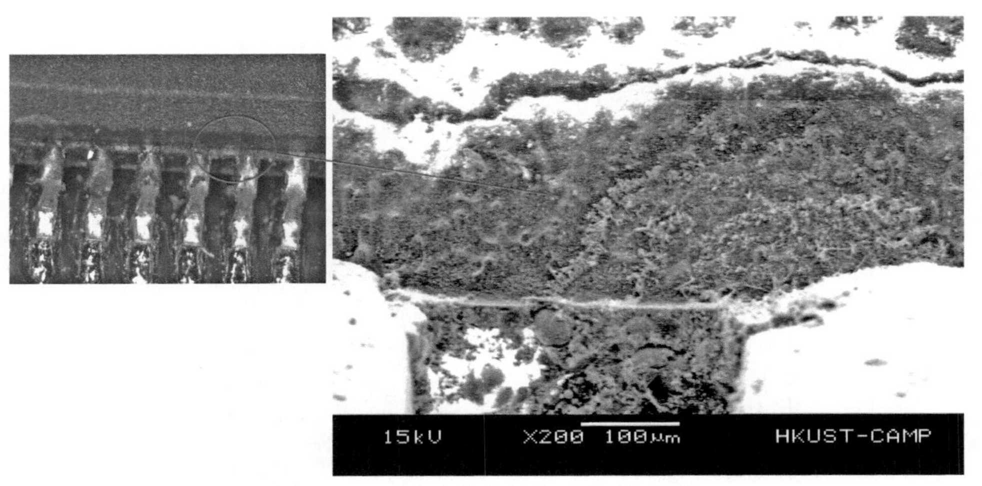

图 14-21　爬行腐蚀物的典型“云”形貌

14.5 SOP爬行腐蚀现象（3）

原因（3）

（3）EDS分析。

对样品1，在发黑引脚根部以及器件边缘飞边处，均发现硫与铜，图14-22为飞边处的分析结果。

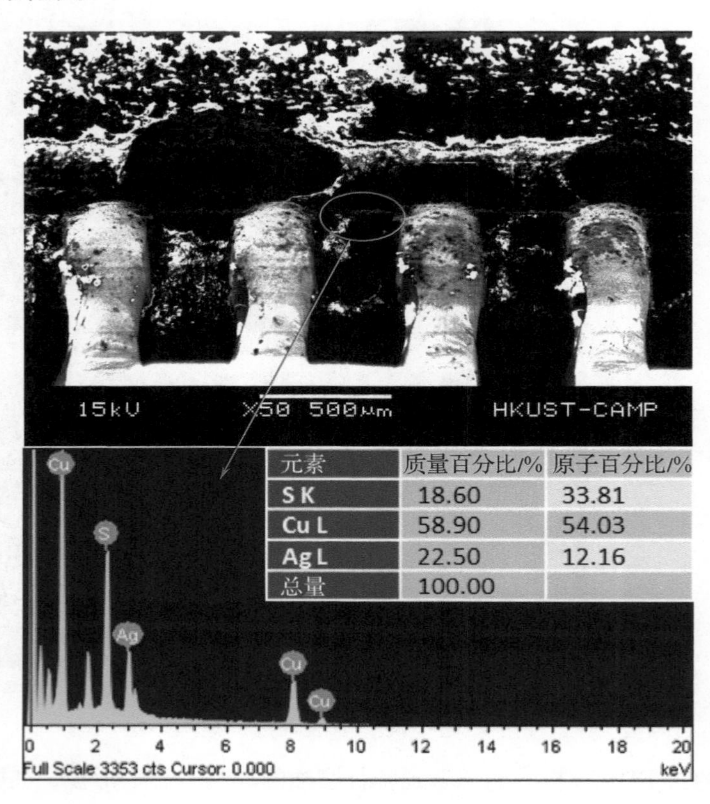

元素	质量百分比/%	原子百分比/%
S K	18.60	33.81
Cu L	58.90	54.03
Ag L	22.50	12.16
总量	100.00	

图14-22　腐蚀物电子能谱（EDS）分析

样品2 EDS分析如图14-23所示。

管壳上腐蚀斑点处发现S和Cu元素：

元素	质量百分比/%	原子百分比/%
C K	42.59	60.40
O K	21.70	23.10
Si K	22.30	13.52
S K	1.60	0.85
Cu L	6.05	1.62
Au M	5.75	0.50
总量	100.00	

图14-23　腐蚀物EDS分析

14.5　SOP 爬行腐蚀现象（4）

原　因（4）

（4）某机房 PCB、地板灰尘成分分析，均有 2% 左右的硫（S），如图 14-24 所示。

谱图	在状态	C	O	Si	S	Ca	总的
谱图1	是	50.77	42.40	3.46	2.14	1.23	100.00
谱图2	是	49.93	43.50	3.36	1.84	1.37	100.00
平均		50.35	42.95	3.41	1.99	1.30	100.00
标准偏差		0.60	0.78	0.07	0.21	0.10	
最大		50.77	43.50	3.46	2.14	1.37	
最小		49.93	42.40	3.36	1.84	1.23	

图 14-24　某机房 PCB、地板灰尘成分分析

（5）在有腐蚀斑点的引脚切片中看到封装体与引脚间存在缝隙，我们把这个缝隙暂且命名为封装缝隙，如图 14-25 所示。没有腐蚀斑的没有看到封装缝隙，说明腐蚀斑点与封装间隙有对应关系。这个缝隙会导致引线电镀时覆盖不全，也就是有可能出现露铜，此露铜场景与贾凡尼沟槽一致，符合发生爬行腐蚀的条件，如图 14-25 所示。

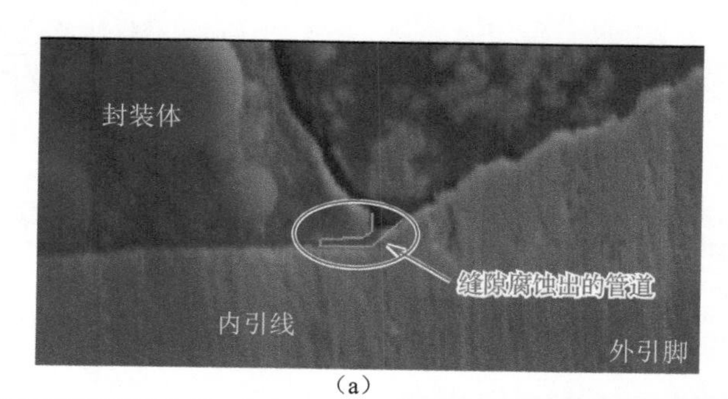

（a）

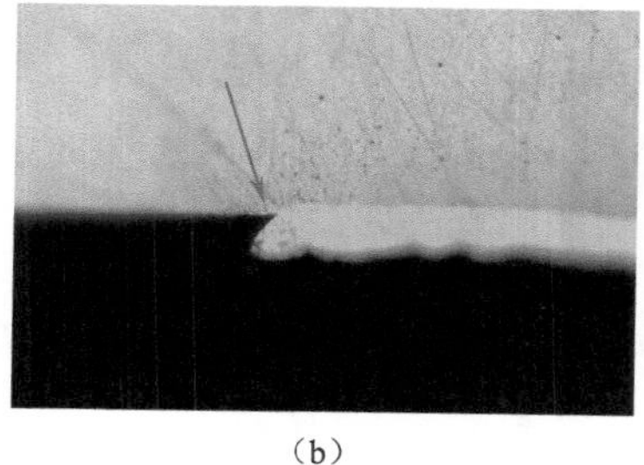

（b）

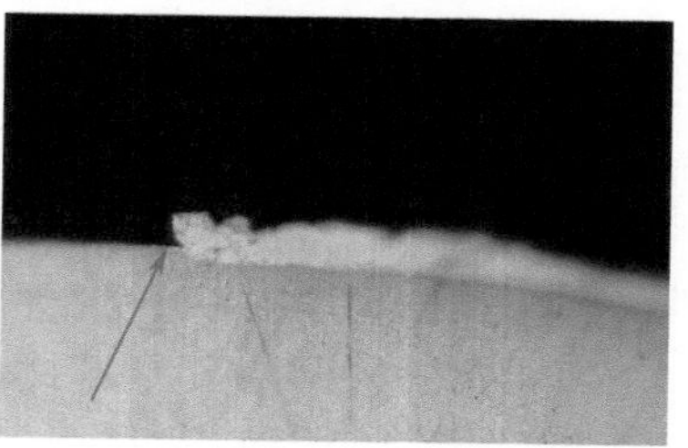

（c）

图 14-25　失效芯片同一物料切片图

14.5 SOP 爬行腐蚀现象（5）

原 因（5）

（6）同一板上类似封装（SOP）切片，引脚与封装主体无缝隙，如图 14-26 所示。需要指出的是，此缝隙容易与塑封体中间分型面飞边下缝隙混淆，如图 14-27 所示，飞边下缝隙四面通透，不会像封装体与引脚的间隙那样会造成露铜。

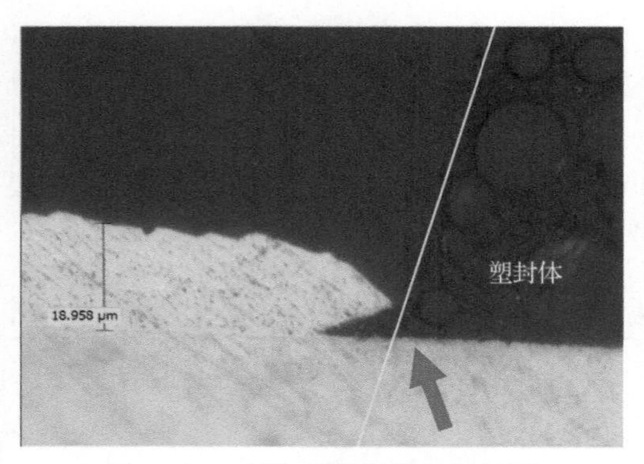

图 14-26　对比封装引脚处切片图

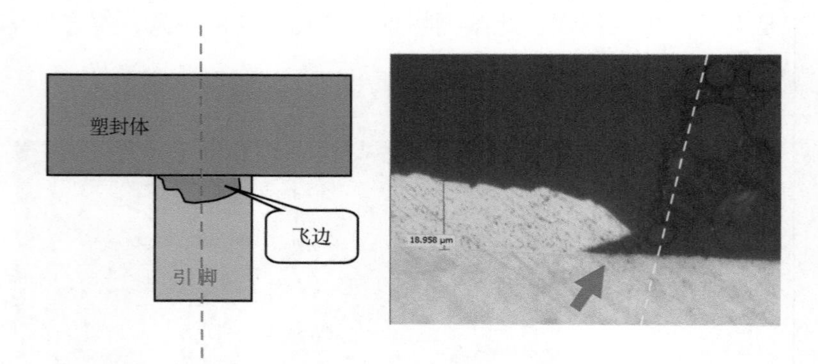

图 14-27　飞边示意图

（7）总结

根据以上分析，可以确定芯片的失效为封装质量引起的。

内因为芯片封装存在缝隙 / 露铜，外因为环境高硫。在此条件下发生了爬行腐蚀并导致微短路，最终引发芯片功能出现问题。

以上结论可用来解释如下的疑惑，即：

① 同批次生产数千块芯片，为什么只发生在一个机房？因为此机房灰尘中含有很高的硫，达 1.8% 以上。

② 为什么同一板上类似封装没有出现问题？因为这些封装引脚与封装体间没有楔形缝隙（有些有连续镀层，但封装体与引脚间不存在楔形缝隙），不会露铜，也没有爬行腐蚀的条件。

本案例提供了一个分析爬行腐蚀失效的方法，即腐蚀物扩展、成分含硫、微缝隙 / 空洞露铜。

<table>
<tr><th colspan="2">14.6　Ag 有关的典型失效（1）[①]</th></tr>
<tr><td>概　述</td><td>金属银（Ag）由于其优异的导电性能、导热性能、力学性能、可线焊性能与可钎焊性能等，在电子封装和组装中具有广泛应用。典型应用主要有：
（1）粘片银浆，一般为银粉和环氧树脂的混合物。用于元器件封装中芯片与衬底的连接。
（2）引线框架基塑料封装载片台上镀层材料，用于改善芯片与载台之间连接的导电和导热性能。
（3）引线框架上第二焊点位置的局部镀层，用于实现可线焊性能。
（4）元器件引脚镀层材料，如塑封器件引脚 AgPd 镀层，陶瓷电容器或电阻器端子的 AgPd 烧结镀层，用于实现引脚和端子的可焊性。
（5）混合集成电路衬底上的焊盘及布线材料。
（6）印制电路板焊盘涂层，用于实现可焊接性能。
然而在实际应用中，还存在许多与银有关的失效模式。本文简单介绍几个常见的典型案例。</td></tr>
<tr><td>案　例
（1）</td><td>案例 1：银浆迁移导致芯片失效
某电子产品在现场应用一段时间后发生功能失效。经过初步分析，失效定位于印制电路板上的某一塑封集成电路器件。用化学启封法打开塑封料，使用光学显微镜观察芯片表面，结果如图 14-28 所示。
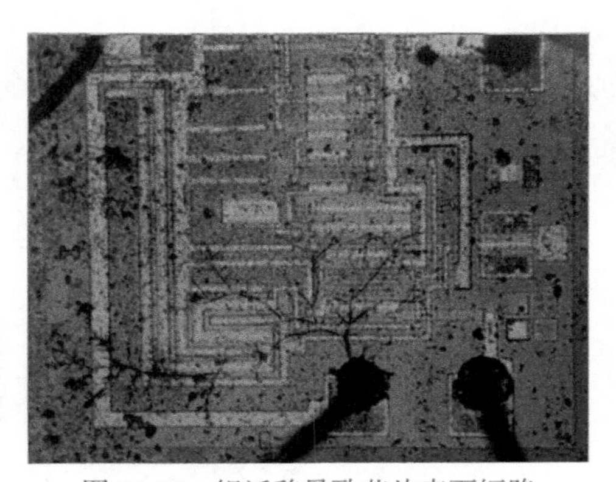
图 14-28　银迁移导致芯片表面短路
图中可以清楚地看到在芯片表面其中一个金球压焊点附近存在树枝状异物。利用扫描电镜的电子能谱（SEM/EDX）对异物成分进行分析，确认异物含有 Ag 成分。显然该器件由于发生芯片表面 Ag 迁移而导致短路失效。
元器件中芯片与载片台之间的连接最常用的材料为粘片银浆。Ag 迁移为实例封装器件中的常见失效模式之一。常见原因包括：粘片银浆爬升高度太高，由于银浆离芯片表面太近，在电场及水汽的共同作用下迁移导致短路。另一个常见原因为器件内部存在分层或爆裂（轻微爆裂常常不会导致元器件立即失效），由于分层或爆裂，使得 Ag 迁移的速度大大加速从而导致早期失效。
对于该案例，事实上启封前已经通过扫描超声无损分析（CSAM）确认器件内部存在水气爆裂现象。</td></tr>
</table>

① 本节内容选自谢晓明 . 电子封装、组装中与银有关的典型失效 [C]. 环球 SMT 与封装，2005，5（1）：32-33.

14.6 Ag 有关的典型失效（2）

案例（2）

案例 2：混合集成电路中 Ag 迁移导致的失效

图 14-29 为某一典型混合集成电路模块的局部图片。该产品某一批次呈高失效率。失效模块经诊断发现存在严重漏电，对失效部位进行光学显微镜观察，发现器件端子下方，焊盘局部出现大量树枝状灰褐色异物。对异物进行电子能谱分析发现异物主要含有 Ag、S、CI 等元素，如图 14-30 所示，显然异物与 Ag 迁移有关。

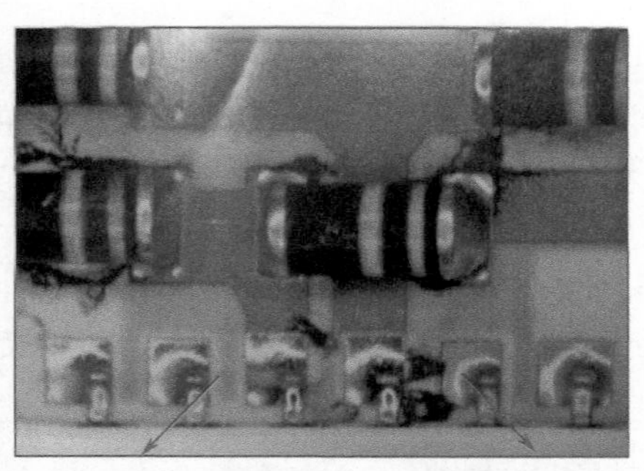

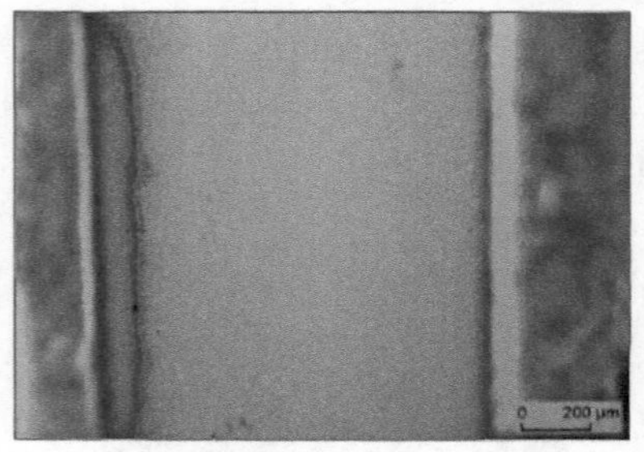

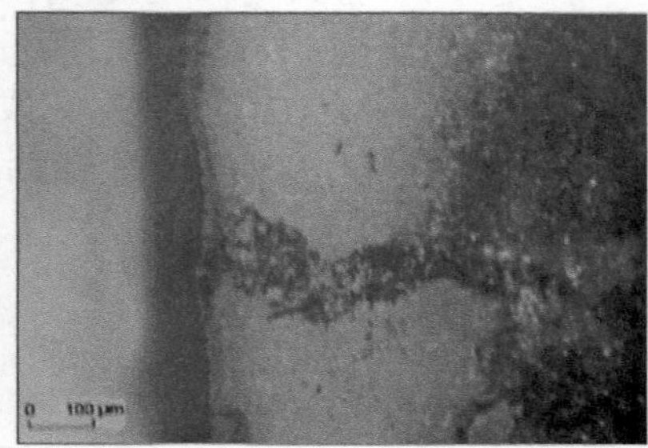

图 14-29 发生 Ag 迁移失效的混合集成电路模块

图 14-30 电子能谱分析证实异物为 Ag 迁移

混合集成电路一般使用 AgPd 浆料和玻璃相通过烧结形成导体及焊盘金属化材料。Ag 迁移为常见的失效模式。一般与一定的电压、湿度及污染程度等密切相关。对该案例中发生迁移的微区域进行红外分析（FTIR），发现异物中夹杂着大量助焊剂残留物，而正常批次样品同样区域则残留物浓度很低。从而最终得出结论，该批次样品高失效率的根本原因为模块清洗控制不良。

案例 1 和 2 中的 Ag 迁移过程事实上是一个离子迁移过程。可以用以下过程简单描述：

首先在电场和水汽作用下，阳极 Ag 电离为 Ag 离子，即

$$Ag \rightarrow Ag^{+}$$

14.6　Ag 有关的典型失效（3）

案　例（3）

电离出来的 Ag^+ 离子可以和水汽电离的 OH^- 结合在阳离子附近生成 AgOH，即

$$Ag^+ + OH^- \rightarrow AgOH$$

胶体状 AgOH 分解形成弥散的 Ag_2O，即

$$AgOH \rightarrow Ag_2O + H_2O$$

Ag_2OH 和水汽反应。释放出 Ag^+，即

$$Ag_2O + H_2O \rightarrow Ag++OH^-$$

随着反应的不断进行，阳离子的 Ag 不断溶解电离，并在电场作用下向阴极迁移，迁移过程中又不断有 Ag_2O 析出形成树枝状结晶。大气中的 H_2S、SO_2、CO_2 及环境中存在其他污染物，如助焊剂残留物很容易参与该电化学反应过程，从而使得析出物成分和相貌变得更加复杂。由于 Ag 很容易硫化，因而如果迁移物暴露在环境气氛中，一般都会观察到硫化反应现象。

案例 3：银硫反应导致陶瓷电阻开路

某电子系统在现场应用一段时间后发生高失效率。经过诊断发现失效原因为电路板上一陶瓷电阻开路。

通过扫描电子显微镜及电子能谱对失效电阻进行相貌及微区成分分析，典型结果如图 14-31 所示。电阻金属化端头出现花状异物，电子能谱分析表明异物主要成分为 Ag_2S，图 14-31（a）和图 14-31（b）为相貌图，图 14-31（c）和图 14-31（d）为金相微切片分析结果。图 14-31（b）中清晰可见莲花状 Ag_2S 的生长，生长原因显然为钝化层孔洞导致 AgPd 导体局部暴露在环境之中。图 14-31（c）和图 14-31（d）中的 Ag_2S 则在金属化层与钝化层的界面生长，原因显然为界面存在分层。当 Ag_2S 生长到一定程度时，则由于 Ag 的耗尽导致断路失效。

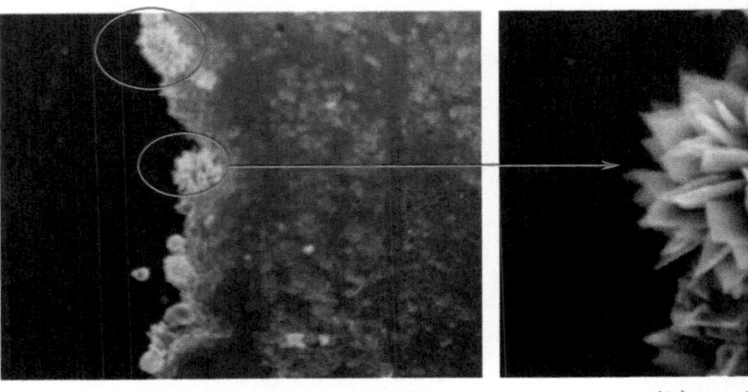

（a）失效陶瓷电阻端子典型相貌　　（b）Ag_2S 典型相貌

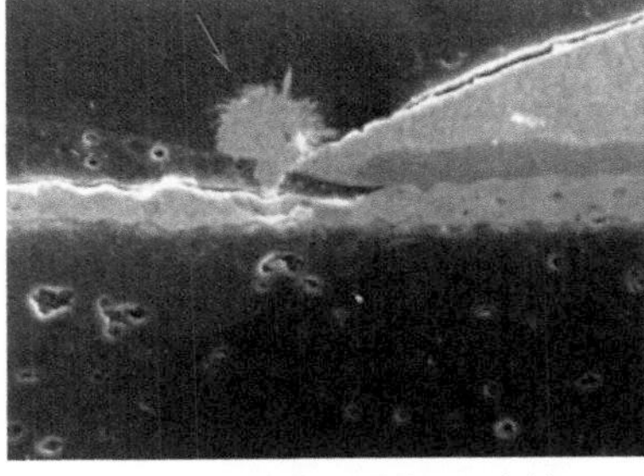

（c）钝化层孔洞导致 Ag_2S 生长

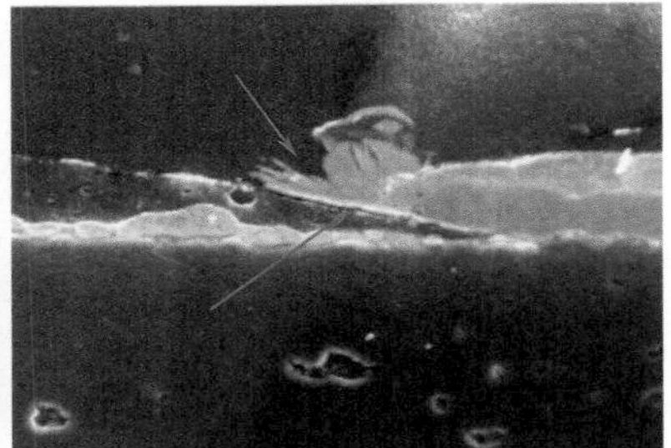

（d）界面分层导致 Ag_2S 生长

图 14-31　陶瓷电阻硫化腐蚀导致的失效

14.6 Ag 有关的典型失效（4）

案 例（4）

该失效模式为陶瓷电阻的常见失效模式。电阻钝化层内部存在孔洞，或钝化层和导体界面上存在分层，导致 AgPd 导体暴露在外部环境之中。空气中的 H_2S、SO_2 有害气体渗入开裂区域与 AgPd 反应，最终导致导体断裂。界面分层可能为元器件本身制备缺陷，也有可能是在再流焊接过程中由于温度应力等原因导致界面的开裂。在现代工业环境条件下，大气中或多或少存在一定量的 H_2S、SO_2 气体。含硫气体与暴露的 AgPd 导体逐渐反应，导致电阻漂移最终产生断裂失效。而失效的出现时间则有一系列影响因素，将由钝化层质量、界面开裂程度、环境气氛中有害气体浓度、环境温湿度以及 AgPd 导体的成分等共同决定。

以上介绍了三个典型案例，前两个为 Ag 的迁移，而后者为 Ag 的化学腐蚀迁移。由于 Ag 很容易和环境中的 S 起硫化反应，因而对于 Ag 相关的失效，常常会同时观察到两种现象。

附录 A 国产 SMT 设备与材料

A.1 国产 SMT 设备的发展历程（1）

概 述（1）

国产 SMT 设备是伴随着全球电子制造业的转移以及国内众多电子代工企业的强大需求而逐步发展起来的。

国产设备制造，是先从周边设备制造起步，逐渐步入核心设备的制造领域的。起初，我们制造的设备主要是皮带线、插件线、SMT 上下扳机、波峰焊机、再流焊接炉、返修工作站，进而开发了自动光学检测（AOI）检测设备、X 光透视（X-Ray）检测设备、焊膏检测（SPI）设备、焊膏印刷机。目前，这些设备已经具备与国外同类产品竞争的优势，也早已获得国内外客户的广泛信赖与应用。可以说除贴片机外，国产设备已经广泛地装备于众多 PCBA 组装厂家。

根据个人的了解（可能不完全准确），国产设备的发展历程大致如图 A-1 所示，这些时间点是以长期稳定地应用于大型代工企业（EMS）为标志的。

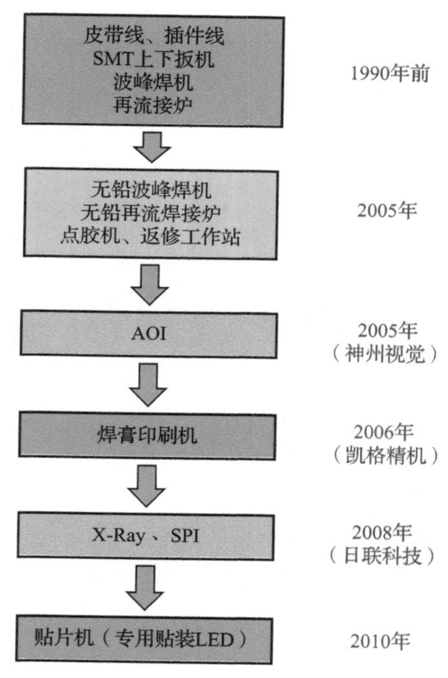

图 A-1 国产设备的发展历程

SMT 生产线三大核心设备中，印刷机、再流焊接炉技术均已经非常成熟，广泛用于众多组装厂家。贴片机的结构非常复杂，涉及很多复杂的技术，包括高速伺服驱动系统、精密机械加工技术、图形识别技术等，制造难度非常大。我国从 1985 年起，先后有很多单位对此进行了研究，如原电子工业部工艺所、第 7 研究所、第 21 研究所、南京熊猫、华南理工大学等，但是限于当时的技术水平，基本上都止步于样机阶段。2010 年后，随着 LED 行业的需求，数家民企开始涉足，专用的贴片机已经大批量用于 LED 行业，相信不久的将来，会看到全自动、高精度、高可靠的贴片机装备于 PCBA 组装行业。

A.1 国产 SMT 设备的发展历程（2）

概 述（2）

国产设备的大踏步发展，不得不提的就是广东电子学会 SMT 专委会，特别是作为专委会秘书长的苏曼波先生为此做出了很大的贡献。苏老不仅给予从事 SMT 设备开发的企业信心与力量，而且先后牵头多所大学、组织多批次专家对国产设备的开发工作给予技术指导与帮助。特别是先后组织专家对东莞市凯格精密机械有限公司的焊膏印刷机、深圳市振华兴科技股份有限公司的自动光学检测仪、东莞市神州视觉科技有限公司的 AOI、东莞市安达自动化设备有限公司的自动涂覆机、日联科技的 X-Ray 智能检测设备、深圳市卓茂科技有限公司的返修工作站、东莞市新泽谷机械制造股份有限公司的自动插件机等数十家企业开发的设备进行了技术鉴定。作者本人作为广东电子学会 SMT 专委会的副主任委员也有幸见证和参与了这一进程。图 A-2 为 2006 年 GKG 焊膏印刷机鉴定时的专家合影。弹指一挥间，昔日鉴定的企业宛如小树都已成长为参天大树，它们为中国的电子制造业的发展与繁荣做出了巨大的贡献。

图 A-2 GKG 焊膏印刷机鉴定专家合影

国产设备的开发有一个共同的特点，就是开发者基本都具有 PCBA 组装工厂的背景，了解 PCBA 组装工艺和设备应用的需求。在借鉴国际上知名品牌的基础上，进行了很多创新，使得国产设备不仅在价格方面有竞争优势，而且在功能方面、操作方面、维护方面都有不少超越国外设备的亮点。

在可靠性方面，国产设备是有保障的，除了关键核心零部件，如传动装置、气动元器件、各类传感器，均选用全球一线品牌外，国产设备均经过了系统的可靠性设计与试验。

在售后的技术支持与快速维修支持方面，国外厂家更没有办法与国内厂家相比。选择国产设备就是选择“放心”。

A.2　SMT 国产设备与材料（1）

荣誉推荐（1）

1. 焊膏

焊膏是 SMT 的核心工艺材料。焊膏的性能在很大程度上决定着印刷的工艺性、焊接的良率、焊点的可靠性，做好 SMT，首先要选好焊膏。

图 A-3 为深圳市唯特偶新材料股份有限公司生产的唯特偶焊膏，具有稳定的质量和工艺性能，被广泛用于通信、汽车等各类 PCBA 的产品中。

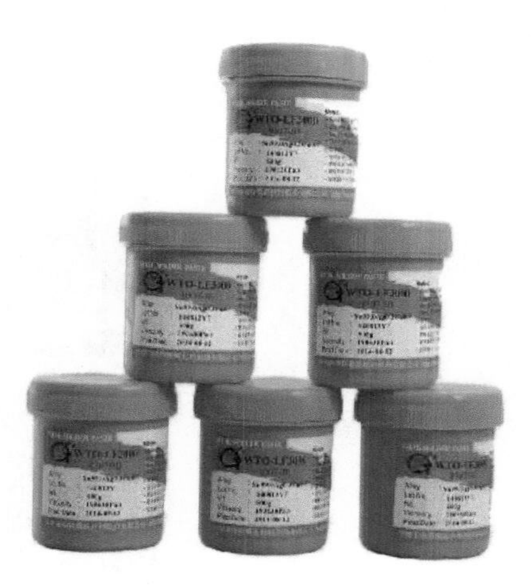

图 A-3　唯特偶焊膏

2. 焊膏印刷机

在 SMT 行业，人们常说“焊接 60% 以上的不良源自焊膏印刷”，可见焊膏印刷工艺的重要性。焊膏印刷工艺与焊膏性能、钢网设计与制作、印刷机等有关，无疑印刷机也是 SMT 非常重要的保证。因此，选择一款优秀的印刷机就显得非常重要。

图 A-4 为东莞市凯格精密机械有限公司生产的 GT^{++} 全自动焊膏印刷机，已经广泛用于军工、通信等高可靠性产品生产中。

图 A-4　GKG　GT^{++} 全自动焊膏印刷机

A.2 SMT国产设备与材料（2）

荣誉推荐（2）

3. 全自动三维锡膏检测仪（3D SPI）

随着元器件封装的精细化发展，焊盘尺寸越来越小，引脚间距也越来越密集，对于焊膏印刷的质量要求越来越高，此时锡膏印刷品质的管控变得尤为重要，因此，三维锡膏检测仪（3D SPI）应运而生。

图A-5为深圳市振华兴科技有限公司生产的全自动三维锡膏检测仪（3D SPI），可有效应对超精细化的SMT锡膏印刷工艺及红胶工艺的三维检测，目前已被广泛应用于PCBA组装企业。

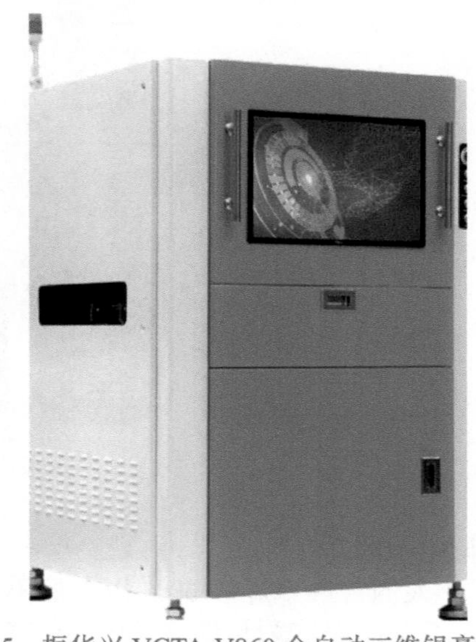

图A-5　振华兴VCTA-V860全自动三维锡膏检测仪

4. 点胶机、涂覆机

对于室外使用的电子产品，如充电桩、通信基站等，三防涂覆是非常重要的工艺。图A-6是东莞市安达自动化设备有限公司生产的自动涂覆机。

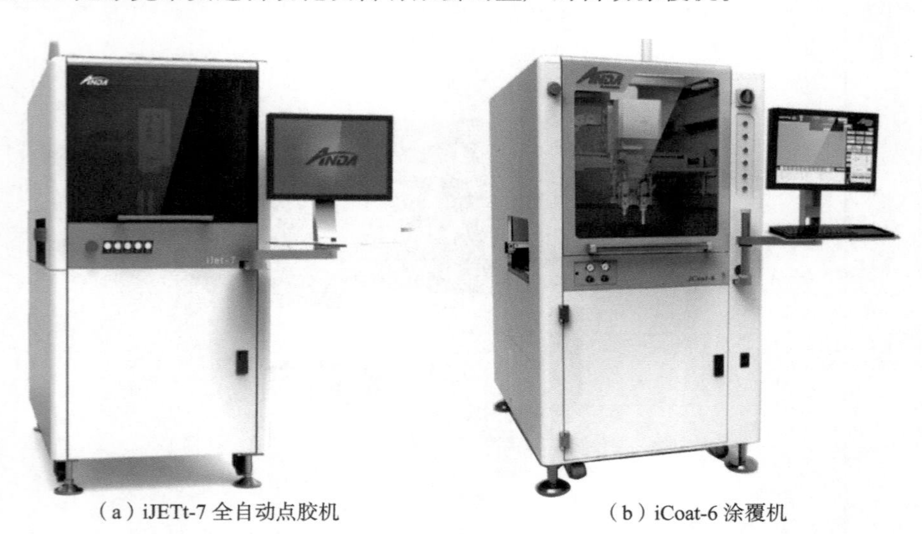

（a）iJETt-7全自动点胶机　　（b）iCoat-6涂覆机

图A-6　安达自动涂覆机

A.2　SMT 国产设备与材料（3）

荣誉推荐（3）

5. 模块化多功能机

图 A-7 为东莞市安达自动化设备有限公司生产的 ADA 系列模块化多功能机。

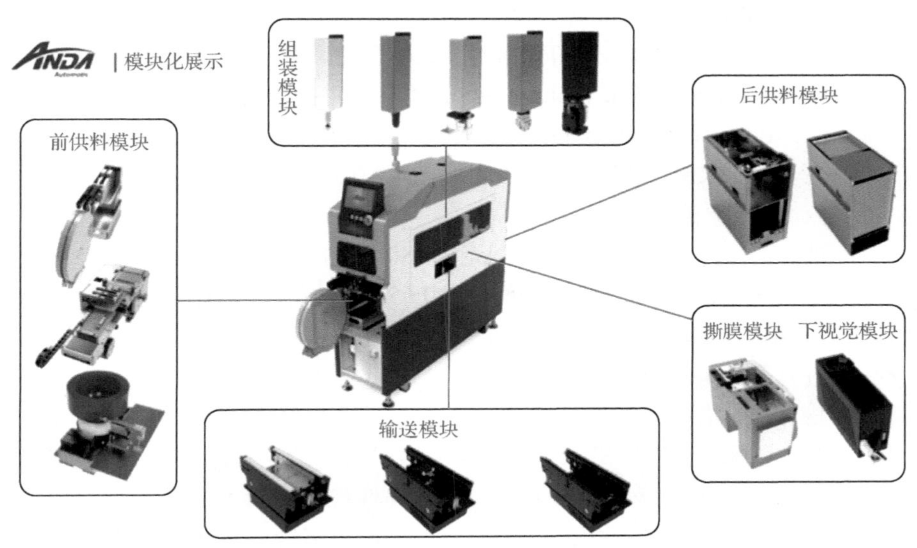

图 A-7　安达 ADA 系列模块化多功能机

6. BGA 返修工作站

随着 BGA 特别是超大 BGA 的广泛应用，BGA 焊接的难度也越来越大，BGA 的返修已经成为电子组装行业的必备设备。图 A-8 为深圳市卓茂科技有限公司生产的 ZM-R8650BGA 返修工作站，它是一款专为企业打造的大型全自动视觉 BGA 返修工作站，适用于大尺寸 PCB 板（如 5G 通信板）上各种贴片元器件的全自动返修工作，可实现全自动贴装、焊接、拆焊功能，可与 SAP/ERP 实现软件对接（选配），实现 S/N 为追溯条件的温度曲线分析等功能。卓茂返修工作站深受广大用户好评，仅作者所在单位已先后采购使用超过 50 台。

图 A-8　卓茂科技 ZM-R8650 全自动视觉 BGA 返修工作站

附录 B 术语·缩写·简称

1．PCBA：Printed-Circuit Board Assembly 的缩写，中文译为印制电路板组件，指装有元器件的印制电路板，在本书中有时也俗称为单板、板。

2．SMT：Surface Mount Technology 的缩写，中文译为表面组装技术。

3．IMC：Intermetallic Compund 的缩写，中文译为金属间化合物。

4．微焊盘（Micro Soldering Land）：特指 0201 和 0.5mm 间距及以下的 CSP 器件的，容易发生葡萄球现象的焊盘。

5．密脚器件：是一种俗称，特指间距<0.80mm 的翼形引线元器件，如 QFP、表贴连接器。

6．精细间距（Fine Pitch）：指间距≤0.65mm 的 QFP 器件。

7．片式元件（Chip Component）：一般指两引脚的贴片电阻和贴片电容。

8．插件（Through Hole Component）：通孔插装元器件的简称。

9．焊锡飞溅：指焊锡在 ENIG 键盘上形成锡点的现象。

10．焊剂飞溅：指焊剂在 ENIG 键盘上形成白点的现象。

11．球窝现象（Head & Pillow）：指 BGA 焊球枕在焊料窝而形成无 IMC 层的假连接现象。

12．葡萄球现象：指焊点表面球状化的现象，多发生于无铅工艺下 0201 片式元件焊点表面。

13．虚焊：指引脚与焊料间存在氧化膜而没有形成完全的电连接缺陷。

14．开焊（Open）：指引脚悬空于焊料上，没有形成机械与电连接的现象。

15．OSP 板：在本书指焊盘采用 OSP 处理工艺的 PCB。

16．ENIG 板：在本书指焊盘采用 EING 处理工艺的 PCB。

17．顶面与底面：顶面，安装有数量较多或较复杂器件的封装互连结构面（Packaging and Interconnecting Structure），对应 EDA 软件的顶面，对应焊接的第二装配面；底面，与顶面相对的互连结构面，对应 EDA 软件的底面，对应焊接的第一装配面。

18．热沉焊盘：指元器件焊盘图形中间用于元器件散热的焊盘，一般上面有金属化导热孔。

19．钢网开窗（Stencil Windows）：指钢网上漏印焊膏的窗孔。

20．塞孔、开小窗与开大窗：塞孔，指阻焊材料覆盖导通孔（Via Hole）的阻焊工艺，要求孔内不露铜、无空洞；开小窗，指阻焊材料仅覆盖导通孔部分焊盘的阻焊工艺；开大窗，指阻焊材料不覆盖导通孔焊盘的阻焊工艺。

21．锡珠（Solder Beading）：指黏附于元器件体、尺寸大的焊料球。

22．锡球（Solder Ball）：指分布于焊盘周围、尺寸小的焊料球。

23．CTE：Coefficient of Thermal Expansion 的缩写，即热膨胀系数。

24．T_g：玻璃相变温度。

25．无铅工艺：指采用无铅焊料的焊接工艺。产品要符合 RoHS 的要求，除焊料外，元器件、PCB 等所有材料都必须符合 RoHS 的要求。

26．混装工艺：一般指有铅焊膏焊接无铅元器件的工艺，大多数情况下专指有铅焊膏焊接无铅 BGA 的工艺。无铅焊膏焊接有铅元器件也属于混装工艺，但由于它不符合 RoHS 的要求，一般不使用此工艺。

27．间距与间隔（Pitch & Spacing）：间距指引脚中心线间的距离；间隔指两引脚之间的空间距离。

28．偏斜与移位（Skew & Offset）：偏斜指元器件相对焊盘的偏转现象；移位指元器件相对焊盘的位置偏移现象。

29．引脚与焊端（Lead & Termination）：引脚一般指插件、贴片元器件的引出线；焊端指无引线贴片元器件的焊接面。

参考文献

[1] 贾忠中 . SMT 可制造性设计 [M]. 北京：电子工业出版社，2015.
[2] 贾忠中 . SMT 工艺不良与组装可靠性 [M]. 北京：电子工业出版社，2019.
[3] 黄琴芬 . 03015 元件的贴装 [J]. EM aisa，2014（5/6）：12–24.
[4] SHANGGUAN Dongkai. 0201 的组装能力：从设计到批量生产 [J]. 环球 SMT 与封装，2004（4）：30–32.
[5] MANDOS A，GERITS P. 0201 贴片控制工艺 [J]. 环球 SMT 与封装，2003（2）：18–22.
[6] 刘汉城，汪正平，李世伟，等 . 电子制造技术 [M]. 北京：电子工业出版社，2005.
[7] SWEATMAN K. 无铅时代的热风整平 [J]. 环球 SMT 与封装，2009（4）：10–16.
[8] 贾忠中，无铅 PCB 的表面处理与选择 [J]. 电子工艺技术，2017（6）：364–369.
[9] 刘桑，涂运骅，等 . 波峰焊接条件下 BGA 焊点界面断裂失效机理研究 [J]. EM aisa，2007（8）：22–26.
[10] 何敬强，涂运骅 . 电子产品的爬行腐蚀失效 [J]. EM aisa，2010（7）.
[11] Enthone（乐思）. Alpha STAR 生产经验及产品的特性 [J]. HPPCA，2005（12）.
[12] 张杰威，陈黎阳，乔书晓 . 深入探讨沉锡表面变色的问题 [J]. 印制电路信息，2012（增刊）：433–437.
[13] MIYATAKE K. 印制电路板有机氧化膜的选用 . 四国化成工业株式会社交流 PPT 资料 .
[14] HWANG S J. 焊料 [J]. SMT China，2003（5/6）：47–49.
[15] 何政思，等 . 先进封装技术中金脆效应对焊点影响之探讨 [J]. 印制电路板 / 电子封装，2002（13）.
[16] 谢晓明 . 电子封装、组装中与银有关的典型失效 [J]. 环球 SMT 与封装，2005（1）：32–34.
[17] HAMITON S. 为何清洁的板在 SMT 行业如此重要 [J]. SMT China，2013（10/11）：30–31.
[18] 车固勇 . 浅谈 FPC 的 SMT 制造工艺 [J]. 现代表面贴装咨讯，2011（7/8）.
[19] IPC 标准：IPC-A-610，ANSI/J-STD-004，ANSI/J-STD-005，IPC-7093，IPC-7095，IPC/JEDEC J-STD-033，IPC-SM-782.

反侵权盗版声明

电子工业出版社依法对本作品享有专有出版权。任何未经权利人书面许可，复制、销售或通过信息网络传播本作品的行为，歪曲、篡改、剽窃本作品的行为，均违反《中华人民共和国著作权法》，其行为人应承担相应的民事责任和行政责任，构成犯罪的，将被依法追究刑事责任。

为了维护市场秩序，保护权利人的合法权益，我社将依法查处和打击侵权盗版的单位和个人。欢迎社会各界人士积极举报侵权盗版行为，本社将奖励举报有功人员，并保证举报人的信息不被泄露。

举报电话：（010）88254396；（010）88258888
传　　真：（010）88254397
E-mail：　dbqq@phei.com.cn
通信地址：北京市海淀区万寿路 173 信箱
　　　　　电子工业出版社总编办公室
邮　　编：100036